과학실험 이과 대사전

The Encyclopedia of Mad-Science

야쿠리 교시쓰 지음 김효진 옮김

introduction

안녕하십니까! 오랜만입니다.

당신의 멋지고 쾌적한 도시 생활에 도움을 주는 기술에 f-인버스를 붙여 전달하는 매드 사이언스의 전도서『과학실험 이과』.

어느덧 10년 넘게 온갖 실험을 통해 다양한 성공과 실패를 경험하고 간혹 폭발하거나 죽을 고비를 넘기기도 하면서 여러 권의 책을 펴낼 수 있었습니다.

몇 권의 책을 만들고, 몇 번의 유해 도서 지정 통보와 몇 번의 절판을 거치며 우리는 이곳에 있습니다.
시리즈를 시작한 지 벌써 10년 이상.

'도쿄대 불합격률 100%의 실적'이라고 시작한『과학실험 이과 교과서』의 독자 엽서를 통해 '도쿄대에 합격했습니다', '약학부에 입학했습니다' 그리고 최근에는 '의사가 되었습니다', '약제사가 되었습니다' 같은 소식까지 들려오고 있어, 이제 우리의 시대는 막을 내리고 다음 세대로 악의 유전자를 남겼으니 순순히 성불할 수 있을 듯합니다.

아, 정말 긴 시간이었습니다.
이대로 미친 과학자 노릇은 그만하고 조금 더 밝은 장소에서 느긋하게 여생을 보내볼까…
하는 꿈도 꾸었지요.

아쉽지만, 그건 어려울 것 같습니다.

여전히 수험 교육은 문부과학성의 검정 교과서에 쓰인 내용 이외에는 인정하지 않는 40년 전 인습을 자신들의 태만과 이권을 이유로 고수하고 있으며, 노벨상을 받든 어쨌든 연구자들은 하나같이 돈을 마련하느라 고심하고, 조금이라도 노선을 벗어나면 언론의 융단 폭격이 쏟아지는 불운한 시대.

실제 TV나 신문에서 거짓과 오류로 뒤범벅된 엉터리 뉴스가 보도되어도 사과문 한 줄로 어물쩍 넘어갈 뿐, 대형 언론사의 수장이나 책임자가 그만두었다는 이야기는 들어본 적 없을 것입니다.

왜 미디어는 OK이고, 학자들은 모두 성인군자를 초월한 신선과도 같은 존재이길 바라는 것일까.

왜 연구자들은 모두 성인군자를 초월한 이슬만 먹고 사는 존재이길 바라는 것일까.

그 이면에는 실제 의사 면허나 약제사 면허를 가진 인간, 일본을 대표하는 학부나 제약 기업이 사기나 다름없는 보충제 사업에 뛰어들어 이제는 일상처럼 엉터리 상품 광고가 TV를 통해 끊임없이 흘러나옵니다.
이런데도 이과 교육에 힘을 쏟아 과학 입국(立國)을 지향한다…는 따위의 말을 진지하게 하고 있으니 슬픔이 깊다 못해 챌린저 해연 바닥을 드릴로 뚫고 내려갈 지경.

실제 이 나라에 절망을 느껴 다른 나라로 떠나는 연구자도 여럿 나왔습니다.
그러나 그런 그들이 매국노 취급을 당하다니, 대체 이게 무슨 일입니까.

이과 교육의 추락은 여전한 상황입니다. 전자레인지가 어떻게 음식을 데우는지, 에어컨이 어떻게 방을 시원하게 만드는지, 스마트폰과 같은 작은 단말기에 어떻게 그토록 방대한 정보를 담을 수 있는 것인지 그 원리조차 학교 교과서에는 실려 있지 않습니다.

그러니 쓰레기 같은 비료 덩어리를 강에 던져 수질을 정화한다거나 첨가물을 먹으면 뇌가 썩어 죽는다거나 전자파를 쬐면 온몸에 고통이… 따위의 이야기를 와이어리스 마이크를 끼고 강연하고 있는 것입니다. 한심할 지경입니다.

이제 연구자는 아무 목적 없이 마음껏 좋아하는 연구를 하는 것이 '금기'가 되어버린 것일까?

조금만 위험하면 신고, 예산 신청이 조금만 이상해도 통고,
지나치게 윤리에 얽매여 아직 만들어지지도 않은 기술을 **규제, 규제, 규제, 규제, 규제!**

어쩌다 이렇게 되었을까.

기술자나 과학자의 원점이란, 단순히 흥미를 추구하고 재미있는 일을 하고 싶어 하면 안 되는 것입니까?
인간에게 이익이 되는 일 이외를 추구해서는 안 되는 것입니까?

절망적인 세상입니다. 애초에『과학실험 이과 교과서』는 그런 폐쇄된 세상에

'굉장해! 이런 게 과학이지!!'

이런 감동을 주고자 기획된 것으로, 다수의 재미있는 이과계 인간을 탄생시켰다고 생각합니다.
물론 이과계 입문을 굳이 이렇게 결점을 드러내는 막돼먹은 책으로 할 필요는 없지만 어느 시대에나 남자 아이는 그런 위험한 짓을 즐기지 않습니까?

그러니 과학에 입문하는 이런 노악적(露惡的)인 길이 있어도 좋다고 생각합니다.
거꾸로 말하면, 그 위험성을 정확히 인지하고 두려움을 갖는 것이야말로 훌륭한 태도이며,
이 책을 악용해 세상에 폐를 끼치는 것은 간단한 일이지만 그것이 무의미하고 가치 없는 일이라는 것을 배우게 될 것입니다.

마약도 만들지 못하는 화학자를 일류라 할 수 없고, 총을 만들지 못하는 기계 기술자는 실격일 것입니다.

그런 악행에 기술을 사용하라는 말이 아니라 기술에는 선악이 없으며
모든 것은 같은 지평에 있다는 것을 깨닫는 것이야말로 중요하다고 믿고 있습니다.

『과학실험 이과 대사전』의 '굉장해! 이런 게 과학이지!!'의 감동을 다시 한 번 전달하고 싶습니다.

이렇게나 시대에 뒤떨어진 우리가, 지난 10년을 집대성하여 실험적으로 이곳에 부활했습니다.

기립! 경례! 낙반(落盤)!

이제부터 야쿠리 교시쓰의 최후의 실험을 시작하겠습니다….

야쿠리 교시쓰 구라레

contents

Topics

Biology [생물]

구라레 [くられ]

⦿야쿠리 교시쓰 실장

[생물·화학 담당]

눈이 없는 여우 가면과 흰 가운 그리고 거대한 메스가 트레이드마크. 망상을 과학하는, 유명한 헬 닥터.

POKA

[물리·공작 담당]

방사능 마크가 그려진 실크 모자를 애용. '기계 왕'이라는 별칭으로도 불린다.

Chemistry [화학]

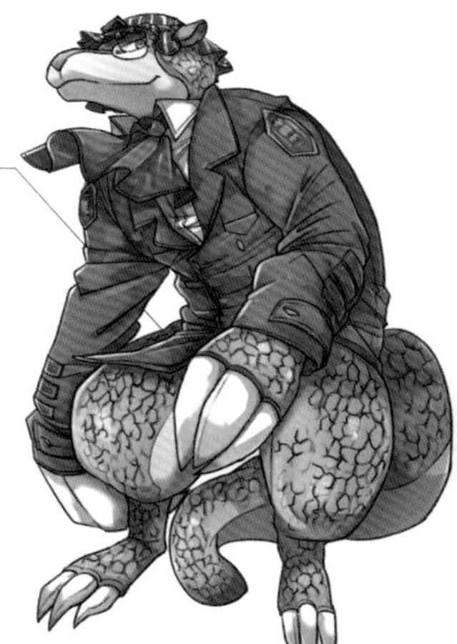

아루마 지로
(亜留間次郎)
[모든 분야 담당]
의학부터 핵물리학까지 모든 분야에 정통한, 걸어 다니는 암흑 백과사전.

레너드 3세
[물리·공작 담당]
강전계 물리학자. 요상한 빛을 내는 랜턴이 트레이드마크.

contents

Physics [물리]

아와시마 리리카
(淡島リリカ)
[화학 담당]
유기·약학계의 베테랑 화학자. 영국을 사랑하는 열혈 셜로키언.

yasu
[물리 담당]
고속 유체 관련 기기에 정통한 엔지니어. 기능미와 조형미에 집착하는 경향이 있다.

Special [방사선학]

Makeup class [보충강의]

attention!

※ 이 책은 2008~2019년 월간 『라디오 라이프』『게임 라보』 및 앞서 발간된 『과학실험 이과 교과서(원제 アリエナイ理科ノ教科書 / 있을 수 없는 이과 교과서. 한국어판 제목에 따라 본문 중 등장하는 시리즈명은 '과학실험 이과'로 표기합니다.)』 시리즈에 실린 기사를 재편집한 것이다. 그런 이유로 현재는 구할 수 없는 제품이 있는 등의 상황 변화에 대해서는 부디 너그러운 양해를 바란다.

※ 약은 용법과 용량을 지켜서 사용한다. 처방받은 약의 사용법은 반드시 의사나 약사의 지시를 따른다. 만약 이상이 느껴지면 서둘러 담당 의사나 약사에게 상담하기 바란다.

※ 모든 실험은 사유지 또는 허가를 얻은 관리구역 내에서 실시했다. 또한 모든 기사는 재현성을 보증하지 않는다. 본 기사의 내용을 실행에 옮기다 발생한 사고나 문제에 대해 필자 및 편집부에서는 책임지지 않는다. 비합법적인 목적으로 기사를 이용하는 행위는 엄히 금한다.

과학의 힘으로 음식의 맛을 극대화하는

케미컬 쿠킹 장미 애플파이 만들기

자연 그대로의 과일 100%가 최고란 말은 난센스. 화학의 부산물인 첨가물만 있으면 모든 식재료의 잠재 능력을 끌어올릴 수 있다. 수리수리 마하수리, 맛있어져라! (구라레)

요리는 과학이다. 과학의 시점으로 요리를 보면 귀찮은 과정을 생략할 수도 있고 '헉!' 하고 감탄이 절로 나올 만큼 맛있는 요리를 만들어낼 수도 있다.

잼을 예로 들어보자. 잼은 과일을 설탕에 졸여 만든 보존 식품으로, 아침 식사 때 빵에 발라 먹기도 하고 과자에 곁들이거나 요구르트에 넣어도 되는 생활필수품이다.

그런 잼을 직접 만든다고 딸기를 두세 팩 사와 냄비에 넣고 졸여보면 깜짝 놀랄 만큼 양이 줄어든다. 수분이 날아가는 데다 딸기가 곤죽이 되기 때문에 충진율이 올라가 빈틈이 사라지니 당연한 일이지만 이 정도면 직접 만드는 것보다 시판 제품을 사는 편이 더 싸게 먹힌다. 시판 제품은 유통·폐기비용 등까지 포함된 가격인데 어떻게 원재료비보다 쌀 수 있지? 그만큼 싼 것으로 대충 만들었기 때문이다. 진짜 과일과 당분만으로 만든다면 상당한 금액으로 판매하지 않고서는 이윤이 남지 않는다.

하지만 그런 유사품으로 만든 것치고는 의외로 맛있게 먹게 되는데 그것이 바로 첨가물의 뛰어난 능력 때문이다. 즉, 과즙이나 과실을 약간 섞어서 만든 유사품조차 첨가물만 있으면 간단히 맛을 내거나 바꿀 수 있다.

● 맛있어지는 마법의 조미료

자연 그대로의 과일 100%로 만든 잼이 반드시 맛있는 것은 아니다. 알다시피 딸기도 단맛이 강한 것부터 신맛이 강한 것까지 종류가 다양하다. 신선 과일은 그런 결점이 있지만

01

02

03

Memo:

첨가물을 이용해 아름다운 장미 애플파이를 만들어보자

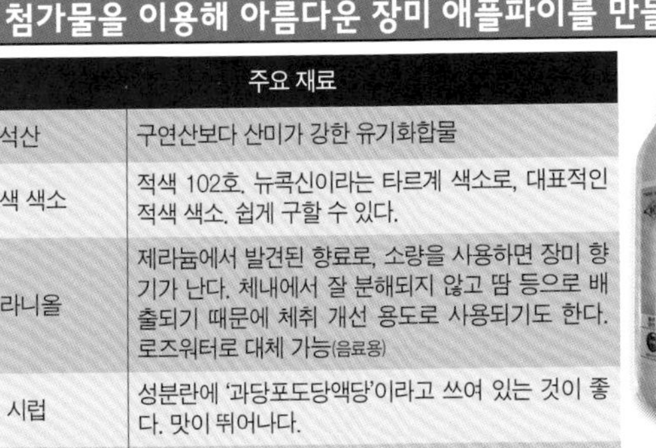

주요 재료	
주석산	구연산보다 산미가 강한 유기화합물
적색 색소	적색 102호. 뉴콕신이라는 타르계 색소로, 대표적인 적색 색소. 쉽게 구할 수 있다.
게라니올	제라늄에서 발견된 향료로, 소량을 사용하면 장미 향기가 난다. 체내에서 잘 분해되지 않고 땀 등으로 배출되기 때문에 체취 개선 용도로 사용되기도 한다. 로즈워터로 대체 가능(음료용)
검 시럽	성분란에 '과당포도당액당'이라고 쓰여 있는 것이 좋다. 맛이 뛰어나다.
사과	적당량

조미료로 맛을 조절하면 간단히 맛있는 잼을 만들 수 있다. 조금 물러져 싸게 파는 과일도 괜찮다.

잼은 과일과 거의 같은 분량의 설탕을 함께 넣고 끓여서 만드는 것이 기본이다. 당분을 너무 줄이면 쉽게 상한다. 참고로, 시판 제품은 중량의 약 55~65%가 당분이다.

잼을 만들 때 중요한 것은 산미료. 드러그스토어 등에서 구연산을 구할 수 있지만 이번에는 '주석산'을 준비해보자. 최근에는 인터넷 쇼핑 사이트에도 다양한 상품이 구비되어 있으며 온라인 쇼핑몰 아마존(Amazon)에서도 살 수 있는 듯하다.

주석산은 구연산보다 산미가 강하지만 산미가 입안에 오래 남지 않고 깔끔한 유기화합물이다. 잼 이외에도 다양한 요리에 사용할 수 있으므로 주방에 하나쯤 있어도 나쁠 것 없는 조미료이다.

강한 산미, 과일과 궁합이 좋은 액당. 이 두 가지만 추가하면 깜짝 놀랄 만큼 맛있는 일품 수제 잼을 만들 수 있다. 그뿐만이 아니다. 과학의 힘을 이용하면 더 많은 응용도 가능하다. 사과로 외형은 물론 맛까지 장미 그 자체인 신기한 디저트를 만들기도…. 자세한 내용은 아래의 순서를 참고하자!

04

05

01·02 : 사과를 사진과 같은 모양으로 자른다. 꽃잎 부분의 사과 절임을 만들어야 하므로 가능한 한 크고 얇게 자르는 것이 포인트. 자른 사과는 프라이팬 등에 켜켜이 깔아준다.
03 : 게라니올(로즈워터), 주석산, 검 시럽을 넣고 끓인다. 너무 오래 끓이면 곤죽이 되어 형체를 만들 수 없기 때문에 반으로 접어서 부러지지 않을 정도로만 졸인다.
04 : 그릇에 옮겨 담은 뒤 잠시 식혀준다. 어느 정도 식었으면 꽃잎 모양으로 둥글게 말듯이 형태를 만들고 밑동은 파이 반죽으로 고정한다. 그대로 오븐에 넣고 190℃에서 약 15분. 구워진 정도를 확인하며 수분씩 연장하는 식으로 타지 않게 주의한다.
05 : 완성. 장미향을 머금은 적당한 단맛과 산미의 하모니가 일품인, 보기에도 좋고 맛도 좋은 애플파이가 완성되었다!

적절히 사용하면 식생활이 한 단계 업그레이드된다!

첨가물 베스트 바이

의식 수준이 높다는 사람들의 맹목적인 공격을 받는 첨가물. 식중독의 위험을 줄일 뿐 아니라 식품의 감칠맛을 내는 등 이게 다 누구 덕인지 알고나 있는지…. 내가 추천하는 첨가물은 이것이다! (구라레)

정균작용 글리신

최근에는 약국 등에서 소분한 글리신 가루를 쾌면 아미노산 등으로 부르며 비싸게 팔고 있지만 그런 것 말고 인터넷에서 '글리신 1kg'을 검색하면 1,000엔(1만 원) 전후로 살 수 있다. 사용법은 우선 밥을 지을 때 투입. 쌀 1컵(180ml)당 1작은 술 정도를 넣고 밥을 하면 글리신의 단맛으로 밥맛이 훨씬 좋아지며 정균 효과까지 있다.

정균작용 소르빈산칼륨

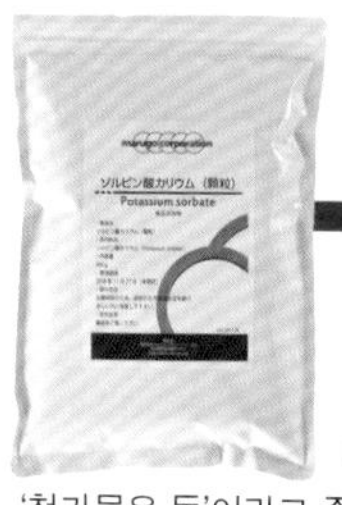

'첨가물은 독'이라고 주장하는 서적(웃음) 등에서 악역을 도맡는 성분으로, 첨가물을 꺼리는 사람들은 이 성분을 넣지 말 것을 요구하지만 그렇게 되면 햄류의 가격은 폭등하고 식중독 위험은 수천 배나 증가할 것이다. 실제 정균작용이 뛰어나 가공육 상품에 상당량 포함되어 있다. 가정에서는 소고기, 감자조림 등에 넣으면 쉽게 상하지 않는다.

향 바닐라 향료, 송이 향료

바닐라 향료는 작은 슈퍼마켓에서도 판매되지만 '고급 바닐라 에센스'로 검색하면 30ml에 1,000~ 3,000엔(1만~3만 원) 정도면 한 단계 위의 제품을 구할 수 있다. 제과·제빵은 물론 간단히 팬케이크를 만들 때 넣어도 전문점 수준의 고급스러운 향을 낼 수 있다. 한편 송이 향료는 수입 송이버섯에 향을 입히는 용도 등으로 쓰인다.

증점제 쇼당지방산에스텔

이번에 소개하는 첨가물 중에서 가장 비주류에 속한다고 볼 수 있다. 강력한 유화제(계면활성제)로, 물과 기름을 섞을 수 있기 때문에 드레싱을 만들 때 최적. 손쉽게 분리되지 않는 드레싱을 만들 수 있다. 당연히 먹어도 인체에는 무해하다. 또 케이크를 만들 때 넣으면 반죽 안의 기름이 분리되는 것을 막아 결이 고운 스펀지케이크를 완성할 수 있다.

Memo:

산미 아스코르브산

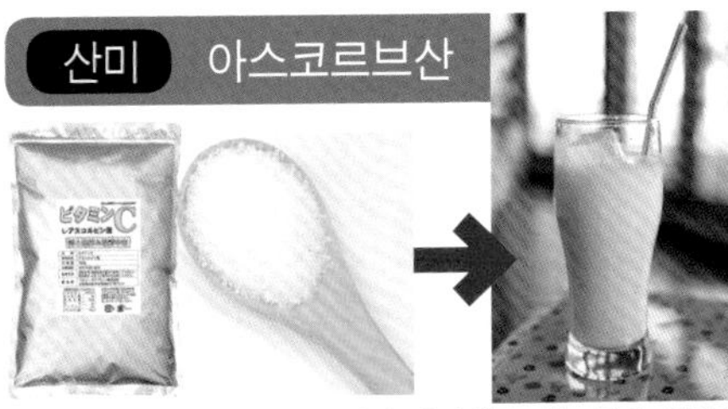

비타민C를 보충하기 위해 비싼 영양제를 사는 것은 어리석은 짓이다. 비타민C를 식품 첨가물로 구입하면 1kg에 3,000엔(약 3만 원) 이하로 훨씬 싸게 살 수 있기 때문이다. 산미가 강해 그대로 먹기 힘들 수 있으니 미지근한 물에 녹인 후 설탕이나 주스를 넣고 우유를 섞어 인도의 요구르트 음료 라씨처럼 만들어보자.

산미 주석산

산미료로서 맛과 편리함 면에서는 주석산만 한 것이 없다. 간장, 물, 주석산, 감칠맛 조미료를 섞으면 시판 제품보다 훨씬 맛있는 폰즈 소스를 손쉽게 만들 수 있다. 또 잼이나 조림 요리를 할 때 레몬즙 대신 주석산을 녹인 물을 사용하면 산미가 풍부한 고급스러운 맛을 낼 수 있다.

감칠맛 성분 미크

'미원'으로 대표되는 감칠맛을 내는 조미료가 다양하게 판매되고 있지만 그중에서도 가장 우수한 제품이 미쓰비시상사 라이프사이언스의 '미크'라는 조미료. 인기 라멘점 등에서도 육수를 낼 때 이 조미료를 사용한다고 알려졌다. 미크는 감칠맛 조미료답지 않게 감칠맛 성분이 복잡하게 배합되어 조림이나 된장국 등 일식 요리에도 폭넓게 사용할 수 있다.

단맛 스테비아

칼로리 제로로 유명. 인터넷에 '스테비아'를 검색했을 때 이 감미료의 원료인 식물 스테비아가 나온다면 '스테비아 감미료 판매' 등으로 검색하면 된다. 설탕보다 풍미는 약간 덜하지만 사람에 따라서는 설탕보다 맛있게 느끼는 경우도 있다고 한다. 깔끔한 단맛과 입안에 오래 남지 않기 때문에 다양한 요리에 풍미를 더하는 용도로 사용되기도 한다.

콜라겐 젤라틴

건강에 좋다고 소문난 콜라겐 제품도 알고 보면 주변에서 쉽게 구할 수 있는 젤라틴 분말일 뿐이다. 요컨대 이런 젤라틴 분말을 되팔거나 젤리 형태로 만들어 판매하는 것이 콜라겐 장사의 정체이지만 젤라틴 자체는 양질의 단백질원이기 때문에 단백질이 부족한 사람에게는 분명 효과가 있다.

착색 청색 1호

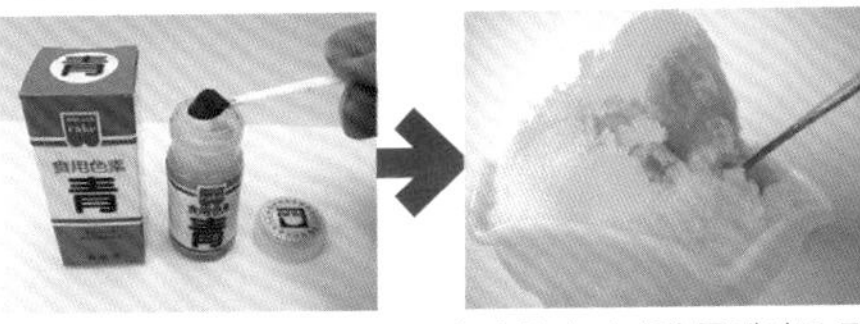

최근에는 인터넷 쇼핑 사이트나 대형 슈퍼마켓 등에서도 판매되고 있다. 청색 1호는 매우 강렬한 염색성(귀이개 정도의 작은 스푼 1술이면 욕조 바닥이 보이지 않을 만큼 짙은 푸른색을 낼 수 있다)이 있기 때문에 시판 제품은 농도를 수% 정도로 희석한 것이다. 식품 첨가물 판매 사이트에서는 농도 70% 정도의 제품을 구할 수 있다.

평범한 볼펜이 무기로 진화한다!

주사기 건을 마스터하자

주사기와 수성 겔 잉크 볼펜을 결합한 역대급 공작. 끊임없는 연구로 마침내 고성능 BB탄 발사장치 제작에 성공!

(POKA)

이번 공작은 유튜브나 일부 DIY 마니아들 사이에서 인기를 끌고 있는 장난감 '주사기 건' 제작이다.

주사기 건이란, 이름 그대로 주사기를 동력원으로 사용한 BB탄 발사 장치이다. 사용하는 재료는 주사기와 볼펜뿐. 의료용 주사기를 구하기 힘든 경우에는 장난감 주사기로도 대용 가능하다. 주사기 건을 처음 생각해낸 때부터 지금까지 시행착오를 거듭하면서 BB탄의 발사 위력도 크게 높일 수 있었다. 주사기 건은 의외로 깊은 연구를 요하는 공작으로, 약간의 부품 개량만으로 성능이 월등히 향상되기도 한다.

이제부터 여전히 진화 중이기는 하지만 현 시점에서 최고의 주사기 건을 만드는 방법과 그 성능을 끌어올리는 포인트를 소개하겠다.

재료가 위력을 결정한다 신중히 선택할 것

자, 그럼 먼저 주사기 건에 필요한 재료부터. 재료 자체는 어디서든 구할 수 있는 물건이지만 문제는 그것을 선택하는 방법이다. 별것 아닌 이유로 발사되지 않는 경우가 있으므로 꼼꼼히 확인하도록 한다.

주사기 건 제작에 필요한 주요 재료는 두 가지. 하나는 이름 그대로 주사기이다. 주사기를 고를 때의 포인트는 10ml 정도 크기를 고르는 것. 용량이 크면 필연적으로 주사기의 단면적도 넓어진다. 그 때문에 발사 위력은 높아지지만 주사기를 누르거나 당길 때 사람이 감당하기 어려울 정도의 힘이 필요하다. 한편 용량이 너무 작으면 발사 위력이 크게 낮아진다. 필자가 다양한 크기의 주

주사기 건에 필요한 재료
사쿠라 볼 사인 80 볼펜
주사기(테루모 시린지 등)
BB탄(0.12g)
코킹 건

▼ 이것이 POKA판 '주사기 건'이다!

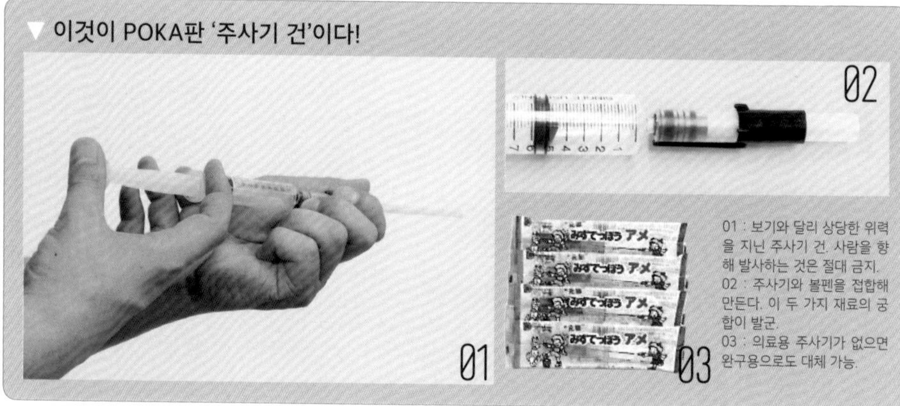

01 : 보기와 달리 상당한 위력을 지닌 주사기 건. 사람을 향해 발사하는 것은 절대 금지.
02 : 주사기와 볼펜을 접합해 만든다. 이 두 가지 재료의 궁합이 발군.
03 : 의료용 주사기가 없으면 완구용으로도 대체 가능.

Memo:

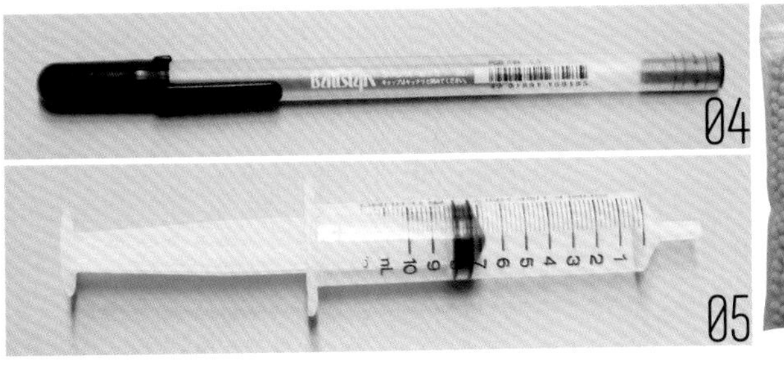

04 : 사쿠라 크레파스의 볼 사인 80. 다른 볼펜으로도 만들어보았지만 재료와 크기 모두 볼 사인 80이 최강.
05 : 필수 재료인 주사기. 인터넷 판매 사이트나 오프라인 상점 등에서 구입할 수 있다.
06 : BB탄은 도쿄 마루이사의 0.12g을 사용했다. 광택이 있는 것이 좋다.

사기로 시행착오를 거듭한 결과 10ml가 적당했다. 일본 '테루모(TERUMO)'사의 주사기를 추천한다. 널리 유통되고 있어 구하기 쉽다.

다른 하나는 볼펜. 아무 볼펜이나 다 되는 것은 아니고 사쿠라 크레파스에서 나온 '볼 사인 80'이라는 뚜껑식 볼펜이어야 한다. 대체할 만한 것이 없을 만큼 주사기와의 궁합이 발군이다.

그 밖에 주사기 건을 발사할 때 힘이 적게 들도록 코킹 건을 준비했다. 코킹 건이란 지렛대 원리를 이용해 실리콘 수지 등의 코킹제를 밀어 넣는 도구. 인테리어나 DIY 용품 등을 판매하는 홈 센터 등에 가면 저렴한 가격에 구입할 수 있다.

만들어본 사람만 아는 싱크로율 사쿠라 볼 사인 80

위에서 말한 대로, 주사기와 볼 사인 80 볼펜은 제작 과정에서 버릴 것이 거의 없을 만큼 궁합이 좋다. 그 경이적 수준의 싱크로율은 직접 만들어보면 알 수 있다. 심지어 볼 사인 80은 BB탄과의 싱크로율도 완벽하다. BB탄을 고정하는 부분의 소재는 너무 부드럽지도 단단하지도 않은 절묘한 강도의 플라스틱이다. 이 부분에 BB탄이 딱 맞게 들어가 쉽게 압력을 가할 수 있다.

또 몸체의 내경은 지름 6mm의 BB탄을 가속시키기에 최적이다. BB탄이 원통형 본체를 절묘한 정도로 통과한다.

다른 볼펜으로 이 정도 정밀도를 실현하기란 불가능하다. 내가 아는 한, 볼 사인 80만큼 개조에 적합한 볼펜은 없다.

조악한 제품은 NO! BB탄은 도쿄 마루이

BB탄의 선택도 중요하다. BB탄을 고를 때 주의해야 할 점은 중량. 주사기 건은 위력이 크지 않기 때문에 무거운 탄환을 발사하기에는 적합지 않다. 가장 알맞은 중량은 도쿄 마루이사의 BB탄 0.12g. 표면에 광택이 있는데 이것이 주사기 건 발사에 영향을 미치는 듯하다. 반대로, 표면이 거칠면 기밀(氣密)이 확보되지 않기 때문에 틈새로 공기가 새어나가 위력이 반감된다. 그 밖에 바이오테크 BB탄 같은 생분해 탄환도 궁합이 좋지 않다. 무엇보다 내부의 기포가 눈에 보일 정도로 조악한 BB탄은 피하는 것이 좋다.

자르고 끼우면 되는 볼 사인 80의 절단 비결

준비를 마쳤으면 제작에 들어가자. 주된 작업은 볼 사인 80을 커터 칼로 잘라 부품을 끼우는 것이다. 1mm의 빈틈도 없이 접합할 수 있기 때문에 접착제도 필요 없다.

절단 비결은 먼저 볼펜에 커터 칼을 대고 한 바퀴 돌려 칼집을 낸다. 이 과정을 여러 번 반복해 어느 정도 깊은 칼집이 생기면 가볍게 구부려 보자. 잘되면 딱 하는 소리와 함께 칼집을 따라 절단될 것이다. 칼집이 깊지 않으면 엉뚱한 방향에 금이 가면서 실패할 수 있다. 단판 승부이니 불안한 사람은 톱을 사용해도 된다.

뚜껑과 몸체로 만드는 BB탄 장착부

볼 사인 80 볼펜 하나로 두 개의 부품을 만든다. 먼저, 볼펜을 뚜껑, 몸체, 마개, 잉크의 4부분으로 분해한다. 참고로 잉크는 사용하지 않는다. 이제부터 설명이 조금 까다로울 수 있으니 위의 사진을 참고하며 읽

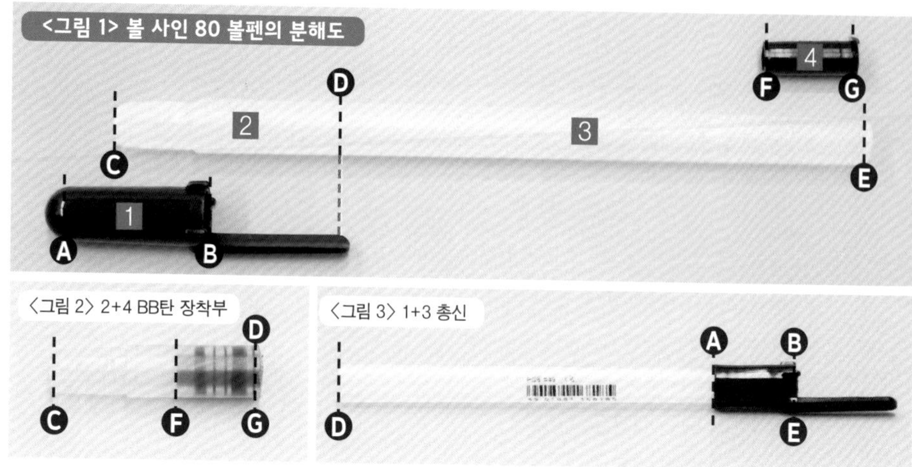

<그림 1> 볼 사인 80 볼펜의 분해도

〈그림 2〉 2+4 BB탄 장착부

〈그림 3〉 1+3 총신

기 바란다.

가장 먼저 BB탄 장착부를 만든다. 분해한 뚜껑을 다시 끼우고 손잡이 끝에 해당하는 위치를 볼펜의 몸체에 표시한다(D). 이렇게 표시한 부분을 절단한다. 이제 볼펜의 몸체가 2개가 되었다.

다음은 마개의 윗부분을 잘라내 원통 모양으로 만든다. 이 마개에는 잉크가 마르는 것을 방지하는 겔이 들어 있으므로 제거해두자.

원통형 마개4를 앞서 절단한 몸체2와 접합한다. 〈그림 2〉와 같이 D와 G의 절단면이 겹쳐지도록 끼운다. C에 BB탄을 넣으면 BB탄 장착부 완성!

주사기 건의 완성 시험 삼아 발사해보았더니…

계속해서 뚜껑1과 몸체3을 끼워 총신을 만든다.

뚜껑1의 윗부분을 잘라내 원통 모양으로 가공한다. 그 절단면 A에 몸체3의 절단면 E를 끼운다. 이것으로 총신이 완성되었다.

마지막으로 총신의 절단면 B와 앞서 만든 BB탄 장착부의 절단면 C를 합체. 거기에 주사기의 끝부분과 절단면 D-E를 결합하면 마침내 주사기 건이 완성된다!

시험 삼아 점토에 BB탄을 발사해 보았다. 특별한 가공을 하지 않은 기본적인 주사기 건에서 발사된 BB탄이 '푹' 하는 소리와 함께 점토에 박혔나. 이때의 압축력은 한 손으로도 쓸 수 있는 정도였다.

압력을 높여 위력을 강화한다

이 정도로는 사거리가 10m 남짓에 불과하기 때문에 가공을 통해 위력을 더 높여보자. BB탄 장착부에 열을 가해 몸체를 수축시킨다. 단,

해외의 크레이지 주사기 건

주사기 건 제작은 전 세계적으로 큰 인기를 끌고 있다. 유튜브에서 'Syringe gun' 등으로 검색하면 수많은 개조 사례를 볼 수 있다. 그중에는 압축공기로 발사하는 것에 그치지 않고 라이터의 가스를 사용하거나 바늘이 달린 주사기 자체를 발사하는 위험천만한 것까지…

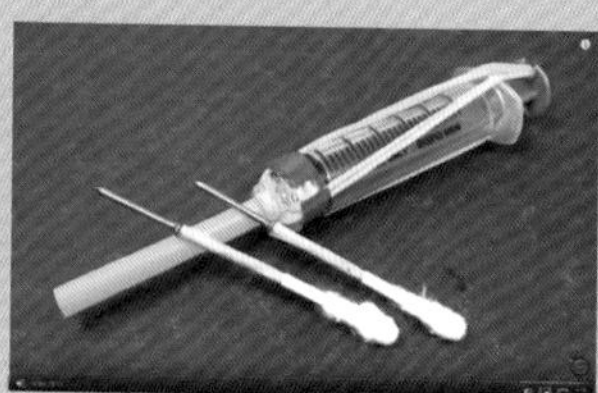

Memo:

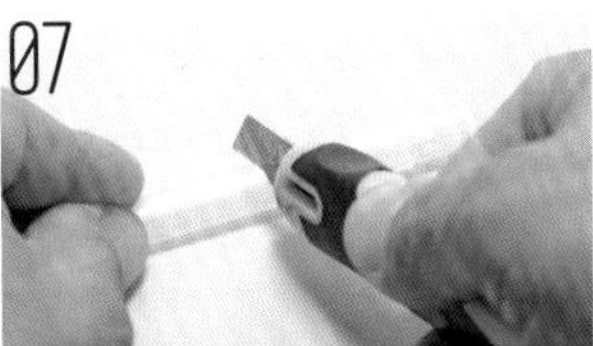

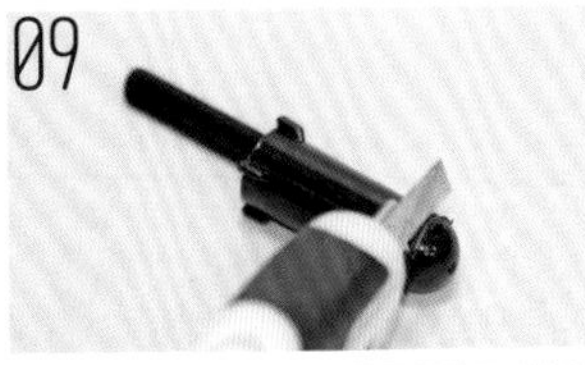

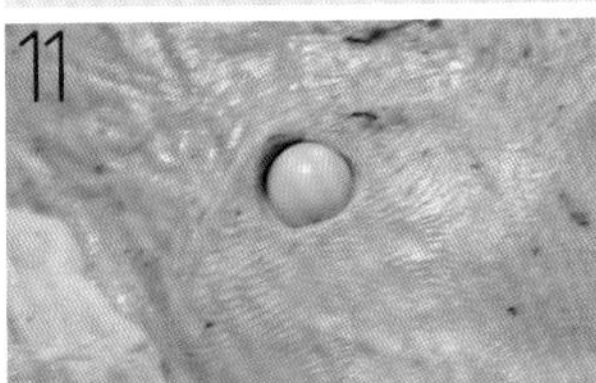

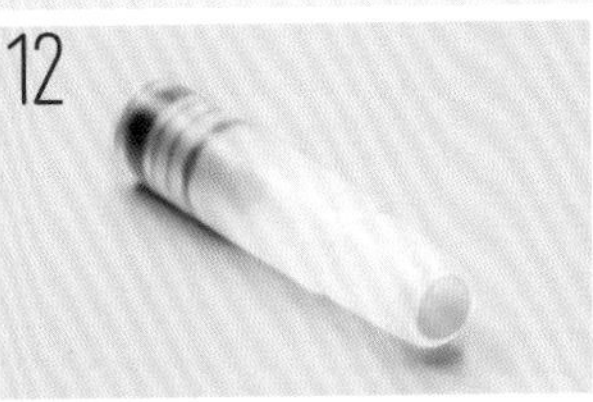

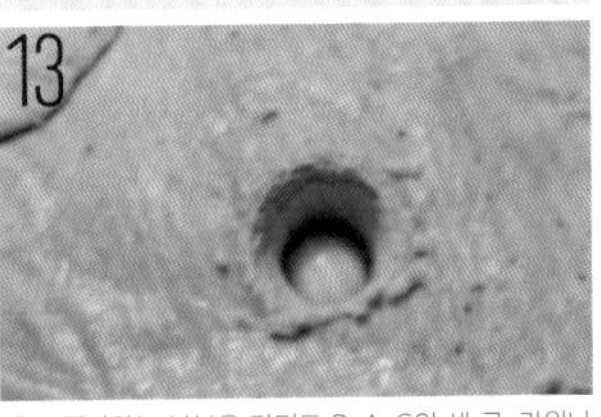

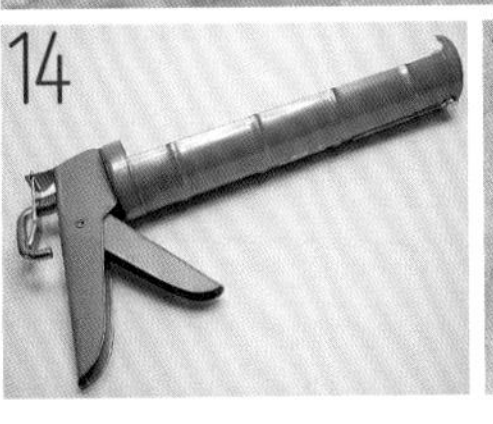

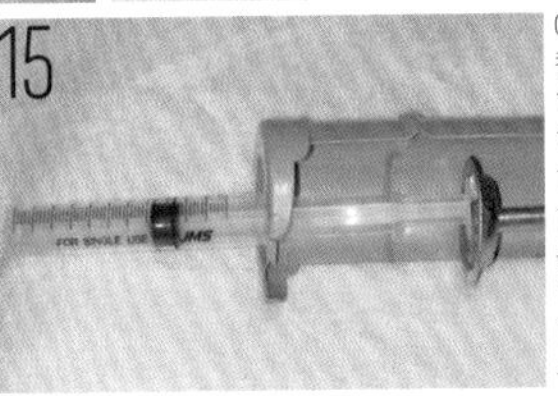

07~10 : 커터 칼로 절단하는 부분은 단면도 D·A·G의 세 곳. 가위나 칼로 칼집을 넣어두면 가공하기 쉽다.
10 : BB탄을 끼운 장착부와 총신을 접합한 후 주사기의 몸체와 완성.
11 : 점토를 향해 발사해보았으나 위력이 조금 부족한 듯하다.
12 : BB탄 장착부에 열을 가해 수축시킨다.
13 : 미세 조정을 거친 주사기 건으로 발사. BB탄이 박히면서 점토가 움푹 팼다.
14 : 홈 센터에서 500엔에 구입한 저렴한 코킹 건을 사용했다.
15 : 코킹 건에 주사기 건을 장착. 지렛대 원리를 이용해 쉽게 발사할 수 있게 되었다.

지나치면 BB탄이 움직일 수 없게 되니 신중히 작업한다.

가장 손쉬운 방법은 라이터로 가열한 후 헝겊 등으로 문지르는 것이다. 이렇게 하면 100μ(미크론. 1m의 100만분의 1-역주) 정도 수축된다. 아니면 헝겊으로 강하게 문질러 마찰열을 이용하는 방법도 있다. 마찰열을 이용할 경우 정밀한 조정이 가능하지만 시간이 오래 걸린다는 단점이 있다.

BB탄 장착부와 탄환의 밀착을 강화한 후 앞의 방법과 마찬가지로 점토를 향해 발사해보았다. BB탄이 박힌 점토가 구덩이처럼 움푹 팼다. 이것은 주사기 건의 위력이 강화되었다는 증거이다. 18세 이상만 구입 가능한 시판 에어소프트 건 정도의 위력은 나온다고 봐도 과언이 아닐 것이다.

다만 위력이 강화된 만큼 주사기를 밀어 넣기가 더욱 힘들어졌다. 성인 남성도 쉽지 않은 수준이다.

코킹 건과 융합으로 밀어내는 힘이 반감된다

강화한 주사기 건은 위력은 세지만 그만큼 밀어 넣기가 힘들어지고 말았다. 더 쉽게 다룰 수 있도록 코킹 건에 장착해 실험해보았다. 코킹 건은 실리콘 수지(욕실이나 세면대 등 물이 닿는 장소에 방수제로 사용)와 같은 코킹제를 강력한 힘으로 밀어 넣기 위한 도구이기 때문에 이런 용도로는 최적의 형태라고 할 수 있다. 이제 코킹 건에 주사기를 고정하고 손잡이를 여러 번 쥐었다 편다.

그러면 주사기의 피스톤이 천천히 부드럽게 눌린다. 손이 떨려서 마지막 한 번을 누르기가 쉽지 않았는데 여유롭게 누를 수 있게 되었다.

이로써 주사기 건의 위력 강화에도 성공했다. 주사기를 더 크게 만들거나 총신을 길게 늘려 위력을 높이면 1J(줄. 1N[뉴턴. 1N은 1kg의 물체에 작용하여 매초마다 1m의 가속도를 얻게 하는 힘]의 힘이 작용하여 힘의 방향으로 1m 움직일 때 한 일-역주) 이상의 위력을 낼 수 있을지도 모른다. 물론 과도한 강화는 금물!

가까운 뒷산으로 탐험을 떠나자!

우라늄 광석 채집 일본 간토 지방 편(쓰쿠바산계)

방사선 실험 연구의 필수 대상인 우라늄 광석. 돈만 있으면 뭐든 살 수 있는 세상이지만 직접 채취하는 것이야말로 가치가 있다. 이번에는 간토 근교 쓰쿠바산계에서 보물찾기다!

(POKA)

우라늄 광석은 화강암에 다량 포함되어 있다. 도쿄에서의 접근성을 고려하면 간토 지역 근교에서는 이바라키현 쓰쿠바시의 쓰쿠바산계가 가장 적합하다.

우라늄 광석 탐사의 필수 장비 가이거 계수기

가이거 계수기

안정적인 측정치와 높은 신뢰성이 장점인 우크라이나 제 'TERRA-P'가 휴대성이 뛰어나다.

팬케이크형 GM관 방식의 업무용 모델. GM관이 커서 휴대형보다 정도가 높다.

신틸레이션 검출기

신틸레이터를 이용한 방사선 측정기. 가이거 계수기보다 감도가 높지만 가격이 비싸다는 단점이 있다.

UV라이트

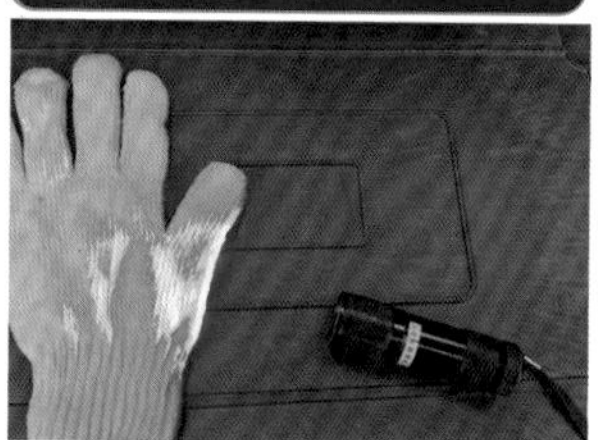
자외선 영역의 파장이 짧은 빛을 발하는 특수한 라이트. '자외선램프', '블랙라이트' 등으로도 불린다.

방사선 마니아로서 입수해두고 싶은 아이템이라고 하면 방사성 핵종인 우라늄 광석이 있다. 인터넷 판매 사이트 등에서 실험 교재로 판매되고 있기는 하지만 역시 직접 구해보고 싶다. 그래서 이번에는 우라늄 채집 노하우를 소개하기로 한다.

먼저 기초 지식부터. 우라늄은 지구 내부로부터 마그마의 형태로 지표면까지 상승했기 때문에 용암석이 아닌 결정이 큰 화강암에 다량 포함되어 있다. 따라서 화강암 지대를 중점적으로 찾으면 된다.

도쿄도 내에서 비교적 접근하기 쉬운 장소로 이바라키현 쓰쿠바시의 쓰쿠바산계(山系)가 있다. 화강암이 지표로 드러나 있는 곳이 많아 초심자들도 쉽게 접근할 수 있다. 가나가와현 북서부 단자와 산지 주변에도 화강암이 분포되어 있지만 이 일대는 깊은 산속이라 접근이 쉽지 않다.

● 원전 사고의 영향

2011년 이후 우라늄 광석을 찾아 나설 때 반드시 기억해야 하는 것이 후쿠시마 제1원자력발전소(후쿠시마현 후타바군)에서 누출된 방사성 물질의 영향이다. 주로 세슘(Cs137)이 많은데 이런 물질은 우라늄 광석 탐사 시 강

Memo:

우라늄 광석을 채집해 발광 실험

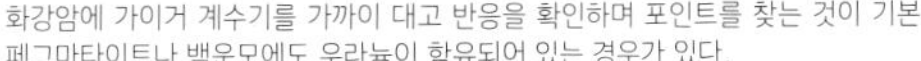

화강암에 가이거 계수기를 가까이 대고 반응을 확인하며 포인트를 찾는 것이 기본. 페그마타이트나 백운모에도 우라늄이 함유되어 있는 경우가 있다.

화강암에서 채집한 우라늄 광석 샘플. UV라이트를 조사하면 형광물질이 반응(=발광)한다.

렬한 노이즈를 발생시키는 원인으로 작용한다. '우라늄을 찾았다!'고 기뻐했는데 알고 보니 세슘…인 안타까운 결과를 초래할 수도 있다.

최종적으로는 에너지 분석을 통해 세슘인지 우라늄인지를 판정할 필요가 있다. 이바라키현 북부라면 식품 검사장에 가져가서 유료로 확인해볼 수 있다. 이런 사정은 동일본 지역에만 국한되며 서일본 지역에서 우라늄을 채집할 때에는 크게 걱정하지 않아도 된다.

● 필요한 장비류

방사성 광물 탐사이기 때문에 다소 특별한 아이템을 준비할 필요가 있다.

▼ 가이거 계수기

후쿠시마 제1원전 사고 이후 크게 유명해진 방사선 측정기의 일종. 가이거·뮐러 계수관(GM관)을 이용해 측정한다. 특정 장소에서 우라늄 광석을 찾는 데 필수적인 장비로 베타선 검출 성능을 중시한다.

▼ 신틸레이션 검출기

방사선에 반응해 발광하는 신틸레이터를 이용한 방사선 측정기. 가이거 계수기보다 감도가 월등히 뛰어나다. 감마선을 고감도로 검출할 수 있기 때문에 넓은 범위에서 포인트를 좁히는 데 사용한다.

▼ UV라이트

원자값이 6가인 우라늄 광물은 강렬한 녹색 형광을 발산한다. 자외선을 조사하는 UV라이트가 있으면 편리하다.

● 풍화 화강암

화강암은 오랫동안 물이 스며들거나 얼어붙어 모래처럼 부서져 있는 경우가 있다. 이런 상태가 적기. 풍화되지 않은 화강암은 단단해서 파괴하기 어렵기 때문이다.

● 페그마타이트

결정이 크게 성장한 부분을 '페그마타이트'라고 한다. 우라늄이나 토륨 등의 방사성 원소가 농축되어 있는 부분이다. 가이거 계수기를 가까이 가져갔을 때 강한 반응을 보이는 포인트가 있으면 '당첨'이다.

● 백운모

빛을 잘 통과시키는 백운모에 형광성 우라늄 광물이 섞여 있기도 한다. 틈새에 강한 녹색 형광을 발산하는 부분이 있으면 우라늄일 확률이 높다. 다만 스며든 정도라면 방사능을 거의 갖고 있지 않기 때문에 가이거 계수기에 반응하지 않는다. 이럴 때는 UV라이트의 힘을 빌린다. UV라이트를 비춰보자.

● 헤일로

석영이나 장석 등의 테두리가 변색되어 있는 것을 '헤일로'라고 부른다. 우라늄이나 토륨에서 방출된 방사선의 영향으로 손상된 부위. 헤일로 중심부에 우라늄 광물이 있는 경우가 많으며, 운이 좋으면 강한 방사선을 확인할 수 있다. 가이거 계수기가 강하게 반응하는 부분이 발견되면 당첨!

평범한 대학노트는 재미없다!

전무후무 실험 노트와 비밀 장치

전무후무한 실험 내용에 걸맞은 나만의 오리지널 노트를 만들어보자. 남이 봐선 안 될 위험한 내용은 '이것'을 사용해 쓰면 된다. 으흐흐…. (구라레)

'이 노트에 이름이 적힌 인간은 반드시 죽는다.' 민폐의 끝판왕 사신(死神)이 떨어뜨린 '데스노트'의 규칙. 사람을 죽음에 이르게 할 수 있을 정도의 능력을 가졌으니 평범한 노트는 격이 떨어진다. 하물며 파란색이나 분홍색 표지의 대학노트 따위는 당치도 않다. 역시 위험한 물건은 고딕풍의 괴기적인 디자인이 제격이지!

참고로 나는 평소에도 실험 노트를 직접 만들어 사용하는 일이 많은데 그 노트를 본 사람들이 종종 '어디서 살 수 있는지' 흥미로운 얼굴로 묻곤 한다. 그런 괴이한 노트를 갖고 싶어 하는 사람들이 의외로 많은 듯하지만 실제 판매하는 곳은 많지 않다. 그래서 이번에는 노트를 만들어 보기로 했다. 괴이한 이야기는 마지막에 살짝 곁들이기로 하고, 일단 시작해보자!

실험 노트 제작에 필요한 재료

가죽

천연 가죽이든 합성 피혁이든 상관없다. 수예점 등에 가면 합성 피혁이나 천연 가죽의 자투리를 저렴한 가격에 구입할 수 있다. 인터넷 판매 사이트에는 종류가 더욱 다양하다.

염료

'소메Q'라는 스프레이형 염색제를 사용. 가죽 제품에 색이 잘 밀착되는 제품을 고르면 좋다. 천연 가죽에 보라색과 금색 그러데이션 염색을 한 것 같은 괴이한 노트를 만들기에 제격.

고리

알루미늄 고리를 사용한다. 수예점에서 10개 세트에 200엔(2,000원) 정도에 판매된다. B4 크기의 노트는 30개 정도는 끼워야 하므로 여유 있게 사두면 좋다. 알루미늄의 은색 이외에도 알루마이트에 색을 입힌 것도 있으니 기호에 맞게 고르면 된다. 황동이나 스테인리스 소재는 너무 단단해서 30개나 끼우다가는 노트를 집어 던지고 싶을 수 있으니 피하는 게 무난하다.

노트

루스 리프식도 괜찮지만 표지만 바꿔 끼우면 되는 튼튼한 커버가 달린 스프링 노트를 사용하는 편이 완성도를 높일 수 있다.

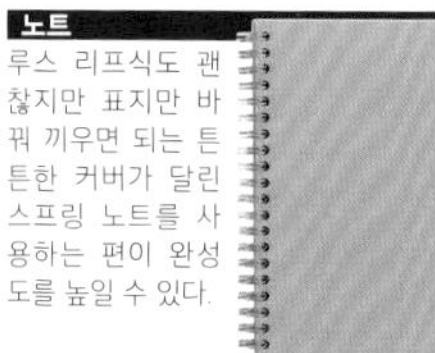

공구

펜치 2~3종류와 가죽용 펀치가 있으면 작업이 용이다. 다이소에서 판매하는 저렴한 공구로도 충분하다. 접착제는 가죽 전용 제품을 준비한다.

편리성은 잊어라 고딕풍에 집중한다

노트를 만든다고는 하지만 가까운 문구점 등에서 판매하는 평범한 노트를 이용한다. 물론 속지를 구입해 나만의 루스 리프식 노트를 만들어도 되지만 그런 실용적인 부분은 전혀 중요치 않다. 내가 중점을 두는 것은 어디까지나 디자인. 고딕풍 디자인에만 집중한다.

본래 고딕이라고 하면 12세기 중반 무렵 북프랑스에서 시작되어 주로 건축 등에 이용되었던 미술 양식. 그 후 건축뿐 아니라 다양한 분야에서 이용되었으며, 실제 고딕이라고 불리게 된 것은 15~16세기 이후부터였다. 르네상스기의 인문주의자들이 '미개한 고트족이 만든 야만적인 양식!'이라고 멸시했는지 어떤지는 분명치 않지만, 고딕이라는 말이 정착한 데는 그런 사정이 있었다는 말

Memo:

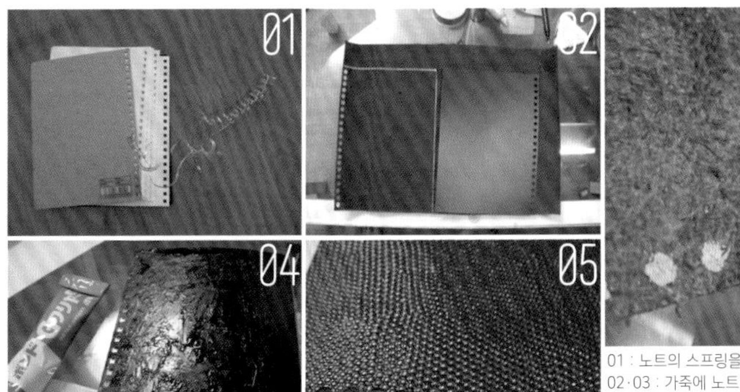

01 : 노트의 스프링을 분리한다. 의외로 끈기가 필요한 작업.
02·03 : 가죽에 노트 표지를 대고 표시한 후 펀치로 구멍을 뚫는다.
04 : 표지 뒷면에 접착제를 골고루 바른다. 가죽 전용 접착제를 사용하면 쉽게 떨어지지 않는다.
05 : 구멍의 위치가 밀리지 않도록 주의하며 가죽과 노트 표지를 붙인다.

이 있다. 이야기가 다소 옆길로 샌 것 같다. 옛날이야기는 이 정도로 해두고 본론으로 돌아가자.

고딕 노트의 재료비는 1,000엔(1만 원) 정도. 생각보다 비용이 꽤 들었다. 또 편리성 면에서는 고리가 자꾸 걸려 은근히 불편하기까지 했다. 그러나 중요한 실험 결과 등을 기록하는 데 걸맞은 나만의 노트를 아무 데서나 살 수 있는 100엔짜리로 만족할 수는 없다.

표지와 속지도 맞춤 제작 나만의 고딕 노트

재료만 준비되면 공작은 전 과정 통틀어 30분도 걸리지 않는다. 전문 지식이 필요한 것도 아니어서 누구나 쉽게 자기만의 오리지널 노트를 만들 수 있다. 사실 나는 이 원고를 쓰면서 만들었는데도 시간이 오래 걸리지 않았다.

이왕 만드는 거 표지뿐 아니라 속지도 나만의 스타일로 맞춤 제작을 해보자. 오래된 느낌이 나도록 가공해 고딕풍 노트에 어울리는 속지를 만드는 것이다.

먼저, 노트를 분해한다. 스프링식이든 분리식이든 생각보다 견고하기 때문에 펜치를 이용해 낱낱이 해체한다.

다음은 노트의 얼굴이라고 할 수 있는 표지 제작이다. 가죽 뒷면에 붙이고 싶은 표지를 대고 구멍을 뚫을 위치를 표시한다. 가위나 커터 칼로 형태에 맞게 자른 후 펀치를 이용해 가죽에 구멍을 뚫는다.

구멍을 뚫었으면 가죽과 노트 커버를 접착제로 붙이면 끝. 어려울 것 하나 없다.

새 노트도 고문서처럼 고풍스러운 연출

이제 고리를 끼워 완성하면 되는데 기왕이면 속지 몇 장 정도에 고풍스러운 느낌을 주는 연출을 해도 좋을 듯하다.

인스턴트커피, 감물, 캐러멜 색소 등으로 노트를 염색하는 것이다. 방법은 적당량의 용액을 종이에 붓고 말리면 끝. 이게 전부다.

조금 더 자세히 설명하면, 감물이나 캐러멜 색소는 커피와는 다른 갈색 얼룩이 남는다. 여러 다른 색소를 사용해 염색과 건조를 반복하면 영화에 나오는 고문서처럼 낡고 너덜너덜하게 연출할 수 있다.

고풍스러운 느낌의 속지까지 완성되었으면 이제 알루미늄 고리를 끼워 노트를 엮는다. 어느 정도 힘이 있으면 맨손으로도 구부릴 수 있지만, 그렇지 않은 사람은 펜치 등을 사용하면 작업이 용이하다.

고리를 다 끼운 후에는 노트가 잘 펴지는지 확인한다. 고리 크기에 따라 다르지만 10개 정도 끼우면 속지를 넘길 때 걸리지 않고 잘 펴진다.

또 가죽을 덧댄 표지가 허전할 때는 장식용 스티커 등을 붙이는 방법도 있다. 매끈한 합성 피혁이라면 바이크용 도안 등을 붙여도 괜찮다. 표

06 : 인스턴트커피나 감물 등의 염료에 종이를 적신다. 시간의 경과에 따라 색이 바뀌기 때문에 기호에 맞게 조절하면 된다.
07 : 염료에 적신 종이를 완전히 말린다. 여름에는 1시간 정도면 충분하다.
08 : 잘 말린 종이와 표지를 하나로 엮어 고리를 끼운다.
09 : 염색한 종이를 끼워넣으면 고풍스러운 느낌을 연출할 수 있다.
10 : 세상에 단 하나뿐인 고딕풍 노트 완성.
11 : 이전에 만들었던 고딕풍 노트. 알루미늄 고리로 만든 체인이 포인트.

지 장식은 각자 좋아하는 스타일로 연출해보자.

나만의 노트에 걸맞은 비밀 장치로 봉인

데스 노트의 중 2병 주인공처럼 이왕 비밀 노트를 손에 넣었다면 비밀 장치를 설치해보면 어떨까. 그렇다고 책상에 발화장치 같은 걸 설치했다가는 지진 등으로 오작동해 집 전체가 잿더미가 될 수도 있다.

간단하게는 노트를 숨길 비밀스러운 장소를 만드는 방법이 있다. 성경책이나 도감처럼 두꺼운 책 안쪽을 커터 칼로 파내 수납 장소를 만들거나 자물쇠를 다는 등의 방법을 생각할 수 있다.

그 정도로는 부족하다. 그야말로 전무후무한 비밀 장치를 원한다면 다음과 같은 방법도 있다. 노트에 기록한 위험천만한 내용은 액체 가스로 급랭하지 않는 한 볼 수 없게 만드는 방법이다.

여기에는 지우개로 지울 수 있는 볼펜이 사용된다. 문구점에서 손쉽게 구할 수 있는 볼펜이지만 이 볼펜의 염료를 얕잡아보면 안 된다. 고온에서는 무색으로 변하고 -15℃에서는 원래 색으로 돌아오는 특이한 성질을 지녔다. 또 지우개로 지우지 않아도 60℃ 이상으로 설정한 열풍기의 바람으로 글씨를 지울 수 있다.

-15℃로 냉각하려면 에어 더스터를 거꾸로 들고 디메틸에테르나 대체 프레온 가스 등의 액화가스를 분사하면 된다. 물을 사용하지 않기 때문에 종이의 손상도 없다.

이런 성질을 응용해 감추고 싶은 부분만 지울 수 있는 볼펜으로 써둔다. 그리고 열풍기로 가열해 글씨를 지우는 것이다. 에어 더스터를 뿌리면 다시 읽을 수 있다.

또 최근에는 다이소와 같은 균일가 생활용품점에서 블랙라이트를 비추면 빛나는 펜도 판매되고 있다. 투명한 잉크 안에 플루오레세인(형광 색소)이 포함되어 있어 블랙라이트를 비추면 글씨가 나타난다. 시시한 것 같지만 의외로 고성능이기 때문에 이런 걸 사용해도 재미있을 것이다.

지워지는 볼펜의 놀라운? 활용법

이번 공작은 충분히 있을 수 있는 이야기였기 때문에 전무후무하고 위험한 이야기도 살짝 곁들여보려고 한다. 앞서 이야기한 지우개로 지울 수 있는 볼펜을 조금 더 자세히 파헤쳐 그 가능성을 연구해보자.

지울 수 있는 볼펜은 연필과 같이 지우개 입자에 잉크가 엉겨 붙어 지

Memo:

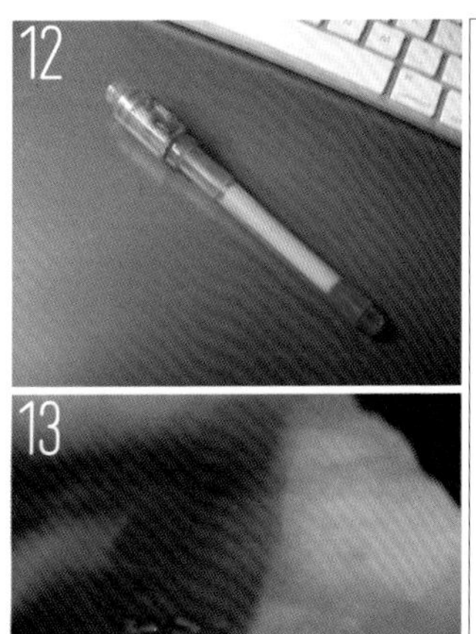

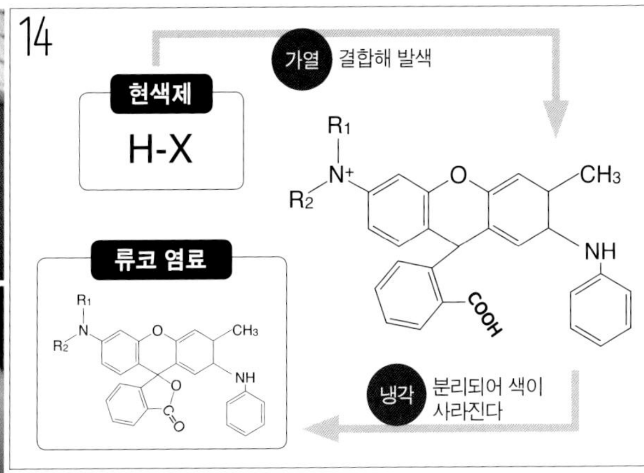

12 : 플루오레세인 잉크를 사용해 블랙라이트를 비추면 발광하는 펜.
13 : 블랙라이트를 비추면 글씨가 나타난다. 남이 볼 수 없는 비밀의 문자를 써보자.
14 : 무색의 류코 색소와 현색제에 열을 가하면 두 성분이 섞이며 발색한다. 냉각시키면 분리되어 색이 사라지는 구조.

워지는 것과 마찰열로 지워지는 것 등 2종류가 판매되고 있다. 잉크가 엉겨 붙어 지워지는 종류는 수정펜처럼 손톱으로 긁어내면 벗겨지기 때문에 금방 알아볼 수 있고 실용성도 낮다.

여기서는 마찰열로 지워지는 타입을 사용한다. 이 타입에는 류코 염료라고 불리는 것이 사용된다. 두 가지 성분이 열에 의해 결합하고 분리되는데 결합할 때 발색(또는 변색)되도록 만들어져 있다. 또 류코 염료 중에는 특정 온도에서 색이 변화하는 것도 있는데 이것을 사용하면 온도에 따라 색이 변화하는 잉크를 만들 수도 있다.

마찰열로 지워지는 볼펜에 사용되는 류코 염료는 60℃의 열에 의해 분리되면서 무색투명해진다. 이때는 블랙라이트 등을 비춰도 발광하지 않는다.

상온으로 돌아와도 색은 변하지 않고 -15℃가 넘어야 비로소 색이 변화한다. -15℃가 되면 원래대로 돌아가고 상온에서도 글씨가 지워지지 않는다. 다시 60℃로 열을 가해야만 글씨를 지울 수 있는 것이다. 안정성이 좋아 10년 정도는 충분히 글씨가 남는다는 기록이 있다.

한편 시간의 경과에 따라 지워지는 타입의 잉크도 있는데 이것은 산화에 의해 분자가 붕괴되면서 색이 사라지는 것이다. 오징어 먹물을 아세톤과 물에 녹여 만들 수도 있다고 하는데 이번에는 시간이 없어 검증하지 못했다.

그렇다면 이 2종류의 잉크를 사용해 기상천외한 속임수도 가능하지 않을까. 예를 들면 도저히 받아들일 수 없는 불합리한 계약서를 열로 지울 수 있는 잉크로 인쇄하는 것이다. 그것을 히터로 가열해 색을 지운다. 그리고 24시간이면 분해되어 색이 사라지는 잉크를 사용해 가짜 계약서를 인쇄한다. 거기에 상대가 일반 볼펜으로 서명하게 하면, 24시간 후에는 백지로 돌아간다. 그걸 다시 냉각하면… 어라, 기억조차 없는 계약서에 서명이!? 그런 일도 가능한 시대가 된 것이다. 등골이 서늘해진다(웃음).

개조 없이 1,000℃ 이상의 초고온을 발생시킨다!

터보 전자레인지

가정용 전자레인지에 약간의 아이디어를 더하면 1,000℃까지 온도를 높일 수 있다! 금속이나 유리는 물론 온갖 물건을 녹여버리겠다! (POKA)

'전자레인지'란 전자파(마이크로파)를 조사해 식품에 포함되어 있는 수분을 가열하는 조리기구이다. 이 전자레인지를 이용해 엄청난 열을 발생시키는 실험을 소개한다. 전기적 개조 없이 손쉽게 초고온을 발생시키기 때문에 1,000℃ 이상의 가열이 필요한 경우 편리하다.

전자레인지의 초고온 실험에 사용하는 재료

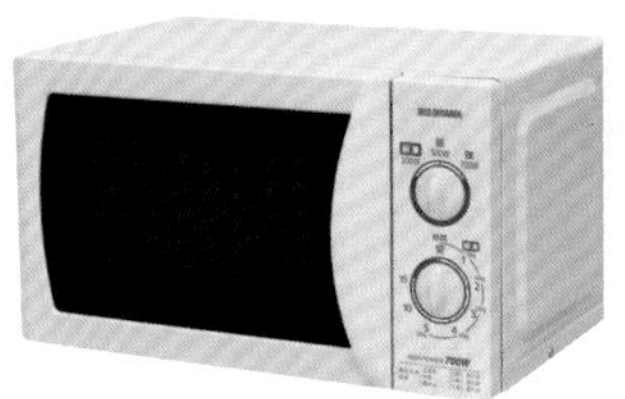

전자레인지
출력 500W 정도의 지극히 일반적인 제품이면 OK.

활성탄
야자 껍질 등의 광택이 있는 것.

내화 벽돌
순도가 높은 흰색 멀라이트제.

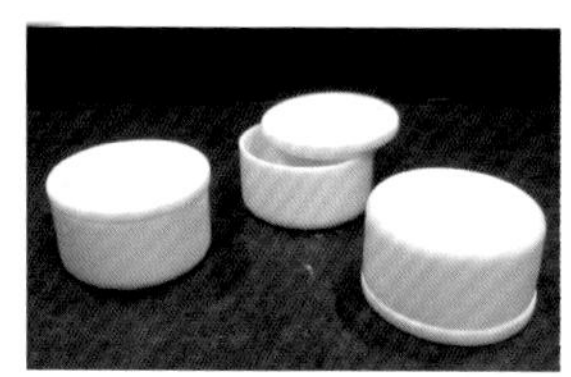

감과
이과 실험용 내열 용기. 이것도 멀라이트제를 선택한다.

● 실험에 필요한 재료

전자레인지, 활성탄, 내화 벽돌, 감과(도가니). 이 네 가지가 주요 재료이다.

일단 전자레인지부터. 일반 가정용 전자레인지면 된다. 단, 가열할 때 유독가스가 발생하는 물질을 실험한다면 중고 제품 등을 구입하는 것이 좋다(기능이 단순한 종류는 3,000엔 정도에도 구입 가능). 출력이 셀수록 온도 상승이 빠르고 더 높은 온도를 발생시킬 수 있다. 하지만 500W 정도의 일반 가정용 전자레인지로도 충분하다.

활성탄은 발열체로 사용한다. 원재료는 야자 껍질 등의 광택이 있는 것이 이상적이다.

내화 벽돌은 발포도가 높은 즉, 안이 비어 있어 들었을 때 가벼운 것을 선택한다. 또 내화 벽돌이 마이크로파를 흡수하기 때문에 순도가 높은 백색 멀라이트제(산화알루미늄과 이산화규소의 화합물)가 이상적이다. 붉은 벽돌은 마이크로파 흡수력이 강해 실험에 적합지 않다.

금속을 녹일 때 사용하는 내열성 감과는 저렴한 멀라이트제도 상관없다. 단, 2,000℃ 이상의 본격적인 실험에 사용하는 경우는 고가의 알루미나 소재를 사용하기 바란다. 감과째 녹아버릴 수 있다. 이번 실험에서는 멀라이트제를 선택했다.

● 내화 용기를 만든다

먼저, 내화 벽돌의 가공부터. 벽돌 안을 파내서 내열 용기를 만든다. 벽돌에 연필로 감과가 들어갈 정도의

Memo:

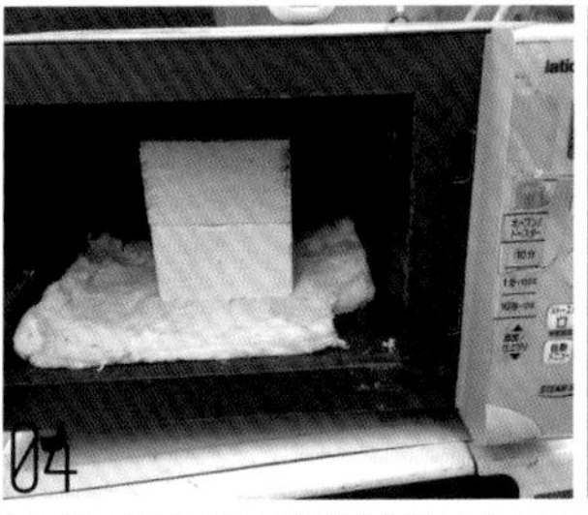

01 : 내화 벽돌을 감과 크기에 맞게 일자 드라이버 등으로 파낸다.
02·03 : 구멍 바닥에 활성탄을 1cm 정도 채운다. 유리 원료를 넣은 감과를 넣고 절반 이상 묻힐 정도로 활성탄으로 채운다.
04 : 위에도 내화 벽돌을 덮어 전자레인지에 넣는다.
05·06 : 10분 정도 약하게 가열을 시작한다. 그 후 출력을 최대로 높여 재가열. 소형 감과는 15분 정도 걸린다. 유리 원료가 녹아 녹색 고형물이 되었다.

형태를 그린 후 일자 드라이버 등으로 파낸다. 내화 벽돌은 속이 비어 있기 때문에 생각보다 쉽게 파낼 수 있다(완전히 관통되지 않도록 주의할 것).

감과를 넣기 편하게 1cm 정도 여유를 두고 파내면 좋다. 단, 너무 크면 빈틈으로 열이 빠져나갈 수 있으니 적절히 조절한다.

● 활성탄을 채운다

활성탄은 발열체로 이용한다. 벽돌로 만든 내화 용기 바닥에 활성탄을 1cm 정도 깔고 감과를 넣는다. 감과가 절반 이상 묻힐 수 있게 주위에도 활성탄을 채운다. 활성탄 양이 적으면 전자레인지가 망가질 수 있으니 충분히 채워준다. 마이크로파의 에너지를 활성탄이 완전히 소비할 수 있도록 해주는 것이다.

● 감과의 설치

감과 안에 원료를 투입한다. 이번에는 유리 원료를 사용했다. 녹이려면 1,000℃ 가까운 고온이 필요한 성분이다. 감과에 가득 채운다.

멀라이트의 내열 온도는 약 800℃. 단시간이라면 1,000℃ 정도로 가열해도 버틸 수 있을 것이다. 감과가 녹을 정도면 같은 소재의 내화 벽돌도 녹을 것이다. 가열된 활성탄이 내화 벽돌을 녹이면 그야말로 멜트다운 상태가 된다. 전자레인지의 출력과 내부의 상태를 수시로 확인해가며 가열한다.

● 가열 개시

처음에는 약하게 가열을 시작한다. 급가열하면 감과가 깨질 수 있다. 10분 정도 약하게 가열하다 최대 출력까지 높인다. 소형 감과는 15분 정도면 최고 온도에 도달할 것이다.

참고로, 탄산염같이 탄산가스를 방출한 후 녹는 성분의 경우에는 30분쯤 걸리기도 한다. 가열 시간은 각자의 실험 상황에 따라 조정한다.

● 가열 종료

가열을 마친 후 감과를 바로 꺼내지 말 것. 식으면서 깨질 수 있기 때문이다(사진 06 참조). 감과에 넣은 유리 원료가 완전히 녹아 녹색 고형물이 되었다.

범용성이 높은 '18650'을 염가 조달!

다이소의 모바일 배터리로 초절정 폭광의 세계를 실현

소형·경량·고성능 충전지로 사랑받는 리튬 이온 배터리. 그 대표 격인 '18650'으로 눈이 멀 정도의 폭광 LED 조명을 제작해보았다! (POKA)

다이소에서 판매하는 모바일 배터리를 입수했다. 2,000mAh의 리튬 이온 배터리 '18650형'이 내장된 제품으로 충전을 통해 몇 번이든 이용 가능. 더 얇은 배터리가 내장된 모바일 배터리도 있었지만 공작에는 범용성이 높은 18650이 적합하다.

18650은 보통 10ømm×65Lmm의 원통형 리튬 이온 배터리를 가리킨다. AA건전지보다 조금 더 크고 만충전 시 4.2V, 보통은 3.6V. 알칼리나 니켈의 3배에 달하는 기전압을 얻을 수 있고 내부 저항이 작은 것이 큰 매력이다. 알칼리 건전지 등으로는 얻을 수 없는 출력이 필요한 스마트폰이나 전동 공구 등에 주로 이용되며, 배터리 팩 뒷면에 '7.2V'나 '14.4V' 등 전압 기준인 3.6V의 배수로 되어 있는 것으로 확인할 수 있다.

에너지 밀도가 높은 것은 큰 장점이지만 발화했을 경우 위험성도 높아진다. 최근 배터리 팩 화재의 원인 중 대부분이 리튬 이온 전지라고 해도 과언이 아니다. 또 18650은 과방전에 약하다는 단점이 있다. 3V 이하로 방전하면 회복 불가능한 손상을 입는 경우가 있으며 만충전 시의 4.2~3V의 1.2V 범위에서 운용하는 것이 안전하다.

1만 루멘이면 검은 종이에서 연기가 피어오른다

18650 배터리의 출력이라면 초강력 LED를 구동하는 것도 불가능한 일이 아니다. LED 중에서도 면적이 크고 강력한 칩 온 보드(COB, Chip On Board)형 발광 소자를 구동해보자. 일반적인 LED 조명은 1W당 100루멘 정도이지만 COB LED는 100W당 1만 루멘이라는 경이적인 밝기로 검은 종이나 천이라면 연기가 피어오를 정도. 육안으로 보면 실명할 수도 있는 위험천만한 폭광이다.

LED라고 하면 에너지 효율이 높은 이미지가 있지만, 실은 그렇게까지 효율이 좋은 것은 아니다. 투입 전력

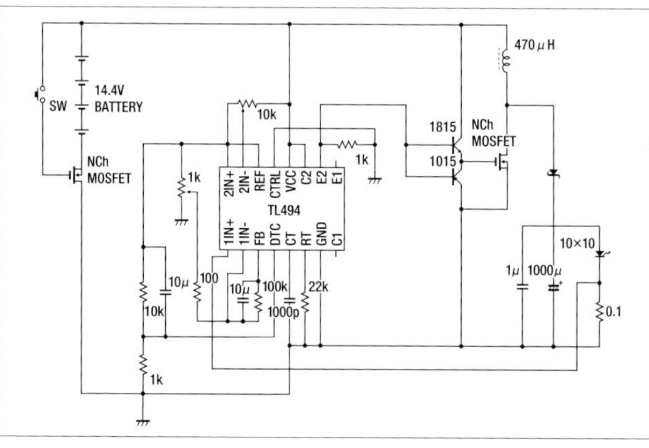

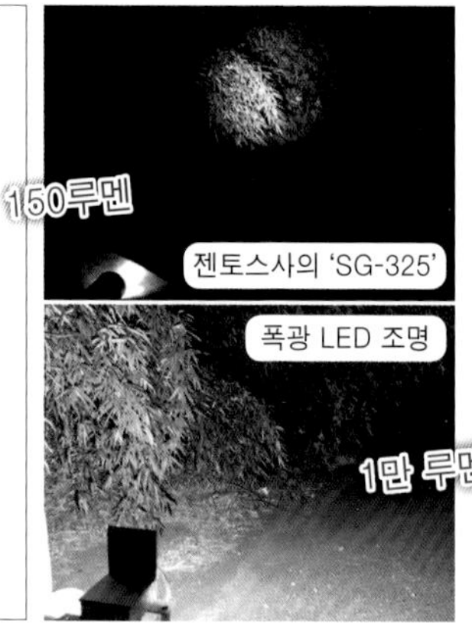

Memo:

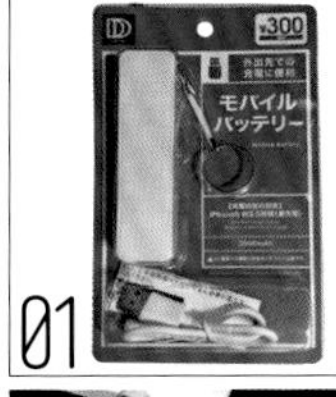

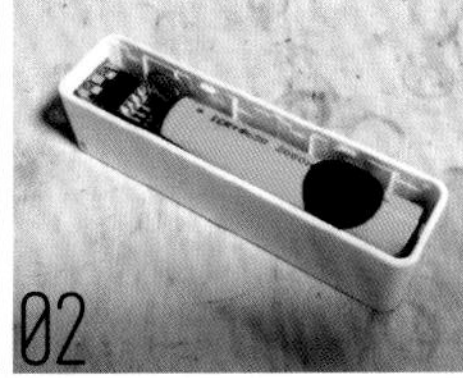

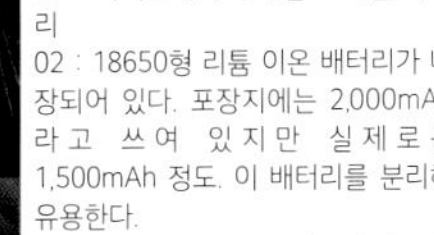

01 : 다이소에서 구매한 모바일 배터리
02 : 18650형 리튬 이온 배터리가 내장되어 있다. 포장지에는 2,000mAh라고 쓰여 있지만 실제로는 1,500mAh 정도. 이 배터리를 분리해 유용한다.
03 : 최근에는 자동차 헤드라이트 등에도 사용되는 COB LED
04 : 18650을 직렬 연결. 단, 충전은 위험하기 때문에 절대 금물.
05 : 초절정 폭광 장치가 완성되었다.
06 : 고전압이나 과방전이 되지 않도록 조정한다.

의 절반 이상이 열로 변하기 때문에 100W급 정도가 되면 방열이 필수이다. CPU 쿨러와 같은 효율적인 방열기가 이상적이지만, 휴대용 타입은 방열 능력에 한계가 있기 때문에 수 초 간격으로 제한 시간을 설정한다. 장시간 구동하면 LED 자체의 발열로 멜트다운을 일으켜 망가질 위험성이 있기 때문이다.

초퍼 회로로 승압 모스페트로 과전압 보호

이번에는 18650 배터리 4개를 직렬 연결해 사용한다. 전압은 3.6V×4=14.4V. 손바닥에 올려놓을 수 있는 정도의 크기이지만 강력한 파워로 수 초 만에 수백 W의 방전이 가능하다. 일설에 따르면 자동차 엔진도 가동할 수 있다는 말까지…. 단, 18650 배터리의 직렬 충전은 위험하므로 개별적으로 충전하는 것이 안전하다.

100W급 LED의 구동 전압은 35V 전후. 14.4V로는 부족하기 때문에 승압 회로가 필요하다. 승압에는 비교적 간단하고 부품도 구하기 쉬운 초퍼식을 채용했다. 또 컨트롤 IC는 범용 'TL494'로 했다. TL494는 에러 앰프 2개와 게인 보상단자가 장착되어 있어 세밀한 설계가 가능하다. 파워 LED는 3A 정도의 정전류 구동이 필요하기 때문에 전류 검출 후 증폭해 PWM(펄스 폭 변조)을 생성. 에러 앰프의 한쪽은 배터리 전압을 모니터한다. 배터리 전압이 12.5V를 밑돌면 PWM이 생성되지 않고 전류가 거의 흐르지 않는 상태가 된다. 이것으로 과방전을 막을 수 있다.

개방 부하 보호 기능은 없기 때문에 부하를 걸지 않고 작동시키면 회로가 고전압으로 파괴될 우려도 있다. 배터리에서 10A가량 방전하게 되므로 푸시 스위치만으로는 접점이 눌어붙을 수 있다. 모스페트(MOS-FET)를 스위치로 사용한다.

회로가 완성되면 푸시 스위치를 넣고 전류 조정용 트리머를 돌려 광도를 높인다. LED에 흐르는 전류를 모니터할 수 있으면 좋지만 100W급 LED는 35V 정도가 구동 전압의 한계이다. 33V 정도의 전압 위치에 조정해두면 적절하다. 계속해서 정도가 높은 전원으로 12V를 공급한다. 저전압 보호용 트리머로 12V보다 조금 높은 12.5V 정도에서 LED가 발광하지 않도록 조정하면 준비 완료. 실험 돌입이다.

사진의 히트 싱크로는 LED의 열은 전부 흡수하지 못하기 때문에 2~3초 정도의 구동이 한계. 하지만 빛이 굉장히 강렬해 밤에도 주위가 대낮처럼 밝아진다. 일시적으로 시력이 상실될 정도이니 불량배를 맞닥뜨렸을 때에도 효과를 발휘하지 않을까?

홈 센터에서 입수한 재료로도 만들 수 있다!

회오리&화재 선풍 발생장치의 제작

'토네이도!', '파이어 스톰!' 같은 말만 들어도 가슴이 뛰는 영원한 소년들이여. 이제 직접 만들어보자!

(레너드 3세)

일본에서는 여름부터 가을에 걸쳐 발생해 피해를 주는 회오리바람. 번개와 함께 위험한 기상 현상으로 유명하다. 둘 다 강력히 발달한 적란운에서 발생하며 매우 강한 에너지를 가지고 있다. 이번 실험에서는 이 회오리바람을 작게나마 재현해보기로 한다.

기본적으로 회오리바람은 강한 상승기류에서 발생한다. 완만하게 회전하는 대기가 상승기류로 빨려 들어가면 각운동량 보존의 법칙(회전 반경×속도＝일정하다 즉, 서로 반비례한다)에 의해 회전 반경이 작아지는 만큼 회전 속도가 점점 증가한다. 또 기압의 압력 차에 의해서도 가속하고 작은 소용돌이가 발생하는 등의 조건이 갖춰지면 순식간에 초속 수십~100m에 이르는 강력한 회오리바람이 발생하는 것이다.

● 회오리바람 발생장치의 재료

회오리바람이 발생하려면 상승기류와 회전하는 기류 두 가지가 필요하다. 회오리바람 발생장치는 이 두 가지를 재현하는 것이다.

재료는 공기를 빨아들이는 팬과 투명한 원통. 원통은 회전기류를 발생시키기 위한 것으로, 공기를 끌어들이기 위해 옆면을 절개하고 위아래에도 각각 구멍을 뚫는다. 자르거나 구부려 사용하기 때문에 가공하기 쉬운 얇은 소재가 적합하다. 이번에는 플라스틱 스낵 용기를 사용했다.

공기 투입구는 팬의 회전 방향과 내부 기류의 방향이 같도록 설정한다. 팬은 공기를 강력히 빨아들일 수 있는 것이라면 뭐든 상관없지만 PC용 DC 축류 팬(프로펠러형)보다 압력차가 큰 원심 팬이 더 효과적이었다. 핸디형 청소기에 사용되는 팬 등을 이용하는 것도 가능하다.

또 이번 실험에서는 소용돌이를 육안으로 확인할 수 있어야 한다. 회오리바람의 트레이드마크와도 같은 깔때기 모양 구름은 보통 구름과 마찬가지로 기압의 변화로 발생하기

회오리바람 발생장치의 제작 및 실험

주요 재료
전지식 원심 팬
플라스틱 용기
초음파 가습기

용기를 가공한다. 위쪽은 15mm, 아래쪽은 4mm 정도의 구멍을 뚫는다. 좌우 두 곳에 공기 투입구를 만든다.

회오리바람 발생

주위를 어둡게 만들고 옆에서 조명을 비춘다. 용기가 빛을 반사해 소용돌이를 찍기가 쉽지 않았다.

레이저 조사

레이저를 둥글게 비춰 회오리바람의 단면을 관찰했다. 소용돌이의 중심부가 태풍의 눈처럼 보이는 것을 확인할 수 있다.

Memo:

화재 선풍 발생장치의 제작 및 실험

주요 재료	
DC 팬	가스 연소기
알루미늄 판	알루미늄 파이프
널빤지	호스

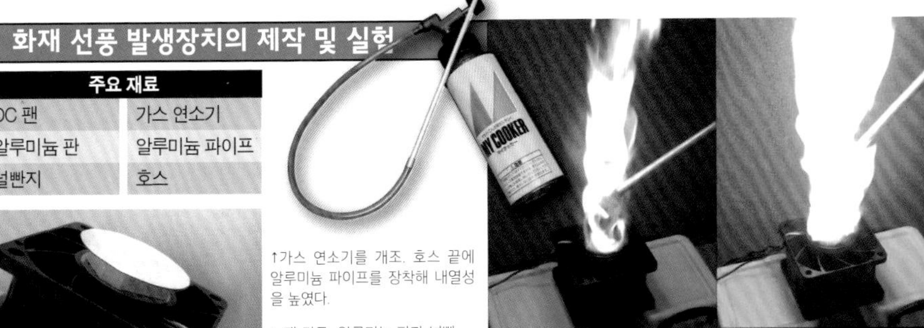

↑가스 연소기를 개조. 호스 끝에 알루미늄 파이프를 장착해 내열성을 높였다.

←팬 가공. 알루미늄 판과 널빤지를 붙여 내열 가공.

'쿠오오!' 하는 소리와 함께 강력한 불기둥이 치솟았다. 사진에서는 잘 보이지 않지만 소용돌이가 나타난다.

때문에 자작은 불가능하다. 그래서 초음파 가습기를 준비했다. 초음파 가습기는 초음파의 진동을 이용해 물 입자를 미세화해 안개로 만들기 때문에 발열도 없고 기온과도 무관하게 대량의 안개를 발생시킨다. 이번 실험에는 안성맞춤이다!

초음파 가습기 위에 미리 가공한 투명 원통을 놓고 그 위에 원통으로 공기가 빨려 들어가는 방향으로 팬을 올리면 실험 준비 완료. 팬을 작동해 기류를 발생시킨 후 초음파 가습기 전원을 켜면 가습기에서 뿜어져 나온 안개가 소용돌이치며 회오리바람이 모습을 드러낸다. 용기에 빛이 반사되어 잘 보이지 않을 때는 실내 조명을 끄고 어두운 상태에서 조명을 비추면 잘 보일 것이다. 레이저 포인터가 있으면 아크릴 소재의 투명한 원통 등을 이용해 레이저를 비추면 회오리바람의 단면을 관찰할 수 있으므로 한 번쯤 시도해보기 바란다.

실험 포인트는 원통 측면의 일부만이 아니라 위에서 아래까지 전체적으로 공기가 빨려 들어갈 수 있게 하는 것. 그래야 회오리바람이 만들어지기 쉽다. 또 초음파 가습기는 물을 분무하기 때문에 너무 세게 틀면 원통 안쪽에 수증기가 맺혀 잘 보이지 않게 되거나 팬이 물에 젖기 쉬우므로 적당히 조정한다. 그 밖에도, 회오리바람은 기류의 반경이 바뀔 만큼 소용돌이가 강해지는 성질이 있기 때문에 원통은 가능한 한 지름이 큰 것을 사용하도록 한다.

이번 실험장치는 일상에서 쉽게 구할 수 있는 재료로 만들 수 있게 설계했다. 재료비는 더 들겠지만, 공기 중에 회오리바람을 발생시켜 직접 손으로 만져볼 수 있는 본격적인 장치도 제작 가능하다. 원통 대신 가로 방향으로 공기를 분출하는 에어커튼 기능이 있는 기둥을 사방에 설치해 회전기류를 발생시키는 구조. 송풍기는 물론 가습기나 팬도 강력한 타입이 필요하기는 하지만 1m 정도의 직접 만져볼 수 있는 회오리바람을 발생시킬 수 있다.

● 화재 선풍의 검증

계속해서 화염의 소용돌이라고 할 수 있는 화재 선풍이라는 현상을 재현해보자. 화재 선풍은 대규모 화재로 발생하는 상승기류가 원인이 되어 일어나는 현상으로 산불 현장 등에서 주로 목격된다.

준비해야 할 것은 DC 팬, 금속판, 널빤지, 가스 연소기 그리고 금속 파이프와 그것을 연결할 호스이다. 먼저 팬의 내열 가공부터. 금속판과 널빤지를 양면테이프 등으로 붙여 팬의 중심에 부착한다.

다음은 가스 연소기를 분해해 호스와 금속 파이프를 연결한 것을 사진과 같이 장착한다. 이제 팬을 작동시키고 가스를 배출해 불을 붙인 금속 파이프를 팬 중심부보다 약간 위쪽으로 가져가면 파이어! 강력한 불기둥이 소용돌이를 일으키며 솟구친다.

실험 포인트는 가변 전원 등으로 팬의 강도를 조절하는 것과 파이프 끝의 위치인 듯하다. 생 가스를 분출시키면 더욱 강력한 불기둥을 재현할 수 있지만 액체로 된 가스가 튀면 주위에 불이 번질 수 있다. 이번 실험에서는 배경이 약간 타는 정도로 그쳤다. 너무 쉬운 실험은 굳이 추천하지 않는다(웃음).

활활 타올라라, 무지갯빛으로 타오르는

컬러 캠프파이어

불꽃의 빛깔을 자유자재로 바꾼다! 붕산이나 염화동 등 구하기 쉬운 약품을 사용해 다채로운 불꽃을 즐길 수 있다. 이것이야말로 진정한 화염의 마법! 파이어!!

(구라레)

이번에는 다채로운 빛깔의 불꽃을 즐기는 컬러 캠프파이어 실험을 소개한다. '염색(焔色) 반응'으로 알려진 이 실험은 어떻게 불꽃의 색을 바꾸는 것일까. 그 원리는 물론 이왕이면 평범한 알코올램프 실험이 아닌 화려한 실험도 함께 소개한다.

'색'이란 무엇일까? 본래 우리가 말하는 색이란 당연히 우리 눈에 보이는 색을 말한다. 무슨 말인가 하면, 빛은 전자파의 일종이기 때문에 그 일부의 파장을 지각한다는 것이다. 요컨대 요즘 말이 많은 감마선이나 엑스선 같은 방사선, 피부를 태우는 자외선, 고타쓰(炬燵. 일본식 온열기구)나 그릴 히터 등의 적외선, 전자레인지의 마이크로파, 휴대전화의 전파 등 이런 것들은 모두 전자파이다. 이런 전자파는 우리가 눈으로 볼 수 없을 뿐 늘 우리 주위에 존재한다(지각할 수 있는 생물도 있다). 인간은 전자파 중에서 380nm(보라색)~780nm(적색) 파장의 전자파만을 인지하는 세포 구조를 가지고 있기 때문에 '보이는' 것이다.

인간은 RGB의 3원색 즉, 적색, 녹색, 청색의 단색광을 포착하는 시각세포(간상세포, 원추세포)에 대한 강도로 인지하는 색이 달라진다. 시각세포는 각각의 색에 대응한 감광물질을 분비해 빛을 흡수한다. 이때 분자 구조에 변화가 일어나면서 전기 자극을 일으키고 이것이 뇌에 전달되어 '보이는' 것이다. 우리가 보는 것은 이런 일련의 처리가 이루어진 0.1초 후의 세상이다.

눈은 카메라와 같은 것으로 각막이 313nm 이하의 파장을 차단하고, 수정체는 380nm 이하와 780nm 이상을 차단하기 때문에 보이는 색이 한정된다. 만약 수정체를 성질이 다른 인공물로 교체하면 보이는 색도 달라질 것이다(그리 아름답지만은 않은 빛깔일 것이다). 자외선이나 적외선 또는 감마선 등을 볼 수 있다면 고타쓰나 그릴 히터는 눈이 부셔서 바라볼 수도 없고 주변의 방사성 물질이나 휴대전화의 전파가 나오는 부분은 항

▼ 염색반응을 이용한 컬러 캠프파이어 실험

각종 약품을 녹인 용기에 불을 붙인다. 각 약품마다 파장이 강하게 나오는 시간대가 달라 전체적으로 오로라와 같은 다채로운 불꽃을 즐길 수 있다.

주요 재료
●금속 트레이 : 크기별로 여러 개 준비한다.
●염색반응용 약품 : 붕사(노란색), 붕산(황록색), 염화리튬(적색), 염화동 + 염화 메틸렌(청색)
●용제 : 메탄올 99% 등

Memo:

▼ 청색 불꽃을 뿜어내는 가스 연소기

휴대용 가스 연소기로도 염색반응을 즐길 수 있다. 방법은 간단하다. 가스가 분사되는 노즐 안쪽에 염화동을 바르기만 하면 된다. 불을 붙이면 염화동의 염소가 날아가며 동이 노즐에 고루 퍼진다. 이제 평소와 똑같이 사용하면 된다. 늘 선명한 청색 불꽃을 뿜어내는 멋진 가스 연소기를 손에 넣었다.

염화동에 다른 염소를 조합하면 무지갯빛으로도 연출 가능

상 빛날 것이다.

참고로 최근에는 '전자파'가 눈에 보이지 않는 독성을 지닌 방사선 같은 것으로 해석되는 경향이 있는 듯하다. 물론 이 책을 읽고 있는 이과적 소양이 높은 독자라면 믿지 않겠지만.

● 약품마다 다른 반응

어쨌거나 원소는 에너지가 높아지면 여분의 에너지를 독특한 파장의 전자파로 방출한다. 스펙트럼이라고 불리는 것으로, 온도나 원소에 따라 독특한 파장을 지닌다. 우주 망원경 등으로 인류가 가본 적도 없는 행성의 구성 성분을 알 수 있는 것도 이런 빛을 분석해 해석한 결과이다.

이런 해석에 사용되는 스펙트럼을 실험에 응용한 것이 '염색반응'이다. 중·고교 화학 시간에 금속을 구분할 때 사용되는 방법으로 소개되기도 하는데 그건 반쯤 거짓말이다. 실제로는 금속 이외의 모든 물질에도 스펙트럼 즉, 염색반응이 존재한다. 또 인간이 지각할 수 있는 전자파는 그 폭이 매우 좁아서 컴퓨터로 해석한 색과 실제 우리가 느끼는 색은 전혀 다르다. 그렇기 때문에 우리가 쉽게 지각할 수 있는 색과 원소의 조합이 염색반응으로 알려져 있는 것이다.

예를 들어 메탄올에 염색반응을 보이는 소금을 넣고 연소시키면 불꽃의 빛깔이 변한다. 이것을 응용해 더 큰 규모로 여러 빛깔의 불꽃을 만들 수 있을 것이다.

메탄올에 다양한 약품을 녹인 후 여러 개의 용기에 나눠 담고 불을 붙인다. 오로라처럼 다채로운 빛깔로 어우러진 아름다운 불꽃을 만드는 실험이 가능하다.

용매는 메탄올이 가장 좋지만 에탄올 등의 알코올이 약간 섞여 있어도 상관없다. 메탄올이 70% 이상이면 불꽃은 거의 무색이다. 에탄올이나 이소프로필알코올 등이 다량 포함되어 있으면 탄소의 염색반응인 적색~오렌지색이 나오므로 이 점도 확인해두자.

노란색은 붕사를 사용한다. 붕사는 붕산나트륨이어서 붕소와 나트륨의 두 가지 스펙트럼이 나오지만 붕소는 눈에 보이지 않게 되므로 문제없다. 염화나트륨을 쓰지 않는 것은 알코올에 대한 용해도가 낮아 선명한 노란색을 얻기 어렵기 때문이다.

계속해서 붕소와 붕산을 사용해 황록색을 만든다. 붕산은 메탄올에 매우 잘 녹으므로 과하다 싶을 정도로 가득 넣는다.

적색은 리튬이 가장 간편하다. 염화리튬이나 수산화리튬이 적당하다. 도예점 등에서 판매하는 탄산리튬은 메탄올에 거의 녹지 않는다. 그렇기 때문에 우선 소량의 염산을 투입해 염화리튬을 만든 후 메탄올에 녹이면 좋은 결과를 얻을 수 있다. 다만 구할 수 있다면 수산화리튬을 추천한다. 발색이 가장 선명하고 아름답다.

청색은 염화동을 사용한다. 염화동만으로는 청록색이 나오기 때문에 색상이 겹치지 않도록 염화 메틸렌을 약간 섞어 반응을 조절한다. 그러면 청색 불꽃이 만들어진다.

이상으로 모든 준비를 마쳤다. 이제 불을 붙이기만 하면 된다. 다채로운 불꽃을 즐길 시간이다. 불을 끌 때는 커다란 판자 등으로 덮거나 물을 끼얹으면 된다. 화염 실험에는 반드시 불을 끌 준비도 미리미리 해두도록 하자.

화학반응으로 거대 화염을 발생시킨다!

테르밋의 지식과 검증

요란한 불꽃을 튀기며 폭발적으로 솟구친다. 화학반응 실험의 꽃, 테르밋의 매력을 해설한다. 실험은 당연히 사유지에서! (POKA)

'테르밋(Thermite)'이란 알루미늄과 산화철이 고열을 동반하며 일으키는 화학반응을 가리킨다. 어떤 화학반응인가 하면, 불꽃놀이처럼 요란한 불꽃을 튀기며 폭발적으로 타오르는 것이다. 이른바 가정에서 손쉽게 만들 수 있는 무기라고나 할까. 실제 테르밋을 이용한 테르밋 폭탄이 전장에서도 사용되고 있다.

이번에는 테르밋에 가장 적합한 성분이 무엇이며 가정에서 알루미늄 분말을 어떻게 만들 수 있는지를 알아보고 테르밋 실험을 해보자.

사용하는 소재에 따라 반응 정도가 달라진다

알루미늄과 산화철을 화학량론적으로 최적의 비율로 섞어 불을 붙이면 알루미늄이 산화하면서 금속 철이 생성된다. 이것이 테르밋의 원리로 폭발적인 화염이 발생한다.

엄밀히 말하면, 알루미늄을 이용해 반응을 일으키는 것을 테르밋이라고 하지만 가까운 성질의 마그네슘이나 티탄 또는 지르코늄으로도 반응을 얻을 수 있기 때문에 같은 명칭이 사용되는 경우가 있다. 마찬가지로 산화철 이외에도 산화동, 산화납, 이산화망간으로도 테르밋 반응을 일으킬 수 있다. 이용 가능한 물질은 다음과 같다.

● 금속 분말

▶ 알루미늄

가장 기본적인 것으로 화학 실험 등에 자주 사용된다. 알루미늄 분말은 비교적 저렴한 가격에 구할 수 있고 자연 발화 등의 사고도 적어 초심자들도 이용하기 쉽다.

▶ 마그네슘

마그네슘 조성의 테르밋은 매우

▼ 폭발적으로 나타나는 테르밋 반응

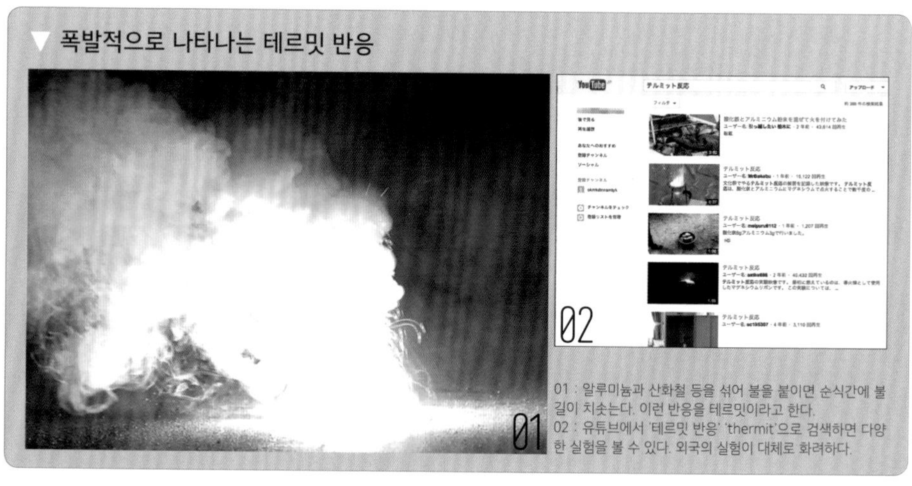

01 : 알루미늄과 산화철 등을 섞어 불을 붙이면 순식간에 불길이 치솟는다. 이런 반응을 테르밋이라고 한다.
02 : 유튜브에서 '테르밋 반응' 'thermit'으로 검색하면 다양한 실험을 볼 수 있다. 외국의 실험이 대체로 화려하다.

Memo:

테르밋의 화학반응식

$$2Al + Fe_2O_3 \rightarrow Al_2O_3 + 2Fe$$

알루미늄($2Al$)과 산화철(Fe_2O_3)을 가열하면 알루미늄이 산화되어 산화알루미늄(Al_2O_3)이 생성된다. 산화철이 환원되면서 철이 된다.

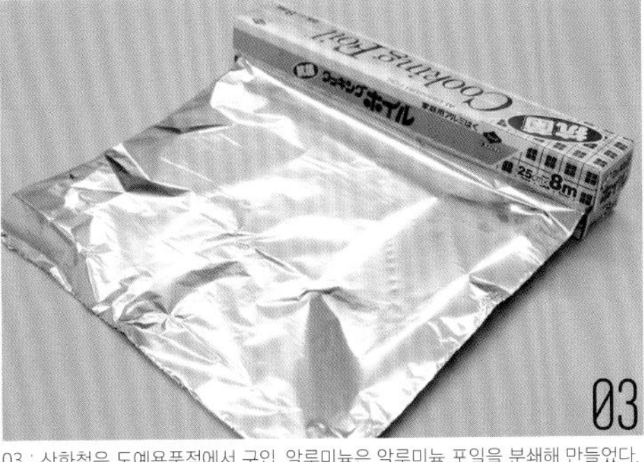

03 : 산화철은 도예용품점에서 구입. 알루미늄은 알루미늄 포일을 분쇄해 만들었다.

강력한 반응을 보인다. 마그네슘 분말은 가열하지 않아도 습기가 차면 발화할 수 있으므로 취급에 주의가 필요하다.

▶ **티타늄**

고강도 경금속의 대표 격인 티타늄도 마그네슘과 같이 강력한 반응을 보인다. 엄청난 고온과 눈부신 섬광을 발하는 특징이 있다. 티타늄 분말은 다소 고가이긴 하지만 극적인 효과를 연출하기에 최적.

▶ **지르코늄**

티타늄족 원소의 일종. 흔히 사용되진 않지만 티타늄과 마찬가지로 강렬한 섬광을 보인다.

● 산화물

▶ **산화철**

가장 기본적인 산화제로, 반응성이 비교적 안정적이라 단순한 고온 열원에 최적. 반응 속도를 조정하면 거의 용암 수준으로까지 녹일 수 있다. 산화철은 독성도 없고 폭발 위험도 크지 않기 때문에 다양하게 응용할 수 있는 테르밋 조성이다. 생성된 철은 레일 용접 등에 이용 가능. 도예용 유약으로도 판매되고 있기 때문에 도예용품점 등에서 저렴한 가격에 구입할 수 있다.

▶ **산화연**

선명한 오렌지 빛 분말로 자동차 배터리 등에도 포함되어 있다. 그러나 반응이 강렬하고 인체에 유해한 납이 함유된 연기가 발생하므로 피하는 편이 무난하다. 산화연 테르밋은 반응 속도가 빨라 콘크리트 파쇄기 등에 이용되기도 한다.

▶ **산화동**

산화동의 테르밋은 매우 격렬해서 배합 비율이나 입자 크기에 따라서는 1m 이상 불똥이 뿜어져 나오는 경우도 있다. 산화동은 테르밋보다는 불꽃의 빛깔을 바꿀 때 주로 이용되며, 녹색부터 청색 불꽃을 연출할 수 있다. 산화철과 마찬가지로 도예용품점에서 구할 수 있다.

▶ **이산화망간**

이산화망간의 테르밋은 반응물이 사방으로 튈 정도로 폭발적이다. 입자 크기가 큰 조성으로, 연소 속도를 낮추는 등의 조정을 하지 않으면 위험할 수 있다.

이처럼 다양한 종류가 있지만 이번에는 가장 기본적인 소재인 알루미늄과 산화철로 실험했다. 이 성분들은 합성해도 가스는 발생하지 않지만 격렬한 반응을 일으키며 사방으로 불똥이 튄다. 위험한 실험이므로 주의해야 한다. 공원 등의 장소에서 실험하는 것은 절대 금물이다.

알루미늄 포일을 분쇄해 직접 만드는 알루미늄 분말

테르밋 실험에서는 소재의 입자 크기가 매우 중요하다. 입자의 크기가 작을수록 반응 속도가 격렬하고 반대로 입자 크기가 크면 반응 속도를 낮출 수 있다. 테르밋 실험에 적합한, 어느 정도 입자가 큰 알루미늄 분말을 만드는 방법은 간단하다. 이왕이면 직접 만든 알루미늄 분말로

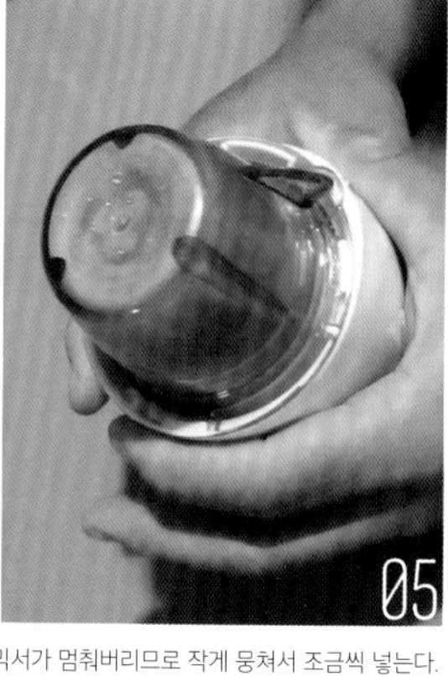

04 : 알루미늄 포일을 한 번에 너무 많이 넣으면 믹서가 멈춰버리므로 작게 뭉쳐서 조금씩 넣는다.
05 : 믹서를 흔들어주면 입자를 일정한 크기로 분쇄할 수 있다.
06 : 10초 정도면 둥글게 뭉친 알루미늄이 2mm 정도로 분쇄된다. 테르밋 실험에는 0.1mm 이하가 적합하므로 계속해서 믹서로 곱게 갈아준다.

실험해보자.

시판되는 알루미늄 분말을 사도 상관없지만 한 번만 쓰고 버리기에는 아까울 만큼 고가이다. 또 시판 분말은 메시(mesh) 단위로 분류되는데 보통 지문 검출도 가능한 300메시 정도인 듯하다. 테르밋 실험에는 입자가 너무 고와 반응이 지나치게 격렬할 수 있다. 굳이 쓴다면 100메시 이상의 분말을 사용하자. 단순한 실험이라면 입자 크기가 다른 분말이 약간 섞여 있어도 큰 문제는 없을 것이다.

그럼 알루미늄 분말은 어떻게 만들 수 있을까. 몇 가지 방법이 있지만 아토마이즈법(Atomization)과 기계 분쇄가 주로 이용된다.

아토마이즈법은 녹인 알루미늄을 미세한 구멍으로 분출시키는 분무기 원리를 이용해 분말 상태로 만드는 방법이다. 녹인 알루미늄을 분무기에 넣고 뿌린 후 그대로 식혀 굳히는 것이다. 실제로는 분무화하기 쉽도록 압축가스나 물을 뿌리거나 아르곤 가스를 뿌려 알루미늄 표면의 산화를 방지하기도 한다. DIY로 하기에는 손이 많이 가지만, 대량으로 제조할 때는 필수적인 방법이다.

기계 분쇄는 줄, 커터, 막자사발 등을 이용해 기계적으로 분쇄하는 방법이다. 소량을 만들 때 편리한 방법인데 분쇄 중에 열이나 불꽃이 튀지 않도록 주의할 것. 입자가 대량으로 모이면 분진폭발을 일으킬 수 있으니 상황에 따라 기름이나 물로 방폭 처리를 하는 등의 대책도 필요하다.

이 실험은 테르밋 조성이 비교적 안정적이라 입자가 조금 커도 문제없다. 기계적으로 분쇄한 분말로도 충분하다. 하지만 줄 따위로 많은 양의 분말을 만드는 것은 쉽지 않으므로 전동 공구를 사용하는 편이 무난하다. 내가 추천하는 것은 가정용 믹서이다. 초고속으로 회전하는 커터가 달려 있어 말린 식품을 분말 형태로 갈거나 채소를 으깨어 페이스트를 만드는 조리 가전이다. 기능이 단순한 것은 저렴한 가격에 구입이 가능하며 쉽고 안전하게 작업할 수 있다. 단, 대량의 알루미늄 분말이 용기와 칼날에 부착되기 때문에 조리용과는 구분해 사용하도록 한다.

만드는 방법은 간단하다. 5cm 정도의 직사각형 모양으로 자른 알루미늄 포일(foil)을 가볍게 뭉친 후 믹서에 넣고 20~30초가량 분쇄해 입자 크기가 0.1mm 이하가 되면 완료. 성능이 떨어지는 믹서는 사용률(연속 가동이 가능한 시간)이 낮기 때문에 1분 작동하고 15분 쉬는 식으로 간격을 두면 기기에 부담을 주지 않는다.

이번에는 알루미늄 포일을 넣었지만 같은 알루미늄 소재의 철사 등을 넣어도 된다. 믹서의 칼날은 탄소동에 세라믹을 입힌 것이라 단단한 소재도 분쇄할 수 있다. 단, 커터가 얇

Memo:

07 : 완성된 알루미늄 분말은 산화철과 함께 막자사발에 넣고 고루 섞는다. 알루미늄 분말 3 : 산화철 8의 비율이 적당하다.
08 : 점화에는 막대 폭죽을 사용한다. 종류나 모양은 상관없다.
09 : 불을 붙인 직후의 사진. 아직 불꽃이 크지 않지만….
10 : 점차 불길이 거세지며 최고 50cm 정도까지 치솟았다.

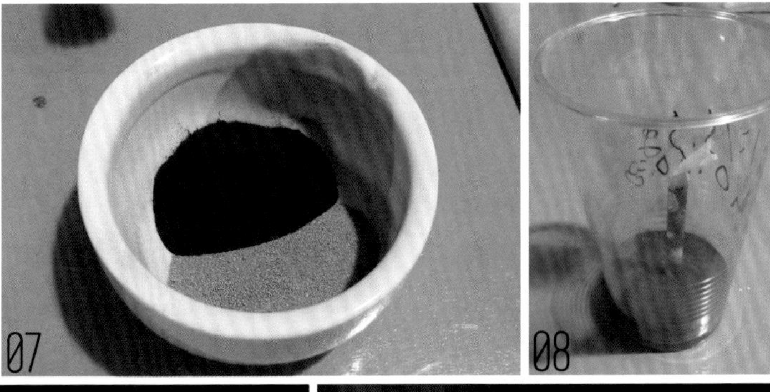

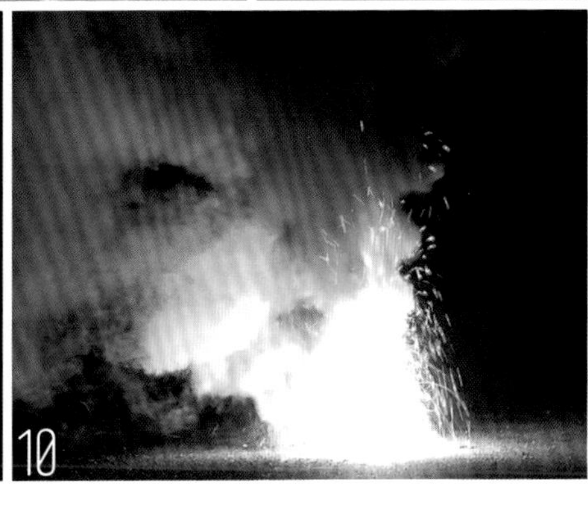

기 때문에 티타늄 등의 지나치게 단단한 소재를 넣으면 칼날이 손상되거나 부러질 수 있으니 주의하자.

자작 알루미늄 분말과 산화철로 테르밋 반응 실험

알루미늄 분말이 완성되었으면 중량을 측정한다. 산화철과의 혼합 비율은 반응이 가장 잘 일어나는 3 : 8 정도가 적합하다. 혼합작업은 테르밋 실험에서 가장 중요한 만큼 전자저울로 정확히 측정한다. 연료와 산화제 성분 모두 너무 많거나 적으면 안 된다. 최적의 혼합 비율로 섞는다. 테르밋 조성은 크게 민감하지 않기 때문에 막자사발로 갈아도 상관없다. 고르게 잘 섞어준다.

점화는 보통 마그네슘 리본을 사용하는데 더 빨리 고온을 얻으려면 막대 폭죽이 가장 좋다. 실내에서는 유황 타는 냄새가 가득 찰 수 있어 밖에서 실험한다. 특히 흰색 섬광을 내뿜는 막대 폭죽을 사용하면 확실하다. 방법은 단순하다. 폭죽에 불을 붙여 테르밋 조성 위로 던져 넣으면 끝. 가장 해서는 안 될 행동은 맨손으로 라이터나 성냥 등을 이용해 불을 붙이는 것이다. 순식간에 맹렬한 화염이 솟구치기 때문에 아주 위험하다. 그래서 어느 정도 거리를 두고 불을 붙일 수 있는 폭죽이나 마그네슘 리본이 적합하다.

테르밋의 초기 점화에는 상당한 고온이 필요하지만 막대 폭죽으로도 충분한 열량과 온도를 얻을 수 있다. 믹서로 분쇄한 알루미늄 분말은 입자가 크게 고운 편이 아니라 용암처럼 녹는 테르밋 반응이 일어나면 성공이다. 이번에 사용한 산화철은 도예용이지만 사철 등도 가능하며 붉은 녹도 산화철이기 때문에 가열해 수분을 제거하면 사용할 수 있을 것이다.

공구의 붉은 녹을 감쪽같이 제거하는

화장실용 세제의 세정력

화장실의 신(神) 같은 게 있을 리 없지만 화장실용 세제는 그야말로 신의 경지. 그 세정력은 공구의 녹을 제거하는 데 사용할 수 있을 만큼 강력하다!

(POKA)

일반적으로 사용되는 화장실용 세제(산성계 세정제)는 세정력이 뛰어나 녹을 제거하는 용도로 사용할 수 있을 만큼 우수하다는 사실을 아는 사람은 많지 않을 것이다. 이번에는 기초 지식을 해설하며 검증 실험도 실시한다.

화장실용 세제는 세정력을 중시해 염산과 같은 강력한 산이 첨가되는데 보통 농도가 10% 미만의 제품이 드러그스토어나 홈 센터에서 널리 유통되고 있다. 먼저, 대표적인 산성계 세제 3종을 살펴보자.

● 산폴

산성계 세제의 대명사라고 할 수 있는 제품으로 녹색 용기가 특징. 구하기 쉬운 것이 가장 큰 장점이다. 결점이라면 독특한 방향제 향. 염산 특유의 자극적인 냄새를 감추기 위해서겠지만 금속 세정이나 용해에 사용하면 한동안 이 강렬한 향이 남는다. 그 향을 없애려면 열처리가 필요한 수준.

● 네오나이스

주로 다이소에서 판매하고 있는 후마킬라사의 산성계 세제. 가격이 저렴한 것이 가장 큰 장점이지만 산폴에 비해 유통량이 적다(인터넷에서 구입 가능). 방향제가 들어 있지만 산폴만큼 강하지 않다. 투명하고 비교적 점도가 높지 않다.

● 데오라이트

요석 제거제로 판매되는 '데오라이트'는 산성계 세제 중에서도 최강의 부류. 시리즈로 전개되고 있는 상품으로 업무용 상위 제품도 3종류가 있다. 이 제품들은 극물(劇物)로 분류되어 있어 별도의 서류를 작성하고 날인하지 않으면 구매할 수 없다. 발연

대표적인 산성계 세제 3종(+업무용 1종)

Memo:

데오라이트를 이용한 공구의 녹 제거 실험

화장실용 산성 세제는 녹 제거제로도 활용할 수 있다. 붉은 녹이 슨 공구를 데오라이트 L에 담가보았다. 이번에는 원액을 사용했지만 3배 정도까지 희석해 사용해도 OK. 냄새는 거의 없다. 1시간 정도 담그자 붉은 녹이 떨어져 나왔다. 사포로 문지르기 힘든 틈새의 녹까지 제거할 수 있다는 것이 장점이다. 이대로 두면 산화되기 쉬우므로 바로 녹 방지제를 발라 마무리한다.

붉은 녹		검은 녹
산화 제이철	종류	사산화 삼철
Fe_2O_3	화학식	Fe_3O_4
물이나 산소에 닿으면 발생	발생 조건	고온으로 가열 또는 도금
대상을 부식시킨다. 악성 녹	성질	표면에 막을 만들어 붉은 녹의 발생을 막는다. 양성 녹.

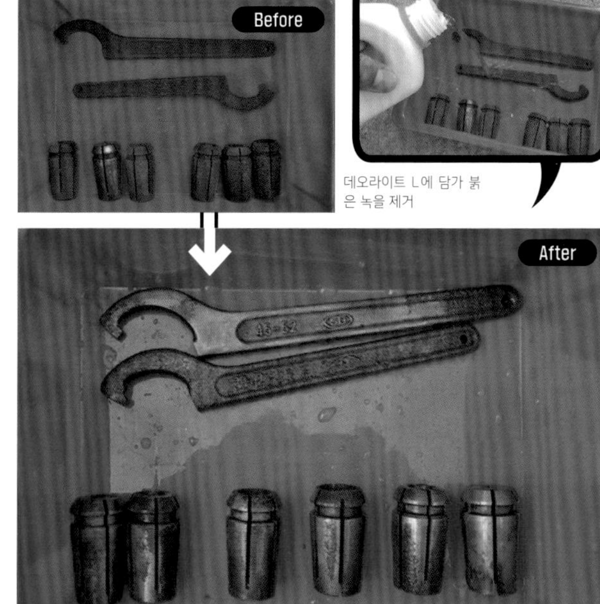

데오라이트 L에 담가 붉은 녹을 제거

성이 있는, 상당히 위험한 제품이다.

일반 가정용 제품인 '데오라이트 L'은 극물은 아니지만 취급 점포가 많지 않다. 홈 센터를 돌아다니기보다는 인터넷 쇼핑 사이트에서 찾아보는 편이 확실하다. 아마존이나 자재·공구 쇼핑몰 모노타로(MonotaRO)에서 살 수 있다.

데오라이트 L의 염산 농도는 10% 미만, 용해력은 중간 정도이다. 염산 외에도 유기산이 함유되어 있는데 어떤 종류인지는 기재되어 있지 않다. 아마도 옥살산류가 아닐까 생각된다. 염산은 휘발성이 있기 때문에 점점 옅어진다. 하지만 유기산은 불휘발성이라 기본적으로는 옅어지지 않는다. 그만큼 오래 남아 부식력을 발휘한다.

산폴과 달리 강한 방향 성분은 들어 있지 않으며 액체는 오렌지색이다.

● 녹 제거 실험

이제 이런 산성계 세제로 공구의 녹을 제거해보자. 산폴, 네오나이스, 데오라이트 세 종류 모두 기본적으로 방법은 같다. 원액 그대로 사용하는 것이 당연히 부식성은 가장 강하지만 약간 희석하는 편이 사용하기 쉽다. 점착력은 떨어져도 침투성은 더 좋은 듯하다. 녹이 슨 정도에 따라 다르지만 세제에 담그는 시간은 1시간에서 반나절 정도가 바람직하다. 너무 오래 담가두면 소재 자체가 손상될 가능성이 있다.

붉은 녹이 슨 공구를 데오라이트 L에 1시간 정도 담가보았다. 붉은 녹이 떨어져 나와 조금만 문질러도 금방 녹이 제거되었다. 본체에 슨 검은 녹까지 제거되진 않았지만 검은 녹은 '양성(良姓) 녹'이라고도 불리며 붉은 녹의 발생을 막는 작용을 한다고 하니 큰 문제는 없다. 냄새도 심하지 않아 물로 가볍게 씻어내면 OK. 마지막으로 녹 방지제를 골고루 발라주면 완료.

수용성과 친유성을 이용한

독공목의 독 추출법

이 책 100~105쪽에서 독공목의 채집부터 재배 방법에 대해 해설한다. 여기서는 독공목을 재배해 얻은 종자에서 유독 성분을 추출하는 방법을 검증한다. 포이즌 마스터의 길이 멀지 않았다! (구라레)

입에 넣는 순간, 호흡 곤란이나 경련을 일으키는 무서운 열매를 맺는 유독 식물 '독공목(毒空木, Coriaria japonica)' 자생지를 찾는 방법부터 채취 방법 그리고 까다로운 재배 방법을 어느 정도 마스터했다면(자세한 내용은 100~105쪽 참조) 이번에는 독공목 열매에서 유독 성분을 추출해보자.

'대체 왜 그런 위험한 짓을…' 같은 수많은 부모들의 목소리가 들려오는 듯하나 독이 있으면 추출해보고 싶은 것이 남자의 로망! '시약 카탈로그'에 실리지 않은 것을 수집한다는 데 의미가 있을 뿐, 다른 이유 따위 필요치 않다!

… 잠시 흥분하고 말았다. 이제부터 그 '로망'에 대해 해설한다.

유독 성분 코리아미르틴은 알칼로이드가 아니다!?

"식물의 유독 성분은?" 하고 물으면 척수 반사적으로 "알칼로이드"라고 답하는 이과계 인간이 많지만 실제 알칼로이드라는 유기화합물의 정의는 상당히 모호한 면이 있다.

1818년 독일의 약제사가 "함질소 화합물로 생리 활성작용이 현저한 아민성 식물 성분을 '알칼로이드'라고 부른다"고 정의한 것이 시초. 하지만 현재는 질소를 포함하지 않는 생리 활성이 강한 식물 성분도 다수 발견되었으며, 그런 것들도 알칼로이드로 분류되는 경향이 있다. 한편 아주까리의 맹독 리친(Ricin)은 분자량 3만 이상의 단백질이라고 하여 알칼로이드에 포함되지 않는 등…. 확실히 애매하다!

이번 실험의 주역인 독공목의 주된 유독 성분 코리아미르틴(&투틴) 역시 질소를 포함하지 않기 때문에 굳이 '코리아미르틴 추출'이라고 표기했다(그림 1).

알칼로이드에 관한 내용은 앞선 『과학실험 이과 교과서』 시리즈에서 자세히 다룬 바 있으니 참고하기 바란다.

유독 성분 추출에 필요한 재료

소재•약품류

독공목 열매

지반이 단단한 땅이나 자갈이 많은 하천 등에 서식한다. 채취 후에는 취급에 주의할 것

메탄올

범용 시약도 OK. 다만 정제에 사용하기 때문에 최고 등급을 추천한다.

주석산

맛있는 유기산. 코리아미르틴 추출에 적합하다.

탄산나트륨

약국에서도 구입 가능. 약염기 중에서도 비교적 염기가 강한 편이다.

탄산나트륨

범용성이 높은 다이에틸에테르 사용. 이소부틸에테르로 대용 가능

기구류

비커

이번 실험에 필요한 도구 중에서 유일하게 도큐 핸즈에서 구입 가능(웃음)

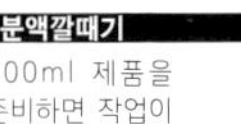

분액깔때기

500ml 제품을 준비하면 작업이 용이하다.

Memo:

〈그림 1〉 코리아미르틴과 알칼로이드의 구조식

위쪽이 독공목에 함유된 코리아미르틴, 아래쪽이 알칼로이드로 분류되는 아코니틴(바꽃)의 구조식. 이것을 보면 알 수 있듯 코리아미르틴에는 질소(N)가 존재하지 않는다.

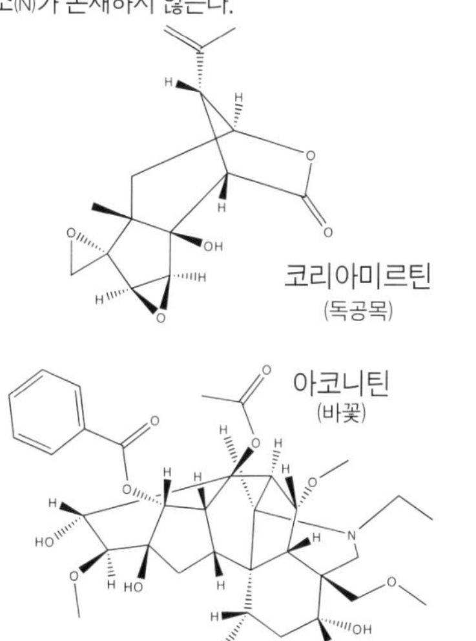

〈그림 2〉 화학적 '추출'의 개념

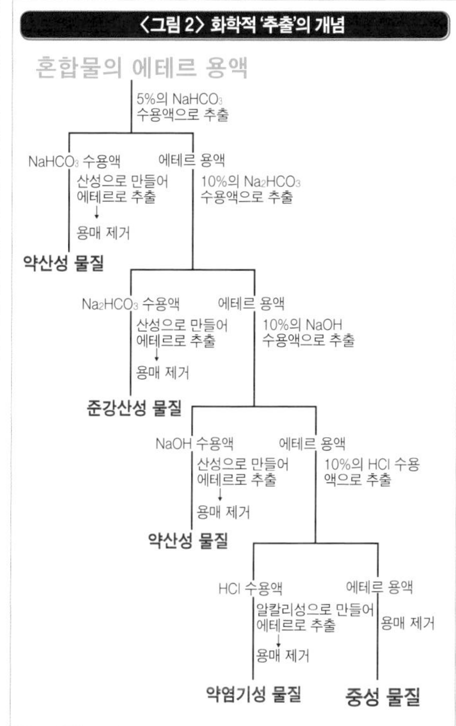

미리 알아두면 좋을 '추출'이라는 작업의 개념

우선 지금부터 하게 될 '추출'이라는 작업의 개념을 간단히 설명하기로 한다. 본래 화학적 의미의 추출이란 '목적 물질을 불순물이 적은 상태로 뽑아내는 작업'을 말한다.

〈그림 2〉는 혼합물에서 몇 가지 성분을 추출할 때의 흐름을 나타냈다. 대부분의 유기화합물은 물에 잘 녹지 않기 때문에 예컨대 감기약에 많이 들어 있는 '클로르페니라민 말레인' 등은 '클로르페니라민 말레산염'과 같이 염의 체재를 취함으로써 물에 잘 녹고 안정적인 상태(산소나 자외선 등의 공격으로 분해되지 않는)가 된다. 또 '○○○염'이라고 표기된 성분은 염기성으로 만들어주면 에테르 등의 용제를 이용해 유상(油狀) 물질로서 회수할 수 있다.

이렇게 물질의 수용성과 친유성(유기용제에 녹는 성질)이라는 두 성질을 이용해 목적 성분을 뽑아내는 것을 우리는 '추출'이라고 부른다. 코리아미르틴의 추출도 마찬가지이다. 먼저, 약염기성(알칼리성) 코리아미르틴에 산을 첨가해 산성으로 만들고 수용성 염의 상태로 추출한다. 그 후에 코리아미르틴을 염기성 물질로 되돌려 에테르로 회수하는 것이다.

해설은 이쯤 해두고 본격적인 실험으로 들어가보자.

'위험'이라는 장벽을 극복하고 유독 성분 추출 개시!

독공목의 유독 성분을 추출하려면 먼저 과육을 으깬다. 파쇄기를 이용해 잘게 만드는 것이 가장 좋지만 이번에는 좀 더 쉽게 과육을 비닐에 넣고 손으로 으깬다. 이때 씨가 포함되면 쓸데없는 유상 성분이 나와 추출

01 : 이번에는 파쇄기 등을 이용하지 않고 독공목 열매를 비닐에 넣고 으깨는 방법을 사용했다. 씨까지 으깨면 귀찮은 과정이 하나 더 늘 수 있으니 힘 조절에 주의하자.
02 : 으깬 과육의 중량은 102g. 코리아미르틴을 효율적으로 추출하려면 수율 계산 등도 필요하므로 각각의 공정을 마칠 때마다 중량을 측정해둔다.
03 : 과즙을 포함한 용액을 여과해 불순물을 제거한다. 여과에는 하루 이상 걸리기 때문에 조바심 내지 말고 느긋하게 기다리자.
04 : 이번 실험에서는 증발농축기를 이용하여 알코올을 감압해 제거했다.

공정이 한 단계 더 늘어날 수 있으니 과육만 으깨준다.

다음은 으깬 과육을 주석산 알코올에 녹이는 작업이다. 여기서 주의해야 할 것은 사용할 알코올의 양이다. 대량의 알코올을 사용하면 나중에 분리할 때 애를 먹을 수 있으니 과육의 1.2~1.5배 정도의 비율을 사용한다.

과육이 잘 녹았으면 알코올을 여과한 후 탄산나트륨을 첨가한다. 비커에 탄산나트륨을 넣으면 성분이 시럽처럼 분리되는 것을 확인할 수 있다.

남은 탄산나트륨이 섞여 들어가지 않도록 에테르를 넣고 분액깔때기로 저어 코리아미르틴을 추출한다. 참고로, 이때 비커 안의 액체는 수분층(아래)과 에테르층(위)으로 분리되어 있는데 목적 물질은 에테르층에 포함되어 있다. 즉, 에테르층을 추출한 후 감압해 제거하거나 에테르를 휘발시키면 코리아미르틴이 분리되어 나오므로 그것을 여과해 뽑아내는 것이다.

나는 이번 실험에서 증발농축기(압력을 조정해 증발을 촉진하는 기능을 하는 장치)를 사용하여 감압해 제거했지만 소량이거나 에테르 회수가 필요 없는 경우에는 에어펌프를 이용해 에테르를 농축시키는 방법도 있다. 단, 그런 경우에는 다음의 세 가지를 지키지 않으면 목숨을 잃을 가능성이 크게 높아진다.

• 비커에 뚜껑을 덮는다.
• 실외에서 실시한다.
• 화기 사용이 금지된 장소에서 실행한다.

마지막까지 실험 결과를 확인하고 싶다면 안전 점검을 확실히 하자.

또 에테르는 다이에틸에테르가 기본이지만 인화성이 말도 안 되게 높기 때문에(기화되어 공기와 섞이면 정전기만

Memo:

05 : 100ml 이상의 용액을 절반으로 농축. 여담이지만 이후의 실험으로 용매를 거의 제거하는 편이 작업 효율이 더 좋은 것으로 판명. 향후 연구에 활용할 생각이다.
06 : 염기성으로 만들기 위해 탄산나트륨을 투입한 직후의 상태. 중화반응으로 탄산가스가 발생하는 것을 확인할 수 있다.
07 : 용액이 염기성이 되면 비커 표면에 옅은 유상 물질(코리아미르틴)이 떠오르는 것을 볼 수 있다. 그것을 분액깔때기와 에테르를 이용해 추출한다. 에테르 추출은 2회 정도면 충분하다.
08 : 뜨거운 메탄올에 녹인 후 자연 냉각시키면 결정이 만들어진다. 시간 관계상 재결정 처리는 생략했지만 이 결정에는 50% 이상의 고농도 코리아미르틴이 포함되어 있다.

05

06

07

08

으로도 폭발한다) 취급에 자신이 없는 사람은 이소부틸에테르를 사용하길 추천한다. 둘 다 지나치게 농축하면 불순물이 늘어난다는 점도 잊지 말자.

정색 반응을 이용해 성분을 분석해보자!

위와 같은 공정을 거쳐 추출한 물질은 메탄올에 포화 상태로 녹인 후 자연 냉각시킴으로써 정제도를 높이고 더욱 깨끗한 결정으로 보존할 수 있다. 정제 성분은 '순도 70% 이상의 코리아미르틴과 투틴 혼합체'이다. 이 이상의 정제나 분리는 현실적으로 쉽지 않기 때문에 이 정도 선에서 타협하는 것이 상책이다(웃음).

보통은 이렇게 분리한 후 가스 크로마토그래피 등의 분석기나 NMR(핵자기공명) 분광법으로 자세히 분석하는 것이 정석이지만, 개인 수준의 실험에서 굳이 그렇게까지 할 필요는 없다. 그래도 꼭 체크해보고 싶다면 정색 반응으로 확인하는 방법이 있다. 다행히 코리아미르틴은 정색 반응을 나타내는 화학반응이 발견되었다. 이것을 이용해 추출한 결정이 코리아미르틴인지 확인해보자.

순서는 매우 간단하다. 먼저, 요오드화수소산에 혼합해 100℃로 가열한다. 검은 화합물이 생성되면 그것을 뽑아내 뜨거운 알코올에 녹인다. 그리고 뜨거운 알코올에 수산화나트륨 포화 수용액을 떨어뜨리면 된다. 적색 반응이 나타나면 앞의 실험으로 코리아미르틴이 추출되었다는 것이다. 추출 후에는 보관 용기에 화합물의 이름과 추출 날짜 등을 써두는 것도 잊지 말자!

영화와 애니메이션의 세계를 재현한다!

전무후무한 무기 DIY

SF 작품에 등장하는 가공의 무기로 엄청난 위력을 지닌 레이저 건과 코일 건. 그 상상 속의 무기를 일상에서 구할 수 있는 재료를 이용해 실현하는 방법이 있다. 꿈의 무기 제작에 도전한다! (레너드 3세)

DIY 1 ▸ DVD 레이저 건을 만들어보자!

완성된 레이저 건의 외관. 레이저의 초점을 조절할 수 있도록 렌즈부를 전면에 장착했다. 시판 포인터를 개조해 소형으로도 만들어보았다.

순식간에 성냥에 불이 붙었다. 추억의 플로피 디스크 내부에 있는 필름도 간단히 관통. 레이저를 천천히 움직이면 절단도 가능하다.

'DVD 레이저 건'은 DVD 드라이브의 기록용 레이저 다이오드(이하 LD)로 만든 강력한 레이저 포인터. 영화나 애니메이션에서만 볼 수 있었던 만큼 진짜 광선총은 해외 동영상 사이트에서도 큰 인기를 끌고 있다. 일본에서 판매되는 레이저 포인터의 출력은 1mW 미만으로 규제되고 있다. 하지만 이 레이저 건이라면 플라스틱 필름도 관통할 만큼 고출력을 낼 수 있다.

핵심 재료인 DVD 드라이브는 일반적으로 기록 속도가 빠를수록 고출력 레이저 건을 만들 수 있다. 하지만 구형 중고 제품으로도 충분하다. 최소한의 기록만 가능해도 제법 강력한 레이저를 발생시킨다. PC 부품을 판매하는 중고 매장 등에서 제조일사가 가장 최근인 제품을 고르면 된다. 노트북용 얇은 드라이브는 개조에 적합하지 않은 특수 LD인 경우도 있으므로 공간적 여유가 있는 박스형을 추천한다. 다만 중고 드라이브에서 꺼낸 LD는 핀의 배치나 스펙 모두 불분명하기 때문에 가능하면 같은 제품을 여러 대 사서 핀 배치나 성능 한계를 충분히 살핀 후 작업해야 더욱 강력하고 완성도 높은 레이저 건을 만들 수 있다.

이번에 구한 LD의 경우, 3개의 리드 중 금속 본체에 연결되어 있는 것이 마이너스, 마이너스와 납땜으로 합선되어 있던 것이 포토다이오드(사용하지 않는다), 나머지 하나가 플러스이다. 대부분의 LD가 동일한 구성이지만 제품에 따라 다른 경우도 있기 때문에 확인이 필요하다. 드라이브를 구하면 우선 분해해 적색 LD를 꺼낸다. LD는 파손되기 쉬운 소자이므로 정전기 등에 유의해 신중히 다루도록 한다. 자칫 과전류나 2V 이상의 역전압이 가해지면 즉사하는 경우도 있다.

적색 레이저는 인체에 투과되기 쉽고 만져도 잘 느껴지지 않아 조정할 때에는 청색이나 검은색 비닐이나 스펀지에 조사해 출력을 확인한다. 이 정도 출력의 레이저는 유리나 금속 또는 플라스틱에 반사되어도 망막에 화상을 입힐 가능성이 있으므로 선글라스 등으로 눈을 보호하는 등 안전에 유의하도록 한다.

Memo:

DVD 레이저 건의 제작 방법

제작 방법은 간단하다. DVD 드라이브에서 빼낸 LD를 시판 레이저 포인터 등의 케이스에 넣고 LED와 같은 방식으로 전류를 흐르게 하면 된다. 개조에 사용할 레이저 모듈은 크기가 크고 구성이 단순해 분해하기 쉬운 것을 선택한다. 크기가 작으면 LD를 일체형으로 개조하지 못할 수 있다. LD는 기본적으로 압입식으로 부착되어 있기 때문에 분해와 조립에 어느 정도 힘이 필요하다. 모듈 케이스에서 LD를 꺼낼 때에는 볼트 등을 사용하면 간단히 떼어낼 수 있다.

주요 재료	
DVD 드라이브	전지 박스(AA 건전지×2개)
레이저 모듈	스위치
가변저항(10Ω)	에어 건(중고품)

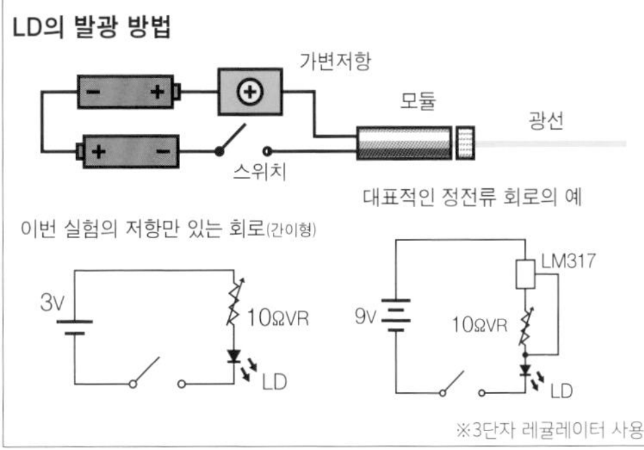

① 레이저 모듈

이번 개조에 사용한 파장 650nm, 5mW의 레이저 모듈. 도쿄 아키하바라의 아이텐도(aitendo)에서 500엔 정도에 구입했다.

② 픽업 부분

DVD 드라이브에서 꺼낸 광학 디스크의 픽업 부분. 적색(DVD)과 적색이 아닌(CD) 2개의 LD가 들어 있다.

이번에는 2008년 4월에 제조된 DVD 드라이브를 사용했다. 다소 크기가 큰 구형 중고 제품을 구하는 것이 좋다.

③ 픽업 부분 안쪽

LD의 판별은 렌즈 쪽에서 레이저 포인트로 레이저를 조사하면 된다. 빛이 비치는 쪽이 이번에 사용할 적색 LD이다.

④ 레이저 다이오드

DVD 드라이브와 모듈에서 꺼낸 LD. 보통은 덮개가 있지만 사진과 같이 노출되어 있는 것도 있다.

⑤ 모듈에 LD를 장착한다

DVD 드라이브에서 꺼낸 LD를 장착. 힘으로 밀어 넣어야 하므로 파손되지 않도록 신중히 작업한다.

⑥ 레이저의 동작 테스트

레이저의 출력은 빛을 비추며 가변저항을 돌려 조정한다. 자칫 과전류를 흘리면 즉사할 수 있으니 주의할 것.

⑦ 부품을 총에 장착한다

부품을 중고 에어 건에 넣어보았다. 레이저, 가변저항, 스위치, 전지의 4개의 부품으로 구성되어 있다.

⑧ 레이저 비교

시판되는 1mW급 레이저 포인터(오른쪽)와 100mW급으로 추정하는 자작 DVD 레이저 건의 출력을 비교해보았다. 결과는 분명히 알 수 있다!

DIY 2 ▸ 탁상용 크기로 마하 0.7! 초고속 코인 가속장치 제작

전기의 힘으로 물체를 가속하는 무기라고 하면 코일 건(전자가속장치, EML의 일종)이 아닐까. 전자 유도의 힘을 이용하는 장치이다. 이번에는 강력한 힘으로 원반을 발사하는 '디스크 발사기'의 제작 방법을 해설한다.

전자 유도란, 두 개의 코일 한쪽에 전류를 흘리면 다른 한쪽의 코일에도 전류가 흐르는 현상이다. 이때 전류가 흐르는 방향은 서로 역방향이기 때문에 발생하는 자기장은 서로 반발하게 된다.

디스크 발사기는 이 한쪽 코일을 금속 원반으로 바꾸고 다른 한쪽 코일에 순간적으로 대전류를 흘려보냈을 때 발생하는 강력한 자기장으로 코일과 원반이 서로 강력히 반발하는 힘을 이용해 원반이 발사되는 구조이다. 장치의 구성 역시 단순한데 가속용 코일과 방전용 콘덴서 그리고 기계식 또는 반도체식 대전류 스위치를 연결하면 완성된다.

전원용으로 고성능 콘덴서가 필요한데 이것만큼은 섬광용 전해 콘덴서 말고는 적당한 것이 없어 고출력 장치를 만들기 힘들었다. 하지만 요즘은 의료기기인 자동심장충격기(AED)에 쓰이는 강력한 콘덴서의 중고품이 인터넷 옥션 등에 올라오기도 하므로 이것을 이용한다.

발사체인 금속 원반은 1엔짜리 동전을 사용했다. 도전율이 높은 알루미늄 소재로 가볍고 구하기도 쉽기 때문이다. 무게도 1g이라 에너지 계산이 쉽다는 이점도 있다.

장치 제작의 중심은 코일을 만드는 작업이다. 장난감 수준이라면 전선을 수십 회 감기만 해도 되지만 강력한 콘덴서를 사용하면 코일에 발생하는 선사력도 그만큼 강해진다. 코일을 감을 때 에폭시 접착제를 수차례 덧바르고, 다 감고 난 후에도 덧발라 코일 전체가 한 덩어리가 되도록 단단히 굳히는 것이 포인트이다.

코일을 감는 보빈은 금속만 아니면 된다. 이번에는 아크릴 소재를 사용했다. 또 스위치는 기계식 스파크 갭 스위치를 추가했다. 금속 접점을 물리적으로 접촉시키는 방식으로 성능은 크게 신경 쓰지 않아도 된다.

코일과 스위치가 완성되면 셋업 이미지와 같이 콘덴서를 연결하고 코일에 동전을 장착한다. 콘덴서를 충전해 스위치를 누르면 스파크 갭의 폭음과 함께 동전이 엄청난 기세로 발사된다.

이번 실험에서는 입력 에너지 400J로 초속도 약 250m/s(마하 0.7), 약 30J의 출력이 나왔다. 효율이 7.5%이기 때문에 코일의 설계를 최적화하면 초속도를 더욱 높일 수 있을 것이다.

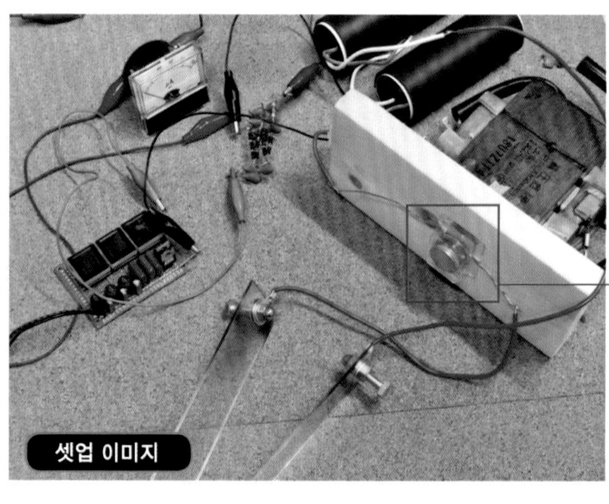

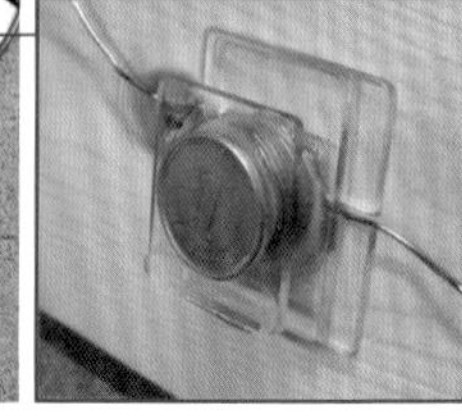

전자 유도를 이용한 디스크 발사기. 동전을 발사하므로 명칭은 '초고속 코인 가속장치'가 좋겠다. 충전은 콕크로프트·월턴 회로 등을 사용하고 100μA의 전류계와 100MΩ의 저항의 간이 전압계를 배치했다. MOT는 누르는 방식으로 전기적으로 연결되어 있지 않다.

Memo:
일본에서는 화폐를 고의로 손상시키는 행위를 법률로 금하고 있다. 발사체가 파손될 가능성이 있는 대상을 향해 발사할 경우에는 적당한 알루미늄 원반을 사용하기 바란다.

주요 재료
AED용 필름 콘덴서(2kV 100μF)×2
아크릴 판과 아크릴 파이프
피복 동선(PEW, UEW 등)
볼트·너트류
압착단자
에폭시 접착제
목재
4kV 충전용 전원
전압계

AED용 필름 콘덴서

인터넷 옥션 등에서 구입 가능한 고성능 콘덴서. 스펙은 2kV100μF로 에너지는 1개당 수백J. 고전압으로 충전할 수 있기 때문에 순간적으로 대전류를 방출한다. 취급에 특히 유의해야 한다.

STEP 01 ▶ 코일 건의 심장·코일 제작

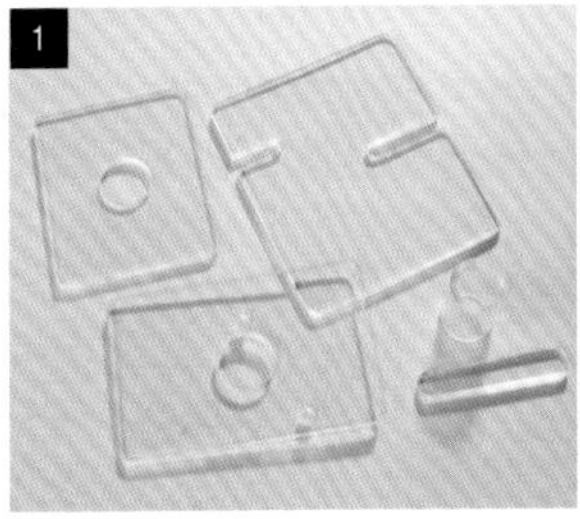

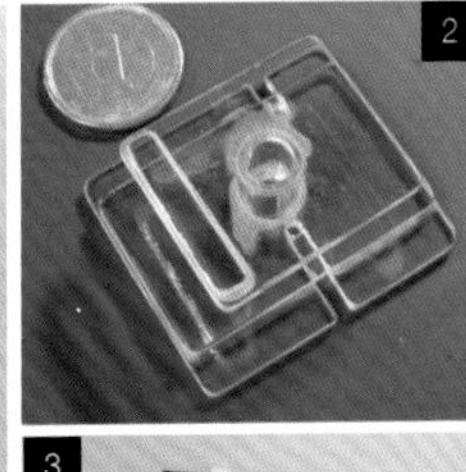

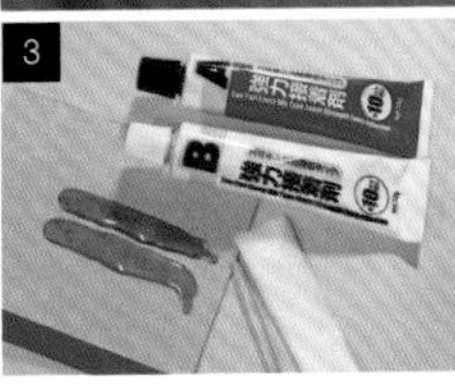

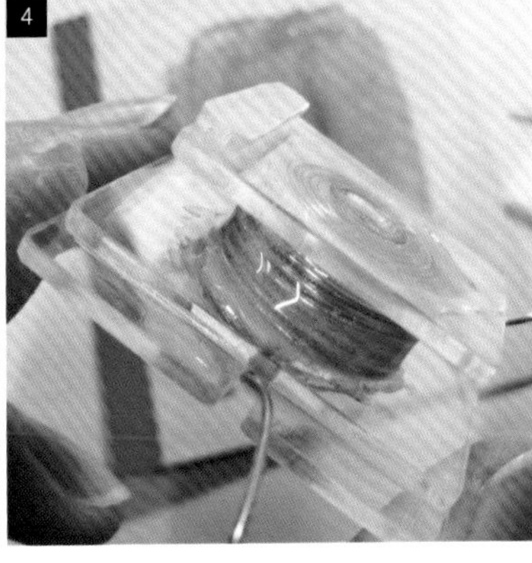

코일을 감는 보빈은 아크릴 소재를 사용했다(1). 발사체인 동전 장착부를 만든다(2). 강도를 높이기 위해 코일을 감을 때 에폭시 접착제를 덧바른다. 내부까지 빈틈없이 바른다(3 4).

STEP 02 ▶ 스위치 제작과 조립

←아크릴판과 볼트로 간이 스파크 갭 스위치를 만들었다. 안전성을 높이려면 와이어 등을 이용해 원격 조작이 가능하도록 만들면 된다.

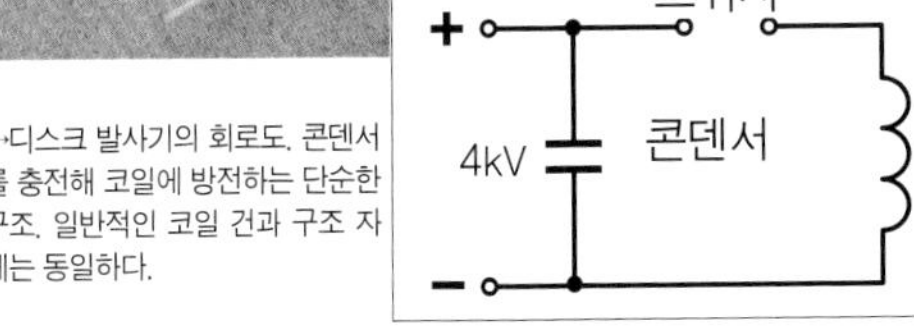

→디스크 발사기의 회로도. 콘덴서를 충전해 코일에 방전하는 단순한 구조. 일반적인 코일 건과 구조 자체는 동일하다.

STEP 03 ▶ 압축 실험

코일 안에 동전을 장착해 10kJ가량의 고에너지로 방전하자 코일과 동전이 반발해 코일은 튀어나가고 코인은 압축되었다. 외국 동전(미화 25센트)의 예.

가스 폭죽의 가능성을 탐구한다!

무선식 폭음 트랩과 시한식 폭음 발생장치

남의 과자에 함부로 손을 대는 녀석이 있다면 한 손에 리모컨을 들고 몸을 숨긴 채 그가 과자를 훔치려는 순간 스위치를 눌러 '펑!' 하고 심장이 멎을 듯한 폭음으로 과자 도둑을 격퇴하자!

(레너드 3세)

LPG가스를 사용해 강렬한 파열음을 발생시키는 '가스 폭죽'. 보통은 가스에 불을 붙일 때 압전소자의 방전을 이용하지만 이번에는 포테이토칩 용기에 무선 유닛과 고압 회로를 장치해 리모컨으로 방전을 원격 조작하는 장난용 트랩을 만들어보았다.

점화 플러그용 회로도

SW, 3V, NC, 15K, 100, 1단, 5단

일회용 카메라의 플래시 기판을 사용. 트랜스, 트랜지스터, 저압 다이오드, 100Ω, 1.5kΩ의 저항이면 가능. 승압에는 C·W 회로를 사용한다.

주요 재료
무선 유닛
전지 케이스×2
AAA 건전지×4
일회용 카메라 기판
C·W 회로 (콘덴서, 다이오드×10)
가스 폭죽
포테이토칩 용기

● 가스 폭죽 제작

공작의 메인은 가스 폭죽의 제작이다. 염화비닐관 안에 가스버너의 가스를 넣고 코르크 마개나 테이프로 막은 뒤 가스에 불을 붙여 날카로운 파열음을 발생시키는 장치로, 구조 자체는 단순하다. 공작은 염화비닐관을 짤막하게 자른 후 한쪽을 막고 나사 등으로 방전용 전극을 설치하는 순서로 진행된다. 염화비닐관은 VP30 규격을 사용한다.

구체적으로 설명하면 먼저 염화비닐관을 11cm 정도로 자르고 양 끝의 가장자리를 다듬는다. 특히 마개를 덮을 쪽을 깔끔하게 다듬는 것이 포인트이다. 다음은 자른 염화비닐관과 마개 양쪽에 접착제를 발라 한번에 붙이고 그대로 충분히 건조시킨다. 접착제가 마르면 적당한 위치 두 곳에 지름 3mm가량의 구멍을 뚫고 전극을 설치한다. 전극은 나사 그대로도 괜찮지만 끝을 뾰족하게 갈거나 압착단자로 와이어를 연결해주면 방전하기 쉽다. 나사의 길이나 와이어를 구부리는 방법으로 전극 간격을 조정할 수 있게 해두면 좋다. 또 바깥쪽에 고정용 너트로 나사 길이에 여유를 두면 조정하기 쉬워져 편리하다.

이제 폭죽이 잘 작동되는지 확인해보자. 라이터 등에서 빼낸 압전소자를 연결해 내부에 가스버너의 예혼합 가스를 충전한다. 가스가 새지 않도록 재빨리 테이프나 코르크로 입구를 막는다. 압전소자를 눌러 가스에 불이 붙고 파열음이 발생하면 성공이다.

▼완성 및 사용 이미지

포테이토칩 용기에 가스 폭죽을 설치. 공간적 여유가 없어 PP시트를 깔고 그 위에 글루건으로 부품을 직접 붙여 고정했다. 리모컨으로 점화하자 날카로운 파열음 발생! 생각보다 대단한 위력은 아니었지만 설치 장소 등에 유의해 즐기기 바란다.

Memo:

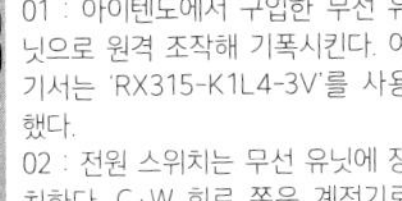

01 : 아이텐도에서 구입한 무선 유닛으로 원격 조작해 기폭시킨다. 여기서는 'RX315-K1L4-3V'를 사용했다.
02 : 전원 스위치는 무선 유닛에 장치한다. C·W 회로 쪽은 계전기로 ON/OFF되기 때문에 필요 없다.
03 : 회로 주변. 일회용 카메라의 스트로보 기판은 필요한 부분만 잘라냈다. 후지필름의 기판이 개조하기 쉽다.
04 : 방전 확인. 간격을 좁히거나 전극에 손 기름을 묻히는 등의 방식으로 조정한다.
05·06 : 가스 충전은 시판 가스버너를 이용했다. 코르크로 막고 용기에 뚜껑을 덮으면 준비 완료. 적당한 장소에 설치하고 타이밍을 노려 점화!

● 착화용 회로 제작

다음은 착화용 무선·고압 회로를 만든다. 무선 조작용 회로는 ON/OFF 기능만 있으면 충분하기 때문에 이번에는 전자부품 쇼핑몰 아이텐도(aitendo)에서 구입한 315MHz대 무선 유닛 'RX315-K1L4-3V(1ch, 3V)'를 사용했다. 전원을 연결해 리모컨의 스위치를 누르면, 누르는 동안에만 계전기가 작동하는 장치이다.

다소 손이 가는 작업은 착화용 고압 회로. 압전소자는 사용할 수 없기 때문에 수kV 출력의 회로를 직접 만들어야 한다. 회로를 넣을 공간을 생각하면 시판용 소형 고압 전원도 어렵기 때문에 여기서는 소형 고압 전원의 대표 격인 콕크로프트·월턴(C·W) 회로가 등장한다.

C·W 회로는 다이오드와 콘덴서를 여러 단으로 쌓아올린 회로에 교류 전원을 연결하면 전원 전압×단 수×2배의 전압을 얻을 수 있는 것이 특징.

이번에는 교류 전원에 일회용 카메라의 스트로보 기판을 이용해 전압을 통상의 2배인 3V로 작동시킨다. 트랜지스터의 발열이 있기는 하지만 착화는 한순간이기 때문에 괜찮을 거라 생각한다.

C·W 회로에는 고압용 다이오드와 콘덴서를 사용한다. 콘덴서는 4kV·1000pF의 적층 세라믹 콘덴서를 사용했는데 용량과 내압은 약간 달라도 문제없다. 다이오드는 1kV·1A를 사용하고, 주파수와 전압이 낮기 때문에 일반 타입이면 된다. 단 수는 5단으로 설계했으며 세부적인 구조는 회로도를 참고하기 바란다.

또 방전용으로 10MΩ의 저항을 5개 정도 병렬로 넣으면 불의의 착화나 감전을 막을 수 있어 안심이다(없어도 가능).

회로의 전원은 양쪽 모두 3V로 가능할 듯했지만 실험해보니 의외로 전류를 많이 소비해 동작이 불안정해졌다. 그래서 각각 AAA 건전지×2개로 나누었다. AAA 건전지를 사용한 것은 공간에 관계된 문제이니 그 부분을 신경 쓰지 않는다면 용량이 더 큰 건전지를 사용해도 괜찮을 것이다.

● 포테이토칩 용기에 설치

C·W 회로의 동작을 확인한 후 가스 폭죽과 결합한다. 각각 완성해서 합쳐도 되지만 포테이토칩 용기에 넣는 경우, 공간이 비좁아 가스 폭죽에 직접 글루 건으로 회로를 고정해가며 배선했다. 이 부분은 육체노동이다.

회로를 고정했으면 고압과 GND를 전극 나사에 연결하고 건전지를 넣으면 완성이다. 무선 유닛의 리모컨을 눌러 가스 폭죽 내부에서 방전하는지 확인한다. C·W 회로는 DC 출력이기 때문에 고전압 펄스 전원(코로나 방전이 일어나기 쉽다)보다는 불꽃 방전이 쉽게 일어나지 않는다. 그렇기 때문에 전극의 간격이나 전극 표면의 상태가 중요하다. 또 가스를 넣으면 방전하기 어려워지는 점도 기억해두자.

자, 이제 실제 사용해보자. 전원을 켜고 내부에 가스를 충전한 후 코르크로 밀봉했으면 포테이토칩 용기에 장착. 나머지는 타이밍을 노려 리모컨으로 기폭하면 '펑!' 하는 파열음과 함께 용기의 뚜껑이 기세 좋게 날아갈 것이다.

▸ 저렴한 카시오 F-91W를 시한식 폭음 발생장치로 개조

위키리크스가 공개한 미군의 극비 자료에 따르면, 모테러조직이 카시오의 'F-91W' 시계를 애용한다고 알려졌다. 시한폭탄의 기폭장치로 전용한다는 것이었다. 그 말은 곧 구조가 단순하고 개조하기 쉬우며 시계로서의 신뢰성도 높다는 것. 아이러니가 아닐 수 없다. 그런 의미에서 이번에는 그 특징을 활용해 알람 기능을 이용한 범용적(?)인 타이머로 개조해보았다.

일단 시계를 분해하는 작업이다. F-91W의 뒷면을 보면 금속제 패널이 4개의 나사로 고정되어 있다. 이 나사를 풀어 패널을 열고 녹색 패킹을 떼어내면 시계판을 분리할 수 있다.

참고로, 이 금속제 패널이 스피커의 역할을 한다. 그러므로 이 패널만 떼어내면 알람 신호를 받을 수 있는 초간단한 구조. 애용하는 데는 이유가….

다음은 그 신호선을 외부로 빼내 별도로 준비한 증폭회로에 연결하기만 하면 된다. 벨이나 사이렌에 연결해 초강력 자명종으로 개조하거나 가스 폭죽과 결합하면 시한식 폭음장치로도 사용할 수 있다.

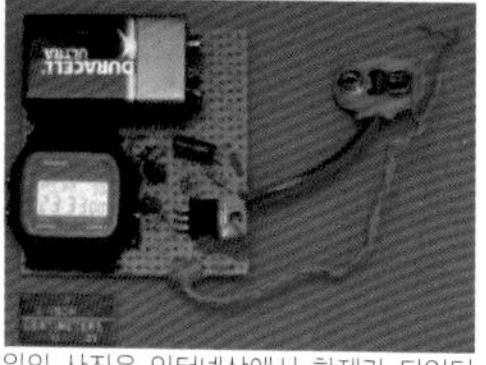

위의 사진은 인터넷상에서 화제가 되었던 시한폭탄의 기폭장치. 여기서는 F-91W의 단순한 구조를 활용해 범용성이 높은 타이머로 개조했다.

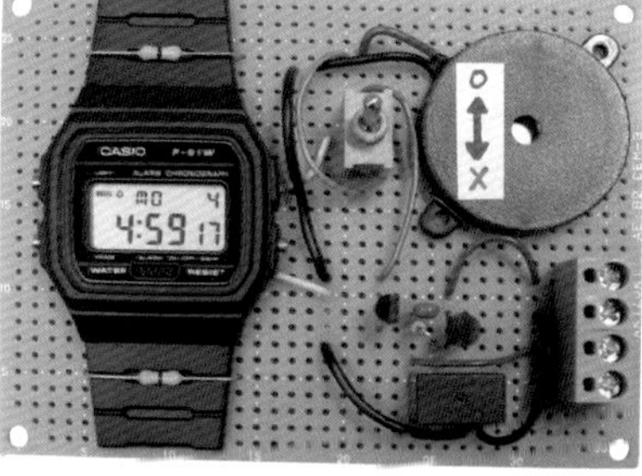

주요 재료	
F-91W	기판
압전 스피커	스위치
저항(1kΩ)	콘덴서(1μF)
단자판	전선
3V 전원	착화용 고압 전류
3V 계전기	
트랜지스터(NPN, PNP)	
가스 폭죽 등	

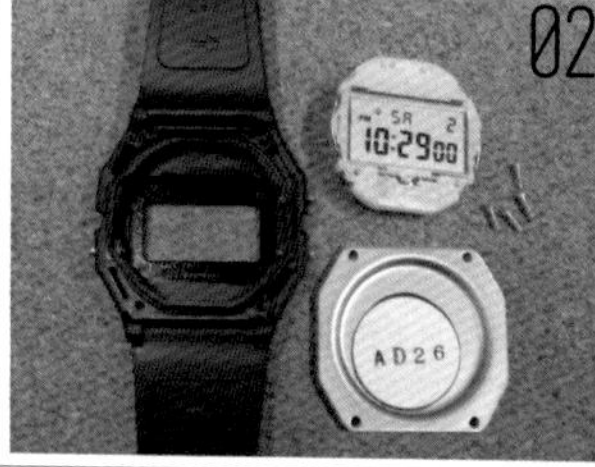

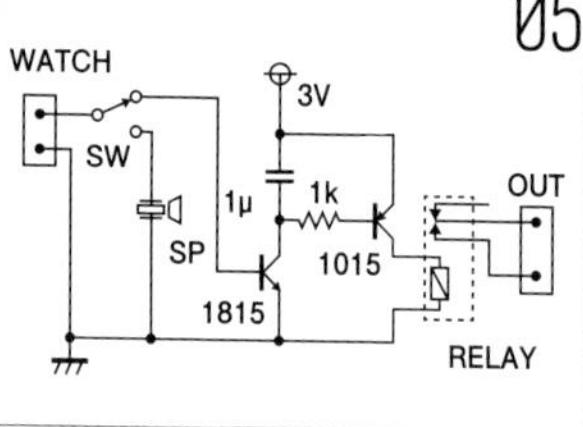

01 : F-91W의 뒷면. 금속제 패널이 4개의 나사로 고정되어 있다. 02 : 패널 안쪽의 둥근 부분이 스피커이다.
03 : 시계판 뒷면. 위아래에 있는 금속판 스프링이 스피커와 연결된다. 04 : 전압은 3V 정도. 금속 프레임 위쪽이 +. 위쪽은 납땜이 안 되기 때문에 가는 구리선을 감아 납땜하는 것이 비결. 05 : 출력용 회로와 스피커를 기판에 고정. 조작 시에도 소리가 나기 때문에 안전을 위해 스위치로 ON/OFF가 가능하게 했다. 이번 실험은 트랜지스터로 알람 신호를 증폭하고 계전기로 외부 회로를 작동시키는 구조이다※1 06 : 가스식 폭음장치와 착화용 고압 전원의 조합. 초강력 자명종이 완성되었다.

Memo:

※1 여기서는 소형 3V 계전기를 사용했지만 사이리스터 등을 사용해도 된다.

1m가 넘는 번개를 발생시키는

테슬라 코일의 최전선

내 명령을 거스른다면 하는 수 없지. 비리비리비릭! 손끝에서 번개를 방출해 정의의 사도를 위협하는 미친 과학자의 꿈을 실현하자. (POKA)

매드 사이언스 세계에서는 누구나 한 번쯤 만들고 싶어 하는 '테슬라 코일'. 니콜라 테슬라(Nikola Tesla)가 개발한 인공 번개 발생장치로 최대 1m 이상의 번개를 발생시킨다. 전 세계 마니아들에 의해 수없이 제작되었으며, 현재도 개량을 거듭하며 나날이 진화하고 있다.

이번 코너에서는 이 테슬라 코일의 과거와 현재를 돌아보며 제작 포인트 등을 짚어보기로 한다. 회로 등은 상당히 높은 수준에 도달했지만 재료의 선정과 같은 물성 면에서의 접근은 아직 개량의 여지가 남아 있다.

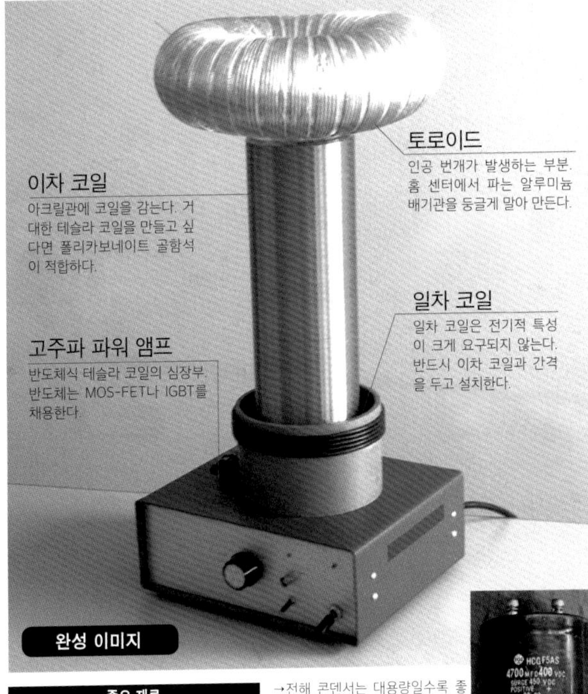

최근 주류는 반도체식 테슬라 코일의 종류

테슬라 코일의 가장 단순한 모델은 콘덴서와 코일 그리고 스파크 갭으로 구성된 일차 코일 회로, 그리고 촘촘히 감긴 코일과 도넛 모양의 토로이드로 구성된 이차 코일의 두 가지이다. 스파크 갭에서 전자적 진동을 발생시켜 이차 코일 상부의 토로이드에서 방전을 일으킨다. 상당히 높은 전압도 쉽게 발생시킬 수 있기 때문에 1m 이상의 커다란 방전도 의외로 간단히 실현할 수 있다.

주요 재료
IC(CMOS4069)
저항
전해 콘덴서
게이트 드라이브 IC(TC4431)
펄스 변압기
MOS-FET(IGBT, SiC로도 OK)
케이블
폴리에스테르 피복선
알루미늄 배기관
아크릴관(폴리카보네이트 골함석으로도 OK)
염화비닐관
우레탄 니스

→전해 콘덴서는 대용량일수록 좋다. 내압은 350V 이상, 용량은 5,000μF 정도가 필요하다. 고주파 테슬라 코일에서는 필름 콘덴서와 병용하면 좋다.

←반도체 스위칭 소자 중 가장 널리 보급된 'MOS-FET'. 저손실·초고속 스위칭이 가능하다. 600V의 스위칭에 최적.

반도체식 테슬라 코일 'SSTC'의 주요 종류

DRSSTC

SSTC에 DR(Dual Resonant)가 붙은 것이다. 이차 코일만 진동하는 SSTC와 달리 일차 코일도 진동시켜 일·이차 코일을 공진시키는 구조. 간단히 강력한 에너지를 투입할 수 있다.

QCW

SSTC 또는 DRSSTC에 추가하면 바늘처럼 날카로운 방전을 일으킨다. 이런 방전은 진공관을 사용한 'VTTC'라고 불리는 테슬라 코일에서 볼 수 있다. 방전 길이는 이차 코일의 5배 정도는 가능한 듯하다.

반도체식 테슬라 코일을 일반적으로 'SSTC'라고 부르는데 주로 일차 코일 쪽에 공진 회로가 없는 타입을 가리킨다. SSTC는 몇 가지 종류가 있는데 최근 수년 새 크게 발전한 것이 'DRSSTC'와 'QCW'. 15년 전에는 상상할 수도 없었던 방전을 실현하고 있다.

약 200년 전 니콜라 테슬라가 활동하던 시대에 만들어진 테슬라 코일은 코일과 콘덴서와 스파크 갭의 진동을 이용한 것이다. 흔히 스파크 갭식 등으로 불리며 입력 에너지의 상한이 굉장히 큰 것이 특징으로 꼽힌다. 10m 이상의 방전도 기록으로 남아 있다. 그러나 스파크 갭을 사용함으로써 에너지 손실이 커지거나 강력한 콘덴서가 필요하다는 단점이 있었다.

그래서 개량된 것이 반도체식 테슬라 코일이다. SSTC(Solid State Tesla Coil)라고도 불리며 스파크 갭을 반도체 소자로 대체해 대량의 에너지 손실을 막을 수 있게 되었다. 세밀한 제어가 가능해졌으며 음악을 틀거나 방전에 의한 열로 전극을 막대 폭죽처럼 태우는 등의 다양한 놀이도 가능하다.

전기 관련 부품은 파라미터에 주의할 것

대표적인 반도체 소자로 'MOS-FET'이나 'IGBT'가 유명하다. 모터 등의 전력 회로에 이용되는 부품이다. 요즘은 '디지키(DigiKey)'나 'RS 컴포넌츠'와 같은 온라인 판매 사이트에서도 구입할 수 있다.

또 최근에는 'SiC'라고 불리는 반도체 부품도 쉽게 구할 수 있게 되었다. 아직 고가이지만 테슬라 코일의 성능을 크게 높일 수 있는 잠재력을 지녔다. 탄화규소로 만들어진 SiC는 고온으로 말미암은 성능 열화가 적고 RDS(ON)가 매우 낮은 것이 특징이다.

파워 소자의 선정 기준이 되는 파라미터가 있다. 주로 허용 전압과 허용 전류이다. 내전압은 반드시 지켜야 할 파라미터이며, 허용 전류는 피크 전류로서 데이터시트에 기입되어 있다. 전류에 관해서는 피크 전류의 두 배 정도를 흘려도 손상되지 않는 소자도 있는 듯하다. 다만 전압에 의한 파손은 절연막 등의 관통으로 치명적이다. 전류에 의한 파손은 주로 열 때문이지만 단시간이라면 허용 피크 전류를 크게 넘어도 열이 상승하지 않아 손상되지 않는 경우도 있다. 물론 과도한 사용은 고장을 일으킬 수 있으니 주의하자.

전류에 영향을 미치는 파라미터는 MOS-FET의 경우 RDS(ON)라고 불리는 수치가 있다. 온 저항이라고도 불리며 이 수치가 낮으면 낮을수록

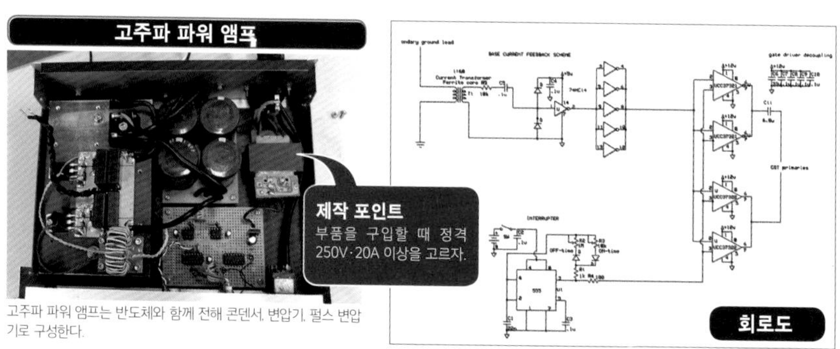

고주파 파워 앰프는 반도체와 함께 전해 콘덴서, 변압기, 펄스 변압기로 구성한다.

테슬라 코일의 회로는 해외의 매드 사이언티스트가 인터넷에 공개하고 있으므로 그것을 참고로 하면 좋을 것이다. 이것은 스티브 씨가 공개한 회로도 (Steve's High Voltage : http://www.stevehv4hv.org/)

Memo:

좋다고 한다. 온 저항이 큰 MOS-FET는 발열 손실이 크고 전류도 잘 흐르지 않는다.

여전히 개량의 여지가 있는 이차 코일 소재의 선정

다음은 코일의 소재에 관해 살펴본다. 아직까지 소재의 물성적인 면에서의 접근은 크게 진전되지 않았다. 소재를 최적화하면 수명은 물론 성능도 뛰어난 코일을 만들 수 있을 것이다.

테슬라 코일의 소재와 물성적 특성이 가장 효과를 발휘하는 부분은 이차 코일이다. 이차 코일의 소재를 잘못 선택하면 열이 발생해 타거나 파손된다. 코일 소재를 선정할 때 주의해야 할 파라미터는 유전 정접이라고 불리는 수치. 통칭 '탄젠트 델타 특성'이라고 불리는 수치로 그 값이 클수록 발열을 초래한다.

내가 추천하는 소재는 아크릴이다. 유전 정접은 0.01 정도이며 탄화 특성도 양호한 편. 아크가 발생해도 약간 녹는 정도라 안심할 수 있다. 화학적으로도 안정적이며 코로나나 오존으로 변질되거나 탄화할 가능성이 적은 소재이다.

초대형 코일 제작에는 폴리카보네이트 골함석이 최강이다. 폴리카보네이트의 유전 정접은 0.009로 양호하고 가격도 매우 저렴하다. 이것을 둥글게 말아 원통 모양으로 만드는 것이다. 바깥쪽은 코일과 점접촉을 이루기 때문에 유도 손실은 무시해도 될 정도이다.

염화비닐관도 많이 사용되는데 이 경우 유전 정접이 0.03 정도로 높은 편이라 테슬라 코일에는 적합지 않다.

완성된 테슬라 코일로 방전 실험을 해보자

완성된 테슬라 코일을 기동하면 보라색 번개가 발생한다. 토로이드를 떼어내고 전극에 피아노선을 연결해 막대 폭죽처럼 연출하거나 전구 안에 방전을 발생시키는 등 다양한 방전을 즐길 수 있다.

또 인체에 전극을 접촉시키면 손가락과 같이 돌출된 부분에서 번개를 발생시키는 것도 가능하다. 용기가 있다면 도전해보는 것도 재미있을지 모른다(웃음). DRSSTC 구성이라면 대전력도 간단히 만들어낼 수 있겠지만 인간의 자세에 맞게 개조하는 것이 쉽지 않기 때문에 SSTC 방식이 이상적이다.

이차 코일

폴리카보네이트 골함석으로 만든 이차 코일. 폴리에스테르 동선을 수작업으로 감고 또 감았다.

제작 포인트
다 감은 코일은 풀리지 않도록 희석한 니스를 발라준다.

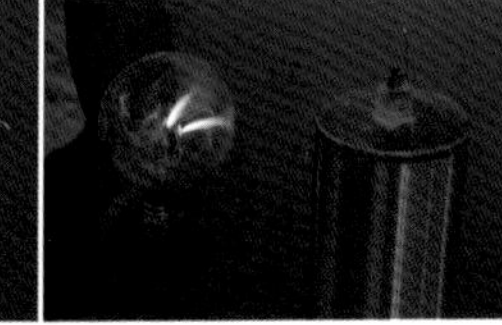

전극에 피아노선을 연결하거나 전구를 가까이 대면 인공 번개 이외에도 다양한 방전을 즐길 수 있다.

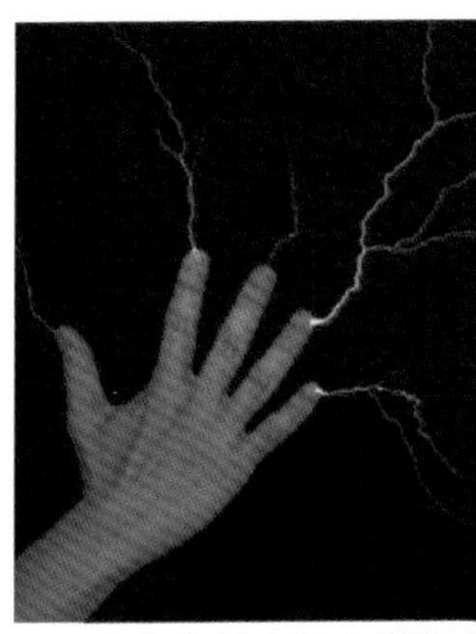
엉덩이를 전극에 가까이 대면 손가락이나 머리카락 같은 몸의 말단 부분에서 번개가 방출된다! 필요한 것은 SSTC식 테슬라 코일과 테슬라 코일의 ON/OFF를 제어하는 차단기.

건전지로 구동하는 간이 테슬라 코일

비접촉 방전이 가능한 바이폴라형 SSTC

테슬라 코일의 방전은 『과학실험 이과』의 장기. 그 장기를 더욱 진화시켜 AA 건전지 8개로 구동하는 초심자용 테슬라 코일을 만들어보았다. 살균 램프부터 닉시관까지 모두 빛날 것이다! (레너드 3세)

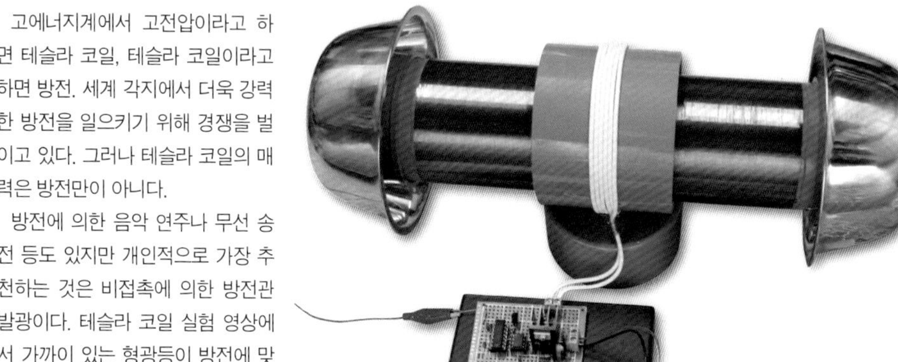

고에너지계에서 고전압이라고 하면 테슬라 코일, 테슬라 코일이라고 하면 방전. 세계 각지에서 더욱 강력한 방전을 일으키기 위해 경쟁을 벌이고 있다. 그러나 테슬라 코일의 매력은 방전만이 아니다.

방전에 의한 음악 연주나 무선 송전 등도 있지만 개인적으로 가장 추천하는 것은 비접촉에 의한 방전관 발광이다. 테슬라 코일 실험 영상에서 가까이 있는 형광등이 방전에 맞춰 깜빡이는 현상이 바로 그것이다. 테슬라 코일의 강력한 고주파·고전압 전계가 형광등과 같은 방전관의 희박한 가스에 작용해 가속된 전자에 의해 방전이 일어난다.

● 비접촉으로 방전하는 구조

어떻게 비접촉 상태에서 전극 없이 방전을 일으킬 수 있는 것일까. 보통 방전관에 직류 고전압을 걸면 음극에서 전자가 방출된다. 전계에서 가속→원자와 충돌해 또다시 전자를 때린다(전리)→전자가 점점 늘어나고 전리되며 양극으로 향하는 현상이 일어나기 때문이다. 이것이 방전이다.

이제 직류가 아닌 교류 고전압을 걸어준다. 주파수가 낮을 때는 직류일 때와 같은 현상이 일어난다. 여기서 주파수를 점점 높이면 일정 지점에서 전극에서 나온 전자가 반대편 전극에 도달하기 전에 전극의 정부(正負)가 바뀌는 것이다. 이렇게 되면 도중에 전자가 감속→반전 가속해 역방향으로 전리가 진행되고, 주파수를 더 높이면 전자는 방전관 중간에서 왔다 갔다를 반복하게 된다. 이것이 전극 없이 전계만으로 방전이 유지되는 상태이다.

테슬라 코일은 높은 전계와 주파수를 발생시키기 때문에 거리가 떨어진 방전관 내부에서도 방전을 일으킬 수 있다. 인테리어 용품으로도 유명한 플라즈마 볼도 같은 원리로, 밀폐된 유리 방전관 바깥에서 유리 한 장을 사이에 두고 내부에 방전을 일으킨다.

한편 테슬라 코일이 아니어도 충분한 교류 전계가 있으면 비접촉 방전이 가능하다. 고압 송전선 아래 설치된 형광등에 불이 들어오는 영상을 본 사람도 많을 것이다.

● 간이 SSTC란?

그래서 이번에는 비접촉 방전을 이용한 초심자 대상의 비교적 안전한 간이 'SSTC'를 제작해보기로 했다. SSTC란 Solid State Tesla Coil

Memo:

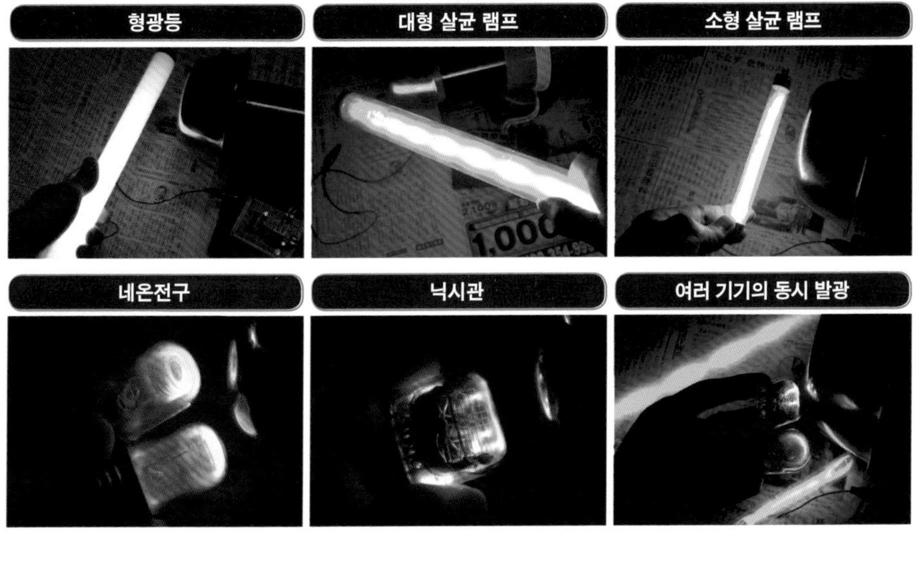

의 약자로 반도체 제어 테슬라 코일을 뜻한다.

참고로 테슬라 코일의 하위 호환형(?)으로 'Slayer Exciter'라는 장치가 있는데 이것은 트랜지스터를 1개만 사용한 것이다. 동작이 불안정하고 고장이 많다는 결점이 있다. 트랜지스터의 특성이나 회로의 구성에 따라 작동이 잘되지 않을 때도 있고 심각한 발열을 일으키는 등 재현성이 낮다.

한편 SSTC는 회로가 조금 복잡해도 피드백이나 소자의 구동이 각 기능과 제대로 짜여 있으면 그 밖의 구성 요소가 약간 바뀌어도 안정적으로 작동한다. 또 상태가 좋지 않을 때에도 기능별로 나누어 교정할 수 있다는 장점도 있다.

그리고 또 한 가지, 코일을 더 쉽게 다룰 수 있는 고안을 추가했다. 일반적인 테슬라 코일은 접지선이 필요하다. 이것은 하나의 전극으로 고전압을 발생시키기 때문인데 음극, 양극 어느 한쪽의 고전압을 발생시키면 보통은 전체가 전기적으로 중성이지만 여기서는 반대 부호의 전하가 남는다. 그러면 이것을 접지해 전류로 흘려보내는데 주변 환경에 따라 제대로 된 접지가 불가능하거나 그렇다고 접지하지 않으면 이상한 공진을 일으키거나 구동 회로 쪽이 고전압이 되어 스위치를 통한 감전으로 파손되기도 한다. 또 접지해도 접지저항이 충분히 낮지 않으면 고주파가 접지선을 통해 다른 기기를 망가뜨릴 가능성도 있다.

그럼 어떻게 해야 할까? 두 개의 전극을 준비해 각각 반대의 전압을 발생시키면 전류는 전극 사이를 왕복하게 되어 접지하지 않아도 안정적으로 동작하게 된다. 이런 타입을 '바이폴라형'이라고 하며, 하나의 코일 양 끝을 전극으로 하거나 두 개의 코일을 사용하는 두 가지 방법이 있다.

두 개의 코일을 사용하는 방법은 출력이 높은 편으로 코일 중간에서 방전시키는 경우가 많고, 하나의 코일만 사용하는 방법은 소형 장치에서 주로 볼 수 있다. 다만 접지가 필요 없는 대신 두 배의 코일이 필요하거나 코일이 그대로면 동작 주파수가 두 배가 된다는 결점도 있기 때문에 이 부분은 조건에 맞게 변경해야 할 것이다. 이번에는 하나의 코일 양 끝에 전극을 설치한 타입을 이용해 건전지로 구동하는 소형 SSTC를 제작해보았다.

● 이차 코일 제작

먼저, 가장 기본이 되는 이차 코일의 제작 방법이다. 코일은 작은 것이 간단해 보이지만 실제로는 작을수록

동작 주파수가 높아져 구동 난이도도 올라가기 때문에 적당한 크기(50cm 정도)를 선택할 것. 또 코일 한 개로 바이폴라형을 만들면 일차 코일이 코일 중심에 오면서 공진 패턴이 바뀌고 동작 주파수도 배가 된다는 점을 기억하자.

이번 실험에서는 구동 회로를 높은 주파수에 대응해 약간 작게 만들기로 했다. 이차 코일의 원통 부분은 VU65의 염화비닐관을 30cm 길이로 잘라서 사용했다. 전용 톱이 있으면 작업 효율이 올라가므로 향후의 공작도 생각해 미리 구입해두면 편리하다.

염화비닐관을 절단했으면 칼로 단면을 다듬고 코일을 감을 구멍을 뚫는다. 끝에서 35mm 위치에 2mm의 구멍 두 개를 뚫고 드릴링 머신으로 가공한다. 여기에 이차 코일의 구리선을 통과시켜 작업 도중 풀리거나 잡아당겨도 어긋나지 않도록 한다. 구리선은 0.25mm의 피복 동선을 사용했다.

코일을 다 감았으면 다음은 코일 표면을 보호하는 작업이다. 구리선의 양 끝을 구멍에 통과시켜 고정했다고는 해도 작동 중 발열로 선이 조금이라도 늘어나면 순식간에 엉망이 되기도 하고, 어떤 이유로 선이 끊기면 모든 실험이 물거품이 될 위험도 있으므로 코일의 보호는 필수이다. 보통 스프레이나 니스를 도포하는 것이 일반적이지만 이번에는 에폭시 접착제를 사용했다. 니스의 경우, 여러 번 덧바르거나 말릴 때 시간이 걸리지만 에폭시 접착제는 한 번만 발라도 단단한 피막을 만들 수 있어 편리하다. 작업시간을 고려하면 경화시간 30분 이상의 제품이 이상적이지만 외관을 크게 신경 쓰지 않으면 다이소 등에서 살 수 있는 10분 경화 타입도 충분히 사용 가능하다. 에폭시 접착제가 굳으면 양 끝의 구리선을 적당한 길이로 자르고 압착단자

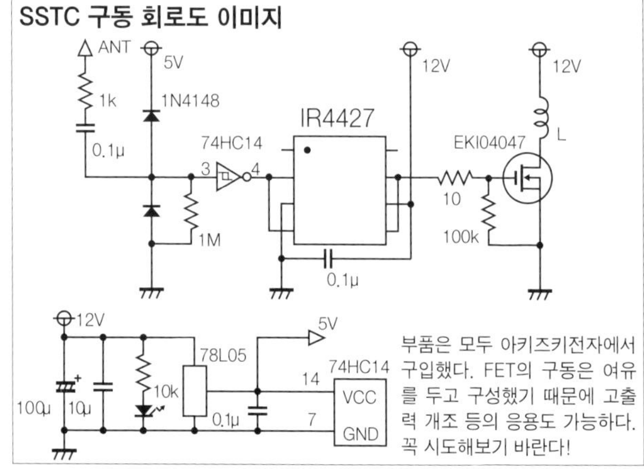

SSTC 구동 회로도 이미지

부품은 모두 아키즈키전자에서 구입했다. FET의 구동은 여유를 두고 구성했기 때문에 고출력 개조 등의 응용도 가능하다. 꼭 시도해보기 바란다!

Memo:

01 : 염화비닐관을 30cm 길이로 자른다. 종이를 감아 자르면 절단면을 반듯이 자를 수 있다.
02·03 : 끝에서 35mm 위치에 약 5mm 간격으로 구멍을 두 개 뚫는다.
04 : 코일을 감기 시작할 위치. 구멍에 구리선을 3회 정도 통과시킨 후 감기 시작한다. 구리선 끝부분은 파이프 바깥으로 빼낸다.
05 : 에폭시 접착제. 90분 타입이 깔끔하게 마무리된다. 코일 전체에 넉넉히 바른 후 여분을 정리한다는 느낌으로 바르는 것이 비결.
06 : 코일 뚜껑. 중앙에 구멍을 하나 뚫어둔다.
07 : 토로이드용 금속제 볼. 주파수를 낮추고 동작을 다소 안정시키는 효과가 있다. 없는 것보다는 낫다.
08 : 스탠드 부분. 코일과 가깝기 때문에 고정할 때는 만일을 생각해 절연성 폴리카보네이트 나사를 사용한다.
09 : 일차·이차 코일 완성.
10 : 구동 회로. 신호를 받는다 → 증폭한다 → FET가 움직이면 되는 단순한 구조. 이것을 09의 코일과 결합하면 완성. 동작 주파수는 680kHz, 전원은 AA 건전지×8개.

또는 접지 러그를 부착하면 이차 코일이 완성된다.

● 회로를 조립해 완성

계속해서 양 끝의 전극 부분. 이차 코일과 접속용으로 VU65 염화비닐관 뚜껑을 두 개 만들어 구멍을 뚫고 나사를 바깥으로 향하게 고정한다. 토로이드를 대신할 금속제 볼에도 똑같이 중심에 구멍을 뚫고 압착단자→스페이서→금속 볼→너트의 순으로 고정해 완료. 이차 코일의 스탠드 역할을 할 일차 코일에는 조금 더 큰 VU75 소켓을 사용했으며 절연성 폴리카보네이트 나사로 고정했다. 일차 코일은 VU75 소켓 중앙에 여섯 번 정도 감아주었다. 감는 횟수는 주파수나 투입 전력에 따라 최적치가 달라지므로 필요에 따라 조정하기 바란다.

구동 회로의 발진 방식은 자려식. 안테나로 코일의 전압을 수신해 소자를 ON/OFF해주면 자동으로 이차 코일의 동작 주파수에서 발진한다. 회로로서의 동작은 안테나로 수신한 신호를 다이오드에서 0~5V의 범위로 정형해 슈미트 인버터 IC '74HC14'로 파형을 단형파로 바꿔 신호의 강도를 높인다(동시에 음·양극 반전). 그것을 FET 구동용 IC의 'IR4427'에서 받아 충분한 출력으로 FET 'EKI04047'의 게이트를 구동해 스위칭하는 구조이다.

이 회로는 코일이 작기 때문에 주파수가 높고 그에 맞게 구동 회로도 속도가 충분히 빠른 소자가 필요하다. 그래서 사용한 것이 파워 MOS-FET의 'EKI04047'이다. FET치고는 상당히 빠른 소자로 이런 실험에는 최적이다. 스펙은 40V 80A로 출력을 올릴 여유도 있을 듯하다.

회로가 완성되면 이차 코일과 스탠드를 조립한 후 일차 코일과 회로를 접속한다. 12V의 전원과 안테나에 적당한 선을 연결하면 완성된다.

전원은 처음에는 건전지가 가장 좋다. 자칫 실수가 있어도 전류에 한계가 있기 때문이다(그래도 직접 만지면 화상을 입을 수 있으니 주의하자). 또 전력적으로도 충분하다. 실제 30분 정도 연속 동작해도 큰 문제가 없었다.

전원을 켜고 적당한 형광등을 가까이 대어서 불이 들어오면 OK. 불이 들어오지 않거나 이상한 발진음이 나는 경우는 일차 코일의 접속을 반대로 하면 대부분 작동할 것이다.

이번에는 안전성과 간편성을 우선해 건전지 구동 방식으로 만들었지만 전압을 높여 출력을 향상시키거나 전원의 출력을 높여 DRSSTC(이중 공진 테슬라 코일)로 응용해도 좋다. 건전지 구동 방식이라도 승압 회로를 조합하면 피크 출력을 높이는 것도 가능하다.

주요 재료
VU65 염화비닐관·뚜껑
VU75 소켓·뚜껑
금속제 볼×2
피복 동선 0.25mm
나사류 폴리카보네이트 나사 등
에폭시 접착제
건전지 케이스(스위치 내장형 12V)
전자 부품류(회로도 참조)

적색·녹색·청색… 정신까지 혼미해지는 수상한 빛의 정체

R·G·B 펄스 합성식 마의 LED 펜 라이트

팬덤 문화의 필수품 '펜 라이트'를 빛의 삼원색을 인식하는 합성 라이트로 개조했다. 두통, 구토, 경련과 같은 '포○몬 쇼크'를 손쉽게 체험할 수 있다!

(레너드 3세)

적색(Red), 녹색(Green), 청색(Blue)의 빛의 삼원색을 합성하면 백색의 빛이 된다는 것은 유명한 원리다. 액정 모니터나 LED 조명 등 우리 주변에서도 널리 사용되고 있기 때문에 감각적으로 알고 있는 사람도 많을 것이다.

액정 모니터나 브라운관에서는 화면을 표시하는 방식으로 R·G·B 색상의 아주 작은 점을 늘어놓아 색이 섞여 보이도록 한다. 색을 분할해 표시하는 방법은 이렇게 공간적으로 나누는 것 이외에도 시간적으로 나누는 방법이 있다. 여러 색을 순서대로 빠르게 명멸시켜 눈의 잔상으로 색이 합성되도록 만드는 것이다. 그 대표적인 예가 형광등이다.

인버터 방식이 아닌 안정기를 사용한 타입의 형광등은 100/120Hz로 명멸한다. 이렇게 명멸하는 빛의 처음과 끝은 다른 색상이다(청색→적색 등). 인간의 눈에는 똑같은 백색 빛으로 보이지만 디지털카메라로 고속 촬영을 해보면 색이 바뀌는 것을 알 수 있다. 또 봉을 흔들면 색이 줄무늬처럼 나뉘어 보이기도 한다.

이번에는 이런 '시분할(時分割) 색 합성'을 응용해 화려하고 조금은 위험한(?) 과학 도구를 만들어보았다. 구체적으로는 적색, 녹색, 청색을 각각 펄스화해 순서대로 빠르게 명멸시키는 LED 라이트라고 할 수 있다. 보기에는 단순한 백색 라이트이지만 흔들거나 시선을 움직이면 색이 나뉘어 빛의 삼원색의 원리를 시간적으로 체험할 수 있는 장치이다.

마의 펜 라이트로 개조

이번에 제작할 'R·G·B 합성 라이트'에는 세 가지 색 LED와 LED 그대로는 잘 보이지 않기 때문에 빛을 확산하는 산광기가 필요하다. 이런 세 가지 색 LED와 산광기를 갖춘 최적의 소재가 바로 콘서트 등에서 사용되는 펜 라이트이다.

펜 라이트는 하나의 장치로 여러 색상의 발광이 가능한 조명기구이기 때문에 처음부터 필요한 부품이 모두 갖추어져 있다는 장점이 있다. 이번 개조에는 그야말로 안성맞춤인 소재이다.

가장 먼저 펜 라이트를 분해해 불필요한 부품을 제거한다. 발광 색상

Memo:

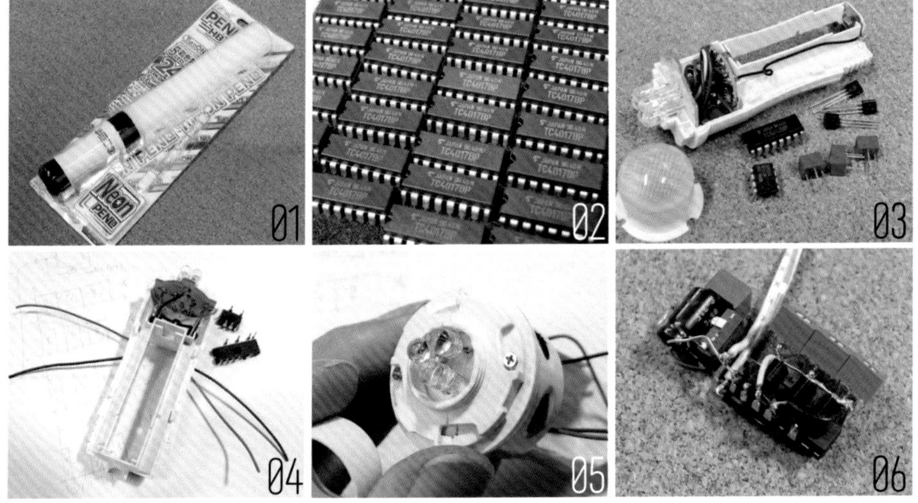

▶ 마의 펜 라이트 개조 순서 01 : LED 펜 라이트. 색을 바꿀 수 있는 타입을 사용한다. 02 : 이번 회로의 핵심인 10진 카운트 IC 'TC4017BP' 03 : 펜 라이트를 분해해 불필요한 부품을 제거한다. 04 : 위쪽에 빈 공간이 있다. 전원을 버튼 전지로 하면 펜 라이트 내부에 수납할 수 있을 듯하다. 05 : R·G·B LED를 장착한 후 빛이 균일해지도록 위치를 조정한다. 06 : 회로를 입체로 배선해 소형화했다. 사용하지 않는 IC의 다리는 합선 가능성이 있고 거추장스럽기 때문에 자른다.

을 조정하는 기판과 R·G·B 이외의 LED(이 펜 라이트에는 백색과 황색도 있었다)도 방해가 되니 제거한다. 기판에 부착된 LED는 캐소드가 공통이었기 때문에 제작할 회로도에 맞게 역방향으로 달고, 각 색의 배선을 밖으로 빼내 본체를 재구성한다.

장치의 핵심인 색상별 LED의 펄스 발광에는 구동 회로에 'TC4017'이라는 IC를 사용했다. 이 IC는 특정 주파수의 클록 신호를 입력하면 그 주파수에 맞춰 10개의 출력을 하나씩 순서대로 높이는 동작을 한다. 리셋 단자를 사용하면 중간에 0으로 되돌릴 수 있고 2~10까지의 카운트가 가능해진다.

이번에는 이 IC를 9까지 작동시켜 3에서 각 색상별 LED가 발광하도록 만들었다. 적색 · 무(無) · 무, 녹색·무·무, 청색·무·무……이런 식이다. 사이를 띄우는 것은 발광시간을 짧게 해 움직였을 때의 음영을 명확히 보이게 하고 각 색이 확실히 나뉘어 보이는 효과를 위해서이다. 이 간격은 각자 기호에 맞게 조정하면 된다.

회로 제작

TC4017의 클록에는 가장 많이 쓰이는 타이머 IC 'NE555'의 50% 듀티 발진을 사용했다. 발진 주파수 조정용 가변저항은 회로도에는 100kΩ으로 되어 있지만 생각보다 조정이 어려웠다. 20~50kΩ 정도를 사용하는 편이 나을 듯하다.

TC4017은 어디까지나 신호용 IC이기 때문에 출력 전류가 1mA 정도로 낮아 LED가 빛나긴 하지만 밝기가 부족했다. 그래서 전류 증폭용 트랜지스터를 조합했다. 트랜지스터는 '2SC1815'를 선택했는데 전류나 증폭률이 충분하다면 얼마든지 대체 가능. LED의 밝기 조정은 포탄형 LED라 전류가 많이 흐르지 않는 데다 공간이 좁기 때문에 싸고 간편한 반고정 저항으로 해결했다.

회로 장착

이 회로는 펜 라이트의 배터리 케이스(AAA 건전지×3개)에 넣기 때문에 기판을 사용하지 않고 공중 배선으로 소형화했다. LED 밝기와 주파수 조정용 저항을 외부에서 조작할 수 있도록 방향에 유의해 배선한 후 배터리 케이스에 넣는다. LED의 배선을 연결하고 글루 건으로 고정. 나머지는 전원 선을 밖으로 꺼내고 배터

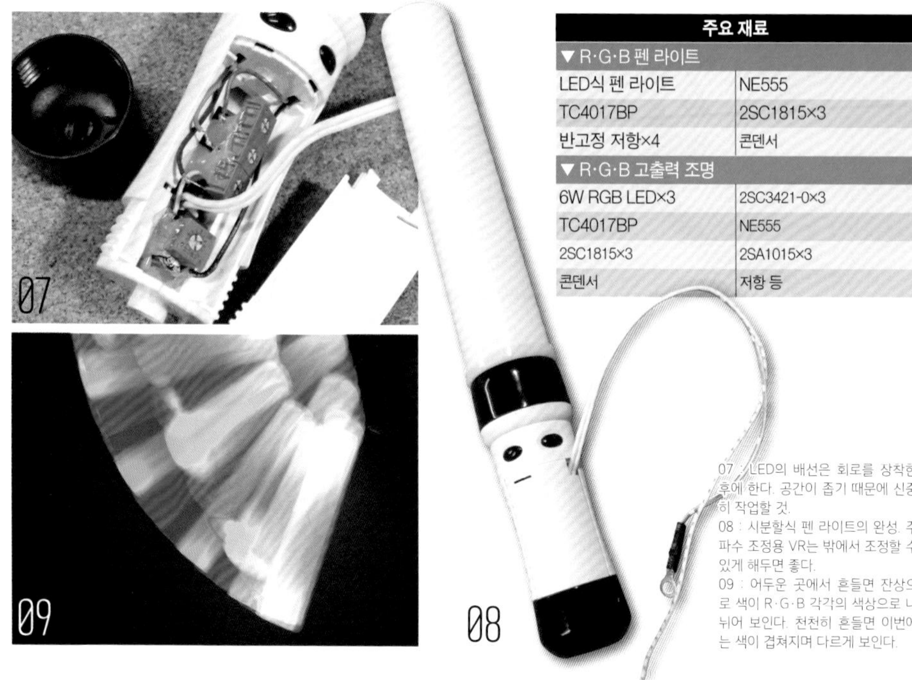

주요 재료	
▼R·G·B 펜 라이트	
LED식 펜 라이트	NE555
TC4017BP	2SC1815×3
반고정 저항×4	콘덴서
▼R·G·B 고출력 조명	
6W RGB LED×3	2SC3421-0×3
TC4017BP	NE555
2SC1815×3	2SA1015×3
콘덴서	저항 등

07 : LED의 배선은 회로를 장착한 후에 한다. 공간이 좁기 때문에 신중히 작업할 것.
08 : 시분할식 펜 라이트의 완성. 주파수 조정용 VR는 밖에서 조정할 수 있게 해두면 좋다.
09 : 어두운 곳에서 흔들면 잔상으로 색이 R·G·B 각각의 색상으로 나뉘어 보인다. 천천히 흔들면 이번에는 색이 겹쳐지며 다르게 보인다.

리 케이스의 뚜껑을 덮으면 본체가 완성된다. 전원에 6V를 연결해 모든 LED에 불이 들어오는지 확인했으면 다음은 LED의 밝기와 주파수를 조정한다.

▼ LED와 주파수 조정

LED의 조정은 발진 주파수를 적당히 높여 모든 LED에 불이 들어오도록 준비. 그중 한 가지 색상의 밝기를 기준으로 다른 색상을 조정하는 것이 비결이다.

주파수의 조정은 실제 본체를 흔들어 색이 나뉘는 라인을 확인하면서 가장 좋은 포인트를 찾는다. 클록 주파수로 50~60Hz가 적당할 것이다. 실제 발광하는 주파수는 분주했기 때문에 각 색을 합치면 18Hz 정도. 이보다 높으면 백색이 잘 나타나는 대신 색이 고속으로 바뀌기 때문에 전력을 다해 흔들지 않으면 색이 나뉘어 보이지 않는다.

참고로, 펜 라이트는 굵은 것보다는 가는 타입이 색이 나뉘는 것을 확인하기 쉽고 높은 주파수에서도 잘 보이는 특징이 있다. 펜 라이트를 선택할 때 참고하면 좋다.

반대로 주파수를 낮추면 '강렬하게 발광하지만 무슨 색인지 분간이 되지 않는' 사이키델릭한 체험이 가능하다(웃음). 이것도 나름 재미있지만 '인식이 될까 말까 한 미묘한 주파수로 강렬한 명멸'을 실현했을 때 비로소 그 '포○몬 쇼크'를 체험할 수 있다. 두통이나 구토 간혹 경련과 발작을 일으키는 등 심각한 사고로 이어질 가능성이 있다.

그러므로 처음에는 밝은 실내에서 장시간 지켜보지 않도록 주의하며 실험하기 바란다. 주파수가 높으면 위험성은 낮지만 개인차가 있으므로 조심하는 편이 좋다. 만약 주파수를 낮춰 실험하다가 '정신이 혼미해져' 병원에 실려가는 일이 생기더라도 책임지지 않는다.

참고로, 일반적인 형광등도 열화 때문에 불빛이 깜빡이는 경우에는 무의식적으로 스트레스를 줄 수 있

Memo:

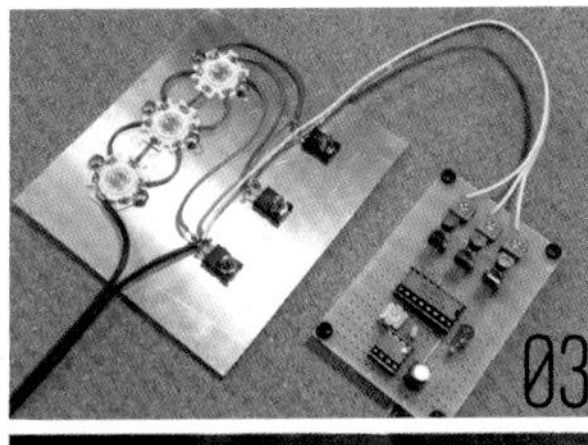

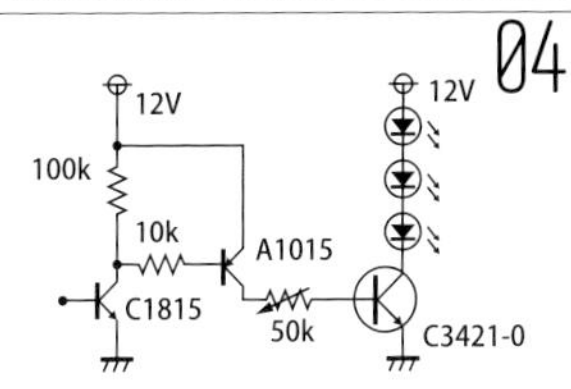

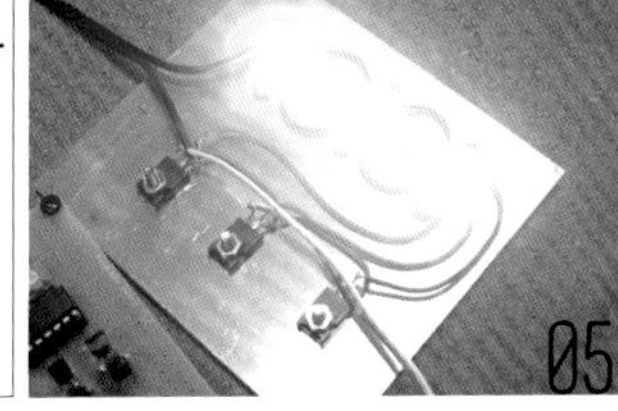

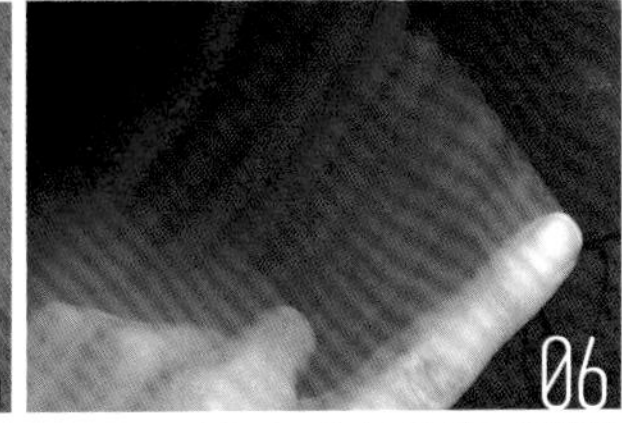

▶ R·G·B 고출력 조명의 제작 순서 01 : 6W급 파워 LED. 이 회로에서는 발광시간이 짧기 때문에 더 강력한 LED가 필요하다. 02 : 발진·구동 회로. 4017까지는 펜 라이트와 같은 설계이다(전압은 다르다). 03 : LED 유닛과 연결했다. 트랜지스터는 가변저항의 역할도 있기 때문에 발열량을 잘 확인할 것. 04 : 4017 이후의 회로도 이미지. 전류의 증폭이 필요하다. 트랜지스터 어레이 기판을 사용하면 단순해질 듯하다. 05 : 번쩍! 하고 발광. 빛이 너무 강해 눈이 아프다. 빛을 확산하는 산광기를 덮어주면 좋다. 06 : 조명 아래에서 손가락을 움직이자 R·G·B 색의 잔상이…! 샤워기 물에 빛을 비추면 실제 물리 세계에 섞여 있는 노이즈를 확인할 수 있다.

다. 컨디션이 악화되거나 정신적으로 불안정해져 귀신을 보는 원인이 된다는 말도 있다.

미묘한 주파수로 강렬히 명멸하는 빛이 주는 악영향은 기계에도 미치는 듯하다. 디지털카메라의 오토 포커스 기능이 작동되지 않아 촬영에 무척 고생했다. 'AF 살인마'라고 불러야 할까(웃음).

이번에는 발광체 자체를 흔드는 펜 라이트로 만들었지만, 시선을 움직여도 색이 나뉘는 것을 인식할 수 있기 때문에 실내 인테리어에 활용하는 것도 가능하다. 시선을 움직일 때마다 묘한 느낌을 주는 수상한 물건이랄까. 파티 용품으로도 사용할 수 있지 않을까.

● 고출력 조명 타입

핸디형 펜 라이트를 만들어 흔들면 흥미로운 체험이 가능하다. 하지만 『과학실험 이과』에서 그 정도로 만족할 수는 없는 법. 그렇다면 고출력으로 대미를 장식해보자!

공간 전체를 R·G·B 펄스광으로 채우는 다소 위험한 조명을 만들어 보는 것이다. 물건이나 시선을 움직일 때마다 실은 무엇을 하든 비정상적으로 보일 것이다. 공간 자체가 버그화된다. 사람에 따라서는 그런 공간에 있기만 해도 컨디션이 악화될 가능성이 있다. 그야말로 저주받은 공간이다.

고출력 조명의 제작 자체는 그렇게 어렵지 않다. 단순히 더 강력한 LED로 바꾸면 되는 것이다. 이번에는 시험 삼아 6W급의 R·G·B LED 3개를 사용해보았다. 단, LED의 광량 제어는 조금 까다롭다. 보통은 PWM 제어로 밝기를 조절하지만 추가로 3개분의 LED 제어 회로를 넣었더니 회로가 조금 번잡해졌다. 가변저항은 W수가 커서 어려울 것이다.

결국 요즘은 잘 사용하지 않는 트랜지스터에 의한 전류 증폭 기능으로 LED의 전류를 제어하기로 했다. 파워 LED의 스위칭용 트랜지스터에 가변저항을 넣고 여기서 조절한다. 소자의 증폭률이 중요해지는 만큼 확실히 확인해두는 것이 좋다. 증폭률이 너무 크면 조정하기 어려우니 적당히 조절한다.

그 외에는 회로의 동작 전압이 12V가 되면서 TC4017의 출력부가 약간 바뀐 정도이다. 참고로 4017에는 74시리즈 타입도 있는데 이것은 동작 전압이 낮기 때문에 헷갈리지 않도록 주의한다.

최강의 전기 충격!

50만V급 막스 제너레이터 제작

번개는 자연이 만들어낸 예술 작품이다. 그런 벼락을 언제 어디서든 감상할 수 있는 발생장치를 만들어보면 어떨까. 자잘한 방전 말고 본격적인 전기 충격을 마음껏 만들어보자!

(레너드 3세)

벼락 애호가 여러분, 드디어 기다리던 시간이 돌아왔다. 『과학실험 이과실험실2』 등에서 '간단 벼락 발생장치·막스 제너레이터'에 대해 해설한 바 있다. 이번 시간에는 그다음 단계라고 할 수 있는 본격 수제 막스 제너레이터를 직접 만들어보자. '손으로 만질 수 있는 자잘한 방전 말고 오금이 저릴 만큼 강력한 전기 충격을 원하는' 사람에게 그야말로 안성맞춤인 장치이다.

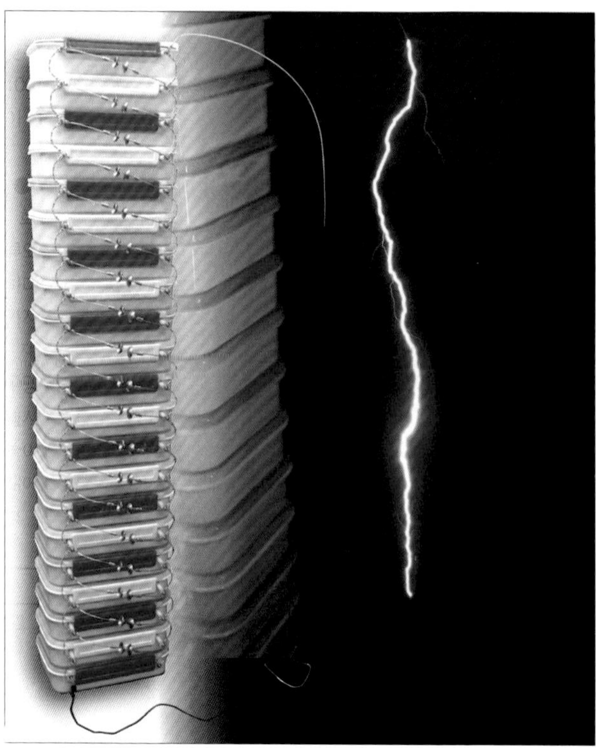

흥분한 나머지 이야기가 조금 빗나갔다. 일단 가벼운 해설부터 시작한다. 앞선 기사에서도 해설했지만 막스 제너레이터란 수십~수백만 V의 펄스 고전압을 순간적으로 발생시키는 시스템으로 낙뢰 모의실험이나 펄스 파워 장치 등에 사용된다.

복수의 고압 콘덴서를 수십 kV급의 고압 전원으로 병렬 충전하고 그것을 스파크 갭 스위치로 한 번에 직렬로 접속해 충전 전압×단 수에 해당하는 전압을 순간적으로 발생시키는 구조이다.

얻을 수 있는 전압에 비해 구조가 단순하기 때문에 반도체와 같이 파손되기 쉬운 부품을 사용하지 않고도 만들 수 있다는 것이 가장 큰 이점이다. 마찬가지 방전 발생장치인 '테슬라 코일'에 비해 설계·제작 난이도가 낮고 피크 파워가 강력하기 때문에 손쉽게 방전을 즐기고 싶은 경우에도 추천한다. 앞서 소개한 공작에서는 1만 원 정도면 만들 수 있는 간이장치를 제작했지만 이번에는 그보다 출력이며 비용 모두 한 차원 높은, DIY 수준에서는 최상위급이라고 할 수 있는 강력한 장치를 만드는 것이 목표이다.

Memo:

주요 재료
고압 콘덴서 300개
저항 4개×39세트
도시락 용기 21개
나사류
반구형 압정
압착단자류
철사
충전용 고압 전원(약 25kV)

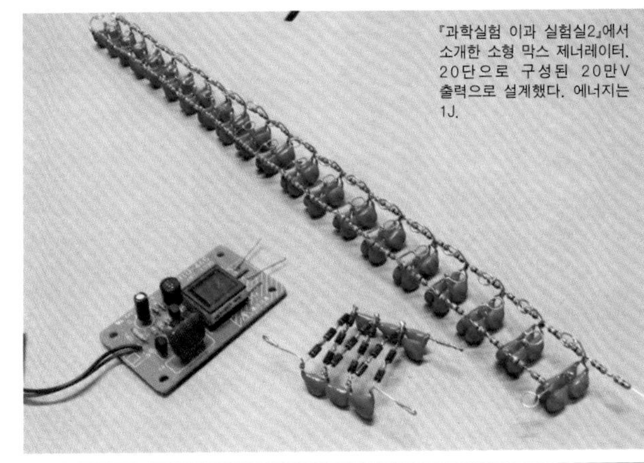

『과학실험 이과 실험실2』에서 소개한 소형 막스 제너레이터. 20단으로 구성된 20만V 출력으로 설계했다. 에너지는 1J.

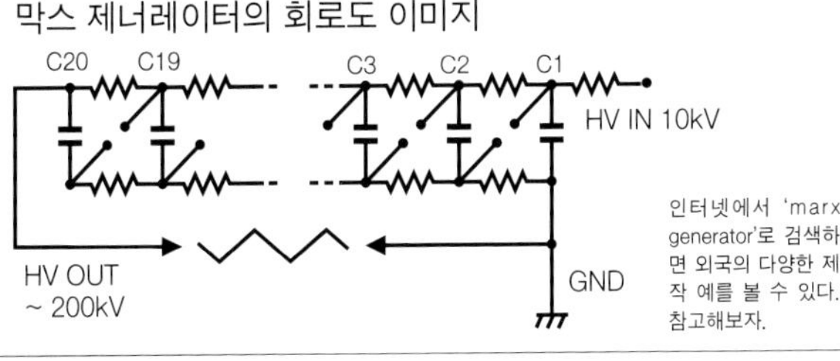

인터넷에서 'marx generator'로 검색하면 외국의 다양한 제작 예를 볼 수 있다. 참고해보자.

● 재료와 설계 및 제작

막스 제너레이터 제작에 필요한 가장 중요한 재료는 고압 콘덴서이다. 장치 사양의 거의 모든 요인을 결정하는 가장 중요한 부품으로, 여기서 좋은 물건을 구하면 거의 완성한 거나 다름없다(?)고 해도 과언이 아니다. 자세한 내용은 뒤에서 해설하겠지만 기본적으로는 고내압 세라믹 콘덴서나 필름 콘덴서가 베스트. 다만 이상적인 물건을 저렴한 가격에 대량으로 입수하는 것이 현실적으로 쉽지 않기 때문에 우선순위를 고려하며 구할 수 있는 범위 내에서 찾아보는 것이 좋다.

이번에는 1.6kV·0.047μF의 오일 콘덴서를 대량으로 입수해 15개 직렬×20단으로 총 300개를 사용했다. 사양은 총 480kV, 오차 포함 약 50만 V급으로 18J 출력의 방전을 일으킨다.

다음은 프레임 등의 지지대 부분. 탁상용 정도의 소형 모델이라면 크게 신경 쓸 필요는 없지만 규모가 커질수록 중요성과 비용이 크게 높아져 부담이 되는 부분이다. 기본적으로는 콘덴서의 보호와 버팀대 역할을 하는 지지 구조의 두 가지 요소가 중심이 된다. 콘덴서의 전극이 나사 단자인 경우는 그대로 부착할 수 있지만, 리드 단자나 복수의 콘덴서를 합쳐 1단으로 만든 경우는 일단 케이스 등에 넣어 부착하는 것이 좋다. 이 부분은 가공 양이나 비용에 영향을 주기 때문에 충전 전압 등 설계와의 균형도 중요해진다.

지지 구조는 수지판, 앵글재, 파이프 등이 주재료로 콘덴서 등의 부품을 부착하기 쉬운 소재와 강도 그리고 가격을 고려해 선택한다. 막스 제너레이터는 그 구조상 중심이 높고 길다 보니 아무래도 비틀림이나 굴곡이 생기기 쉬우므로 그 점도 놓치지 말고 고려해 설계하는 것이 포인트이다.

또 완성 후에도 각 요소의 재편성, 운반, 조정이 용이하도록 설계하면 편리성이 뛰어난 장치를 완성할 수 있다. 이번 공작에서는 콘덴서 15개를 하나의 단으로 설계하고 수지제 도시락 용기에 넣었다. 이 용기를 쌓아 그대로 장치 본체의 구조로 이용했다. 단순함이 장점이지만 중간의 단을 분리하기 어렵다는 단점도 있다. 여유가 있으면 별도의 프레임을 만드는 편이 좋을 것 같다.

콘덴서와 지지 구조를 결정했으면 이제 그것을 전극 겸 나사로 고정. 그 사이를 충전 저항이나 방전 갭으

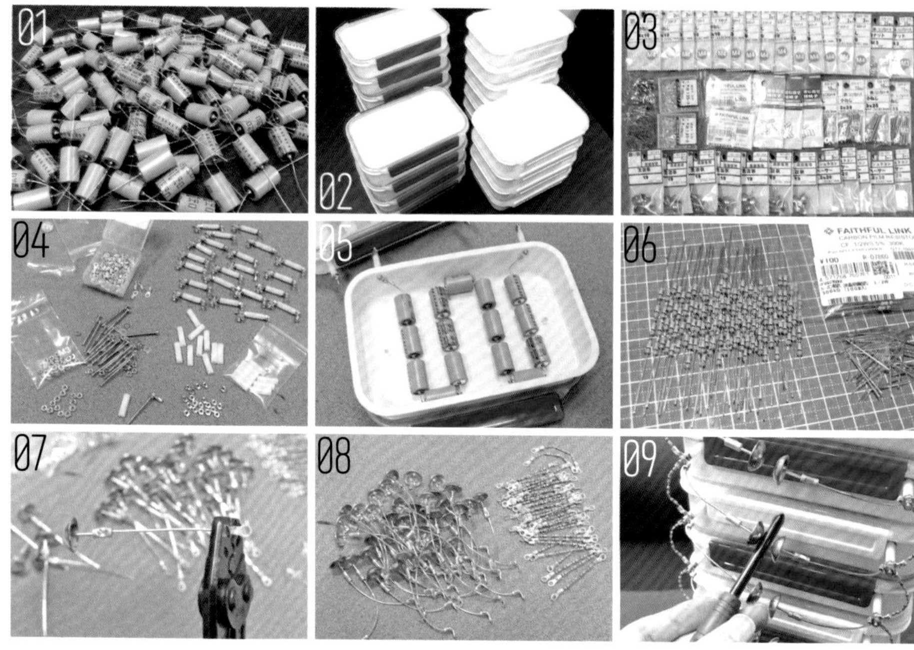

로 연결하면 거의 완성이다. 저항은 콘덴서 용량에 따라 다르지만 기본적으로는 수 MΩ 정도로 고전압에 버틸 수 있는 사양이 필요하다. 저항이 작은 것을 여러 개 직렬로 연결하면 분압되어 각 단의 전계가 집중되는 것을 완화하는 효과를 얻을 수 있다. 이번 공작에서는 300kΩ·1/2W의 일반적인 카본 저항 4개를 직렬 연결했다.

방전 갭은 구형이 이상적이지만 가공이 어렵기 때문에 반구형 압침을 유용하는 것이 싸고 종류도 많아 적당할 듯하다. 핀 부분을 이용해 배선도 가능하다.

장치의 제작은 대략 다음의 다섯 가지 순서로 진행된다.

① 케이스에 구멍을 뚫는다.
② 콘덴서를 연결해 케이스에 넣는다.
③ 나사류로 단자를 만든다.
④ 케이스를 쌓아 모든 단을 합친다.
⑤ 그 사이에 방전 갭과 저항을 연결한다.

구멍을 뚫거나 납땜을 하는 등의 단순 작업의 반복이므로 가공 자체는 크게 신경 쓸 부분이 없었다. 다만 워낙 양이 많아 힘들었다. 122개의 구멍과 397개의 납땜 그리고 200개의 압착 가공을 했다. 단 수가 늘어나면 그만큼 가공해야 할 양도 늘어나기 때문에 설계 시 충분히 고려해두는 것이 좋다.

● 제작 시 주의사항

실제 제작할 때의 포인트를 짚어보기로 한다. 전원은 케이스를 전부 조립한 후가 아니라 단 수가 적은 상태에서 먼저 동작을 확인해가며 조립할 것.

이것은 어떤 장치의 제작에나 해당되는 철칙이지만, 막스 제너레이터의 경우는 특히 단 수가 많기 때문에 조립이 끝난 후 설계 미스가 발견되면 심신에 미칠 피해가 막심할 것이다.

생각지 못한 부분의 절연파괴나 저항의 소손(燒損) 등이 충분히 있을 수 있기 때문에 재료비를 날리지 않을 단계에서 반드시 확인하도록 한다. 충전용 전원은 처음부터 W수가

Memo:

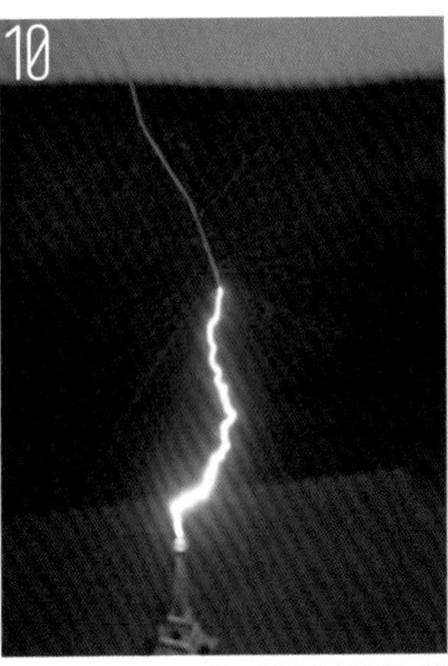

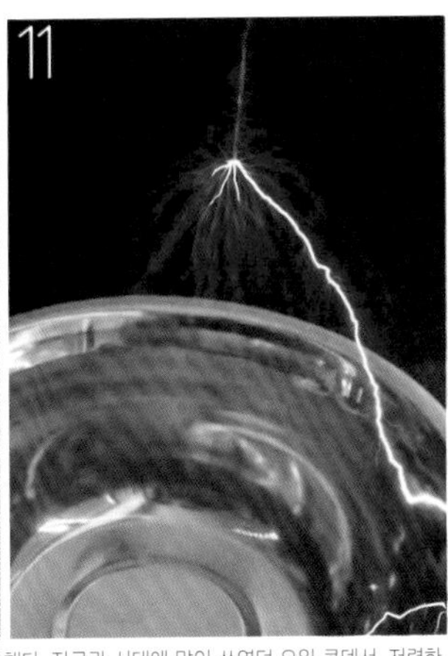

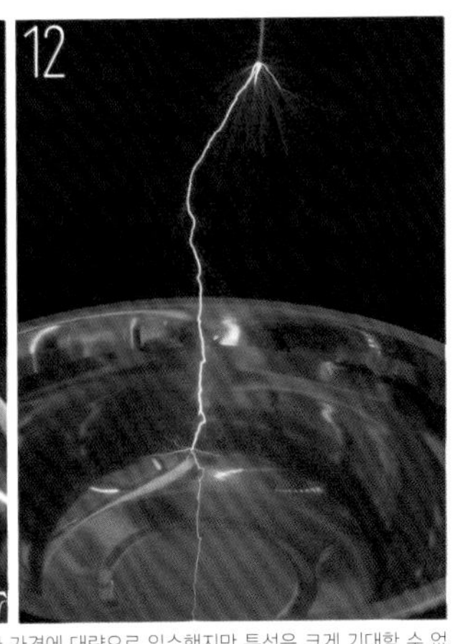

01 : 이번 공작에서는 1.6kV 콘덴서 총 300개를 사용했다. 진공관 시대에 많이 쓰였던 오일 콘덴서. 저렴한 가격에 대량으로 입수했지만 특성은 크게 기대할 수 없을 듯. 02 : 콘덴서 케이스 겸 본체 구조로 사용할 도시락 용기. 20단 + 첫 번째 단의 절연용까지 21개를 사용했다. 다이소에서 구입했는데 PP 소재로 강도가 약한 것이 단점이다. 자금에 여유가 있으면 조금 더 튼튼한 케이스를 선택하는 편이 좋을 듯하다. 03·04 : 나사나 압착단자 등의 부속. 워낙 사용량이 많다 보니 비용도 꽤 늘어난다. 05 : 콘덴서는 15개를 직렬로 연결해 하나의 단으로 만든다. 도시락 용기를 단순히 겹쳐놓으면 무너질 수 있기 때문에 용기 뚜껑과 바닥에 구멍을 뚫고 폴리카보네이트 나사로 고정해 일체화했다. 06 : 충전 저항은 300kΩ의 일반적인 카본 저항 4개를 직렬 연결해 총 1.2MΩ로. 4개로 나눈 것은 분압과 측면에서의 방전을 막기 위해서이다. 07·08 : 방전 갭과 저항을 연결하는 부분에는 압착단자를 사용. 압착공구가 없는 경우는 러그 단자를 사용하는 방법도 있다. 09 : 방전 갭은 모든 단에서 간격을 띄워야 한다. 굵은 드라이버 등을 기준으로 간격을 조정하면 편리하다. 10 : 초고압 막스 제너레이터 특유의 임펄스 코로나 발생. 일반적인 코로나가 임펄스 고전압에 의해 길게 뻗어 나온 것으로 길이가 수십 cm나 되었다. 카메라에는 잘 잡히지 않았지만 육안으로 보면 상당한 임팩트가 있다. 11 : 고출력 방전. 코로나와 리더의 미세 구조를 확인할 수 있다. 길게 뻗은 코로나가 반대편 전극과 연결되면 거기에 전류가 흘러 주 방전로로 강하게 발광한다. 12 : 물에 방전을 떨어뜨렸다. 물에는 약간의 저항이 있기 때문에 수면에서 방사형으로 퍼진다.

큰 것을 연결하면 부품이 소손되었을 때의 손실도 크기 때문에 출력이 약한 건전지 구동 방식의 고압 전원부터 시도하면 피해를 최소화할 수 있다.

누설 전류 등의 손실로 전압이 올라가지 않는 경우는 안전한 범위 내에서 출력을 높이거나 전문 서적을 참고해 코로나 방전 등의 손실 대책을 강구하자.

막스 제너레이터의 발생 전압이 커지면 전원 쪽 서지도 높아져 실수가 없어도 고압 전원으로 돌이킬 수 없는 사태를 초래할 수 있으니 0V 전위 지점을 확실히 접지선에 연결해 둘 필요가 있다. 아니면 테슬라 코일처럼 바이폴라 방식으로 설계해 서지를 상쇄시키는 것도 하나의 방법이다.

● 콘덴서에 대해

막스 제너레이터에 사용하는 콘덴서는 고내압, 펄스 방전 내성, 저(低) 누설 전류라는 세 가지 특성이 필요하다. 내압은 당연히 동작 중에 합선에 가까운 방전이 되풀이되기 때문에 펄스 방전의 내성이 없는 콘덴서를 사용하면 작동 중에 열화해 절연 파괴가 일어날 가능성이 있다. 또 누설 전류는 전류값이 낮아도 전압이 높기 때문에 결과적으로 에너지 손실이 커질 수 있다. 그렇게 생각하면 이번 공작에 사용한 콘덴서는 누설 전류가 많아 그다지 추천할 만한 소재는 아닐 듯하다.

이런 특성을 고려했을 때 가장 좋은 소재가 고압 세라믹 콘덴서와 고내압의 필름 콘덴서이다. 확실한 성능을 원한다면 이베이(eBay, http://www.ebay.com)나 알리익스프레스(Ali-Express, https://aliexpress.com) 등의 해외 온라인 쇼핑몰을 통해 입수할 수 있다. 참고로 알리익스프레스에서는 막스 제너레이터의 완성품도 판매하고 있었다. HV스터프(HV Stuff, https://hvstuff.com) 등의 고전압 전문 쇼핑몰에서 저항이나 전원 등과 함께 구입하는 방법도 있다.

누구나 센쿠가 될 수 있다!

처음부터 끝까지 직접 만드는 설파제

점프 만화 『Dr. STONE』에 등장한 '설파제(Sulfa Drug)'. 인류의 지혜의 결정체라고도 불리는 이 만능 약의 역사를 돌아보며 직접 합성하는 방법을 해설한다. 군침 도는데, 이거!

(구라레)

평소에는 의식하지 않고 살아가지만 우리의 생활은 수천 년에 걸쳐 지수함수적으로 진보한 과학기술의 산물이다. 수도꼭지를 틀면 물이 나오고 콘센트에 꽂으면 전기를 사용할 수 있다. 여름이든 겨울이든 주거 환경을 쾌적한 온도로 조절할 수 있고, 인터넷이나 스마트폰과 같은 디지털 인프라 덕분에 불가능한 것을 찾기가 더 어려울 정도로 무엇이든 가능한 시대이다.

이러한 근대 문명에서 우리의 삶을 지지하는 의료는 항생제와 스테로이드 없이는 결코 성립되지 않았을 것이다. 항생제 발명의 전과 후를 비교하면 실제 평균수명이나 전쟁으로 죽은 전사자 수가 완전히 달라졌다. 과연 항생제는 어디에서 나타난 것일까?

● 항생물질? 항생제? 항균제?

병원성 미생물 또는 병원성 진균이나 바이러스 등에 대항하는 약들을 포괄적으로 '항미생물제'라고 한다. 그중에서도 다수를 차지하는 페니실린을 비롯한 마크로라이드, 테트라사이클린, 아미노글리코사이드 등의 미생물 유래 성분을 '항생물질'이라고 하며, 뉴퀴놀론계와 같이 생물 유래가 아닌 완전 합성물을 합성 항균제라고 한다. 보통 이 두 가지를 합쳐서 '항균제'로 구분하는데 항결핵제 등은 생물 유래 성분과 함께 합성 항균제도 있고, 생물 유래 성분을 화학적으로 변화시킨(반합성한) 항균제라고도 항생물질이라고도 말하기 어려운 것도 있기 때문에 '항균제'와 '항생물질'을 엄밀히 구분할 필요는 없다.

또 항미생물제는 항진균제(무좀의 백선균, 기회 감염으로 병을 일으키는 칸디다균 등에 대항하는 약. 진균은 보통 세균보다 크며 빵의 효모나 곰팡이도 진균이다), 특정 바이러스에만 약효를 나타내는 항바이러스제라는 것이 있다. 항미생물제라고 해도 바이러스는 생물이 아니기 때문에 이번에도 엄밀한 의미를 따

설파닐아미드 합성의 흐름	
STEP 1	아닐린과 무수초산을 반응시켜 아세트아닐리드를 만든다.
STEP 2	아세트아닐리드에 클로로황산을 넣고 일부를 염소화해 반응이 용이하게 만든다.
STEP 3	STEP2에서 만든 것에 암모니아수를 넣어 반응시킨다.
STEP 4	STEP3에서 만들어진 것에 염산을 넣고 끓여 마지막으로 탄산수소나트륨으로 처리해 완성.
사용하는 시약	
아닐린 / 무수초산 / 클로로황산 / 암모니아 / 염산 / 탄산수소나트륨	

아닐린 + 무수초산 → 아세트아닐리드 → (클로로황산) p-아세트아미드벤젠 클로로술폰산 → (암모니아) p-아세트벤젠 술폰산아미드 → (염산 탄산수소나트륨) 설파닐아미드

Memo:

▶STEP 1 아세트아닐리드의 합성 순서 01 : 시험관은 깨끗이 씻어 잘 건조한다. 아닐린에 무수초산을 소량씩 넣는데 파스퇴르 피펫이라고 불리는 가는 유리제 스포이트가 있으면 편리하다. 파스퇴르 피펫 끝이 아닐린에 닿지 않도록 신중히 넣는다(합성물로 막힌다). 02 : 소량만 넣어도 열이 발생하기 때문에 안정될 때까지 냉수로 식힌다. 03 : 냉수로 식히면서 섞으면 점점 결정화된다(무수초산은 과잉으로 사용하는 편이 좋다). 04 : 아닐린이 약간 남았기 때문에 일단 가열한다(따뜻한 물에 넣고 흔드는 정도로도 충분). 05 : 약 60℃의 따뜻한 물에 10분 정도 데우면 액체가 되어 추출이 쉬워진다. 06 : 냉수에 넣으면 옅은 갈백색 침전물을 얻을 수 있다. 무수초산이 소량 수면에 떠 있어도 잘 흔들면 초산이 되어 물에 녹아 사라진다.

질 필요는 없다. '뉴퀴놀론계이니 항생물질이 아니라 항균제!'같이 세세한 부분까지 꼬치꼬치 파고들 여유가 있으면 그 물질이 효력을 미치는 항균 스펙트럼을 정확히 외우는 편이 나을 것이다.

말장난은 이쯤 해두고 항생제의 원점, 항생제의 시조는 무엇일까. 페니실린? 안타깝지만 틀렸다. 그런 생물 유래 성분 이전에 '설파제'라는, 석탄에서 유래한 완전 합성물로부터 연구가 시작되었다.

이 설파제가 바로 '설파닐아미드'라는 화합물로, 등록상으로는 1935년에 등장한 '프론토질'이다. 프론토질은 아닐린에서 만들어지는 색소 연구에서 파생되어 발견된 것으로, 체내에서 분해되어 원 재료로 돌아갔을 때 항생제로서 효과를 나타낸다는 것이 후의 연구로 판명되었다. 즉, 프론토질을 만들기 20년 이상 전에 이미 인류는 설파닐아미드를 합성했으며 그 효과는 알지 못했지만 이미 항생제를 손에 넣었던 것이다.

설파닐아미드는 1900년 초기에 만들어진 화합물이기 때문에 합성이 매우 간단하다. 실제 대학의 실습 교재로 채택되기도 한다. 그렇다면 100년 이상의 세월이 흐른 지금, 인류 최초의 항생제 설파닐아미드의 합성을 재현해보자.

● 설파닐아미드 합성

순서는 간단하다. 아닐린을 무수초산으로 아세틸화해 아세트아닐리드를 만들고 염소화제로 p-아세트아미드벤젠 클로로술폰산을 만들어 암모니아로 클로로술폰산에서 염소를 추출해 아미드로 만든 후 마지막으로 아세트아미드기를 염산과 탄산수소나트륨으로 아미노기로 바꾸면 완료.

이렇게 설명해서 이해한 사람은 이미 이 글을 읽고 있지도 않을 테니 알기 쉽게 해설해보자. 합성 파트는 크게 4단계이다. 준비할 시약은 아닐린과 염산 등 대략 6종류. 고도의 실험기구는 필요 없고 플라스크와 시험관 정도면 합성이 가능하다. 암모니아나 염화수소 등의 자극성 가스가 나오기 때문에 당연히 환기가 잘되는 장소, 가능하면 드래프트 체임버 내에서 실험하는 것이 좋다(스케일이 작으면 창을 열어 환기하는 정도로도 괜찮다). 자, 이제 합성을 시작하자!

STEP 1 ▶ 아세트아닐리드 합성

❶ 아닐린 5ml에 무수초산 8ml를 섞는다. 큰 비커에 얼음물을 넣고, 잘 건조시킨 시험관에 아닐린을 넣어 무수초산을 극소량씩 투입한다. 한 번에 섞으면 발화할 수 있으니 천천히 열을 식히면서 실시할 것.

❷ 아닐린과 무수초산을 잘 섞었으면 약 60℃의 물에 10분 정도 데운다.

❸ 반응이 끝나면 100ml의 증류수를 넣는다. 아세트아닐리드는 물에 녹지 않기 때문에 백색의 침전물로 추출할 수 있다(미반응 빙초산이 물에 뜨기도 하는데 섞여 있을 경우 잘 흔들면 초산으로 분해되어 사라진다).

❹ 아세트아닐리드를 여과한다. 5~10g 정도 추출하면 대성공.

STEP 2 ▶ 아세트아닐리드와 클로로황산의 반응

❶ STEP 1에서 추출한 아세트아닐리드에 클로로황산을 천천히 반응시킨다. 잘 건조시킨 아세트아닐리드 5g에 흰 연기가 나오지 않을 때까지 클로로황산을 소량씩 투입하며 10~20분에 걸쳐 반응시킨다. 클로로황산은 냄새가 자극적이고 부식성이 강하므로 절대 손으로 만지지 말 것. 피부가 탈 수 있다. 또 물과 반응하면 황산과 염산으로 분해되기 때문에 취급에는 극도로 주의한다.

❷ 반응이 끝나면 소량의 냉수를 투입한다. 침전물로 p-아세트아미드벤젠술폰산을 추출할 수 있을 것이다.

STEP 3 ▶ 신속하게 암모니아수를 투입한다

❶ 추출이 확인되면 신속히 진한 암모니아수를 투입한다.

❷ 그 용액을 플라스크로 옮긴 후 히터 등으로 가열해 10~20분 반응시키다. 이때 미반응 염산에 암모니아가 반응해 흰 연기가 발생하거나 대량의 암모니아가 분출된다. 냄새가 지독하기 때문에 드래프트 체임버 안에서 하는 것이 바람직하다.

❸ 반응이 끝나면 얼음물이 든 비커 등에 ②의 플라스크를 담가 반응액을 식힌다. 식으면 p-아세트아미드벤젠클로로술폰산아미드를 얻을 수 있다. STEP 2·3에서 클로로술폰산을 술폰산아미드로 만드는 것이다.

STEP 4 ▶ 아세트아미드기를 아미노기로 바꾼다

❶ 아미도기는 매우 강력해서 좀처럼 파괴되지 않는다. 남은 분자 구조를 완전히 바꿔버리자. 사용하는 시약은 염산과 중소(탄산수소나트륨).

❷ STEP 3에서 얻은 것을 여과해 그 결정을 시험관에 넣는다. 그리고 3~4배 정도의 염산을 넣고 버너 등의 강한 직화로 약 10분에 걸쳐 가열한다. 염화수소가 흘러넘칠 수 있으니 주의할 것.

❸ 여기에 10%의 탄산수소나트륨 수용액을 3~4배 정도 넣으면 뿌옇게 변한다. 점차 가라앉으면서 시험관 바닥에 설파닐아미드가 쌓인다. 그것을 여과해 추출한 뒤 건조시키면 완성!

▼ 설파제 합성의 핵심 화합물 아닐린이란

1900년 당시 '석탄'은 지금의 가솔린처럼 널리 쓰이던 에너지였다. 이 석탄을 오래 사용하면 굴뚝에 굴진이 쌓이고 여기에 재가 엉겨 붙어 굴뚝이 점점 좁아지기 때문에 굴뚝 청소 전문 업자가 있었을 정도였다. 이 청소업자는 굴뚝 안으로 들어가 내부에 엉겨 붙은 굴진을 긁어냈다. '콜타르'라고 불린 이 끈끈한 굴진에는 독성도 있었다. 그렇게 무용지물로 여겨지던 이 물질에 훗날 페놀이나 아닐린 같은 화학 공업에 사용되는 편리한 성분이 가득 포함되어 있다는 것이 밝혀졌다. 쓰레기가 한순간에 고급 자원으로 거래되었다.

아닐린은 벤젠 고리에 아미노기가 붙은 아주 단순한 화합물로, 콜타르를 산성 액체로 씻으면 그 중화물로서 추출할 수 있기 때문에 대량 생산이 가능하다. 당시에도 아닐린은 염색용 안료로서 수요가 있었기 때문에 값싸고 대량으로 입수가 가능한 아닐린은 색소 합성 연구에 중요한 존재였다.

그때부터 색소를 만드는 중간체로 설파닐아미드가 합성되기까지는 그야말로 순식간이었다. 설마 그런 물질에 전 인류가 고대하던 '세균만 죽이는 만능 약'의 능력이 있을 줄이야…. 희대의 천재와 우연이 겹치지 않았다면 발견되지 않았을 것이다.

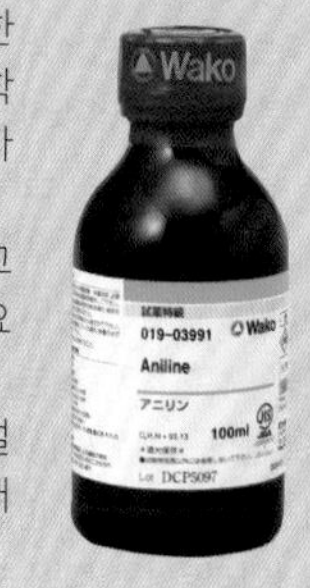

Memo:

BIOLOGY

[생물]

김정남을 암살한 금단의 화학무기란!?

맹독 'VX가스'의 정체

2017년 2월, 말레이시아 쿠알라룸푸르 국제공항에서 김정남이 암살당했다. 암살에 사용되었을 가능성이 높은 VX가스란 과연 무엇일까? 그 효과와 해독제의 유무에 대해 해설해보자.

(구라레)

이른바 '독가스'라고 불리는 화학무기 중에서도 가장 강력한 종류인 신경가스. 소량으로도 대규모 학살이 가능한 살인 전용 화합물이다. 신경전달물질의 신호를 받는 쪽에는 아세틸콜린 에스터레이스라는 효소가 있다. 신경가스는 이 효소에 결합해 기능을 빼앗고 신경의 과잉 흥분을 일으킨다. 그 때문에 근육의 수축과 이완을 정상적으로 제어할 수 없게 되어 흥분 상태가 계속된다. 경련 등이 시작되고 심장에도 영향을 미쳐 심정지를 일으킨다. 김정남 암살에 사용되었을 것으로 추정되는 'VX가스'도 사린 등과 같은 강력한 신경가스로 알려진 맹독이다.

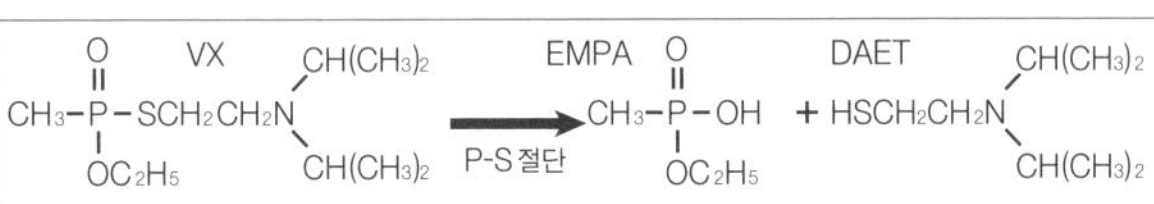

VX가스는 체내에 들어오면 P-S 결합이 끊어지면서 EMPA와 DAET라는 두 가지 대사 화합물로 나타난다. 이 두 화합물이 있으면 체내에 VX가 있었다고 단정할 수 있다.

VX가스가 탄생하게 된 계기는 1954년 영국의 임페리얼 케미컬 인더스트리(ICI)의 라나지트 고시 박사가 유기인제에 황을 도입한 구조의 살충제를 개발한 것이었다. 뛰어난 살충 효과를 지닌 '아미톤(Amiton)'으로 발매되었으나 사용한 농가에서 중독 사고가 빈발해 조사해보았더니 원액에 사린과 동일한 정도의 독성이 있는 것으로 판명되면서 판매가 중단되었다. 이 사실을 안 영국의 포턴다운연구소가 비밀리에 연구를 계속해 1960년대 미국과 합동 연구로 VX가스를 사용한 화학무기를 탄생시켰다. 포턴다운에는 인체 실험까지 하며(하단 칼럼 참조) 무기화한 수만 톤의 VX가스가 비축되어 있다.

▼ 영국에서 비밀리에 이루어진 인체 실험

1999년 영국의 생화학무기연구소에 대한 경찰의 대대적인 조사가 이루어진 이례적인 사건이 발생했다. '앤틀 작전(Operation Antle)'으로 불리는 이 조사에서 1939년부터 1989년까지 대규모 인체 실험이 이루어졌음을 보여주는 자료가 발견되었다. 머스터드 가스의 독성 시험(치료 시험)에는 8,000명의 지원자가, 신경제의 독성 실험과 치료(PAM 주사제 등의 유효성 시험, 1945년)에는 3,400명 이상이 참가한 것으로 밝혀졌다.

영국 남부의 포턴다운연구소. 영국 정부는 1956년 화학·생물무기 개발을 폐기한다고 발표했지만….

그런 인체 실험 중에는 사망자도 나왔다. 로널드 매디슨이라는 공군 이등병이 200mg이라는 다량의 사린 투여 실험에서 예방약(요오드화 프랄리독심)이 유효하게 작용하지 않는 상태에서 제때 해독제도 맞지 못한 채 병원으로 긴급 이송되었으나 45분 만에 사망했다.

그런 사망 사고조차 2004년 앤틀 작전이 공표되기까지 드러나지 않고 비밀에 묻혀 있었다. 실험 후유증으로 운동장애나 파킨슨병을 앓거나 암 발생률이 극도로 높아지는 등(머스터드 가스는 아주 강한 발암성이 있다)의 결과가 추적 조사로 판명되었다. 영국은 막대한 보조금을 지불하게 되었다고 한다.

Memo:

결정적 순간을 포착한 감시 카메라의 영상 by Live Leak

공항에서 한 여성이 김정남의 등 뒤로 달려든다

말레이시아 쿠알라룸푸르 국제공항에서 탑승 수속 중인 남성. 앞쪽에서 여성이 주의를 끌고 다른 한 명이 등 뒤에서 달려드는 것처럼 보인다. 그 후 남성은 몸의 이상을 호소하며 걸어서 공항 안의 의무실로 향했지만 급사했다.

약물의 유무 조사

방호복을 착용한 직원들이 현장에 독극물이 남아 있지 않은지 조사. 그러나 유해 물질은 발견되지 않았다.

이런 신경가스의 이점은 거듭된 연구 덕분에 해독제의 유효성이 높고 취급이 쉽다는 것이다. 실제 사린 테러를 벌인 옴진리교도 내부에서 중독자가 나왔을 때 해독제로 치료했다고 한다. 널리 알려진 해독제로는 도쿄 지하철 사린 테러 사건 당시에도 대량으로 쓰인 흔히 PAM 주사제라고 불리는 프랄리독심 요오드화 메틸이 있다. 그 밖에도 피리도스티그민이라는 성분이 예방약으로서 기능한다. 체내의 아세틸콜린 에스터레이스에 가역적으로 결합해 사린이나 VX와 같은 신경가스의 분자를 파괴하고 아세틸콜린 에스터레이스를 보호한다. 그렇기 때문에 테러리스트가 이 약을 미리 복용해 중독을 막는 방법으로도 사용하는 것이다.

VX는 그림과 같이 체내에서 황 부분이 끊어져 결과적으로 유기인제로서 작용하기 때문에 대사물로 EMPA (Ethyl methylphosphonic acid)와 DAET(Di-isopropyl aminoethanethiol)라는 두 가지 화합물이 출현한다. 사린이나 소만의 경우에도 대사물로서 이와 비슷한 화합물이 나타나지만 VX의 분자 구조가 일부 유지되기 때문에 VX가 사용되었을 가능성이 높다고 추측되는 것이다. 이 두 가지 대사물이 판명되면 VX가 체내에 있었다는 증거가 된다. 말레이시아 정부가 그것을 확인해 VX라고 판정했는지 어땠는지는 모르겠지만….

감시 카메라 영상으로는 공항에서 탑승 수속을 하고 있는 김정남에게 여성 두 명이 접근해 실행. 그 후 김정남은 공항 직원에게 눈이 불편하다는 등의 호소를 하고 비틀거리며 진료소로 향한다. 범행으로부터 약 15~20분 후 사망한 듯하다. VX가스는 휘발성이 낮고 끈끈한 기름 형태의 액체로 소량이 피부에 닿기만 해도 사망한다. 직접 손에 묻혔다간 설령 맨손이 아니어도 암살 대상의 얼굴에 바르기도 전에 목숨을 잃을 수 있다(스프레이를 이용해 뿌리는 것도 가능하지만 주변에 큰 피해를 줄 수 있다). 현지 미디어에서는 '이종 혼합형 무기로 VX가스를 생성'했다는 보도도 있었다고 한다. 하지만 체내에서 적시에 작용해 독살이 가능한 데다 휴대 시에도 안전하다는 설명은 아무래도 무리가 있다. 감시 카메라에 보이는 행동은 어디까지나 위장 전술이 아닐까. VX가스의 치사량은 10mg 이하이기 때문에 독침으로 체내에 주입하는 방법이 가장 확실하다. 비만형이었기 때문에 주사를 맞고 얼마 후 효과가 나타났다고 추측하는 편이 현실적이지 않을까? 휘발성은 낮지만 맹독인 것은 분명하다.

자극적인 냄새로 후각에 강력한 대미지!

악취 무기 제작 매뉴얼

'악취'란 인간이 본능적으로 피하고 싶어 하는 것으로부터 발생하는 냄새이다. 이것을 이용하면 적의 전의마저 잃게 만들 수 있다. 현 시점에서 가능한 악취 무기를 소개한다. (구라레)

악취란 무엇일까. 말 그대로 나쁜 냄새이다(웃음). 그렇다면 나쁜 냄새가 나는 이유는 무엇일까? 그것은 인간에게 유해한 존재이기 때문이다. 인분 냄새를 쾌적하게 느끼는 사람은 고도로 훈련된 특정 변태뿐이며 대부분은 나쁜 냄새로 느낀다. 인분이 맛있게 느껴지면 안 되기 때문이다. 실제로 인분은 먹을거리가 아니다. 정신 나간 소리처럼 들리겠지만 인간 역시 동물이라는 관점에서 보았을 때 다양한 이유로 인분을 기피하도록 진화한 것이다.

또 물고기나 동물의 사체에서 나는 냄새는 그것을 먹지 못한다는 것을 의미한다. 그러므로 썩은 생선의 냄새는 기본적으로 식욕을 돋우지 못한다. 인간의 사체도 마찬가지이다. 사체에서 발생하는 독특한 냄새는 건강한 사람으로 하여금 불쾌감을 느끼게 한다. 암이나 감염병 환자에게서 나는 냄새를 기피하는 것은 감염병의 병원체를 본능적으로 느끼기 때문이다.

그러나 인간에게는 냄새나고 불필요한 인분도 곤충에게는 영양이 가득한 이로운 것일 수 있다. 파리에게 인분은 진수성찬의 냄새로 느껴질 것이다. 한편 하이에나는 긴 소화관을 가지고 있으며 아주 독특한 효소를 이용해 부패한 고기도 소화시킨다. 즉, 부패한 고기라도 하이에나에게는 먹음직스럽게 느껴지는 것이다.

냄새는 어디까지나 필요와 불필요를 알리기 위한 신호인 것이다.

무기로도 대활약? 악취 무기를 자작하자

다양한 악취가 있지만 인간의 전의를 잃게 만들거나 구역질을 일으킬 수 있다면 무기로서도 충분히 활용 가능할 듯한데 아직은 실험 단계인 상태. 무기로서 운용하려면 누구나 완벽히 불쾌감을 느껴야 하는데 가령 정액 냄새를 뿌렸을 때 누군가 그 냄새로 흥분한다면 악취로서 기능하지 않는다. 그럼 악취 물질을 전부 섞으면 어떨까? 이런 발상도 그리 좋지 않다. 악취 물질은 배합 비율에 따라 좋은 냄새로 변모하는 경우도 있기 때문에 여간 복잡한 문제가 아니다.

어쨌든 이제부터 악취 무기 레시피를 소개한다. 티올이라고 쓰인 시약은 메탄티올이든 에탄티올이든 상관없다. 에탄티올은 양파 썩은 냄새, 메탄티올은 재래식 변소의 냄새를 풍긴다. 엄밀한 배합비가 없는 것은, 좋은 냄새의 조향과 달리 악취는 악취 물질이 적당히 존재하면 충분히 기능하기 때문이지 절대 대충 해서 그런 것은 아니다(웃음).

악취에 빠지지 않는 약품 사전

티올	카다베린	헥실아민	1,3-프로판디티올	트라이에틸아민	이소발레르산	아세트알데히드
화합물. 일반적으로 악취가 나며 안정성이 낮다.	cadaverous(송장 같은)에서 유래. 부패 냄새의 원인.	맹렬한 부패 냄새가 난다. 산과 섞이면 폭발할 수 있다.	폴리에스테르의 원료나 접착제에 사용된다.	상온에서는 암모니아 냄새가 난다. 불이 붙기 쉬우니 주의한다.	천연 지방산. 치즈나 땀 냄새 같은 불쾌한 냄새가 난다.	독특한 냄새와 자극성이 있다. 담배 연기에 포함되어 있다.

Memo:

윽… 소리가 절로 나는 악취 무기 레시피

인분 냄새

사용 약품

낙산/ 초산/ 티올/ 스카톨/ 암모니아수

10배로 희석한 티올에 낙산을 넣고 (낙산은 원액 그대로도 OK) 아세톤에 녹인 스카톨을 섞는다. 스카톨 성분이 많으면 더욱 인분에 가까운 냄새가 나므로 기호에 맞게 조정하기 바란다. 비밀 병기로, 초산과 암모니아수를 약간 넣으면 동물 특유의 숨이 턱 막히는 인분 냄새가 완성된다.

사체 냄새

사용 약품

낙산/ 티올/ 카다베린/ 헥실아민/ 1,3-프로판디티올/ 트라이메틸아민

에탄올에 30배 희석한 티올에 아세톤과 소량의 물에 녹인 카다베린(잘 녹지 않으므로 하루 정도 섞어둔다)을 넣는다. 거기에 헥실아민과 1,3-프로판디티올을 넣으면 동물의 사체를 연상시키는 냄새가 완성된다. 특히 1,3-프로판디티올은 썩은 동물의 냄새를 연출하는 데 효과적이다.

발 냄새

사용 약품

이소발레르산/ 아세트알데히드/ 아세톤/ 초산

5% 이소발레르산 에탄올 용액에 아세톤과 아세트알데히드를 소량 첨가. 거기에 초산을 넣고 마지막 안정제로 아세톤을 넣으면 완성. 이소발레르산만으로도 발 냄새가 나지만 아세트알데히드와 초산이 향신료와 같은 기능을 한다. 아세톤이 다량 포함되어 있어 피부에 닿으면 바로 흡수되기 때문에 몸에서 맹렬한 악취가 풍길 수 있다.

정액 냄새

사용 약품

피페리딘(또는 피롤리딘)/ 스페르민/ 옥시돌

피페리딘(피롤리딘도 가능)을 에탄올에 희석하기만 해도 강렬한 정액 냄새가 나지만 어디까지나 비슷한 냄새일 뿐 사실성이 떨어진다. 여기서 본연의 성분인 스페르민을 넣는다. 또 스페르민의 분해를 촉진하는 옥시돌을 첨가하면 거의 정액에 가까운 냄새를 재현할 수 있다.

토사물 냄새

사용 약품

카프론산/ 낙산/ 염산/ 초산

토사물 냄새는 산 처리된 단백질로 그중에서도 진정한 토사물 냄새를 완성하는 것이 카프론산이라고 한다. 먼저, 카프론산에 낙산과 초산을 넣고 구역질이 날 정도로 조합한다. 마지막 악센트로 염산을 극소량 넣으면 낙산과 초산 냄새가 강화되면서 토사물 냄새가 완성된다.

노인 냄새

사용 약품

2-노네날/ 아세톤/ 에탄올/ 크레졸

노인 냄새의 원인 물질로 알려진 노네날. 이 노네날에 아세톤과 에탄올을 녹인다. 여기까지는 아직 노인 냄새는 나지 않지만 미량의 크레졸을 첨가하면 극적으로 맹렬한 노인 냄새가 발생한다. 이유를 불문하고 당장 늙었으면 할 때 추천한다.

2-메틸아이소보르네올	피페리딘	피롤리딘	스페르민	카프론산	낙산	2-노네날	크레졸
지오스민과 마찬가지로 곰팡이 냄새가 난다.	악취가 있는 피리딘이 환원된 화합물로 방향성은 없다.	담배나 당근 잎에 함유되어 있다. 특정한 악취가 있다.	정액에 많이 함유되어 있으며 특유의 냄새의 원인이다.	버터 등에 함유되어 있다. 양의 체취와 같은 냄새가 있다.	불쾌한 냄새가 나고 휘발성이 낮기 때문에 냄새가 오래간다.	대사가 저하된 피부에서 피지의 지방산이 분해되어 발생한다.	소독약에 사용되었지만 강렬한 냄새로 사용이 줄고 있다.

인간은 피를 쏟으면 죽는다

필살의 의학

사람은 중상을 입어 피를 많이 흘리면 간단히 목숨을 잃는다. 영화나 만화에서는 총을 맞아도 멀쩡하지만 그런 건 다 거짓말이다. 현실은 그야말로 생사의 갈림길이 될 것이다! (구라레)

드라마나 영화의 등장인물들은 사람을 장난감 망가뜨리듯 목을 비틀고, 칼로 자르고, 총으로 쏴 쓰러뜨린다. 그런 필살의 장면을 과학의 시점에서 보면 인간이 어떻게 이루어졌는지 알 수 있다.

검과 총의 진짜 위력
출혈로 '죽는' 이유

도구로서 발달한 칼과 달리(카람빗과 같이 살상용 칼도 있다.) 검이나 총은 사람을 죽이기 위해 디자인된 무기이다. 사람을 '죽인다'는 것은 과연 어떤 의미일까. 먼저, 여기에 대해 생각해보자.

인간의 혈액은 체격에 따라 다르지만 대략 5~8L 정도로 같은 체격이라면 여성보다 남성이 조금 더 많은 경향이 있다. 그중 1.5~2L를 잃으면 죽는다.

구체적으로 설명하면 인간의 몸은 체내에 혈액이 어느 정도 있어야만 순환성과 항상성을 유지할 수 있다. 특히 뇌와 척추는 늘 대량의 혈액이 공급되지 않으면 제대로 기능하지 못하고 금방 행동 불능 상태에 빠져 죽음에 이른다.

가장 많은 혈액을 운반하는 혈관은 동맥으로 인간의 급소이기도 하다. 그리고 이런 굵은 동맥은 우리 몸의 말초를 제외한 모든 곳에 존재하기 때문에 어디를 절단하든 대량 출혈을 일으켜 죽게 된다.

인간의 혈액은 체표면의 정맥과 안쪽의 동맥을 타고 흐른다. 예컨대 경동맥은 1분당 700mL이기 때문에 계산상 목이 잘려 피가 솟구치면 3분 이내에 확실히 죽는다. 또 팔이 잘리면 1분당 400mL로 분출되기 때문에 의식을 잃기까지 5분 정도는 유예가 있다.

그중에서도 일본도는 동맥을 잘라내는 데 최적화된 검이다. 또한 총은 아무리 작은 종류라도 그 충격력으로 체내에 테니스 공만 한 큰 구멍을 뚫을 수 있다. 즉, 손발을 포함한 어느 곳이든 일단 총이 명중되면 응급처치를 하지 않는 한 수 분 이내에 죽는다.

이것이 총의 진짜 위력이지만 스티븐 시걸이 총에 맞아 그냥 죽어버리면 무슨 재미가 있겠는가. 그렇기 때문에 총의 위력은 픽션적으로 축

인간을 효율적으로 죽이는 도구

일본도

동맥을 자르는 데 최적화된 검.

미국의 살의(殺意) 100% 트위스트 커터.

권총

소형 권총도 몸에 적중하면 커다란 구멍이 뚫린다.

체간부를 보호하는 도구

심장이나 간이 손상되면 지혈이 불가능하기 때문에 죽을 확률이 높다. 방탄·방검조끼로 체간부를 보호한다.

Memo:

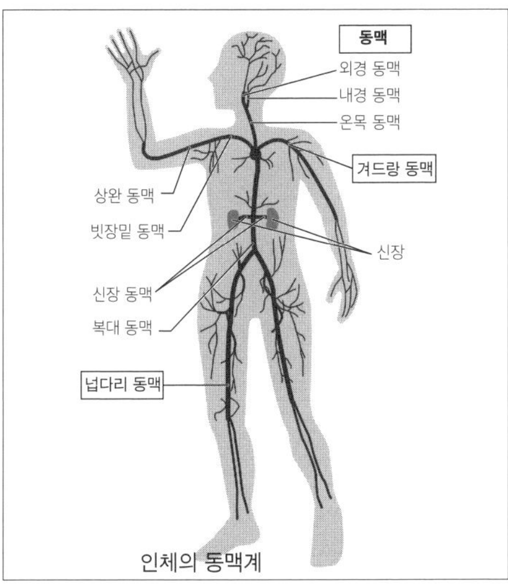

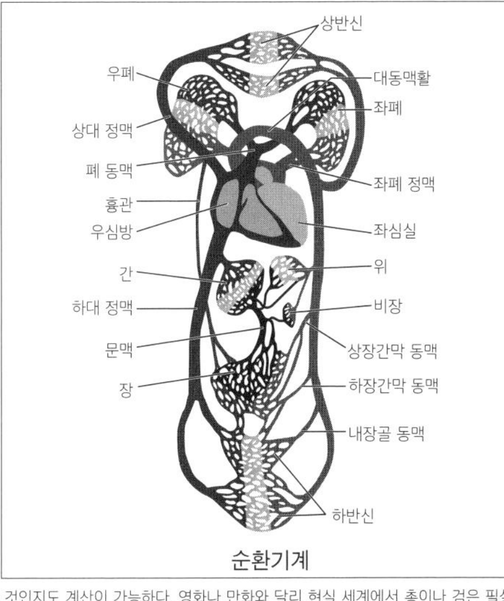

인간은 굵은 혈관이 절단되면 이내 죽는다. 어느 혈관을 자르면 몇 초 이내에 죽을 것인지도 계산이 가능하다. 영화나 만화와 달리 현실 세계에서 총이나 검은 필살의 무기인 것이다.

소된 경향이 있다. 다만 요즘은 현실적인 위력을 보여주는 영화도 점점 늘고 있는 듯하다.

체간부만 보호하는 방탄·방검조끼

방탄·방검조끼는 왜 입을까. 그야 물론 죽지 않으려고 입겠지만 왜 팔과 다리는 그대로 드러내고 몸통만 덮는 것일까? 팔다리까지 덮으면 무적일 거라 생각하는 사람도 많겠지만 이유는 간단하다. 지금의 기술로는 움직임을 제한하지 않고 통기성도 좋은 완벽한 방검·방탄 섬유가 존재하지 않기 때문이다.

팔다리에 맞아도 죽는 건 매한가지니 중심부만 보호해봤자 의미가 없다고 생각할지 모르지만 그렇지 않다.

장기에는 엄청난 양의 혈액이 있어서 장기에 총을 맞으면 즉각 천국행이다. 뇌는 전신의 기능을 관장하는 사령탑이기 때문에 헤드 샷을 맞고 살아날 확률은 거의 제로. 뇌에 테니스공만 한 구멍이 뚫려도 멀쩡한 것은 거미줄을 쳐도 될 만큼 뇌가 텅텅 빈 바보밖에 없으니 대개는 죽는다.

그 뇌에 혈액을 보내는 심장은 우리 몸의 중심인 만큼 1분당 4L의 혈액을 순환시킨다. 30초면 즉사한다. 게다가 지혈할 방법이 없기 때문에 총알이 명중하면 죽음을 피할 방법이 없다.

그 밖의 큰 장기로는 간이 있다. 간은 거대한 혈액 탱크로 늘 1.5~2L의 혈액을 가지고 있다. 이 정도 양이 뿜어져 나오면 마찬가지로 지혈이 힘들기 때문에 죽을 수밖에 없다. 심지어 과녁으로서도 꽤 크다.

즉, 방탄·방검조끼로 보호하는 부분은 지혈이 불가능하고 총이나 검에 맞아 상처를 입으면 100% 죽는 부위이다.

헤드 샷은 어차피 죽고, 방탄용 천으로 얼굴을 덮어도 총에 맞으면 탄환이 멈추는 에너지로 목이 부러지기 때문에 의미가 없다. 그보다 과녁으로서는 작기 때문에 움직이고 있으면 조준해 쏘기가 쉽지 않다. 팔다리의 경우는 위에서 말했듯 치명상이 되기 전에 지혈할 수 있는 시간이 있다. 그렇기 때문에 방탄·방검조끼로 체간부만 보호하는 것이다.

인간은 실로 연약한 동물이다…라기보다 인간이 인간을 효율적으로 죽이는 도구를 발명했으니 당연한 것일까(웃음).

인간이 고통을 느끼는 메커니즘이란?

지옥의 고통을 고찰한다

'고통'은 생물이 스스로를 지키기 위해 갖추고 있는 위험 신호. 실은 깊은 상처보다 피부 표면에 가까운 상처가 더 아플 때가 있다. 고문은 그 점을 교묘히 파고든다.

(구라레)

세상에는 죽음에 이르는 수많은 방법이 있다. 그중에서 가장 고통스러운 방법은 무엇일까? 이번에는 세계의 온갖 사고와 고문 그리고 처형 방식 등을 살펴보고 원시적인 고문을 탈피할 방법에 대해 고찰해보고자 한다. '고통의 과학'을 시작해보자.

고통과 반사

애초에 고통을 만들어내는 '통증'이란 무엇일까?

인간은 대지에 우뚝 서서 공기로 숨 쉬며 걷고 먹을 것을 찾는… 그런 생물이다. 인간을 포함한 거의 모든 동물은 생존에 필요한 감각을 느끼는 감각기관을 가지고 있다. 인간에게는 '통증'이라는 위험 신호가 있으며 통증이 느껴지는 행동은 피하게끔 만들어져 있다. 그러나 이런 시스템이 오류를 일으키거나 문제가 없는데도 만성적인 통증이 생기는 등의 골치 아픈 경우도 있다. 또한 고문 등에 의해 통각이 매우 효율적으로 작동하기도 한다. 지금부터 그런 '고통'의 메커니즘을 풀어보고자 한다.

옷핀 등에 손끝이 찔리면 반사적으로 팔을 움츠리게 된다. 정확하게는 '손끝이 바늘에 찔린다→팔을 움츠린다→뇌에서 아프다고 판단한다'의 순서이다.

손가락을 바늘로 찌르면 그 자극이 구심성 신경을 거쳐 척추로 전해지고, 흥분성 개재 뉴런을 통해 굴곡반사를 일으키는 흐름으로 팔이 움츠러든다. 그리고 팔을 움츠릴 때쯤 뇌에서 '통증'으로 처리되는 것이다. 흥분성 개재 뉴런은 억제성 개재 뉴런과도 연결되어 있기 때문에 팔을 움츠리는 정도도 통증의 정도로 조절할 수 있다. 인간의 몸은 정말 잘 만들어졌다.

신경에는 두 가지 전달 경로가 있다. 첫 번째는 중추(뇌)에서 말초(몸의 각 부분)에 전달되는 방식으로 원심성 신경이라고 한다. 두 번째는 말초에서 중추로 전달되는 방식으로 구심성 신경이라고 한다. 이것은 뇌를 거치지 않는 반사이다. 뇌로 전달되는 경로를 차단한 동물의 팔다리를 바늘로 찔렀더니 몸을 움츠리는 것에서 뇌를 개재하지 않고도 몸이 움직인다는 연구를 한 영국의 생리학자 2명이 1932년 노벨상을 받았다.

'통각' 반사

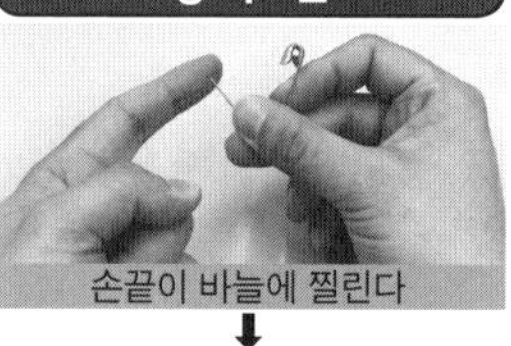

손끝이 바늘에 찔린다

↓

팔을 움츠린다

↓

뇌가 통증으로 판단

뇌가 아픔을 느끼기 전에 팔이 먼저 움츠러든다. 구심성 신경에 의한 전달.

〈표 1〉 화상의 정도와 증상

화상의 정도		증상 등	대략적인 회복기간
1도 화상	표피	햇볕에 그을림, 화끈화끈하고 붉어진다	일주일
얕은 2도 화상	표피부터 진피(얕다)	붉어지고 물집이 생긴다. 통증이 심하다	1~2주
깊은 2도 화상	표피부터 진피(깊다)	붉게 부어올라 물집이 생긴다. 가벼운 통증	1~2개월
3도 화상	표피부터 피하조직	피부 표면이 괴사하고 통각이 사라져 통증이 없다	2개월 이상

통증의 분류

체성통		내장통
두통, 요통, 창상, 치통	증상	오심, 구토, 발한, 복통
자르고, 찌르고, 때리는 등의 명확한 자극	자극	눌리거나 쥐어짜는 듯한 통증, 염증
부위를 특정할 수 있다	특징	부위를 특정하기 어렵다

Memo:

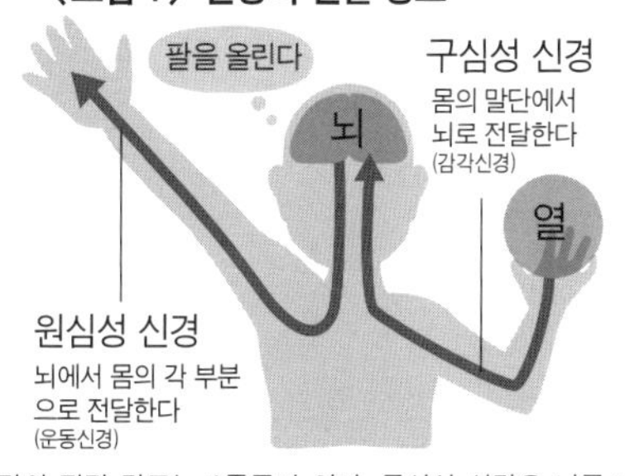

신경의 전달 경로는 2종류가 있다. 구심성 신경은 뇌를 거치지 않는 반사이기 때문에 뇌로 가는 전달 경로를 차단해도 손발을 바늘로 찌르면 움직인다.

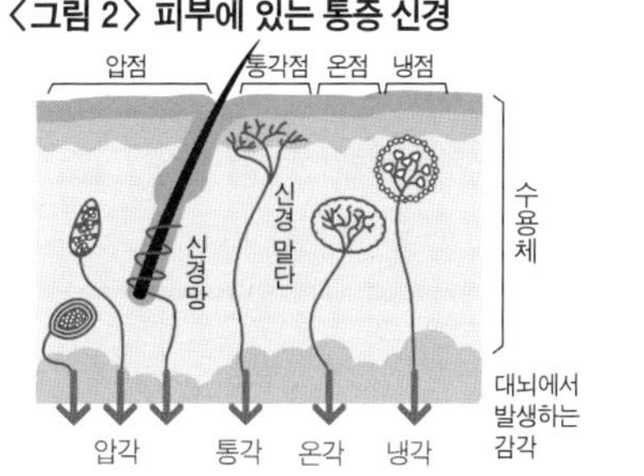

통증 신경은 피부의 얕은 곳에서 내부를 향해 뻗어 있다. 그런 이유로 깊은 상처보다 피부 표면에 가까운 상처가 통증이 크다.

통증을 느끼는 것은 우리의 몸을 보호하는 현상으로 나쁜 것만이 아니다. 세상에는 통증을 전혀 느끼지 못하는 '무통증(선천성 무통·무한증)'을 앓는 사람이 있다. 통증을 느끼지 못하는 걸 부러워할지도 모르지만 어릴 때는 손가락을 너무 빨다 못해 아예 물어뜯기도 하고, 딱딱한 것을 먹다가 이가 부러져도 모르고 다리가 부러져도 모르는 등 생존을 위협할 정도로 곤란한 경우도 있다. 통증이 없는 인생은 잔혹한 죽음과 맞닿아 있는 것이다.

통증의 출발점

이제 본론으로 들어가자. 인간에게 고통을 주려면 통증의 구조를 이해해야 한다.

처형 방식의 하나인 화형은 극도의 고통을 느끼는 통증이 따르지만 너무 많이 타면 통증을 느끼는 신경까지 타버려 신호가 중단된다. 그게 바로 2도 화상과 3도 화상의 경계이다. 통증이 느껴지지 않는 심각한 화상은 치료하기 쉽지 않다.

또 온몸이 불에 휩싸인 치명적인 상태에서 통증은 한순간일 뿐 이후로는 의외로 냉정해지면서 통증 자체는 느껴지지 않는다(생환자의 감각)는 증언이 있다. 나 역시 불길에 휩싸여 본 적이 있지만 불타오르던 중에는 통증을 전혀 느끼지 못하고 '탄다, 타. 이거 큰일이네, 어쩌지?' 하는 생각이 들면서도 묘하게 침착해졌다. 응급 처치를 하고 어느 정도 정리가 된 후에야 본격적인 통증이 시작되었다. 통증이라는 것은 상황을 판단한 뇌가 즉각적으로 뇌 내의 마약을 방출해 처리해버리기도 하는 것이다.

예컨대 100여 년 전 중국의 청나라 시대까지도 행해지던 '능지형'이라는 형벌이 있다. 숟가락 정도 크기의 작은 칼로 치명적인 부위를 피해 살을 도려낸 후 불로 지져 지혈하는 식으로 극도의 고통을 주는 처형법이다. 실제 능지형에 처해진 사진을 보면 무슨 이유에선지 수형자는 고통에 일그러진 표정이 아니며 개중에는 웃고 있는 사람까지 있다. 장시간에 걸친 격렬한 고통에 대한 몸의 방어체제가 작동한 것이다.

통증에는 체성통과 내장통이 있다. 체성통은 두통, 요통, 치통, 창상에 의한 통증 등 부위가 확실한 통증을 말한다. 내장통은 통신경이 없는 내부 장기에서 일어나는 통증으로 복통이나 심근경색으로 생기는 통증(굉장히 고통스럽다고 한다) 등이 여기에 해당한다.

〈그림 2〉와 같이 통증 신경은 피부의 얕은 부위에서 깊은 부위로 뻗어 있다. 그러므로 고통을 주려면 피부에 심각한 손상을 입히기보다는 피부 표면에서 에너지가 확산하는 타박상이나 불에 그슬리는 등의 방법이 이론상 통증의 정도가 극심하다는 것이다.

또 통증은 뇌가 제어할 수 있으므로 다른 감각보다 하위가 되기도 한다. 예컨대 통증은 열감과 냉감 중 열감에서 우선적으로 느껴진다. 그렇기 때문에 다쳤을 때는 차게 식히는 편이 통증이 덜하다.

지면의 한계로 이 정도에서 마치기로 한다. 더 자세한 이야기는 다음을 기약하며….

전기가 생명 활동을 멈춘다?

감전사에 대한 고찰

인간의 신경 전달은 전기 신호에 의해 이루어진다. 그래서 감전되면 오류가 일어나 최악의 경우 죽음에 이르기도 하지만 번개를 맞아도 절명할 확률은 8할에 불과해 생각보다 확실성이 떨어진다. 그 이유와 더 확실한 절명 가능성에 대해 해설한다. (구라레)

감전되어 죽는 것. 이것을 '감전사'라고 하는데 일본에서는 매년 250명 전후가 감전에 의해 사망하며 그 대부분(약 7할)이 자살이다. 콘센트와 전기 코드만 있으면 자살이 가능하다고는 하지만 그렇게 극심한 고통이 따르는 방식을 택하는 사람이 많다는 것은 놀라운 일이다.

알다시피 인간은 신경 전달에 전기를 이용하기 때문에 외부에서 전기가 들어오면 신경 활동이 교란되어 오류가 일어날 수 있다. 인계로부터의 감전(매크로 쇼크)은 교류에서 15~25mA, 직류에서는 50~70mA 정도밖에 버티지 못한다.

그 이상의 전류는 근육 자체가 신경 전달의 전기 용량을 초과해 자율적으로 움직일 수 없게 되면서 불수의 운동을 일으킨다. 특히 심장은 0.1mA 이하만 흘러도 심실 세동을 일으켜 절명할 가능성이 있다(마이크로 쇼크). 요컨대 건전지 정도라도 심장에 직접 꽂아 전기를 흐르게 하면 인간은 맥없이 죽음을 맞는다(100% 죽는 것은 아니지만).

인간이 전기를 발명했지만 그 전기에는 한없이 약한 생물인 것이다. 단, 그런 감전도 무기로 유용하려면 인간의 생리나 스펙을 제대로 파악하고 있어야 한다.

전기의 종류는 직류 교류 관계없이 위험 (어느 쪽이 더 위험한지에 대해서는 논란이 있지만 거의 동일하다고 여겨진다)	
전압	일반적으로 고압일수록 위험
전류	전류가 클수록 위험
주파수	50/60Hz(가정용 전원)가 가장 체내에 유입되기 쉽다.
시간	감전시간이 길수록 위험
접촉 면적	넓은 편이 전기 저항이 낮다.
피부 저항(건조 시)	10만Ω
피부 저항(습윤 시)	1만Ω
체내 저항	500Ω(간이 계산하면 2,000Ω)
수중에서의 인체 저항	500Ω(체내 저항만)

전류(A) = 전압(V)

인체에 흐르는 전류를 도출하는 공식을 이용해 나온 수치	
1mA 이하	얼얼한 느낌. 또는 무통
1.5mA	따끔한 통증. 팔다리에 불수의 운동이 일어난다.
~15mA	극심한 통증이 있지만 죽음에 이르지는 않는다.
~25mA	후유증이 남는 극심한 통증. 죽음에 이를 가능성이 있다.

자연계에 있는 전기뱀장어의 전기는 의외로 압도적. 500~800V에 1A라는 대전류를 방출하는 개체도 존재한다.

100%가 존재하지 않는 감전사의 구조

감전사라는 것은 체외로부터 유입된 전기가 원인이 되어 심장이나 뇌 기능이 정지됨으로써 절명에 이르는 현상이다. 여기서 중요한 것은 감전에는 100% 안전한 감전도 없을뿐더러 100% 사망하는 감전도 좀처럼 가능하지 않다는 확률적 특성이 있다는 사실이다. 전기충격기를 맞고도 죽는 사람이 있는데 벼락을 맞아 절명할 확률은 8할. 실제 2할 정도가 살아남는 것이다.

물론 호주의 황야 같은 곳에서 발생하는 초대형 번개(수십만 A/15억 V/1TW)를 맞으면 재조차 남지 않을 가능성이 있지만 현재 인류의 기술로는 그 정도 방전을 만들어낼 수 없기 때문에(일반적인 번개는 대체로 수억 V 이하) 제외하기로 한다(웃음).

Memo:

인체에 전기가 흐르면 우선 전기가 유입된 곳에 '전류반'이라는 타원형의 반점이 생긴다. 전기충격기 등으로도 생길 수 있기 때문에 사체에 이런 전류반이 있으면 흉기를 유추하는 것도 가능하다. 전극의 금속이 녹아 피부 표면에 들러붙기도 하는데 이것 역시 흉기를 특정하는 단서가 된다. 이를 '도금 현상'이라고 한다. 또 전기가 흐른 부위에 열상(화상)이 나타나기 때문에 이것으로 전기가 흐른 경로가 판명된다. 고전압의 경우 팔다리가 사방으로 꺾이면서 골절이나 탈구의 원인이 되기도 한다.

감전사시킨 후 벼락사로 위장하는 것도 무리가 있다. 벼락을 맞으면 피부에 '뇌문'이라는 독특한 나뭇가지 모양의 무늬가 나타나기 때문에 이것을 인위적으로 재현하는 것은 어려울 것이다(또 엄청난 전류 때문에 절연파괴 등이 일어나는 것도 특징이다). 그러므로 공작 소재로 등장하는 감전 발생장치로는 사체에 감전사의 증거가 고스란히 남기 때문에 완전 범죄가 될 수 없다!

전기충격기에 대해서도 가볍게 다루고 넘어가자. 일반적으로 시판되는 제품은 전류 5mA, 주파수는 50Hz 이하로 전압이 높아도 한순간이라 치명적인 수준은 아니다.

참고로 '테이저 건'이라는 중거리 대응(4.5m)이 가능한 전기충격기가 있는데 이것도 이미 한물갔는지 현재는 'XREP'라는 20~30m 거리에서 전기 충격탄을 발사하는 하이테크 무기로 바뀌고 있다.

테이저 건이든 전기충격기든 일정 확률로 사망 사고가 일어나고 있다. 그런 게 감전이라고는 하지만 아무래도 효과가 모호하다. 누구나 움직임을 멎게 할 정도의 전류에도 사망하는 사람이 있는가 하면 반대로 확실히 죽을 수 있는 전류에도 운 좋게 심장이나 뇌만 피하면 살아남는 경우도 있다.

전류반 없는 감전사가 가능할까?

마지막으로, '감전의 증거 없이 감전사가 가능할까?'라는 질문에 대해서이다.

답은 YES이다. 이유는 간단하다. 감전 면적이 극단적으로 넓고 피부 저항을 무시할 수 있는 상태인 경우라면 전류반은 거의 남지 않는다고 한다. 그런 특이한 상황이라고 하면 … 욕실의 욕조.

욕조 안에 입욕제 등을 넣어 통전성을 높인다(입욕제에는 탄산수소나트륨 등의 전해질이 포함되어 있다). 거기에 100V의 콘센트를 빠뜨리면… 전류가 유입된 장소가 너무 넓어 특정할 수 없을 것이다.

감전사의 대명사인 전기의자. 발명왕 에디슨이 부하 직원인 해럴드 P. 브라운에게 지시해 개발했다.

물속에서 인체의 저항치는 500Ω. 전류, 전압, 저항치의 계산식에 대입하면 다음과 같다.

전류=100V/500Ω=0.2

0.2A 즉, 200mA로 1초간 통전 시 사망에 이를 수 있는 양인 100mA의 2배. 그 말은 욕조에 몸을 담그고 있을 때 자칫 드라이어나 토스터를 실수로 빠뜨리면 즉사! 완전 범죄도 가능하지 않을까… 같은 섣부른 판단은 금물.

요즘 가정용 전원에는 누전 차단 회로가 장착되어 있기 때문에 그런 상황이 발생하면 곧장 회로가 차단되어 절명할 확률이 낮다고 한다.

이걸 역시 세상은 만만치 않다고 여길지, 아니면 이 정도쯤으로 여길지는 개인의 판단에 맡긴다(웃음).

테이저사의 와이어리스 스턴 건 'XREP'. 근거리용으로도 사용 가능. 전기 충격탄이 꽂히면 내부 회로에서 통전 개시. 아직 몸을 움직일 수 있을 정도의 통증이기 때문에 떼어내려고 손을 대는 순간 본체에 돌출된 침을 건드리면 감전 회로가 증강되어 정신을 잃을 정도의 전기 충격이 가해진다. 이 무기는 미국에서 처음 도입했다.

살충제와 농약으로 머리털이 난다!?

발모제 연구의 최전선

곤충의 신경에 작용해 무자비하게 죽여버리는 살충제. 한편 인간의 몸에는 거의 무해…하다고 생각했으나 뜻밖의 부작용이! 모 발모제보다 발모 효과가 있을 수도!?

(구라레)

이번 주제는 발모이다. 발모제라도 만드는 것인가 싶을 텐데, 그렇다. 단, 이 책은 『과학실험 이과 대사전』이 아닌가. 평범한 발모제가 아니다.

발모의 최전선, 그것은 살충제를 응용한 발모제이다. 시판 발모제 대신 바퀴벌레 살충용 스프레이를 정수리에 뿌리면 머리털이 자라날지도… 놀랍지 않은가!

당연히 뒷일은 책임지지 않는다. 무슨 일이 일어날지 아무도 모른다. 다만 아직은 동물 실험 단계이지만 종래의 발모제에 견주어도 손색이 없는 정도가 아니라 어쩌면 수십 배의 효력을 발휘할 가능성도… 있다는 이야기. 장황하게 설명했지만 어디까지나 이론상의 이야기이다(웃음).

그럼 먼저, 종래의 발모제에 대한 설명부터 시작한다. 현재로서는 발모 효과를 인정받은 약제는 사실상 2종류에 불과하다. 첫 번째는 약국 등에서 리업(RiUP)이라는 이름으로 판매되고 있는 미녹시딜 배합 제품. 원래는 미국에서 강압제의 임상 시험 중 다모증이 나타나자 이를 발모제로 개발한 것이다.

일본 내에서는 미녹시딜 함량이 각각 1%, 5%인 제품이 판매되고 있으며 1% 제품도 상당히 고가이다. 한편 본고장 미국에서는 미녹시딜 함량이 15%인 제품도 판매되며 가격은 일본의 3분의 1 이하. 미녹시딜은 당초 정수리 탈모 이외에는 효과가 없다고 알려졌지만 가장자리 부분의 발모도 다수 확인되고 있다. 일본은 너무 늦은 감이….

두 번째는 피나스테리드라는 약. 일본에서는 '프로페시아'라는 경구약으로 처방되고 있다. 바르는 발모제가 아니라 먹는 발모제이다. 모유두 세포 내에서 탈모작용이 있는 남성 호르몬 디하이드로테스토스테론

살충제로 머리털이 난다!? : 피레트로이드

살충제의 주성분으로 널리 이용되고 있는 피레트로이드. 국화과의 여러해살이 풀 제충국에 함유되어 있으며 모기향에 사용된 것이 시초이다. 이 피레트로이드가 인체의 모근에서 탈모를 저해하는 작용을 하는 것이 확인되었다. 말하자면 탈모 방지제로 작용할 가능성도….

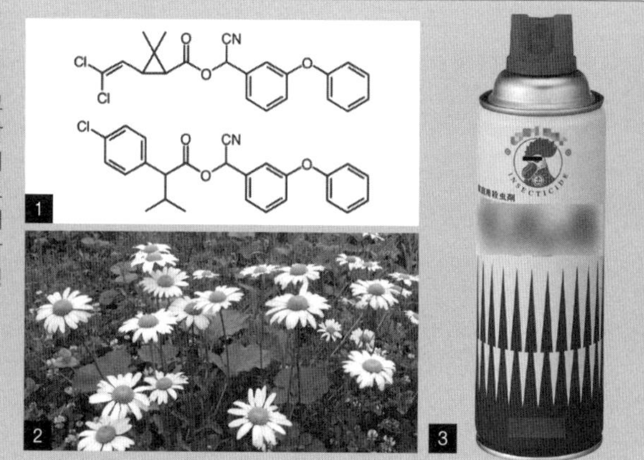

1 피레트로이드의 구조식
2 제충국
3 피레트로이드가 주성분인 살충 스프레이

Memo:

의 발생을 강력히 저해하는 작용으로(항안드로겐제) 모근 세포의 사멸을 막아 탈모를 예방할 수 있다. 미녹시딜과 겸용해 효과를 높이는 것도 가능하다.

참고로, 미녹시딜은 먹는 약이 효과가 높지만 강압제로서의 작용이 두드러지기 때문에 아마추어가 함부로 손을 댔다가는 최악의 경우, 심장이 멎을 가능성도 있다. 이 점을 기억해두자.

아니, 무슨 말이냐고? 2종류만이 아니라 더 많은 제품이 판매되고 있다고? 그런 건 단순한 혈행 촉진제일 뿐이다. 발모 효과를 인정받은 제품이 아니다!

포화지방산이 적은 식사로 바꾸고, 금연하고, 머리를 제대로 잘 감는 편이 오히려 효과적이다. 탈모 관리 숍 같은 곳도 의사가 없으면 미녹시딜조차 쓰지 못하기 때문에(은밀히 미녹시딜이 함유된 샴푸를 사용하는 곳도 있는 듯하지만) 어디까지나 민간요법의 영역이다. 돈 낭비인 것이다.

또 사이클로스포린이나 타크로리무스와 같은 면역 억제제의 일부도 강한 발모 효과가 있다는 것이 알려져 있다. 하지만 면역력 자체를 떨어뜨리기 때문에 예기치 못한 감염병 등을 일으킬 가능성이 있어 실용화되지 않았다.

농약으로 머리털이 자란다!? : 사이퍼메트린

해충 구제용 농약

노린재나 진디와 같은 해충 구제용 농약. 유효 성분은 사이퍼메트린으로 6% 농도의 제품이 약 3,000엔에 판매되고 있다.

옴벌레 구제약

무슨 수를 써서라도 시도해보고 싶은 사람은 해외에서 판매되는 옴벌레 구제용 연고를 입수하는 방법도…. 주성분은 사이퍼메트린.

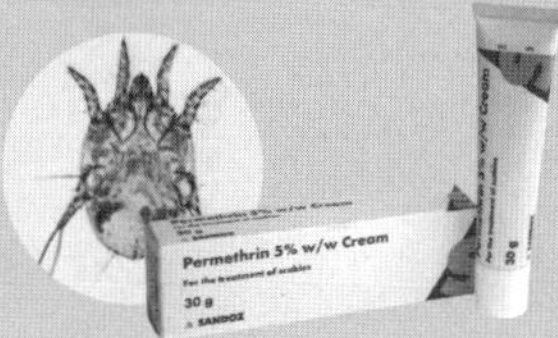

살충제가 모근에 작용해 머리털이 난다!?

그럼 이제 본론으로 들어가자. 살충제를 사용한 발모 연구에 관한 이야기이다. 살충제의 대표적인 성분은 피레트로이드이다. 제충국에 함유된 방향성 에스테르 성분으로, 특히 꽃에 많이 함유되어 있다(풀 전체에 함유). 피레트로이드는 증기압이 낮기 때문에 가열하면 점점 증발한다.

이 증기를 곤충이 마시면(곤충은 폐가 없기 때문에 숨구멍으로 들이마신다) 신경에 작용해 나트륨 채널을 열어놓음으로써 세포 내에 나트륨 이온이 과잉해지거나 가바 수용체를 차단해 신경 전달을 중단하는 등의 생리작용이 일어난다. 그것이 지속되면 신경세포 자체가 죽고 치사 수준의 피해가 되어 결국 죽음에 이르는 구조이다. 단, 바퀴벌레는 죽은 것처럼 보이다가도 어느 정도 시간이 지나면 멀쩡히 부활하기도 한다. 움직이지 않더라도 방심하지 말고 살충제를 충분히 뿌리는 것이 중요하다.

곤충(무척추동물)의 신경과 척추동물의 신경의 생리는 크게 다르다. 그렇기 때문에 피레트로이드계 살충제 대부분은 인체에 영향을 미치지 않는다. 인체에는 거의 해를 끼치지 않고 일방적으로 곤충을 죽일 수 있는 것이다.

이처럼 피레트로이드계는 인간의 목숨을 빼앗는 독으로 작용하지는 못하지만 모근에서 탈모에 관계된 생리 반응에 작용해 그것을 저해하는 것이 발각된 듯하다. 또 농약 성분인 펜발러레이트나 사이퍼메트린에서 미녹시딜을 뛰어넘는 발모 효과가 발견되었다는 보고도 있다(어디까지나 동물 실험).

예컨대 사이퍼메트린 1%의 효과는 미녹시딜과 같거나 그 이상, 최대 10%까지 증가할 수도 있다고 한다. 실제 발모제로서 연구가 진행되고 있으며, 에탄올 용매 1~5% 정도로 실험이 이루어지고 있다고 한다.

물론 인체에 어떤 영향을 미칠지는 아직 알 수 없다. 또 농약은 의약품과 달리 불순물에 대한 규정도 까다롭지 않기 때문에 안전성을 보장할 수 없다.

이과 실험기구로 하이퍼 쿠킹

과학적 조리로 만드는 궁극의 미식

'분자 요리'에 대해 들어본 적 있는가? 음식을 더욱 맛있게 만들기 위해 과학 지식을 활용하는 조리법이다. 물론 우리도 독자적인 연구를 진행 중이다!

(구라레)

요리라는 것은 인간이 불을 사용하게 된 이래 끊임없이 만들어지고 개발되어왔다. 최근에는 '분자 요리(Molecular Gastronomy)' 등으로 불리는, 조리 방법이나 맛을 과학적으로 분석해 새로운 맛을 창조해내는 조리법이 화제가 되고 있다. 요리 연구가와 과학자들이 다양한 조리법을 고안하고 이화학 기기를 응용한 요리까지 등장해 미식 문화를 더욱 풍성하게 만들고 있다.

요리와 과학!? 이거야말로 내가 나설 차례로군! 이번에는 하이퍼 쿠킹으로 실력 발휘 한번 해볼까.

요리에 대한 새로운 접근 분자 요리란?

분자 요리는 조리법이나 그 문화를 연구하는 요리학에서 파생된 장르라고 한다. 액체 질소로 만든 아이스크림 외에도 탄산 제조기로 젤리에 탄산을 침투시키거나 감압을 이용해 저온에서 조림 요리를 만드는 등 다양한 요리가 탄생하고 있다. 요리에 대한 과학적 접근이라는 의미에서 개인적으로는 매우 공감하는 분야이다.

솔직히 평범한 미식에 질린 부자들이 '더 재미있고 맛있는 음식'을 추구한 결과 탄생한 장르로, 기본적으로 재료의 맛이 뛰어난 데다 정성을 들여 까다롭게 조리한 색다른 요리라는 느낌이 강하긴 하지만 말이다.

예컨대 데리야키의 '윤'이 나는 것은 '메일라드 반응'이라는 아미노산과 환원성 당류가 반응해 갈색 색소를 생성하는 화학 현상으로, 중합반응을 통해 요리의 농도를 높이거나

과학적 조리로 궁극의 맛을 추구한다

거창한 열원(핫플레이트)과 감압장치의 융합체는 분자 요리를 응용한 조리기구. 수증기를 빨아들여 감압해 가열함으로써 물의 끓는점을 낮춰 저온 조리가 가능하다.

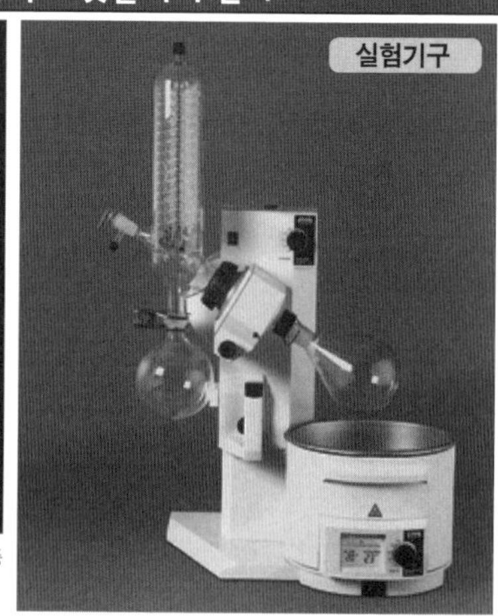

증발기는 액체 등을 감압함으로써 효율적으로 증발시키는 실험장치. 증발(evaporation)에 의한 기화열을 이용한다.

Memo:

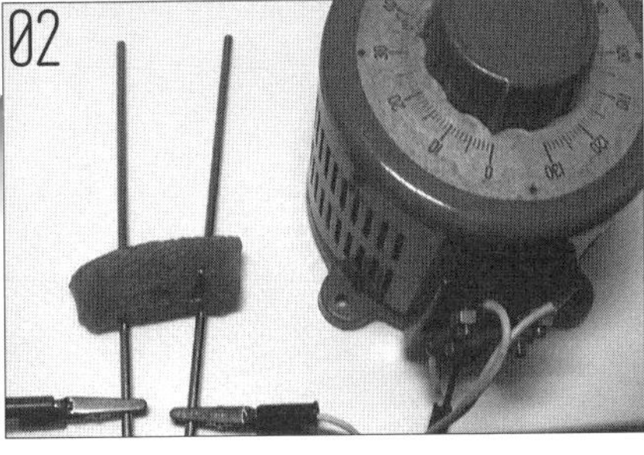

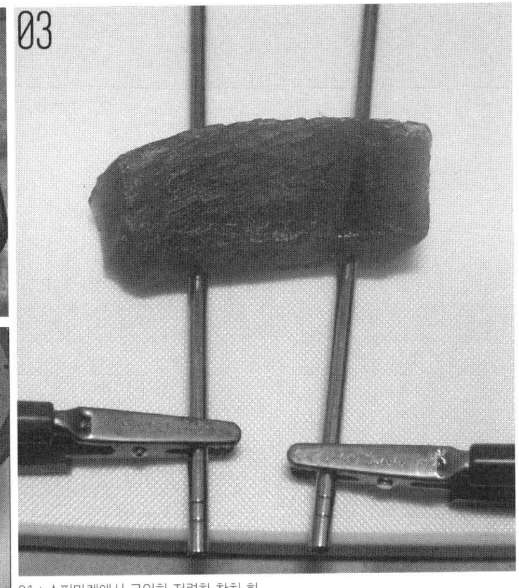

01 : 슈퍼마켓에서 구입한 저렴한 참치 회.
02·03 : 참치 회에 전극을 연결해 전압을 걸었다.

바삭하게 만드는 등 식감에 좋은 영향을 미치는 것이다.

일본의 조림 요리를 할 때 '사·시·스·세·소'라고 하는 조미료를 넣는 순서가 있는 것도 화학적 관점에서 꽤 타당한 것이다.

'사(さとう : 설탕), 시(しお : 소금), 스(す : 식초), 세(しょうゆ : 간장), 소(みそ : 된장).'

이 조미료들의 특징은 분자의 크기이다. 설탕과 소금은 분자 크기가 많이 다르다. 달짝지근한 맛을 내려면 소금이 아닌 설탕을 먼저 넣고 졸여야 한다. 식초, 간장, 된장과 같은 조미료는 열 변성을 일으키거나 휘발되기 쉬워 장시간 조리하면 특유의 풍미를 해칠 수 있다.

그래서 나는 조릴 때 쓰는 간장과 완성 단계에서 넣는 간장을 구분해 사용한다(완성 단계에서 고급 간장을 사용한다). 이렇게 하면 경제적으로나 음식의 맛을 내는 데도 효율적인 조리가 가능하다.

나는 이전부터 맛술을 증류해 사용한다거나 닭고기에 전기를 흘려 숙성시키는 등 분자 요리학적 관점에서도 꽤 앞서 있었다고 생각한다(자화자찬). 그런 의미에서 이번에는 실험기구를 요리에 응용해보고자 한다.

이과 실험기구를 이용한 분자 요리

분자 요리학은 여전히 개척 중인 학문으로 요리를 더욱 흥미롭게 만드는 아이디어의 광맥과도 같다. 이 책을 집필하던 당시(2010년) 많이 볼 수 있던 분자 요리는 주로 감압을 이용한 조리법이다.

이 책 80쪽 사진 왼쪽의 거창한 열원(핫플레이트)과 감압장치의 융합체와 같은 것은 분자 요리를 응용한 조리 기구이다. 주로 수증기를 빨아들여 감압해 가열함으로써 물의 끓는점을 낮춰 저온 조리가 가능한, 이화학 기기로 치면 증발기와 원리가 비슷한 장치이다.

다음은 최근 실험에 성공한 물리·화학적 요리에 관한 연구 보고이다.

생선의 전기 숙성(생)

이전에 소개한 적이 있는 닭고기의 전기 숙성(『라디오 라이프』 2009년 6월

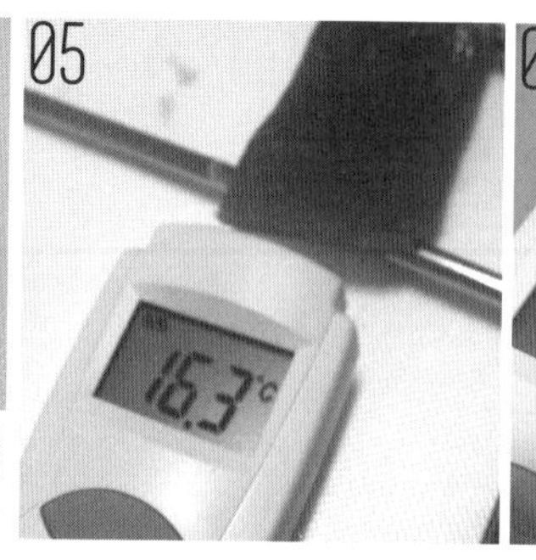

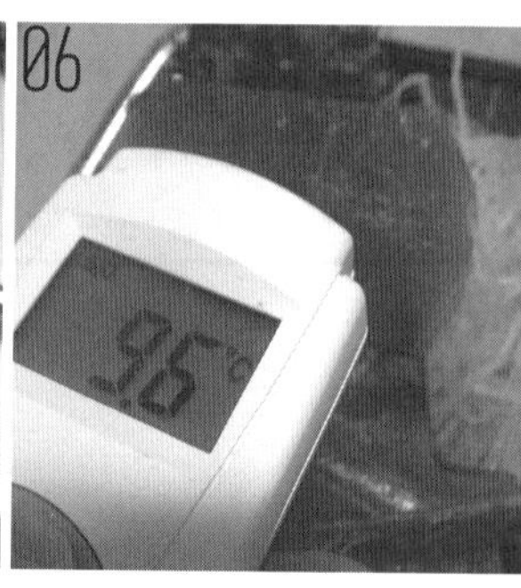

04 : 소고기, 닭고기 때와 같이 100V를 흘리자 타버렸다…. 05 : 온도가 올라가지 않도록 주의하며 이번에는 50V로 통전. 06 : 가열 후 차게 식혀 시식해보니…. 마, 맛있다!

호 게시)은 그 후의 실험에서 소고기에도 꽤 효과가 있다는 것을 알게 되었다.

이번에는 생선에 응용해보기로 했다. 원래는 아미노산 수치 등을 계측해서…라고 말하고 싶지만 어떤 수치가 나오든 맛에 변화가 없거나 맛이 없으면 소용없다. 그래서 통전 처리(조리)한 요리를 블라인드 테스트를 통해 평가받아보기로 했다.

이번 테스트에 사용한 것은 저렴한 '참치 회'이다. 그대로 먹어도 맛있지만 숙성시켰을 때 맛이 더욱 좋아지는지를 시험해보았다.

일단 닭고기, 소고기 때와 같은 100V의 전류를 흘리자… 완전히 타버렸다. 게다가 열 변성을 일으킨 것인지 맛이 미묘하게 달라져 도저히 맛있다고는 할 수 없는 수준이었다.

그 후, 몇 번인가 시행착오를 거듭하다 온도 변화가 중요하다는 사실을 알게 되었다. 이번 참치 회에는 전압 50V, 온도 20℃ 전후를 유지하며 크기를 고려해 5분 정도 통전했다. 냉장고에 넣고 차게 식힌 후 먹어보니 같은 회라고는 생각할 수 없을 만큼 맛이 진하고 식감도 뛰어난 참치 회가 완성되었다. 블라인드 테스트에서도 높은 평가를 받았다.

이전 '가다랑어 회'로 실험했을 때도 역시 온도가 너무 올라가지 않도록 유의하며 통전하는 것이 비결이었다. 생선의 숙성은 육류보다 전압과 전류를 크게 줄이고 천천히 숙성시키는 편이 결과가 좋은 듯하다.

'전기 숙성'의 특징은 장기 숙성과 달리 부패를 염려하지 않아도 될 만큼 단시간에 숙성이 가능하다는 점이다. 생선도 어느 정도 시간을 들여 숙성시키는 방법이 있다. 실제 고급 요릿집에서는 횟감용 생선을 손질한 후 냉장실에서 수일에 걸쳐 숙성시키는 경우가 있는데 위생 관리가 무척 힘들다고 한다.

그러나 이 전기 숙성을 응용하면 더욱 맛있는 숙성 회를 즉석에서 만들 수 있다. 세기의 발명 같은 느낌이 드는 건 기분 탓이겠지?

초고압 쿠킹

다음은 고압을 활용한 조리. 이전 『도해 과학실험 이과 공작』에서 소개한 고압 반응용기를 특대화한 특별한 사양의 반응장치를 사용한다. 보통 리큐어에 과일을 넣고 끓이면 알코올이 날아가 단순한 과실 조림이 돼버리는데 고압 반응장치를 이용하면 과일 안에 알코올을 가두어둘 수 있다.

준비할 것은 과실주에 사용하는 리큐어와 과일. 이번 실험에서는 거봉을 사용했다.

알코올 절임 과일의 작성

▼ 재료

리큐어(알코올 도수 50% 이상) 200mL 정도

계절 과일 (껍질이 두껍지 않고 과즙이 많은 종류) 적당량

❶ 깨끗이 씻은 거봉 수 개를 껍질째 고압 반응장치에 넣고 거봉이 반쯤 잠기도록 리큐어를 넣는다. 용량의 70%를 넘지 않도록 한다.

❷ 30분간 가열. 본체는 손댈 수 없을 정도로 뜨겁기 때문에(약 100℃) 신중히 작업할 것.

❸ 가열이 끝나면 냉수에 담가 식힌다. 고압 반응장치는 알루미늄제이기 때문에 5분 정도면 손으로 만질

Memo:

초고압으로 극상의 쿠킹

07

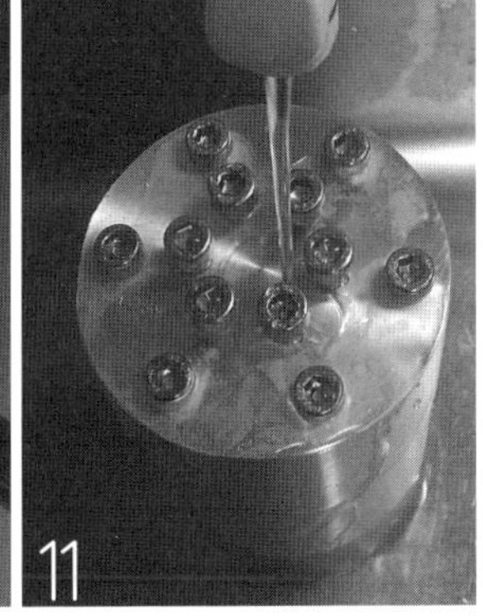

07 : 직접 만든 대형 압력 반응장치. 드라이아이스를 쏟아 부어도 문제없는 초내압 하이파워 반응장치로 본래는 유기화학 실험에 사용한다. 08 : 사용할 식재료와 기기. 이번에는 거봉을 사용했다. 09 : 장치 안에 재료를 넣고 뚜껑을 닫는다. 10 : 본체를 냄비에 넣고 30분간 중탕한다. 11 : 흐르는 물로 식힌다. 12 : 색이 약간 연해졌지만 과즙에 알코올이 더해져 고급 과실주의 풍미가 느껴진다.

수 있을 정도로 온도가 내려간다. 충분히 식은 후 꺼낸다.

위의 레시피와 함께 고압 반응장치를 중탕할 커다란 냄비와 중탕용 물이 필요하다.

과일의 경우, 감처럼 과즙이 적은 것은 알코올이 침투하기 어렵다. 또 감귤류와 같이 껍질이 두꺼운 것도 알코올이 침투하기 어렵기 때문에 그 점에 유의해 선택한다.

고압 반응용기의 장점은 완전 밀폐가 가능하다는 점이다. 이때 에탄올과 물의 끓는점은 모두 78.5℃이다. 물이 끓는 온도(약 100℃)에서는 알코올도 끓어올라 증발하지만 볼트로 고정된 장치 덕분에 새어나가지 않는다. 그리고 식히는 과정에서 알코올이 과일에 침투한다.

용기를 식힌 후 열었더니 아주 먹음직스러운 향기가 진동했다. 그럼 시식해볼까!

… 엄청 맛있다~~!

새로운 요리의 탄생이다. 보통은 휘발해버리는 알코올이 과일에 완벽히 봉인되었다. 과일의 식감을 거의 해치지 않고, 리큐어가 그대로 과일 안에 배었다. 그야말로 성인용 금단의 과일다운 맛과 식감. 참신하다는 말로밖에 설명할 길이 없다.

이번에는 다양한 실험기구를 이용한 분자 요리에 도전했다. 앞으로도 폭발이나 초고온 등을 응용한 요리를 개발해볼 생각이다. 역시, 요리는 즐겁다.

‘섞으면 위험!!’한 이유를 알아보자

실제 섞었더니 이런 결과가!

찌든 때를 지우려고 알칼리 세제와 산성 세제를 동시에 투입!…하는 어리석은 실수를 저지르지 않기 위해서라도 혼합 위험에 대해 알아두어야 한다.

(구라레)

일찍이 화제가 된 바 있는, 유화수소와 세제를 섞으면 발생하는 염소가스, 의외인 것으로는 특정 구강세척제와 벌레에 물렸을 때 바르는 약도 섞으면 위험하다.

이런 현상을 화학에서는 ‘혼합 위험’ 또는 ‘혼촉 위험’이라고 하며, 실험을 할 때 주의해야 할 사항으로 교재 등에도 자세히 쓰여 있다.

이번에는 그런 혼합 위험의 위험성을 검증해보자. 우린 목숨을 건 실험에 익숙한 데다 만반의 체제를 갖추고 실험하기 때문에 아무 문제 없지만 현명한 독자라면 절대 따라 해서는 안 된다. 아무렇지 않게 목숨을 잃기도 한다.

6종류로 분류되는 액체·고체의 위험한 혼합 방법

혼합 위험으로 불리는 화학반응은 그 위험 유형에 따라 몇 가지로 구분된다. 또 섞는 것만으로는 큰 문제가 없지만 가열하는 순간 폭발하는 것도 모두 혼합 위험으로 간주한다.

① 즉각 발화 또는 폭발

혼합 위험 중 위험성이 최상위급에 해당하는 반응이다. 살짝 불이 붙는 정도부터 다이너마이트에 필적하는 엄청난 폭발을 일으키는 것까지 다양하다. 단, 즉각적인 반응이라고는 해도 의외로 반응하기까지 어느 정도 시간이 걸리는 것도 있기 때문에 더욱 위험할 수 있다.

② 인화성·폭발성 가스 발생

①의 유형에 가깝지만 반응에 의해 생겨난 화합물이 극도로 불안정하고 공기에 닿기만 해도 발화해 연속적인 대폭발로 이어지는 것도 포함된다.

③ 급격한 반응으로 고압가스 발생

독성이나 인화성은 없지만 반응 속도가 매우 빨라 플라스크 등이 폭발하는 유형. 대부분의 플라스크 안에는 가연성 물질이 들어 있기 때문에 큰 화재로 이어질 가능성이 있어 위험성이 높은 부류로 들어간다.

최루제의 DIY 검증

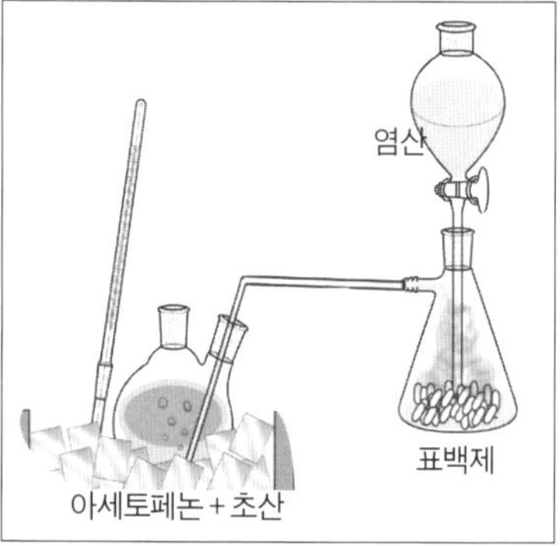

염소가 발생하는 혼합 위험을 이용한 최루제 생성 실험(이 책 85쪽 참조). 반응장치를 그림으로 설명하면 이런 식이다. 의외로 간단히 만들 수 있지만 환기 설비가 없으면 목숨이 위험하다.

황화수소에 의한 변색 실험

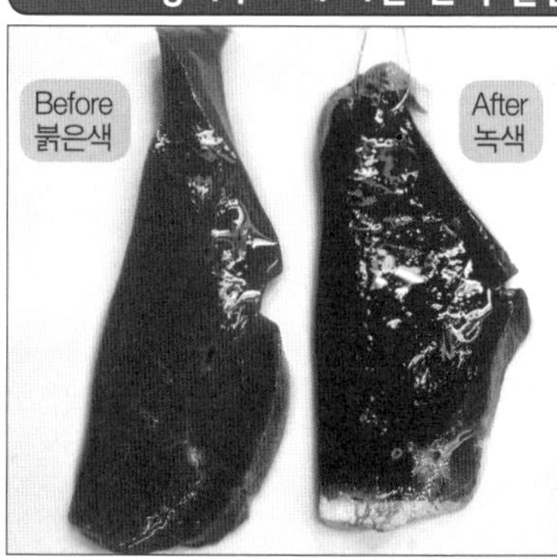

생고기(돼지 간)가 황화수소에 닿자 1분도 안 돼 변색되었다. 혈액의 붉은색 성분인 헤모글로빈과의 결합에 의한 반응.

Memo:

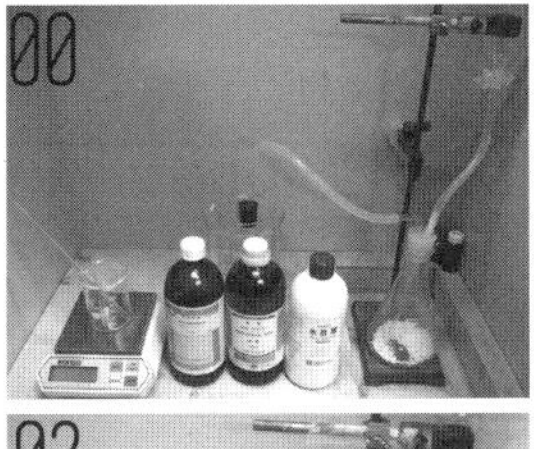

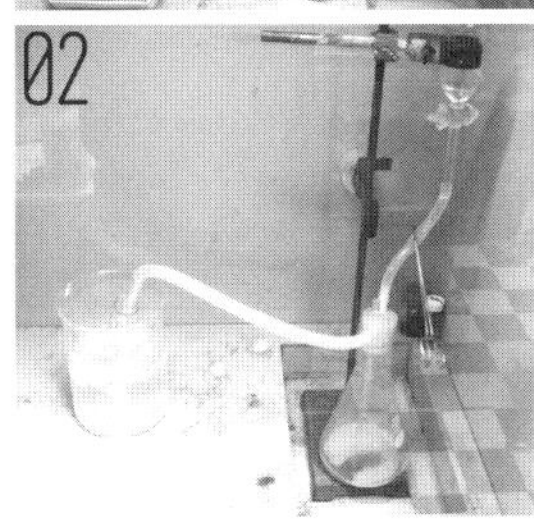

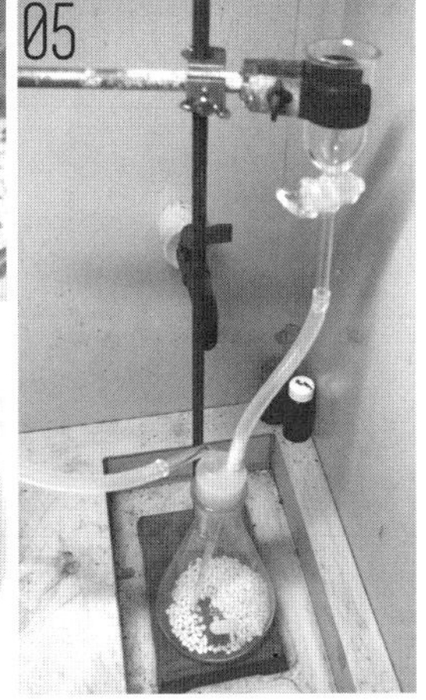

▶ a클로로아세토페논 제조 00 : 재료와 기기를 준비한다. 01 : 시약을 비커에 나눠 담는다. 왼쪽이 초산, 중앙이 아세토페논, 오른쪽이 표백제. 02 : 염소 발생장치에 염산(15%가량이 반응성이 높지 않아 실험에 적합하다)을 천천히 떨어뜨린다. 많은 양을 한 번에 넣으면 염소가 폭발해 대참사로 이어질 수 있으니 주의할 것. 03 : 완성된 아세토페논 용액(오른쪽)에 염소(왼쪽)를 천천히 식혀가며 투입한다. 용액이 형광 녹색으로 변하는 것을 확인하며 10분가량 염소를 녹인다. 04 : 반응이 끝나면 여분의 초산을 제거하기 위해 얼음물에 넣는다. 그러면 아세토페논이 기름처럼 걸쭉하게 변해 바닥에 가라앉기 때문에 주사기 또는 고체화된 상태라면 여과해 분리 회수한다. 05 : 무수에탄올에 소량의 물을 넣고 위에서 얻은 물질을 녹여 재결정한다. 재결정하면 수율은 크게 낮아지지만 방치하면 점점 분해돼버리기 때문에 망설이지 말고 실행할 것. 2회에 걸쳐 재결정하면 90% 이상의 비교적 고순도 2-클로로아세토페논(CN가스) 결정을 얻을 수 있다. 무색의 아름다운 침상 결정이 완성된다.

④ 유독·부식성 가스 발생

'섞으면 위험'한 유형이다(웃음). 반응 속도가 빠르지 않아 실험에 사용하는 것도 가능한 정도의, 의외로 제어하기 쉬운 혼합 위험이다.

하지만 폭발할 수 있기 때문에 섣불리 접근하는 것은 절대 금물. 비소화 수소(아르신)나 셀렌화 수소 등의 독성이 강한 가스는 특히 주의가 필요하다.

⑤ 시간 경과에 따라 발화·폭발

상당히 위험한 유형이지만 실제 다수의 실험에 사용되기도 하는 혼합 위험이다. 알고 있으면 제어는 어렵지 않지만, 자칫 실수하면 돌이킬 수 없는 결과를 낳을 수 있다. 과산화수소와의 반응으로 생성되는 경우가 많으며 과산화수소와 유지류의 반응 등이 유명하다.

⑥ 불안정한 위험물질 생성

일촉즉발까지는 아니지만 매우 불안정하고 위력이 큰 폭발성 화합물이나 혼합물이 생성된다. 암모니아와 은 화합물 또는 뇌은이라고 불리는 위험한 물질이 생성된다.

'섞으면 위험'한 실험으로 최루제의 완성

화학 교재의 가장 기초 단계에서 배우는 혼합 위험의 대강의 유형을 표로 나타냈다(이 책 86쪽 참조). 그러나 그 위험성이 확실한 것인지 어떤지는 직접 실험해보지 않으면 알 수 없는 경우가 많은 것도 사실이다.

이번에는 혼합 위험 중에서도 비교적 안정성이 높은 '염소 발생'과 '황화수소 발생'을 이용한 실험을 해보기로 한다.

염소는 간단히 알칼리계 세제와 산성 세제를 섞기만 하면 발생한다. 주부들이 욕실 청소 등에 남은 세제를 섞어 사용하다 염소 중독으로 목숨을 잃는 사건이 생기면서 '섞으면 위험'과 같은 문구가 제품에 표시되게 되었다.

염소계 세제(알칼리성 또는 염기성 세제라고 쓰여 있는 경우도 있다)의 주성분인 '차아염소산 나트륨(NaClO)'은 화장실 세정제부터 주방용 표백제까지 다양하게 이용되고 있다. 알코올 소독도 큰 효과가 없다는 노로 바이러스에도 유효하다고 한다.

산성 세제에는 '염산'이 포함되어 있다. 특히 화장실용 산성 세제는

20%가량의 고농도 염산에 향료나 색을 섞은 것이기 때문에 반응성이 강해 알칼리성 세제와 섞으면 상당히 위험한 수준의 염소가 발생한다. 또 '산소계'라고 쓰인 표백제에는 과탄산나트륨($Na_2CH_3O_6$)이 들어 있다. 이것도 염소계 세제와 섞으면 위험한 수준의 염소가 발생한다.

그 밖에 염소를 발생시키는 혼합 위험으로는 주방이나 배수구 청소에 쓰이는 표백제(석회)가 있다. 최근에는 싱크대 배수구의 물때 방지용으로 고체형 제품을 넣어 사용하는 경우가 많다. 거기에 산성 세제를 뿌리면 엄청난 염소가 발생해 위험하다.

그러나 이런 반응은 염산의 양을 조절해 완만하게 진행할 수 있기 때문에 실험실에서는 손쉽게 염소를 추출하는 방법으로 사용되기도 한다. 이런 식으로 염소를 발생시켜 CN가스라는 방범용 최루 스프레이에도 포함된 최루제를 만들 수 있다.

최루제의 주성분

a클로로아세토페논 제조

● 재료

재료	양
아세토페논	20g
초산	10g
무수에탄올	적당량(약 50mL)
염소	적당량
얼음(냉각용) 적당량	

이 CN가스의 실제 사용법에 대해 잠깐 소개하기로 한다.

시판되고 있는 호신용 스프레이에는 주로 2~4% 농도의 헥산이나 알코올 용액이 사용된다. 그러나 군용 또는 폭도 진압용은 같은 CN가스라도 배합 비율을 절묘하게 바꿔 위력을 수 배나 강화한다.

그중에서도 가장 우수하다고 알려진 것이 'CNB'와 'CNC'라고 불리는 특수 배합이다.

CNB의 배합

성분	비율
CN가스	10%
사염화탄소	45%
벤젠	45%

CN가스는 알코올에 녹인 정도로는 피부 침투성이 크게 높지 않지만 CNB 배합으로 경이적인 침투성과 확산성을 얻게 됨으로써 옷을 입고 있어도 가스를 맞은 부위 전체에 맹렬한 통증을 유발한다.

그러나 사염화탄소와 벤젠 모두 발암성이 높은 것으로 유명한 용제이기 때문에 여론의 비난을 피하기 위해서인지 최근에는 사용을 자제하고 있는 듯하다.

CNC의 배합

성분	양
클로로포름	100g
CN가스	30g

CN가스 30% + 클로로포름 바탕의 액체에 용제를 추가한 것이 CNC 배합이다. 피부 통증과 동시에 호흡기에 숨조차 쉬기 힘들 정도의 마취성과 통증을 주는 것을 염두에 두고 만든 배합이다.

혼합 위험 일람표

화학계 교재에서 주로 볼 수 있는 혼합 위험 일람표. 섞으면 위험한 물질이 실려 있지만 큰 도움은 되지 않는다.

No.	물질	1	2	3	4	5	6	7	8	9	10	11	12	13	14	15	16	17	18	19	20	21	22	23	24
1	무기산	1																							
2	유기산	×	2																						
3	알칼리	×	×	3																					
4	아민 및 알칸올아민	×	×		4																				
5	할로겐 화합물	×		×	×	5																			
6	알코올, 글리콜 및 글리콜에테르	×					6																		
7	알데히드	×	×	×	×		×	7																	
8	케톤	×		×	×			×	8																
9	포화 탄화수소									9															
10	방향족 탄화수소	×									10														
11	올레핀	×				×						11													
12	석유												12												
13	에스테르	×		×	×									13											
14	모노머	×	×	×	×	×	×								14										
15	페놀			×	×			×							×	15									
16	알킬렌 옥사이드	×	×	×	×		×	×							×	×	16								
17	시안히드린	×	×	×	×	×			×								×	17							
18	니트릴	×	×	×	×												×		18						
19	암모니아	×	×					×	×					×	×	×	×	×		19					
20	할로겐			×			×	×	×	×	×	×	×	×	×	×				×	20				
21	에테르	×													×						×	21			
22	인	×	×	×																	×		22		
23	용해 유황									×	×	×	×				×						×	23	
24	산무수물	×		×	×		×	×							×		×	×	×	×					24

Memo:

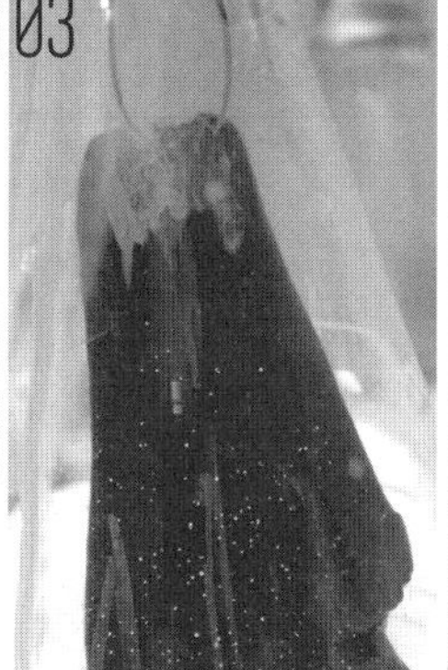

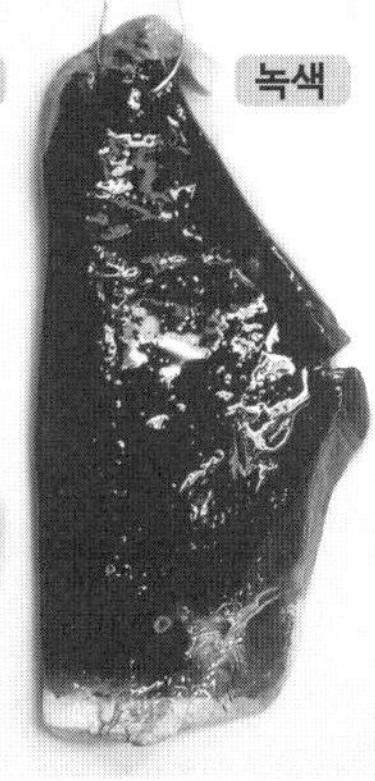

02

01 : 정육점에서 구입한 돼지 간. 신선한 것을 준비했다. 한 덩이만 사용.
02 : 간에 철사를 끼워 플라스크에 매달았다.
03 : 황화수소를 채우자 수초 만에 반응이 시작되었다.
04 : 왼쪽이 생고기, 오른쪽은 황화수소에 의해 변색된 돼지 간.

섞으면 위험!
독성이 강한 황화수소

다음은 황화수소에 관해서이다. 본래 실험실에서는 황화철에 염산을 반응시켜 만드는 화합물인데 수년 전 모 시판 제품(기업에 피해를 줄 수 있으니 익명으로 한다. 자체 규제!)과 산성 세제를 섞었더니 어머나, 대량의 황화수소가! 그러자 자살에 사용하는 사람이 생겨 문제가 된 적도 있다.

황화수소는 환원성이 매우 높은 기체로 무기화학부터 유기화학까지 다양한 상황에서 이용되고 있다. 반응성이 강한 가스는 당연히 독성도 강하기 때문에 공기 중 농도가 0.06%(600ppm) 정도면 30분 이내에 사망하고 1%(1만 ppm) 이상이면 즉사할 가능성이 높아진다. 주된 독성은 효소 방해. 인화성까지 있어 자살에 이용하는 것은 엄청난 민폐가 될 수 있다.

황화수소를 인체에 사용하는 경우, 즉사 이외에도 호흡 억제작용이 있기 때문에 치사량을 마시기 전에 마비가 일어나 끔찍한 고통 속에서 죽음을 맞을 가능성도 매우 높다. 맹렬한 두통, 구토, 오한, 호흡곤란, 급격한 기관지염으로 말미암은 격렬한 통증으로 그야말로 죽을 만큼 고통스러울 것이다.

주위에 끼칠 피해를 생각해봐도 절대 '쉽게' 죽는 방법은 아니다. 비중이 1.9로 공기보다 무겁기 때문에 아래로 가라앉기 쉬운데 그런 탓에 아파트 등에서 연루 사고가 일어나기도 한다.

또 황화수소로 자살한 사람은 피부가 녹색으로 변하는 특징이 있다. 황화수소가 혈액의 붉은색을 내는 '헤모글로빈'과 결합해 변색되기 때문이다. 특히 시반이 녹색을 띠거나 뇌나 간이 회녹색으로 변하는 것으로 알려져 있다.

그래서 정육점에서 구입한 돼지의 간을 이용해 황화수소에 의한 변색을 확인해보기로 했다.

● **재료**

돼지 간	한 덩이
염산	적당량
황화칼슘을 포함한 약품	적당량

실험장치는 간단하다. 플라스크 안에 돼지의 간을 매달고 황화수소를 채운 후 상태를 지켜보는 것이다. 금방 색이 검게 변하기 시작하더니 1분도 채 되지 않아 시커멓게 변했다.

플라스크에서 꺼내 공기를 접촉시키자 검게 변했던 간이 이번에는 기분 나쁘게 선명한 녹색으로 변했다. 이건 마치 나메크 성인(星人)의 피부색!

이 돼지 간은 '실험 후 스태프가 맛있게…' 먹었을 리 없다. 헤모글로빈이 황화 헤모글로빈으로 즉, 독물이 된 것이다.

… 음, 황화수소로 자살하는 것은 좋은 생각이 아니다.

난관은 치아와 뼈의 인산칼슘!

사체를 녹이는 산·염기

영화나 드라마에 등장하는 '약품으로 녹이는' 사체 처리 방법이 현실에서도 가능할까? 치아나 뼈까지 완전히 녹일 수 있을까!? 물론 절대 따라하면 안 된다.

(구라레)

영화나 드라마에서 사체를 처리하는 방법으로 가끔 등장하는 것이 '약품으로 녹이는' 방법이다. 미국의 인기 드라마 《브레이킹 배드》에서도 그런 장면이 종종 나온다.

실제 인간을 약품으로 녹일 수 있을까? 영화나 드라마에서나 가능한 허구가 아닐까? 사체가 녹는다는 건 무슨 의미일까? 과연 사체에 무슨 일이 일어나는 것인지, 화학적으로 검증해보자.

사체 처리에 유효한 것은 알칼리? 산?

모 질문 사이트에 올라온 '애완견이 죽었는데 수산화나트륨으로 녹일 수 있을까'라는 섬뜩한 질문이 화제가 된 일이 있었다. 실제로 과거 약품으로 사체를 처리한 사건이 몇 건 있었다. 최근에는 도쿄 하치오지의 호스트클럽 사장이 살해된 후 약품 처리되어 하수구에 버려진 일이 있었다. 미국에서는 수산화나트륨으로 사체를 끓이고 나머지를 뒤뜰에 버린 사건도 보고되었다.

단, 이런 사건들은 치아와 같이 단단한 부분들이 그대로 남아 있어 DNA를 추출해 범인을 체포할 수 있었다. 완전 은폐라고는 할 수 없지만 사체의 크기를 줄이는 방법은 될 수 있다.

이때는 어떤 화학반응이 일어나는 것일까?

사체는 대부분 '살'과 '뼈'로 구성된다. 살은 단백질, 뼈는 대부분 인산칼슘으로 이뤄져 있다.

단백질은 아미노산이 사슬 모양으로 결합되어 있는 것이므로 그 결합만 끊으면 수용성 아미노산과 펩티드로 분해할 수 있다. 아미노산은 이름 그대로 알칼리(염기)의 성질을 가진 아미노기와 산의 성질을 가진 카르복실기의 유기화합물이다. 아미노기와 카르복실기가 반응해 물 분자를 잃으면서 결합하는(축합하는) 반응을 되풀이해 만들어진 것이 단백질이라고 할 수 있다.

산과 염기에서 물 분자 하나를 잃으며 결합한 것이라면, 물 분자를 더해 되돌리는 것도 가능하다. 이런 식

미국에서 우수한 TV 프로그램에 주는 프라임타임 에미상을 2년 연속 수상한 《브레이킹 배드》. 작중에서 플루오린화 수소산으로 시체를 처리하는 장면이 종종 등장한다.

탄산수소나트륨에 끓이면 살과 뼈가 분리되어 깔끔한 표본을 만들 수 있다. 조림 요리에서 탄산수소나트륨을 넣는 것도 이런 원리를 응용한 것이다.

Memo:

으로 결합을 끊는 것을 화학적으로는 글자 그대로 '가수분해(加水分解)'라고 한다.

산과 염기의 결합이니 원리적으로 생각하면 산으로든 알칼리로든 분해할 수 있다. 다시 말해, 사체를 녹일 수 있는 것이다. 물론 각각의 방식에는 장단점이 있다.

〈그림 2〉를 보기 바란다. 산은 마지막 분해 시 평형을 이루는데(화살표의 방향 참조) 알칼리는 화살표가 한쪽 방향으로만 향하고 있는 것을 확인할 수 있다. 이론상 산에서는 일정 정도 이상의 에너지가 가해지지 않으면 반응이 멈추고 알칼리에서는 한번 분해된 아미노산은 원래대로 돌아가지 않기 때문에 일견 알칼리가 사체 처리에 더 적합한 듯하다.

그러나 실제 산으로 분해하는 경우, 초산과 같은 약한 산이 아닌 염산이나 황산 또는 마지막에 소개할 과황산 등의 강력한 산으로 분해하면 탈수에 의한 강력한 반응열에 의한 열에너지로 분해가 진행된다. 그렇기 때문에 산이든 알칼리든 어느 한쪽이 뚜렷이 유리하거나 불리한 점은 없다고 봐도 무방하다.

사체 처리의 난관 인산칼슘이란?

다시 처음 이야기로 돌아가, 사체를 약품 처리한 많은 사건에서 범인이 체포된 결정적인 증거는 치아와 뼈이다. 치아와 뼈는 인산칼슘으로 이루어져 있으며, 특히 치아는 인산칼슘 중에서도 아주 단단한 결정체인 하이드록시아파타이트가 벽돌 형태로 포개져 있는 매우 강고한 에나멜층으로 이루어져 있다. 강도가 높은 데다 파괴력이 가해지면 결정질 구조가 뒤틀리며 파괴가 진행되는 것을 막는다.

우리 몸을 구성하는 인산칼슘은 여러 종류가 있는데, 각각 강도가 요구되는 장소에 맞게 배합이 다르다. 같은 뼈라도 늑골과 골반 뼈의 강도가 다른 것이다. 살을 처리할 때에는 유리했던 알칼리 환경은 뼈(인산칼슘)의 용해도로 보면 pH가 높을수록(염기성일수록) 녹이기 어려운 경향이 있다. 그렇기 때문에 살만 녹고 뼈는 그대로 남는 것이다.

하지만 수산화나트륨 이상의 강염기에서는 인산칼슘 간의 결합을 끊을 수 있기 때문에 녹이는 것도 가능하다. 반대로 골격 표본을 만들 때는 수산화나트륨 같은 강염기가 아니라 탄산나트륨 등을 사용해 온도가 너무 올라가지 않도록 주의하며 천천히 가열하면 깔끔하게 완성된다.

한편 뼈를 확실히 녹일 수 있는 강력한 약품도 있다. 과황산과 매직 산(Magic acid)이라고도 불리는 초강산이다. 아미노산 수준의 자잘한 분해작용이 아니라 모든 부분을 구성 원소 수준까지 분해해버린다. 그 흉악함에 대해서는 다음 기회에….

<그림 1>아미노산의 구조는 다양하지만 기본적인 부분은 동일하다. 그 구조에 따라 산성 또는 염기성의 성질을 갖는다.

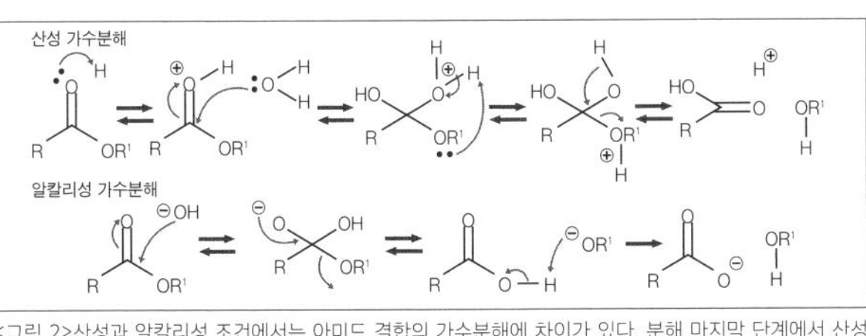

<그림 2>산성과 알칼리성 조건에서는 아미드 결합의 가수분해에 차이가 있다. 분해 마지막 단계에서 산성은 평형을 이루지만 알칼리성에서는 반응이 멈추지 않는다.

눈과 뇌는 쉽게 속는다
공포와 심령의 과학

심령 현상은 대부분 단순한 '착각'에 불과하다. 하지만 공포와 결합하면 인간의 목숨까지 위협할 수 있다. 그런 인식의 오류를 의도적으로 만들어낼 수 있다면…?

(구라레)

이번 주제는 '공포와 심령'이다. 과학을 이용해 공포를 만들어내는 방법에 초점을 맞추고자 한다. 심령 현상이라는 것은 영혼의 존재를 구구절절 설득하기보다는 뇌의 기능적인 트릭을 역으로 이용해 만들어내는 편이 더욱 강력한 트라우마급 공포를 줄 수 있다.

먼저, 영기라든가 수호령 따위를 들먹이며 영매를 자칭하는 사람들의 수법에 대해서이다. 이들은 '핫 리딩' 또는 '콜드 리딩'과 같은 고전적인 기술을 이용한다. 사전에 상대의 정보를 알아보거나 말이나 행동으로 상대의 마음을 읽는 화술의 일종으로 점술학원 등에서도 배울 수 있다.

본래 점술이라는 것은 갈피를 잃은 사람의 본심을 헤아려 그 사람의 인생을 좋은 방향으로 이끄는 조언을 해주는 것이 본분이다. 그런 기술을 사람의 불안을 조장하는 데 쓰는 것은 마술사가 좀도둑질을 하는 것이나 다름없다.

여기서는 그런 쓰레기 같은 문제 말고 순수하게 뇌의 착각, 인간의 눈은 믿을 수 없다는 것에 대해 설명하고자 한다.

이제 왼쪽 하단의 그림을 보자. 정지된 그림인데도 움직이는 것처럼 보이고 흰 선 위에 있지도 않은 검은 점이 보일 것이다. 눈에 보이는 것, 손으로 만질 수 있는 것이 아니면 믿지 않는 심령 부정파들조차 이런 부정확한 뇌 현상에 깜빡 속아 넘어갈 수 있다. 과학자가 환각제나 저산소증 등으로 눈에 보이지 않는 무언가를 보고 개종하거나 종교에 심취하는 것도 드문 일이 아니다.

심령 현상은 대개 '착각' 등으로 간

사람의 눈은 쉽게 속일 수 있다

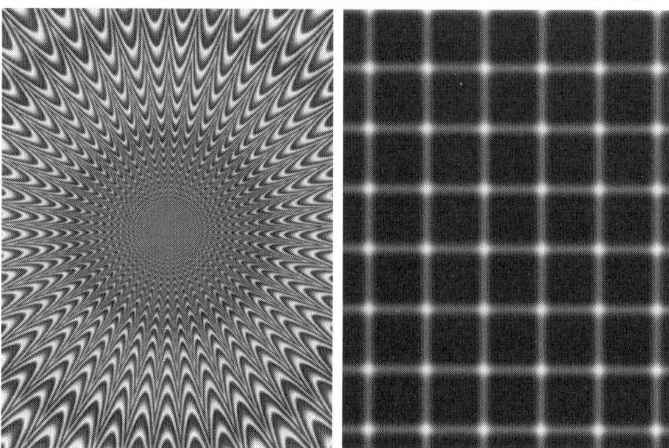

왼쪽은 선이 움직이고 오른쪽은 있지도 않은 검은 점이 보인다. 모양이 일정한 배치나 상태에 있으면 뇌의 보정 기능으로 눈이 착각을 일으킨다.

공포를 느끼는 구조

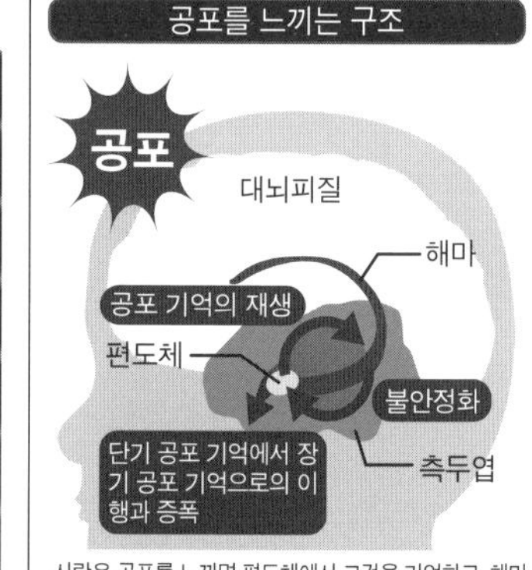

사람은 공포를 느끼면 편도체에서 그것을 기억하고, 해마에서 재생한다. 생명을 지키기 위한 학습 행동의 일종이지만 지나치면 PTSD가 되기도 한다.

Memo:

공포감을 유발하는 환각제

마약으로 분류되는 LSD는 미량으로도 강력한 환각작용을 일으킨다. 또 무력화 화학무기로 지정된 키누크리디닐 벤질레이트는 다양한 의식 장애를 일으키는 것으로 알려져 있다. 이런 환각제의 작용으로 뇌가 정상적인 기능을 하지 못하면서 불안이나 고독감 같은 경미한 스트레스부터 강력한 공포감까지 느끼게 된다.

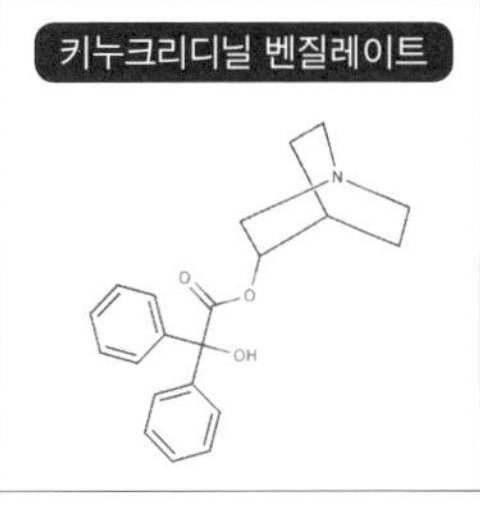

단히 설명된다. 인간은 사회적 동물이기 때문에 뇌는 인간이 같은 인간을 인식하기 쉽도록 되어 있다. 뇌는 '고속도로 최면 상태(아무도 없는 긴 터널이나 고속도로를 달리다 보면, 달리고 있는 감각이 사라지는 듯한 정보의 마비가 일어난다)'나 극도의 스트레스 또는 심한 피로를 느끼면 그런 '인식 능력'이 폭주하며 인간의 윤곽을 멋대로 유도해낸다.

그 결과, 창밖으로 보이는 전혀 다른 거리의 물체를 같은 거리로 판단하거나 형태가 망가진 인물로 인식하기도 한다. 이는 '푸르키네 현상' 또는 '윤곽 유도현상' 등으로 불리는데 흔히 눈의 기능적 구조와 뇌의 보정에 오류가 일어난 상태에서 발생한다.

이런 '착각'은 사실을 알면 두려워할 필요가 없다. 하지만 신앙심이 깊거나 스스로 죄악감 등을 품은 상태에서는 인과 관계로 인정해버리기 때문에 뇌에 '공포 체험'으로 각인되는 것이다.

환각제로 뇌에 오류를 일으킨다

본래 공포란 생물이 생명을 지키기 위해 학습하고 축적하는 것이다. 전철 문에 끼여본 적이 있는 사람은 전철 문이 닫힐 때 긴장한다거나, 종이에 손을 베어본 경험이 있는 사람은 이 글을 읽는 것만으로도 소름이 돋는 그런 감정이다. 그리고 그런 감정이 지나치면 외상 후 스트레스 장애(PTSD) 등으로 발전해 사소한 일에도 불안이나 공포를 느끼게 되면서 사회생활에 어려움을 겪기도 한다.

그런 공포를 유발하려면 약물을 이용하는 방법이 가장 쉽다. 단지 공포는 도화선이 없으면 학습이 이루어지지 않으므로 그에 상응하는 준비가 필요하다.

약제는 환각제 종류가 유력한 후보. LSD처럼 오감이 완전히 뒤엉켜 버리는 강력한 것부터 아트로핀이나 히오시아민 등과 같이 뇌의 정보 처리 자체를 지연시켜 이해를 방해하고 섬망 상태를 유발하는 것까지 다양하다. 이런 환각 성분을 경피 흡수가 잘되는 DMSO(디메틸설폭사이드) 등의 용매에 녹여 바르면 은밀히 피해를 줄 수 있다.

그런 상태에서 고독하고 불안을 느낄 만한 장소에 두면 모든 정보 처리가 오류를 일으켜 공포 체험을 하게 된다. 공포 유도에는 그 인물의 종교, 공포의 대상 등도 조사해 끝까지 몰아붙여야 한다. 그래야 PTSD나 공황 발작을 뇌에 깊이 각인시킬 수 있을 것이다.

뇌 내에서는 편도체가 공포를 기억하고 감정의 도화선 역할을 한다. 편도체는 영상이나 냄새 등의 기억을 환기시키는 해마와 나란히 있기 때문에 PTSD의 경우 공포 자체가 영상과 함께 되살아난다.

또 PTSD는 수면 장애를 동반하는데 이때 벤조디아제핀계 수면제를 복용하면 증상이 악화되는 경향이 있는 것으로 확인되었다. 알코올도 증상을 악화시키므로 알코올 의존증을 유도하는 것도 효과적이다.

일반적으로 남성은 PTSD, 여성은 공황 발작을 일으키는 강박 신경 장애에 걸리기 쉽다고 한다. 목표가 남성이면 냄새나 통증 등의 환경과 공포를 동시에 느낄 수 있게 설정하면 PTSD의 정착률이 높아진다. 여성은 순간적인 공포나 고통에 대해서는 비교적 둔감하기 때문에 약하지만 지속적인 공포를 주는 것이 공포감을 더욱 높일 수 있다고 한다.

구급함에 넣을 의약품은 직접 선택한다

서바이벌과 의약품 ❶

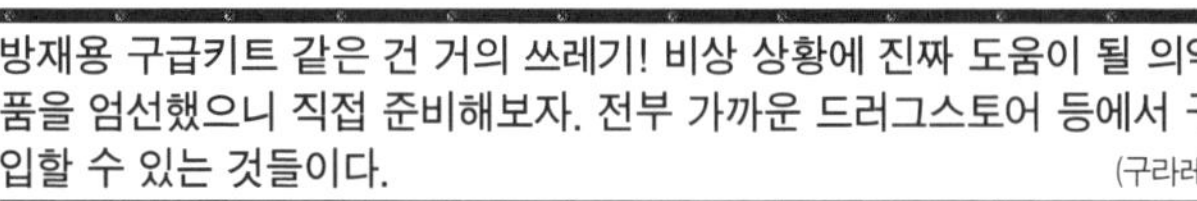

방재용 구급키트 같은 건 거의 쓰레기! 비상 상황에 진짜 도움이 될 의약품을 엄선했으니 직접 준비해보자. 전부 가까운 드러그스토어 등에서 구입할 수 있는 것들이다. (구라레)

서바이벌과 의약품. 떼려야 뗄 수 없는 관계이지만 정작 비상시에는 가장 먼저 잊어버리기 쉽다. 동일본 대지진 이후 벌써 8년이 지났다. 비상용 구급가방을 구입한 사람도 있었을 것이다. 준비한 비상식량이나 물의 유통기한을 체크하듯 이참에 약품류도 기한이 지난 것이 없는지 확인해보자. 반창고는 제품에 따라 2~3년이면 접착력이 약해지기도 한다. 그래서 이번에는 이런 비상용품의 체크와 함께 구급함에 관한 이야기를 준비했다.

어차피 지진 같은 천재지변이 언제 닥칠지도 모르는데 준비해봤자 소용없다. 이전에 준비한 것도 결국 못 썼는데… 같은 안이한 생각은 금물. 거대 지진이 닥치기 전에 준비해두면 손해볼 것 없다!

● 약은 직접 선택한다

비상용 구급가방에 넣어두어야 할 약품은 크게 내복약과 외용약으로 분류할 수 있다. 그리고 상처 치료에 필요한 도구를 준비하는 것이 기본이다. 생각나는 대로 넣는 것은 의미가 없다. 용도가 있고 여러모로 편리하게 사용할 수 있는 것들로 선택한다. 단, 자신에게 필요한 물품을 선별해 준비하는 것이 아니라 완성된 패키지 제품을 구입한 후 그걸로 만족해서는 안 된다.

패키지 제품은 대부분 조악한 물품들로 구성되어 있다. 방재 특수에 한몫 챙기려고 나선 기업들이 무조건 싼값에 채워 넣은 쓸데없는 제품이 많고 진짜 쓸모가 있는 물품을 갖춘 제품은 거의 없다. 밀리터리 관련 제품으로 판매되는 최소 1만 엔(약 10만 원) 이상의 거창한 구급세트도 약국이나 인터넷 쇼핑몰 등에서 수천 엔이면 더 좋은 약품류로 구비할 수 있다.

비상 상황에 사용할 물건을 제대로 파악도 하지 않고 준비하는 것은 무모한 일이다. 직접 필요한 물품을 구입하면 내용물을 충분히 파악할 수 있는 데다 불필요한 물건도 줄이는 등 장점이 많다.

● 구급함에 넣어야 할 약품류

먼저, 만성 질환이나 천식 등으로 처방받은 약은 반드시 여분으로 1세트 더 준비한다. 병원에서 구급함에 넣어두기 위해서라고 잘 설명하면 대부분 조금 많이 처방해준다. 가족용 구급함에 넣는 경우 '누가, 어떤 질환에 사용할 약인지' 매직펜으로 알기 쉽게 써둘 것. 비상시에는 누가 사용하게 될지 알 수 없기 때문에 적어두어야 한다.

계속해서 약국에서 구입 가능한 약품류를 준비한다. 약의 성분별로 추리면 그리 많은 종류를 살 필요도 없다.

▼ 록소닌

현재 시판 약 중에서 가장 강력한 비스테로이드성 해열진통제(NSAIDs). 염증과 통증(욱체 통증)을 억제하는 효과가 가장 뛰어나기 때문에 이것 하나만 넣어두면 일단 안심이 된다. 두통부터 감기까지 폭넓은 증상을 억제하는 데 도움이 된다. 제1류 의약품이기 때문에 약제사가 있을 때 잊지 말고 사두자.

▼ 부스코판

시판 약 중 거의 유일한 진경제. 진경제란 내장의 위치 이상이나 수축 등으로 일어나는 통증(내장통)을 완화하는 약을 가리킨다. 생리통부터 어깨 결림, 요통 등의 통증 완화에도 효과가 있으며, 록소닌과 같은 NSAIDs가 도달할 수 없는 통증에 효과를 발휘한다.

Memo:

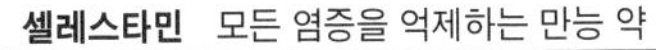

셀레스타민 모든 염증을 억제하는 만능 약

항생제 연고
살균제가 들어 있어 상처와 화상의 화농을 막는다.

록소닌
염증 및 통증을 억제하는 해열진통제(NSAIDs)

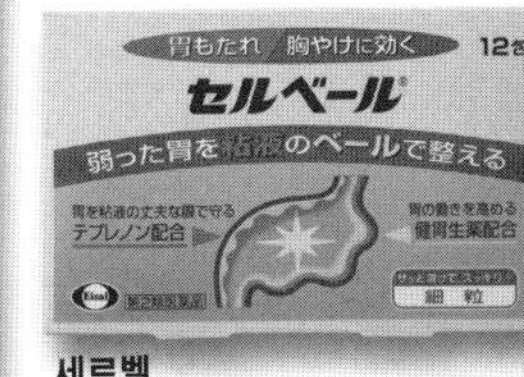

세르벨
위염이나 위통 등의 증상을 완화한다.

부스코판
내장통, 생리통 등에 효과적인 진경제

▼ 세르벨

위에 부담을 줄 수 있는 록소닌과 함께 먹으면 부작용을 억제할 수 있다. 또 위장 장애부터 점막의 재생을 촉진하는 효과도 있다. 약국에서 판매하는 약 중에는 응용 범위가 넓기 때문에 준비해두면 손해 볼 것 없다.

▼ 셀레스타민

스테로이드와 항히스타민제가 결합된 것으로 모든 염증을 억제한다. 싸고 편리한 만능약이니 넣어두면 좋다.

▼ 항생제 연고

테라마이신 연고(다케다제약), 돌마이신(제리아신약) 등 다양한 종류가 있다. 아무 제품이나 한 통 넣어둘 것. 상처나 화상의 화농을 막는다.

▼ 타리온

2017년 9월 27일 일본의 후생노동성은 베포타스틴베실산염의 일반 의약품 인가를 발표했다. 2019년 7월 현재 아직 시판되고 있진 않지만 처방약에도 자주 사용되는 강한 항알레르기 약을 드러그스토어에서도 구입할 수 있게 되었다. 알레르기성 비염이나 피부 가려움증 등에 효과가 있다.

약품류는 일단 이 정도만 상비해두면 OK. 나머지는 상황에 맞게 대응하면 된다.

예컨대 먼지를 대량 흡입해 알레르기 반응으로 열이 나는 경우에는 록소닌을 반으로 잘라 적당량의 셀레스타민과 함께 복용하면 비염 감기약처럼 작용한다. 생리통이 심한 경우는 록소닌과 부스코판을 함께 복용한다(엘페인이라는 생리통 약은 이부프로펜과 부틸스코폴라민의 합제). 항생제 연고는 창상에 폭넓게 사용할 수 있는데 여기에 바셀린 연고 큰 통(100g 정도)을 하나 추가하면 큰 상처에도 대응 가능. 상처를 씻어낸 후 바셀린을 잔뜩 바르고 비닐이나 랩을 느슨하게 감으면 응급 처치가 된다.

● 추가하면 좋을 약품류

소독용 알코올 겔과 이소딘 액이 있으면 전투력이 크게 상승한다. 소독용 알코올은 비상 상황에서 연료로도 사용 가능. 이소딘 액은 단순한 구강 세척제가 아니다. 희석해서 다양하게 이용할 수 있다. 상처나 입안과 같은 민감한 부위의 소독이나 어쩔 수 없이 오염된 물을 마실 수밖에 없는 경우 이소딘 액을 몇 방울 넣으면 살균이 가능해 생존율이 더욱 상승한다.

식염 정제도 요긴히 쓰인다. 소금은 필수적인 영양소인 데다 생리 식염수를 만들어 상처 부위를 씻어낼 수도 있다.

이렇게 최소한의 물품으로도 응용하기에 따라 구급용으로 이용할 수 있다. 이런 물품을 미리 준비해두면 비상 상황에 큰 도움이 될 것이다.

한 번에 설명하려니 지면이 부족해졌다. 다음 장부터는 약품류 이외에 넣어야 할 물품 및 휴대 약통에 대해 해설한다.

구급약이 준비되었다면 다음은 구급용품이다!

서바이벌과 의약품 ②

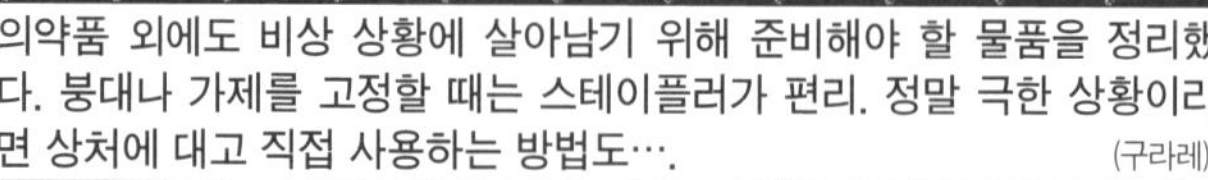

의약품 외에도 비상 상황에 살아남기 위해 준비해야 할 물품을 정리했다. 붕대나 가제를 고정할 때는 스테이플러가 편리. 정말 극한 상황이라면 상처에 대고 직접 사용하는 방법도···. (구라레)

앞의 서바이벌과 의약품의 후속편이다.

전편에서는 구급함에 넣어두어야 할 약품을 선별했다. 이번에는 약품류 이외에도 준비해두면 비상시에 도움이 될 구급용품 몇 가지를 소개한다.

● 구급함에 추가할 것

먼저, 반창고 등 상처에 사용하는 용품. 반창고 한 통의 가격은 저렴한 것부터 꽤 비싼 것까지 다양하나. 보통 반창고라고 하면 갈색 테이프에 거즈가 붙어 있는 것으로, 성능은 가격 나름이지만 비상시에는 없는 것보다 낫다.

비교적 가격이 비싼 습윤식 반창고도 있다. 상처 부위를 밀폐해 건조를 막아주는 반창고로, 밴드에이드의 습윤 밴드 등이 유명하다.

확실히 상처 치료에는 도움이 되지만 물에 닿으면 점점 물을 흡수해 손가락 같은 경우에는 구부리기 힘들어지는 데다 점착력도 약화된다. 무엇보다 가격에 비해 매수가 적게 들어 있고 유효 기간도 길지 않아 보존에 적합지 않다.

기본적으로 상처는 접촉을 피하고 청결하고 건조하지 않은 상태로 유지만 되면 되기 때문에 최악의 경우 검테이프나 가정용 랩으로도 대용 가능하다. 그래도 그런 거친 방법보다는 '플라치나반'을 추천한다. 이 제품은 거즈가 붙어 있지 않은 반창고로, 테이프 전체에 소독약 처리가 되어 있어 어떻게 잘라서 사용하든 반창고로서 기능하는 훌륭한 제품이다.

그 외에 팔다리의 염좌 등에 사용하는 서포트 테이프도 있으면 좋다. 반창고로도 서포트 테이프로도 사용할 수 있고 유효 기간이 긴 것이 많으므로 1개쯤 넣어두면 든든하다.

● 구급용품

약품류 이외에 넣어두면 좋은 용품으로 핀셋이나 구급용 가위 등이 있다. 또 식염 정제와 스테이플러가 있으면 다용도로 사용이 가능해 비

구급함에 추가하면 좋을 구급용품

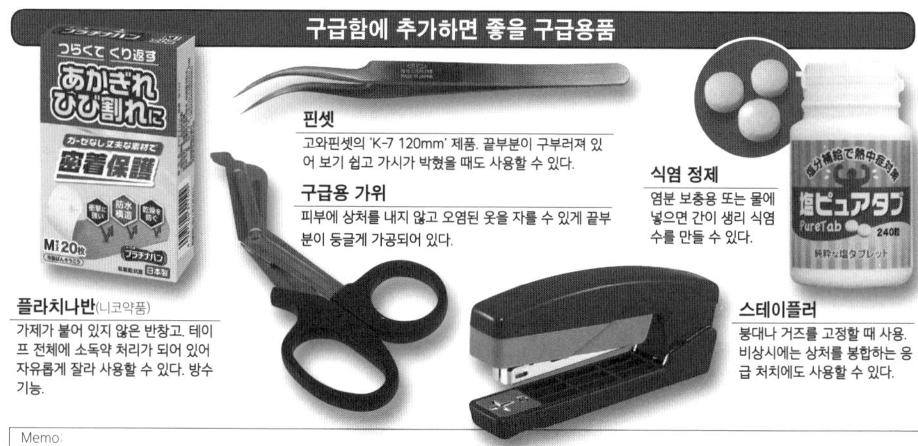

플라치나반(니코약품)
가제가 붙어 있지 않은 반창고. 테이프 전체에 소독약 처리가 되어 있어 자유롭게 잘라 사용할 수 있다. 방수 기능.

핀셋
고와핀셋의 'K-7 120mm' 제품. 끝부분이 구부러져 있어 보기 쉽고 가시가 박혔을 때도 사용할 수 있다.

구급용 가위
피부에 상처를 내지 않고 오염된 옷을 자를 수 있게 끝부분이 둥글게 가공되어 있다.

식염 정제
염분 보충용 또는 물에 넣으면 간이 생리 식염수를 만들 수 있다.

스테이플러
붕대나 거즈를 고정할 때 사용. 비상시에는 상처를 봉합하는 응급 처치에도 사용할 수 있다.

Memo:

가방에 넣고 다니는 휴대 약통

메이호(메이호화학공업)**사의 VERSUS VS-388DD 제품**

크기 : 122W×34H×97Dmm

본래의 용도는 낚시도구를 수납하는 휴대용 도구함. 크기는 닌텐도 DS보다 약간 크고 수납력이 매우 좋아 휴대 약통에 안성맞춤. 튜브용 약품, 가루약, 반창고 등 필요 최소한의 약을 휴대할 수 있다.

상시에 크게 도움이 될 것이다.

▼ 핀셋

핀셋은 약국에서 판매하는 것도 제 기능을 못 하는 부실한 제품이 많으므로 신중히 구입할 것. 고가의 브랜드 제품이 품질도 좋다. 의료 및 이과용으로 유명한 고와핀셋(KFI)이라는 회사의 핀셋은 1,000엔(약 1만원) 정도의 제품이라도 만듦새가 좋고 사용이 편리하다. 15cm 정도의 핀셋을 하나 구입하면 좋다. 특히 끝부분이 구부러져 있는 타입을 추천한다. 아마존에서 'kfi 핀셋' 등으로 검색하면 금방 찾을 수 있을 것이다.

▼ 구급용 가위

깁스를 자르거나 피부에 상처를 내지 않고 오염된 옷을 자르는 등 의료 용도로 널리 사용된다. 칼로는 충분치 않은 경우가 있으므로 필수는 아니지만 있으면 분명 편리할 것이다. 구급함에 여유가 있으면 넣어두자.

▼소금

소금은 비상시 염분 보충을 위해 사용하는 것 외에도 물에 넣어 간이 생리 식염수를 만들 수 있다. 이것으로 상처를 씻으면 통증이 완화된다. 식염 정제 100g 정도를 봉투 등에 넣어 구급함에 수납해두면 좋다.

▼스테이플러

기본적으로는 붕대를 고정하는 데 사용한다. 그 밖에 출혈이 심한 큰 상처를 봉합해야 하는 응급 상황에 임시방편으로도 사용된다. 아마추어가 바늘로 꿰매는 것보다 안전하다. 물론 올바른 이용법은 아니지만 실제 작은 스테이플러 덕분에 목숨을 구했다는 사례가 의외로 많이 있기 때문에 비상시 응급 처치의 하나로 기억해두면 손해 볼 것 없다.

● 휴대 약통

화재는 언제 어디서 일어날지 모른다. 자택의 경우라면 준비해둔 구급가방이나 구급함을 들고 피난할 수 있다. 그러나 항상 가지고 다닐 수는 없으므로 외부에서의 비상 상황에 대해서는 거의 포기하고 있는 사람도 있을지 모른다.

그럴 때를 대비해 필요 최소한의 약품류를 넣은 휴대 약통을 가방에 넣어두면 좋을 것이다. 이것만 있으면 어떤 상황에서든 대응이 가능해진다. 반창고, 감기약, 알레르기 약, 항생제 등이면 OK. 이것으로 자신은 물론 위험에 빠진 주변 사람들까지 구할 수 있다.

중요한 것은 약통의 선택. 드러그스토어나 다이소 등에서도 구입할 수 있지만 수납력이 낮아 충분히 넣지 못한다. 튜브형 약품 2개, 경구용 약품 몇 가지가 들어갈 정도의 약통이 좋다.

그래서 추천하는 것이 휴대용 낚시 도구함이다. 1,000엔 정도면 살 수 있는 메이호의 'VERSUSVS-388DD'는 튜브형 약품 2개, 핀셋이나 가루약 또 평소 사용하는 약품까지 충분히 수납할 수 있다. 휴대용 게임기 정도의 크기라 가방에 넣고 다니기에도 문제없다.

수입 약과 시판 약의 숨은 지식

약제의 '이면'을 파헤친다

약의 세계는 심오하다. 이번에는 직구로 구입 가능한 미인가 약과 시판 약의 숨은 효능을 소개한다. 당연히 입수를 포함한 모든 책임은 본인에게 있다는 것을 잊지 말 것. (구라레)

병에 걸리면 보통은 의사에게 진찰을 받고 약을 처방받는다. 그러나 만성 질환의 경우, 일일이 의사를 찾아가면 돈은 물론 시간도 들기 때문에 인터넷을 활용해 외국의 약을 직접 구입하기도 한다. 이와 같은 이유 외에도 일본에서 아직 인가되지 않은 약이나 복제약 등이 저렴하게 판매되고 있어 구입하는 사람도 있는 듯하다. 먼저 그런 수입 약 중에서도 특히 인기가 높은 약을 소개한다.

수입 약 Best 7

중국의 조악한 제품보다 신뢰할 수 있는 인도의 복제약

카마그라 ●용량 : 0.5~0.25정

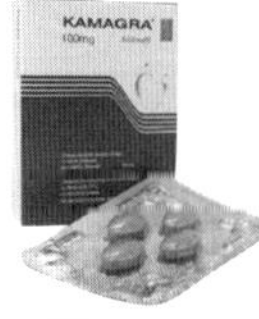

'비아그라'의 복제약. 비아그라는 중국에서 제조된 조악한 복제품이 대량으로 유통되고 있으며 위험성이 높은 것도 많다. 반면에 인도에서 제조된 실데나필 제제는 품질이 매우 좋고 오리지널 제품과 비교해도 뒤지지 않는 고성능. 단, 1정의 분량이 비아그라의 두 배. 심장이 약한 사람은 1정만 복용해도 사망 가능성이 있으므로 요주의.

음부에 직접 주입하는 최강의 발기제

뮤즈

●용량 : 1회 250μg

알프로스타딜이라는 혈압을 높이는 약제. 극소 주사침과 세트로 된 제품이 판매되고 있다. 이것을 음부의 해면체 부위에 주입하면 금세 비아그라도 저리 가라 할 정도의 완전 발기 상태가 된다. 혈관을 확장시켜 해면체에 혈액을 보내는 작용은 비아그라와 동일하지만 국소적으로 작용하기 때문에 심장에 부담이 적고 쉽게 위축되지 않는다. 현 시점 최강의 발기제로 알려져 있다.

어중간하게 복용하면 내성균이 생길 수 있다

레보퀸

●용량 : 1회 100mg

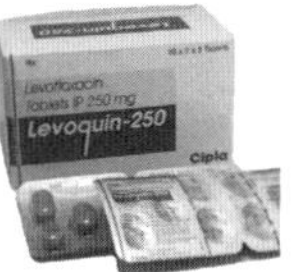

고성능 광역 항생제 레보플록사신의 복제약. 성병은 대부분 세균 감염증이어서 성병 예방약으로도 남용되는 경우가 많다. 그러나 세균 감염은 어중간하게 복용하면 내성균이 생기기 때문에 복용법을 확실히 지키는 것이 좋다.

일본 내 행정 태만으로 인기가 높아진 수입 약

마베론

●용량 : 1회 1정

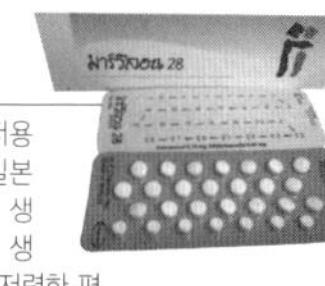

현재 해외에서 가장 많이 수입되고 애용되고 있는 저용량 경구 피임약. 저용량 피임약은 부작용이 적어 일본 내에서도 인가 요구가 높지만 여전히 방치되고 있다. 생리가 시작되는 날 복용을 시작하면 다음 생리일부터 생리가 멎고 피임 효과가 나타난다. 1개월분의 가격도 저렴한 편.

아름다움을 추구하는 여성들의 필수품!?

루미간

●용량 : 1일 1회

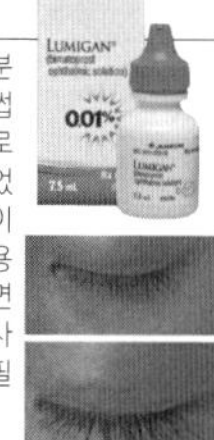

여성 대상의 수입 약으로는 분명 베스트 3에 들어갈 속눈썹 발모제. 유효 성분인 비마토프로스트는 본래 녹내장 치료약이었으나 눈썹이 짙어지는 부작용이 보고되면서 눈썹에 바르는 이용자가 늘어났다. 일주일 정도면 효과가 나타나고 한 달 정도 사용하면 인조 속눈썹을 붙일 필요가 없어진다고 한다.

섹스와 수면의 질 향상

신토시논 점비제

●용량 : 1회 1방울

옥시토신이란 섹스 후의 묘한 해방감이나 편안함을 느낄 때 분비되는 호르몬. 호르몬이기 때문에 경구 섭취는 안 되지만 점비제로 주입할 수 있다. 사람에 따라서는 섹스의 쾌락이 증가하거나 수면의 질이 좋아지는 등의 효능이 있고, 안티에이징 목적으로 사용하는 사람도 있다고 한다.

시험 전날 수험생에게 추천!?

아리셉트 10mg

●용량 : 1~10mg

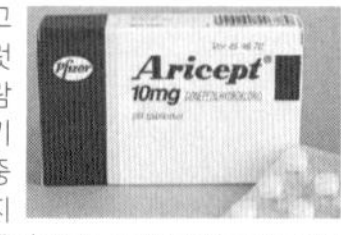

스마트 드러그라고도 불리는 약이 여럿 있지만 건강한 사람의 지능을 항진시키는 약은 없다. 그중에서도 유일하게 지능 항진에 가까운 효과(산수나 기억력 테스트 등의 평가에서 좋은 성적이 나왔다)를 보이는 성분이 도네페질. 그 성분을 배합한 약이 아리셉트이다. 알츠하이머 치료제로도 사용되며 직구 등으로 입수하는 것도 가능.

Memo:

쉽게 구할 수 있는 시판 약의 의외의 효능… 숨은 지식 7연발

시판 약의 취급설명서에는 약의 효능과 올바른 사용법이 쓰여 있다. 그런데 그 약에 포함된 성분이 다른 증상으로 고민하는 사람들에게 유효하게 작용하기도 한다. 또 과거에 판매되었지만 지금은 구할 수 없는 약과 같은 성분이 포함된 약도 있다. 이번에는 그런 시판 약의 숨은 효능을 해설한다. 당연히 어떤 약이든 용법과 용량을 지키지 않고 남용해서는 안 된다. 어디까지나 지식으로서 즐기기 바란다.

국민 두통약이 다이어트에도 효과적!?

버퍼린A(라이온)

고지혈증 환자의 동맥경화를 예방하는 목적으로 저용량 아스피린 요법이 쓰이기도 한다. 최근 그런 환자들 다수에게서 체중 감소가 확인되었다. 즉, 두통약에 포함된 아스피린은 혈액을 부드럽게 만들 뿐 아니라 체중 감량 효과까지 있다는 것이다. 시판 아스피린 두통약은 375mg의 정제이므로 4조각 이하로 먹지 않으면 효과가 없을뿐더러 오히려 비만이 되기도 한다는….

항알레르기약을 저렴한 수면 보조제로!?

레스타민(교와주식회사)

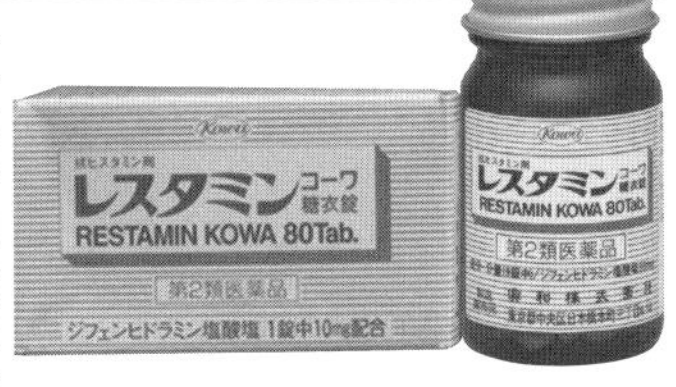

시판 약 중에는 도리엘 등이 수면 보조제로 판매되고 있지만 1회 2정씩 10정이 든 한 상자에 1,500엔(약 1만5,000원) 이상의 제품이 많다. 그런데 완전히 같은 성분(디펜히드라민 염산염)이 함유된 약이 이미 오래전부터 약국에서 판매되고 있었다. 바로 레스타민이다. 비염이나 습진 등을 완화하는 항알레르기 약으로 판매되고 있는데 사실 이 약의 성분은 대부분 디펜히드라민 염산염이다.

회춘의 비결은 풍부한 철분 섭취

마스티겐(니혼조키제약)

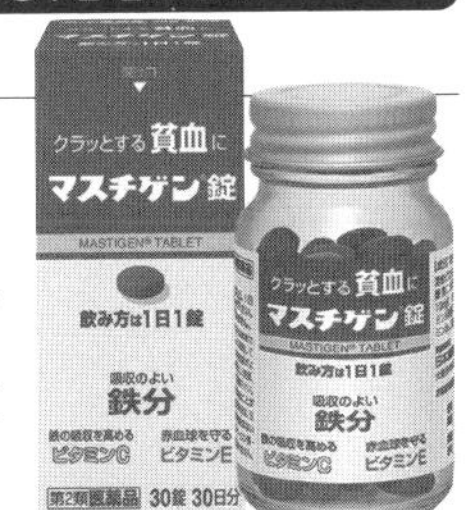

빈혈 치료제. 양질의 철분이 대량으로 함유되어 있다. 식사를 탄수화물을 제외한 프로틴 다이어트식으로 바꾼 후 이 정제를 섭취하며 일주일 정도 지나면 효과가 최대한으로 발휘된다고 한다. 사람에 따라서는 어깨 결림이나 관절통이 해소되기도 하고, 성욕 증진 등 극적인 회춘 효과가 나타난다고도 한다.

감초 성분이 숙취 해소에 도움이 된다!

한방 감초 엑기스 과립S
(크라시에약품)

과거 글리치론이라는 알레르기 염증 억제약이 즉각적인 숙취 해소제로 유명했다. 그러나 약사법 개정으로 시판 약계에서 사라지고 말았다. 그 글리치론과 같은 성분인 감초가 다량 함유된 것이 감초 과립제. 다만 감초는 간에 부담을 줄 수 있다.

유명한 그 사탕의 의외의 효능

아사다 사탕(주식회사 아사다사탕)

시판 약 중에서 졸음을 쫓는 데 가장 효과적인 '아사다 사탕'. 이름 그대로 사탕이기 때문에 입안에 넣고 굴리면 각성 효과도 더욱 높아져 명문 학교 수험생들 사이에서는 상식처럼 알려져 있다고도 한다. 당분 섭취 효과도 있어 함유된 에페드린 이상의 각성 효과가 있다.

여성 호르몬을 발라 고운 피부를 지킨다

바스토민(다이토제약공업)

여성용 갱년기 장애 치료제. 질 내에 넣는 크림 제제인데 이렇게 국소적으로 작용하는 여성 호르몬이라는 점을 이용한다. 피부 미용과 털을 옅게 만드는 효과가 있다고 알려진다. 실제 미국의 유명인사들 사이에서는 화장수를 바른 후 이 바스토민 크림을 바르는 피부 관리법이 유행이라고 한다.

의외의 효능도 남용은 금물

명반
(다이세이약품공업)

보통은 절임을 할 때 색이 빠지지 않게 넣는 첨가물 등으로 사용되는 명반. 이 명반을 소량의 물과 로션 또는 오일에 녹여 여성의 음부에 바르면 명반의 점막 수렴작용으로 수축력이 좋아지는 비약으로 대변신. 단, 과하게 사용하면 조직에 피해를 주게 되어 성 감염증에 취약해질 수 있다.

법의 빈틈을 노린 탈법 허브의 전말

위험 약물의 역사

가벼운 약물이라며 일본에서도 한때 유행했던 '탈법 허브'. 현재는 '위험 약물'로 불리는 그것들의 정체는 조악하기 짝이 없었다! (구라레)

2004년 영국에서 '인센스', '스파이스', 'K2'라는 이름의 합법 대마로 판매가 시작되어 같은 해 일본에도 수입·판매된 이른바 '위험 약물'. 순식간에 신주쿠와 시부야 등의 환락가를 중심으로 판매 점포가 늘면서 당초에는 '탈법 허브'라는 가벼운 명칭과 탁월한 효과로 입소문을 타고 크게 유행해 종내는 대적발극까지 벌어졌다.

위험 약물은 영국의 '사이키델릭'이라는 마리화나 상점에서 처음 취급한 것으로 알려진다. 이곳은 네덜란드 암스테르담을 근거지로 삼아 위험 약물을 제조하는 조직의 '첨병'과도 같은 회사였다.

유럽 각지에서 유행하던 당시에는 시계꽃, 드워프 스컬캡, 사자 꼬리(Lion's tail)와 같은 자연초의 배합비로 '대마와 비슷하게 만든 것인 줄 알았는데 강한 향정신성 작용이 있다'는 말이 돌자 경찰이 분석을 시작했다. 그러나 대량의 식물 성분 외에도 비타민E나 오이게놀 등 검사에 혼동을 줄 목적으로 섞는 성분이 많아 근본적인 성분이 밝혀진 것은 2008년이 되어서였다. CP-47이나 JWHO18 등의 성분 검출에 성공하면서 그 정체가 서서히 드러났다.

인터넷에 공개된 논문이 위험 약물의 발단으로…

위험 약물의 내용물은 건조 식물 조각에 CP나 JWH 시리즈와 같은 합성 대마 유사 성분을 섞은 것. 즉, 단순히 식물 조각에 가루를 섞은 것이기 때문에 품질은 0.3~3%까지 약 10배 가까이 차이가 난다.

자칫 농도가 진한 것을 피우면 수일간 의식 분열이 일어날 위험도 있

▼ 세간을 떠들썩하게 한 주요 약물※

실로시빈(매직머시룸)

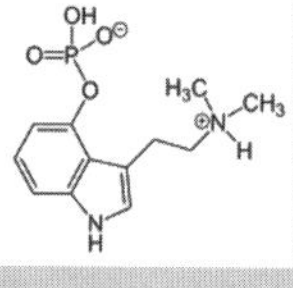

1999년 전후의 합법 약물 붐의 도화선 역할을 한 것으로 유럽 각지에서 재배되었다. 말똥버섯과의 버섯으로 실로시빈이라는 환각 성분이 함유되어 있다. 이 버섯을 복용하면 LSD와 유사한 오감의 오류 및 감각 이상, 환각 등의 증상이 나타난다.

GHB

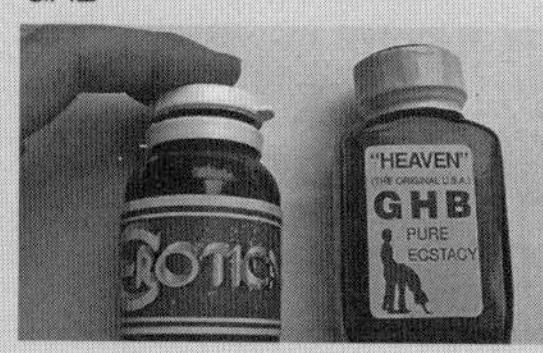

HO / OH (구조식)

합법 약물로 일시적인 붐을 일으켰다. 강간 약물 등으로 불리며 혼수 강간 목적으로 사용되자 규제되었다. 합성이 매우 쉬워 일본 내에도 대량 유통되었다. 규제 후에는 관련 유도체를 포함해 거의 유통되지 않는다.

5MEO DIPT(고메오딥트)

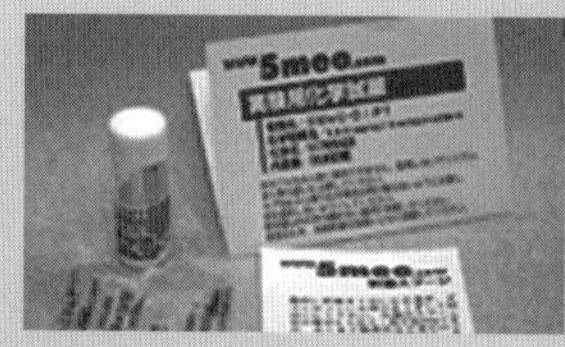

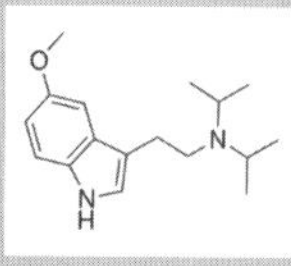

합법 섹스 약물로 일약 유명해졌다. 섹스와 궁합 면에서 비합법 약물 이상으로 호평을 받으며 연예인들 사이에도 남용자가 많았다고 한다. 약리학적으로는 간질 발작(플래시백) 등의 증상이 운전이나 집중 시 일어날 수 있어 위험하다.

Memo:

※ 현재는 모두 약사법에 의해 비합법 마약으로 지정되었다.

대마와 합성 대마의 역사

연도	사건
1964년	대마의 유효 성분이 THC라는 것이 밝혀졌다.
1970년대	미국의 화이자사가 THC의 진통 성분을 강화한 유사체 연구를 실시해 논문을 제출. 이것이 후에 'CP 시리즈'라고 불리는 성분의 일군이 된다.
1995년	미국 클렘슨대학교의 존 W. 허프먼 박사가 합성 대마 유사물의 논문을 제출
1999년	미국의 약물 정보 사이트 'lycaeum' 등에 오르며 화제가 된다.
2000년	언더그라운드 화학자 집단의 리포트가 인터넷상에 나돌기 시작한다. 일본에서는 '합법 약물'에서 '탈법 약물'의 명칭으로 불리기 시작한다.
2005년	일본 국내에서 '위법 약물'의 명칭이 사용되기 시작한다.
2006년	위험 약물을 조직적으로 사업에 이용하려는 네덜란드의 마리화나 상점을 중심으로 한 조직이 '스파이스'를 발매
2008년	스파이스를 비롯한 다수의 탈법 허브의 성분이 판명
2009년	EU 각국에서 탈법 허브의 규제 개시
2011년	미국에서 규제 개시
2012년	일본에서도 규제 개시
2014년	일본에서 '위험 약물'의 명칭 사용. 약사법 개정이 시작된 이래 870종의 마약이 등록(법률 개정이 없으면 대응하지 못하는 법의 한계가 드러났다)

고 신경 독성도 매우 높아 비합법 마약보다 위험성이 더 심각할 수 있다. 이런 증상은 독일 프라이부르크대학교와 프랑크푸르트에 있는 의료용 대마제제를 만드는 회사의 공동 연구로 밝혀졌다.

그리고 위험 약물이 인터넷에 공개된 합성 대마 유사 성분의 논문을 바탕으로 제조되었을 뿐 아니라 조직적이고 대량으로 제조되었다는 사실도 밝혀졌다. 인터넷에 공개된 논문이란 미국 클렘슨대학교의 존 W. 허프먼이라는 유기화학자가 대마의 성분인 THC가 뇌 내의 CB수용체(칸나비노이드 수용체)에 결합하는지를 알아보기 위해 THC를 모방한 다양한 화합물을 합성한 내용이 실린 논문이었다.

이 논문을 본 미국을 중심으로 한 언더그라운드 화학자 집단이 웹상에서 화제로 삼고 일부는 합성을 시도해봤다는 등의 리포트를 게시했다. 그 리포트에서는 위험 약물을 호의적으로 다루지 않고 아주 조악하고 위험한 약물이며 이용 가치가 없다는 결론을 내렸다. 하지만 일부 조직이 이런 정보를 이용해 상품화하면서 문제가 된 것이다. 2008년 들어 유럽 내에서의 생산이 달렸는지 중국 기업에 위탁하면서 생산량이 폭발적으로 늘어나자 전 세계에서 유행하게 되었다.

그리고 여느 때처럼 물건이 비싸게 팔리는 걸 본 중국의 마피아들이 제조 기술 등을 입수해 조악한 상품을 대량 생산하면서 일본에 유입된 것이다.

사법행정기관에서는 위험 약물에 사용된 물질을 특정해 마약으로 지정했지만 현재도 새로운 위험 약물이 잇따라 개발되는 악순환이 반복되고 있다. 사태가 수습되기는커녕 악화일로를 걷고 있는 상황이다.

2CB

합법 엑스터시(MDMA, MDA)라고 불리며 네덜란드의 마약상이 클럽을 중심으로 대량 유통시켰다. 구조적으로도 엑스터시와 동일한 페네틸아민계 약물이다. 1960년대 미국 다우케미컬사의 연구자 알렉산더 슐긴 박사(2014년 타계)에 의해 처음 개발되었다.

JWH 018

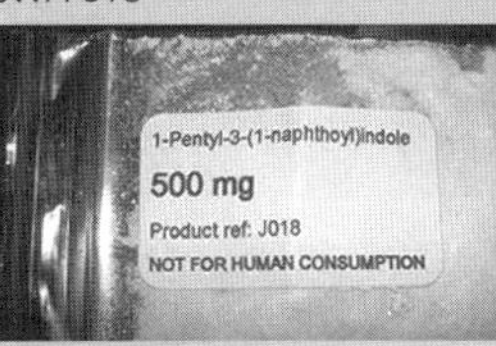

탈법 허브의 선구적 존재였던 'K2'나 '스파이스'라고 불리는 상품에서 처음 검출된 합성 칸나비노이드(인조 대마 유사 성분). 원래는 대마의 진통 효과에서 힌트를 얻어 정신작용을 저하시킴으로써 진통 효과를 높이기 위한 연구로 개발되었다. 그것을 영국의 언더그라운드 화학 집단이 상품화한 것으로, 전 세계로 퍼지며 지금의 대혼란을 야기했다.

MDPV

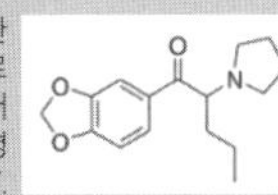

미국 마이애미에서 한 청년이 전라 상태로 부랑자에게 달려들어 얼굴을 먹어버린 일명 '마이애미 좀비 사건'. 그 청년을 좀비로 만든 약이 바로 MDPV이다. 시리즈로 α-PVP에서 파생된 약물은 저용량을 복용하면 다행감이나 만능감 등을 일으킨다. 하지만 유효량을 넘으면 순식간에 강렬한 의식 분열을 일으켜 자아를 상실한다. 게다가 흉포성까지 드러난다.

장비를 갖춰 조사 · 채집 개시!

희귀 독초 탐험 가이드

학습의 완성은 역시 현지 답사. 독공목은 어디서 자라고, 어떻게 채집해 가져와야 할까? 이게 바로 살아 있는 학습이다! (POKA)

이 책 18, 19쪽에서 우라늄 광석 채집에 대해 소개한 바 있다. 이번에는 식물 채집이다. 이른바 '희귀 독초 탐험'이라는 주제로 어떤 장비와 조사가 필요하고, 어떻게 채집하는지 등을 해설한다.

물론 독초 이외에도 희귀한 동식물이 많지만『과학실험 이과 대사전』인 만큼 목표는 독초로 정했다(웃음).

일본의 3대 독초라고 불리는 '바꽃', '독미나리', '독공목'. 이 유명한 독초들은 일본 국내에서도 자생하고 있어 철저한 조사 후에 계획을 세워 찾아 나서면 충분히 발견할 수 있다.

바꽃은 살인 사건에도 사용되었을 만큼 유명한 독초라 구하기 어려울 것 같지만 의외로 쉽게 채집할 수 있다. 고산지대에서 군생하기도 하고 저지대에서 발견되기도 한다. 예쁜 보라색 꽃이 피기 때문에 꽃집이나 원예용품점에서도 판다. 굳이 채집하러 다니지 않아도 구할 수 있다.

독미나리는 물이 풍부한 지역에 대량으로 분포한다. 아주 희귀한 독초는 아니어서 강변이나 늪 주변을 뒤지면 비교적 쉽게 찾을 수 있을 것이다.

그렇다면 이번 답사의 주목표는 독공목이다. 독공목은 비교적 희귀한 식물로 시장에서는 거의 유통되지 않는다. 드물게 수목 직매장이나 경매 등에 출품되는 정도이다. 꽤 고가에 거래되기도 해서 애호가들의 이목을 집중시키는 아이템이기도 하다.

서식 지역은 일본 혼슈지방의 중부 이북 또는 혼슈 전역으로 알려져 있지만 다양한 목격담이 전해지는 것을 보면 일본 각지에 광범위하게 분포하고 있는 듯하다. 다만 분포지가 한곳에 집중되어 있다 보니 군생지를 발견하면 모를까 그 이외의 지점에서는 전혀 찾을 수 없다. 또한 유사한 식물도 많아 실물을 본 적이 없는 상태에서 찾기란 무척 어려운 일이다.

막상 발견해도 뿌리가 깊어 온전한 상태로 채집하기가 쉽지 않다. 다른 독초에 비해 자생 지점의 특정과 채집이 매우 어렵다. 일본의 독초 중 독공목을 제패할 수 있다면 다른 독초의 입수는 식은 죽 먹기나 다름없다고 해도 과언이 아니다.

▼ 일본 3대 독초 독공목을 채집하자

산지나 하천 등지에 자생하며 붉은색에서 검보라색으로 변화하는 열매를 맺는다. 이 열매에 코리아미르틴과 투틴과 같은 유독 성분이 포함되어 있다.

Memo:

식물 채집에 필요한 기본 장비 체크

그럼 식물 채집에 필요한 도구를 해설해보자. 물론 대상에 따라 다르고 독버섯처럼 지퍼백 하나면 충분한 경우도 있다.

▼ 삽

식물 채집의 기본 중의 기본이라고 할 수 있는 도구. 대·중·소 크기별로 준비한다. 작은 것은 끝이 뾰족한 타입이 유용하다.

▼ 쇠지레

자갈밭에서 강력한 힘을 발휘하는 도구. 돌무더기를 파헤칠 수도 있고 뿌리가 깊게 뻗은 식물도 지렛대를 이용하면 의외로 간단히 뽑을 수 있다. 잡초를 베어 넘길 때도 사용할 수 있다.

▼ 곡괭이

뿌리가 뻗어 있는 식물을 채집할 때 편리하다. 넓게 뻗은 뿌리를 파헤쳐 회수하기 쉽다.

▼ 낫·손도끼

거친 땅을 일굴 때 필요하다. 단, 수풀이 우거진 한복판으로 들어갈 일은 거의 없기 때문에 자주 꺼낼 일은 없다.

▼ 비닐봉투

소형 식물은 그대로 비닐에 넣어 회수. 대형 식물은 뿌리가 마르지 않도록 감싸는 용도로 사용한다. 지퍼백이 편리하다.

▼ 화분

식생 환경을 그대로 옮길 때 필수. 뿌리 주변의 흙을 함께 화분에 담아 가져오면 식물의 스트레스를 최소한으로 줄일 수 있다. 뿌리를 파내지 않고 흙을 통째로 퍼오는 것이 이상적이다.

▼ 신문지·로프·끈

독성 식물은 다양한 부위에 독이 있다. 그런 부위가 탈락하지 않도록 신문지 등으로 감싸면 안전하다.

▼ 응급 처치 키트

벌레 기피제나 벌레에 물렸을 때 바르는 약을 포함한 최소한의 응급 처치 키트를 반드시 상비해둔다.

▼ GPS 단말기

사전 조사한 서식 지점에 정확히 도달하려면 핸디형 GPS 단말기가 도움이 된다. 요즘은 휴대전화에도 GPS 기능이 탑재되어 있다. 그러나 스마트폰처럼 기지국을 통해 현재 위치를 파악하는 시스템은 깊은 산속에서는 무용지물이다. 또 산에서는 전파를 잡기 힘들기 때문에 도심에서보다 배터리의 소모가 심하다 보니 갑작스럽게 전원이 꺼질 가능성도. 그런 이유로 가민 등 위성 기반의 전용 GPS 단말기가 가장 좋다.

▼ 복장

독초 채집 복장은 목공용 작업복이 적합하다. 땅에 묻혀 있는 식물을 캐내다 보면 자연히 흙투성이가 된다. 자생 형태가 다양해서 벽에 붙어 자라기도 하고 땅속 깊이 뿌리를 내리거나 나무 위 또는 습지나 늪지 같은 진창에서 자라는 것도 드물지 않다. 작업복이나 등산복처럼 오염에 강하고 내구성이 뛰어난 복장을 준비하자. 간혹 옷에 묻기만 해도 치명적인 독초도 있다.

▼차량

채집지역 대부분이 산이나 하천 주변이기 때문에 4WD가 이상적이

STEP 02 ▶ 목표를 확인 후 채집한다

01 : 덤불숲에 서식하는 독공목을 발견. 덤불도 문제지만 가장 중요한 것은 토양이 얼마나 단단한지이다.
02 : 다른 관목과 구분하는 포인트는 3개의 큰 잎맥
03·04 : 모래땅의 식물은 뿌리가 깊다. 계속 파헤치다 보면 큰 돌이 나오기도 해 쇠지레가 도움이 된다.

다. 또 독초를 뿌리째 채집하면 나름 규모가 커질 수 있으므로 왜건 차량이 최적이다. 독초의 유독 성분은 미란, 두드러기, 천식 등의 알레르기를 일으킬 가능성이 있다. 어느 정도 오염을 허용할 수 있는 차량으로 향하도록 한다.

채집 장소와 채집 시기 사전 조사가 성공의 열쇠

요즘은 인터넷을 통해 대부분의 정보를 얻을 수 있다. '○○강의 강변' 같은 정보는 많지만 워낙 광대하기 때문에 장소를 특정할 수 있을 만한 정보도 체크해둔다. 가까운 다리의 이름을 알 수 있으면 이상적이다. 산이라면 표고 등이 단서가 된다.

또 독초 중에는 발견되는 족족 구제하는 경우가 많아 그런 부근에서의 채집은 어렵다고 볼 수 있다. 다만 상류 지역이라면 종자가 흘러내려와 하류에서 뿌리를 내릴 가능성도 있다. 어느 강변에서 벌채되었다는 정보가 있으면 그 강 상류와 하류에 분포할 가능성이 크다.

현지 상황은 인터넷 지도 서비스를 활용해 체크한다. '구글 어스(Google Earth)'나 국토지리정보원의 '온라인 지도 검색' 서비스를 이용하는 방법이 있다. 수도권이면 'Google 스트리트 뷰'가 꽤 넓은 영역을 커버하고 있기 때문에 유용하다.

지도를 통해 식물이 서식할 만한 장소인지를 확인하는 것이 특히 중요하다. 당연하지만 콘크리트로 덮여 있으면 가능성은 크게 낮아진다. 하천의 매립지나 치산 사업으로 현장이 항공사진과 다른 경우도 많다. 항공사진은 수년 전 자료인 경우가 많아 100% 신뢰할 순 없지만 주변 환경을 파악하는 데 도움이 된다.

또 도로가 있는지, 유효한 지점까지 차량으로 접근할 수 있는지도 확인해둔다. 차량으로 접근이 가능하면 사용할 수 있는 도구도 늘어날 뿐 아니라 운반하는 수고도 덜 수 있다.

식물이기 때문에 당연히 적합한 채집 시기가 있다. 실물을 본 적이 없다면 인터넷에서 사진을 최대한 많이 찾아 인쇄해둘 것. 비슷한 식물이 있는지도 조사해두면 좋다.

잎, 꽃, 열매의 모양 등의 특징을 잘 파악해둔다. 다른 식물과 구분되는 특징이 나타나는 시기를 노리는 것이 가장 이상적이다. 독공목의 경우는 독특한 열매가 특징이다. 전문

Memo:

STEP 03 ▶ 채집 후의 처리 방법 해설

05 : 가능하면 뿌리 주변의 흙을 그대로 캐낸다.
06 : 화분에 담고 신문지로 잎과 줄기를 감싼다. 운반 시 상처 나는 일이 없게 신중히 작업한다.
07 : 어린 그루의 경우도 처리 방법은 동일하다.
08·09 : 너무 커서 화분에 들어가지 않을 정도라면 뿌리를 비닐로 덮어 차에 싣는다.

서적에 따르면 5월부터 7월에 걸쳐 열매가 열린다고 하니 그때를 노려 찾아나서는 것이다.

그 말은 곧 꽃이나 잎은 물론이고 열매도 다 떨어지는 가을 이후는 적합하지 않다는 뜻이다. 하지만 채집이나 이동의 스트레스가 적은 식물도 있으므로 여름철에 표시해두고 잡초나 해충을 신경 쓰지 않아도 되는 겨울철에 천천히 회수하는 방법도 가능하다.

이번에 발견한 독공목은 자갈밭에 서식하고 있었다. 자갈밭이란 돌이 많고 흙이 적은 토양으로 삽을 이용하기 힘든 까다로운 환경이다. 흙속에 박힌 커다란 돌에 걸려 삽이 들어가지 않는다. 삽을 사용하지 못하면 10cm를 파더라도 상당한 중노동을 각오해야 한다. 상황에 따라서는 포기해야 할 수도 있다.

모래땅이라면 삽으로 쉽게 캐낼 수 있어서 뿌리가 상할 위험도 줄어들지만 자갈밭의 경우는 뿌리가 돌 주변에 뻗어 있기 때문에 돌을 하나하나 정성껏 치우는 수밖에 없다. 자갈밭에 서식하는 식물은 수분을 많이 필요로 하지 않는지 뿌리가 매우 깊숙이 뻗어 있다는 것도 골치 아픈 부분이다. 발견한 독공목의 뿌리는 2m가 넘는 듯했다. 1m쯤 파내다 결국 포기하고 뿌리를 잘라냈다.

막 캐낸 식물은 뿌리나 줄기가 상하는 등 다양한 피해가 있을 수 있다. 갑작스럽게 캐내면 물리적인 손상이나 스트레스로 회복 불능 상태가 되기도 한다. 가능하면 식물 주변의 흙까지 함께 파내는 것이 좋다. 뿌리만 캐내는 경우에는 수분을 충분히 공급해 마르지 않도록 한다. 비닐로 덮을 때도 너무 꽁꽁 싸매지 않도록 한다. 힘들게 채집한 표본이 말라 죽지 않도록 채집 후의 처리 방법도 확실히 생각해둔다.

마지막으로 동식물을 필요 이상으로 채집하거나 자연 환경을 훼손하는 일이 없도록 기본적인 규칙을 반드시 지킬 것. 또 산지의 정보를 함부로 공개하면 다음에 왔을 때는 마구 파헤쳐져 불모지가 되어 있을 수 있으니 부디 신중히 행동하기 바란다. 채집 가능한 지역인지 확인하는 것도 잊지 말자.

말도 안 되게 연약한 생명력의 독초

독공목 재배 방법

채집한 독공목은 잡초인 주제에 말도 안 되게 허약 체질. 그럼에도 어떻게든 키워보려고 수년을 고생한 끝에 손에 넣은 노하우를 아낌없이 공개한다!

(구라레)

독공목은 믿을 수 없을 만큼 생명력이 약하고 줄기 몇 가닥만 부러져도 수분이 빠져나가 전체가 시들어버릴 만큼 민감한 식물이다. 길게 뻗은 가지를 조금 쳐내기만 해도 시들어 죽는 경우가 있어 섣불리 손질도 못 한다.

자생지에서 채취해온 후에는 화분에 심어 빛이 너무 잘 드는 장소를 피해 적응할 시간을 준다. 시들거나 부러진 줄기가 보이면 잘라버리는 편이 낫다. 그래도 계속 시들면 지상으로 나온 부분이 모두 잘려나갈 때까지 자르게 될 수도 있다.

하지만 계속해서 흙 표면이 마르지 않게 수시로 물을 주면 2~3개월 만에 새싹이 나오면서 가지와 잎이 자라기도 한다(물론 그대로 말라죽기도 한다).

또 잎이 남아 있는 경우에는 살충 효과가 있는 퍼메트린 등의 농약으로 소독해주지 않으면 가지와 잎을 전개할 여력이 없는 상태로 점점 잎을 떨어뜨리고 결국 시들어버린다. 특히 화분에 심어 재배하면 성장에 제약이 있다 보니 농약 사용이 필수이다. 단, 잡초 구제 농약에 취약하기 때문에 '관목에 사용 가능'이라는 설명이 쓰인 종류에도 쉽게 죽을 수 있어 피하는 것이 좋다.

기본적으로 배수가 잘되는 땅에서 서식하기 때문에 수분을 지나치게 머금고 있는 흙보다 모래가 많이 섞여 있는 흙이 뿌리 내리기에 적합한 듯하다. 단, 배수가 잘되는 흙을 좋아하면서도 물이 마르면 순식간에 시들어버리기도 한다. 화분 받침에 물이 살짝 고인 정도가 좋다.

하지만 커다란 화분 받침에 물이 많이 고여 있으면 이번에는 뿌리가 썩어 시든다. 일반 화단용 원예토에 알갱이가 큰 자갈이 많이 섞인 강모래를 절반 이상 섞으면 비교적 잘 자라는 듯하다.

어느 정도 안정되면 화분을 양지에 두어도 괜찮다. 화분의 온도가 너무 높아도 시들 수 있으니 화분에 직사광선이 닿지 않도록 그늘을 만들어주는 등의 궁리가 필요할 것이다. 그 후 땅에 옮겨 심는다. 땅에 약간 문제가 있어도 적응만 잘하면 한랭지에서도 겨울을 날 수 있다.

멸종 위기종 독공목의 기초 지식

日本のレッドデータ 検索システム

SEARCH SYSTEM of JAPANESE RED DATA

レッドデータカテゴリ　レッドデータの歴史　カテゴリと生物名称　レッドデータ掲載種　参考文献一覧　リンク集

RDBカテゴリ検索

()内は検索該当件数を表す

検索結果

維管束植物 は [2件] 該当データがあります

都道府県名▲▼	上位分類群▲▼	科名▲▼	和名▲▼/学名▲▼	RDBカテゴリ名	統一カテゴリ
東京都	離弁花類	ドクウツギ	ドクウツギ	絶滅(EX)	絶滅種

과거에는 일본의 간토평야 전역에 분포했던 독공목. 지금은 멸종 위기종 적색 목록에 등재되어 있다. 오른쪽 사진은 자생지의 모습. 주변에 어린 관목이 거의 없고 있어도 100m 간격으로 한 그루 있을까 말까 한 정도. 번식력이 매우 낮다.

Memo:

민감한 독공목 재배의 포인트

① 채집 후에는 화분에서 적응기를 갖는다.

빛이 너무 잘 드는 장소를 피해 새로운 환경에 적응시킨다. 화분 크기에 따라 성장이 멈추기도 해 어린 그루를 분재화하는 것도 가능. 단, 쉽게 시들어버린다.

② 시든 부위는 잘라낸다.

화분에 심은 후 시들거나 죽은 가지는 과감히 잘라내는 편이 좋다. 어느 정도 잘라낸 후 꾸준히 물을 주며 관리하면 새싹이 나온다.

③ 6월경에 붉은 열매를 맺는다.

어느 정도 성장하면 매년 꽃이 피고 6월경에는 붉은 열매를 맺는다. 열매는 약간 시큼한 맛이 난다고 한다. 이 열매에 수 알만 먹어도 목숨을 잃을 가능성이 있는 코리아미르틴 등의 유독 성분이 함유되어 있다.

민감한 서식 환경
종자의 발아 조건은?

4월경 약간 남아 있던 줄기에서 새싹이 나오더니 5~6월에 걸쳐 꽃이 피고 열매를 맺었다. 여름에는 잎과 가지가 엄청난 기세로 자라면서 2m 가까이 성장하기도 한다. 그리고 10월이 되면 성장이 멈춘다. 월동 준비를 시작하기 때문에 가장 시들기 쉬운 시기이다. 다만 시들거나 죽은 가지는 잘라내도 큰 문제는 없었다.

광주성(光週性) 장일식물인 독공목은 온도뿐 아니라 일조량으로도 성장을 조절하는 듯하다. 그래서 겨울철에 온실에 두면 성장이 크게 둔화된다. 실내에서 겨울을 나는 경우는 일몰 후에도 수 시간 조명을 쬐어주는 것이 좋다.

겨울에는 대다수 가지가 심까지 시들어 죽었는지 살았는지 분간이 어려운 상태가 된다. 여름에 자란 가지도 대부분 시들어버리므로 봄에 싹을 틔우는 가지는 극히 소수. 무엇을 위해 성장한 것인지 도무지 알 수 없는 연약한 식물이다.

또 겨울에 강한 한파가 닥치면 화분에 심어둔 것이 죽기도 한다. 특히 뿌리가 얼면 좋지 않으므로 늦가을쯤 방한 대책으로 부엽토와 적옥토를 섞어 흙 위에 1~2cm 정도 덮어주는 것이 좋다.

종자 재배는 어려운 점이 한둘이 아니다. 무엇보다 이전 해의 영양 상태에 좌우되기 때문에 화분에서 채취한 종자는 물론 자생하는 독공목에서 채취한 종자 모두 발아율이 낮다. 그래서 시도한 것이 땅에 직접 심는 방법이다. 적절한 농약으로 해충 구제를 한 후 땅에 직접 심은 그루가 훨씬 더 잘 성장해 수년 만에 3m 넘게 자라기도 했다(옮겨 심는 장소가 중요). 그런 나무의 열매를 바짝 마를 때까지(8~9월) 방치해 숙성시킨 종자가 발아율이 높다는 것을 알게 되었다.

종자는 축축한 버미큘라이트 등으로 감싸 냉장고에 넣고 2주일 정도 식힌 후 따뜻한 흙에 심으면 발아가 촉진된다. 새싹은 매우 약하기 때문에 수시로 물을 주며 키우면 1년 정도면 작은 그루로 성장한다. 다만 겨울을 나기 어려우므로 실내 재배를 추천한다.

본래 열매란 동물이 먹고 배설한 배설물에 섞여 종자를 멀리까지 이동시키기 위한 것이지만 독공목의 열매에는 유독 성분이 있다. 역시나 이해할 수 없는 식물이다. 열매를 먹은 동물을 죽이고 거기에서 싹을 틔울 정도의 생명력도… 당연히 없는데 말이다.

여기에 대해서는 여러 설이 있다. 독공목은 공룡 시대(중생대 백아기)부터 존재했으며 적도를 따라 자생하는 식물이었다는 것이다. 아마 당시에는 이 독을 먹고도 아무 문제가 없는 생물(혹시 공룡!?)이 있어서 종자를 옮겨주었는지도 모른다.

그런 매개체를 잃었지만 독공목은 여전히 살아남았다. 하지만 그 유독 성분 탓에 구제가 되풀이된 결과 오늘날 멸종 위기 식물이 되고 만 것이다.

column ▶ 환각 • 구토 • 경련··· 일상 가까이에 숨어 있는 독초 대공개

독초라고 하면 바꽃과 같은 유명한 식물 이외에는 생각보다 잘 알려져 있지 않다. 우리의 일상 가까이에 있는 식물인데도 말이다. 이번에는 그런 의외의 독초를 소개한다.

설사·구토 콜키쿰

함유 성분

콜히친

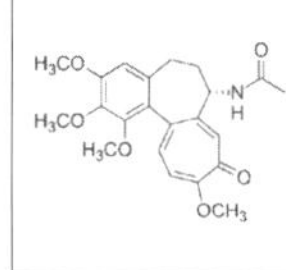

널리 판매되는 원예초로, 주요 독소는 콜히친. 콜히친은 통풍 약으로도 쓰이지만 약효가 있는 것은 저용량일 때뿐이다. 사람에 대한 최소 치사량은 고작 86μg/kg. 즉, 수 mg이면 치명적일 수 있다. 염교 정도 크기의 뿌리덩이에 1~2mg이나 함유되어 있다. 으깬 후 뜨거운 물에 개면 8~9할이 용출되므로 몇 알만 있으면 치명적인 독을 만들 수 있다

사지 마비 담배나무

함유 성분

아나바신

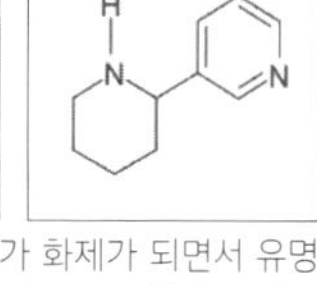

얼마 전 갓으로 오인해 섭취한 사례가 화제가 되면서 유명해진 독초. 니코티아나라는 원예 품종으로도 알려져 있으며, 거의 모든 종이 니코틴계 독성이 있다. 앙증맞은 꽃이 원예종으로 인기를 끌기도 해 야생화한 개체도 많다. 잎 한 장당 6mg의 아나바신이 함유되어 있으며 10~20장 정도면 치명적인 양이 된다.

강렬한 환각 콜레우스

함유 성분

살비노린 A

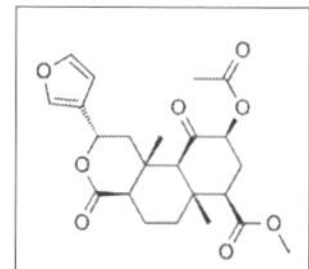

현재 시장에 유통되는 샐비어류에는 환각 성분인 살비노린계가 거의 함유되어 있지 않다. 그러나 샐비어의 일종인 콜레우스는 상당량의 살비노린계를 함유하고 있는 한편 관리도 허술한 상태. 특히 함유 성분인 살비노린 A에는 강력한 환각작용이 있기 때문에 미국에서는 마리화나에 콜레우스를 섞어 피우는 사람도 있다고 한다.

설사·구토 금영화

함유 성분

프로토핀

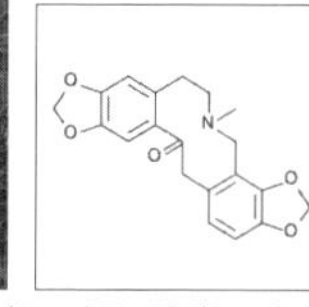

주황색의 사랑스러운 꽃으로 원생지는 미국. 현재는 전 세계에서 재배되며 일본에서도 야생화한 개체를 어렵지 않게 볼 수 있다. 금영화는 양귀비과의 식물로 뿌리와 열매(종자)에 매우 특수한 알칼로이드인 프로토핀을 함유하고 있다. 진정작용이 있어 일찍이 아메리카 원주민들이 흥분을 억제하는 약으로 사용했다는 기록이 있다.

Memo:

집에서도 가능한 생명공학

클론 채소를 배양하자!

생명공학은 제대로 된 설비가 갖춰진 실험실에서만 가능할 것이라는 이미지를 버리자! 집에서도 가능한 당근의 클론 배양 비결을 해설한다! (구라레)

생명공학이라고 하면 일반 가정에서는 불가능한 일이라고 생각하겠지만 실은 그렇지 않다. 다양한 세균류를 배양하거나 플라스크 안에서 식물을 키울 수도 있다. 하물며 채소의 클론을 배양하면 평생 먹을 걱정은 하지 않아도 된다. 말은 그럴 듯해도 실험 재료나 비용이 굉장히 비쌀 것이라고 생각할 수 있다. 사실 특수 기재는 거의 쓰지 않고 필요한 것은 모두 자작 가능. 공작용 공구 구입비 정도만 있으면 시작할 수 있다.

그럼 지금부터 누구나 간단히 집에서 시작할 수 있는 생명공학 실험실의 제작 및 당근의 클론 배양에 대해 해설한다. 나만의 생명공학 실험실 축 오픈!

메리클론 배양으로 식물 세포를 복제하기까지

① 불필요한 부위의 절제

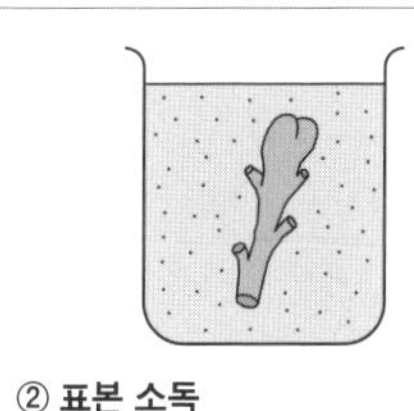
② 표본 소독

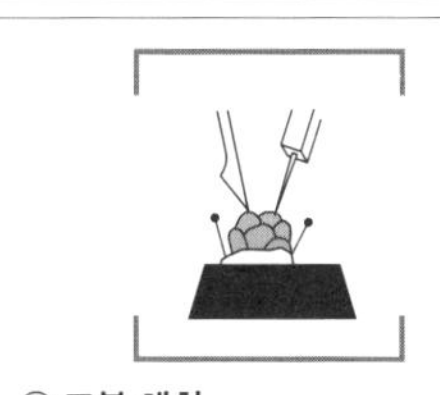
③ 표본 채취

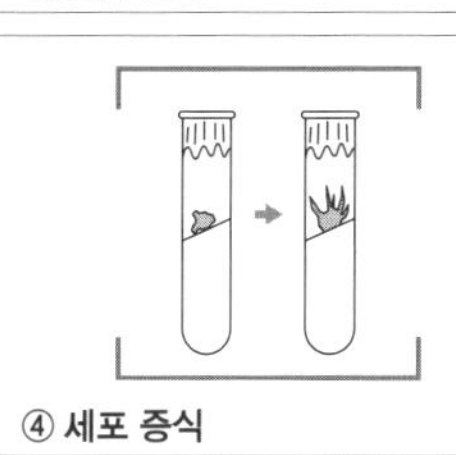
④ 세포 증식

⑤ 세포를 배지로 이동

⑥ 식물 배양

채소 클론을 만들려면? 필요한 기재는 딱 두 가지

클론 배양 방법에는 몇 가지 종류가 있는데, 각각의 방법에 따라 필요한 기재도 달라진다. 이번에는 막 자라나는 싹에서 성장점을 채취해 배양하는 '메리클론 배양' 방법으로 당근을 복제한다. 이 방법으로 식물은 물론 세균의 배양도 가능하다. 기재는 항온장치와 무균상자 두 가지만 있으면 충분히 생명공학 실험을 즐길 수 있다.

그 외에 배지가 필요하다. 배지는 배양 세포나 조직을 기르는 토양과 같은 역할을 한다. 세균의 경우라면 달걀로 만든 계란찜, 식물은 바나나를 믹서에 갈아 한천을 넣고 굳힌 것으로도 충분히 세균을 증식할 수 있다. 뭐, 계란찜에서는 어떤 세균이 증식할지 알 수 없고, 바나나 배지는 만능이라고는 해도 바나나의 품질이 완성도를 좌우한다는 문제점이 있긴 하지만….

어쨌든 이제부터 메리클론 배양을 이용한 식물 세포 복제의 전체적인 흐름을 해설하겠다.

손쉽게 만드는 무균상자와 항온장치

배양에 필요한 기재는 무균상자와 항온장치 두 가지이다. 무균상자란 공기 중에 떠도는 곰팡이의 포자나 세균 등이 배지에 들어가는 것을 막기 위한 장치이다. 인간이 내쉬는 숨에도 대량의 잡균이 가득하기 때문에 숨이 닿기만 해도 배지에 세균이 섞이고 만다. 그렇다면 무균 상태를 만드는 건 도저히 불가능할 듯하지만 의외로 간단하다. 사용하는 재료는 오른쪽과 같다. 리빙 박스 바깥쪽에 구멍을 뚫고 공기청정기를 설치한다. 리빙 박스 안쪽에 살균등을 설치하고 앞면을 비닐로 덮으면 OK.

더 간단히 만들려면 스테인리스 선반 등의 앞면에 비닐로 덮개를 씌우고 안쪽을 소독용 에탄올로 살균한다. 사용 전에 방 주변에도 에탄올을 뿌리면 간이 무균상자가 완성된다. 다만 무균상자 안은 거의 알코올에 절여진 상태이기 때문에 알코올 램프를 사용할 수 없는 그야말로 '간이' 장치이다. 그래서 살균등을 설치해 더 수준 높은 살균 환경을 만드는 것이다.

항온장치는 배양이 진행되는 영역으로 무균상자처럼 내부의 위생 상태를 크게 신경 쓸 필요 없다. 리빙 박스 등에 구멍을 뚫고 파충류 사육용 패널 히터와 형광등을 설치하면 OK. 나머지는 내부 온도가 너무 뜨거워지지 않도록 주의하는 것뿐이다.

무균상자와 항온장치에 필요한 재료

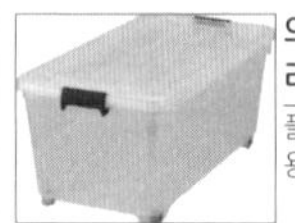

의류용 리빙 박스
플라스틱 수조도 사용 가능

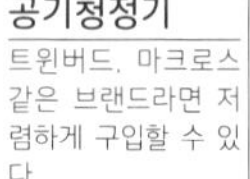

공기청정기
트윈버드, 마크로스 같은 브랜드라면 저렴하게 구입할 수 있다.

수조용 형광등
열대어용이 최적

살균등
위의 수조용 형광등과 같은 크기로 선택한다.

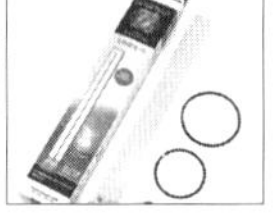

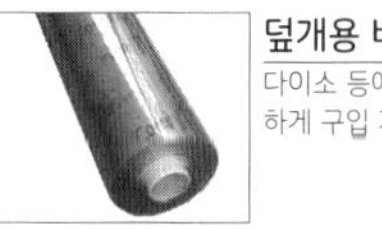

덮개용 비닐
다이소 등에서 저렴하게 구입 가능

파충류 사육용 패널 히터
항온장치에 사용한다.

공기청정기×살균등

공기청정기와 살균등으로 시판 무균상자에 뒤지지 않는 품질을 실현했다.

내부 살균

커터 등의 기구류를 넣고 살균. 3~4시간 정도면 내부가 무균 상태가 된다.

전기밥솥이 있으면 거의 OK 배지 살균에 필요한 장치

식물의 클론을 만드는 것은 크게 어렵지 않지만 그렇다고 100% 성공하는 것도 아니다. 배양 실패라는 것은 잡균이 들어가 배지가 썩어버리는 것을 의미한다. 전문 용어로는 '오염(contamination)'되었다고 표현한다. 이 같은 오염을 피하려면 철저한 위생 관리가 중요하다.

배지의 멸균 처리에는 '오토클레이브'라고 하는 대형 압력솥처럼 생긴 장치가 필요하다. 하지만 가정에서는 전기밥솥이면 충분할 것이다.

압력 취사가 가능한 전기밥솥이라면 100점 만점! 굳이 결점을 꼽자면 대량 처리가 불가능하다는 것뿐 개인이 배양 실험을 즐기기에는 충분한 장치이다.

더 쉬운 방법으로는 완벽한 멸균은 아니지만 전자레인지로도 가능하다. 배지를 젖은 신문지로 감싸 전자레인지에 넣고 '강열+식히는' 작업을 3회 정도 되풀이하면 거의 무균 상태가 된다. 신문지로 감싼 채 무균상자에 넣고 신문지를 펼치면 배지에 균이 섞이는 것도 피할 수 있다.

Memo:

Let's Try! 당근의 클론 배양

가정용 생명공학 설비가 준비되었으면 다음은 바나나 또는 코코넛 배지를 이용해 다양한 식물의 세포를 배양한다. 이번에는 바나나 배지를 사용해 당근의 세포를 배양해보자. 바나나 배지는 다양한 식물이 세포 분열해 싹을 틔워 개별 개체로까지 형성되는 만능 배지이다.

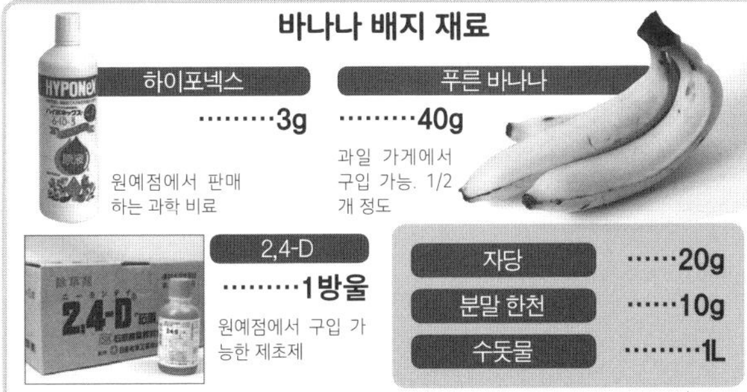

STEP ❶ ▶ 바나나 배지를 조합

푸른 바나나를 믹서로 간다. 어느 정도 으깨지면 하이포넥스, 2,4-D, 자당, 분말 한천, 수돗물과 함께 냄비에 넣고 3분 정도 끓인다. 완성된 것을 플라스크에 넣고 뚜껑을 잘 덮는다.

주의 플라스크 뚜껑

배지를 넣은 플라스크는 고무마개에 천공기로 구멍을 뚫고 탈지면을 채운 뚜껑이 적합하다. 그 위에 알루미늄 포일을 가볍게 덮으면 통기도 가능하며 세균도 거의 들어가지 않는다.

STEP ❷ ▶ 전기밥솥으로 멸균

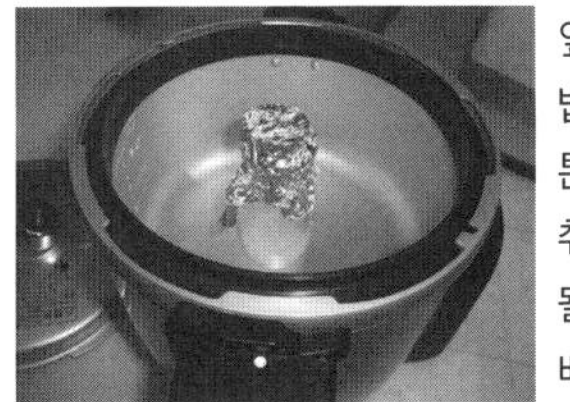

앞의 플라스크를 전기밥솥에 넣고 '취사' 버튼을 눌러 멸균한다. 취사가 끝나면 상온이 될 때까지 방치하면 배지가 완성된다.

STEP ❸ ▶ 당근의 소독 및 절제

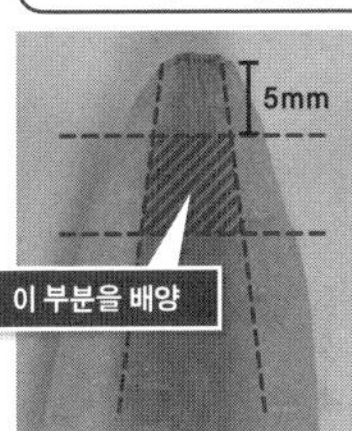

당근의 끝부분을 2cm 정도 잘라 소독용 에탄올에 1분 정도 담근다. 소독한 커터 칼(새 제품)로 끝에서 5mm 부분을 절제해 무균 상자 안의 바나나 배지에 넣는다.

STEP ❹ ▶ 항온장치에서 배양

절제한 당근을 넣은 바나나 배지를 20~25℃로 설정한 항온장치에 넣고 잠시 방치한다. 이때 온도가 너무 높아지지 않도록 온도 관리에 주의한다.

STEP ❺ ▶ 세포 증식

항온장치에 방치하면 부풀어 오른 세포 덩어리를 볼 수 있다. 이건 틀림없는 당근! 성장 호르몬이 든 배지로 옮겨 식물체로 되돌리면 OK. 삶든 굽든 자유지만 아마도 맛은 최악일 것이다(웃음).

불개미보다 100배는 위험한 인류의 침략자!?

세계의 위험생물 도감

인간에게 위해를 가하는 외래종의 침입은 세계적으로 직면한 문제이다. 불개미보다 훨씬 위험한 생물도 다수 존재한다. 만약의 사태에 대비해 올바른 지식을 익혀두자.

(구라레)

2017년 여름, 일본에 불개미가 상륙했다는 뉴스가 화제를 모았다. 불개미는 습도가 높은 열대우림에 서식하는 공격성이 강한 개미이다. 독침이 있기 때문에 곰개미나 일본왕개미와 같은 종과는 위험성 면에서 차원이 다르다. 그렇게 위험한 개미가 2017년 돌연 일본을 침입했는가 하면 실은 그런 만화 같은 이야기가 아니다. 실제로는 십수 년 전부터 정기적으로 나왔던 이런 보고를 TV나 신문과 같은 대중매체에서 과열 보도한 것에 불과하다.

이런 외래종 위험생물은 불개미만이 아니다. 한번 물리면 한쪽 다리 전체를 괴사시키는 독거미, 피부에 알을 낳는 파리, 치료가 힘든 병원체를 퍼뜨리는 미생물 등등 세상에는 이런 위험천만한 생물들이 가득하다. 그리고 그 일부는 이미 일본에 상륙했다. 즉, 언제 어디서 이런 외래종이 나타날지 알 수 없다는 것이다. 이런 위험생물로부터 자신을 보호하기 위해 그 실태를 알아보자.

File 01 개미 일본 고유종과는 차원이 다른 흉포성! ▶ 열대 불개미

이미 일본에 정착한 무서운 개미!

열대 불개미는 불개미보다 먼저 일본에 정착한 독개미이다. 적갈색 몸통이 특징으로 몸길이는 약 3mm 정도. 원래는 미국 남부부터 중남미를 중심으로 분포하는 종으로 따뜻한 지역에서만 서식하는 것으로 알려졌으나 최근 오키나와나 오가사와라제도의 이오섬 등에서 이입이 확인되었다. 특히 이오섬에 완전히 정착해 섬 관광 시 주의가 필요한 독충이다.

개미집을 건드리면 엄청나게 몰려들어 독침 공격을 펼친다. 독성은 그리 강하지 않지만 압도적인 수로 공격하기 때문에 위험성은 불개미를 능가한다고 한다.

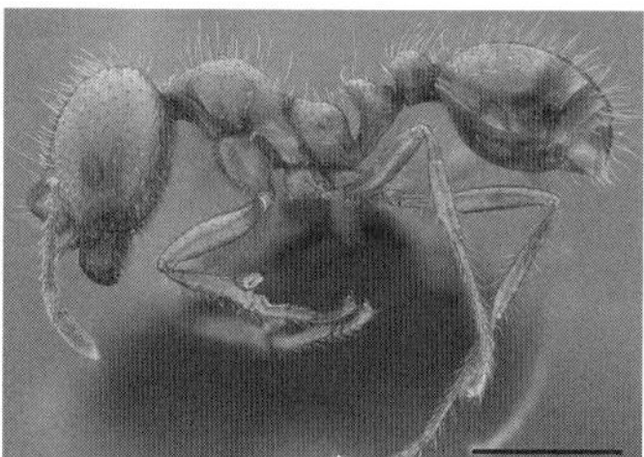

보통 크기는 3mm가량의 소형. 단, 8mm 정도의 대형 개체도 있다고 한다.

미국에서 들어오는 화물에 섞여 침입했을 가능성이 높고 재래종에 미치는 영향도 우려된다.

Memo:

File 02 거미 발열·구토·혼수… 최악의 경우 죽음에 이를 가능성도 ▶ 갈색 은둔거미

강렬한 독에 의한 피해 속출!/

미국의 건조하고 따뜻한 지역에 서식한다. 가느다란 몸체와 평범한 외관을 가지고 있으며 동작도 그리 빠르지 않다. 하지만 서식 지역에서 다수의 사망 사고 및 중증의 후유증 피해가 보고되고 있는 맹독성 거미이다.

물린 직후에는 따끔한 통증이 있는 정도지만 수 시간 후부터 허혈이 시작되고 물린 부위에 극심한 통증이 나타난다. 그제야 물린 것을 깨닫는 사람이 많은데 이미 늦었다…. 수 시간이 흐르면 통증의 범위가 확대되고 허혈에 의한 조직의 괴사가 진행. 12~24시간이면 전신에 독이 퍼져 다양한 합병증을 일으킨다.

일본에서 발견되었다는 보고는 아직 없지만 나무 틈 등에 숨어 있는 경우가 많아 수입되었을 가능성도 아예 없지는 않다.

몸길이는 10mm 정도. 형태나 색깔 등은 평범하지만 피부 조직을 괴사시킬 만큼 강력한 독을 지녔다.

물린 부위에서 허혈이 시작되어 서서히 범위가 확대된다. 어린아이나 노인의 경우 혼수상태에 빠지기도 한다.

File 03 거미 지중해 과부거미

붉은 등 과부거미의 상위종

수년 전에 위험한 외래 생물로 화제가 되었던 붉은 등 과부거미의 상위종. 과부거미류 중에서는 가장 강력한 종으로 맹독을 지녔다.

붉은 등 과부거미는 신경독을 가졌지만 독의 양이 적고 비교적 성격이 온화해 물리는 일은 드물다. 그러나 이 지중해 과부거미는 무당벌레와 같은 화려한 외형처럼 거칠고 공격적인 성격. 해외에서는 실제 이 거미에 의한 사망 사고가 보고될 만큼 위험한 독거미이다.

몸길이는 암컷이 9~18mm, 수컷이 4~7mm 정도. 둥근 몸통에 붉은색 반점이 있다.

File 04 거미 시드니 깔때기 그물 거미

공격성이 높은 흉포한 성격

시드니 깔때기 그물 거미는 매우 날카로운 이빨과 대량의 독을 지닌 원시 거미이다. 죽음에 이를 정도의 독성은 아니지만 물리면 엄청난 고통이 따르기 때문에 '최강의 독거미'라고 불린다.

관절이 진화되지 않아 움직임이 느리지만 사정권 안에 들어온 동물을 향해 무차별적으로 달려드는 흉포한 성격이 특징. 이빨이 길고 물었을 때 대량으로 주입되는 독에 소화효소가 포함되어 있기 때문에 맹렬한 통증과 붓기 그리고 조직의 괴사가 일어난다.

땅속에 사는 거미로 흙이나 나뭇조각 등에 섞여 상륙했을 가능성이 있다.

File 05 파리 무시무시한 원충을 매개하는 극악 파리 ▶ 모래 파리

세계적 규모로 만연하는 감염병

모래 파리는 남아시아, 아프리카, 남유럽 등 90개국 이상에서 발견되는 기생 원충 리슈마니아를 매개하는 무서운 파리다.

리슈마니아에 의한 감염은 세계적으로 약 1,200만 명, 매년 90만~130만 명이 걸리는 인수공통 감염증이다. 대부분 무증상이지만 체내에 오랫동안 잠복하며 내장에 피해를 줘 간 기능 장애나 심근염 등 전신성 증상을 일으킨다. 또 물린 부위에 기생하는 원충에 의해 심각한 흉터가 남기도…. 이런 원충을 매개하는 모래 파리는 번식력이 강하기 때문에 국내에서 감염이 확인되면 그 영향이 막대할 것이다.

일본의 일반적인 파리와 비교하면 크기는 3분의 1 정도. 날갯짓 소리도 작아 발견이 더 어렵다.

기생 원생 리슈마니아를 매개하는 모래 파리에 물려 감염된다. 감염증 사망자가 연간 2만~3만 명에 이를 만큼 위험한 존재이다.

File 06 파리 나선 구더기 파리

인간에도 기생하는 식인 파리

인간, 동물을 가리지 않고 모든 항온 동물에 한 번에 수십에서 수백 개의 알을 낳고 부화한 구더기가 살을 파먹으며 몸속에 기생하는 식인 파리. 기생하는 동안에는 살을 파 먹고 성충이 되어 몸에서 나간 후에도 감염증 등으로 사망하는 일이 적지 않다. 불임화시킨 성충을 방사해 1982년 절멸에 성공…했다고 생각했지만 2016년에 재발견. 가축 피해 등이 보고되었다.

현재도 근절 정책이 진행되고 있으며 북미에서는 대량 기생에 의한 사슴의 사망 사례 등이 보고되었다.

File 07 모기 소로포라 섬모충류

서서히 서식지를 확대 중

북미 동부의 극히 한정된 지역에 서식하는 초거대 모기. 외형은 일본에서도 자주 볼 수 있는 모기와 비슷하지만 날개를 펼쳤을 때의 크기가 최대 2cm나 되는 거대한 모기이다. 미국 플로리다에 광범위하게 분포하며, 일반 모기와 비슷한 번식력으로 점차 그 수가 늘어나고 있다. 건조한 환경에서도 살아남는 휴면란을 낳기 때문에 관엽식물 등에 섞여 유입되는 것도 불가능한 일은 아니다.

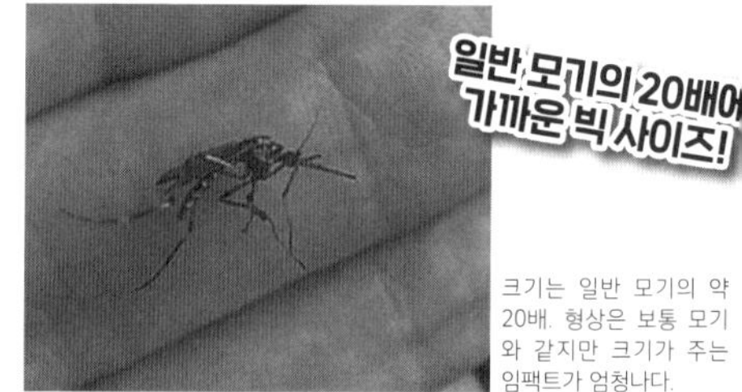

크기는 일반 모기의 약 20배. 형상은 보통 모기와 같지만 크기가 주는 임팩트가 엄청나다.

Memo:
※사진 참조 출처 :「PIAKey」「antclub」「Prepper's Will」「BYE BYE DOCTOR」「Animali」「BAODAT VIET」「NEWS.am」「emaze」「BugGuide」「STUDYBLUE」「Featured Creatures」「The rare Blog」ほか

인간의 폐를 파먹는다!

서식지 : 북미 남서부, 멕시코 서부
위험도

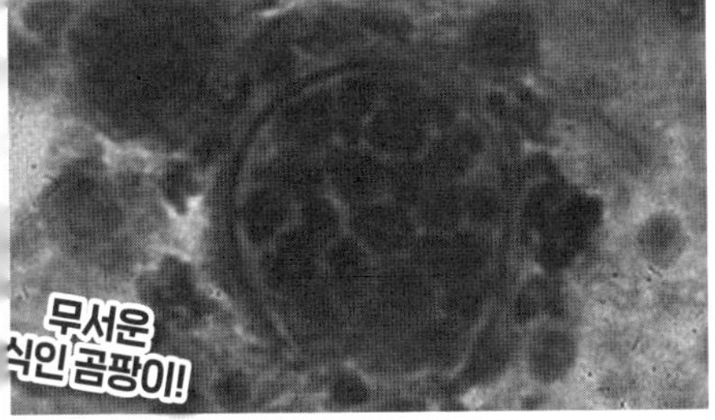

공사 현장 등에서 날리는 먼지 등을 마셔 감염된다고 한다.

북미 남서부에 서식하는 곰팡이(진균)의 일종. 원래는 박쥐의 배설물을 분해하는 곰팡이이지만 박쥐의 배설물과 인간의 몸속을 구분하지 못하는지 인간의 폐에 들어가 폐 조직을 마구잡이로 먹어치우는 무섭고도 멍청한 곰팡이이다. 대부분 인간의 면역 시스템에 의해 자연 도태되지만 드물게 폐에서 전신으로 퍼져 이 곰팡이에 산 채로 잡아먹히는 일도….

인간의 뇌를 먹어치우는 아메바

서식지 : 북미 외
위험도

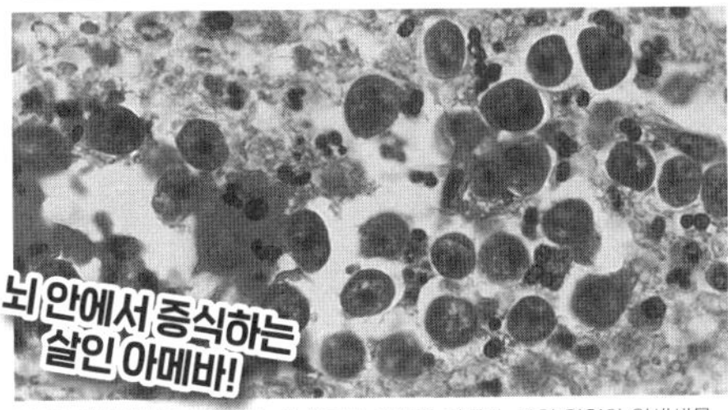

인간의 체내에서도 증식 가능한 엄청난 체질을 지녔다. 무척 위험한 원생생물.

미국에 광범위하게 서식하며 세균 등을 먹는 일반적인 아메바이지만 인간의 세포 표면에 있는 유분을 좋아하는 특성 탓에 굉장히 성가신 존재가 되어버린 미생물이다. 늪이나 호수 등에 들어갔을 때 인간의 비강으로 들어가 점막에 심각한 염증을 일으킨다. 더 깊이 들어가는 경우 뇌를 먹어치우며 증식하는 무시무시한 특성도 있다. 시야 결손이나 인지 기능 저하와 같은 뇌 장애를 일으키는 경우도 있다고 한다.

▼ 위험한 것은 생물만이 아니다!?

가장 흉악한 맹독 식물 '자이언트 하귀드'

위험생물은 곤충이나 미생물만이 아니다. 무심코 가져온 종자에 의해 맹독성 식물이 자생하게 되는 경우도 상정해야 한다. '자이언트 하귀드'는 그 이름 그대로 2m가 넘게 성장하는 거대한 미나리과 식물. 아름다운 흰색 꽃이 인기를 끌어 19세기 유럽, 미국 등에 널리 퍼졌다. 그 후 맹독 성분이 있다는 사실이 밝혀졌지만 때는 이미 늦었다….

수액이 묻은 부분이 빛에 닿으면서 독성을 일으키고(광분해) 피부가 부어오른 후에는 조직을 괴사시켜 흉터를 남긴다. 눈에 들어가면 실명 가능성이 있어 제초할 때는 전신 방호복이 필수이다.

추위에도 강해 일본에 유입된다면 자생도 어렵지 않을 것이라는 말도…. 크기 이외에는 일본 원생의 미나리과 풀과 구별이 어렵기 때문에 이미 자생하고 있어도 발견되지 않을 가능성이 있다.

여름철 희고 아름다운 꽃이 피지만 수액에는 맹독이 있다. 엄중한 취급이 필요하다.

column 검증 약물 반응을 속일 수 있는 수수께끼의 백색 정제 (구라레)

도주 중 증거 인멸 의혹이 제기된 사카이 ○코는 모발 검사로 각성제 상습 복용 사실이 밝혀졌다.

소변에 포함된 약물 반응을 검출하는 트리아지 검사 키트. 사전에 아스피린을 복용하면 반응하지 않는다는 말도….

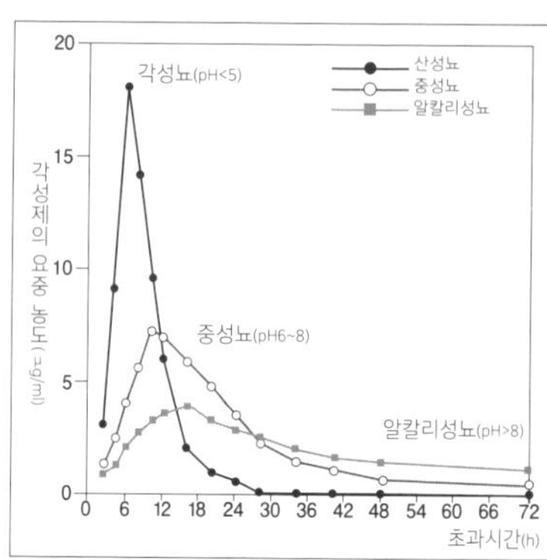

증거 인멸. 일본 연예계의 미스터 정키 오시오 ○부가 도주 중 다량의 물을 마셔 소변검사에서 음성 판정을 받으려고 했다는 등의 보도도 있었듯 범인들은 증거 인멸을 위해 온갖 노력을 다한다. 이번에는 증거 인멸에 대해 간단히 정리해본다.

경찰도 두 손 두 발 드는 소변검사 돌파 기술!!

일반적인 각성제나 MDMA와 같은 약물 복용으로 체포되는 경우에는 보통 아침 일찍 경찰이 들이닥친다. 이것은 잠이 덜 깬 무방비 상태를 노리는 것 이외에도 이른 아침 첫 소변으로 약물 검사가 가능하다는 이점이 있기 때문이다. 반대로 이 소변검사에서 음성이 나오고 압수물이 없으면 검거가 불가능하기 때문에 철저한 가택 수사에 필요한 시간과 인력 등 경찰의 부담이 커진다. 그만큼 범인 검거에 중요한 역할을 하는 소변검사는 시몬 검사 약 또는 트리아지라는 검사키트를 사용해 상황 증거로 삼는다.

앞서 말한 모 연예인은 도주 중 물을 잔뜩 마셔 소변검사 반응을 속이려고 안간힘을 썼지만 들리는 이야기로는 그리 현명한 방법은 아니었던 듯하다.

과연 검사 반응을 속일 수 있는 현명한 방법이 있을까? 물론이다, 우린 할 수 있다!

오른쪽 상단의 그래프를 보자. 이것은 소변에 포함된 각성제의 양이 소변의 pH(수소이온지수)에 의해 어떻게 변화하는지를 나타낸 것으로 개인차는 있지만 보통 30시간 이후에는 0이 된다는 것을 알 수 있다.

즉, 소변을 산성으로 만들어 30시간 동안만 잡히지 않고 도망치면 소변검사를 통과할 수 있다는 말이다.

그럼 혈액을 산성으로 만들려면 어떻게 해야 할까? 간단하게는 아스피린을 다량 복용하는 방법이 있다. 아스피린이라고 하면 두통약 1정당 375mg 정도 함유되어 있는 제품이 시판되고 있다.

과거 조폭들 사이에서 '게시네타'라는 이름의 성제를 알 수 없는 백색 정제가 나돌았다고 하는데 아마 그 정체 역시 아스피린이었을 것이다. 대략 2.3g의 아스피린을 섭취하면 혈액이 산성에 가까워지는 산증(아시도시스)이 일어난다. 인간의 몸은 워낙 똑똑해서 혈액이 산성이 되면 원래대로 되돌리기 위해 애쓴다. 그 과정에서 산성 용액에 잘 녹는 염기성 물질(대부분의 약물 성분)도 빠른 속도로 소변을 통해 배출된다. 나머지는 위의 그래프에 나타난 그대로이다.

모발검사는 전신 제모로 통과할 수 있다!?

하지만 상습범의 경우 소변검사에서 음성 반응이 나와도 모발검사까지 피할 수는 없다. 다만 모발검사에는 상당한 비용이 든다. 세금으로 움직이는 조직인 이상, 경찰도 무턱대고 모발검사를 진행하기란 부담스러운 것이 현실이다.

참고로 모발검사는 머리를 밀어도 수염이나 눈썹 또는 음모 등으로도 가능하기 때문에 전신 제모를 하지 않는 한 피하는 것은 불가능할 것이다.

Memo:

CHEMISTRY
[화학]

영화나 애니메이션의 세계를 더 깊이 이해할 수 있는

시대와 함께 진화하는 '폭발'의 숨은 지식

『과학실험 이과』의 필수 과목인 폭발 수업 시간이다. 다양한 영화와 애니메이션에 등장하지만 엉터리 설정도 자주 눈에 띈다. 리얼한 폭발의 세계를 알려주겠다!

(아루마 지로)

허구의 세계에서 자주 다뤄지지만 일상생활에서는 좀처럼 접할 기회가 없는 '폭발'이라는 현상. 그래서인지 잘못된 정보도 아무 의심 없이 믿어버리곤 한다. 그래서 이번에는 폭발에 얽힌 올바른 지식 몇 가지를 소개하려고 한다.

영화에 자주 등장하는 폭발 장면. 이것은 네이팜탄의 실험 장면이다. 고온을 내며 넓은 범위에서 연소한다.
첫 네이팜탄 실험 ▶ http://www. youtube.com/watch?v = 3JroDcDLwFc

● 도화선의 구조

벨기에에 있는 원조 오줌싸개 소년의 동상은 폭탄 도화선에 붙은 불을 소변으로 꺼서 마을을 구한 한 소년의 일화를 바탕으로 만들어졌다고 한다. 그러나 현대에는 이렇게 해도 불이 꺼지지 않기 때문에 목숨을 잃을 것이다.

발파공사 등에 쓰이는 다이너마이트의 도화선에는 내수 기준이 설계되어 있어 물을 조금 뿌리는 것 정도로는 꺼지지 않는다. 심지어 물속에서도 사용할 수 있는 내수성 도화선이라는 것도 있다. 젖으면 못 쓰게 된다는 건 검은색 화약을 종이로 싸서 만든 도화선 시대의 이야기. 오줌싸개 소년의 일화가 전해지던 14세기에나 가능한 이야기이다.

도화선의 구조(빅포드식 비닐 도화선)

제3피막 / 제2피막 / 검은색 화약

비닐 / 종이테이프 / 방수 도료 / 제1피막 심사(心絲)

도화선은 엄격한 기준으로 설계된다. 아래 그림과 같이 6중으로 감겨 있으며 손으로 내리치거나 발로 밟는 것 정도로는 꺼지지 않는다. 강도 역시 60~90kg 정도로 생각보다 강하다. 맨손으로 끊으려면 상당한 완력이 필요하다. 만약 스스로 가능할 것이라고 생각된다면 지름 5mm의 노끈을 사서 시도해보기 바란다. 다이너마이트에 쓰이는 도화선의 강도가 대체로 그 정도이다. 이빨로 끊는 것도 쉽지 않다. 마섬유로 덮여 있기 때문에 인간의 이로는 도저히 끊을 수 없다.

도화선을 끊는 가장 간단하고 확실한 방법은 칼, 낫 같은 날붙이로 싹둑 자르는 것이다. 지름 5mm의

Memo:

PRIMACORD® Detonating Cord « Back

Your one and only

EBAD is the proud premier supplier of PRIMACORD® Detonating Cord to the United States Department of Defense (DoD) and military users worldwide. Our capabilities include design, development, production, packaging and testing on a wide range of detonating cord products.

A fast, universal solution

PRIMACORD® is a universal high-explosive tool used for a wide variety of mission profiles and applications and is used to create explosive effects and build reliable explosive charges. It is initiated with military or commercial blasting caps of No. 8 or No. 12 strength, or via other stimuli, detonating along its entire length at a velocity of approximately 23,000 feet (7,000 meters) per second for near instantaneous results.

도폭선은 '프리마코드'라는 상품이 유명하며 폭파 현장에서는 도폭선=프리마코드로 통한다. 여기서 유래해 도폭선으로 절단되는 선을 설계도상에서는 '프리마 라인'이라고도 부른다. 분리작업을 할 때 꼭 멋있게 외치기 바란다.
(사진 : http://www.eba-d.com/products/primacord-detonating-cord/)

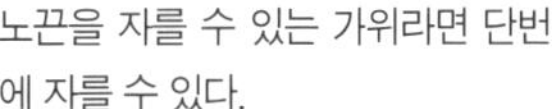

노끈을 자를 수 있는 가위라면 단번에 자를 수 있다.

또 한 가지, 도화선보다 강력한 '도폭선'이라는 것도 있다. 카탈로그 사양에 따르면 수심 20m에 대응(수압 2kg/㎠ 상당)하며 50m까지 사용 가능한 강력한 제품도 있다. 이름 그대로 폭발하면서 길이가 짧아지기 때문에 도화선보다 쉽게 꺼지지 않고, 절단하는 것 외에는 멈출 수 있는 방법이 없다. 한편 불을 붙이려면 6호 뇌관 등으로 선 끝부분을 폭발시켜야 한다. 정전기나 불똥 정도로는 불이 붙지 않으므로 인화 사고에도 강하다고 볼 수 있다.

도폭선 자체의 위력도 꽤 강력하다. 도폭선의 심약에는 플라스틱 폭탄의 재료이기도 한 '펜트리트'라는 고성능 폭약이 사용되는데 1m당 85g의 펜트리트가 채워진 가장 두꺼운 도폭선을 두께 2mm의 두랄루민 판에 압착해 기폭하면 판을 절단하는 것도 가능할 정도. 사람에게 감아 기폭하면 감긴 부분의 살이 터져나가고 까딱하면 뼈에 구멍이 뚫릴 것이다. 새끼손가락 정도는 절단 가능하므로 조폭들이 사용할 수 있을지도!?

애니메이션이나 만화에서 "폭렬 볼트 점화!"라고 외치며 로봇의 손발을 강제적으로 분리하는 장면을 본 적 있을 것이다. 《걸즈 앤 판처 극장판》에서도 전차의 무한궤도를 분리하는데 현실에서는 폭렬 볼트만으로는 충분치 않은 경우가 많아 도화선을 겸용하는 일이 많은 듯하다. 폭렬 볼트의 위력이 '점'으로 발휘되는 것에 비해 도화선은 '선'으로 절단할 수 있기 때문에 대형 부품을 분리할 때 유용한 것이다.

기폭장치의 진실

시대가 흘러 발파의 규모가 커지면서 도화선이 쓰이는 일도 줄었다. 도화선으로는 한 번에 많은 다이너마이트를 동시에 기폭하기 어렵기 때문이다. 그래서 전기 뇌관을 이용한 동시 폭파가 주류가 되었다. 이때 등장한 것이 T자형 손잡이가 달린 상자 모양의 장치. 기폭장치라고 하면 흔히 떠올리는 바로 그 장치이다.

정식 명칭은 '다이너마이트 플런저(Dynamite Plunger)'로 폭약의 전기 뇌관을 기폭하기 위한 고전압 교류 전기를 발전하는 발전기(마그넷)와 전기를 모아두기 위한 축전장치(콘덴서)로 구성된 장치이다. 사실 이 장치 자체는 기폭장치가 아니다. 픽션물에 등장하는 '기폭장치의 T자형 손잡이를 누르면 폭발'하는 묘사는 잘못된 것이다.

올바른 사용법은 먼저, 다이너마이트 플런저의 T자형 손잡이를 상하로 움직여 전기를 충분히 모은다. 그 후

▼ 기폭장치와 발파기

기폭장치라고 하면 흔히 떠올리는 장치. 실은 '다이너마이트 플런저'라는 발전기의 일종이다. 발파기는 오른쪽 사진. 수집가들이 있는 듯 이베이(eBay) 등의 인터넷 옥션 사이트에 출품되어 있다. (사진/ eBay 참조)

다이너마이트 플런저

발파기

전선으로 연결된 작은 상자(발파기, 바로 기폭장치)에 열쇠를 꽂아 90°로 돌리면 폭파한다. 발파기의 열쇠도 T자형으로 되어 있기 때문에 혼동한 것일까.

참고로 이 장치는 유명세에 비해 역사는 그리 길지 않다. 1864년 독일의 지멘스사가 최초로 발매했으며 마지막으로 생산된 것이 1900년경. 반세기 정도 사용된 것이다. 듀폰사의 폭발물 부문에서 발간하는 『블래스터즈 핸드북(Blasters' Handbook) 1922년판』(최신판은 2014년 제18판)을 마지막으로 매뉴얼에서도 사라졌다. 다만 세계적으로 수집가들이 많아 21세기에도 인터넷 옥션이나 고물상에서 거래된다고 한다.

참고로 플런저(Plunger)란 밀거나 당기는 기기를 말한다. 현대에는 막힌 변기나 하수구를 뚫는 고무 흡착판이 달린 도구를 뜻하는 말로도 쓰인다. 궁금한 독자는 인터넷에서 검색해보기 바란다.

● 밀가루도 폭발한다

폭발이란 폭약만의 전매특허는 아니다. 때로는 밀가루도 충분히 폭발물이 될 수 있다. '분진폭발'은 곡물 산업계에서는 빈번히 일어나는 사고로, 곡물 저장고나 운송 시스템에는 이중 삼중으로 폭발 방지장치가 설계되어 있을 정도이다. 1977년 12월 22일 미국 루이지애나주의 뉴올리언스 근교에서 일어난 사고에서는 40m 높이의 저장고가 폭발해 콘크리트 덩어리가 주위 400m까지 날아갔다. 40명 넘게 사망한 대참사였다. 화산 분화나 다를 바 없는 엄청난 폭발에, 사설 군대며 자가용 인공위성까지 소유한 거대 곡물기업 카길사도 골머리를 앓는 문제가 바로 분진폭발인 것이다.

어떻게 밀가루가 단순히 불에 타는 것도 아니고 폭발을 일으키는 것일까. 그것은 화학반응의 기본 원리와 밀접한 관계가 있다. 연소라는 화학반응은 물질의 표면에서 일어난다. 그리고 표면적이 클수록 반응이 진행되기 쉽다. 물체의 표면적을 크게 만드는 방법은 간단하다. 금속이든 뭐든 일단 곱게 분쇄하는 것. 알루미늄과 산화철 분말을 섞으면 테르밋이 생기는 것도 이런 기본 원리에 의한 것이다.

분진폭발 화재 대책/F-K 이론(열 폭발 이론)에 대해서는 『분진폭발·화재 대책(粉じん爆発·火災対策)』을 참조.

즉, 분진폭발은 밀가루 등이 단숨에 불타오르며 일어난다. 화학반응이 음속 이상인 경우는 '폭굉', 음속 미만은 '폭연'이라고 하는데 분진폭발은 '폭연'에 해당한다. 이 반응에는 산소가 필요한데 창고에 밀가루만 뭉쳐져 있는 상태라면 산소 부족으로 반응이 일어나지 않는다. 반대로, 밀가루 입자 간의 거리가 너무 멀면 연소열이 전달되지 않아 폭발 반응이 일어나지 않는다. 즉, 고운 분말이 적당히 날리는 상태일 때 폭발이 일어날 가능성이 높다는 것이다.

보통 박력분으로 판매되는 것은 평균 입자의 지름이 57μm, 최소 5~

▼ 다이너마이트 플런저의 올바른 사용법

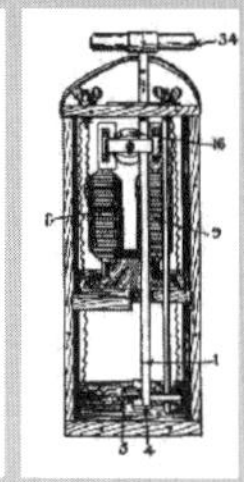

DU PONT
Blasters' Handbook
DESCRIBING THE PRACTICAL METHODS OF USING EXPLOSIVES FOR VARIOUS PURPOSES

『블래스터즈 핸드북 1992년판』(듀폰사)

『플래스터즈 핸드북 1992년판』에 실린 다이너마이트 플런저의 내부 구조. 마그넷과 콘덴서가 그려져 있다.

다이너마이트 플런저의 조작 순서. 오른쪽 그림이 다이너마이트 플런저로 바로 왼쪽에 발파기가 있다.

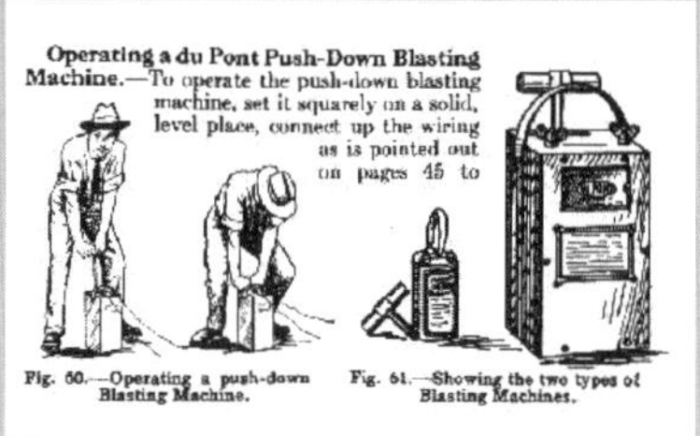

Operating a du Pont Push-Down Blasting Machine.—To operate the push-down blasting machine, set it squarely on a solid, level place, connect up the wiring as is pointed out on pages 45 to

Fig. 60.—Operating a push-down Blasting Machine.

Fig. 61.—Showing the two types of Blasting Machines.

Memo:

분진폭발이 일어나는 세 가지 조건
① 밀폐된 공간일 것
② 가루를 날리는 어떤 힘이 존재할 것
③ 착화하기 위한 불씨가 있을 것

밀가루　설탕　옥수수 전분

최대 100µm 정도의 분말이다. 이 밀가루가 폭발하는 것은 공기 중에서 '폭발 하한 농도'까지 흩날리는 경우로 1㎥당 60g이다. 또한 '폭발 상한 농도'라는 것도 있는데 공기 중에 가루가 너무 많아도 분진폭발은 일어나지 않는다.

그렇다면 그 위력은 어느 정도일까. 'F-K 이론(Frank-Kamenetskii theory)'이라고 하는 분진폭발의 발생 조건을 산출하는 계산식에 대입해보면 87kPam/s가 나온다.※ 60g 정도의 분진폭발이라면 '펑!' 하는 소리와 함께 뚜껑이 날아가는 정도. 밀가루 1톤도 그 에너지를 TNT로 환산하면 3,640g밖에 되지 않는다. 폭약으로는 매우 약한 부류이다.

그럼에도 위에서 예를 든 것과 같은 대참사가 일어난 것은 '규모가 컸기 때문'이라고 말할 수 있다. 대규모 공장에서 100톤(TNT로 환산하면 364kg) 이상의 밀가루가 폭발하면 건물 같은 건 간단히 날아간다.

밀가루보다 강력한 폭약…이 아니라 식품으로는 옥수수 전분 정도가 유력하다. 입자 지름이 3~35µm로 밀가루보다 곱기 때문에 기세 좋게 타오를 것이다. 폭발 위력도 200kPam/s로 밀가루의 두 배가 넘는다. 설탕으로도 계산해보니 이것도 밀가루보다 큰 140kPam/s였다.

더욱 강력한 것은 금속 분말인데 알루미늄 분말의 입자 지름 22µm이면 1,100kPam/s로 그야말로 차원이 다른 위력을 발휘한다. 단, 알루미늄 분말은 입자 지름이 이것보다 작거나 크면 위력이 저하된다. 입자 지름이 170µm을 넘으면 폭발하지 않는다.

마지막으로 밀가루와 나란히 분진폭발 사고가 잦은 탄광에 대해서도 이야기해보자. 석탄의 경우 입자 지름은 10µm 이하, 폭발 하한 농도가 30g/㎥로 88kPam/s이다. 위력 자체는 밀가루와 비슷하지만 비교적 낮은 농도에서도 폭발하기 때문에 매우 위험하다.

분진폭발은 조건만 충족되면 소규모로도 일어난다. 일본 산업규격 Z8818로 규정된 것은 20L 용기에서의 실험. 실험에 사용된 밀가루는 12g으로 폭발해도 불꽃놀이 정도에 그치는 안전한 수준. 굳이 시도해보고 싶다면 '분진폭발 체감 교육기기'라는 장치가 판매되고 있으므로 구입해 실험해보면 될 것이다.

밀가루, 옥수수 전분, 설탕. 누가 봐도 완벽한 요리 재료이다. 법률에 저촉될 염려가 없다(웃음).

▼ 분진폭발 체감 교육기기(DES-L)

일본 환경위생연구소가 개발·판매하는 분진폭발의 체감 및 확인이 가능한 교육용 기기. 1대 가격이 120만 엔(약 120만 원)이라고 한다. 과연 몇 대나 팔렸을지 궁금하다. 이 밖에도 분진폭발의 위험성을 평가·검증하는 각종 시험장치도 판매되고 있다.

일본 환경위생연구소
http://www.eiseiken.co.jp/service/kikihanbai

분진폭발 체감 교육기기(DES-L)

※kPam/s(킬로파스칼미터/초)는 면적과 시간당 가해지는 압력을 나타내는 단위.
이번 경우에는 폭발의 압력을 뜻하며 숫자가 클수록 폭발력이 크다. 1kPa = 약 1기압.

텟시는 『라디오 라이프』의 독자였다!?

《너의 이름은》 비공식 가이드 변전소 폭파의 이면

'몸이 바뀌었어?'로 익숙한 대히트 영화. 변전소 폭파를 계기로 이야기는 클라이맥스로 향한다. 여기에 사용된 '함수폭약'에 대해 해설한다. (POKA)

함수폭약(http://www.sdssd.cn/)

이야기가 클라이맥스로 향하는 포인트가 된 변전소 폭파에는 함수폭약이 사용되었다. 산업용 폭약으로 텟시가 아버지의 건설회사 자재창고에서 가져왔다. 애초에 위력이 약하기 때문에 평지에 설치하는 방법으로는 큰 파괴력을 얻을 수 없다. 기기 사이에 끼워 넣는 식으로 설치하는 것이 정답이었다!?

영화의 후반, 텟시와 미쓰하는 변전소를 폭파한다. 이때 사용한 폭약은 '함수폭약'이다.

함수폭약은 이름 그대로 물이 포함되어 있는 것이 특징인 질산암모늄계 폭약으로 주로 파석(破石) 등의 산업용으로 이용된다. 폭약에 물이 포함되면 좋지 않을 것이라고 생각하겠지만 폭약과 같이 초고속 충격파가 지배하는 화학반응에서 물은 큰 영향을 미치지 않는다.

함수폭약의 주성분으로는 질산암모늄이 유명하다. 질산암모늄은 비료로 대량 생산되고 있어 저렴한 가격에 구입 가능하다. 강한 흡습성 탓에 공기 중에 방치하면 수분을 흡수해 끈적끈적해지는 결점이 있다.

함수폭약은 처음부터 물을 섞어 안정시키는 역발상을 이용한다. 질산암모늄을 폭약으로 이용하려면 강한 흡습성을 고려한 배합이 필요하다. 물을 완전히 차단하든지 반대로 물을 포함시키는 양자택일인 것이다.

함수폭약과 비슷한 폭약으로 경유를 수 % 혼합한 'ANFO 폭약'이라는 것이 있다. 공기 중에 방치하면 안 되는 질산암모늄을 기름으로 코팅해 흡습성을 개선했다. 질산암모늄을 이용한 폭약은 감도가 매우 낮고 가격 또한 저렴하기 때문에 대규모 발파에 사용된다. 암반에 큰 구멍을 뚫고 레미콘으로 함수폭약을 붓는 방식으로도 사용 가능하다.

그런데 아버지의 건설업을 도우며 함수폭약을 다루는 데 익숙했던 텟

▼ 변전소 폭파에 사용된 함수폭약은 DIY가 가능할까?

텟시는 아버지의 건설회사 자재창고에서 함수폭약을 손에 넣었다. 그렇다면 일반적으로 구할 수 있는 약품을 사용해 함수폭약을 직접 만드는 방법은 없을까? 가능성을 찾아보자. 물론 실행은 NG. 여기서부터는 어디까지나 이론으로 즐기기 바란다.

주성분인 질산암모늄은 비료나 급속냉각 팩에 이용되므로 이런 것들을 구하면 된다. 다만 질산암모늄만으로는 감도가 너무 낮기 때문에 감도를 높여줄 조성물이 필요하다. 진짜 함수폭약에는 알루미늄 분말과 중공구체가 포함되어 있다. 현실적인 조성을 고려해 질산암모늄, 물, 알루미늄 분말, 경량 점토, 중성세제 등으로 대용할 수 있을 듯하다. 경량 점토는 중공구체를 포함시키기 위한 것. 중공구체는 단열압축으로 초고온점을 생성해 감도를 비약적으로 높인다. 알루미늄 분말도 반응 온도를 높이기 위한 것이다. 중성세제는 조성물을 균일하게 섞어 유지하는 데 필요하다.

이런 조성을 믹서로 균일하게 섞어 걸쭉하게 만들면 함수폭약이 완성될 것이다. 단, 기폭하려면 뇌관이나 프라이머 카트리지라고 불리는 강한 충격파가 필요하다. 저감도의 함수폭약은 불 속에 던지거나 망치로 두드려도 기폭하지 않는다. 물론 이런 안정성 덕분에 공사 현장의 발파작업에 쓰이는 것이긴 하지만….

Memo:

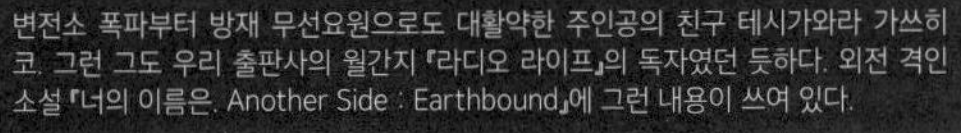

변전소 폭파부터 방재 무선요원으로도 대활약한 주인공의 친구 테시가와라 가쓰히코. 그런 그도 우리 출판사의 월간지 『라디오 라이프』의 독자였던 듯하다. 외전 격인 소설 『너의 이름은. Another Side : Earthbound』에 그런 내용이 쓰여 있다.

←극중 '중부전력 이토모리변전소'의 모델이 된 나가노현의 도쿄전력 신시나노변전소. (사진/Google 스트리트 뷰 참조)

→중부전력 공식 사이트(http://www.chuden.co.jp/)에서는 자사에는 존재하지 않는 설비라는 성명을 발표했다. 작품의 영향력을 짐작할 수 있다.

君の名は。 Another Side:Earthbound
加納新太 原作:新海誠
カバーイラスト:田中将賀
角川スニーカー文庫

『너의 이름은. Another Side : Earthbound』 (가노 아라타 저)

その日の夜のことだ。勅使河原は、なるべく階下に降り
にこもって、『ラジオライフ』をめくっていた。
夕食だ、という声が母親からかかって、一瞬、晩飯を
と語る。そんなことをしたら腹の中で寝返りを打ち始めた

시도 변전소를 폭파할 때는 실수를 저지르고 말았다. 일단, 극 중에 나오는 것처럼 평평한 바닥에 설치하면 변전소의 변압기를 폭파하는 것이 불가능하다. 변압기는 결국 강철 덩어리 같은 것이기 때문에 함수폭약을 기계 사이에 넣고 기폭하지 않으면 폭파는 어려울 것이다.

마을의 전기를 끊는 것이 목적이라면 고전압이 공급되는 애자 따위의 절연부를 폭파해야 했다. 지락(地絡) 등을 일으켜 정전되었을 것이다. 이런 식으로 평면에서의 폭파로도 효과를 기대할 수 있는 약점을 공략했다면 더욱 현실성이 느껴졌을 것이다.

결국에는 변전소 시설 전체를 산산조각 내긴 했지만, 짧은 시간에 대량의 함수폭약을 설치하고 뇌관을 장치하는 것은 보통 힘든 작업이 아니다. 변전소를 확실히 파괴하려면 앞서 말했듯이 함수폭약을 가득 실은 레미콘 차를 충돌시키는 것이 가장 확실한 방법이 아니었을까!? 어쩌면 텟시는 아직 운전면허를 딸 수 있는 나이가 아니었던 것 같다(웃음).

▼ 주요 폭약의 종류와 특성

● 아민질산염

질산암모늄이나 질산요소 등의 화합물. 폭약 중에서는 가장 약한 부류에 속한다. 기본적으로 물에 잘 녹아 식물에 적합한 조성. 비료로 대량 생산되며 가격도 저렴하다. 폭발력은 약해도 가격이 저렴하기 때문에 대량 조달이 용이하다. 위력이 약한 결점을 양으로 커버한다. 감도가 매우 낮아 기폭이 쉽지 않다. 함수폭약과 ANFO 폭약도 이 범주에 들어간다.

● 질산에스테르

니트로글리세린이나 PETN 등 알코올이나 당류를 질산으로 처리한 것으로 폭발력이 매우 강력하다. 니트로글리세린 등은 감도가 높고 제조비용도 높은 것이 결점.

● 니트로화합물

TNT나 피크르산 등의 화합물. 방향족이나 지방족 화합물을 니트로화하면 얻을 수 있다. 질산에스테르보다는 못하지만 강한 폭발력이 있다. 비교적 저렴하고 저감도라 취급이 쉽기 때문에 대량으로 소비된다. 다양한 무기에 이용된다.

● 니트로아민

RDX나 HMX라고 불리는 폭약. 알데히드 등을 질산으로 처리하면 얻을 수 있는 화합물로 매우 강한 폭발력을 지녔지만 감도가 낮다. 종합적으로 보면 최강의 폭약이라고 할 수 있다. C4 등의 플라스틱 폭약으로 유명하다.

소화기에서 화염이 치솟는다!

DIY 화염 방사 실험!!

총처럼 복잡한 구조도 필요 없고 주변에서 쉽게 조달 가능한 재료로 만들 수 있는 가장 강력한 자작 무기. 바로 화염방사기이다. 그러고 보니 최근 공원에서 엄청난 짓을 벌인 청년이 있었던 것도 같은데…. (POKA)

화염방사기는 어떤 무기일까?

화염방사기를 단순하게 설명하면, 화염을 내뿜어 목표를 소각하는 무기이다. 역사도 깊은데, 중세 동로마제국 시대의 그리스나 송나라 시대의 중국에서도 기름을 분무해 사용하는 화염방사기와 같은 무기가 있었다고 한다.

현재와 같은 화염방사기가 만들어진 것은 1901년이다. 독일의 한 기술자가 제작해 독일군이 사용하기 시작한 것이 시초였다고 한다. 기름과 가스를 압착해 고무관을 통해 분출시킴으로써 불을 뿜어내는 것으로, 그 후 개량을 거쳐 개인장비로 사용하기 시작했다.

총과 비교하면 비거리가 짧고 물리적 파괴력이 떨어지는 것 같지만 열로 자재를 처리하거나 폐쇄된 장소에 숨은 적을 소탕할 때 큰 위력을 발휘한다.

무기로 사용되는 화염방사기는 최소 2개의 탱크 안에 중유나 겔화 가솔린 등의 가연성 액체와 불연성 압착가스가 충전되어 있다. 이 연료와 가압한 가스를 동시에 분출하면 동시에 불이 붙으며 불길이 치솟는 구조이다. 즉, 화염방사기는 단순히 불을 뿜는 것이 아니라 불타는 연료를 뿜어내는 화기라고 할 수 있다. 그래서 분사하는 연료에 따라 특성이 바뀌는데, 간단히 구분하면 스프레이형과 겔화 연료형이 있다.

스프레이형은 윤활유, 파츠 클리너 등의 분무구에 라이터 따위로 불을 붙여 불길을 뿜어내는 구조. 필요한 재료가 저렴하게 구입 가능한 일용품인 데다 화염의 규모도 크지 않기 때문에 간단히 시도해볼 수 있을 것이다. 겔화 연료형 화염방사기는 겔 형태로 굳혀 부착 효과가 있는 연료를 사용한다. 화염의 연소 효과뿐 아니라 부착된 연료 때문에 대상을 더욱 강력히 연소시키는 이차 효과가 있다.

▼ 실제 사용되는 일반적인 화염방사기의 예

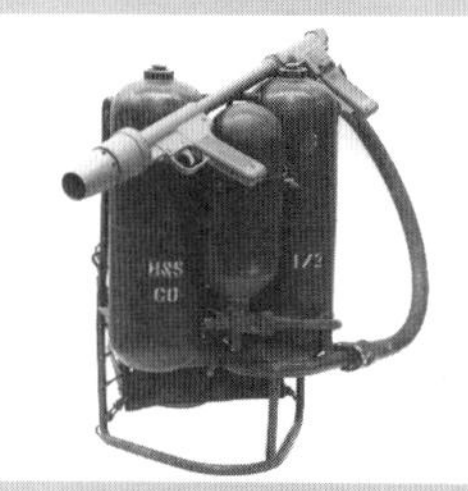

일반적인 군용 화염방사기. 운반이 용이한 배낭형. 3개의 실린더가 장착된 타입으로 양옆에는 연료, 중앙에는 불연성 가스가 충전되어 있다. 방아쇠를 당기면 연료가 동시에 분출·점화되며 불길을 뿜는다.

군용 화염방사기의 실제 사용 모습. 역시 군용의 위력은 엄청나다. 홈 센터 등에서 구입할 수 있는 평범한 재료로 어느 정도까지 근접할 수 있을지 실험해보자.

민간인이 구할 수 있는 화염방사기라고 하면 제초용 버너 정도가 아닐까. 천연가스 등을 사용하기 때문에 화염의 규모도 작고 비교적 안전하며 친환경적. 다만 이 정도로는 무기로서 박력이 조금 약하다.

Memo:

01 ▸ DIY 화염방사기에 적합한 연료는?

이번에는 스프레이형과 겔화 연료형 화염방사기의 중간 정도 특징을 지닌 연료를 목표로 찾아보았다. 시중에 널리 유통되며 취급이 쉬운 연료부터 생각해보자.

일상적으로 구입 가능한 연료는 주로 오른쪽에 실은 8종. 그중에서도 알코올류나 LPG 등은 아웃도어 용품으로도 익숙하다. 청정 연료이지만 화력이 약한 것이 결점. 반대로 가솔린은 화력은 강하지만 지속시간이 짧다는 결점이 있다.

그래서 화력이 약한 등유를 섞어 화력과 지속시간을 높이려고 한다. 혼합비는 원하는 화염의 형상 등에 따라 다르지만 이번에는 1 : 1로 했다. 등유의 양이 많으면 타고 남은 연료가 땅에 떨어진다. 또 가솔린 양이 너무 많으면 비거리가 짧고 굵은 불기둥을 뿜는다. 단순히 연출용으로만 쓰려면 뒤처리가 깔끔한 알코올이 편리하다.

입수가 쉬운 연료 일람

가솔린 추천도

주로 자동차 등에 사용하는 연료. 저온에서도 인화할 만큼 연소 효율이 강력하며 저렴하게 구할 수 있는 가장 유력한 후보.

등유 추천도

가솔린에 비해 연소성이 낮다. 불이 잘 붙지 않지만 가솔린과 섞으면 위력을 발휘한다.

경유 추천도

저렴하게 입수 가능하지만 연소성이 낮아 흰 연기를 뿜어내는 데 그친다. 화염방사기에는 적합지 않다.

LPG(액화가스) 추천도 

가스통에 들어 있는 연료로 주성분은 프로판 등. 압력이 높고 깔끔한 화염을 뿜는다. 단독으로는 불길이 굵어진다.

DME 추천도

에어 더스터 등에 사용되는 가스. 연소성이 낮지만 가솔린 등과 겸용하면 커다란 화염을 만들 수 있다.

시클로헥산 추천도

파츠 클리너에 들어 있는 액체. 강력한 연소성을 지닌 비교적 청정한 연료이지만 가열하면 폭발할 우려가 있다.

부탄 추천도 

라이터나 휴대용 가스봄베 등에 들어 있는 가스. LPG에 비해 압력이 낮다. 화염방사기에는 다소 부적합?

알코올류 추천도

에탄올, IPA, 연료용 등. 열량은 낮지만 연기가 없고 깨끗하다. 붕산 등을 녹여 색을 입히는 것도 가능.

02 ▸ 방사 거리를 늘리는 아이템

연료를 뿜어내려면 압축이 필요하다. 가솔린은 잘 타지만 멀리까지 뿜어낼 정도의 압력은 없다. 이때는 압축공기를 사용하거나 LPG 등을 섞는 등의 압축 방법을 생각할 수 있다. 그러나 LPG의 경우, 기온이 낮으면 사거리가 1m도 나오지 않는다. 5m 이상의 비거리를 얻으려면 압축공기나 드라이아이스 등을 사용할 필요가 있으며 동시에 위험성도 높아진다.

가스와 연료의 충전 방법은 지극히 간단하다. 연료와 함께 액화가스를 넣기만 하면 된다. 가스 충전식 라이터를 조작하는 것과 매우 비슷하다.

화염방사기 실험에서 준비한 재료

압축한 가스나 가솔린을 주입하기에 적합한 소화기

액체를 분출하는 부분은 에어 더스터의 노즐 부품을 전용했다.

가연성 가스가 든 스프레이와 라이터를 사용하면 개조 없이도 화염 방사가 가능하다. 노즐에 라이터를 대고 스프레이를 방사하기만 했는데 이 정도 위력! 아무리 간단한 실험이라도 반드시 사유지에서 실시할 것!

03 ▸ 소화기를 연료탱크로 개조

화염방사기에 관한 노하우를 배웠으니 이제 본격적으로 압력용기 겸 연료탱크부터 만들어보자. 압축공기를 사용하는 타입의 화염방사기라면 어느 정도 압력에 버틸 수 있는 용기가 필요하다. 가연성 액체를 채우기 때문에 당연히 튼튼한 용기가 아니면 위험할 수 있다. 연료탱크가 파손되면 세상과는 하직을 고하는 수밖에…. 소화기나 컴프레서의 에어탱크 정도가 유력한 후보이다.

이번 실험에서는 소화기를 개조해 연료탱크로 사용했다. 먼저, 소화기 뚜껑 부분에 압축공기를 주입하기 위한 자전거용 밸브를 부착한다. 부착 방법은 자전거 바퀴의 튜브에서 밸브를 떼어내 가스버너로 불필요한 고무를 태운 다음 이 밸브를 소화기 뚜껑에 결합한다. 밸브의 니시산이 특수하기 때문에 가운데 구멍을 뚫은 볼트와 납땜해 뚜껑과 밸브를 연결한다(자세한 내용은 오른쪽 사진 참조).

바이스로 고정해 소화기의 뚜껑을 연다. 뚜껑에는 가스봄베가 달려 있으므로 조심해서 분리한다.

볼트 중앙에 드릴로 구멍을 뚫고 밸브를 접속해 납땜한다

M8 크기의 나사를 바이스로 고정한 후 3mm 정도의 드릴로 관통시킨다.

소화기 뚜껑에서 가스봄베 등을 분리한다. 오른쪽에 보이는 큰 구멍에 밸브를 부착한다.

연결한 볼트를 끼우고 뚜껑의 나사 구멍에 나사골을 낸 후 밸브를 장착한다.

04 ▸ 에어 더스터로 연료 분사기구를 만든다

연료를 뿜어내는 분사기구로는 사용이 편한 에어 더스터를 추천한다. 그러나 가솔린을 연료로 사용하는 경우에는 다소 위험할 수 있다. 가솔린이 윤활유를 씻어내 동작 불능을 일으킬 가능성이 있기 때문이다. 간혹 가솔린이 패킹을 부식시켜 예기치 못한 부분에서 연료가 뿜어져 나오면 이번에도 세상과 하직하게 될지도….

마찰이나 응착 방지를 위해 정기적인 윤활유 보충이 필요하다.

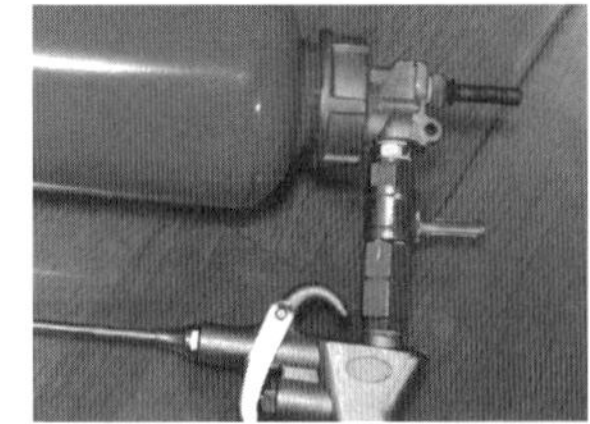
연료 주입구의 밸브와 분사구의 에어 더스터 설치 예.

Memo:

05 ▸ 분사구를 부착해, Fire!

마지막 단계!
분사구 부착

분사한 연료에 불을 붙이는 방법으로는 불씨를 이용하는 것과 전자점화의 두 가지가 있다. 불씨를 이용한 방법은 사용 전 미리 소형 버너나 오일 램프 등으로 작은 불씨를 만들어놓는 것이다. 단순하고 동작성이 좋지만 즉응성이 떨어진다. 전자 점화는 점화 코일과 점화 플러그를 이용한다.

이번에는 버너만 있으면 간결하면서도 확실하게 착화가 가능한 불씨 방식을 선택했다. 소화기와 에어 더스터를 연결할 때는 파이프용 규격 나사가 가장 궁합이 좋다.

먼저, 소화기 호스의 연결 부분을 떼어낸다. 나사 고정용 접착제가 발라져 있는 경우는 가스버너로 가열해 돌리면 간단히 분리 가능. 이 부분은 소화기에 따라 1/4 또는 3/8 나사가 사용되기 때문에 수도관이나 가스관 등의 니플이나 코크 등으로 접속할 수 있다. 규격에 맞는 나사가 없으면 드릴로 구멍을 뚫고 파이프용 탭으로 나사산을 만든다.

여기에 실 테이프를 감아서 사용하는 것이 일반적이지만 에어 더스터의 방향이 바뀌면 곤란하므로 '록타이트' 등의 접착제를 발라 굳힌다. 도포한 상태에서는 굳지 않고 나사를 끼우면 굳기 시작해 30분 정도면 완전히 접착되는 용제이다. 록타이트가 가솔린에 닿았을 경우에는 테플론 테이프로 꼼꼼히 덮은 후 나사 연결부에 침투성 록타이트를 부어 굳히면 된다. 테플론 테이프가 가솔린의 침투를 막아 접착제를 바른 부분에는 도달하지 않는다.

이와 같은 공정으로 만들면 비교적 안전하게 운용할 수 있다.

가솔린과 등유의 혼합연료를 소화기에 넣고 공기펌프로 공기를 주입한다. 공기를 가득 넣을수록 사거리가 늘어난다. 이제 에어 더스터를 작동시켜 분출하는 연료에 라이터를 가까이 대면, '파이어!' 화염이 뿜어져 나온다!

화아악~!! 모조리 더러운 것들은 쓸어버리겠다~!

가솔린은 열량이 높고 눈부신 화염을 내뿜는다. 실험은 반드시 주변에 피해를 주지 않는 안전한 사유지에서 실시하는 것이 철칙이다!

아름답고 거대한 불덩이를 만드는 노하우

파이어 볼을 방출하는 이그저스트 캐넌

공기포에 가솔린을 주입하면 작열하는 파이어 볼을 날릴 수 있다! 당연히 실험은 사유지에서만 해야 한다. (POKA)

이제는 어느 정도 익숙해졌을 자작 고성능 공기포 '이그저스트 캐넌'. 여기에 가연성 연료를 넣고 고속 분사해 파이어 볼(불덩이)을 만드는 기술을 '캐넌 파이어'라고 한다. 순간적인 현상이지만 의외로 심오하고 광범위한 지식을 필요로 한다. 실패하면 불길에 휩싸이는 등의 치명적인 위험이 따른다. 이번 시간에는 지금까지 실증을 통해 얻은 파이어 볼을 만드는 노하우를 소개한다. 단, 섣불리 실험을 따라 해서는 안 된다. 어디까지나 이론으로 즐기는 편이 신상에 좋을 것이다(웃음).

파이어 볼의 기본

파이어 볼은 화염방사기와 같이 단순히 연료를 분사해 불을 붙이면 되는 간단한 것이 아니다. 적절한 분무와 액적(液滴)의 크기가 존재하는 것이다.

이그저스트 캐넌으로 가솔린을 분사하는 경우, 노즐에서 방출된 직후부터 미스트 형태로 비산한다. 거기에 불을 붙이는 것인데… 발사 직후 분무 입자가 촘촘하면 굵고 짧은 파이어 볼이 발생한다. 입자가 촘촘하면 빨리 타버리기 때문에 불길이 굵고 짧아지는 것이다. 반대로 분무 입자가 성긴 경우에는 완전연소까지 시간이 걸리고 더 멀리까지 도달한다. 불길이 가늘고 길게 뿜어져 나오기 때문에 파이어 볼보다는 불기둥에 가깝다.

파이어 볼이 1초 정도면 완전연소하는 데 비해 불기둥은 수 초에서 10초 정도 유지된다. 불기둥의 경우, 연소에 따른 강렬한 열량으로 공기가 뜨거워지면서 상승기류가 발생한

▼ 이그저스트 캐넌으로 파이어 볼 발사!

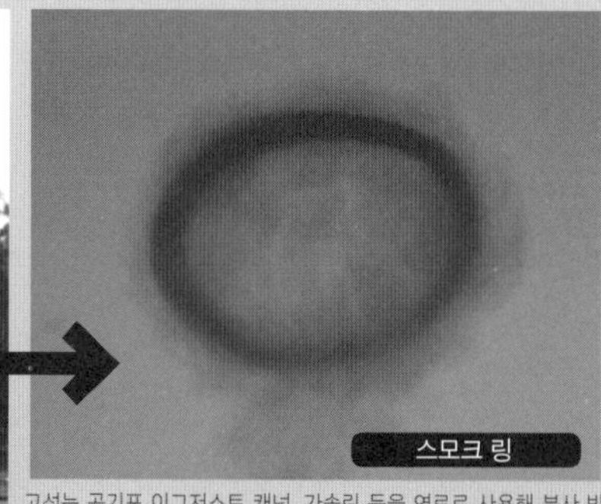

고성능 공기포 이그저스트 캐넌. 가솔린 등을 연료로 사용해 분사 방법을 조정·연구하면 불덩이 모양의 화염을 만들어낼 수 있다. 상공에 거대한 검은 연기(스모크 링)를 발생시키는 것도 가능.

Memo:

가솔린을 연료로 사용한 실험

가솔린 통에 장착한 이그저스트 캐넌을 발사. 가솔린을 적신 헝겊을 불씨로 삼아 발사구 가까이에 설치해 착화하면 파이어 볼을 만들 수 있다. 가솔린만으로는 불길은 강력하지만 순식간에 타버리기 때문에 지속시간을 늘리기 위해 등유를 섞는 것이 포인트.

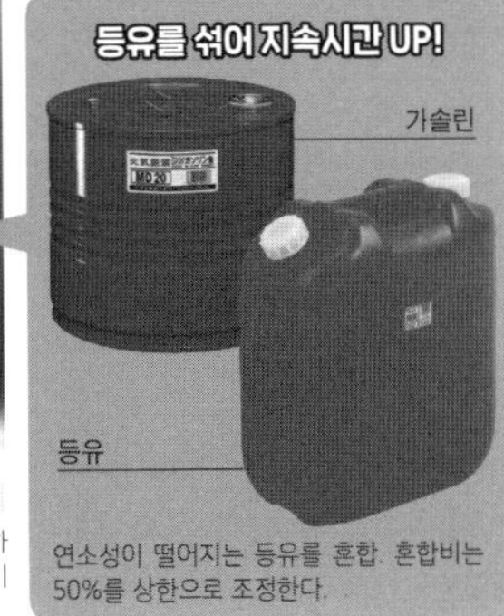

연소성이 떨어지는 등유를 혼합. 혼합비는 50%를 상한으로 조정한다.

다. 이 상승기류를 타고 불길이 더 높이 솟구치며 활활 타오르게 되는 것이다.

실험할 때 주의점

이런 종류의 연료 분사 실험에서는 무엇보다 자기 몸에 불이 붙지 않도록 조심해야 한다. 연료로 사용하는 가솔린은 인화성이 무척 강하기 때문이다(웃음). 특히 위험한 것은 연료에 불이 붙지 않는 경우이다. 바람의 방향에 따라 분무된 가솔린이 실험자의 몸에 뿌려지는 경우가 있는데 이런 상태에서 불이 붙으면 자신이 불덩이가 되고 말 것이다. 불이 붙은 연료가 떨어지기도 하지만 기본적으로 불길은 상승기류를 타고 위로 치솟기 때문에 연료를 대량으로 사용하지 않는 한 그런 일은 거의 없다.

참고로, 가솔린은 인화가 잘되는 액체이지만 이그저스트 캐넌의 초고속 분사 실험에서는 간혹 불씨가 꺼지기도 한다. 속도가 빠르면 가솔린으로도 불을 끌 수 있다는 것인데 흥미롭긴 하지만 실험에는 도움이 되지 않는다. 그렇기 때문에 불씨는 열량이 높고 잘 꺼지지 않는 것을 준비한다. 가장 간단한 것은 가솔린에 적신 헝겊이다. 또 불이 꺼지지 않도록 발사구에서 약간 떨어진 장소(30cm 정도가 적당하다)에 설치하는 것이 좋다. 확실히 불이 붙으면 안전하게 파이어 볼을 만들 수 있을 것이다.

분사 압력

파이어 볼의 모양은 이그저스트 캐넌의 충전 압력에 따라 크게 달라진다. 고압화하면 그만큼 연료가 빠르게 분출된다. 포신 안에는 연료만 차 있기 때문에 고속으로 이동하지만 밖으로 나오는 순간, 공기와 충돌해 부서지며 비산한다. 속도가 빠르면 공기 충돌에 의한 연소의 미세화가 촉진되면서 분무 입자가 더욱 촘촘해진다.

압력이 높으면 연료가 멀리까지 뿜어져나가 불기둥 형태가 되는 듯하지만 실제로는 분무된 연료의 입자가 촘촘해지기 때문에 파이어 볼에 가까운 형태가 된다. 반대로 압력이 낮으면 분무 입자가 조밀해지진 않지만 멀리까지 뿜어져나가며 불기둥의 형태가 된다. 단, 충전 압력이 너무 낮으면 연료가 충분히 비산하지 못하고 뭉치게 된다. 이렇게 뭉친 덩어리가 너무 크면 상공에서 완전히 연소되지 못하고 불이 붙은 가솔린이 머리 위로 떨어지게 된다.

가솔린은 공기와 달리 어느 정도 밀도가 있기 때문에 발사 충격이 꽤 크다는 특징이 있다. 일단 처음에는 물로 분무 정도나 반동 등을 확인한다. 컴프레서나 공기펌프로 가능한 최대 압력으로 시험한다. 어느 정도 상태를 파악했다면 가솔린 연료로 바꿔 실험하면 된다.

분사 방법

연료의 분사 방법은 크게 두 가지가 있다. 첫 번째는 포신에 연료를 넣고 가속해 분사하는 방법이다. 이

알코올을 연료로 사용한 실험

알코올의 경우 가솔린보다 화력은 떨어지지만 화합물을 섞어 화염에 색을 입힐 수 있다는 장점이 있다. 착색하려면 무색투명한 메틸알코올이 적합하다. 오른쪽 사진은 붕산 알코올을 사용한 실험.

●스트론튬→적색 ●황산동→녹색 ●염화칼슘→황색

그저스트 캐넌이라면 이중 실린더식이나 가변 용량식으로 실현 가능하다. 가장 일반적이고 안전한 방법이다. 두 번째는 봉투 등에 넣어 풍압으로 비산시키는 방법이다. 단일 실린더나 이중 실린더식 등으로 실현 가능하다. 내부에 연료를 주입하지 않으므로 부식이나 오염 우려가 없다는 장점이 있다. 부식성이 강한 연료를 사용할 수 있다는 것이 가장 큰 이점이다. 단, 연료가 사방팔방으로 비산하기 때문에 실험자가 뒤집어쓰지 않도록 주의해야 한다. 또 원리적으로 연료의 가속이 어려운 만큼 불기둥이 아닌 불덩이 형태의 화염이 방출된다.

● 연료의 종류 ① 가솔린 계통

가장 일반적인 파이어 볼 실험의 연료. 압도적인 가연성과 입수가 용이하다는 장점이 있다. 가까운 주유소에서 쉽게 구매할 수 있다. 일반 가솔린으로 충분하며 이런 종류의 화력 실험에 가장 저렴한 연료이다. 다만 가솔린에는 다양한 첨가제가 들어 있어 시간이 지나면 변질되어 열화한다. 자동차 연료로서 알고 있는 지식과 다르지 않다. 가솔린에는 유통기한이 있다고 생각해야 한다. 파이어 볼 실험에서는 신선한 가솔린이 가장 강력한 효과를 발휘하는 듯하다. 구입한 가솔린은 한 달 이내에 소비하는 것이 이상적이다. 가솔린 첨가제는 열화에 의해 카르본산이나 알데히드 등으로 변질되어 이그저스트 캐넌의 부자재에 손상을 입힐 가능성이 있다.

또 가솔린을 단독으로 사용하는 것보다 등유 등과 혼합하는 편이 효과적이다. 가솔린만 사용하면 강력하고 눈부신 파이어 볼을 만들 수 있지만 순식간에 타버린다. 순간적인 작열을 체감하기에는 최적일지 몰라도 장시간 화염을 즐기려면 잘 타지 않는 등유를 혼합해 화염의 지속시간을 늘린다. 등유의 혼합비는 조건에 따라 다르지만 50%를 상한으로 조정하는 것이 포인트이다. 한편 등유의 비율이 너무 높으면 착화성이 떨어진다.

● 연료의 종류 ② 알코올 계통

알코올 연료 최대의 이점은 안전성이다. 혹 몸에 불이 붙어도 가솔린과 달리 물로 간단히 끌 수 있다. 알코올은 물에 얼마든지 녹기 때문에 쉽게 끌 수 있다.

또 다른 이점은 불꽃에 색을 입힐 수 있다는 것이다. 가솔린의 경우, 영화 세트장과 같은 선명한 오렌지색 화염을 뿜어낸다. 한편 알코올은 화합물을 섞어 착색이 가능하다.

알코올도 종류가 많은데 가장 구하기 쉬운 것은 에틸알코올, 메틸알코올, 이소프로필알코올 등 3종이다. 그중에서도 알코올 화염에 사용하려면 메틸알코올(메탄올)이 가장 좋다. 분자 구조가 가장 단순하고 불필요한 탄소 성분을 함유하고 있지 않아서다. 탄소 성분은 황색 불길을 만들어내는 원인이다. 즉 이런 탄소 성분이 함유되어 있지 않으면 무색투명에 가까운 화염이 방출되므로 염색반응으로 다양한 착색이 가능한 것이다.

착색은 보통 분말 형태의 시약을

Memo:

분진을 연료로 사용한 실험

분진폭발의 원리를 응용해 밀가루나 전분으로 파이어 볼을 발생시키는 것도 가능하다. 액체에 비해 관리가 쉽지만 파이어 볼의 규모는 크지 않다.

메탄올에 녹여 사용한다. 염색반응에 사용하는 시약과 같으며 메탄올에 녹는 것이면 무엇이든 사용할 수 있다고 보면 된다. 간단하게는 다음과 같은 조성이 가능하다.

적색 : 스트론튬
녹색 : 황산동
황색 : 염화칼슘

한편 알코올의 단점이라고 하면…. 가장 큰 결점은 부식성과 알코올이 증발한 후 남는 고형물이다. 부식에 의한 녹이나 고형물 때문에 이그저스트 캐넌이 정상적인 동작을 하지 못하게 될 우려가 있다. 사용 후 물로 씻을 수 있는 스테인리스 타입을 사용하든지 비산 방법을 궁리해야 할 것이다.

또한 가솔린과 비교하면 열량이 절반 정도라 아무래도 화력이 떨어진다. 열량과 화염의 규모는 비례하는 듯, 열량이 높은 연료가 그만큼 큰 화염을 만들어내는 것 같다. 알코올은 상당한 양을 주입하지 않으면 가솔린과 같은 임팩트를 얻기 힘들다.

참고로 메탄올은 가솔린보다 수 배나 비싸기 때문에 비용이 많이 든다는 결점도 있다.

● 연료의 종류 ③ 분진

분진폭발의 원리를 응용해 이그저스트 캐넌의 풍압으로 가연성 분말을 비산시켜 발화하는 방법도 있다. 연료로 사용할 분말은 밀가루, 전분, 설탕, 석탄가루 등이다. 이런 분말은 액체연료에 비해 착화성이 좋지 않아 작은 불기둥이 잠깐 보이는 정도이다. 타고 남은 가루도 대량으로 나온다.

김이 새긴 하지만 생각하기에 따라서는 안전성이 높다고도 할 수 있다(웃음). 분진폭발 실연 실험에는 적합할 것이다.

또 액체에 비해 관리가 쉽기 때문에 앞으로는 분진을 이용한 화염 방사 실험이 최적화될 가능성도 있다.

● 스모크 링

마지막으로 파이어 볼 방출 실험으로 발생하는 흥미로운 현상을 소개한다. 상공을 향해 파이어 볼을 방출하면 소용돌이 모양의 상승기류가 나타난다. 이상적인 조건에서 생성된 고리 모양의 검은 연기는 바람이 없을 경우 수 분간 상공에 떠 있기도 한다. 커다란 스모크 링이 떠 있는 광경은 무척 인상적이다.

이 스모크 링은 첨가제로 강화할 수도 있다. 시커먼 연기를 만들어내고 싶다면 나프탈렌 등을 첨가하면 된다. 나프탈렌은 옷장용 방충제로 손쉽게 구입 가능하다. 흰 연기를 발생시키고 싶으면 경유를 첨가하면 된다.

주위를 온통 연기로 뒤덮는

연막의 과학

품에서 꺼낸 무언가를 바닥에 던지면 펑! 소리와 함께 자욱한 연기가 피어오르고 어느새 스파이는 자취를 감춘다. 이런 일련의 흐름을 과학의 시점으로 풀어보자!

(구라레)

독가스에 대해서는 『과학실험 이과』 시리즈에서도 여러 번 다룬 바 있지만 독이 없는 가스에 대해서는 실은 한 번도 다루지 않았다. 그런 의미에서 이번 주제는 '연막'이다. 상대의 시야를 차단하는 수법의 하나로 시대극부터 판타지에 이르기까지 다양한 장르에 등장한다. 실제 전투에서도 현장에 돌입 또는 철수 시 사용된다. 먼저, 연막의 역사를 돌아보고 가까운 소재를 구해 직접 검증해 보자.

과학의 시점으로 본 연막의 역사와 원리

연막이라고 하면 현재 가장 손쉽게 대량으로 사용되는 것은(에어쇼 등에서 비행기가 분사하는 그것) 등유 따위의 기름을 불완전연소시키거나 가열해 안개 형태로 분사하는 것이다. 기름 안개는 무해하고 성능도 좋지만 발생시키려면 아무래도 기계적인 방법을 사용할 수밖에 없다는 점에서 소형화에는 무리가 있다. 그래서 무기로는 화학반응을 이용한 연막이 다양하게 개발되었다.

첫 번째는 화약을 이용한 연막. 현재 가장 많이 사용되는 방법으로 착색도 간단하다. 요컨대 대형 스모크볼 폭죽이라고 보면 된다. 질산칼륨이나 염소산칼륨과 같은 산화제에 황산 또는 유당 등을 섞은 배합에 인디고 등의 염료를 넣어 연기에 강제로 색을 입힌다.

여기서는 이런 폭죽 말고 단순히 화학적으로 흰 연기를 발생시키는 방법에 대해 이야기해보자.

초기의 화학무기 겸 연막으로 유명한 것이 황린(백린)이다. 황린은 공기와 반응해 고온으로 타오르며 오산화이인이 되고 그것이 공기 중의 수분을 흡수해 인산을 형성하며 에어로졸화된다. 이 연기가 적외선 센서의 탐지를 방해하는 특징이 있어 요긴히 쓰였다. 그러나 연소 중의 황린 분진을 마시면 화상을 입을 가능성이 있어 현재는 적린을 이용한 연막탄을 주로 쓴다고 한다. 적린 연막의 화학식은 다음과 같다.

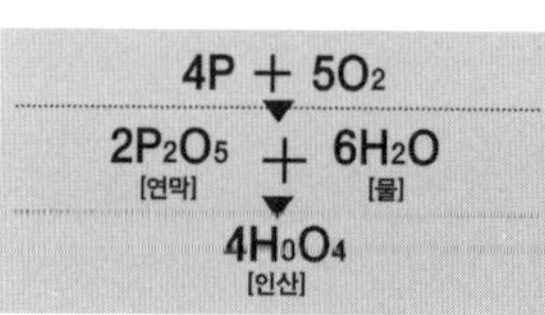

다양한 연막을 만들어내는 화합물로 현재는 쓰이지 않게 되었지만 로망을 자극하는 물질도 존재한다. 바로 사염화규소, 사염화 타이타늄인데 둘 다 물과 반응해 맹렬한 연막을 형성한다. 암살자가 소매에서 주사위처럼 생긴 물건을 꺼내 연못에 던지자 순식간에 주위가 연기에 휩싸

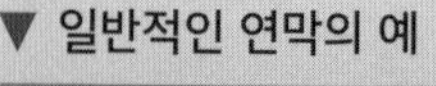

01 : 에어쇼 등에 사용되는 연막
02 : 전투 시 적의 시야를 차단하는 연막탄
03 : 축구 시합 중 폭도들이 던진 발연통도 연막의 일종이다.

Memo:

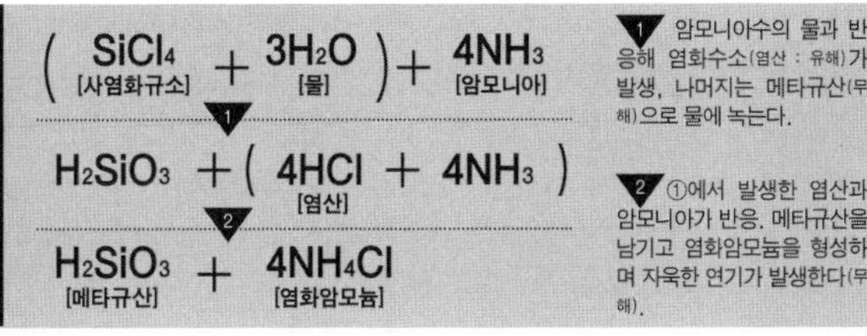

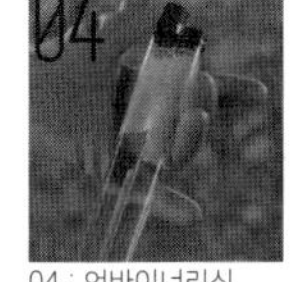

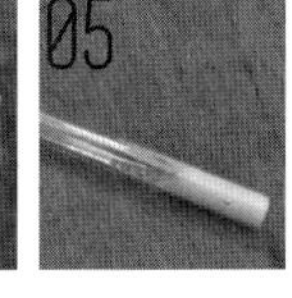

04 : 언바이너리식
05 : 대량의 연기를 발생시키기 위해 고형 사염화규소 앰풀에 암모니아수를 넣은 이번 실험의 완성형

이던 모 만화에 등장하는 장면을 재현하는 것이 가능할 법한 물질이다.

그 밖에 발연 황산이나 클로로황산 등도 있지만 보관이 어려워 현재는 사용되지 않는다.

플라스크가 깨지며 연기 발생

이제 바닥에 앰풀을 던지면 흰 연기가 발생하는 연막탄을 만들어보자.

이번에는 염화암모늄을 이용해 연막을 발생시킨다. 고등학생도 알고 있는 염산과 암모니아의 반응을 이용한 것이다. 염화암모늄은 공기 중에 자욱한 연기를 연출한다.

그러나 염산과 암모니아수를 섞는 것만으로는 재미가 없다. 게다가 염화수소와 암모니아의 반응만으로는 순식간에 염화수소가 바닥나 연기는 구경도 하지 못할 수 있다. 그래서 더욱 고농도의 염화수소를 발생시키고 그 염화수소를 안전하게 암모니아와 반응시켜 더욱 밀도 높은 연기를 만든다.

사용할 수 있는 시약은 다양하다. 염화술포닐은 염소의 발생원으로 실험실 등에서 사용하는 악취+염화수소 발생으로 유명하지만 염화술포닐은 액체이다. 이종 혼합형으로서는 나쁘지 않은 조합이다. 염화술포닐+고농도 암모니아수로 이종 혼합형 연막 발생장치를 만들어본다. 양쪽 모두 시험관에 담긴 상태로 검 테이프로 고정한다. 착탄점이 견고하면 두 액체가 제대로 섞이며 흰 연기가 피어오른다.

구조를 연구해 대량의 연기를 발생시킨다

그러나 앰풀을 나란히 부착하는 방식으로는 두 용기가 동시에 깨지지 않을 수 있다. 착탄점에서 용기가 각기 다른 방향으로 깨지며 약품이 산란하면 반응 효율이 떨어진다. 그러므로 한쪽은 고체, 다른 한쪽은 액체를 넣는 것이 이상적이다.

액체는 고농도 암모니아수, 고체는 사염화규소를 선택했다. 사염화규소는 가루 상태로 물에 닿으면 맹렬한 염화수소를 발생시키지만 습도만 주의하면 안정적인 상태를 유지할 수 있다. 게다가 분말 고체이기 때문에 이중 시험관 구조 바깥쪽에 채우면 완충재의 역할도 하고 지면에 던지면 스파이 영화에서 보는 자욱한 연기를 발생시킨다.

시험관에 사염화규소를 채우고 거기에 고농도 암모니아수가 들어 있는 시험관을 꽂으면 완료. 아직 개선할 점은 있지만 일단 연막 앰풀이 완성되었다.

완성된 앰풀을 벽을 향해 던진다. 연막 투하!!

이번 실험에서는 염산과 암모니아수가 반응하는 원리로 연막을 발생시켰다.

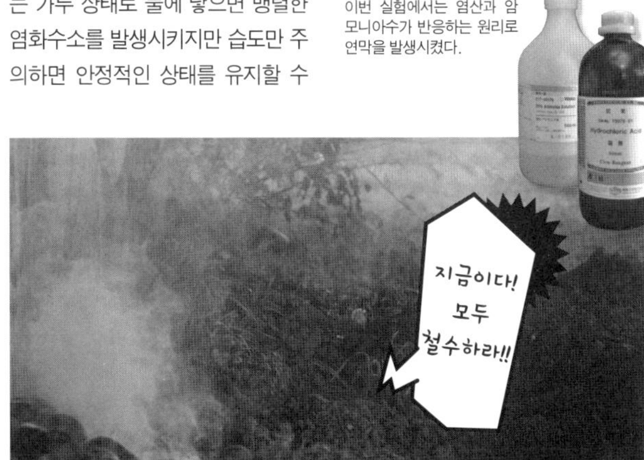

※실험은 주변의 안전을 확인한 후 실시한다.

가열 혹은 미세 분말을 살포해 시야를 차단한다

연막 발생기의 제작 방법

계속해서 연막 수업이다. 일류 스파이라면 연막을 만드는 방법 한두 가지쯤은 알고 있을 것이다. 화학반응을 응용한 방법과 가열식을 해설한다. (POKA)

연막의 세계는 심오하다. 연막을 발생시키는 방법으로는 약품을 이용한 화학적 방식, 열을 이용한 물리적 방식 등 다양한 방법이 있다. DIY가 가능한 조성도 몇 가지 알려져 있어 간단히 실험해볼 수 있다. 이번에는 실외 실험에서의 응용이 기대되는 농후한 연막 발생 방법을 해설한다.

패턴별 연막 발생 방법

▼ 화학적 방법

교과서에도 실려 있는 유명한 방법이다. 염화수소와 암모니아수를 사용해 발생하는 염화암모늄을 응집핵으로 이용한다. 뚜껑이 열린 염산병과 암모니아수 병을 가까이 두면 연기가 발생하는 것이다. 발생하는 염화암모늄은 독성이 낮아 실험에 적합하다. 다만 발연할 정도의 진한 염산이 필요하며 암모니아수 역시 자극이 강한 것을 준비해야 한다. 대규모로 분무할 수 있으면 꽤 농후한 연막을 발생시킬 수 있지만 미반응물이 생기면 심한 악취와 부식성 가스가 발생하는 결점이 있다. 이 점을 기억해두기 바란다.

▼ 열원을 사용하는 방법

고온의 열원을 이용해 연막의 성분이 될 물질을 증발시켜 연기를 얻는 방법이다. 스모그 머신 또는 포그 머신 등이 이런 방식인데, 발화점이 높은 액체를 고온으로 가열·증발시

▼ 연막 발생장치 실험

주요 재료

염화비닐관
15A 등의 가느다란 종류. 또는 수도용 호스로도 가능

요소
질소 비료로 판매되는 제품도 OK

가스버너
염화비닐관은 잘 타지 않기 때문에 버너를 이용해 빠르게 연소시킨다.

적당히 자른 염화비닐관에 요소를 담아 가스버너로 착화. 염화수소와 암모니아 가스가 발생하며 흰 연기가 피어오른다. 단순한 구성이지만 화학반응을 이용해 큰 효과를 얻을 수 있다.

Memo:

켜 연기를 발생시키는 구조이다. 열원으로는 전기 히터, 버너, 화약의 연소 등을 이용한다.

액체의 성분은 글리콜계의 수용성과 석유계의 비수용성 두 종류이다. 수용성 액체는 물걸레로 닦을 수 있어 뒤처리가 간단하다. 청소가 쉬워 주로 실내에서 사용된다. 한편 석유계는 농후한 연막을 발생시킬 수 있는 특징이 있다. 하지만 만지면 끈적끈적하고 물로 씻어내지도 못한다. 뒤처리가 힘들기 때문에 실내에서의 이용에는 적합지 않다. 다만 가격이 저렴하다는 장점이 있어 실외에서 대규모로 발생시키기에는 적합하다고 할 수 있다. 대표적인 석유계 발연 성분으로는 경유가 있다. 휘발 온도나 발화성이 적당하다. 중유 이상의 무거운 기름은 증발하기 어려워 그만큼 강력한 열원이 필요하다. 등유 이하의 가벼운 기름은 인화점이 낮아 위험하다.

▼ 가루를 살포하는 방법

압축공기나 폭약처럼 미세 분말을 살포하는 방법이다. 밀가루나 석탄 등을 비산해 연기를 얻는다. 가장 강력하고 농후한 연기를 발생시킬 수 있다. 연기라기보다는 분진에 가깝다고 할 수 있다. 컬러 파우더 등이 유명하며 압축공기로 간단히 공기 중에 살포할 수 있다. 컬러 파우더는 밀가루나 옥수수 전분이 주성분으로 적당한 염료로 착색한 것이다.

단, 응집 핵을 발생시켜 공기 중의 수분과 결합하는 유형과 달리 지속 시간이 짧은 것이 단점이다. 또 분진은 발화하기 쉬워 분진폭발을 일으킬 가능성이 있다. 취급에는 각별한 주의가 필요하다.

자작 연막 발생장치

이제 이론을 배웠으니 실제 연기를 발생시키는 장치를 만들어보자. 연기의 밀도 면에서는 화학적 방법이 가장 뛰어나다. 농후하고 지속시간이 긴 연기를 발생시킨다. 응집 핵으로는 염화암모늄이 가장 적합하며 염산과 암모니아수를 사용하는 방법이 일반적이다.

필요한 것은 염산의 염화수소와 암모니아 가스로 염산과 암모니아수가 필수는 아니다. 즉, 열분해로 염화수소 가스와 암모니아 가스를 얻으면 연막을 만들어낼 수 있다.

▼ 염화비닐의 열분해

염화비닐을 연소시키면 염화수소가 발생한다. 연소열에 의한 열분해로 탄화수소와 염화수소가 되는 것이다. 염화수소를 얻는 가장 저렴하

실험 순서

염화비닐관에 채운 요소를 가스버너로 연소시킨다. 흰 연기와 함께 냄새가 발생하므로 실험은 문제가 되지 않을 장소에서 실시할 것. 이번 실험은 사유지에서 진행했다.

01

가장 중요한 재료는 화학 비료인 요소와 염화비닐관. 둘 다 홈센터에서 쉽게 구할 수 있다.

02

염화비닐관은 15A 정도의 가는 타입이 좋다. 쇠톱 등으로 3cm가량 자른다.

03

화비닐관 안에 요소를 가득 채운다. 이때 연기가 더 잘 나도록 소량의 물을 섞는 것이 포인트.

04

05

버너로 빠르게 가열하면 염화비닐관에서 대량의 염화수소, 요소에서는 암모니아가 발생. 두 가스가 섞이며 물과 반응하면 미세한 결정(연기)이 되면서 자욱한 연기가 피어오른다.

고 간단한 방법이다. 구체적인 재료로는 PVC 관이 있다. 이 PVC 관이 바로 염화비닐관으로 홈 센터 등에서 손쉽게 구할 수 있다. 연소할 때는 유기 염소계의 유독가스가 발생하므로 대량 흡입하지 않도록 주의하며 작업한다.

▼ 요소의 열분해

암모니아 가스는 요소의 열분해로 얻을 수 있다. 요소는 고온에서 암모니아와 시아누르산 등으로 분해된다. 암모니아는 고온에서는 가스로 방출되므로 이상적인 소재라고 할 수 있다. 요소는 원예용품점 등에서 비료로 판매되고 있으므로 간단히 구입할 수 있다.

요소의 열분해는 300~400℃ 정도면 충분하다. 가스버너로 가열하면 코를 찌르는 냄새가 난다. 요소 이외의 질소화합물, 아민이나 아미드는 암모니아가 발생하면 사용할 수 있을 것이다. 암모니아가 아니라 포름알데히드가 발생하는 수지 등은 NG.

● 실험 방법

염화비닐과 요소를 열분해하면 염화수소와 암모니아 가스를 얻을 수 있다. 이것을 동시에 가열해 가스를 발생시키면 된다. 염화비닐관은 안에 요소를 채울 수 있는 이상적인 형태이다. 15A 정도의 가는 염화비닐관을 적당한 길이로 잘라 내부에 요소를 가득 채운다.

이 염화비닐관을 가열해 열분해하면 엄청난 연기가 발생한다. 염화비닐관은 난연성 플라스틱이라 좀처럼 불이 붙지 않는다. 염화비닐관 외부에 폴리에틸렌이나 폴리프로필렌을 감아 가열용 연료로 이용하면 간편할 것이다.

준비를 마쳤으면 나머지는 간단하다. 염화비닐관에 불을 붙이면 OK. 염화비닐관에 불이 붙으면 검은 연기와 함께 코를 찌르는 가스가 발생한다. 이 자극적인 냄새가 연막 발생제의 주성분인 염화수소이다. 염화비닐관이 타면서 안에 든 요소가 가열되어 암모니아가 발생한다. 염화수소와 암모니아가 동시에 발생하기 때문에 흰 연기가 피어오르며 연소가 진행된다.

염화비닐관 등의 경질 염화비닐은 연소 도중 불이 꺼지는 경우도 많은

▼ 증산 방식의 연막 발생 실험

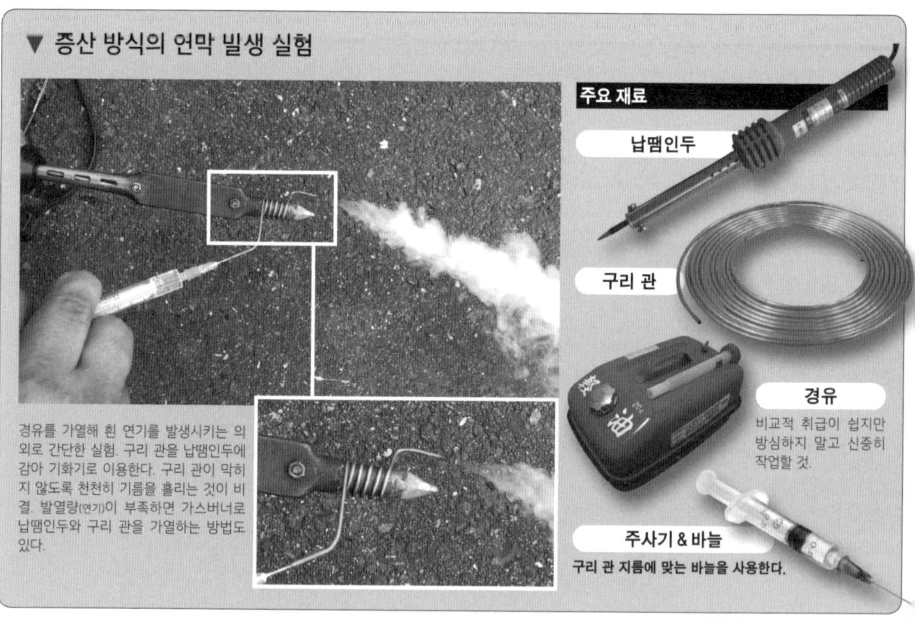

경유를 가열해 흰 연기를 발생시키는 의외로 간단한 실험. 구리 관을 납땜인두에 감아 기화기로 이용한다. 구리 관이 막히지 않도록 천천히 기름을 흘리는 것이 비결. 발열량(연기)이 부족하면 가스버너로 납땜인두와 구리 관을 가열하는 방법도 있다.

Memo:

듯하다. 연질 염화비닐이라면 느리지만 연소가 지속된다. 연질 염화비닐에 든 가소제가 연소를 돕는 것이다. 수도용 호스 등이 연질 염화비닐이다.

● 가열을 이용한 방법

이번에는 가열을 이용한 증산 방식의 연막 발생 실험이다. 이 실험은 간단하니 도전해보는 것도 좋다. 준비할 재료는 가는 구리 관, 주사기, 납땜인두로 이것만 있으면 바로 실험이 가능하다. 가는 구리 관은 납땜인두에 감아 기화기로 사용한다. 나머지는 주사기에 경유를 넣고 가열한 구리 관에 흘리는 것이다. 경유는 납땜인두 정도의 열로는 불이 붙지 않으므로 위험성도 그리 높지 않다. 참고로, 가솔린 같은 가벼운 기름은 정전기 등으로 발화하기도 한다. 이런 실험에는 안전성과 비용을 생각할 때 경유가 가장 적합하다.

경유에는 특유의 연료 냄새가 있다. 연기에서도 같은 냄새가 난다는 것을 기억해두자. 또 연기가 닿으면 경유가 엉겨 붙어 끈적끈적해진다. 실내에서의 실험은 피하는 것이 좋다. 경유에 유성 염료를 녹이면 다양한 색상의 연기를 발생시킬 수 있다.

경유 대신 시판 포그액을 넣어도 농후한 연기를 발생시킨다. 브레이크 오일의 성분인 글리콜계 오일도 사용 가능하다. 다양한 액체로 시도해보고 연기의 성질을 비교해보는 것도 좋다.

가열식 연막 발생 실험은 발열량에 좌우되기 때문에 전열 가스나 버너로 가열하는 편이 단시간에 대량의 연기를 발생시킬 수 있다. 시판 스모그 머신은 보통 1,000W 이상의 제품이 많다. 솔직히 납땜인두로는 발열량이 한참 부족하다. 간단히 생각해볼 수 있는 방법으로는 기화기 역할을 하는 납땜인두+구리 관을 가스버너로 가열하면 발열량을 훨씬 높일 수 있을 것이다.

실험 순서

납땜인두에 감은 구리 관에서 경유가 연기가 되어 분출된다. 이 연기도 경유 특유의 냄새가 나고 연기에 닿으면 끈적끈적해진다. 실험 장소에 유의하기 바란다.

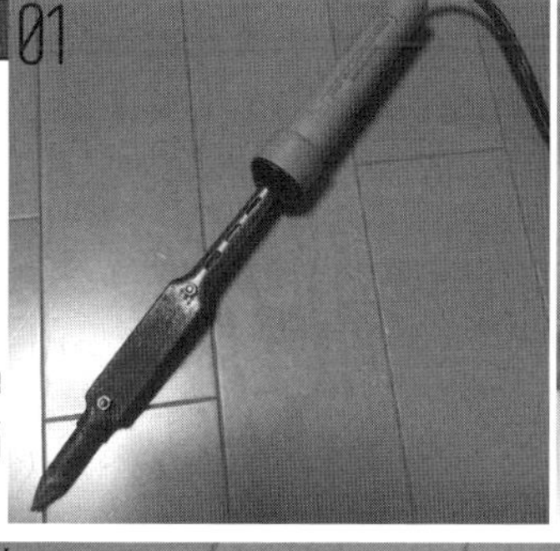

열원은 전자 공작 및 DIY에 자주 사용하는 납땜인두. 여기에 열전도율이 높은 구리 관을 감는다. 눌리기 쉬우므로 신중히 감는다. 열이 잘 전달되도록 6회 정도 감아주면 좋다.

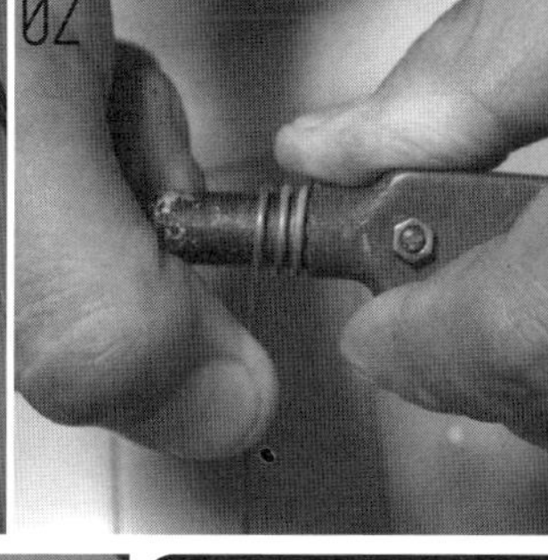

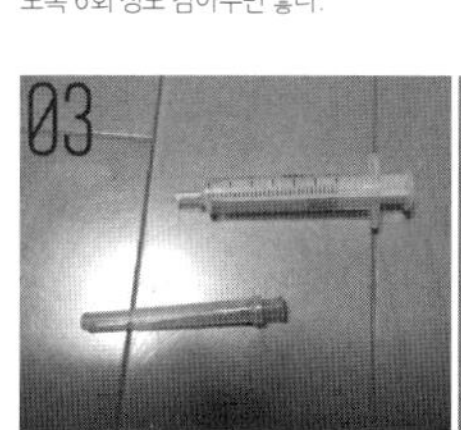

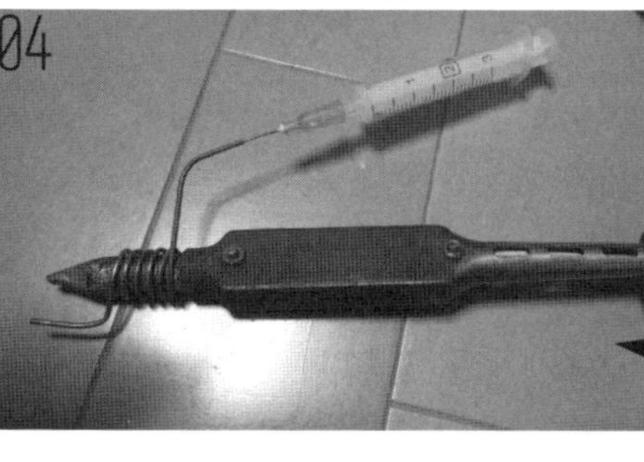

주사기와 바늘을 준비해 구리 관에 꽂는다. 콘센트를 꽂고 납땜인두가 가열되면 주사기로 경유를 흘려보낸다. 구리 관에서 흰 연기가 발생한다.

포그액

브레이크 오일

경유 대신 스모그 머신의 포그액이나 브레이크 오일을 이용하는 것도 가능.

외우지 않아도 이름과 구조식을 알 수 있다!

1,600만 종에 대응하는 유기화합물 명명법

모든 것에는 이름이 있다. 그러지 않으면 "그거 말이야, 그거!" 하며 속 터지는 대화를 해야 할 것이다. 유기화합물도 예외는 아니다. (아와시마 리리카)

독일의 알칼로이드 화학자 제르튜르너가 아편에서 뽑아낸 '모르핀'. 인류가 최초로 합성한 의약품 '아스피린' 정도는 화학에 문외한이라도 알고 있는 이름일 것이다. 다만 세상에는 1,600만 종 이상의 유기화합물이 존재한다. 일일이 외우기 힘들기 때문에 국제순수·응용화학연합(IUPAC)이라는 조직이 계통적인 이름의 명명법을 정했다. 이 IUPAC 명명법을 사용하면 누구나 규칙적으로 그 이름에서 구조, 구조에서 이름으로 변환할 수 있다.

'애초에 화합물의 이름이 뭐가 중요하지?'라고 생각할지 모르지만 중요하다. 유기화학 기술로 무언가를 만드는 경우에는 원료를 구하거나 제조 방법에 관한 논문을 찾아보아야 한다. '그게 있어야 하는데…'로는 시그마 알드리치(Sigma Aldrich)의 카탈로그를 찾아볼 수 없고 '그걸 만들어야겠다!'만으로는 논문도 찾지 못한다.※1 그러므로 필요 최소한의 기초적인 IUPAC 명명법을 이해해두는 것이 필요하다. 물론 완벽히 암기할 필요 없다. '화합물 명명법 강의(http://nomenclator.la.coocan.jp/)' 등을 참고하며 이름에서 구조, 구조에서 이름을 변환할 수 있으면 된다.

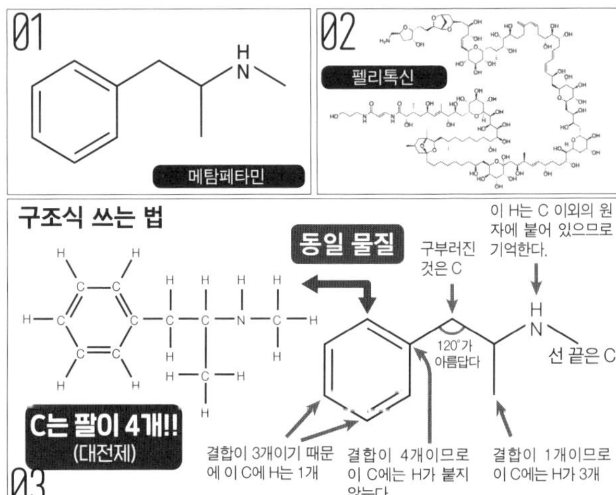

유기화학은 탄소와 수소를 함유한 유기화합물을 연구하는 학문이기 때문에 일일이 'C'나 'H'를 쓰면 보기 힘들어진다. 포인트는 사슬을 지그재그로 그리는 것과 'C-H결합' 'H' 'C'를 생략하는 것이다.

다만 IUPAC명뿐 아니라 호칭으로 불리는 화합물도 많다. [01] 화합물의 IUPAC명은 'N-methy-1-phenyl-propan-2-amine'이지만 어쩐지 익숙지 않다. 보통은 관용명인 '메탐페타민' 또는 일본의 제약회사에서 붙인 상품명인 '히로뽕(Philopon)' 그리고 가장 통속적인 명칭으로는 '샤브' 혹은 'Meth'라고도 불린다.

또 IUPAC명이 굉장히 긴 경우에도 통칭으로 불린다. 예컨대 [02]의 통칭은 '펠리톡신'이지만 IUPAC명은 '(E, 2S, 3R, 5R, 8R, 9S)-10-[(2R, 3R, 4R, 5S, 6R)-6-[(1S, 2R, 3S, 4S, 5R, 11S)-12-[5-[(8S)-9…(이하 생략)'이다. 글자 수가 무려 838자! 원고용지로도 2장이 넘는다. 확실히 구어로는 적합지 않다. 이런 명칭은 주로 논문 등에 사용된다.

Memo

※1 'ChemDraw' 프로그램을 사용하면 그린 구조식의 IUPAC명이 나오고 검색 사이트 'Scifinder'라면 구조를 통해 반응 검색이 가능하다. ChemDraw는 어쨌든 Scifinder를 사용할 수 있는 환경에 있는 사람이라면 어느 정도 이상 명명법을 이해하고 있을 것이다.

IUPAC명명법의 규칙 ❶ ▶ 본체의 탄소 사슬(사슬/ 모핵)

IUPAC 명명법	기타 관능기 (접두어)	+	본체의 탄소 사슬 (주 사슬/ 모핵)	+	우선순위가 높은 관능기 (접미어)

유기화학은 탄소를 함유한 화합물을 연구하는 학문으로 대강 말하면 '탄소 사슬에 뭐가 붙어 있는가?'에 관한 것이다. 위의 기본 공식을 이해하면 일단 OK이다.

'본체의 탄소 사슬'부터 설명해보자. 탄소가 직접적으로 몇 개나 연결되어 있는지(뒤에 나오는 가장 우선순위가 높은 관능기가 붙는다)를 말한다. 가장 긴 탄소 사슬이 주 사슬이 된다. [04]의 메탐페타민의 경우 회색 부분이 탄소 3개로 이루어진 가장 긴 탄소 사슬이다. 그러므로 주 사슬은 'Prop-'가 된다.

04

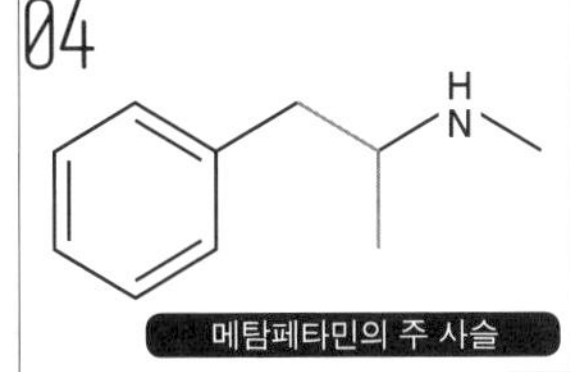

메탐페타민의 주 사슬

탄소 수	명명
1	Meth-
2	Eth-
3	Prop-
4	But-
5	Pent-
6	Hex-
7	Hept-
8	Oct-
9	Non-
10	Dec-

IUPAC명명법의 규칙 ❷ ▶ 우선순위가 높은 관능기(접미어)

관능기는 유기화합물의 화학적 특성의 원인이 되는 공통된 원자단을 말한다. 복수인 경우는 표와 같이 우선순위를 따른다. 우선순위 1위가 접미어, 그 이외는 접두어이다. 또 관능기가 없는 경우는 아래와 같다.

- **알칸 (포화) -ane**
- **알켄 (불포화 이중결합) -ene(C2에서)**
- **알킨 (불포화 삼중결합) -yne(C2에서)**

고리 모양의 경우는 'cycro-'가 앞에 붙고(C3에서) 이중결합이 복수인 경우 2개면 '-diene', 3개면 '-triene'가 붙는다.

메탐페타민은 아미노기와 페닐기가 붙어 있지만 페닐기는 배위권 밖, 그러므로 접미어는 '-amine', 주 사슬은 이중결합 또는 삼중결합이 없기 때문에 '-ane'가 된다. 이것을 합치면 'prop + ane + amine = propane amine'가 된다.

우선순위		접미어	설두어
고	암모늄	~ammonium	—
	카르복실기	~oic acid	carboxy~
	에스테르기	~ate	—
	아미도기	~amide	carbamoyl~
	알데히드기	~al	formyl~
	케톤기	~one	oxo~
	히드록실기	~ol	hydroxyl~
	치올기	~thiol	sulfanyl~
저	아미노기	~amine	amino~

05

메탐페타민의 관능기

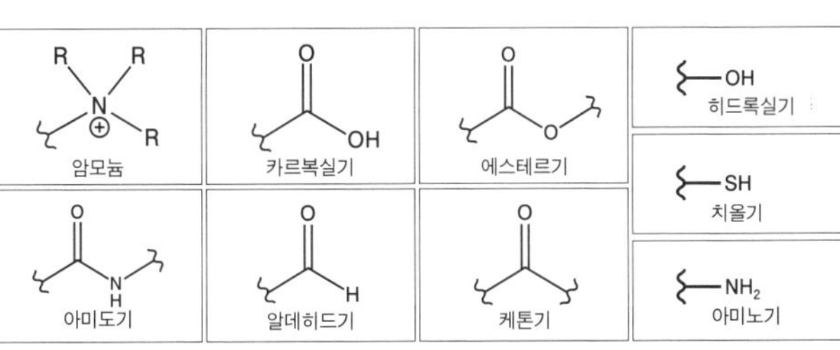

IUPAC명명법의 규칙 ③ ▸ 기타 관능기(접두어)

우선순위가 낮은 것 내지는 권외 관능기가 들어간다. 앞 장의 표와 [06]을 참고하기 바란다. 또 탄화수소(알킬기)의 경우는 아래와 같다.

- **알칸 (포화) -yl**
- **알켄 (불포화 이중결합) -enyl**
- **알킨 (불포화 이중결합) -ynyl**

메탐페타민의 접두어는 페닐기와 아미노기의 N에 붙은 메틸기이다. 즉 'N-methyl phenylpropane amine'이 되는데 이것으로 완성된 것은 아니다. 관능기의 위치를 숫자로 나타낼 필요가 있다.

우선순위가 높은 관능기에 가장 가까운 탄소의 번호가 작아지도록 주 사슬에 번호를 붙여 이름에 반영한다. 우선순위가 높은 관능기가 탄소를 포함하는 경우(케톤을 제외)가 1. 같은 기가 여럿 있는 경우 2개면 'di-', 3개면 'tri-'와 같이 그리스 숫자를 붙인다.

위치 번호를 붙이는 방법은 [07]과 같이 두 가지로 생각할 수 있다. 우선순위가 높은 관능기, 아미노기가 붙은 탄소 번호가 작아지도록 붙이면 좌우 모두 2번이 된다. 다음으로 주 사슬에 붙어 있는 다른 관능기도 번호가 작아지도록 붙여보자. 페닐기가 1이나 3이 되는데 1이 되는 쪽을 선택한다. 따라서 바르게 붙인 것은 왼쪽, 이름에도 번호를 붙여주면 'N-methyl-1-phenylpropane-2-amine'으로 완성된다.※2

06

$-OCH_3$ methoxy
$-OC_2H_5$ ethoxy
$-CH{=}CH_2$ ethenyl(vinyl)
$-C{\equiv}CH$ ethynyl
phenyl
benzyl
$-C{\equiv}N$ cyano
$-N{=}C{=}O$ isocyanate
$-NO$ nitroso
$-NO_2$ nitro
$-NH-NH-$ hydrazo
$-NH-NH_2$ hydrazino
$-C(=O)-NH_2$ carbamoyl
$-NH-C(=O)-NH_2$ ureido
$-C(=NH)-NH_2$ amidino
$-NH-C(=NH)-NH_2$ guanidino
$-S-$ slufanyl
$-S(=O)_2-$ slufonyl
$-F$ fluoro
$-Cl$ chloro
$-Br$ bromo
$-I$ iodo

기타 관능기

07

바른 숫자 표기 / 잘못된 숫자 표기

IUPAC명명법의 규칙 ④ ▸ 입체 이성체

미국의 모 드라마에서 화학 교수가 나가이 나가요시(長井長義)의 추출법으로 Meth를 만들기 위해 제자를 시켜 모아 오게 한 '슈도에페드린'은 에페드린과 무엇이 다른지에 관한 이야기이다. [08]의 구조식은 위의 2개가 에페드린, 아래 2개가 슈도에페드린이다. 똑같은데? 하고 생각할 수 있다. 점선과 굵은 선의 위치 이외에는 말이다. 점선에 붙은 기는 끝으로, 굵은 선에 붙은 기는 앞쪽에 표기된다. 이런 위치 관계의 차이로

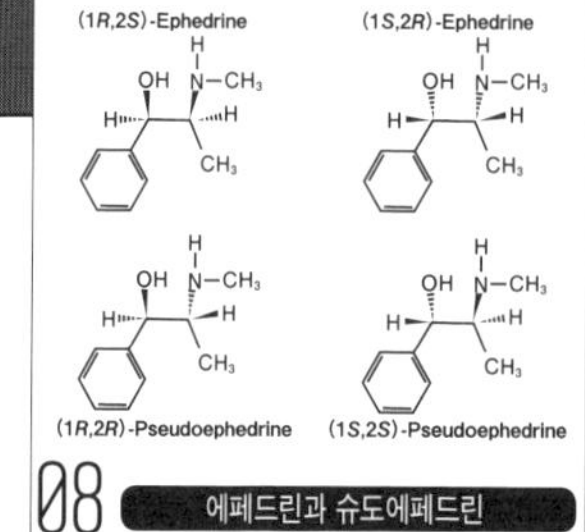

08 에페드린과 슈도에페드린

Memo:

※2 접두어가 복수인 경우는 알파벳 순으로 적는다.

이름이 바뀐다.

광학 이성체

탄소에는 팔이 4개가 있고 그 팔에 A, B, C, D, 4개의 다른 기가 붙은 것을 '키랄 탄소(부제 탄소)'라고 부른다. 키랄 탄소를 나타낼 때는 탄소 옆에 * 를 붙인다. [09]와 같이 좌우에 똑같이 붙어 있는 분자는 같은 A, B, C, D, 4개의 기가 결합된 구성이나 공간적으로는 포갤 수 없다. 이런 두 분자의 관계를 '거울상 이성체'라고 한다.

우선순위를 A>B>C>D로 가장 순위가 낮은 D를 끝으로 보내면 [10]과 같이 보일 것이다. 그리고 우선순위가 높은 것부터 따라갔을 때 시계 방향이 되는 것을 'R체' 반시계 방향이 되는 것은 'S체'라고 부른다. 우선순위는 키랄 탄소에 직접 결합한 원자의 원자번호로 결정된다. 원자번호로 결정되지 않는 경우에는 더 옆으로, 예컨대 '$-CH_2OH$'와 '$-CH_3$'은 키랄 탄소에 붙은 탄소 옆의 원자가 (O·H·H)와 (H·H·H)이기 때문에 우선순위는 $-CH_2OH > -CH_3$이 된다.※3

다시 에페드린과 슈도에페드린에 관한 이야기로 돌아가자. 이 두 가지는 1위와 2위에 키랄 탄소가 2개 있다. 이 부분의 입체 구조가 *SR*/*RS*로 조합이 다른 것을 에페드린, *SS*/*RR*로 조합이 같은 것을 슈도에페드린이라고 부른다. 이런 관계를 '부분입체 이성질체'라고 하며 물리·화학적 성질은 다르지만 거울상 이성체 관계에 있는 것은 기본적으로 물리·화학적 성질이 동일하다. 단, *S*체와 *R*체는 체내에서의 거동이 달라진다.※4

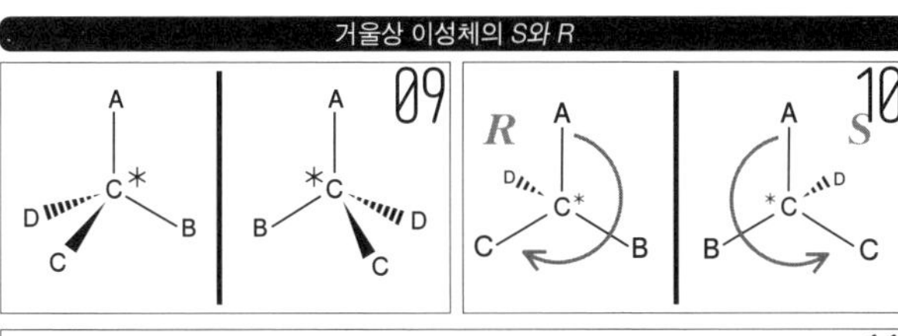

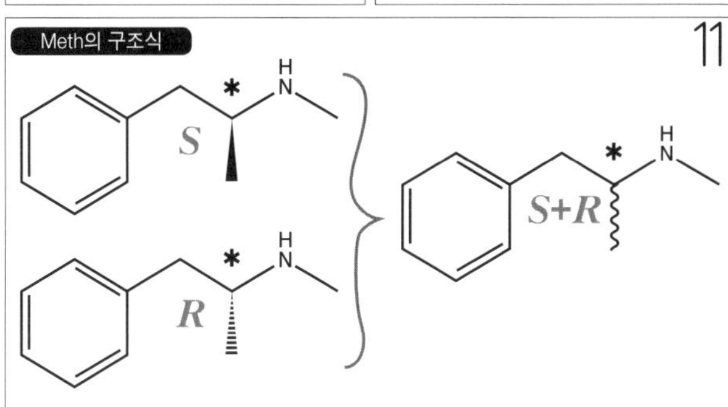

그리고 생성된 Meth는 지금까지 [11]과 같이 썼지만 실제로는 *S*와 R이 존재하며 둘 다 기재하는 경우에는 물결선이 된다.

cis-trans 이성체

그 밖에도 같은 것처럼 보이지만 다른 물질이 있다. 먼저, 이중 결합에 존재하는 이성체. 이중 결합에서는 탄소 간에 자유 회전이 불가능하기 때문에 치환기가 붙은 위치가 다르면 다른 물질이 된다. [12]의 상단 왼쪽과 같이 (동일) 치환기가 같은 쪽에 붙어 있는 것을 '*cis*체', 반대쪽에 붙어 있는 것을 '*trans*체'라고 한다. 즉, 트랜스지방산의 트랜스는 이중 결합을 사이에 끼고 반대쪽에 치환기가 있다는 말이다. 다만 1,2-이치환은 이런 식으로 생각하면 되지만 삼치환, 사치환이 되면 이야기가 조금 복잡해진다.

그 경우 [12] 하단의 E체, Z체로 표기한다. 우선순위는 A>B>C>D로 이중 결합을 사이에 끼고 우선순위가 높은 것이 같은 쪽에 붙은 것이 Z체, 반대쪽에 붙은 것이 E체이다. 이 우선순위도 광학 이성체와 마찬가지로 원자 번호로 결정된다.

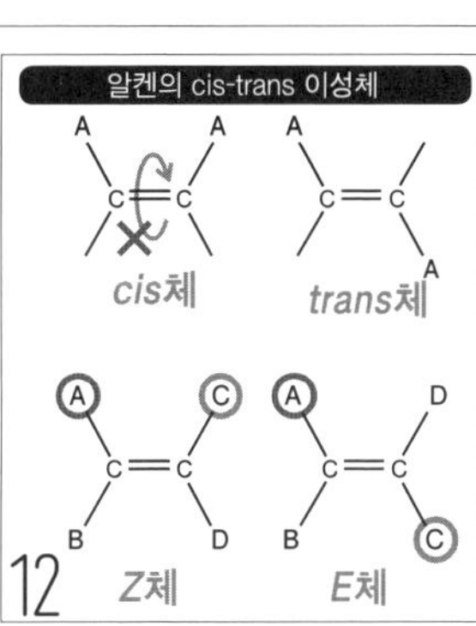

※3 이중 결합이나 삼중 결합은 화학식을 전개해 이중 결합이면 단결합 2개, 삼중 결합이면 단결합 3개로 생각한다.

※4 인간의 부품에는 아미노산 등의 SR이 있지만 한쪽만 사용되기 때문이다.

홈 센터나 약국에서 손쉽게 입수 가능!

약품 구입 가이드 [종합 편]

'이런 약품을 일반인이 어떻게 구하겠어…'라고 생각할지 모르지만 의외로 쉽게 구할 수 있다. 일단 이 책을 들고 드러그스토어로 출발! (구라레)

『과학실험 이과』에서는 다양한 약품을 이용한 각종 실험을 소개하고 있다. 요즘은 인터넷 쇼핑몰 등에서도 각종 시약을 손쉽게 구할 수 있다.

먼저, 어떤 약품을 어떻게 사용할 수 있는지부터 확인해보자. 지극히 기본적인 이야기일 수 있지만 의외의 약품을 뜻밖의 장소에서 입수할 수도 있으므로 알아두면 손해 볼 것 없다. 이번 시간에는 '누구나 살 수 있는' 약품을 선택하고 입수하는 방법에 대해 해설한다.

산 · 염기 등

염산

염산은 독극물이기 때문에 입수하려면 별도의 신고가 필요하다. 그러나 세정용 등으로 사용하는 경우는 약국에서 판매하는 화장실용 산성 세제로도 충분하다. 농도는 생각보다 진한 9~10% 전후. 수수께끼의 성분에 의해 염산이 잘 휘발되지 않으므로 채취한 광물의 산세척 등에는 오히려 산성 세제가 더 효과적일 수 있다.

빙초산

사진 현상소나 약국에서 구입 가능. 실험용으로도 충분히 사용 가능한 고품질 약품도 적지 않다. 그러나 부식성이 매우 강하고 지독한 냄새가 있으므로 약품을 다뤄본 경험이 없는 사람은 손대지 않는 편이 낫다.

아스코르브산

약국에서 비타민C 분말로 판매되고 있다. 그러나 식품 첨가물로 검색하면 약국에서보다 저렴한 가격에 구입할 수 있다. 섭취가 가능한 산으로 요리의 산미를 더하거나 비타민C 보충 등 이용 가치가 높다.

살리실산

일부 약국이나 인터넷 쇼핑 사이트에서 구입 가능. 여드름 예방 목적으로도 사용되지만 자극성이 강해 그대로 쓰기에는 위험한 경우가 많다. 에탄올과 에스테르를 합성해 외용 진통 습포제를 만들 수 있다.

탄산나트륨 · 칼륨

약국에서 살 수 있는 염기 중에서는 알칼리성이 가장 강하다. 목욕물에 소량을 풀면 여름철 피부 트러블에 특히 효과적이다. 너무 많이 넣으면 피부가 녹을 수 있으니 신중히 취급해야 한다.

싸이오황산 나트륨

어항에 낀 석회 제거 또는 탈할로겐 제제로 효과가 뛰어나며 실제 수돗물의 염소도 제거된다. 요오드액과 섞으면 순식간에 무색이 되기 때문에 화학 마술 등에 사용되기도 한다. 이산화황의 발생원으로도 이용 가능.

차아염소산 나트륨

주방용 소독 표백제로 판매된다. 이것으로 대부분의 오염을 지울 수 있다. 실험기구의 살균 때 쓰거나 희석해 주방의 위생 관리 등에 폭넓게 이용된다.

붕사(사붕산 나트륨)

약국에서 살 수 있는 약품을 이용한 실험 중 가장 유명한 '슬라임 만들기'의 필수 재료이다. 포화 용액을 만들어 PVA(세탁풀)에 섞으면 간단히 슬라임이 완성된다. 물의 함유량에 따라 슬라임의 점도가 달라진다.

붕산

알코올에 녹여 불을 붙이면 아름다운 황록색 염색반응을 즐길 수 있다(30·31쪽의 '컬러 캠프파이어' 참조). 또 바퀴벌레 퇴치 약으로도 이용 가능. 알코올에 녹인 붕산은 자극성이 강하기 때문에 맨손으로 만지지 않는 것이 좋다.

인산이수소나트륨

대형 잡화 쇼핑몰의 화학용품 코너에서 판매하는 결정 육성 키트의 정체. 식용 색소와 합치면 쉽게 결정을 만들 수 있다.

요소

약국에서 스킨케어 관련 제품으로 구입 가능. 각질 케어용 화장수를 만들 수 있고

Memo:

산·염기 등

염산

아스코르브산

탄산나트륨

아세톤

메탄올

초산에틸

투명 표본을 만들 때 첨가하면 완성도가 높아진다.

황산암모늄

유안이라고도 불린다. 물에 녹으면 흡열 반응으로 차가워지기 때문에 휴대용 냉각 팩에도 사용된다. 황산의 원료로 범죄에 악용되기도 하지만 다양한 유기화학 실험에 유용하게 쓰이는 약품이다.

염화코발트

도예용품점 등에서 판매된다. 색이 바뀌는 실리카겔에도 사용된다. 수분량에 따라 색이 바뀌기 때문에 적절히 조정하면 지워지는 잉크도 만들 수 있다.

유기용제

아세톤

제광액 말고도 홈 센터의 페인트 코너 등에서 순도가 낮은 제품이 판매된다. 시약이 아니라 오염 및 페인트를 지우거나 수지로 굳힌 것을 분해하기 위해 담가두는 등의 용도라면 홈 센터에서 판매하는 정도로도 충분하다.

에탄올

약품으로 판매되는 것에도 주세(酒稅)가 부과되기 때문에 가격이 꽤 높다. 살균 목적의 알코올은 이소프로필알코올(IPA) 등이 들어 있는 것을 사용하면 주세가 부과되지 않아 저렴하다. 향수를 만들거나 다양한 용매로 널리 이용된다.

메탄올

연료용 외에도 다양한 용도로 판매되고 있다. 마시면 목숨을 잃을 수 있으니 주의할 것.

에틸에테르

무엇이든 녹여버리는 다이에틸에테르보다는 약간 떨어지지만 마취성 등의 성능은 거의 다이에틸에테르에 준하는 수준이다. 알칼로이드 추출에도 사용된다. 곤충 표본을 만들 때 초산에틸 대신 사용하는 사람도 있다.

초산에틸·초산뷰틸

코를 찌르는 단 냄새가 있으며 곤충 표본을 만들 때 독병에 넣기도 한다. 강력한 마취성으로 곤충이 죽은 후에도 조직이 굳지 않기 때문에 표본 제작에 적합하다. 초산에틸 자체는 독극물이기 때문에 시약으로 입수하려면 별도의 절차가 필요하다. 다만 초산에틸이 주성분인 매니큐어 제광액도 있기 때문에 아예 입수가 불가능한 것은 아니다. 최근에는 입수 난이도가 높다 보니 초산에틸 대신 초산뷰틸을 사용하는 사람도 있다.

디클로로메탄

아크릴용 접착제로 작은 병에 담아 판매되고 있다. 어느 홈 센터든 아크릴판을 판매하는 코너에는 대부분 구비되어 있으므로 입수는 어렵지 않다. 제품 뒷면에 '이염화메틸렌'이나 '디클로로메탄'이라고 쓰여 있다. 자동차 도장도 녹일 만큼 강력하다.

테트라하이드로퓨란

홈 센터의 염화비닐판 코너에 가면 접착제로 판매되고 있다. 에테르계 용제로 매우 강한 용해성과 휘발성이 있다. 홈 센터에서 판매하는 용제 중에서는 디클로로메탄과 마찬가지로 최강급에 속한다. 인화성이 매우 강하고 공기에 닿으면 폭발성 과산화물을 만들어내기도 하므로 취급에 주의해야 한다.

기타

PVA(폴리비닐알코올)

세탁 풀로 판매된다. 요즘은 세탁 풀보다 슬라임용으로 사용하는 사람이 더 많은 듯하다.

피마자유

유화 코너 등에서 구입 가능. 기름때를 지울 때 연마제와 섞으면 효과가 크게 상승한다. 마시면 심한 설사를 일으킨다.

각종 색소

요즘은 청색 1호, 적색 102호 같은 착색료도 인터넷으로 구매할 수 있다. 보라색, 핑크색, 갈색 등 색상도 매우 다양하다. 단, 업무용 색소는 염색성이 매우 강해 옷이나 주방에 복구가 어려운 착색이 있을 수 있으니 취급에 주의할 것.

용해·세정·청소에 두루 활용한다!

약품 구입 가이드 [용제 편]

홈 센터나 아마존에서 쉽게 구입할 수 있는 용제. 실은 다양한 용도로 활용된다. 수상한 실험뿐 아니라 집 청소며 수집품 청소까지 두루 이용 가능하다.

(POKA)

용해는 실험이나 공작에 필수 작업이다. 세정용으로도 쓸 수 있는 용제는 그야말로 필수품이다. 물은 대표적인 용제이기도 하다. 용제는 용매라고도 하며, 크게 나눠 수용성의 극성 용매와 물에 녹지 않고 기름에 녹는 비극성 용매가 있다. 사실 명확한 구분은 없다고 하지만 이번에는 편의상 구분해 해설하기로 한다. 참고로, 이 지식은 수집품 청소 등에도 응용할 수 있으며 스티커를 깨끗하게 떼어내는 것도 가능하다.

주변에서 구하기 쉬운 용제를 모아 소개한다. 전부 아마존이나 인터넷 쇼핑몰 또는 홈 센터 등에서 어렵지 않게 구할 수 있는 것들이다.

● 극성 용매

물에 녹는 알코올류는 극성 용매로 대부분 구하기 쉽다는 특징이 있다.

● 메탄올

연료용 알코올의 주성분으로 가격이 저렴하고 입수도 비교적 쉽다. 알코올램프의 연료로 사용되며 불꽃에 색이 거의 없어 컬러 캠프파이어용 연료로서도 최적이다. 포르말린의 원료로도 이용 가능. 알코올류 중에서는 독성이 강해 음용은 금물이다. 예부터 밀주 제조에 쓰이며 다수의 사망 사고의 원인이 되기도 했다. 피부에 닿는 것도 좋지 않다.

● 에탄올

소독용 알코올로 구입 가능. 고농도는 무수에탄올로 유통된다. 술의 주성분으로 독성이 낮다. 독성이 낮아 세척용으로도 적합하다. 탄소가 많아 노란색 불꽃을 내며 타기 때문에 착색용으로는 적합지 않다.

● 이소프로필알코올

병원에서 사용하는 소독용 알코올 차량용 수분제거제로 구입하는 방법이 가장 쉽고 빠르다. 차량용 수분제거제는 알코올을 이용해 연료 내의 수분을 용해해 제거하는 약품이다. 납땜용 플럭스의 용매로도 이용할 수 있다.

주요 극성 용매

메탄올(CH_4O)

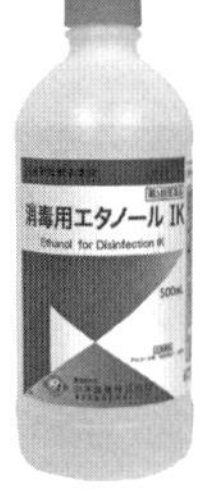

에탄올(C_2H_6O)

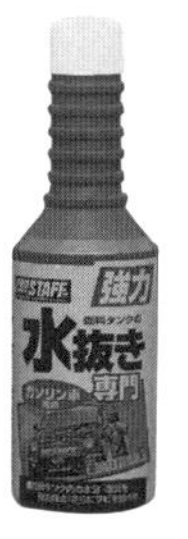

이소프로필알코올(C_3H_8O)

에틸렌글리콜(C_2H_6O)

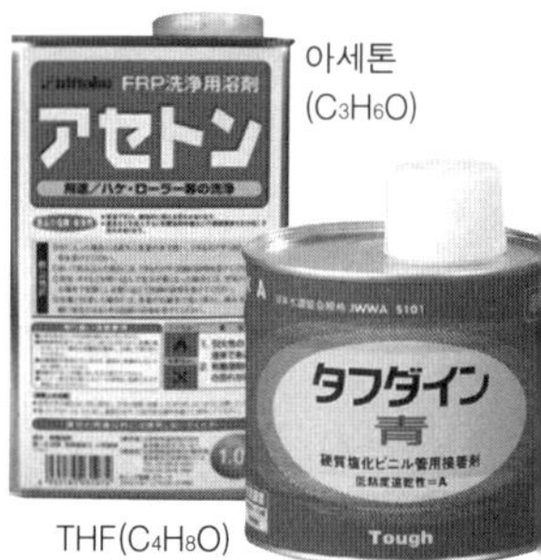

아세톤(C_3H_6O)

THF(C_4H_8O)

Memo:

에틸렌글리콜

다른 알코올에 비해 용해력은 약하지만 휘발성이 낮은 것이 특징. 색소를 녹여 관상용으로 활용할 수 있다. 인터넷 쇼핑 사이트나 자동차 부동액으로도 입수 가능.

아세톤

아세톤은 강력한 지용성 액체로 알코올이 아닌 케톤이라는 유기화합물이다. 자작 폴리에스테르 수지 제품의 용제로 판매되며 흔히 구할 수 있는 제광액 등에 포함되어 있다. 솔이나 주걱 등을 세척할 때 편리하다. 일반적으로 입수 가능한 용제 중에서는 용해력이 꽤 강력하며 사용하기도 편리하다.

THF

THF(테트로하이드로퓨란)는 홈 센터에서 구할 수 있는 용매 중 강력한 용해력을 지닌 약품 중 하나이다. 염화비닐이나 아크릴용 접착제로 판매된다. 아크릴판 코너에 있는 염화비닐용 접착제가 순수한 THF이다. 단, 홈 센터에 있는 염화비닐용 접착제는 용량이 작고 비싸므로 꼭 필요한 경우에만 구입하는 것이 좋다.

비극성 용제

극성(전하의 편중)을 갖지 않는 비극성 용매로 간단히 말하면 기름과 같은 것이다.

가솔린류

가솔린은 범용성이 높은 용제 중 하나로 입수도 쉽다. 단, 주유소에서 판매하는 일반 가솔린에는 첨가물이 많이 함유되어 있으므로 화이트 가솔린을 선택하는 것이 포인트. 캠프 용품인 휴대용 스토브나 랜턴용으로 널리 유통되고 있다. 화이트 가솔린은 나프타계 액체로 건조 후 찌꺼기가 거의 남지 않는 것이 특징이다. 고추에서 캡사이신을 추출할 때도 이용할 수 있다. 또 식물에서 알칼로이드를 추출하는 것도 가능하다.

ZIPPO오일 / 벤진

화이트 가솔린과 동일한 성분의 석유 정제품으로 나프타계의 일종이다. 취급 방법도 화이트 가솔린과 같다. 각종 오염을 지우는 용도로 널리 이용되며 특히, 책이나 CD 또는 DVD 케이스의 스티커를 제거할 때 효과적이다. 물과 달리 종이에 변형이 없기 때문에 서적의 클리닝 아이템으로 주로 사용된다.

시클로헥산

시클로헥산계 유기화합물. 석유계에 비해 비교적 고가이지만 적당한 용해력을 갖추고 있다. 자전거나 바이크용 파츠 클리너의 주성분이므로 이것을 구입하면 된다.

석유 에테르

시클로헥산과 똑같이 사용할 수 있는 석유계 용매로 헥산 등이 주성분이다. 시클로헥산보다 가격도 저렴해 범용 용제로 사용하기에 적합하다.

디클로로메탄

'염화 메틸렌'이라고 불리는 염소계 용매. 염소계 용매는 용해력이 매우 강하고 편리하다. 하지만 독성은 물론 발암성까지 있는 것이 많으므로 취급에 주의할 것. 아크릴용 접착제로 홈 센터에서 입수할 수 있다. THF와 마찬가지로 홈 센터에서 구매할 수 있는 용제 중에서는 최강의 용해력을 가진 약품 중 하나이다.

주요 비극성 용매

화이트 가솔린

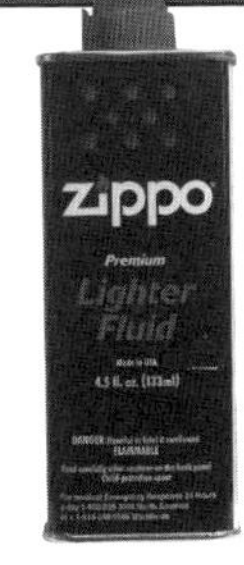

ZIPPO오일/벤진

시클로헥산(C_6H_{12})

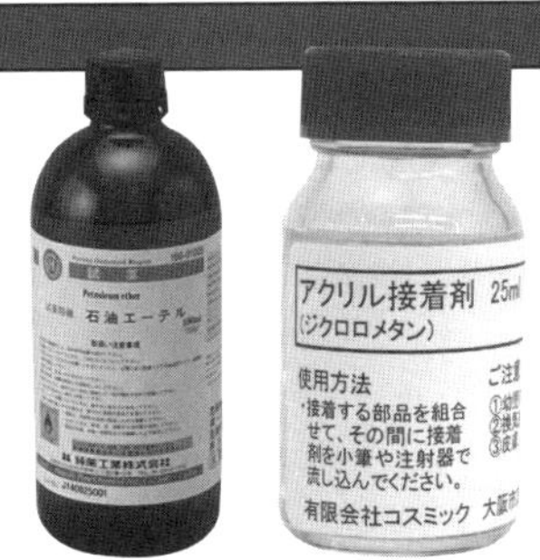

석유 에테르 디클로로메탄(CH_2Cl_2)

피부를 녹여버리는 위험한 약품

유황을 이용한 황산 실험

엔터테인먼트 세계에서는 복수의 아이템 Best 3에 들어갈 법한 황산. 피부든 금속이든 강력하게 탈수해버리는 위험천만한 약품이다. 그런 황산도 실은 자작이 가능하다….

(POKA)

미스터리 소설이나 만화 등에 종종 등장하는 약품이라고 하면 황산을 떠올릴 수 있다. 범인이 뿌린 황산에 얼굴 피부가 녹은 피해자는 차마 눈 뜨고 볼 수 없는 참혹한 모습으로… 잔혹한 사용 방법이다. 실제 황산은 피부뿐 아니라 금속까지 부식시킬 수 있다.

그런데 이런 강력한 황산도 재료만 있으면 간단히 만들 수 있다. 이번에는 황산의 성질부터 합성 방법 그리고 몇 가지 실험을 해보려고 한다.

농도로 성질이 바뀌는 희황산과 농황산

황산은 농도에 따라 성질과 사용법이 전혀 다르다. 황산은 크게 농도가 낮은 '희황산'과 농도가 높은 '농황산'의 두 가지로 분류할 수 있다.

희황산은 농도 30% 정도의 수용액으로 산성도가 매우 강하다. 하지만 피부에 닿는 경우라도 바로 씻어내면 큰 문제는 없을 것이다. 주의해야 할 것은 헝겊 등에 스미는 경우이다. 황산은 휘발성이 없기 때문에 농도가 낮은 희황산이라도 시간이 지나면 수분이 증발하면서 농도가 높아진다. 희황산의 가장 일반적인 이용 방법은 자동차 배터리이다. 자동차 배터리에는 납축전지가 사용되는데 그 전해액에 희황산이 포함된다.

소설이나 만화 등 픽션물에 등장하는 것은 '농황산'이다. 농도가 90% 이상으로 점도가 높고 끈적끈적한 것이 특징이다. 강력한 탈수작용과 산화작용이 있어 피부에 닿으면 바로 화상을 입는다. 특히 탄수화물을

▼ 유황을 가열해 황산을 만든다

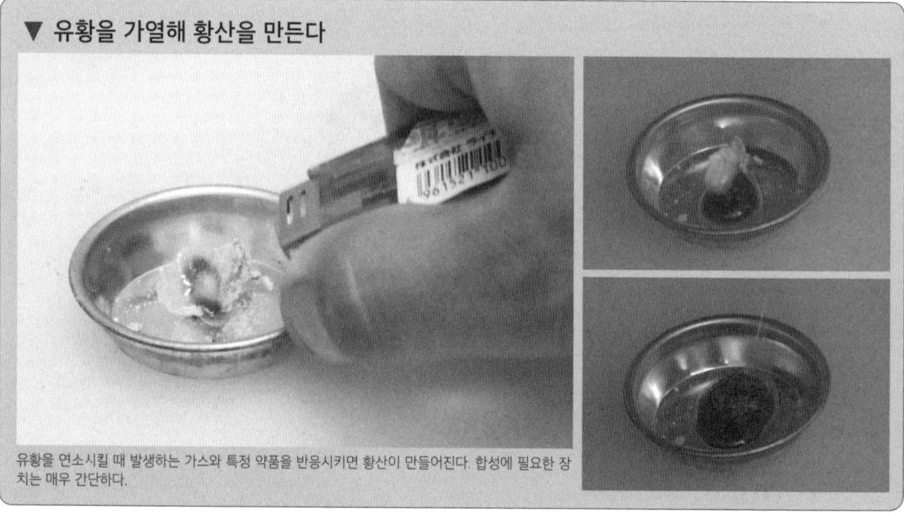

유황을 연소시킬 때 발생하는 가스와 특정 약품을 반응시키면 황산이 만들어진다. 합성에 필요한 장치는 매우 간단하다.

Memo:

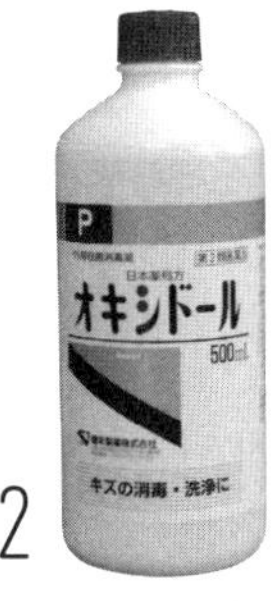

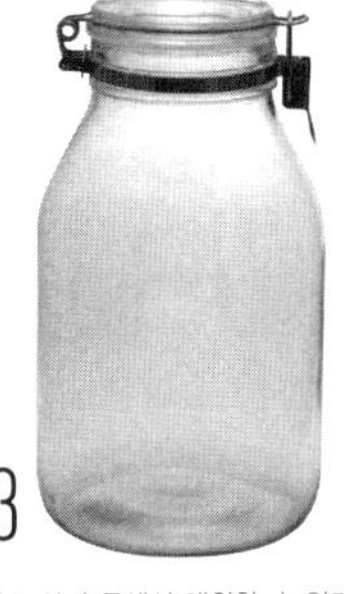

01 : 황산의 원료인 유황은 온천 지역 인근 산지 등에서 채취할 수 있다. 단, 유황이 있는 장소에서는 황화수소 등의 위험한 가스가 발생하므로 충분한 주의가 필요하다.
02 : 상처의 살균 등에 사용되는 옥시돌을 준비한다. 약국에서 판매하는 제품은 대부분 농도가 3% 정도이다.
03 : 황산 합성에는 밀폐 가능한 용기가 필요하다. 황산은 금속을 부식시키므로 유리 용기가 안전하다.

강력히 탈수하기 때문에 목재에 농황산을 뿌리면 검게 그을릴 정도이다. 그 밖에 농황산보다 더욱 강력한 '열농황산'이 있다. 이름 그대로 농황산을 가열한 것으로 매우 강렬한 부식작용이 있다. 피부에 떨어뜨리면 수 초 만에 뼈에 도달할 정도로 반응이 매우 강력한 약품이다.

이처럼 농도에 따라 희황산과 농황산으로 크게 구분하는데, 농도가 낮다고 해서 산성이 약하다는 말은 아니다. 농황산보다 농도가 낮은 희황산이 금속에 대한 부식성이 더 강하다. 수분량이 많을수록 금속과 반응이 잘 일어나는 듯하다.

원리는 지극히 단순한 황산의 합성 방법

계속해서 황산의 합성 방법에 대해서이다. 일반적인 합성 방법으로는 황을 연소시켜 발생한 이산화황을 촉매를 사용해 삼산화황으로 만들고 이 삼산화황을 물에 녹이면 황산이 만들어진다.

다만 이때 사용하는 촉매는 산화바나듐 등의 특수한 물질이라 자작은 어려울 것이다(최근에는 도예용 유약을 사용할 수 있다는 소문이…). 또 다른 방법은 이산화황을 과산화수소수에 흡수시켜 희황산을 얻는 것이다. 재료만 구하면 간단히 만들 수 있다. 이번에는 이 방법으로 희황산을 합성해보기로 한다.

희황산이 완성되면 농황산을 만드는 것은 간단하다. 황산은 휘발되지 않으므로 가열해 수분을 증발시키면 농도가 점점 올라가 농황산이 된다. 그러나 일정 농도에 도달하면 흰 연기가 피어오르며 더는 농축이 불가능해진다. 거기서 농도를 더 높이려면 오산화인을 사용해 탈수하거나 가압해 삼산화황을 강제로 녹이는 등의 특수한 작업이 필요하다.

황산 채취부터 용기까지 합성에 꼭 필요한 재료

'유황'은 이번 황산 합성에 꼭 필요한 재료이다. 황산의 원료가 되는 광물로, 유황성 온천 지역 인근의 산지 등에서 채취할 수 있다. 단, 그런 장소에는 황화수소나 이산화황과 같은 인체에 유해한 가스가 발생하기 때문에 추천하지는 않는다. 그보다는 온천 지역 내 상점에서 유황을 무좀 치료약으로 판매하기도 하므로 이런 것을 구입하는 편이 나을 것이다.

또 미량이기는 하지만 유황에서도 황화수소가 발생한다. 중독을 일으킬 정도의 양은 아니지만 은이나 동 제품을 변색시키기 때문에 입수 후에는 단단히 밀봉해두자. 이것은 실험 중에도 마찬가지이다. 특히 유황을 연소시킬 때에 발생하는 가스에서는 강렬하고 자극적인 냄새가 난다. 실험은 실외나 환기가 잘되는 장소에서 진행하도록 한다.

유황 이외에 필요한 재료는 옥시돌이다. 옥시돌은 '과산화수소'라고

04 : 황산 합성 실험 준비. 용기 안에 옥시돌을 넣고 유황을 올린 접시를 받침대 역할을 할 작은 병 위에 놓는다.
05 : 유황을 연소시키면 푸른색 불꽃이 발생한다.
06 : 유황이 연소하면서 가스가 발생한다. 그대로 방치하면 옥시돌에 흡수된다.
07 : pH 시험지를 이용해 완성된 희황산의 산성도를 확인한다. 온천과 비슷한 정도의 농도가 되었다.
08 : 완성된 희황산을 히터로 가열해 끈적끈적해질 때까지 끓이면 농황산이 된다.

불리는 화학물질의 수용액이다. 약국에서 판매하는 제품은 농도가 대개 3%이지만 황산 실험에는 농도가 진할수록 유리하다.

간단한 도구로 가능한 희황산과 농황산 제조법

이제 황산을 합성해보자. 황산을 만드는 방법은 아주 단순하다. 옥시돌을 넣은 유리 용기 안에서 유황을 연소시켜 이 연소가스를 옥시돌에 흡수시키면 OK. 다만 몇 가지 주의점이 있으므로 순서에 따라 설명한다.

옥시돌을 넣은 밀폐 용기 안에 유황을 올린 금속 접시를 넣는다. 유황은 수분이 부착하면 연소하지 않기 때문에 [04]와 같이 받침대를 놓고 그 위에 유황을 올려놓는 것이 좋다.

밀폐 용기는 반드시 유리로 만든 것을 사용한다. 금속 용기는 합성된 황산에 의해 부식될 가능성이 있다. 매실 절임이나 장아찌 등을 만들 때 사용하는 밀폐 가능한 유리 용기가 최적이다. 또 용기뿐 아니라 뚜껑에 붙어 있는 패킹도 중요하다. 내구성이 약한 실리콘 고무 대신 니트릴이 적당하다.

실험 도구가 준비되었으면 다음 작업으로 넘어간다. 먼저, 유황에 불을 붙이고 뚜껑을 덮어 밀폐 상태로 만든 후 유황이 다 탈 때까지 기다린다. 유황이 연소되면서 용기 내부의 산소가 사라지면 불이 꺼진다. 그와 동시에 대량의 이산화황이 발생한다. 잠시 그대로 두면 옥시돌이 이산화황을 흡수해 희황산이 만들어진다.

완성된 희황산의 산성도를 확인해보자. 일반적인 pH 시험지라면 pH1 정도를 나타낼 것이다. 이 정도면 꽤 강력한 산성이지만 약간 짙은 온천물 정도로 손에 묻어도 큰 문제가 없는 수준이다.

이제 완성된 희황산의 농도를 높여 농황산을 만들어보자. 황산은 앞서 이야기한 대로 휘발성이 없기 때문에 가열해 수분을 날리면 손쉽게 농도를 높일 수 있다. 흰 연기가 나올 때까지 희황산을 가열하면 약간 탁하고 끈적끈적한 상태가 된다. 이렇게 시럽 형태가 되었으면 농황산이 완성된 것이다.

Memo:

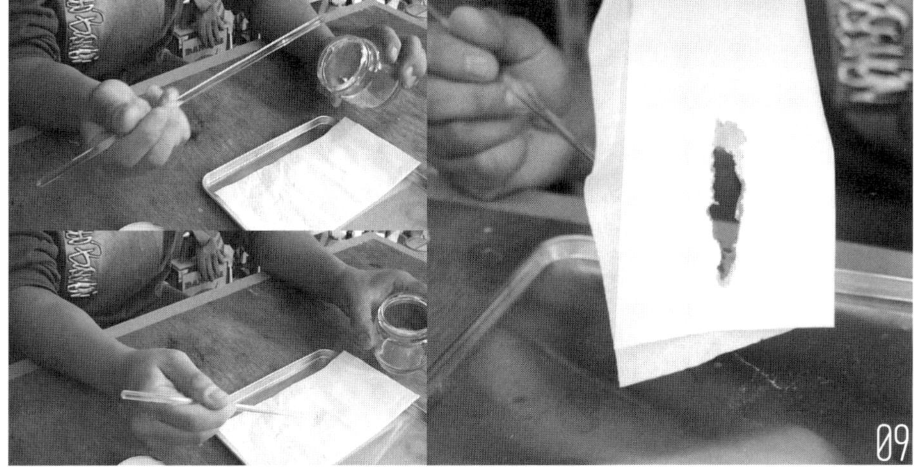

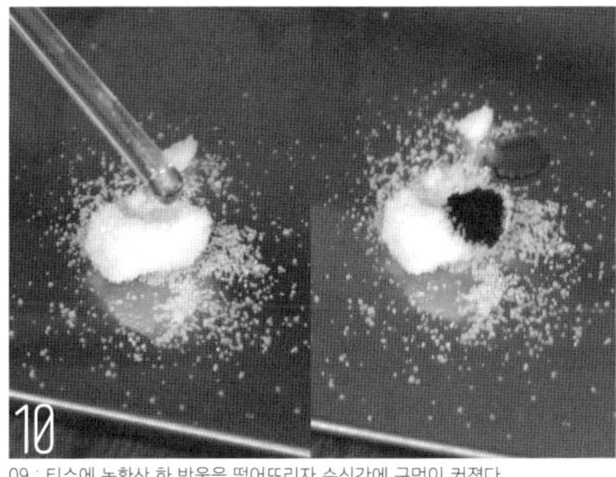

09 : 티슈에 농황산 한 방울을 떨어뜨리자 순식간에 구멍이 커졌다.
10 : 설탕에도 농황산을 떨어뜨려 보았다. 검은 색 그을음이 생겼다.
11 : 설탕과 농황산을 섞으면 점점 갈색으로 변한다.
12 : 이내 콜라처럼 시커먼 색이 되었다. 위험한 약품이지만 식품의 캐러멜 색소로 이용되기도 한다. 흥미롭지 않은가!

급속히 수분을 빼앗는 자작 황산을 이용한 탈수 실험

이번에는 완성된 농황산으로 간단한 실험을 해보자. 먼저 티슈에 농황산을 한 방울 떨어뜨린다. 구멍 주위가 검게 변했다. 티슈의 섬유가 탈수되어 탄화한 것으로 보인다.

설탕에도 농황산을 한 방울 떨어뜨리자 수십 초 만에 검게 변하면서 그을음이 생겼다. 실은 이 검은색이 식품의 착색에 이용되기도 한다. 가장 유명한 예가 콜라이다. 이른바 '캐러멜 색소'라고 불리는 것으로 설탕과 농황산이 원료이다.

지금까지 황산의 합성 및 실험을 해보았다. 황산 자체는 소량이면 크게 위험하지 않다. 단, 눈에 들어가지 않도록 주의해야 한다. 희황산에 눈에 들어간 경우에는 강렬한 고통이 따르지만 물로 씻어내면 어떻게든 처치가 가능하다. 그러나 농황산은 강렬한 탈수작용으로 실명에 이를 수 있다. 또 소량의 황산이라도 농축되기 때문에 옷에 묻으면 나도 모르는 새 구멍이 뚫리기도 한다. 실험할 때는 버려도 상관없는 옷을 입는 것이 무난할 것이다.

평범한 광물에서 맹독을 추출하는

악마의 금속 비소 연성

일본에서 독약 카레 사건으로 유명해진 비소. 강력한 독성이 있어 오랫동안 화학무기로 개발되기도 했다. 그런 비소의 연성 방법을 연구해보자. 비소의 세계에 온 걸 환영한다. (구라레)

지구과학은 다양한 광물의 역사와 기원을 연구함으로써 그 땅이 어떻게 생성되었는지를 밝힌다. 그런 광물은 화학적 관점에서도 굉장히 흥미로운 소재가 된다. 이번에는 평범한 비소 광물로 금속 비소나 유기화학반응에 유용한 염화비소 따위를 만들어낼 수 있는지 실험해보자.

의외로 쉽게 발견되는 비소

비소가 독이라는 것은 많은 사람들이 알고 있지만 실은 꽤 흔한 광물이다. 실제 비소 처리에 골머리를 썩던 일본의 아시오동광(銅鑛)에서 소각 처리한 결과 산림이 오염되어 사람은 물론 동물도 살지 못하는 환경이 되어버린 사건도 있었다.

일본 각지에서 비소가 산출되는 장소를 찾기란 어렵지 않다. 지역에 따라서는 금속 비소가 산출되는 포인트도 있다.

그만큼 흔한 원소로, 금속 비소도 간단히 추출할 수 있다는 것이다. 물론 제조 과정에서 엄청난 맹독이 생성되지만 그런 건 나중에 생각하기로 하고 일단 진행해보자.

비소의 화학적 성질은 인과 안티몬의 중간 정도로 거의 모든 화합물이 인체에 유독하다. 유사 이전부터 웅황이나 계관석과 같은 광물로 알려지며 세계적으로 독으로 사용된 기록이 남아 있다.

17세기 후반에는 '아쿠아 토파나'라고 불리는 화장수로 판매되기도 했다. 무미·무취하기 때문에 남편을 독살하는 데 이용하기도 했다. 이탈리아의 화산 부근에서 천연 비소나 비소 철강이 산출되었기 때문에 그 가스를 물에 녹이기만 하면 만들 수 있었다. 일본에서도 에도 시대 이와미은광(시마네현)에서 나는 비소 철강을 태운 연기를 흡수시킨 쥐약이 판매되었다.

비소를 이용해 만들어진 17세기의 화장수 '아쿠아 토파나' 무미·무취한 특성이 있으며 피부에 바르면 미백 효과, 남편에게 먹이면 사망한다. 그야말로 주부의 아군과도 같은 상품이었다….

비소는 강력한 원형질독으로 세포의 에너지원인 ATP의 합성을 방해한다. 일반적인 금속 비소의 독성은 50g 이상으로 크게 높지 않다고 한다. 그러나 화합물이 되면 독성이 크게 높아지기 때문에 비소 광물을 만진 후에는 손을 잘 씻어야 한다. 간혹 체내에서 알레르기 반응을 일으켜 궤양화되는 경우도 있다. 다만 다수의 동물 실험을 통해 발암성을 확

비소는 계관석 또는 웅황으로 산출된다. 계관석의 결정계는 단사 정계, 비중은 3.5, 모스 경도는 1.5~2. 웅황은 결정계가 단사 정계, 비중은 3.5, 모스 경도는 2이다. 오렌지색 계관석(As_4S_4)은 공기와 반응해 노란색 웅황(As_2S_3)으로 변화한다.

Memo:

금속 비소의 생성 과정

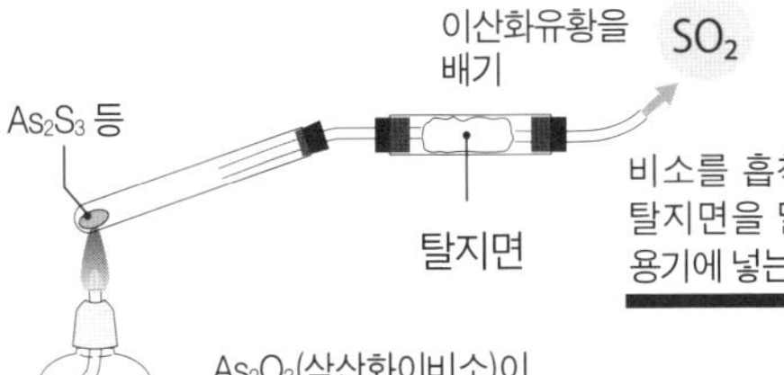

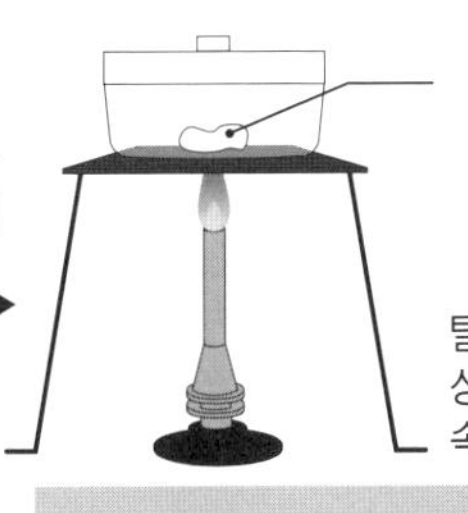

$$2As_2S_3 + 9O_2 \rightarrow 2As_2O_3 + 6SO_2$$

$$2As_2O_3 + 6C \rightarrow As_4 + 6CO$$

인하지 못했으며, 비소를 제거하는 약이나 자연 대사로 체내에서 제거하면 유해 작용은 사라지는 듯하다.

참고로, 수용액에 든 비소는 피부 침투성이 높고 멜라노사이트를 표적으로 침착한다. 멜라노사이트는 피부 색소를 만드는 세포이기 때문에 강력한 미백제로 작용하기는 하지만 그 위험성 때문에 현재는 사용되지 않는다.

일설에 따르면 비소가 오히려 색소 침착을 일으켜 미백에 효과가 없다는 말도 있다. 물론 아비산을 피부에 직접 바르는 것은 너무 위험해서 아무도 시도하지 않기 때문에 그 진상은 알 수 없다.

광물 기원의 금속 비소는 칼륨이나 셀렌 등의 불순물이 포함되어 있다. 순도는 95% 정도로 분리가 어렵다.

삼염화비소의 합성 방법

$$2As + 3Cl_2 \rightarrow 2AsCl_3$$

반응식은 간단해 보이지만 당연히 유독가스가 발생한다. 강력한 배기가 가능한 작업 환경이 필요하다. 삼염화비소는 콜드트랩에서 회수된다.

애덤사이트의 합성 방법

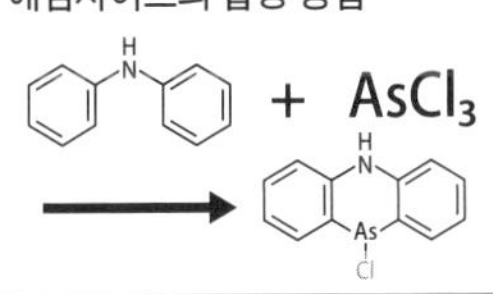

애덤사이트는 비치사성 최토제이다. 그러나 활성탄에 흡착되지 않는 까다로운 성질 때문에 합성에는 엄중한 방호가 필요하다.

천연 광물에서 금속 비소를 얻는다

비소는 화학무기로도 오랫동안 연구·개발되어왔다. 삼염화비소 등으로 합성해 전시에는 강력한 최토제인 '애덤자이트' 등의 비살상 화학무기를 만드는 데 활용되었다.

그런 삼염화비소의 원료인 금속 비소는 비소의 황화 광물인 계관석이나 웅황에서 얻을 수 있다. 우선 비소 광물을 가열해 탈지면에 삼산화이비소를 흡착시킨다. 탈지면은 내부의 기체를 여과해 밖으로 배출하는 역할을 한다. 탈지면에 삼산화이비소가 흡착되면 그것을 모아 밀폐 용기에 넣고 버너를 이용해 800℃ 이상으로 가열한다. 그러면 금속 비소가 탄소로 환원되면서 작게 뭉친다. 금속비소가 만들어지면 고순도 삼염화비소 등을 합성할 수 있다.

참고로, 금속 비소는 자연적으로도 많이 산출되지만 주우러 가는 편이 빠르겠다…라는 생각은 하지 않는 게 좋다(웃음).

유리를 녹여 나만의 모양을 새긴다

마성의 초산…! 불화수소산 DIY

이번에는 '유리를 녹여 글이나 그림을 새기는' 에칭에 관해 이야기해보자. 가공에 사용하는 불산은 매우 위험한 액체이므로 방심은 금물. 독극물이다.

(POKA)

유리창이나 컵에 모양이 새겨져 있는 것을 본 적 있을 것이다. 이런 유리 가공법에는 몇 가지가 있는데 이번에는 그중 하나인 '에칭'에 도전해보자.

사용하는 것은 '불산'이라고 불리는 액체. 유리는 산이나 알칼리에 강한 내구성을 지니고 있어 쉽게 녹지 않는다. 그러나 불산은 매우 강력한 부식성이 있어 아무리 두꺼운 유리라도 관통시킬 수 있다. 단, 불산은 산 중에서도 최강 등급에 해당하는 위험한 약품이므로 취급에는 각별한 주의가 필요하다.

형석과 황산에서 추출 가능한 불산은 어떤 약품일까?

먼저, 불화수소산에 대한 설명부터 해보자. 많이 들어본 약품명은 아닐 것이다. 불산은 '불화수소산'의 약칭이다. '불소'와 혼동하기 쉽지만 다른 것이므로 주의할 것. 그렇다고 완전히 관계가 없는 것은 아니다. 불산의 주성분은 불화수소로, 불소와 수소의 화합물이다. 불소의 특징이라고 하면 강력한 산화력을 들 수 있다. 그런 불소의 화합물이기 때문에 불산도 강력한 산화력을 지녔을 것이라 생각하기 쉽지만 의외로 산성도는 크게 높지 않다. 대신, 초강력한 부식성을 지녔다. 그런 부식성을 이용해 유리를 녹여 에칭하는 것이다.

그렇다면 불산은 어디에서 살 수 있을까. 실은 입수가 매우 어렵다. 그도 그럴 것이 불산은 독극물로 취급되기 때문에 일반인이 구입하는 것은 거의 불가능하다.

그래서 형석(불화칼슘)을 이용하기로 했다. 형석과 황산이 반응하면 약산 유리라는 현상이 일어나며 불화수소가 발생한다. 그것을 증류해 모으면 불산을 얻을 수 있다.

본래 불화칼슘과 황산의 반응으로

▼ POKA판 '불산 추출장치'가 바로 이것!

01 : 불산 추출장치에는 시험관, 스테인리스 관, 폴리에틸렌 병만 있으면 된다. 형석과 황산을 가열하면 불화수소가 발생하고 그것을 물에 섞으면 불화수소산이 된다.
02 : 추출한 불산으로 유리를 부식시켜 나만의 글이나 모양을 새긴다.

Memo:

화학물질에 관련한 법률 검색 결과
(검색 키 '7664-39-3')

'독극물 단속법'에 의거

관보 공지명	화학물질(예)	CAS	분류	규정
불화수소	불화수소산	7664-39-3	독극물	법22, 지정24

이용에 있어서는 반드시 '독극물 단속법' 페이지를 참조하기 바란다.

국립 의약품식품위생연구소(NIHS)

'독극물 단속법' '독극물의 검색' 'NIHS 홈페이지'

03

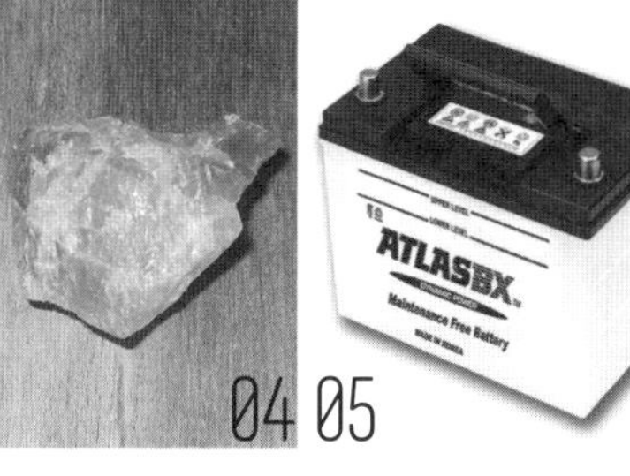

03 : 불산은 독극물로 지정되어 있을 만큼 위험한 약품이다.
04 : 형석은 광물 판매점에서 구입. 주성분은 불화칼슘이다.
05 : 황산은 자동차 배터리에 사용되는 전해액을 이용했다.

불화수소 추출의 화학반응식

$$CaF_2+H_2SO_4 \rightarrow CaSO_4+2HF$$

형석의 칼슘을 빼앗아 황산칼슘($CaSO_4$)이 되면서 불화수소(2HF)가 발생한다. 황산칼슘은 석고 등에 사용되는 물질로 비교적 안전하지만 불화수소는 매우 위험한 물질이므로 주의할 것.

는 기체 상태의 불화수소만 발생한다. 하지만 형석에는 약간의 결정수가 있어 가열과 동시에 분리하며 불화수소를 흡수한다. 그 때문에 기체가 아닌 발연성 액체로서의 불산을 회수할 수 있어 비교적 안전하게 실험할 수 있다.

그렇지만 만약 피부에 침투하면 굉장히 난감한 일이 벌어질 수 있다. 농황산의 경우라면 화상을 입는 정도겠지만 불산은 그 정도로 끝나지 않는다.

불산은 체내에서 칼슘을 강력하게 끌어당기는 성질이 있다. 불산이 체내의 칼슘과 반응하면 불화칼슘 즉, 형석이 된다. 불산이 피부에 침투하면 인체에 꼭 필요한 칼슘이 불산과 중화반응을 일으키며 급격히 소비된다. 칼슘 부족으로 사망에 이르는 것이다.

단순한 기구를 이용한 불산 추출장치의 구조

불산 추출장치는 약품의 위험도에 비해 단순한 건류장치만 있으면 간단히 만들 수 있다. 시험관, 스테인리스 관, 폴리에틸렌 병, 전기풍로를 152쪽의 사진 [06]과 같이 설치한다. 시험관 안에 든 형석과 황산을 가열해 생성된 불산 증기가 스테인리스 관을 통해 병으로 들어가는 구조이다. 시험관이 불산에 녹지 않을까 걱정이 될 수 있지만 불산의 부식작용은 생각보다 느리기 때문에 단시간에 소량을 처리하는 것 정도는 문제없다.

장치를 만들 때는 몇 가지 포인트가 있다. 첫 번째는 고무마개의 처리. 시험관과 스테인리스 관 접합 부분에 사용하는 고무마개가 불산 증기에 의해 흐물흐물해지기 때문에 실 테이프를 꼼꼼히 감는다.

두 번째는 병 안에 소량의 증류수를 넣어 시험관에서 나오는 농불산 원액이 바로 희석되도록 한다. 또 생성된 불산을 담는 용기에 유리나 금속제는 사용할 수 없다. 폴리에틸렌이 유일하게 불산에 견딜 수 있으므로 뚜껑이 달린 폴리에틸렌 병을 사용한다. 참고로, 폴리에틸렌 병에 담긴 증류수에 스테인리스 관을 직접 담그지 않도록 한다. 시험관을 가열할 때는 괜찮지만 식으면 내압이 내려가 물을 빨아들인다. 그 결과, 물과 시험관 안의 황산이 닿아 위험할 수 있으니 특히 주의하기 바란다.

마지막으로 시험관을 가열하는 열원으로 버너와 같이 사용 중에 손을 뗄 수 없는 기구는 피한다. 불산과 불산 증기는 인체에 강한 독성이 있으므로 추출 중에는 장치로부터 거

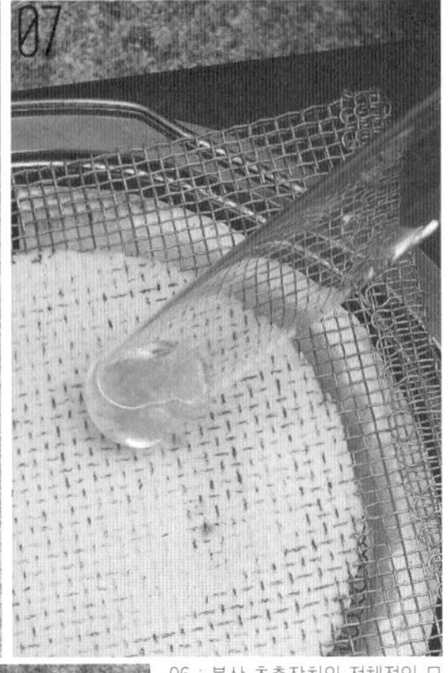

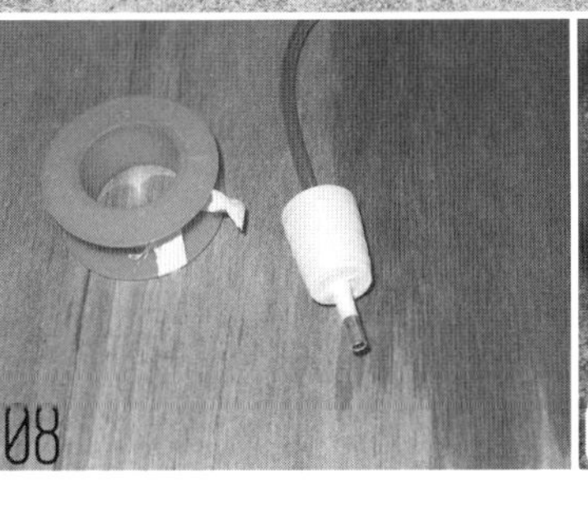

06 : 불산 추출장치의 전체적인 모습. 사용하는 기구는 무척 단순하지만 고무나 금속처럼 불산에 녹을 수 있는 소재는 별도의 조치가 필요하다.
07 : 황산은 시험관의 1cm 정도 양이 안전하다. 형석과 함께 넣고 가열한다.
08 : 시험관에 사용하는 고무마개에는 실 테이프를 꼼꼼히 감아 부식을 막는다.
09 : 불화수소를 담을 병은 폴리에틸렌 소재를 사용한다. 금속이나 유리는 녹기 때문에 NG.

리를 둘 수 있도록 전기풍로나 알코올램프를 사용해 가열한다.

형석과 황산을 가열해 불산을 추출한다

장치가 완성되었으면 이제 본격적으로 불산을 추출해보자. 사용할 재료는 형석, 황산, 물 세 가지이다. 형석은 광석 판매점 등에서 입수할 수 있다. 고순도 불산이 필요한 경우에는 적합지 않지만 유리를 녹이는 정도로는 충분하다. 황산은 자동차 배터리의 전해액을 농축한 것을 이용한다.

먼저, 황산과 갈아낸 형석을 시험관에 넣는다. 황산은 약 2mL, 형석은 황산의 두 배 이상의 분량이 필요하다. 만약 가열 후 황산이 남게 되면 황산+불산 혼합액이 되어 위험할 수 있으니 황산을 모두 소비하도록 형석을 넉넉히 넣는다. 또 형석과 황산은 닿기만 해도 약산 유리 반응을 일으키기 때문에 이 작업은 신속히 진행한다.

가열한 지 수 분이 지나면 병 안에 발연성 농불산이 모이기 시작한다. 시험관 내부에서 더는 연기가 발생하지 않으면 가열 완료. 농불산이 증류수에 희석되면서 불산이 만들어졌다. 실험에 사용한 시험관은 재사용하지 말고 버리도록 하자. 유리가 불산 증기에 녹아 두께가 얇아지기 때문에 여러 번 사용하면 구멍이 뚫려 열농황산과 고농도 불산이 새나올 수 있다.

추출한 불산을 이용해 유리 에칭에 도전

불산이 준비되었으면 이제 유리에 에칭한다. 방법은 매우 간단하다. 유

Memo:

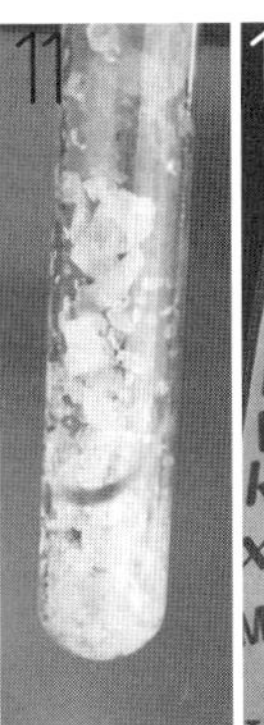

10 : 형석과 황산을 가열하면 증기가 발생한다. 증기는 스테인리스 관을 통해 폴리에틸렌 병 안으로 들어갈 때에는 수분으로 바뀐다.
11 : 가열 후에 부식된 시험관의 모습. 씻어서 말리면 윗부분까지 부식되어 있는 것을 볼 수 있다.
12 : 마스킹에는 다이소에서 구입한 저렴한 템플릿을 사용했다.
13 : 에칭하고 싶은 부분을 라커 스프레이로 덮는다.
14 : 완전히 구멍을 내고 싶을 때는 반나절 정도, 요철 정도는 1시간이면 완성된다.
15 : 글자에 라커 스프레이를 뿌려 에칭했다. 생각보다 깔끔하게 완성되었다.

리에 그리고 싶은 글이나 그림을 마스킹한 후 불산에 담그면 된다. 전자 공작에서 자작 기판을 만드는 에칭과 똑같은 원리이다.

이번에는 유리판에 알파벳을 에칭했다. 다이소에서 구입한 '알파벳 시트'를 이용해 'EX'라는 문자를 에칭했다. 시트를 유리판에 올린 후 라커 스프레이를 뿌린다. 스프레이가 마르면 그대로 불산에 담근다.

용액을 가끔 저어주며 에칭할 부분의 표면 농도를 균일하게 해주면 완성도가 더 높아진다. 반나절 정도 담가두자 라커로 보호한 'EX'의 문자 부분에 구멍이 뚫렸다. 에칭에 걸리는 시간은 불산 농도에 따라 다르지만 이번에는 농도가 진하지 않았기 때문에 반나절 정도가 걸렸다. 증류 직후의 발연 농후액이면 수 초 만에도 가능하지만 마스킹한 부분이 빠르게 부식되어 생각한 모양이 만들어지지 않을 수 있다.

이번에는 불산의 증류를 통해 화학적 조작을 해보았다. 이것은 알코올 등의 농축과 비교가 되지 않을 만큼 위험한 조작이다. 폴리에틸렌 병에 모은 불산은 물로 희석했기 때문에 농도가 5% 이하일 것이다. 그러나 가열해 증류한 직후 스테인리스 관에서 나오는 발연성 액체의 농도는 50% 이상일 수도 있다. 만약 피부에 부착된 경우에는 곧장 병원으로 달려가자. 다행히 유효한 약과 치료법이 있으므로 빠른 처치가 중요하다. 장갑 착용은 물론 최대한 피부 노출을 피하는 등의 안전장치를 확실히 갖추고 실험하기 바란다.

네 가지 아이템만 있으면 가능한 실험

ALL 다이소 제품으로 기판 에칭

전자 공작의 진정한 묘미는 DIY. 프린트 기판을 자작해 돈과 시간을 절약한다. 도체 패턴을 마스킹하고 구리를 녹이기만 하면 된다! (POKA)

이번에는 다이소에서 구입한 제품만 사용해 기판을 에칭해보자. 에칭은 전자회로의 기판을 제작할 때 필요한 작업으로 화학약품을 이용해 기판의 구리를 부식시켜 절연과 도체 패턴을 만든다.

다이소 제품으로 도전하는 에칭 기법은 '구연산 에칭'. 이름 그대로 구연산을 사용한 방법으로 시간은 걸리지만 완성도가 높다. 단, 독성이 있다는 점에 유의한다. 구리나 철 등의 금속 이온을 구연산에 용해하면 킬레이트 착체가 형성되는데, 구연산의 금속 킬레이트는 강한 독성을 지니는 경우가 있다.

염화제이철을 이용한 에칭 기법도 있다. 이 방법이 일반적이고 용해작용도 강력하지만 다이소에서는 구하기 어렵다. 또 옷 등에 시커먼 폐액이 묻으면 지워지지도 않고 눈에 띄기 때문에 일단 구연산부터 도전해보자!

재료를 준비해 용액을 만든다

필요한 재료는 구연산, 옥시돌, 식염, 냉동용 지퍼 백이다. 모두 다이소에서 살 수 있다.

구연산은 조미료나 녹 제거용, 옥시돌은 소독약으로 판매된다. 과산화수소가 유효 성분이므로 산소계 표백제도 가능하다. 식염은 일반 소금이면 OK. 각 약품은 모두 조달이 쉬운 아이템이기 때문에 재고가 없는 경우에도 2, 3곳 가보면 금방 구할 수 있다.

재료가 준비되었으면 용액을 만든다. 용액은 구연산이 4, 소금 1의 비율로 섞은 것을 옥시돌 30 정도에 넣고 녹인다. 모두 중량비로 혼합량은 그렇게까지 정확하지 않아도 괜찮다. 단, 옥시돌은 제품에 따라 조정이 필요하다. 옥시돌에 함유된 과산화수소는 보통 3% 정도이지만 산소계 액체 표백제 등은 8~10% 정도가 함유되어 있으므로 물에 희석해 사용하는 것이 좋다.

세 가지 약품으로 만든 용액은 잘 섞어 분말을 완전히 녹이면 완성! 구

미가공 기판으로 나만의 오리지널 기판을 만든다!

다이소에서 살 수 있는 재료
- 구연산
- 옥시돌
- 식염
- 지퍼 백

동박을 붙인 미가공 기판에 다이소에서 구입한 재료로 만든 에칭제를 사용해 패턴을 만든다. 에칭제에 필요한 재료는 모두 다이소에서 구입 가능(드러그스토어 등에서도 구입할 수 있다). 완벽하진 않지만 실용적인 수준의 회로를 만들 수 있다.

Memo:

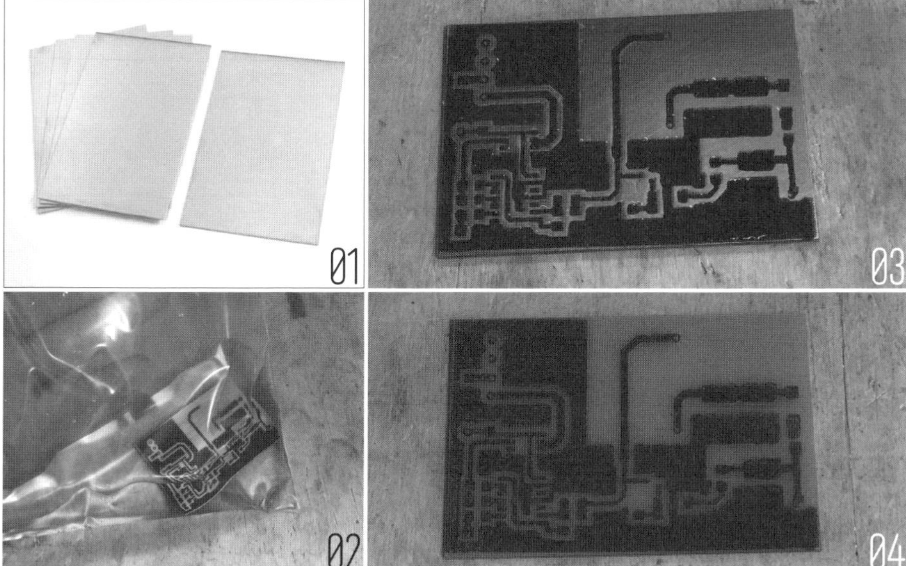

01 : 이번에는 열전사한 기판을 사용했지만 아무 가공도 되어 있지 않은 기판도 OK. 도체 부분을 검 테이프 등으로 마스킹하면 된다. 패턴 제작용 레지스트 펜 등도 판매되고 있어 두꺼운 피막을 만들 수 있다.
02 : 40℃ 정도로 데운 에칭제가 든 지퍼 백에 기판을 투입. 지퍼 백을 주무르며 15~30분 정도 담근다.
03·04 : 에칭 전과 후. 구리가 모두 떨어진 것을 알 수 있다. 나머지는 기판을 물로 잘 헹구어 제광액 등으로 검은 프린트 부분을 제거하면 완료. 부품을 납땜해 완성한다. 다이소에서 구입한 제품으로 손쉽게 기판 에칭이 가능하다.

리에 강한 부식작용과 용해작용이 있어 가공하지 않은 얇은 기판은 간단히 녹일 수 있다. 단, 용액은 차가운 상태로는 반응이 더디므로 40℃ 정도로 가열한다. 지퍼 백 등에 용액을 넣고 중탕해 데운다. 용액의 온도가 높을수록 반응성이 높아진다. 열탕하면 훨씬 강력한 부식작용이 나타나겠지만 옥시돌의 주성분인 과산화수소가 빠르게 분해해 발열이나 이상 반응을 일으킬 우려가 있다. 사람의 체온 정도의 온도가 적합할 듯하다.

● 기판을 용액에 담근다

용액이 적당히 데워지면 기판을 준비한다. 이번에는 패턴을 열전사한 기판을 사용했다. 마스킹한 부분을 제외한 부분이 용액에 닿아 녹으면서 절연 패턴이 완성된다. 열전사한 패턴이 아니어도 된다. 검 테이프나 비닐테이프로 마스킹한 후 커터칼로 패턴을 성형하면 된다. 사인펜 같은 유성 펜으로 패턴을 그려도 나름대로 완성된다.

패턴이 전사된 기판을 따뜻한 에칭제가 든 지퍼 백에 넣고 에칭을 시작한다. 동판 부분에서 반응을 일으키며 용액이 소비되기 때문에 용액의 농도를 일정하게 유지하는 것이 중요하다. 손으로 주무르듯 용액을 섞어주면 간단하다.

기판을 넣고 어느 정도 시간이 지나면 기판의 패턴이 녹으며 용액이 사라진다. 적당한 타이밍에 기판을 꺼내면 되는데 너무 빨리 꺼내면 동박(銅箔)이 남아 합선의 원인이 되고, 너무 늦게 꺼내면 가는 패턴 부분이 과도하게 부식되어 없어지는 경우도 있으니 꼼꼼히 체크하도록 한다.

빠르고 정밀한 분리가 가능한

흡인여과의 기본과 응용

여과에는 자연히 떨어지는 것을 기다리는 방법뿐 아니라 흡인해 더 빠르게 여과하는 방법도 있다. 전용 장치를 이용한 한 단계 높은 고급 여과 기술을 전수한다. (POKA)

'여과'는 화학계 DIY에 필수적인 단계이다. 성분을 분리하는 방법으로 초등학교 과학 시간에도 배우는 간단한 작업이다. 여과지를 두 번 접어 깔때기에 고정하고 액체를 부어 중력에 의지해 걸러낸다. 이것은 '자연여과'라고 불리는 가장 대표적인 여과 방법이지만 시간이 오래 걸리는 단점이 있다.

그래서 추천하는 방법이 실험실에서 주로 사용되는 '흡인여과'이다. 이번에는 이 흡인여과의 기본 및 응용 방법을 터득해본다.

여과라고 하면 초등학교 과학 시간에 배운 자연 여과가 일반적이다. 순서는 간단하지만 시간이 걸리므로 입자가 작은 물질에는 적합지 않다.

흡인여과는 '감압여과'라고도 불리며 여과장치는 주로 깔때기, 여과병, 펌프로 구성된다. 펌프로 여과병 안을 감압하면 깔때기의 여과지가 밀착한다. 그 상태로 깔때기에 액체를 붓는다. 즉, 액체가 여과병 안으로 흡인되면서 여과가 빠르게 진행된다. 자연 여과보다 속도도 훨씬 빠르고 모액을 거의 남기지 않는 등의 이점도 있다.

● 흡인여과에 필요한 재료

▼ 부흐너깔때기

흡인여과에 사용하는 깔때기는 평평한 바닥에 여러 개의 구멍과 홈이 뚫려 있는 특수한 형태이다. 주로 두 가지 타입이 있으며, 흰색 도기제가 '부흐너깔때기'이다. 가격이 저렴하지만 도기제라 깔때기 내부가 잘 보이지 않는 단점이 있다. 구멍 아래쪽에 오염이 있어도 눈에 보이지 않아 세척이 어렵다. 그렇기 때문에 '어떤 오염물인지', '섞여도 괜찮은 성분인지' 등을 확인해야 한다. 다른 하나는 '기리야마 로트'라는 깔때기. 일본의 기리야마제작소에서 만들었다. 가격은 비싸지만 투명한 유리로 만들어졌기 때문에 안쪽의 오염을 눈으로 볼 수 있고 면봉 등으로 쉽게 제거도 가능하다.

▼ 여과병

부흐너깔때기와 함께 사용하는 흡인여과병이다. 대기압에도 문제없도록 두껍게 만들어졌다. 기본적으로 내부가 감압되기만 하면 되므로 자작도 간단하다. 이번에는 절임용 병을 개조한 대용량 여과병을 사용한다.

일반적인 여과병은 입구가 가늘어 세척을 전혀 고려하지 않았다. 부흐너깔때기와 마찬가지로 안쪽에 부착된 오염이 실험에 영향을 미치지 않는지 확실히 확인해두자.

Memo:

흡인여과는 네 가지 아이템으로 구성된다

흡인여과는 '흡입구에 여과지를 장착한 청소기'를 떠올리면 된다. 아스피레이터로 감압(흡인)하며 액체를 걸러낸다.

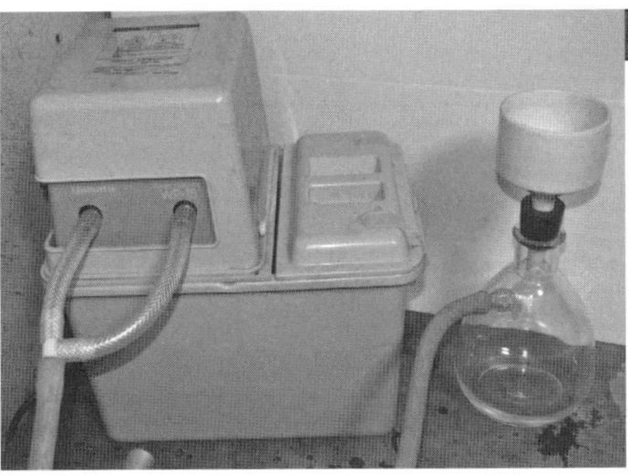

자연 여과보다 미세한 입자의 회수가 가능하다. 또 기름과 같이 점도가 높은 액체도 빠르게 여과할 수 있다.

아스피레이터

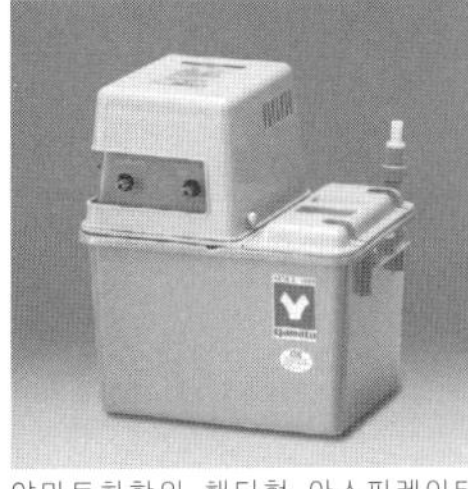

야마토화학의 핸디형 아스피레이터 'WP15'

부흐너깔때기·여과병

부흐너깔때기와 여과병은 내부 세척이 어렵기 때문에 오염이 고착되기 전에 모래를 넣고 흔들어 제거한다.

여과하고 싶은 물질의 입자가 크면 커피 필터로도 OK. 정밀한 여과가 필요하면 어드벤텍사의 '정성 여과지'를 추천한다.

▼ 아스피레이터

흡인여과의 필수품이 '아스피레이터'. 물의 흐름을 이용해 공기를 배기하는 도구이다. 수도꼭지에 달아 사용하는 타입과 펌프로 물을 순환시키는 타입이 있다. 수도 시설이 없는 장소에서는 순환식 아스피레이터가 편리하다. 물을 넣고 스위치를 누르면 흡인 조작이 가능하다. 흡인 조작을 여러 번 하다 보면 물이 점차 오염되기 때문에 정기적인 교환이 필요하다. 내부 부품이 부식되지 않을 정도로 중화제 등을 넣어 부식성 가스를 처리하는 방법도 있다.

아스피레이터와 비슷한 것으로 진공펌프가 있다. 순수한 진공 환경을 만드는 데는 진공펌프가 가장 뛰어나다. 그러나 진공펌프는 부식성 가스나 수증기 등을 빨아들이면 내부가 쉽게 녹슨다. 그에 비해 아스피레이터는 부식성 가스를 빨아들여도 대량의 물로 바로 희석하기 때문에 크게 문제가 되지 않는다. 염산이나 초산 안개를 빨아들여도 물만 빨리 교환하면 문제없다. 산, 유기용제, 할로겐 등을 포함한 액체의 흡인·여과작업에는 빠질 수 없는 펌프이다.

▼ 여과지

흡인여과 전용 여과지도 있지만 커피 필터를 둥글게 잘라 사용해도 된다. 커피 필터를 이용한 여과지는 짜임이 조밀하지 않아 입자가 쉽게 통과하므로 입자가 큰 고형물 여과에 최적. 어디서나 쉽게 구할 수 있고 저렴하기 때문에 추천한다.

● 응용 셀라이트 여과

흡인여과를 응용한 방법으로 '셀라이트 여과'가 있다. 셀라이트란 규조토를 말한다. 이것을 여과 보조제로서 여과지에 넣고 그 상태로 흡인여과하는 것이다. 규조토의 다공질이 초미세 입자를 포착하기 때문에 일반적인 여과지로는 빠져나가 버리는 초미세 입자라도 OK! 활성탄이나 종이 펄프로도 비슷한 효과를 낼 수 있다.

기판에서 추출해 어떤 물질과 섞으면…

현대판 골드러시! 스마트폰에서 금을 추출한다

버려지는 스마트폰 단말기에 금이 들어 있다? 그렇다면 당연히 추출해봐야 하지 않을까. 돈이 문제가 아니다, 로망을 실현하는 것이다! (POKA)

기기 변경 등으로 쓸모없어진 스마트폰이나 라우터를 사용한 실험이다. 스마트폰을 비롯한 소형 첨단 기기는 특성과 전기 전도성을 높이기 위해 접점부에 '금'을 사용한다. 이 금을 추출하는 방법이 있다. 스마트폰에서 금을 추출하다니 그야말로 '현대판 골드러시!' 같지만 스마트폰 한 대에서 추출할 수 있는 금의 양은 지극히 적다. 팔아서 돈을 벌기에는 턱없이 적은 양이다. 또 위험한 약품을 사용하므로 어디까지나 지식으로 즐기기 바란다.

● 기판에서 금을 추출한다

기판이나 부품에서 금을 추출하려면 수은을 이용한 아말감법을 이용한다. 수은은 액체 상태의 금속으로 다른 금속과 만나면 그 금속을 녹여 합금을 만드는 성질이 있다. 이 합금을 '아말감 합금'이라고 하며 가열하면 끓는점이 낮은 수은만이 증발한다. 즉, 내 손에는 금만 남는 것이다. 간단한 방법 같지만 수은은 '수은 중독'이라는 말이 있듯 위험한 물질이다. 만지거나 증기를 마시면 두통이나 호흡 곤란 등을 일으킬 수 있으므로 기본적으로 회수장치가 갖춰진 곳에서 실험해야 한다.

시안화법도 생각할 수 있지만 이것은 더욱 위험하다. 맹독인 시안화나트륨(또는 시안화칼륨)에 금을 녹여 회수하는 방법으로, 일반인은 조달조차 불가능하다.

아말감법에 필요한 재료는 못 쓰게 된 스마트폰과 수은이 든 아날로그식 온도계이다. 먼저, 스마트폰을 최대한 분해해 스크레이퍼나 일자 드라이버 등으로 금 함유량이 많은 부분을 떼어낸다. 금색이라 금방 알아볼 수 있을 것이다. 이때 최대한 구리나 납땜한 부분이 섞이지 않도록 떼어내는 것이 포인트. 다만 스프링 등의 강철로 도금되어 있는 경우는 그대로 떼어내도 문제없다. 철은 아말감 합금을 만들지 않으므로 간단히 분리할 수 있다.

다음은 온도계를 깨뜨려 안에 든 수은을 분리해 금 함유물과 함께 도가니에 함께 넣는다. 상온에서 섞어도 되지만 시간이 걸리기 때문에 이번에는 100℃ 정도로 가열했다. 300℃가 넘으면 기판이나 수지 부분이 타서 냄새가 나므로 지나치게 가열하지 않도록 한다.

처음에는 기판의 금 부분이 수은

스마트폰에서 추출한 금으로 금도금이 가능하다

1g도 채 안 되는 미량이지만 대부분의 스마트폰에는 금이 사용된다. 그 금을 수은과 섞어 아말감 합금을 만들면 고순도 금을 얻을 수 있다. 또 아말감 합금은 동판의 도금 가공에도 이용 가능.

Memo:

01 : 2012년 모델인 샤프의 스마트폰 '107SH'를 분해. 금색 부분은 황동 따위가 아니라 진짜 금이다. 접점부는 녹슬면 통전이 불가능하므로 녹슬지 않는 금을 사용하는 것이다.
02 : 당연하지만 금은 금색이라 쉽게 알아볼 수 있다. 일자 드라이버나 커터 칼 등으로 채취한다.
03 : 아날로그식 온도계에서 수은은 분리한다. 피부에 닿지 않도록 신중히 다룰 것.
04 : 스마트폰에서 떼어낸 금이 포함된 부품류. 기판이나 부품 등이 붙어 있어도 나중에 제거할 수 있으므로 신경 쓰지 않아도 된다.
05 : 수은을 섞어 가열하면 아말감 합금이 만들어진다. 금과 구리는 수은과 함께 녹지만 그 외에는 분리된다.
06 : 아말감 합금을 동판 위에 올려 버너로 가열한다.
07 : 이번에는 구리가 섞여 있어 깔끔하게 완성되지 않았지만 중앙에 금을 확인할 수 있다. 참고로, 불상의 금가공도 같은 방법을 이용한다.

에 잠겼다가 전부 용해되면 금 이외의 물질이 탈락해 아래로 고인다. 기판은 구리판 위에 금도금되어 있는 구조라 구리도 함께 녹게 된다.

금이 수은에 녹아 아말감화하면 수은은 은색에서 적황색으로 변하며 점점 유동성을 잃고 엉기게 된다. 이번에는 특히 묵직한 질감으로 변화했다. 금뿐 아니라 기판의 구리가 함께 녹아서 그런 것으로 보인다.

아말감 합금 사용법

아말감 합금에서 금을 추출하려면 버너로 가열해 수은을 증발시키면 된다. 금뿐 아니라 기판의 구리가 섞여 있는 경우는 가열시간을 늘린다. 강한 열로 계속 가열하면 구리는 산화구리로 제거되고 금만 추출할 수 있다.

이번에는 금의 양이 무척 적기 때문에 구리 등의 여분의 금속을 함유한 금도금을 만들어보았다. 수은을 증발시키기 전의 아말감 합금을 사용한다. 동판에 금도금을 하는 것은 비교적 간단하다. 먼저 동판에 아말감을 한 방울 떨어뜨려 버너로 강하게 가열한다. 가열해 수은을 날리는 것만으로는 동판에 잘 정착하지 않기 때문에 전체가 빨갛게 달구어질 때까지 계속한다. 그러면 은납땜을 한 것처럼 금이 동판 표면을 흐르며 도금된다.

고강도에 알맞은 접합 방법이란?

금속 접합을 마스터하자

금속 가공은 상급자 대상의 고급 기술. 하지만 일단 터득하면 공작의 폭이 확연히 넓어진다. 금속의 접합에 관한 지식을 정리해보았다. (POKA)

금속을 이어 붙이려면 납땜, 경납땜, 용접 등의 접합 방법이 있다. 접착제도 잘만 사용하면 공정을 줄일 수 있으므로 조성부터 이해하는 것을 추천한다. 금속 가공의 가장 중요한 요소로 각각의 소재를 접합하는 방법을 알게 되면 공작의 폭이 확대되는 것은 물론이고 공작의 완성도도 높아진다. 또 고압을 이용하는 실험기구를 만들 때도 진가를 발휘한다. 그런 의미에서 이번에는 금속 접합에 대해 정리해보기로 한다.

고압을 취급하는 공작에는 특히 금속이 많이 이용되며 강도가 필요한 부분은 반드시 금속을 사용한다. 금속은 절단이나 절삭 등의 가공을 마친 후 조립해 필요한 강도로 단단히 고정할 필요가 있다.

우선 금속의 종류에 따라 접합 난이도가 달라진다. 일반적으로 철계 금속(철강이나 스테인리스)은 모든 접합 방법을 적용할 수 있으며 접합도 간단하다. 그러나 철과 함께 범용성이 높은 금속인 알루미늄 등은 접합이 어려운 부류에 속한다. 알루미늄, 마그네슘, 타이타늄으로 대표되는 경금속의 접합은 난이도가 높다. 포금이나 황동 같은 구리 합금은 납땜이나 경납땜 등의 접합 방식이 주로 쓰인다. 구리는 열전도가 뛰어난 만큼 열을 확산하기 쉽기 때문에 용접 난이도가 올라간다. 그런 이유로 국소 가열이 아닌 전체를 가열하는 경납땜이 가장 적합하다.

또 같은 소재를 접합하는 것으로는 이점이 없는 경우가 있어 공작에 따라서는 다른 종류의 금속을 접합하기도 한다. 예컨대 철과 스테인리스, 황동과 알루미늄처럼 다른 종류의 금속을 접합해 두 금속의 기능을 얻는 것이다.

다만 일반적으로 경금속과 다른 금속은 접합이 어렵다. 특히 철과 알루미늄, 철과 타이타늄과 같은 조합은 어렵다. 한편 철과 황동, 구리와 스테인리스는 의외로 접합이 가능하다. 이런 소재와 접합 방법의 특징을 표로 정리했으니 작업 전에 확인하기 바란다.

접합 방법은 전자 공작에서 주로 이용되는 납땜부터 용접까지 다양하다. DIY에는 역시 납땜과 경납땜이 가장 많이 사용된다. 거창한 설비가 필요 없고 간단하기 때문이다. 한편

공작용 금속의 주요 접합 방법

소재명	추천하는 접합 방법	추천하지 않는 접합 소재	접합이 쉬운 이종 금속
철	납땜(쉬움), 경납땜(쉬움), 용접(쉬움)	경금속※	경금속 외
구리	납땜(쉬움), 경납땜(쉬움), 용접(어려움)	경금속※	경금속 외
알루미늄	납땜(어려움), 경납땜(어려움), 용접(어려움)	동종을 포함한 전부	없음
타이타늄	납땜(어려움), 경납땜(어려움), 용접(어려움)	동종을 포함한 전부	없음
마그네슘 합금	납땜(어려움), 경납땜(어려움), 용접(어려움)	동종을 포함한 전부	없음
스테인리스	납땜(어려움), 경납땜(어려움), 용접(어려움)	경금속※	경금속 외
스테인리스(303)	납땜(쉬움), 경납땜(어려움), 용접(어려움)	동종을 포함한 전부	없음
황동·포금	납땜(쉬움), 경납땜(쉬움), 용접(어려움)	경금속※	경금속 외

※ 경금속이란 알루미늄, 타이타늄, 마그네슘 합금

Memo:

납땜 작업의 포인트

플럭스

철이나 스테인리스의 납땜에는 작용이 강한 염산계를 사용한다.

땜납

금속 접합에는 수지가 들어 있지 않은 것을 사용한다. 전자 공작에는 수지가 든 것이 좋다.

스테인리스와 황동으로 만든 갈고리. 플럭스를 바른 땜납으로 접합했다. 면과 면의 접합은 납땜으로도 강도가 나온다.

최강의 접합 방법은 용접이다. 강도가 가장 뛰어나다. 이제부터 각각의 방법에 대해 해설해본다.

● 납땜

전자 공작에서 많이 사용하는 접합 방법이다. 납땜인두를 사용해 구리나 주석 도금 땜납으로 접합한다. 납땜은 작업성이 우수하며 금속을 간단히 이어붙일 수 있다는 장점이 있다. 이 작업에서 중요한 것은 융제인 플럭스로 납땜할 부분의 산화물을 용해해 제거하는 작용을 한다.

주로 로진계 플럭스가 사용되며 비교적 완만히 작용한다. 납땜 후 기판을 대강 씻어도 괜찮은 것은 플럭스의 작용이 약하기 때문이다. 기판을 부식시키는 작용이 강하지 않아 잔류해도 큰 문제가 되지 않는다.

철이나 스테인리스를 납땜할 때는 로진계보다 작용이 강한 염산계가 사용된다. 강력한 활성작용이 있어 스테인리스나 철에 잘 묻어나기 때문에 접합하기 쉽다.

납땜은 300℃ 정도의 비교적 낮은 온도로 손쉽게 작업할 수 있지만 그만큼 강도가 떨어지는 것이 단점이다. 어느 정도 강도를 요하는 부분이라면, 점이나 선으로 고정하는 것은 피한다. 끼워넣거나 깊은 구멍에 꽂아서 사용하는 경우라면, 강도를 확보할 수 있다.

● 경납땜

납땜과 마찬가지로 금속을 녹여서 접합하는 방법이다. 흔히 납땜을 '연납땜'이라고 부르기도 하는데 경납땜은 '경납'을 이용해 접합한다. 보통은 은이 주성분이며 모재(母材)에 잘 묻어날 수 있게 각종 성분을 첨가했다. 은이 70%가량 함유되어 있기 때문에 납땜에 비해 고가이다.

경납땜의 작업 온도는 700~1,000℃ 정도로, 납땜보다 훨씬 고온에서 이루어진다. 경납땜에도 플럭스를 병용한다. 700℃가 되면 염산계 플럭스가 작용하지 않으므로 불소 화합물계를 사용한다. 금속 표면에 강력한 세정작용을 하며 작업 중에는 자극성이 있는 유독가스가 발생한다. 불소계 가스이기 때문에 마시지 않는 편이 좋다.

경납땜은 용접에 필적하는 강도가 나오는 만큼 납땜으로는 강도가 부족한 부분에 이용하면 도움이 된다. 용접과 크게 다른 점은 이종 금속 간의 접합이 가능하다는 것이다. 철계 합금부터 구리 합금에 잘 묻는 은납의 특성을 이용해 이종 금속을 접합한다. 스테인리스와 구리의 조합은 열교환기 등에 이용할 수 있어 무척 편리하다.

그럼 실제 경납땜하는 방법을 해

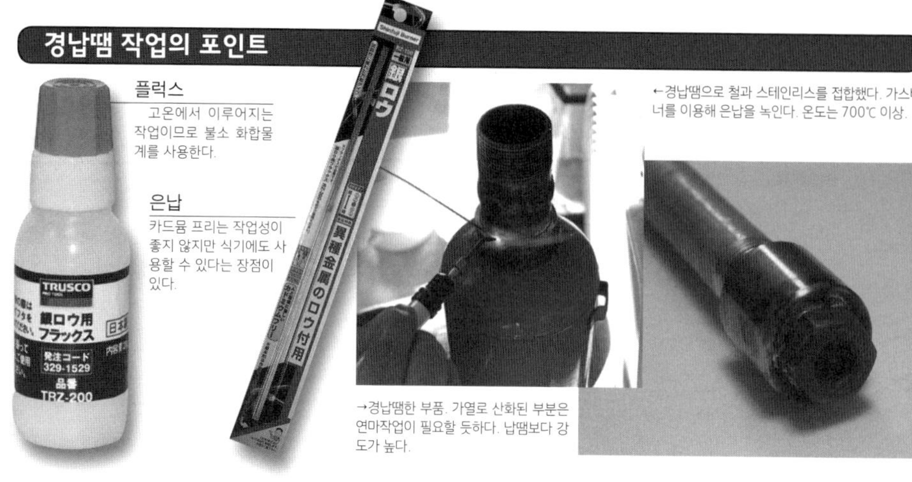

플럭스

고온에서 이루어지는 작업이므로 불소 화합물 계를 사용한다.

은납

카드뮴 프리는 작업성이 좋지 않지만 식기에도 사용할 수 있다는 장점이 있다.

←경납땜으로 철과 스테인리스를 접합했다. 가스버너를 이용해 은납을 녹인다. 온도는 700℃ 이상.

→경납땜한 부품. 가열로 산화된 부분은 연마작업이 필요할 듯하다. 납땜보다 강도가 높다.

설한다. 경납땜에서는 접합할 금속을 미리 깨끗이 세척하는 작업이 중요하다. 경납땜에는 기름이 가장 큰 걸림돌이기 때문에 중성세제로 금속 표면의 유분을 확실히 제거하는 것이다. 동시에 사포로 표면을 문질러 산화물을 제거한다. 그 후, 물기를 가볍게 닦아낸다. 물기가 약간 남아 있어도 상관없다. 이제 접합할 금속 모두에 불소계 플럭스를 도포한다.

여기까지 마쳤다면 드디어 접합할 차례이다. 우선, 땜납이 녹을 때까지 가열한다. 시뻘겋게 달구어질 때까지 가열하기 때문에 안전을 고려해 내화 벽돌 위에서 작업하는 것을 추천한다. 참고로, 일반 벽돌은 밀도가 커서 열이 쉽게 빠져나가다 보니 대상에 열이 잘 전달되지 않는다.

경납땜 방법에는 땜납을 접합 부분에 올려 동시에 작업하는 방법과 모재를 미리 가열한 후 땜납을 첨가하는 방법이 있다. 가능하면 땜납을 올려 동시에 작업하는 편이 낫다. 실패할 확률이 적기 때문이다. 모재를 미리 가열한 후 땜납을 첨가하는 방법은 납땜이 익숙지 않으면 실패하기 쉽고 땜납을 필요 이상으로 소비하게 될 것이다.

접합 부분이 시뻘겋게 달구어질 때까지 가열하면 땜납이 알아서 잘 녹아내린다. 경납땜이 끝나면 고화된 플럭스를 깨끗이 제거하면 완료. 플럭스가 남아 있으면 나중에 문제를 일으킬 수 있으니 꼼꼼히 제거해 준다.

용접

모두가 알고 있듯 금속을 접합하는 데는 용접이 가장 강력한 방법이다. 동종 금속에 한정되지만 소재가 일체화되기 때문에 다른 접합 방법과는 비교도 안 될 만큼 강도가 높다. 다만 작업 난이도가 높은 편이며 전용 기계인 용접기가 필요하다.

용접은 크게 피복아크용접, TIG 용접, 반자동 용접의 세 종류로 나눌 수 있다. 그중에서도 피복아크용접은 가장 널리 사용되는 방법으로 완성도는 약간 떨어져도 강도가 꽤 높다. 용접기 본체를 포함한 관련 부품을 가까운 홈 센터에서 구입할 수 있는 것도 포인트이다.

TIG 용접은 텅스텐 전극, 불활성 가스를 실드 가스로 이용해 초고온 플라즈마로 금속을 녹여 접합하는 용접 방법이다. 용접부를 아르곤 가스로 보호하며 작업하기 때문에 아르곤 가스봄베 등의 전용 기재가 필요하다. DIY에는 자주 사용되지 않지만 용접 중에서는 가장 완성도가 높은 것이 특징. 외관을 중시하는 경우에 주로 이용되며 얇은 판도 용접할 수 있어 소품 가공에도 적합하다.

반자동 용접은 '와이어 용접'이라고도 불리는 방법이다. 피복 아크용접이나 TIG 용접은 작업할 때 직접 용접봉이나 와이어를 추가해야 하지만 반자동 용접기로 와이어가 자동으로 공급되기 때문에 작업성이 좋

Memo:

용접작업의 포인트

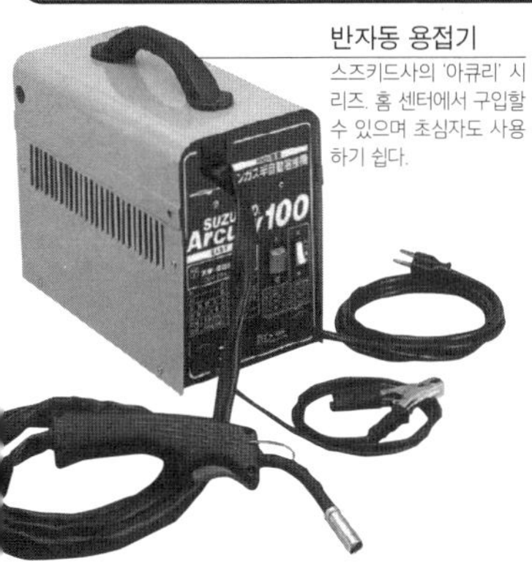

반자동 용접기
스즈키드사의 '아큐리' 시리즈. 홈 센터에서 구입할 수 있으며 초심자도 사용하기 쉽다.

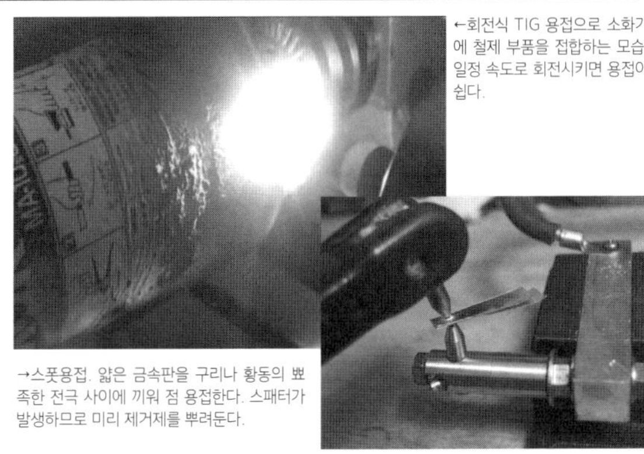

←회전식 TIG 용접으로 소화기에 철제 부품을 접합하는 모습. 일정 속도로 회전시키면 용접이 쉽다.

→스폿용접. 얇은 금속판을 구리나 황동의 뾰족한 전극 사이에 끼워 점 용접한다. 스패터가 발생하므로 미리 제거제를 뿌려둔다.

다. 대량의 용접작업에 편리하다. 가스식과 논가스식이 있으며 논가스식은 홈 센터에서도 판매된다. 100V의 용접기로도 아크가 쉽게 발생하고 유지도 잘되기 때문에 작업이 수월하다. 다만 이런 반자동 용접기에도 결점이 있는데 바로 스패터라고 불리는 엄청난 불통이 발생한다는 것이다. 그래서 반자동 용접에는 스패터 제거제가 필수이다. 작업 전 미리 용접부에 스패터 제거제를 뿌려두면 스패터가 거의 부착하지 않는다.

또 이그저스트 캐넌과 같은 원통형 플런저를 용접할 때는 용접용 회전반을 추천한다. 완성도를 높일 수 있다. 수작업의 경우, 숙련자가 아니면 일정 속도로 용접하는 것이 쉽지 않다. 회전반을 선반에서 저속으로 회전시키면 난이도를 낮출 수 있다.

● 접착제

마지막으로 가장 간단한 접합 방법인 접착제에 대해 이야기해보자. 지금까지 설명한 접합 방법에 비하면 확실히 강도는 떨어진다. 늘 기름이 닿거나 강하게 당겨지는 부분에는 사용하지 않는 것이 상식이다. 기름이 접착제에 녹으면서 접착력을 떨어뜨린다. 또 당기는 방향의 부하가 있으면 의외로 쉽게 떨어진다. 그렇지만 편리한 방법인 것은 분명하다. 중요한 것은 사용하는 장소. 나사의 고정력을 높이는 데는 최적일 것이다.

다음은 주로 사용되는 고정용 접착제이다.

▼ 에폭시

주제와 경화제, 두 액체의 화학반응으로 경화시킨다. 강도를 더 높이려면 '애럴다이트'가 일반적이다. 금속의 보수 등에는 '데브콘'과 같이 철분이 함유된 제품이 사용된다. 유기화합물이므로 기름이 닿는 장소에 사용하는 것은 NG.

▼ 시아노아크릴레이트

공기 중의 수분에 반응해 경화하는 순간접착제. '아론알파' 등의 제품이 유명하다. 점성이 낮기 때문에 나사를 조인 후 나사 구멍에 흘려넣어 고정하는 방법으로도 사용 가능. 단, 기름이나 충격에 약하다.

▼ 아크릴계

나사 고정용 접착제로 유명한 '록타이트'의 주성분이다. 산소를 차단함으로써 접착하는 혐기성 접착제로 한 방울로도 금속을 강력히 고정한다. 강철 등과 궁합이 좋다. 일부 플라스틱에도 사용할 수 있다.

▼ 양면테이프

40종류 이상의 3M '스카치' 시리즈는 판재와 같이 표면적이 넓은 대상을 고정할 때 적합하다. 자주 당겨지는 부분에 사용해도 어느 정도 강도가 나온다. 단, 막대 등의 접착 면이 적은 대상에는 적절치 않고 지렛대와 같은 변형력에도 약하다.

섞어서 가열하면 OK!

핑크색으로 빛나는 형광물질을 합성한다

형광물질은 형광펜처럼 누가 봐도 알 만한 물건 이외에도 지폐나 세제 등에도 은밀히 사용된다. 블랙라이트를 비추면 발광하는 물질, 일상에서 구할 수 있는 재료로 DIY를 해보자!

(POKA)

자외선을 비추면 발광하는 특수한 화합물인 '형광물질'. 일반적으로는 자외선에 발광한다고 하지만 엄밀히 말하면 형광 파장보다 짧은 파장의 빛을 비추면 발광한다. 예컨대 적색 형광을 발하는 물질이 있다고 하면 적색보다 파장이 짧은 녹색이나 청색 빛을 비추면 발광한다는 것이다. 이런 형광물질은 우리 주변에 가득하다. 블랙라이트를 비추면 생각지도 못한 물건이 형광을 발하고 있다는 것을 깨닫는다.

우리 주변에 있는 뜻밖의 형광물질

우리 주변에는 이런 게 빛이 난다고? 싶을 정도로 뜻밖의 형광물질이 여럿 존재한다. 대표적인 예가 세제이다. '형광 증백제 함유'라고 쓰인 세제에 블랙라이트를 비추면 발광하는 것을 알 수 있다. 그 밖에 영양 드링크나 비타민제 또는 올리브오일 등의 식용 기름도 형광물질이다.

잘 알려지지 않은 것으로는 '방사성 야광 물질'이 있다. 이것은 형광 파장보다 짧은 파장의 빛이 아니라 전리 방사선에 직접 부딪쳐 발광한다. 라듐 등의 알파선과 트리튬의 베타선을 사용한 것이 있다. 꽤 오랜 기간 발광하는데 '메타믹트'라고 불리는 결정질이 붕괴하는 현상을 일으켜 형광물질이 먼저 못 쓰게 되는 경우가 대부분이다.

또한 형광작용이 지닌 극한의 힘을 이용한 '레이저 결정'이라는 물질도 존재한다. 모재(母材)로 루비를 사용한 '루비 레이저'나 이트륨, 알루미늄, 가닛(석류석)을 사용한 'YAG 레이저' 등은 형광 현상으로는 가장 밝은 빛을 발한다. '우라늄 유리'도 형광물질의 하나로 아름다운 황록색 빛을 발한다.

그럼 이번에는 형광물질 합성에 도전해보자.

형광물질의 종류는 두 가지 무기계와 유기계란?

형광물질을 크게 나눠 '무기계'와 '유기계'의 두 가지가 있다. 이 두 가

▼ POKA판 '형광물질 합성 실험'

01 : 알코올램프로 어떤 물질을 가열해 섞으면 형광물질이 만들어진다.
02 : 『과학실험 이과 대사전 II』에서 소개한 형광 실험. 세제에서 형광물질을 추출했다.

Memo:

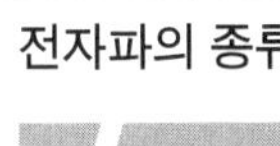

전자파의 종류

파장 짧다 ←——→ 길다

X선	자외선	보라색	청색	녹색	황색	주황색	적색	적외선	마이크로파	라디오파

가시광선: 보라색 ~ 적색

형광색을 확인하려면 형광 파장보다 짧은 파장의 빛을 비추면 된다. 집에서 확인하려면 자외선을 방출하는 블랙라이트를 사용하면 된다.

우리 주변의 형광물질

형광 증백제 함유 세제

영양 드링크

식용유

지폐에 형광물질이 인쇄되어 있는 것은 의외로 널리 알려져 있지만 식품이 형광을 발한다는 사실은 모르는 사람이 많다.

구하기 힘든 형광물질

라듐

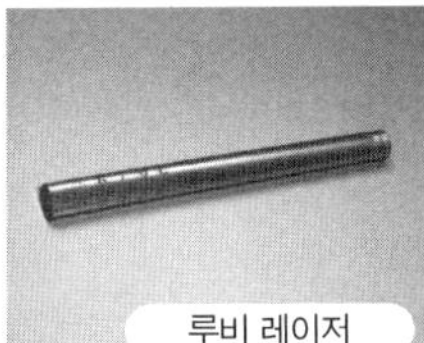

루비 레이저

과거 손목시계의 숫자판에는 라듐이 함유된 도료가 사용되었다. 어두운 곳에서도 빛을 낼 수 있어 요긴히 쓰였지만….

우라늄 유리

지 차이를 아주 간략히 나타내면 탄소가 함유되지 않은 것이 무기계, 탄소가 함유된 것이 유기계이다. 각각의 이점과 결점 그리고 적절한 합성 방법 등을 살펴보자.

먼저 무기계는 탄소가 함유되어 있지 않고 내구성이 뛰어난 것이 특징이다. 오존이나 자외선에 분해되지 않고 고온에도 견딜 수 있다. 합성 방법에는 녹는점보다 낮은 온도로 가열하는 '소결' 또는 처리 용액에 담가 산화물을 석출하는 '석출법' 등 무기물 합성에 적합한 방법이 사용된다.

이번에 합성하는 것은 이 무기계 형광물질이다. 원료를 구하기 쉽고 비교적 간단한 것이 이점. 다만 효율적으로 합성하려면 '희소금속'이라고 불리는 고가의 금속이 필요하다.

다음은 TV 등에 사용되는 유기 EL 디스플레이의 주원료이기도 한 유기계이다. 유기계는 탄소를 함유하고 있으며 유기화학적으로 합성된 것으로 효율이 매우 좋고 발광 휘도도 높다. 무기계와 다른 점은 주로 용제 안에서 합성한다는 것이다. 용제에 녹일 수 있어 잉크젯 프린터에도 사용 가능하다.

단, 내구성은 그리 높지 않다. 고온, 자외선, 오존 등에 쉽게 분해되어 사용할 수 없게 된다.

합성에 필요한 재료는 칼슘과 유황

그럼 이제부터 형광물질을 합성해 보자. 칼슘과 유황을 연소시켜 고형화하면 형광물질이 완성된다. 사용할 재료는 다음의 다섯 가지이다.

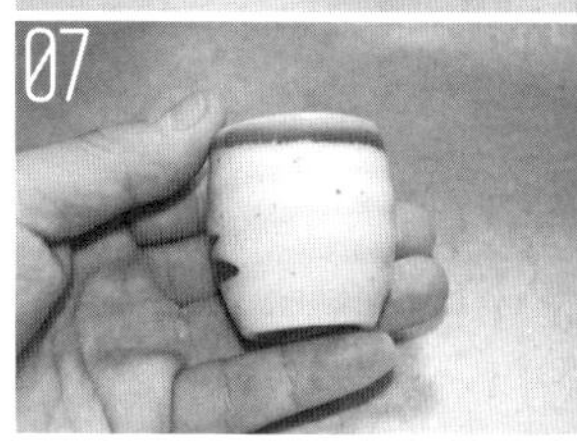

03 : 조개껍데기는 되도록이면 전체가 하얀 것을 준비한다. 완성도에서 차이가 난다.
04 : 유황은 온천지에서 채취하거나 곤충 구제용 농약으로 대용할 수 있다.
05 : 활성탄은 공기 중의 산소를 차단하는 데 사용한다.
06 : 이번에는 알코올램프를 사용했지만 가스버너로도 OK.
07 : 도기로 된 감과를 사용하는 경우에는 예열을 철저히 한다. 갑자기 강한 열이 가해지면 깨질 수 있다.
08 : 조개껍데기, 유황, 활성탄을 감과에 넣고 가열한다. 30~60분 정도 걸리므로 수시로 상태를 확인하며 가열한다.

- ▶ 조개껍데기
- ▶ 유황
- ▶ 활성탄
- ▶ 알코올램프
- ▶ 감과(도가니)

칼슘은 주성분이 탄산칼슘인 조개껍데기를 추천한다. 구하기가 쉽기 때문이다. 되도록 전체가 하얀 조개껍데기를 고르는 것이 좋다. 소석회나 생석회로도 대용 가능. 유황은 광석도 괜찮다. 순도가 90% 이상이면 가능하다. 토양 개량재나 해충 구제용 농약에 주로 쓰이므로 홈 센터 등에서 구입하면 된다.

열원으로는 알코올램프나 가스버너를 사용한다. 화력이 너무 세면 좋은 결과가 나오지 않는 경우도 있으므로 상황에 따라 선택하면 된다. 재료를 넣고 가열할 감과는 실험 재현성을 고려하면 알루미나 소재가 적합할 듯하다. 다만 이번 실험에서는 간편성을 우선해 도기로 된 감과를 사용했다. 참고로, 급격히 가열하면 깨질 수 있으니 실험은 신중히 진행한다.

분쇄해 가열하면 OK 형광물질의 합성 방법

본격적인 합성 실험이다. 이번 실험은 화학 합성이지만 유기 합성에 필요한 고도의 설비나 절차는 전혀 필요 없다. 재료를 섞어 가열하기만 하면 성과를 얻을 수 있다.

먼저 조개껍데기와 유황을 분쇄한다. 조개껍데기는 곱게 갈지 않고 조각 내는 정도로도 문제없지만 원료의 종류에 따라서는 분말 형태가 더 좋은 결과를 내기도 한다. 단, 유황은 미세 분말 정도로 곱게 분쇄한다. 또 칼슘염은 고온에서도 쉽게 증발하지 않지만 유황은 녹는점이 낮고 증발하기 쉬우므로 넉넉히 넣는 것이 포인트이다. 비율을 정확히 측정할 필요 없이 대략 조개껍데기 분말의 2~3배 정도면 된다.

분쇄한 조개껍데기와 유황을 감과에 채운다. 조개껍데기는 감과 바닥이 보일락 말락 할 정도가 적당하다. 그보다 2~3배 정도 많은 유황을 넣고 가볍게 섞는다. 여기서는 균일하게 섞지 않는 것이 비결이다. 물론 균일하게 섞어서 좋은 결과가 나오

Memo:

09 : 가열이 끝나면 열이 식도록 잠시 방치한다. 만졌을 때 뜨겁지 않으면 감과째 깨뜨려 내용물을 꺼낸다. 활성탄 밑에 있는 조개껍데기와 유황 덩어리가 형광물질이다.
10 : 완성된 형광물질. 핑크색으로 발광한다. 밝기가 부족하다 싶으면 온도나 가열시간 등을 바꿔 다시 도전해보자. 가열기구를 바꿔보는 방법도 있다.

면 더할 나위 없지만 실패하면 원료를 전부 버리게 될 가능성이 높기 때문이다. 균일하게 섞지 않음으로써 실험 전체가 실패하는 것을 방지하는 것이다.

마지막으로 활성탄을 넣는다. 활성탄은 섞지 말고 얹는다는 느낌으로 감과에 가득 채운다. 이번 합성 실험에서 활성탄은 공기 중의 산소를 차단해 감과 안의 물질이 산화되지 않게 막는 역할을 한다. 동시에 유황이 증발하는 것을 억제하기도 한다.

감과에 원료를 모두 넣었으면 가열을 시작한다. 칼슘과 유황은 비교적 천천히 반응하기 때문에 30~60분 정도 시간이 걸린다. 이번에는 알코올램프를 사용했지만 상황에 따라서는 화력이 센 가스버너가 적합한 경우도 있으므로 반응이 잘되지 않을 때는 가스버너로 시도해보자.

앞에서도 말했듯 칼슘과 유황은 천천히 반응하므로 불이 붙는 등의 위험한 상황은 일어나지 않는다. 다만 강렬한 유황 냄새가 발생하는 만큼 환기가 잘되는 장소에서 실험하는 것을 추천한다.

감과는 도기로 만든 것이라 예열에 신경 썼다. 알루미나 감과도 마찬가지이지만 도기제의 경우는 급격히 가열하면 깨져버린다. 충분히 예열한 후 본격적인 가열에 들어간다. 유황은 160℃ 정도면 녹아서 점성이 생기지만 연기가 나오지 않을 때까지 계속해서 가열한다. 연기가 나오지 않으면 유황은 거의 증발한 것으로 볼 수 있다.

반응이 끝난 감과가 식으면 안에 든 물질을 꺼낸다. 승화된 유황 때문에 활성탄이 굳어 있는 경우에는 감과째 깨뜨려도 상관없다. 활성탄 아래에 유황과 조개껍데기 조각이 남아 있다. 여기에 형광물질이 포함되어 있는 것이다.

합성한 형광물질을 블랙라이트로 비추면

칼슘과 유황의 화합물이 완성되었다. 정말 빛이 나는지 확인하려면 블랙라이트로 비춰보면 된다. 완성된 형광물질에 비추자 핑크색 형광으로 빛나는 것을 확인할 수 있었다. 합성 성공! 집중해 보아야만 약간 빛나는 것을 확인할 수 있는 정도라면 그다지 좋은 결과라고 보기 어려우므로 조건을 바꿔 다시 한 번 도전해보자. 반응 온도를 바꿔보는 것도 좋고 알코올램프 대신 가스버너로 시도해보는 것도 좋은 방법이다.

같은 실험을 화학 실험용 고순도 시약으로 시도하면 조개껍데기 원료보다 어두워지기도 하는데 그것은 조개껍데기에 함유된 극미량의 불순물 등이 부활제로 작용한 것으로 보인다.

이번 실험에서는 유황과 칼슘이 반응해 황화칼슘이라는 화합물이 만들어졌다. 황화칼슘은 TV 브라운관의 형광물질 등에 이용된다. TV에 사용할 때는 당연히 이런 원료가 아닌 초고순도 원료에 유로퓸이나 사마륨 같은 희소 원소를 극미량 첨가한다고 한다. 이런 미량의 성분을 부활제라고 부른다.

초미세화로 성격이 격변하는 특이한 소재

눈에 보이지 않는 나노 입자를 만들어보자

최첨단 같은 느낌을 주기 때문인지 요즘은 '나노'라는 이름이 붙은 제품이 넘쳐난다. 이 편리하고 이상적인 소재를 가정에서도 간단히 만들 수 있다는 사실을 의외로 모르는 사람이 많은 듯하다. (POKA)

나노 입자란 이름 그대로 나노미터 수준의 초미소 입자를 말한다. 단위는 'nm'으로 원소재는 금속부터 세라믹, 수지, 탄소 등 다양하다. 초미세화하면 보통은 볼 수 없는 특이한 성질이 나타나는 무척 흥미로운 소재이다.

이번에는 가정에서도 가능한 방법으로 이런 나노 입자를 만들어보자.

나노 입자의 크기는 1m의 10억분의 1

일반적인 나노 입자의 크기는 1~100nm라고 알려진다. 1nm은 10^{-9}m이므로 1m의 1000,000,000분의 1(10억 분의 1)이 된다. 쉽게 말해 바이러스나 X선의 파장과 비슷한 크기라는 것이다. 당연히 눈에 보이지 않는다.

나노 입자의 특성으로 색의 변화가 있다. 초미세 입자가 되면 색이 다르게 보이는 경우가 있다. 예를 들어 금은 붉은색으로 보이며 물에 자유롭게 분산된다. 순금 입자는 무거워서 아래로 가라앉지만 나노 입자가 되면 물에 섞이며 붉은색 와인처럼 변한다. 나노 입자의 색상은 그 금속의 이온과 가까운 색상으로 보이는 경향이 있는 듯한데, 금은 600nm대의 스펙트럼을 가지고 있기 때문에 붉은색으로 보이는 것이다.

또 다른 특성으로 압도적인 표면적을 들 수 있다. 화학반응이 일어나는 경우, 표면적이 크면 반응 속도가 극적으로 높아진다. 화학반응이 일어나기 쉬우므로 안정된 물질이라도 반응성이 높아지는 것이다.

이런 나노 입자를 응용한 제품으로 나노 산화타이타늄을 사용한 벽이 있다. 이 벽이 놀라운 것은 빛이

▼ 나노 입자는 가정에서도 손쉽게 만들 수 있다!

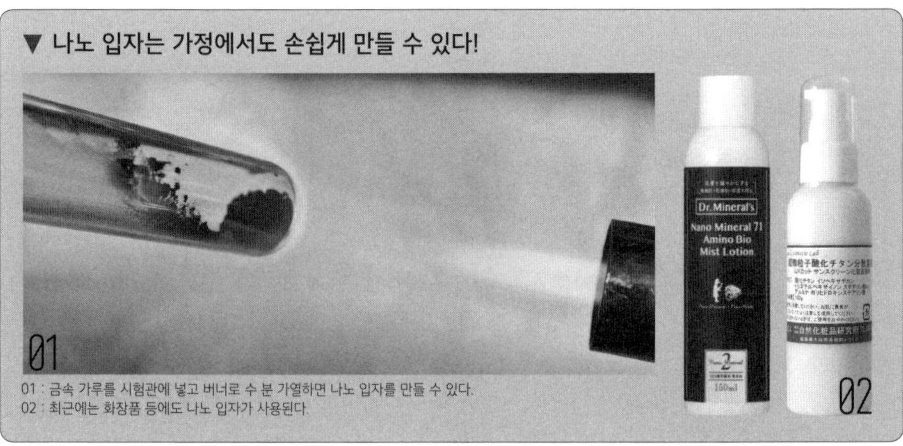

01 : 금속 가루를 시험관에 넣고 버너로 수 분 가열하면 나노 입자를 만들 수 있다.
02 : 최근에는 화장품 등에도 나노 입자가 사용된다.

Memo:

03 나노 입자의 소재와 용례

소재	용례
Ag/은	살균제, 태양전지, 터치스크린, 바이오센서
Al_2O_3/산화알루미늄	광투과성의 연마모성 코팅, 나노 구조 개질제, 초고성능 필터
Au/금	광학 센서, 중금속 이온 센서, 바이오센서
ZnO/산화아연	UV 반사용 코팅, 항균제, 소취제, 색소증감 태양전지
TiO_2/산화타이타늄	색소증감 태양전지, 광촉매, 센서, 무기 안료, 자외선 차단제
CuO/산화구리(II)	항균 방부제
Cu_2O/산화구리(I)	가스센서, 촉매, 태양전지
FeO/산화철	초밀도 정보 기억재료, 영구자석 재료, MRI
C/다이아몬드	발광 재료, 카본 나노 튜브 제작
Pt/백금	연료전지, 식품
Si 나노와이어	플렉시블 디바이스, 태양전지, 리튬이온 전지의 부하극 재료, 발광 다이오드
산화그래핀	도전성 재료, 촉매, 계면활성제, 전극, 트랜지스터

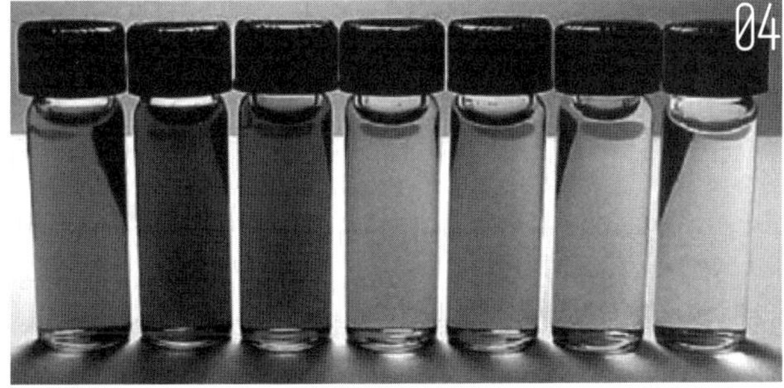

03 : 다양한 소재의 나노 입자가 만들어지고 있다. 주로 전지, 코팅제, 촉매 등의 용도가 많은 듯하다.
04 : 나노 입자화한 소재는 물에 녹이면 색상이 변화한다. 변화한 색상은 그 소재가 이온화했을 때의 색상과 같은 경우가 많다.

닿으면 오염물이 분해되면서 깨끗해지기 때문에 청소가 필요 없다는 점이다. 미세 산화타이타늄일수록 빛이 닿는 면적이 늘어나 활성화된다. 그야말로 나노 입자의 특성을 잘 이용한 제품이라고 할 수 있다.

요즘은 건강식품이나 화장품에 첨가하는 것도 유행인 듯하다. '백금 나노 콜로이드', '나노 금 콜로이드' 등으로 불리는데 솔직히 대부분 과학적 근거가 충분치 않은 것들이 많다. 게다가 나노 입자의 안전성이 확실히 입증되었는지도 의문이다. 과도한 사용은 피하는 편이 무난하다. 그 밖에 코팅제, 이차 전지, 형광 재료, 센서 등에도 폭넓게 활용되고 있다.

가열 분해법을 이용해 나노 철 입자를 제조

나노 입자는 다양한 가능성을 지닌 물질로 제조도 어려울 것이라 생각할 수 있지만 실은 가정에서도 비교적 간단히 만들 수 있다. 물론 기업에서는 첨단 기술을 이용하지만 DIY 수준으로도 제법 그럴듯한 나노 입자를 만들 수 있다.

나노 입자의 주된 제조 방법은 다음과 같다.

▼ 기계적 분쇄

절구로 빻는 것과 똑같은 원리. 보통 유발과 같은 기구가 유명하지만 나노 입자를 만들 때는 더욱 미세한 분쇄가 가능한 마노 유발이나 세라믹 유발이 사용된다. 수작업은 시간이 너무 많이 걸리므로 기계로 자동 분쇄하는(자동 유발) 경우가 많다. 일주일 정도 분쇄하면 나노 입자를 얻을 수 있다.

▼ 기상 환원법

금속을 산화물이나 염화물 등 끓는점이 낮은 화합물로 만들어 수소로 환원하는 방법. 고체 상태에서는 정련이나 치금 분야에서 사용하는 방법이지만 가스 상태로 환원하면 매우 작은 입자를 얻을 수 있다. 연기를 환원하는 방법으로 연기 입자

옥살산철의 화학반응식

$$FeC_2O_4 \rightarrow Fe + 2CO_2$$

옥살산철은 190℃로 가열하면 일산화탄소와 이산화탄소를 방출하며 분해된다.

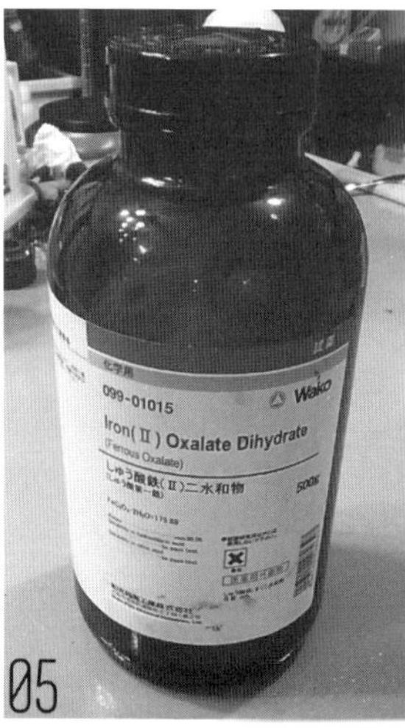

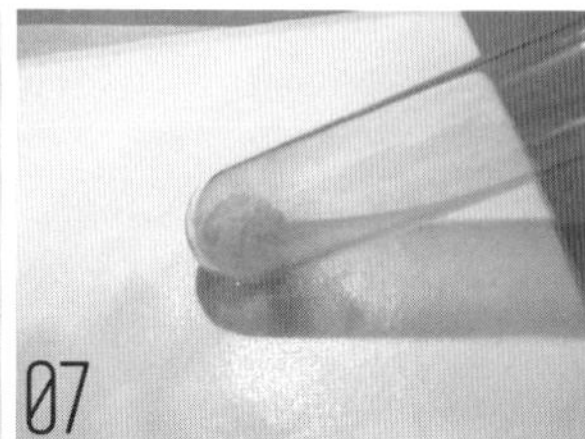

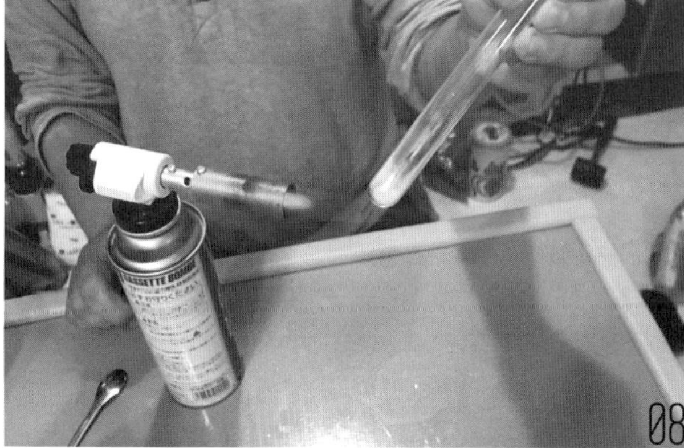

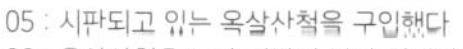

05 : 시판되고 있는 옥살산철을 구입했다.
06 : 옥살산철은 노란 빛깔의 분말 형태이다.
07 : 적당량을 시험관에 넣는다. 너무 많이 넣으면 시간이 오래 걸린다.
08 : 버너로 시험관을 가열한다. 옥살산철은 190℃ 이상에서 반응하기 때문에 화력이 센 편이 좋다.

하나하나가 나노 입자가 되는 것이다. 단, 수소 환원이 가능한 물질에만 한정된다.

▼ 제트 밀

제트 밀(Jet Mill)이란 이름 그대로 제트 분사를 이용한 분쇄 방법이다. 질소나 아르곤 등의 불활성 가스를 분사해 시료를 고속으로 충돌시켜 잘게 분쇄한다. 로켓 노즐과 비슷한 라발 노즐을 사용해 충격파로 분쇄하는 방법도 있다. 대량의 시료를 단시간에 분쇄할 수 있지만 금과 같은 부드러운 금속에는 적합지 않고 세라믹 등의 단단하고 분쇄하기 쉬운 시료에 적합하다.

▼ 열분해법

가열 방식으로 화합물을 분해해 나노 입자를 얻는 방법. 환원이나 탈수로 초미세 입자를 손쉽게 얻을 수 있다.

이번 실험은 이 방법으로 실시했다. 화학반응을 이용한 제조 방법은 대량 생산에 적합하며 가정에서도 대량 생산이 가능하다.

만들어볼 것은 철의 나노 입자이다. 철은 비교적 입수가 쉬운 시약으로 나노 입자 합성도 가능하다. 완전히 순수한 철이 아니라 산화물이 포함된 철이다.

혼합물이 섞인 것이라도 나노 입자 특유의 성질이 나타나므로 저렴한 것으로도 충분하다.

Memo:

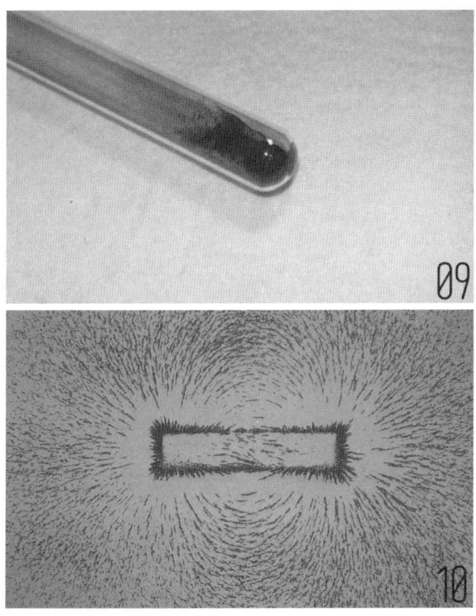

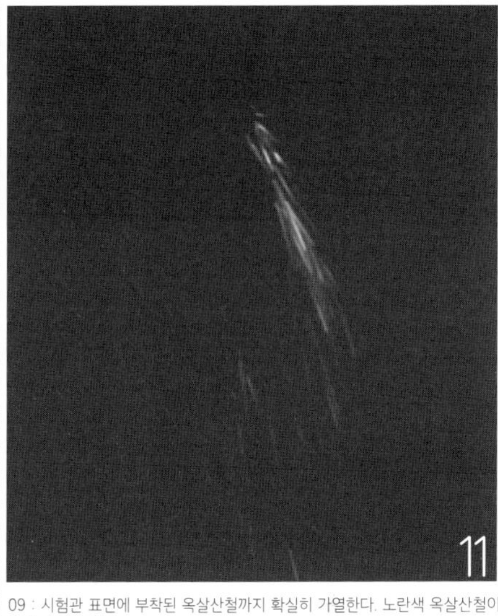

09 : 시험관 표면에 부착된 옥살산철까지 확실히 가열한다. 노란색 옥살산철이 검게 변하면 완료.
10 : 완성된 나노 입자 철을 실리콘 오일에 섞으면 자기의 움직임을 볼 수 있다.
11 : 나노 입자 철은 산화가 격렬하기 때문에 공기 중에 뿌리면 발화한다.

재료를 시험관에 넣고 버너로 가열하면 완성

철의 나노 입자를 만들려면 옥살산철의 분해를 사용한 방법이 가장 간단하다. 옥살산철은 철과 옥살산의 유기화합물로, 노란 빛깔의 고운 분말이다. 옥살산철을 강하게 가열하면 이산화탄소나 일산화탄소를 방출하며 분해된다. 그리고 분해 후에는 검은색 가루가 남는다. 이 검은색 가루가 나노 입자 철이다.

나노 입자의 특성은 경이적인 표면적 크기이다. 표면적이 크다는 것은 그만큼 화학반응성이 높다는 말로 가열하기만 하면 금방 반응이 일어난다.

그만큼 제조 방법도 간단하다. 시험관에 옥살산철을 넣고 버너 등으로 가열하기만 하면 OK. 가열에 걸리는 시간은 양에 따라 다르지만 전체가 검게 변할 때까지 가열한다. 계속 가열하면 시험관 위쪽에 물방울이 맺힌다. 모처럼 만든 나노 입자 철이 물에 젖어 못 쓰게 될 수 있으니 전체적으로 가열해 수분을 증발시킨 후 꺼내도록 한다. 이렇게 나노 입자 철이 완성되었다.

이왕 만들었으니 나노 입자 철을 이용해 다양하게 즐겨보면 어떨까. 내가 추천하는 것은 공중 발화이다. 철은 급격히 산화하면 불이 붙기도 하는데 그것은 나노 입자 철도 마찬가지이다. 공기 중에 뿌리면 급격한 산화작용으로 불똥을 튀기며 타오른다. 당연히 실험은 실외에서 하도록 한다.

또 나노 입자 철로 '자기(磁氣) 조영제'를 만드는 것도 가능하다. 실리콘 오일 등에 초미세 철을 섞어서 만든 자기 조영제를 포인트 카드 등의 자기 부분에 바르면 자력을 띤 부분에 입자가 모여 자기의 패턴을 볼 수 있다. 초미세 철이기 때문에 가능한 현상이다.

최근에는 나노 입자 철 외에도 나노 금 콜로이드 등도 시판되고 있어 쉽게 구할 수 있다. 금은 고가의 소재이기는 하지만 나노 입자라면 극미량으로도 효과를 발휘하는 만큼 소량으로도 충분하다.

나노 금 콜로이드를 응용하면 금도금도 가능해지는 등 흥미로운 특성이 많은 듯하다.

유두나 성기까지 탈색하는 강력한 화장품

저렴하게 대량 제조하는 기미 제거 크림

의약 외품으로 판매되는 미백 크림의 가격은 상당히 고가인 경우가 많다. 주성분은 사진 현상용 약품과 동일하다. 그럼 직접 만들어 쓰면 되지 않을까….

(구라레)

이전에도 『과학실험 이과』 시리즈에서 보습제, 화장수, 자외선 차단제 등의 제조 방법을 소개한 바 있다. 요즘은 천연 화장품에 대한 관심도가 높아지면서 직접 만들어 쓰는 화장품 재료 등도 많이 판매되고 있다.

이번에는 한 발 더 나아가 의료용으로도 사용되는 화장품의 제작 방법을 해설한다. 의약 외품으로 판매되는 미백용 '하이드로퀴논 크림'과 동일한 제품이다.

시판 제품을 사는 것도 좋지만 직접 만들면 저렴한 가격에 대량으로 제조가 가능하다. 하이드로퀴논 크림은 상당히 고가에 판매되기 때문에 직접 만드는 편이 압도적으로 저렴하다.

다만 문제가 생기면 그 책임은 제조한 본인에게 있으며 타인에게 팔거나 주는 것은 위법이라는 점을 명심할 것(본인이 사용하는 것은 아무 문제없다).

하이드로퀴논(화장품 업계에서는 무슨 이유에서인지 화학적 명칭인 '히드로퀴논'이 아니라 오래된 명칭인 '하이드로퀴논'으로 통한다)은 '피부 표백제'라고도 평가받는 성분으로 강력한 표백작용을 이용한 미백제로 약국이나 피부과 등에서 판매되고 있다. 보통은 피부과에서 자신의 피부 타입에 맞는 제품을 처방받는 것이 가장 저렴하고 양질의 크림을 구하는 방법인 것은 분명하다. 그래도 직접 만드는 것보다는 비싸니 도전해보는 것도 나쁘지 않을 듯하다.

<그림 1> 기미가 생기는 구조

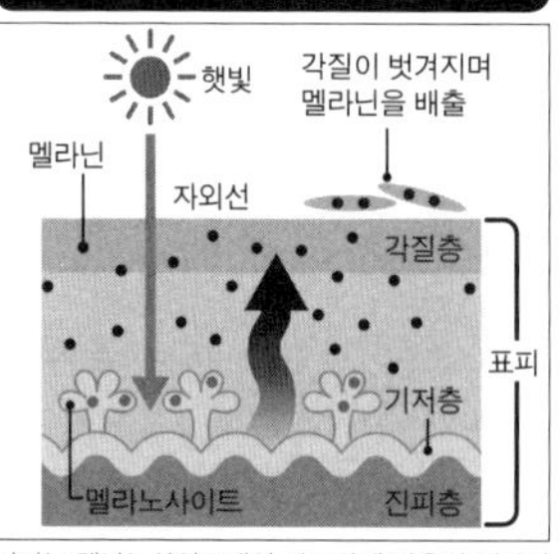

기미는 멜라노사이트에서 과도하게 방출된 멜라닌이 피부에 침착되어 있는 상태. 약으로 이 악순환을 끊으면 피부 대사와 함께 한 달 정도면 기미가 사라진다.

<그림 2> 멜라닌이 생기기까지

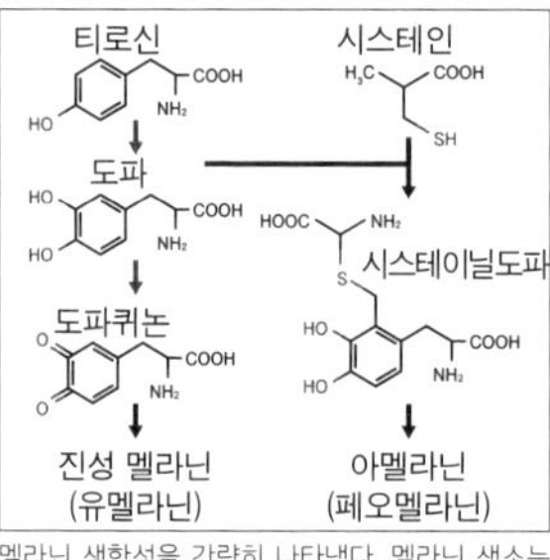

멜라닌 생합성을 간략히 나타냈다. 멜라닌 색소는 수많은 분자가 모여서 생긴 거대 분자. 회색 화살표가 티로시나아제라는 멜라닌을 생성하는 효소의 작용을 나타낸다.

기미, 주근깨의 원인 멜라닌 생성을 억제

피부가 검게 변한다. 그 상태가 균일하면 햇볕에 그을린 것이고, 균일하지 않다면 색소 침착이다. 또 점상(點狀)으로 모여 있으면 기미, 세포 분열이 활발한 곳에 대량 생산되면 점이다. 이런 일련의 변화가 모두 멜라닌 색소 때문이라는 사실은 의외로 널리 알려져 있다.

멜라닌은 체내에서 아미노산의 티로신으로부터 생합성되어 검은 색소로 변화한 것이다. 이 반응을 간략히 설명하면 티로신(도파)→도파퀴논→멜라닌 색소와 같은 흐름이다.

티로신이나 도파로부터 시작된 화학반응은 도파퀴논이나 벤조티아민이 산화 중합해 흑갈색 진성 멜라닌(유멜라닌)과 벽돌색의 아멜라닌(페오멜라닌)의 두 종류로 변화한다. 그 결과, 피부가 검어지거나 기미, 주근깨가 생기는 것이다.

Memo:

하이드로퀴논 크림의 제조 방법

약품을 섞기 전 사용할 기구를 깨끗이 세척해 둔다. 중성세제→염산의 순서로 깨끗이 세척한 후, 알코올로 헹궈 건조시킨다. 오염을 최소한으로 억제해 크림의 보존기간을 늘린다.

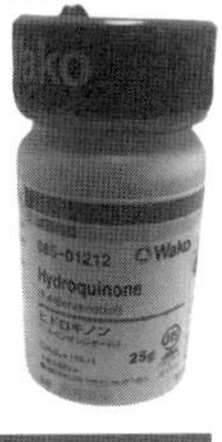

주요 재료

재료	양
하이드로퀴논(특급)	5g
아스코르브산	0.2g
다이에틸에테르	5~10mℓ
유동 파라핀	3mℓ
연고 기제	93g

(전량 약100g)

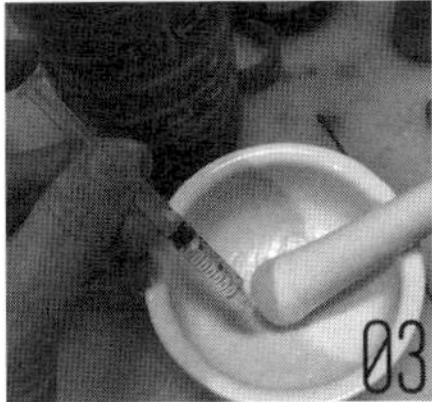

01 : 유발에 아스코르브산과 하이드로퀴논을 넣고 완전히 분말이 될 때까지 빻는다. 그리고 다이에틸에테르와 시클로헥산 등의 용제를 전체가 녹을 정도로 넣고 섞는다. 다이에틸에테르는 하이드로퀴논을 균일하게 녹이기 위해 사용하는 것이므로 잘 섞어 휘발시킨다.

02 : 유동 파라핀을 첨가해 섞는다. 이 상태로 비닐에 넣고 냉동하면 2~3개월 보존할 수 있다.

03·04 : 냉동 보존한 용제에 50g가량의 연고 기제를 혼합하면 3~4% 정도의 적당한 질감을 가진 하이드로퀴논 크림이 완성된다. 완성된 크림은 용기에 넣어 냉장고에 보관하면 2개월 정도 사용할 수 있다.

이 티로신이나 도파가 도파퀴논이 되는 것만 막을 수 있으면 멜라닌이 합성되지 못해 그대로 색이 옅어질 것이다. 이미 존재하는 멜라닌 색소가 포함된 세포를 파괴하는 것이 효과적이지만 비소나 수은 같은 위험한 독이 아니면 불가능하기 때문에 현재는 화장품에 사용할 수 없다. 이번 실험에서도 자제하는 편이 좋을 듯하다(웃음).

다시 이야기를 되돌리면, 피부에서 도파퀴논이 생성되는 과정만 방해하면 되는 것인데 여기서 등장하는 것이 바로 하이드로퀴논이라는 화학물질이다. 하이드로퀴논은 티로시나아제(그림 2의 회색 반응)를 방해하는 작용을 하며 고농도일수록 효과적이지만 DNA 합성을 저해하는 등의 발암성과 멜라노사이트 자체를 파괴해 백반을 일으키는 등의 독성이 있어 보통은 5% 이하로만 사용된다.

또 사용할 때는 전체적으로 바르지 않고 기미가 분포한 부위에만 국소적으로 바르는 것이 효과적이다. 참고로, 함유량이 4% 이상이면 유두나 성기의 탈색도 가능하다. 다만 염증을 일으킬 수 있어 그다지 권할 만한 방법은 아니다. 본인 책임하에 사용한다고 해도 주의가 필요하다.

하이드로퀴논은 사진 현상이나 중합 방해제로 다양한 공업 분야에 쓰이는 약품이기 때문에 가격도 매우 저렴하다. 단, 반응성이 높은 환원제라 함은 자연 분해성도 높다는 말이다. 시판 크림은 안정제 등이 들어있어 상온에서도 사용할 수 있지만 그럼에도 사용 기한이 짧은 편이다. 하이드로퀴논은 산화하면 검정색이나 갈색으로 바뀌기 때문에 사용 중 크림의 색이 검게 변하면 더는 사용할 수 없다는 신호이다. 이 점을 기억해두자.

그럼 이제 직접 만들어보자. 필요한 재료는 하이드로퀴논과 아스코르브산 등 다섯 종류의 약제이다. 이것을 모두 섞는다. 자세한 순서는 위의 '하이드로퀴논 크림 제조 방법'을 참조하기 바란다. 보충하면, 이것은 어디까지나 이상적인 제작 방법이다.

현상용 하이드로퀴논은 순도가 높기 때문에 다이에틸에테르 대신 크실렌이나 에탄올로도 가능하며 연고 기제 대신 유동 파라핀을 넉넉히 넣고 바셀린 연고를 사용해도 유효한 크림을 완성할 수 있다. 약국에서 판매하는 것이니 재현성은 높지만 안전성 면에서는…. '자기 책임'의 정도가 더욱 높아진다(웃음).

화학반응으로 푸른빛을 내는 대표적인 시약

루미놀 합성법

루미놀은 살인 현장에서 증거를 수집할 때 필수적인 시약이다. 혈흔에 반응해 푸른빛을 발하는 루미놀 시약을 직접 만들어보자. 쉽게 살 수 있지만 DIY를 하면 더 깊은 지식을 얻게 될 것이다. (아와시마 리리카)

미스터리 영화나 드라마에서 살인 현장에 액체를 뿌리면 혈흔이 푸른 빛으로 빛나는 장면을 종종 볼 수 있다. 그것이 바로 이번에 만들어볼 '루미놀'이라는 분자의 반응이다. 루미놀은 산화하면 빛으로 에너지를 방출한다. 혈액이 그런 반응을 촉매하기 때문에 혈흔 감식에 이용된다. 다만 구리 등의 전이 금속이나 그 착체에도 반응한다. 빛난다고 해서 반드시 혈액이라고는 할 수 없으며 사람의 혈액에만 반응하는 것도 아니다.

실험 노트를 만든다

루미놀은 시판되고 있지만 그런 제품을 구입해 반응을 보는 것만으로는 재미없으니 직접 만들어보기로 하자. 방법은 구글(Google)에서 '루미놀 합성' 또는 'Luminolsynthesis'로 검색하면 많이 나온다. 그런 방법을 참고한다.

루미놀에 과산화수소수를 넣은 혼합액을 철 원자를 지닌 촉매에 뿌리면 푸른빛으로 빛난다. (유튜브 참조)

바로 실험에 돌입하고 싶지만 한 가지 중요한 작업이 남아 있다. 바로 실험 노트를 만드는 일이다. 실험 계획은 물론 언제, 어떤 실험을 해서 어떤 결과가 나왔는지를 기록해 같은 실험을 할 때 같거나 그 이상의 결과를 낼 수 있고, 타인이 보고 같은 실험을 할 수 있도록 기록해두는 것이다. 재현성에 대한 의심이 제기될 때 증거가 되기도 한다.

나는 이번 루미놀 합성에 관해 왼쪽 사진과 같은 노트를 작성했다. 나머지는 실제 실험하면서 조작을 시작한 시간, 고찰, 채취한 TLC를 붙이는 등 수시로 추가했다. 샤프나 연필처럼 쉽게 지워지는 것 말고 볼펜처럼 지워지지 않은 필기구를 사용하는 것도 포인트이다.

시약의 분자량, 밀도, 끓는점 등의 자료는 'Sigma-Aldrich' (http: //www.

실험 노트의 예

화합물 번호·일자 등

화학반응식

사용 시약

영어명으로 쓰는 편이 시약을 검색할 때 편리하다.

실험 순서

※실험을 시작한 시간, 고찰 등도 메모한다.

결과

NMR의 결과 등도 메모한다.

일자, 반응식, 시약, 실험 순서, NMR 분석 결과 등을 추가로 적어둔다.

Memo:

〈그림 1〉 분말 형태의 시약을 넣는 방법

▼ 물질량 단위 'mol'의 계산 방법

【3-Nitrophthalic acid】

● 1mol = 211.13g일 때 2g = 몇 mol인지 구하는 경우

①1mol은 211.13g

②? mol은 2g

$$\frac{1mol}{?mol} = \frac{211.13g}{2g}$$

$$?mol = \frac{1mol \times 2g}{211.13g}$$

$$= 0.00947mol\ (9.47mmol)$$

루미놀 반응의 화학식

NO_2 … OH, OH (3-Nitrophthalic acid) + NH_2-NH_2 —△→ (NO₂, NH–NH) —$Na_2S_2O_4$→ (NH_2, NH–NH)

sigmaaldrich.com/) 등의 시약 판매 카탈로그에 실려 있다. 분자량은 시약병에도 표기되어 있을 것이다. 실험 노트 작성 방법에 대해 더 자세히 알고 싶다면 『화학 레포트와 논문 쓰는 법(化学のレポートと論文の書き方)』과 같은 지침서가 나와 있으니 참고해도 좋을 것이다.

● 물질량의 단위에 대해

실험 노트와 함께 중요한 또 한 가지가 물질량의 단위인 'mol(몰)'이다. 꼭 필요한 지식이므로 대강 해설한다.

물질량의 단위란, 눈에 보이지 않는 크기의 분자 입자를 하나하나 전부 세려면 엄청나게 큰 숫자가 되기 때문에 일정 수를 한 덩어리로 헤아린 것이다. 예컨대 분자 하나하나가 귤이고 mol이 귤 상자라고 하면 mol이라는 상자 안에 분자 입자가 6.02×10^{23}개가 들어간다는 말이다. 이 수(아보가드로수)는 외우지 않아도 mol과 g의 변환이 가능하면 크게 어려울 것은 없다.

이번에 사용하는 '3-Nitrophthalic acid'의 분자량은 211.13이다. 시약병 라벨에도 표기되어 있다. 이것은 1mol에 211.13g이라는 말이다. 당연히 분자가 바뀌면 분자량도 달라진다. '$Na_2S_2O_4$'는 1mol에 174.11g이다. 이번 실험에서는 3-Nitrophthalic acid를 1g 사용한다. 1g이 몇 mol인지 이해할 수 있으면 된다. 단순한 비례 계산이기 때문이다.

[3-Nitrophthalic acid의 계산 방법]

1mol은 211.13g

?mol은 1g

$$\frac{1mol}{?mol} = \frac{211.13g}{1g}$$

$$?mol = \frac{1 \times 1}{211.13}$$

$$= 0.00474mol(4.74mmol)$$

이런 식이다. 반대로 g을 구하는 경우는 아래와 같다.

1mol은 211.13g

0.00474mol은 ?g

$$\frac{1mol}{0.00474mol} = \frac{211.13g}{?g}$$

$$?g = \frac{211.13 \times 0.00474}{1}$$

$$= 1g$$

이번 실험에는 시약의 양을 g이나 mL로 표기했으므로 그대로 사용하면 된다. 다만 꽤 잦은 빈도로 시약의 양을 mol로 표기하는 경우가 있으므로 변환할 수 있으면 크게 도움이 될 것이다. 이번에는 마지막 단계에서 수율을 낼 때 사용하는 정도이다.

실험 순서 해설

서론이 길었지만 이제 진짜 실험 시작이다. 대강의 순서는 다음과 같다.

01 3-Nitrophthalic acid와 8%의 Hydradineaq를 가지형 플라스크에 넣고 가열해 녹인다.

02 트리에틸렌글리콜을 첨가해 110~130℃로 끓이면서 수분을 날린다(2~3분).

03 온도를 220℃로 높이고 5~10분 가열(노란색→적갈색)

04 유조에서 건져 올려 5분 정도 식힌다.

05 뜨거운 물 15mL를 넣고 얼음물에 담가 냉각(5~10분).

06 결정을 여과한다.

07 3M NaOH 5mL에 여과한 결정을 녹인다.

08 $Na_2S_2O_4$를 넣고 5분 정도 환류한다.

09 초산을 넣고 얼음물에서 식힌다.

10 결정을 여과한다.

먼저, 사용할 가지형 플라스크의 크기를 결정한다. 너무 크거나 너무 작은 것도 좋지 않다. 플라스크 몸통의 가장 볼록한 지점까지 시약을 넣는데 이 경우 시약은 최대 7mL 정도이다. 처리 시 뜨거운 물 15ml를 넣을 것까지 생각하면 50mL의 가지형 플라스크가 적당하다.

플라스크를 정했으면 이제 시약을 넣으면 되는데, 분말은 〈그림 1〉처럼 약포지를 둥글게 깔때기 모양으로 말아 넣으면 쏟지 않는다. 액체는 사용하는 양에 따라 주사기나 눈금 실린더로 계량해 넣는다. 눈금 실린더로 직접 넣을 자신이 없으면 깔때기를 사용한다. 이번에는 투입 순서를 신경 쓸 필요가 없지만 용매를 넣지 않은 상태로 플라스크에 분말을 넣고 거기에 또 다른 분말을 넣는 것은 피하도록 한다. 불필요한 반응이 일어나는 것을 방지하기 위해서이다. 플라스크에 교반자를 넣는 것도 잊지 말자. 효율적으로 섞지 않으면 녹이는 데 시간이 걸리고 반응도 잘 진행되지 않는다. 분자가 만나야 반응이 시작될 테니 말이다. 섞거나 가열해 분자가 만날 확률을 높여줌으로써 반응이 진행되도록 돕는 것이다.

용매를 가열한다

다음은 가열에 대해 해설한다. 기구는 〈그림 2〉와 같이 설치한다. 전반부의 가열은 왼쪽 그림과 같이, 후반부의 환류는 오른쪽 그림과 같이 장치한다. 또 그림에는 없지만 유조는 교반기 위에 올려놓은 상태이다. 전반부의 용매는 트리에틸렌글리콜(Triethyleneglycol)로 끓는점은 285℃. 끓는점 이하인 220℃로 가열하기 때문에 냉각은 필요 없다. 또 플라스

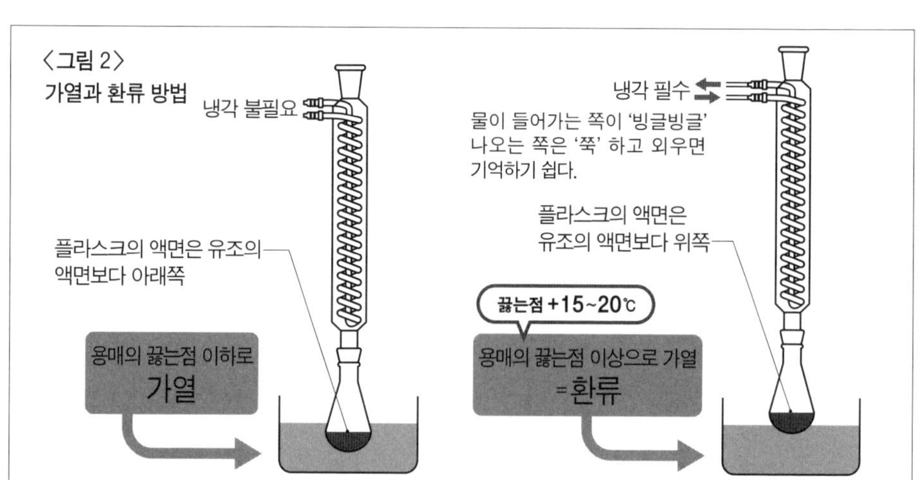

Memo:

크의 액면(液面)은 유조의 액면보다 아래에 둔다.

후반부의 용매는 물로 끓는점은 100℃이다. 그것을 환류하면 즉, 끓는점 이상의 온도로 가열하는 것인데 그림의 왼쪽과 같은 상태에서는 용매가 증발해 반응이 진행되지 않는다. 그렇기 때문에 날아가는 용매를 냉각관에서 식혀 플라스크 안으로 되돌려야 한다. 이때 플라스크의 액면은 유조의 액면보다 위쪽에 둔다. 환류라고 쓰여 있는 경우, 특히 온도 설정이 없으면 용매의 끓는점 +15~20℃로 설정한다. 유조의 온도는 설정 온도 그대로 눈금을 맞추면 된다고 생각하겠지만, 그렇지 않다. 설정 온도보다 약간 낮게 나오는 경우가 많으므로 온도계로 플라스크 부근의 온도를 확실히 측정한다. 환류 냉각기와 호스를 연결하는 방법은 〈그림 2〉와 같이 물을 넣는 쪽이 회전하는 관, 물이 빠져나가는 쪽이 직선으로 된 관이다.

최적의 여과 방법

마지막은 여과이다. 결정 등의 개체를 원하는 경우는 '흡인여과'한다. 〈그림 3〉과 같이 장치하고 호스는 아스피레이터나 다이어프램 펌프에 연결한다. 수도에 흘려보내면 안 되는 경우는 다이어프램 펌프를 이용한다. 기리야마 로트나 부흐너깔때기에 여과지가 완전히 흡착되지 않으면 결정이 새나가 수율이 저하된다. 여과 전 약수저로 여과지 끝을 확실히 붙인다. 참고로, 액체를 원하는 경우는 여과지를 크레이프 모양으로 접어서 여과한다.

Sigma-Aldrich
https://www.sigmaaldrich.com/
'화합물 검색'으로 약 20만 종의 부분 구조식이며 용도 등을 검색할 수 있다.

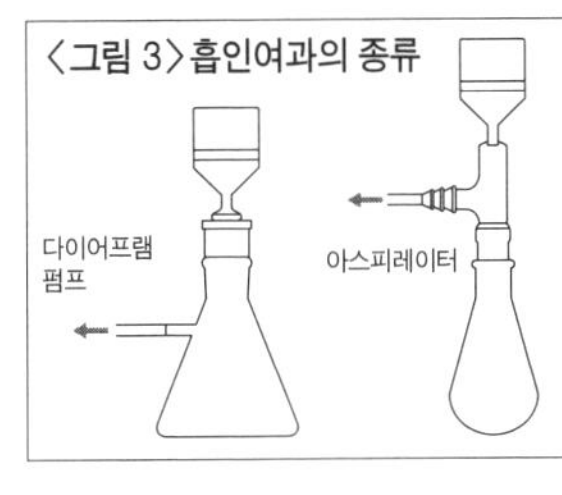

〈그림 3〉흡인여과의 종류

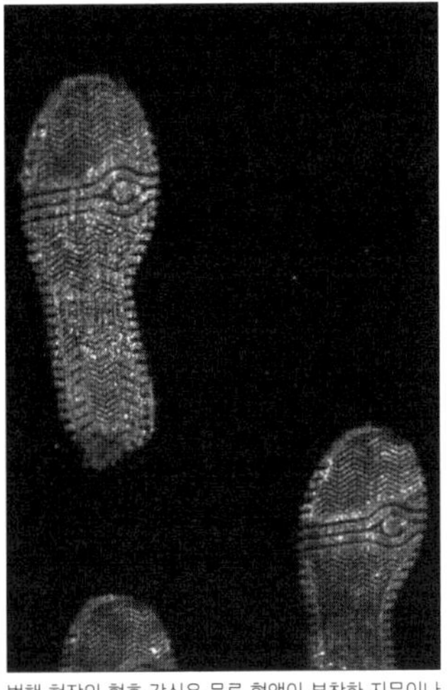

범행 현장의 혈흔 감식은 물론 혈액이 부착한 지문이나 발자국을 찾아내는 데도 요긴히 쓰인다.

수량과 수율에 대해

완성된 수량은 측정하면 금방 알 수 있다. 수율은 이론상 얻어지는 양과 실제로 얻은 양의 비율이다. 이번 실험에서는 4.74mmol의 3-Nitrophthalic acid로 반응을 시작했다. 이론상으로는 4.74mmol의 루미놀이 나와야 하지만 실제로는 손실이 있었기 때문에 그보다 양이 적을 것이었다. 만약 420mg(2.37mmol)의 루미놀을 얻었다면 수율은 50%(목적물 물질량/원료 물질량)×100＝(수율)%가 된다.

발광을 확인한다

그럼 발광 반응을 확인해보자. 순서는 다음과 같다.

01 완성된 루미놀을 10% NaOH 수용액 10mL에 녹인 후 물 90mL를 넣고 희석한다.

02 희석한 용액 25mL를 다시 물 175mL에 희석→A
3%의 페리시안화칼륨 20mL, 3% 과산화수소수 10mL, 물 70mL를 혼합→B

03 A와 B를 같은 양으로 혼합한다.

무사히 발광하면 실험 성공이다. 마음껏 혈흔 감식에 나서기 바란다. 좀처럼 사건 현장을 맞닥뜨리기 어렵다면 빛나는 샴페인 타워는 어떨까? 결혼식에 이런 화학 발광을 이용한 샴페인 타워를 주문하면 상당한 비용이 든다고 하니 직접 만들어 보는 것도 좋을 것이다.

시판 루미놀을 구입해도 비용을 훨씬 아낄 수 있을 것이다. 형광 색소를 섞으면 적색, 오렌지, 노랑, 녹색, 청색, 남색, 보라색 등 어떤 색으로든 빛나게 만들 수 있다. 시도해보기 바란다.

column ▶ 살인을 없던 일로… 감식반도 눈치 채지 못한다!? 혈흔 소거 (구라레)

나도 모르게 손이 미끄러져 도끼로 꼰대 상사를 내리찍거나 토막내버린 경우, 피범벅이 된 주변을 아무리 깨끗이 닦아도 감식반이 들이닥쳐 루미놀 검사를 하면 금방 혈흔이 발견되고 만다.

루미놀 반응까지 지우는 심야 쇼핑의 인기 상품!?

과연 루미놀 반응을 속이는 방법은 없을까? 답은 심야 쇼핑 사이트에 있었다. 루미놀 반응을 완벽히 지울 수 있다고 하여 해외에서도 화제가 된 세제 '옥시크린'이다. 아마존이나 라쿠텐 등의 인터넷 쇼핑몰에서도 흔히 구입할 수 있다.

본래 루미놀 반응은 과산화수소와 루미놀의 반응을 보는 것으로 시약이 저렴하고 반응성이 좋아 빈번히 사용된다. 그 발광 반응의 촉매로 혈액에 포함된 '철'이 사용되므로 철 이온까지 완벽히 처리하면 되는 것이다.

'옥시크린' 등의 산소계 세제를 헝겊 따위에 강력히 침투시키면 오염 물질을 완전히 제거할 수 있다. 예컨대 미지근한 물(35℃ 전후)에 담가둔 헝겊에 다량의 알코올을 녹인 '초세전액'을 넣고 잠시 방치한 후 세탁해도 루미놀 반응을 완전히 제거할 수 있다.

루미놀에 필요한 반응 자체를 방해하는 것도 가능하다. 인산이나 구연산 등의 불휘발성 산은 루미놀 반응을 방해하는 것으로 유명하다. 실제 루미놀 반응 실험에서 구연산을 첨가하면 더는 발광하지 않는다.

린제이 호커 살해 용의로 체포된 이치하시 OO야 용의자의 호송 장면.

루미놀 검사는 피했지만 또 다른 강적이…

루미놀 검사를 피했어도 지금의 최첨단 수사 기법은 혈액에 대한 선택성이 높은 시약은 물론 특수한 파장의 조명과 고글 등을 이용해 혈액 반응을 확인한다. 이 모든 것을 피하기란 결코 쉽지 않을 것이다. 아무쪼록 손이 미끄러지지 않게 조심하는 편이 현명한 방법이라는 생각이 든다(웃음).

←아마존 등의 인터넷 쇼핑몰에서도 구입 가능한 산소계 세제 '옥시크린'

→이 세제를 사용하면 잠혈 반응까지 깨끗하게 지울 수 있다. 그러나 재판으로 가면 또 다른 방법으로 혈흔이 밝혀질 것이다. 결국, 악행은 발각된다!?

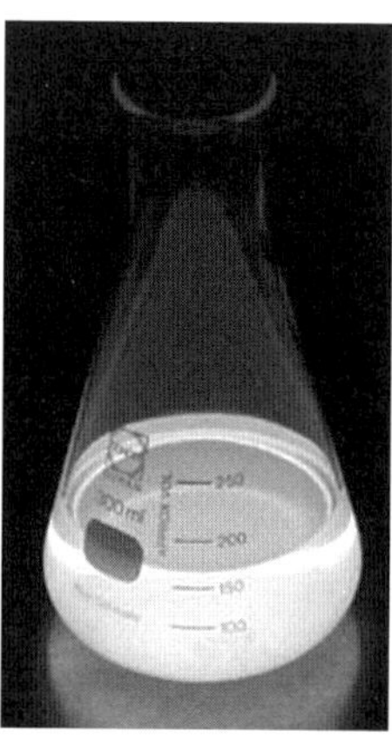

루미놀 반응으로 빛나는 용액. 보기에는 혈흔이 사라진 것 같지만 화학의 힘으로 악행을 밝혀낸다(웃음).

Memo:

PHYSICS
[물리]

익스트림 공작의 필요 불가결한 지식

소화기의 분해 방법 [축압식&가압식]

축압식은 연료탱크의 압력용기로 사용할 수 있다. 가압식은 캐넌계 공작물에 안성맞춤! 소화기의 분해 방법은 매드 사이언티스트들에게는 필수적인 지식이다. (POKA)

소화기는 모든 점포와 시설 등에 반드시 갖추어져 있다. 화재를 진화하는 도구이지만 우리의 필터를 거치면 훌륭한 공작 소재가 된다. 특히 압력계 공작에는 꼭 필요한 소재이다. 그런 의미에서 소화기의 분해 방법을 마스터해보자.

● 축압식 소화기 분해

소화기는 축압식과 가압식의 두 가지 타입이 있다. 먼저, 앞으로 주류가 될 축압식 소화기부터 설명한다. 본체에 소형 압력계가 달려 있는 것이 특징이다. 내부에는 약제와 함께 질소 가스가 들어 있으며, 내압이 높은 상태이므로 미사용품의 분해는 매우 위험하다. 그대로 분해하면 나사가 풀리는 순간 안에 든 분말과 함께 파이프 등이 사출되기도…. 직격타를 맞으면 해프닝 정도로 끝나지 않는다. 사용 여부는 압력계를 체크하면 알 수 있다. 녹색의 정상 범위를 크게 벗어나 있으면 내부가 비어 있는 것이다. 본체도 가벼워지므로 금방 알 수 있을 것이다.

이제 축압식 소화기를 분해해보자. 작업 자체는 비교적 간단하다. 스냅링과 손잡이 부분의 나사를 풀면 본체와 금속 캡만 남는다. 멍키스패너 등으로 돌리면 분리 가능. 내부에 가스 용기가 들어 있지 않기 때문에 이것으로 분해 완료이다.

▼ 축압식 소화기의 활용 방법

축압식 소화기는 입구가 좁기 때문에 내부에 특수 장치를 넣거나 이그저스트 캐넌 혹은 데토네이션 캐넌의 노즐로 이용하기에는 무리가 있지만 압력용기로는 이용 가능하다. 10기압 정도의 압력을 안전하게 장기 보존할 수 있다.

축압식 소화기는 구조상 손쉽게 기밀(氣密)을 확보할 수 있다는 이점이 있다. 가솔린이나 알코올처럼 발화하면 위험한 액체에 압력을 가해 보존하는 데 안성맞춤이다. 멍키스패너로 조이기만 하면 누출을 완벽히 차단할 수 있어 편리하다.

● 가압식 소화기 분해

널리 보급되어 있는 강철제 가압식 소화기. 축압식과 달리 내부에 압력을 저장하지 않고 초고압 충전된 CO_2 봄베를 동력원으로 사용한다. CO_2 봄베의 차단막을 파괴하면 작

축압식 소화기는 간단히 분해할 수 있는 단순한 설계

1 최근 유통되고 있는 소화기. 내부에 질소 가스를 넣고 압력을 가했다. 압력계 바늘이 녹색 범위를 크게 벗어났으면 비어 있는 상태.

2 스냅 링이나 손잡이 등 분리할 수 있는 것은 모두 떼어낸다. 금속 캡은 멍키 스패너로 돌리면 분리 가능.

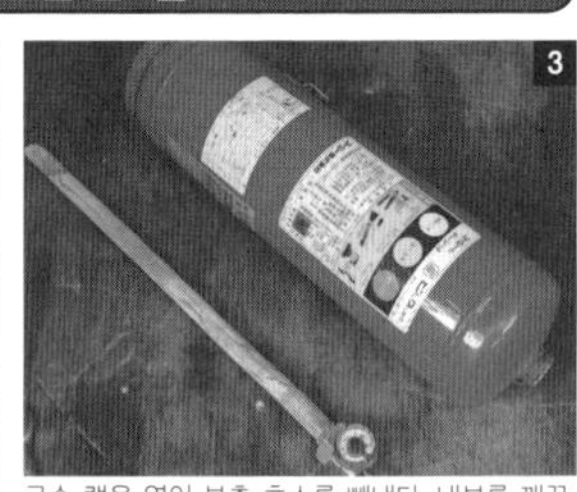

3 금속 캡을 열어 분출 호스를 빼낸다. 내부를 깨끗하게 세척하면 완료.

Memo:

소화기 약제의 종류	
분말	일반적인 빨간색 소화기. 안에 담긴 소화제 분말을 뿌려 불을 끈다. 구하기 쉽고 가격이 저렴하지만 뒤처리가 힘들어 소규모 소화에는 적합지 않다. 기본적으로 한번 손잡이를 쥐면 안에 든 분말이 모두 분사된다.
액체	홈 센터에서 판매하는 스프레이 타입 등이 여기에 해당한다. 물이 주원료인 소화제로 씻어낼 수 있는 것이 특징
탄산가스	탄산가스, CO_2, 드라이아이스가 원료인 소화기. 순간적으로 증발하기 때문에 뒤처리가 간단하고 고가의 전자 제품 등의 소화에 적합하다. 액화 탄산가스는 80기압에 달하기 때문에 봄베가 매우 견고하지만 그만큼 가격이 높다.

동하기 때문에 소화기 자체에는 압력이 가해지지 않는다. 그래서 압력계가 달려 있지 않은 것이다. 축압식 소화기와 다른 또 한 가지 특징은 금속 캡이 크다는 점이다. 내부에 CO_2 봄베를 넣기 위해서이다.

분해 방법은 일단, 금속 캡을 돌려 분리해야 하는데 이 부분이 약간 까다롭다. 축압식과 달리 나사부의 접착 면적이 크다 보니 시간의 경과에 따라 녹이나 오염 등이 부착해 좀처럼 풀리지 않는다. 알루미늄 캡 주위를 나무망치로 두드려 녹슨 부분이 들뜨면 윤활 스프레이를 뿌려 잠시 방치한 후 힘껏 돌려보자. 그래도 풀리지 않을 때는 파이프 렌치라고 불리는 전용 공구를 이용한다. 흠집이 좀 남지만 금속 캡을 강력히 고정해 돌릴 수 있다.

참고로, 가압식 소화기는 미사용품이라도 해체가 가능하지만 되도록이면 다 쓴 것을 분해하는 편이 안전하다. 내부의 CO_2 봄베가 부식해 불안정한 경우도 있고, 분해 도중 레버가 밀려들어갈 우려도 있기 때문이다(파열될 위험이 있어 제조사에서도 점차 가압식에서 축압식으로 바꾸고 있다).

미사용품을 분해하는 경우에는 내부에 분말이 가득 찬 상태로 작업하게 된다. 무사히 금속 캡 부분을 돌리면 CO_2 봄베와 파이프를 분리할 수 있는데 자칫하면 분말을 뒤집어쓰게 된다. 분진이 날리지 않게 천천히 들어올린다.

CO_2 봄베는 나사식으로 되어 있어 쉽게 분리 가능하다. CO_2 봄베만 떼어내면 더는 위험하지 않다. 소화기 분말은 비닐에 넣어 불연 쓰레기로 배출하면 된다.

▼ 가압식 소화기의 활용 방법

가압식 소화기의 가장 큰 이점은 금속 캡 부분이 커서 캐넌계 공작물에 적합하다는 것이다. 노즐로 사용하려면 이 금속 캡의 구경이 가장 중요하다. 축압식은 2~3cm였지만 가압식은 5cm 정도 된다.

캐넌계 공작물에는 안성맞춤이지만 연료탱크와 같은 축압식 용도로 쓰기에는 다소 애매하다. 금속 캡을 플랜지식으로 빈틈없이 연결해 확실히 잠글 필요가 있기 때문이다. 가솔린 등을 넣는다면 가압식 소화기는 피하도록 한다.

가압식 소화기는 열화 상태에 따라 분리가 힘들다?

1 오래된 소화기. 내부에 가압용 봄베가 들어 있는 것이 특징으로 압력계는 달려 있지 않다.

2 오래된 소화기일수록 금속 캡을 분리하기 힘들다. 최후의 수단으로 파이프 렌치를 사용했다.

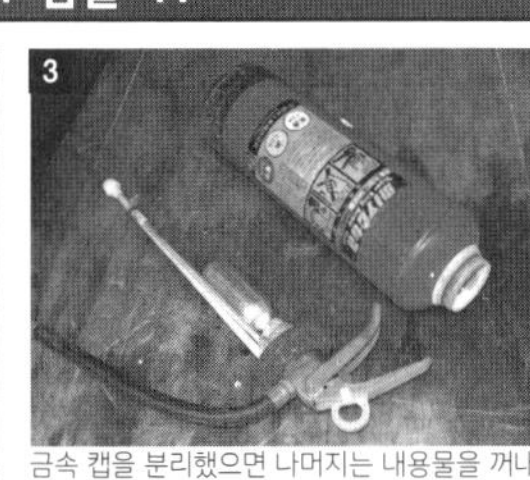

3 금속 캡을 분리했으면 나머지는 내용물을 꺼내기만 하면 된다. CO_2 봄베는 나사식으로 연결되어 있어 돌리면 떼어낼 수 있다.

펄스 기체 로켓엔진을 간단 DIY!

소화기 로켓 제작과 연소 실험

우주를 향한 엄청난 추진 에너지. 최대 규모의 화학반응을 볼 수 있는 로켓 발사는 엔지니어들의 동경의 대상이다. 소화기로 간이 로켓엔진을 제작해보자.

(레너드 3세)

로켓은 과학기술의 꽃이자 공학도들에게는 제트엔진과 함께 동경의 대상이다. 그런 로켓의 심장부라고 할 수 있는 로켓엔진은 우주로 가는 유일한 추진 기관이다. 거대하고 복잡하지만 단순한 형태와 거기에서 방출되는 맹렬한 에너지는 '최고'라는 말로밖에 표현할 길이 없다. 그렇게 엄청난 것이라면 당연히(?) 직접 만들어보고 싶을 것이다.

소화기를 이용한 간이 로켓 분사 실험. 수소를 연료로 사용했다. 원래 수소의 분사염은 투명에 가깝지만 산소와의 혼합비가 고르지 못했는지 오렌지~붉은색을 띠고 있다.

현재 로켓엔진은 대략 4가지 타입으로 분류된다. 간단히 설명해보자.

① 고체 로켓엔진

로켓 폭죽과 비슷한 것으로 케이스 안에 고체 추진제를 채우고 노즐을 부착한 구조이다. 필요한 약품을 구하기 어렵고 폭발 위험성이 높기 때문에 자작은 추천하지 않는다. 시판되는 모형 로켓이 이 타입이므로 자작 로켓을 발사해보고 싶다면 그것을 이용하는 편이 나을 것이다.

② 액체 로켓엔진

액체 산화제와 연료를 추진제로 사용하는 타입. 구조가 복잡하고 고도의 기술이 필요하지만 그만큼 성능이 높아 발사용 로켓에 사용된다. 일본의 H-II 시리즈나 우주왕복선의 주 엔진이 이 타입이다. 자작이 불가능한 것은 아니지만 산화제를 입수하기 어려운 점이 가장 큰 걸림돌이다.

③ 하이브리드 로켓엔진

고체 연료(수지 등)와 기체 또는 액체

가압식 소화기 YP-10(10형)

▼ 실험에 사용한 주요 재료

본체로 사용한 가압식 소화기. 이번에는 10형 소화기를 사용했는데 더 작은 것도 괜찮을 듯하다. 산소는 실험용 가스 캔이 가격은 조금 비싸지만 사용하기 편리하다. 아마존에서 구입 가능.

소화기	노즐용 알루미늄 부재
전선	고압 전원
글루 건	산소
연료(DME·수소·LPG 등)	

Memo:

로켓의 분사염 실험

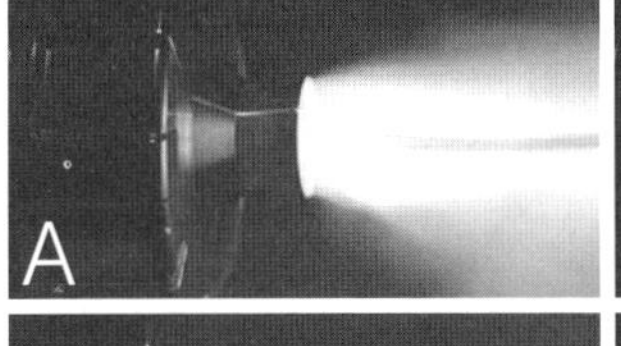

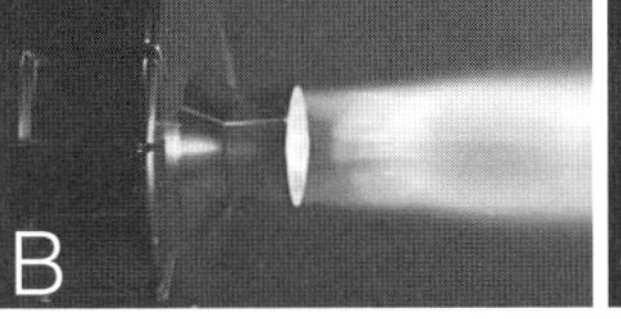

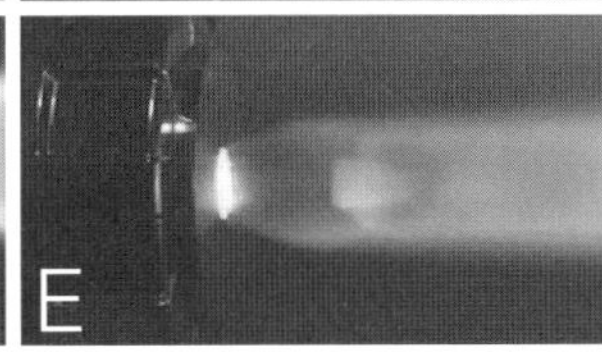

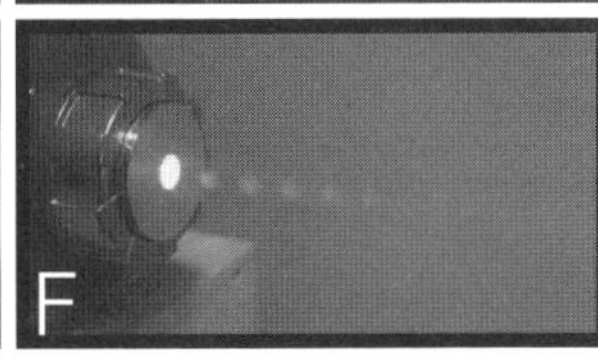

A~D : DME×라발 노즐 실험. 시간에 따라 분사 형태가 변화하는 것을 알 수 있다(600fps로 촬영)
E : 수소×오리피스 판 실험. 마하 디스크가 발생하는 것을 확인할 수 있다.
F : DME×오리피스 판 조합. 아름다운 염주 알 모양의 쇼크 다이아몬드가 나타난다.※

산화제를 사용하는 고체와 액체의 중간적 성격을 지닌 엔진이다. 위험성과 구조적 난이도가 비교적 낮아 대학교 동아리 등에서도 자주 제작·발사 실험이 이루어지는 타입이다.

④ 전기 추진 로켓

전기를 추진 에너지로 사용한다. 주로 우주 공간에서 이용되며 진공 상태에서만 동작하기 때문에 자작하기에는 다소 무리가 있다.

이 4가지 타입 중에서는 ③의 하이브리드 로켓엔진이 가장 DIY에 적합한 유형이다. 하지만 대학교 동아리 등에서 단체로 작업해도 수개월은 걸리기 때문에 개인이 시도하기에는 허들이 높은 것이 사실이다. 그러므로 이번에는 액체나 고체가 아닌 드릴과 그라인더만 있으면 만들 수 있는 기체를 사용한 간이 로켓엔진을 제작해보자.

● 기체 로켓 제작

내압 용기에 노즐을 부착한 단순한 구조로, 내부에서 산소와 가연성 가스를 단번에 연소해 고온, 고압의 연소가스를 발생시킨다. 로켓엔진의 순간적인 추진력을 만들어내는 것이다. 동작 시간은 1초도 되지 않지만 디지털카메라로 촬영하면 로켓엔진의 매력인 '쇼크 다이아몬드(자세한 설명은 뒤에서)'를 충분히 감상할 수 있다. 초고속 촬영이 가능하면 더할 나위 없다.

동작시간이 짧은 대신 난이도를 크게 낮춘 공작이므로, 중학교 여름방학의 자유 연구 등으로도 적당한 수준이다. 제작에 필요한 주요 재료는 압력용기, 노즐, 가스 착화장치의 세 가지이다.

압력용기로는 소~중형 소화기가 적당하다. 소화기의 종류나 분해 방법에 대해서는 180, 181쪽을 참고하기 바란다.

이번에는 10형 가압식 소화기를 선택했지만 더 작은 것도 문제없을 듯하다. 용량이 클수록 소비되는 가스의 양도 증가한다.

소화기에서 전용할 부품은 본체 용기, 스냅 링, 패킹이다. 스냅 링은 핸들을 분해하지 않으면 분리할 수 없으므로 그라인더를 이용해 고정된 리벳을 떼어내 해체한다.

노즐은 이 장치의 핵심이라고 할 수 있는 부분으로 여기에서 성능이 결정된다. 크게 어려운 가공은 아니며 알맞은 구멍만 뚫어주면 된다. 적당한 두께의 알루미늄 판에 구멍을 뚫은 오리피스 판으로도 충분히 초음속류를 즐길 수 있다. 단, 이 구멍의 지름은 매우 중요하다. 8~10mm 정도가 가장 적합하다. 이보다 크면 연소 압력이 올라가지 않고, 작으면 압력이 높아져 위험하다. 그러므로 이 크기를 기준으로 가공하도록 한다. 노즐 형태의 구멍으로 가공할 때는 스로트(throat, 가장 가는 부분) 부분을 위의 지름으로 잡고 점차 확대해가는 식이 무난할 것이다.

이번에는 선반기를 이용해 오리피스 판과 라발 노즐을 가공했다. 스로트의 지름은 모두 10mm이다. 라발

※ F의 검은 테두리 속 사진은 'COCOAR2' 앱을 도입한 스마트폰을 가져다대면 AR 영상으로 볼 수 있다.

01 : 소화기를 분해한다. 본체 용기, 스냅 링, 패킹을 사용한다.
02 : 이번에 만들 노즐의 설계 이미지. 소화기 크기에 맞춰 세부 치수를 정하면 된다.
03~06 : 노즐은 선반기로 알루미늄 봉을 가공해 만들었다. 테이퍼 가공은 공구대의 각도를 바꿔가며 절삭. 절삭 가공에 익숙지 않다면 우선 3mm 정도의 알루미늄 판으로 오리피스 판을 만들면 된다.

노즐은 일반적인 15° 하프 앵글(중심축으로부터의 각도가 15°) 원뿔형 노즐, 개구비를 2 정도로 설계했다. 노즐은 종 모양의 곡면으로 된 것이 성능이 좋지만 가공이 다소 어려우므로 다음 기회로 미루기로 한다. 연소가스는 고온이기는 하지만 순간적인 동작이기 때문에 알루미늄 재질이라도 상관없다.

착화장치는 내부 가스에 불을 붙일 수 있으면 무엇이든 OK. 그보다 중요한 것은 착화 위치이다. 연소가스의 압력으로 점점 연소 전 가스를 압축하는 것이 좋기 때문에 착화 위치는 최대한 노즐에 가까운 편이 좋다. 운용성을 고려하면 용기 받침대 근처에 점화 플러그를 부착하는 것을 추천하지만, 이번에는 선선으로 대강 만든 간이 플러그를 노즐에 꽂는 방식으로 했다. 대충 만든 것 같지만 10회 정도의 착화라면 큰 문제는 없을 듯하다.

쇼크 다이아몬드의 이상적인 이미지

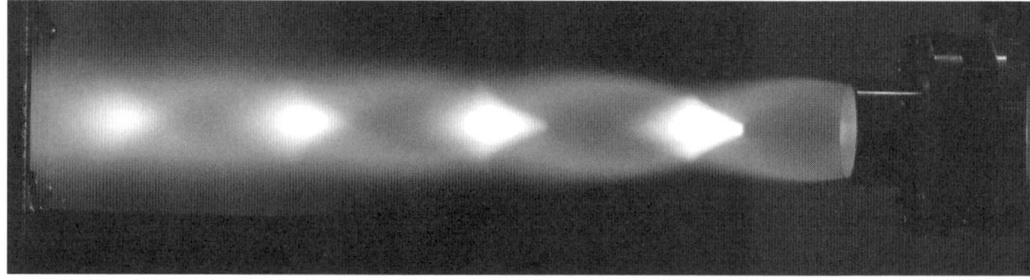

스위스 우주 개발 연구기업 Swiss Propulsion Laboratory의 연소 실험 모습. SLR2.5k-I 엔진(출력 2.5kN : 약 250kg급, 연소압 25기압)의 쇼크 다이아몬드를 볼 수 있다. 너무나 아름답다(SPL 공식 사이트 참조).

Memo:

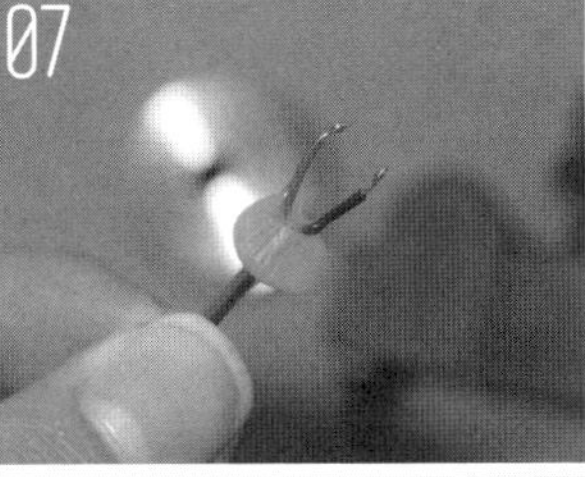

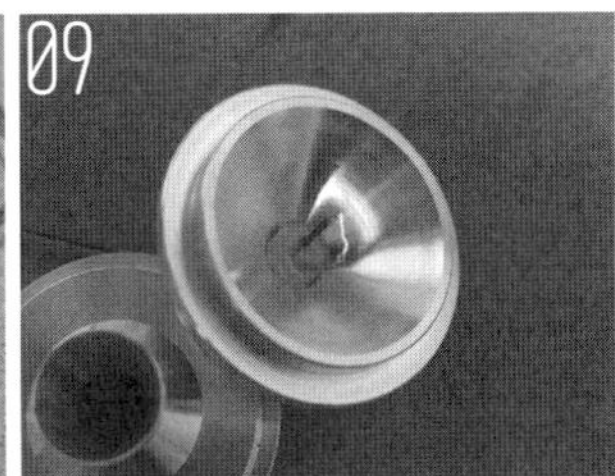

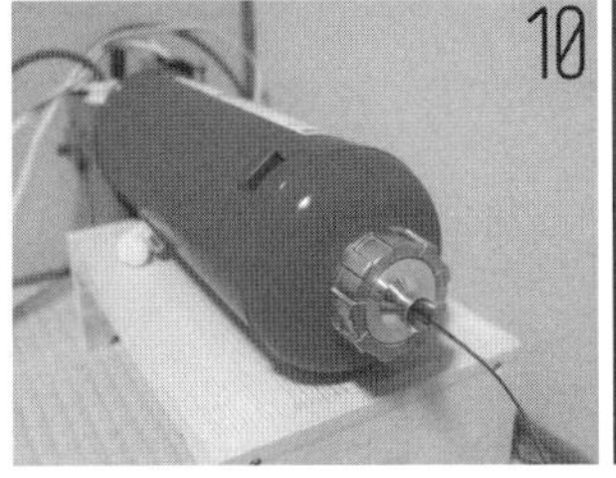

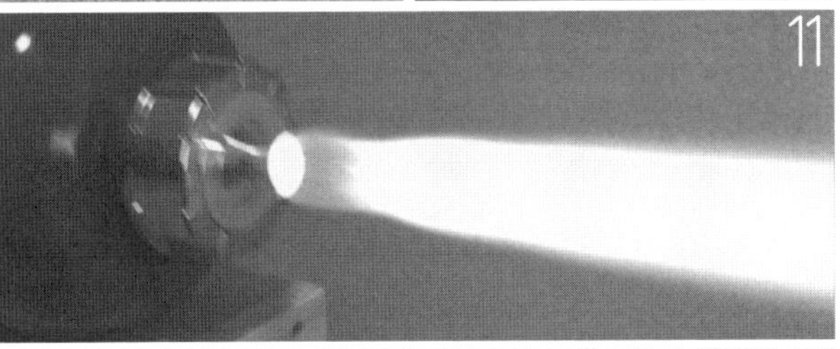

07 : 착화용 플러그는 이런 식으로 전선에 글루 건을 두껍게 올려 만들었다. 순간적인 가열이라 대강 만들어도 크게 문제없다. 안전을 생각해 가벼운 전선을 사용하는 것이 좋다.
08 : 고압 전선에는 전기 부품 판매점에서 구입한 '전자 연속 스파크'를 사용. 출력 전압은 1만4,000V 이상.
09 : 노즐에 부착해 방전이 잘되는지 확인한다.
10 : 본체에 장착. 주위의 안전을 확인한 후 디지털카메라를 설치하면 준비 완료
11 : 분사 개시. 연료는 에어 더스터의 DME(다이메틸 에테르)를 사용했다. 마치 광선 무기 같다. 분사의 반동으로 약간 흔들렸지만 임장감이 남다르다!?

● 실험 순서

드디어 연소 실험이다. 실험 순서를 해설한다. 먼저, 용기와 노즐을 단단히 연결하고 내부에 산소와 가연성 가스의 혼합기를 채운 후 착화용 플러그로 막는다. 위치를 고정하고 주위의 안전을 확인한 다음 디지털카메라의 준비까지 마치면 착화한다.

작은 노즐로도 강력한 기류가 발생하므로 거듭 강조하지만 주위의 안전을 반드시 확인한 후 착화한다.

안에 넣는 가스는 기본적으로 가연성 가스라면 어떤 것이든 상관없다. 이번에는 충전이 쉬운 탄화수소인 에어 더스터의 DME와 진짜 로켓에도 사용하는 수소를 선택했다. LPG도 가능하다. 연소 강도는 수소<DME<LPG의 순이다. 다만 분자량이 클수록 계량이 어렵기 때문에 우선 DME 정도로 시도해보는 것이 적당할 듯하다.

가스 충전은 일단 용기를 산소로 치환한 후 연소가스를 넣는 방식을 취했는데 연소가 약간 불안정한 느낌이 있었기 때문에 먼저 계량·혼합한 후 용기에 넣는 편이 좋을 것 같다. 또 가스의 양은 비오는 날 우산에 씌우는 것 같은 가늘고 긴 비닐을 사용하면 측정이 쉬울 것이다.

● 쇼크 다이아몬드

로켓엔진이나 제트엔진의 분사염에서 볼 수 있는 규칙적인 기하학 문양을 '쇼크 다이아몬드(Shock diamonds)'라고 한다. 특히 우주왕복선이나 H-II 로켓의 엔진에서 볼 수 있는 멋진(이게 중요!) 역원뿔 문양을 '마하 디스크(Mach disk)'라고 한다. 노즐을 통해 방출될 때의 팽창파가 기류 내부에서 반사해 압축파가 되는데, 이 충격파의 간섭으로 부분적으로 압력과 온도가 상승해 이런 형태로 나타나는 현상이다.

노즐의 개구비가 적절하거나 압력이 너무 높지 않은 경우는 기류 내에서 충격파가 거듭 반사되어 염주 알 모양의 쇼크 다이아몬드가 나타난다.

한편 노즐 없이 빠르게 팽창시키거나 압력이 높으면 급격히 팽창하며 수직으로 강력한 충격파가 발생해 마하 디스크가 나타나는 것이다 (183쪽의 사진 E·F 참조).

이 부분은 조건에 따라 변화의 폭이 상당히 크기 때문에 실험·연구하면 재미있을 듯하다. 외관이 굉장히 멋지기도 하고 말이다.

강렬한 폭음을 발생시키는 새로운 방식의 폭죽장치

가스 폭죽의 세계

폭음을 발생시키는 알코올 폭죽의 발전형 모델로 개발했다. 다양한 색상의 완충재를 채워 나만의 대형 폭죽을 만들어보자. (레너드 3세)

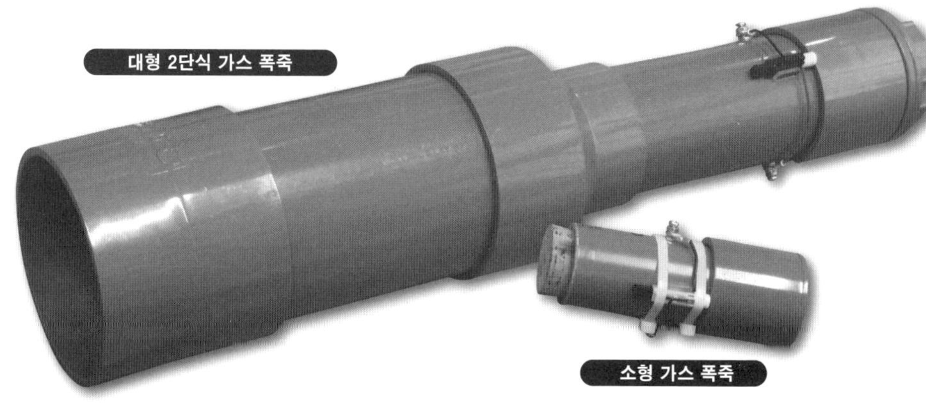

'이그저스트 캐넌'이나 '디젤링 블래스터' 등으로 폭음을 터뜨릴 때는 특유의 상쾌감이 있다. 그러나 이런 장치는 가공 난이도가 높은 편이라 초심자가 도전하기에는 어려운 것이 단점이다. 그렇다고 이런 즐거움을 쉽게 포기할 수는 없다. 그래서 이번에는 초심자도 쉽게 만들 수 있는 강력한 폭음 발생장치인 '가스 폭죽'의 매력을 소개한다.

폭죽은 화약이 발화하며 소리가 난다. 가연성 가스와 공기를 섞어 폭발시킴으로써 강렬한 폭음을 발생시키는 원리로, 이전에도 소개한 바 있는 '알코올 폭죽'을 응용·발전시킨 장치이다. 원래 알코올 폭죽은 PO-KA 씨가 발안한 오리지널 장치로, 용기 안에 알코올을 뿌린 후 코르크 마개를 덮고 라이터 등의 압전소자로 착화하면 '펑!!' 하는 강력한 폭음이 발생한다. 실내에서 터뜨리면 귀가 먹먹해질 정도의 폭음이다.

가스 폭죽은 용기를 밀폐할 때 코르크 마개 대신 디젤링 블래스터와 같은 파열판을 사용한다. 이로써 일어섰을 때 더욱 강력한 충격파를 발생시킬 수 있고, 연료로는 가스버너의 가스를 사용해 안정된 착화와 장치의 대형화가 가능해졌다. 또 알코올의 불완전연소로 자극성 물질이 발생하는 것도 억제할 수 있다.

이번에는 세 종류의 가스 폭죽을 제작해보자. 간단한 소형(초급), 강력한 대형(중급) 그리고 비밀 장치형(응용)이다.

Memo:

초급 편 ▶ 간단한 소형 가스 폭죽 제작

기본 구조는 알코올 폭죽과 같다. 주요 재료는 VP30 규격의 염화비닐관, 엔드 캡, 나사류, 압전소자, 염화비닐용 접착제 등이다.

염화비닐관을 약 13cm로 자른 후 가장자리를 다듬는다. 자른 염화비닐관과 엔드 캡을 염화비닐용 접착제로 붙인다. 접착제가 마르면 압전소자를 부착할 위치에 드릴이나 보링머신을 이용해 지름 3mm의 구멍을 두 개 뚫는다. 계속해서 착화용 방전 전극으로 이용할 나사를 부착한다. M3 나사에 너트와 와셔를 끼워 고정한다. 전극의 간격은 2~4mm 정도가 적합하다. 압전소자의 성능에 맞춰 조정하면 된다.

다음은 압전소자를 고정하는데 밀어 넣었을 때 움직이지 않도록 단단히 고정한다. 이번에는 염화비닐판 2장을 잘라 파이프에 접착해 압전소자 크기에 맞는 홀더를 만들었다. 또 압전소자와 전극은 Y자형 압착단자로 접속해 압전소자의 교환은 물론 외부 고압 전원과의 접속도 가능하도록 설계했다. 압전소자는 사용하다 보면 약해지기 때문에 이렇게 해두면 편리하다. 참고로, 압전소자의 전선이 나와 있지 않은 금속 부분을 접속할 때는 처음 끼워져 있던 플라스틱 마개에 피복을 벗긴 전선을 꽂아 마개를 씌우면 간단하면서도 확실하다. 압전소자를 눌러 파이프 안에서 방전되는지 확인한 후 케이블 타이로 압전소자를 고정하면 완성이다.

사용 방법은 먼저, 가스통식 버너로 파이프 안에 가스를 채운 다음 검 테이프로 막는다. 압전소자를 강하게 눌러 불이 붙으면 '펑!!' 하는 강력한 폭발음이 발생한다.

주요 부품
VP30 염화비닐관
엔드 캡
M3 나사류
압전소자
염화비닐판
전선
케이블 타이
검 테이프
염화비닐용 접착제

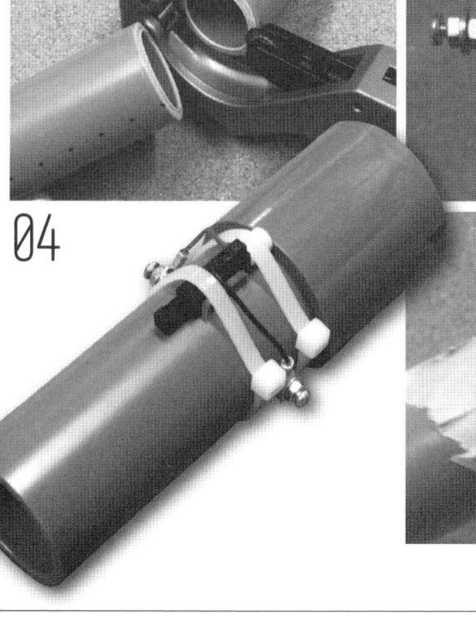

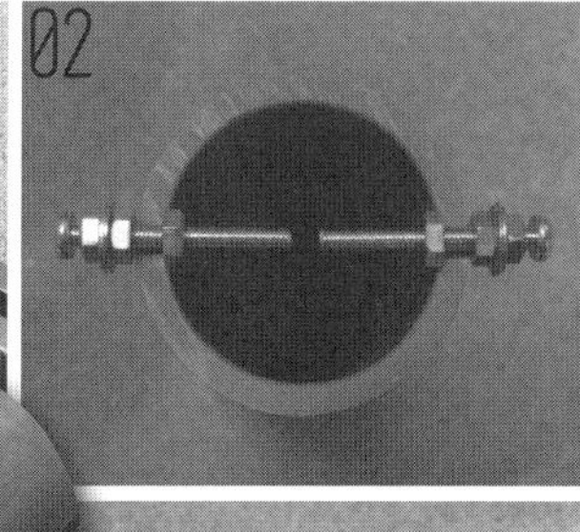

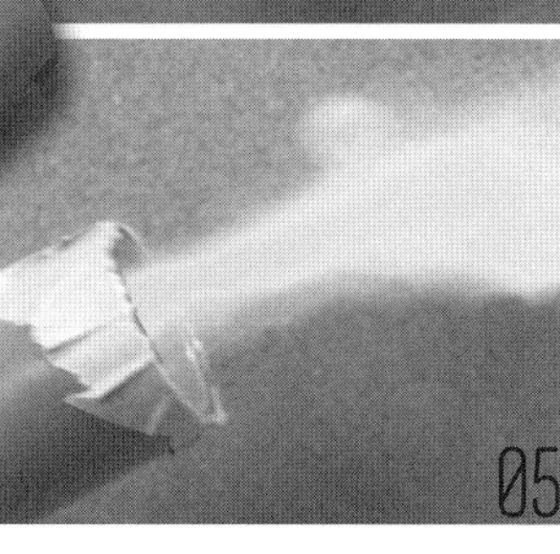

01 : 염화비닐관을 파이프 커터 등으로 약 13cm로 절단. 가장자리를 다듬은 후 염화비닐용 접착제를 발라 접착한다.
02 : 드릴로 나사 구멍을 뚫고 나사에 너트와 와셔를 끼워 고정한다.
03 : 압전소자를 부착한다. 이번에는 홀더를 만들어 고정했지만 비닐테이프로 몇 번 감아주기만 해도 된다.
04 : 불꽃이 튀는지 확인한 후 케이블 타이로 압전소자를 고정하면 완성.
05 : 가스버너로 가스를 채운 후 검 테이프로 막는다. 압전소자를 누르면 날카로운 파열음이!

중급 편 ▶ 대형 2단식 가스 폭죽 제작

이제 드디어 대망의 고성능 가스 폭죽이다. 단순히 크기만 해서는 재미가 없으니 중형 가스 폭죽으로 대형 폭죽을 기폭하는 2단식 장치를 만들어보았다. 파열판에 의해 압력이 올라간 고온의 연소가스를 단숨에 미연소가스에 주입함으로써 그냥 점화하는 것보다 고속으로 더욱 강력하게 기폭할 수 있어 엄청난 폭음이 발생할 것이다. 실제로는 정량적으로 측정할 방법이 없어 정확한 차이는 알 수 없지만….

제작 순서는 다음과 같다. 이번에는 대형 비닐관을 사용하기 때문에 파이프 커터 대신 쇠톱 등으로 절단했다. VU75와 VU50 염화비닐관을 각각 15cm씩 잘라 준비한다. 파이프의 가장자리를 다듬는 것도 잊지 말자. 단면을 잘 다듬지 않으면 파이프를 밀어낼 때 중간에 걸리는 경우가 있다. 지름이 큰 파이프일수록 성능에 큰 영향을 미칠 수 있으니 이 부분을 잘 처리해둔다. 다음은 접착이다. 2단식이기 때문에 모든 부품을 접착하지 않고 VU75와 이경 소켓, VU50과 이경 소켓 그리고 청소구를 연결하는 식이다. 그런 후 VU50 쪽에 소형 폭죽을 만들 때와 마찬가지로 전극 나사와 압전소자를 부착해 완성한다.

이 정도 크기라면 검 테이프로 막기에는 무리가 있다. 소켓에 종이를 끼워 고정한다. 적당히 강도가 있는 전단지나 달력 등이 적절하다.

실험 순서는 VU75의 소켓에 종이를 놓고 그 위에 VU75를 종이가 찢

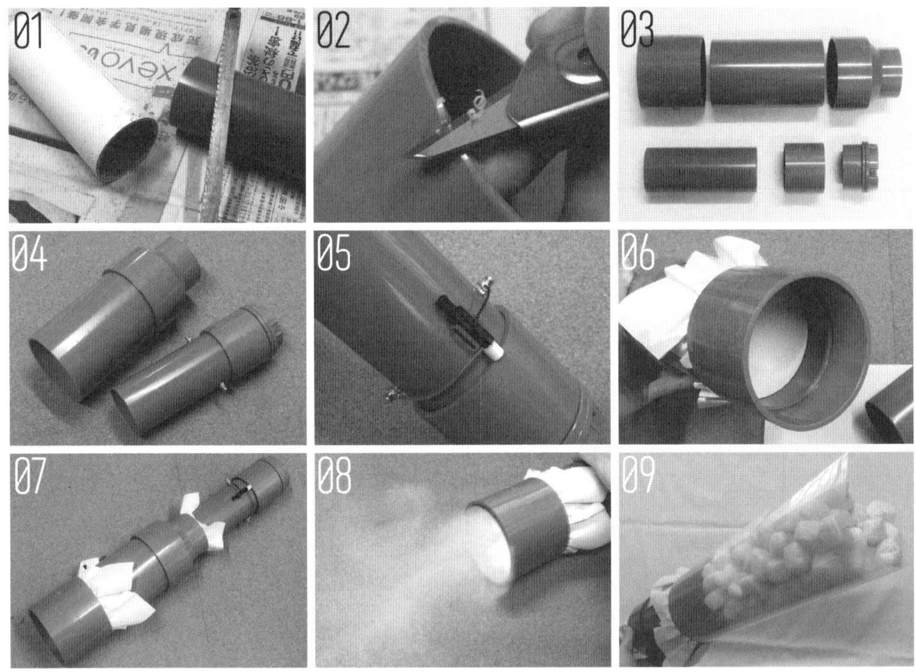

01 : 구경이 큰 염화비닐관은 형지를 끼워 작업하면 정확히 자를 수 있다. 02 : 잘라낸 단면을 다듬는다. 커터 칼 등으로 1~2mm 정도 깎아낸다. 이 가공을 하지 않으면 접착도 잘되지 않고 파손되기도 쉽다. 03 : 구경이 큰 부품이 2단, 구경이 작은 부품이 1단으로 구성된다. 04 : 각각의 부품을 접착해 연결한다. 구경이 작은 쪽에 전극 나사를 부착한다. 05 : 압전소자 가공. 외부 전원으로도 작동하기 위해 케이블 타이로 고정하는 과정은 생략했다. 06 : 종이를 소켓에 끼워 고정한다. 07 : 가스를 채우고 종이를 끼우면 준비 완료. 점화 시 빠지지 않도록 단단히 끼운다. 08 : 기폭! 엄청난 폭음이 발생한다. 09 : 파티용품으로 변신. 평소에는 이런 식으로 위장해두는 것이 안전할지도!?

Memo:

어지지 않을 정도의 강도로 끼운다. 종이가 북편처럼 팽팽한 상태가 가장 좋다. VU50의 이경 소켓에 먼저 가스버너로 가스를 넣고 종이로 덮은 후 VU50을 접속한다. VU50에는 뒤쪽에 연결한 청소구로 가스를 채운 후 마개를 꼭 닫으면 준비 완료.

단과 단 사이가 빠지지 않도록 단단히 고정한 후 압전소자를 누르면 맹렬한 폭음이 발생한다. 강력한 폭음이 발생하므로 실험 장소와 시간에 유의할 것. 이웃 주민과의 불필요한 다툼은 최대한 피하는 것이 좋다.

참고로, 폭음을 발생시키는 것 이외에도 파티 등의 분위기를 띄우는 용도로 다양한 색상의 완충재 등을 발사하는 오리지널 대형 폭죽으로도 사용 가능하다. 적당한 플라스틱 시트나 골판지 등으로 만든 원통을 소켓 끝에 달고 그 안에 발사하고 싶은 물체를 채운다. 사진에서는 1L 정도의 완충재를 넣어보았다. 또 끝부분에 VU75나 VU100 염화비닐관을 1m가량 연장하면 폭음과 함께 강력한 소용돌이가 발사되는 공기포로 업그레이드도 가능하다.

주요 부품
VU75
VU50
VU75 소켓
VU50 소켓
VU75-VU50의 이경 소켓
VU50 청소구
나사류
압전소자
염화비닐판
전선
종이(달력, 전단지 등)
염화비닐용 접착제

응용 편 ▶ 비밀 장치형 제작

가스 폭죽은 압전소자 이외로도 점화가 가능하다. 이번에는 적외선 센서와 무선 유닛을 조합해 비밀 장치형으로 만들어보았다.

적외선 센서는 초전형 적외선 센서라는 사람의 적외선 발생량과 위치 변화로 사람을 감지하는 방식이다. 반응 각도가 꽤 넓기 때문에 케이스에 구멍을 뚫어 반응 영역을 한정했다. 무선 유닛은 전파를 이용해 원거리에서도 스위치의 ON/OFF가 가능한 장치이다.

점화용 고압 전원은 CCFL 인버터&콕크로프트·월턴 회로(C·W)를 이용했다. 추가적으로 12V 전원으로 AAA 건전지×8개, 계전기, 전환용 스위치를 넣었다. 이것이 제어용 주 장치가 된다. 이번에는 BB탄을 넣어 크레모아 지뢰와 같은 대인 트랩을 만들어보았다. 위력은 문구점에서 파는 장난감 BB탄총 정도이다.

주요 부품
원격 트랩 타입
가스 폭죽(VU50)
플라스틱 케이스
초전형 적외선 센서
무선 유닛
건전지 케이스(AAA 건전지×8)
CCFL 인버터
고압 콘덴서×7
다이오드×18
전선
스위치
계전기

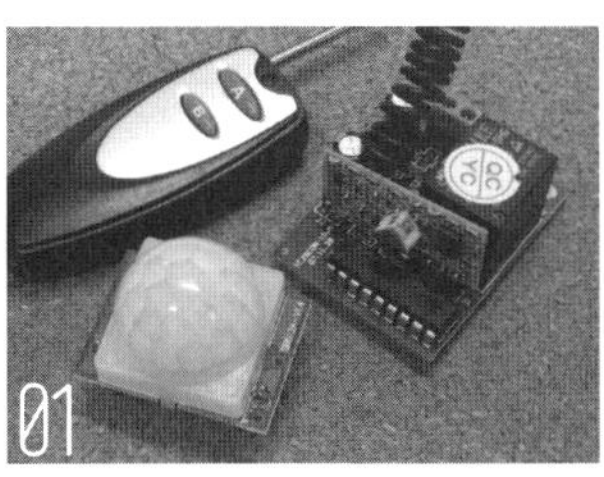

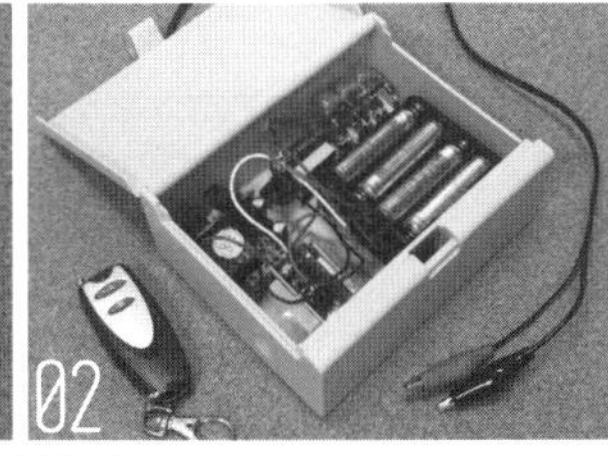

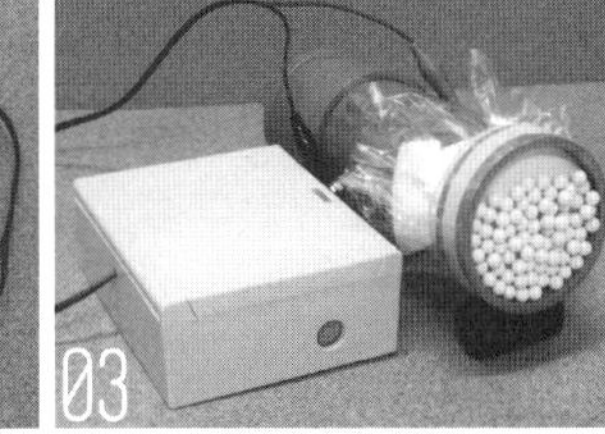

01 : 적외선 센서와 무선 유닛은 인터넷 쇼핑 사이트 등에서 구입
02 : 주 제어장치. 원격 조작과 대인(대동물) 모드로 전환 가능. 3단 구성 C·W 회로를 내장했다.
03 : BB탄을 장착해 대인 트랩을 만들었다. 가스 폭죽은 VU50형을 사용했다.

가스 폭발식 소용돌이포

볼텍스 블래스터 제작

담배 연기를 내뿜을 때 손가락으로 볼을 두드려 링 모양을 만드는 것과 같은 원리. 강렬한 폭발음과 충격파로 소용돌이를 발사하는 마의 권총을 만들어보자!

(레너드 3세)

186~189쪽의 기사에서 대형 가스 폭죽에 파이프를 연장하면 소용돌이를 발사할 수 있다고 해설했다. 가스 폭발로 소용돌이를 발사하는 이런 장치는 해외에서는 'Hail Cannon'으로 널리 알려져 있는데 원래는 폭발로 발생한 강력한 소용돌이로 우박을 막거나 농작물의 피해를 방지하기 위한 장치인 듯하다. 효용성은 분명치 않지만 아직까지 사용되고 있다고 한다.

처음에는 화약을 사용하다 요즘은 용접에도 쓰이는 아세틸렌가스를 이용해 가스 폭발을 일으키는 듯하다. 아세틸렌가스는 수소와 마찬가지로 매우 폭발하기 쉬운 가스로 LPG와는 비교도 되지 않을 만큼 강력한 폭발을 간단히 일으킨다. 이런 용도에는 그야말로 안성맞춤인 것이다. 장치를 작동하면 '펑' 하는 폭발음과 함께 '구궁' 하고 소용돌이가 바람을 가르는 소리가 발생하며 눈에는 보이지 않는 음원이 상공에 퍼진다. 종류에 따라서는 단열 팽창의 원리로 구름처럼 소용돌이가 눈에 보이는 경우도 있다.

또 염화비닐관을 이용한 소용돌이 바주카포도 있다. VU100 정도의 대형 파이프에 산소와 수소 혼합기를 비닐 등에 채워 점화함으로써 폭발을 일으키는 타입으로 강력한 파괴력을 얻을 수 있는 특징이 있다. 문제는 이런 가스를 준비하기가 다소 어렵다는 점이다.

이번에는 가스의 연소 자체는 약해도 파열에 의한 충격파로 엄청난 폭음을 발생시키는 가스 폭죽을 사용해 권총 타입의 가스 폭발식 소용돌이포를 만들어보자.

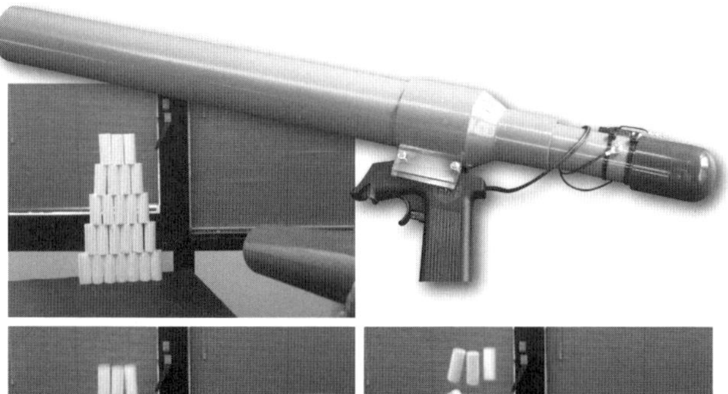

완성된 소용돌이 블래스터. 휴지 심으로 쌓은 타워를 향해 발사 준비. 방아쇠를 당기면 폭음과 함께 휴지 심 타워가 날아간다!

가스 폭죽 개조

준비할 재료는 소형 가스 폭죽, 스프레이 캔 손잡이, VP50~VP30의 이경 소켓, 50cm 정도의 VU50 염화비닐관 그리고 염화비닐판, 압전소자, 나사 등이다.

먼저, 스프레이 캔 손잡이를 열어 내부에 압전소자를 넣고 글루 건으로 고정한다. 압전소자의 전선을 연장해 손잡이 바깥으로 빼놓는다.

다음은 염화비닐판 4장을 잘라 구멍을 뚫고 그중 2장을 양면테이프로 손잡이에 붙인다. 그 위에 나머지 2장을 나사로 고정한 후 여기에 소켓

Memo:

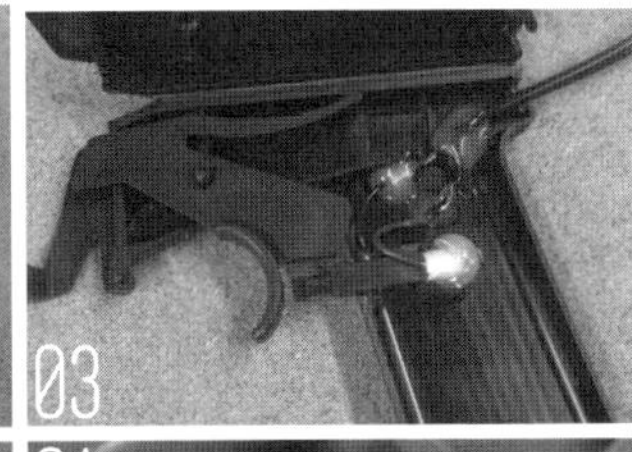

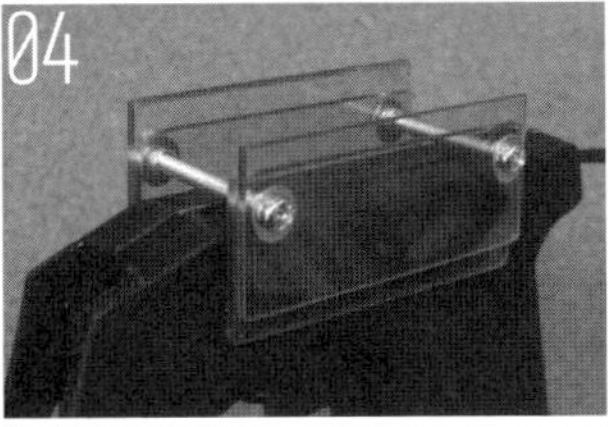

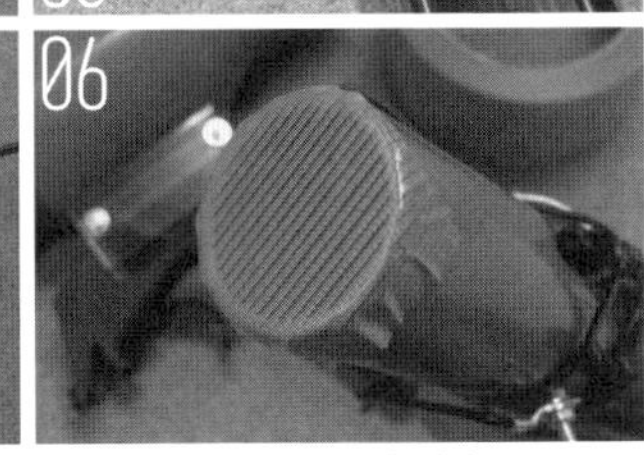

01 : 186~189쪽에서 제작한 대형 2단식 가스 폭죽에 1m의 VU75를 접속한 소용돌이포. 너무 커서 조작이 힘들었기 때문에 소형으로 만들어보았다.
02 : 주요 부품은 스프레이 캔 손잡이, VP50~VP30의 이경 소켓, 염화비닐관(VU50) 50cm 정도, 염화비닐판, 압전소자, 나사 등. 소형 가스 폭죽은 187쪽의 기사를 참고하기 바란다.
03 : 스프레이 캔 손잡이에 압전소자를 부착한다.
04 : 손잡이와 염화비닐 소켓의 접속 부분. 접착면에 맞춰 곡면으로 가공했다.
05 : 염화비닐관과 가스 폭죽을 접속하는 손잡이 부분.
06 : 가스 폭죽의 파열판에는 양생 테이프가 최적. 테이프를 붙인 후 소켓을 끼워 완전히 고정하는 것이 비결이다.

을 붙여 손잡이를 분리할 수 있게 만든다. 분리할 필요가 없다면 염화비닐판을 2장만 사용하는 등 간소화해도 된다.

소켓에 접착할 염화비닐판의 단면은 소켓의 곡면에 맞춰 가공한다. 나사로 고정한 상태로 소켓에 대고 그 사이에 염화비닐용 접착제를 흘려 넣는 식으로 접착한다. 나머지는 전선을 적당한 길이로 잘라 압전소자를 연결하면 손잡이 부분이 완성된다. 전선은 이후 변형 가능성을 고려해 약간 길게 해두는 편이 좋다.

가스 폭죽은 압전소자의 단자 한쪽을 떼어내고 전선의 단자를 연결한다. 계속해서 50cm 정도로 자른 VU50 파이프를 끝부분에 연결해 가스를 채운 후 테이프로 막아 VP30 쪽에 접속하면 소용돌이포가 완성된다.

소용돌이포의 위력

방아쇠를 당겨 가스 폭죽을 점화하면 '펑!' 하는 소리와 함께 소용돌이가 발사된다. 비닐봉투에 대고 쏘자 폭음과 함께 기세 좋게 날아갔다. 휴지 심으로 만든 타워도 간단히 날려버릴 정도의 위력. 볼 만한 광경이지만 준비와 뒷정리가 약간 귀찮다(웃음).

계산해보니 속도는 80m/s, 시속 약 300km 정도였다. 초고속 촬영을 해보니 한순간이지만 소용돌이를 확인할 수 있었다. 작고 빠른 데다 그림자도 옅다 보니 육안으로는 확인할 수 없었지만 안개 낀 환경이었다면 육안으로 확인이 가능했을지도 모른다.

또 소형 2단식 폭죽으로 시도하거나 파이프의 길이 혹은 굵기를 변경하면 더 강력한 소용돌이가 발사될 가능성도 있다. 가스의 용량 등도 함께 테스트하는 식으로 최적화해보자.

참고로, 전에는 가스 폭죽의 파열판에 검 테이프를 사용했는데 실험해보니 이사할 때 쓰는 양생 테이프가 성능 면에서 더 낫다는 것을 알게 되었다. 간단히 자르기 쉽게 만들어졌기 때문인 듯하다. 테이프를 붙이고 소켓을 끼워 단단히 고정한 후 착화하면 총성에 맞먹는 폭음이 발생하기도….

요즘은 가스버너에 파이프를 부착한 장치를 실험 중이다. 수회에 한 번꼴로 소용돌이가 발생하는데 조금만 더 연구하면 연속으로 소용돌이를 발사할 수 있는 가스식 장치를 만들 수 있을지도 모르겠다.

부식에 강하고 안정적인 개량판 초강력 공기포

이그저스트 캐넌 솔리드의 제작

초대 이그저스트 캐넌이 발표된 지 벌써 10년 넘게 흘렀다. 개량에 개량을 거듭한 집념의 결과, 수중 발사까지 가능해졌다. 쉽게 녹슬지 않는 진화형 캐넌의 등장이다! (POKA)

2007년 발간된 『과학실험 이과 공작』에서 발표한 자작 슈퍼 공기포 '이그저스트 캐넌'은 전기를 사용하지 않는 수제 공작으로는 최강급에 해당하는 장치라고 할 수 있다. 이번에는 선반기를 활용해 스테인리스나 알루미늄같이 부식에 강한 금속으로 동작의 안정성을 실현했다. 안전성을 강화하고 수중에서의 사용도 가능한 캐넌으로 새롭게 탄생한 이그저스트 캐넌 솔리드!

이그저스트 캐넌이 세상에 나온 이래 다양한 모델이 개발되었다. 이번에는 원점으로 돌아가 가장 초기 모델이었던 이중 원통을 고도로 개량한 고성능 모델을 제작해보기로 한다. 손잡이 모양부터 배기 시스템까지 모두 자작한 그야말로 이중 원통형의 완성형이라고 할 수 있다.

스테인리스는 이름 그대로 녹슬지 않는 합금으로 실외에서의 실용성을 생각하면 최적의 소재이다. 뛰어난 내식성으로 수중에서도 안심하고 사용할 수 있으며, 완전히 물에 잠긴 상태로도 사용이 가능한 등의 이점이 많다. 하지만 철에 비해 무척 단단하고 견고하기 때문에 가공 난이도가 높다. 그러나 구조를 잘 설계해 어려운 가공을 최대한 피하면 DIY도 충분히 가능하다.

▼ 완성된 이그저스트 캐넌 솔리드

자작형 초강력 공기포 '이그저스트 캐넌'의 신형. 스테인리스나 알루미늄을 사용함으로써 녹이나 흠집에 강하고 수중에서의 사용도 가능해졌다. 분해하기 쉬워 관리 및 손질이 간편한 장점이 있다.

● 스테인리스 소재의 선별

구하기 쉬운 스테인리스 소재로 난간용 파이프와 수도관용 파이프가 있다.

난간용 파이프는 910mm 규격이 홈 센터 등에서 판매되고 있어 쉽게 구할 수 있다. 이 난간용 파이프는 경질의 스테인리스로 내식성은 약간 떨어지지만 파이프 커터로 쉽게 절단할 수 있고 가격도 저렴하다. 이미 연마된 상태로 판매되므로 매끄러운 광택이 특징이다.

다른 하나는 수도관이나 가스관에 사용되는 스테인리스 파이프이다. 이번 공작에서는 이것을 사용했다. 전문적으로는 'SUS304'라고 불리는 스테인리스강으로 뛰어난 내식성을 갖춘 소재이다. 산이나 알칼리는 물론 바닷물에도 문제없었다. 또 수도관과 같이 압력이 가해지는 부분에 사용되는 만큼 비교적 두껍게 만들어졌다. 이그저스트 캐넌에는 두께가 있는 편이 내압성 면에서 유리하다.

다만 두꺼우면 그만큼 가공할 양이 늘어나므로 공작 난이도가 올라갈 수밖에 없다. 또 파이프 커터로는 절단할 수 없기 때문에 전동 공구가 필요하다. 선반 가공이 전제가 되다

Memo:

수중 발사 모습

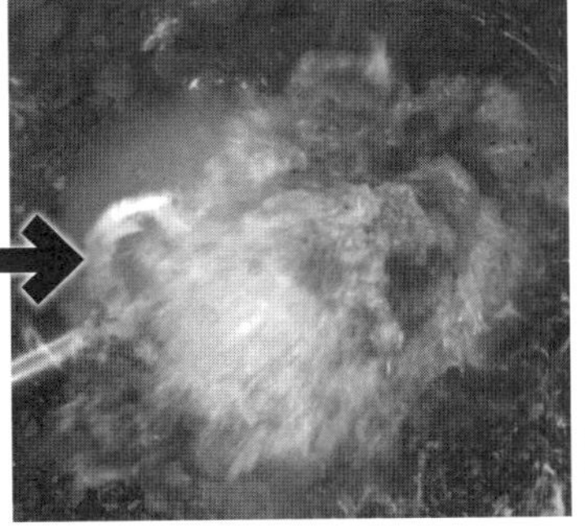

주요 재료 및 부품 등
스테인리스 재료×1
알루미늄 봉×1
미국식 밸브×1
도마×1
나사×2
절삭유
'스카치브라이트'
연마포
선반기(각종 바이트)

완전히 물에 잠긴 상태에서도 문제없이 작동된다. 바다에서도 사용할 수 있다.

보니 난이도가 높아진다. 참고로, 성형 후 산으로 세척된 상태라 표면의 광택이 전혀 없다. 완성도를 높이려면 끈기 있는 연마작업이 필수이므로 자신의 공작 기술이나 기계의 성능을 잘 판단해 선택하는 편이 무난할 것이다.

스테인리스 가공

스테인리스 가공은 난삭재 가공이라고 하는데 가공이 어려운 부류에 들어간다. 특히 SUS304는 강도가 높고 견고하기 때문에 절삭 도구부터 신중히 선택해야 한다. 가장 주의해야 할 것은 구멍 안쪽에 나사를 깎는 탭 가공이다. 철이나 알루미늄이라도 중간에 탭이 부러지면 제거하기가 쉽지 않으므로 되도록 탭은 부러뜨리고 싶지 않다.

스테인리스 가공이 어려운 이유는 '가공 경화'라고 부르는 현상 때문이다. 잘 들지 않는 도구로 무리하게 자르면 절삭면의 조직이 변성되어 더 단단해진다. 이런 가공 경화를 피하려면 잘 드는 도구로 단번에 절삭해야 한다. 탭 가공 전 구멍을 뚫을 때는 잘 드는 새 드릴로 가공하는 것이 상책이다.

스테인리스 가공에는 절삭유도 중요하다. 철이나 알루미늄은 기계유 등을 사용해도 큰 문제없지만 스테인리스의 경우는 전용 절삭유를 사용하지 않으면 날이 금방 망가진다. 염소계와 염소가 포함되지 않은 제품 중 어느 것을 사용해도 괜찮지만 염소가 포함되지 않은 제품은 냄새가 강하므로 취급에 주의가 필요하다.

참고로, 공구 전문 쇼핑몰 등에서 판매하는 스프레이 타입의 절삭유가 사용하기 편리하다. 특히 나사 구멍을 가공할 때 충분히 사용하면 골치 아픈 문제를 피할 수 있다. 절삭유를 적절히 사용하지 않으면 '기기긱…' 하는 소름 끼치는 소리를 내며 칼끝이 망가지거나 탭 가공의 경우 최악일 땐 날이 눌어붙어 돌아가지 않기도 한다.

탭 가공

탭 가공은 간단히 말해 나사 구멍을 만드는 것이다. 위에서 말했듯 스테인리스의 탭 가공은 쉽지 않다. 파이프용 탭의 경우, 끝이 점점 가늘어지는 것도 있는데 이번에는 이렇게 끝이 점점 가늘어지는 파이프용 탭을 사용한다. 끝이 가늘고 위로 갈수록 조금씩 두꺼워진다. 보기에는 1.5mm 정도 두꺼운 듯 보인다. 1/8인치나 1/4인치 정도는 간단히 깎을 수 있지만 여기서는 1/2인치로 비교적 굵은 편이다. 이런 테이퍼 탭의 경우, 처음에는 쉽게 들어가지만 굵은 부분에서는 상당한 힘이 필요하다.

먼저, 선반기에 가공물을 올린 후 강력히 고정한다. 중심이 움직이지 않도록 심압대에 탭의 중심 구멍을 누르며 어느 정도 깎는다. 중심이 제대로 깎였으면 끝까지 나사산을 깎아내기만 하면 된다. 중간에 테이퍼 니플을 직접 끼워보고 구멍이 적당한지 확인하면 더욱 확실하다.

손잡이 제작

다음은 손잡이 부분의 가공이다. 이번에는 에어 더스터나 에어 커플러를 사용하지 않고 전용 손잡이를 만들어보자. 굵은 알루미늄 봉을 선

01 : 탭 가공을 할 때는 절삭유를 듬뿍 사용할 것
02 : 손잡이를 제작한다. 선반기를 이용해 알루미늄 소재를 가공한다.
03 : 손잡이에 발사 스위치와 미국식 밸브를 부착한다.
04 : 이번 개량판 이그저스트 캐넌은 내부에서 잡아당기는 구조로 겉에서 나사가 보이지 않게 만들었다.
05 : 선반기를 이용해 O링을 끼울 홈을 깎는다.
06 : 피스톤 부품은 초대 캐넌과 마찬가지로 폴리에틸렌 도마를 깎아 만들었다.

반기로 가공해 만든다. 선반기에 고정할 때 일부러 중심을 약간 어긋나게 장착하는 것이 포인트이다. 이렇게 함으로써 손쉽게 이상적인 손잡이 형태를 만들 수 있다. 선반기의 바이트는 '총형 바이트'라고 불리는 것을 사용해 손잡이를 쥐기 편하도록 R자형으로 가공한다. 칼날 전체로 가공하기 때문에 진동에 의한 변형이 생기기 쉬운데 이럴 때는 '스프링 바이트'라는 자벌레처럼 생긴 바이트를 사용하는 것이 상책이다. 초저속으로 가공하면 깔끔하게 완성된다. 전체적으로 균일한 완성도를 내기 위해 '스카치브라이트' 등의 연마제로 손잡이 전체를 연마한다.

손에 딱 맞는 완벽한 손잡이가 완성되었으면 이제 발사 스위치를 부착한다. 기본적인 구조는 초대 캐넌과 같지만 방아쇠는 누르는 버튼 타입으로 바꾸었다. 간단한 역지 구조로 되어 있어 버튼을 누르면 내부의 압축공기가 배출되고 이것이 피스톤을 구동시켜 작동하는 구조이다.

마지막으로 손잡이 끝에 공기 주입구를 장착한다. 내구성이 좋은 미국식 밸브가 가장 적합하다. 알루미늄 손잡이 바닥은 1/4 탭을 가공했으므로 1/4의 황동 마개를 가공해 미국식 밸브를 부착했다. 1/4 커플링이면 무엇이든 이용 가능하다. 에어 커플러를 이용해 종래의 분리식 손잡이나 에어 더스터를 장착하는 것도 가능하다.

외관의 변경

신형 이그저스트 캐넌의 두 번째 큰 특징은 바로 외관 디자인이다. 외부에 나사 구멍을 뚫지 않고 내부의 긴 나사로 플랜지를 잡아당겨 기밀성을 확보했다. 이번 장치는 0.8MPa의 범용 에어 컴프레서를 이용한다. 나사 2개로로 충분한 강도를 유지할 수 있다. 고압을 이용하려면 나사를 4개 또는 6개로 늘리면 손쉽게 강도를 높일 수 있다. 내부 나사를 채용해 외관이 더욱 깔끔해졌다.

Memo:

07·08 : 피스톤 부품이 완성되면 조립한다.
09 : 본체 조립. 손잡이 부분을 나사 2개로 고정하고 피스톤 부분은 O링으로 고정한다. 구조가 단순하기 때문에 분해도 간단하고 관리도 쉽다.
10 : 전체를 연마포로 연마해 완성한다. 60번 대부터 시작해 400번대로 마무리하는 것이 적절하다.
11·12 : 압축공기를 주입해 단번에 배출한다. 강력하지만 안정감이 있다.

알루미늄 손잡이와 고정 나사 2개만 풀면 본체를 분해할 수 있기 때문에 유지 보수성도 뛰어나다. 내부 피스톤의 점검이나 침수되었을 경우 건조하는 등의 정비도 간단히 가능하다.

밀봉에는 O링을 이용해 축 방향으로 압착하는 방법을 사용했다. 스테인리스 소재에 O링을 끼울 홈을 깎는 것이 쉽진 않지만 '홈 바이트'를 사용하면 성능이 높지 않은 선반기로도 가공이 가능하다. 기밀성을 높이려면 표면의 굴곡을 최소로 할 필요가 있으므로 날이 잘 드는 바이트로 가공한다.

피스톤 제작

피스톤은 이전 모델과 같이 폴리에틸렌 도마를 깎아 만드는 방식을 채용했다. 최근 일부 윤활유에 의해 이 부분이 팽윤한다는 사실을 알게 되었다. 윤활유는 실리콘 오일을 사용하자.

또 표면을 거칠게 가공하는 것이 포인트이다. 거친 표면에 기름막을 형성해 장시간 윤활작용을 한다.

완성 처리

황산이나 염산으로 오염을 제거한 산세척 스테인리스 소재는 표면이 거칠고 희뿌연 상태이다. 질감은 산세척을 한 상태 그대로도 나쁘지 않지만 광택을 내려면 연마작업이 필수이다. 이 정도 크기를 직접 연마하기에는 무리가 있다. 선반기에 고정해 디스크 그라인더와 연마포로 연마하는 편이 효율적이다. 60번 정도의 거친 연마포로 큰 흠집이나 오염을 제거한 후 서서히 번수를 낮춰가며 연마한다.

스테인리스는 경면 가공도 가능하지만 상당한 노동력을 필요로 한다는 점과 사용 중 흠집이 생길 것 등을 고려해 400번 정도의 연마포로 마무리하는 것이 적당하다. 선반기를 이용해 한 방향으로만 연마하면 헤어라인 마감으로 깔끔하게 완성할 수 있다.

연사기구를 탑재한 초강력 공기포를 만들어보자!

개량판 이그저스트 캐넌

공기를 자동 장전하는 재장전 시스템을 채용해 방아쇠를 당기는 것만으로 연사가 가능해졌다. 내일을 향해 전무후무한 충격파를 발사하자! (yasu)

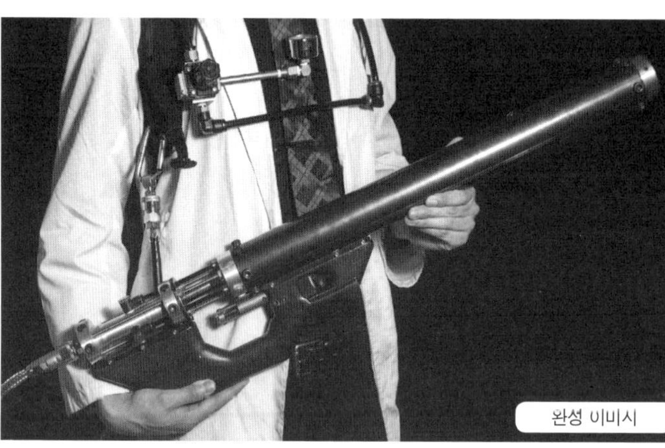

완성 이미지

주요 재료
SKT 강철관
두랄루민 봉
폴리아세탈 봉
황동 봉
O링
스터드 볼트
목재
소화기
각종 배관부품
각종 볼트·너트
스터드 볼트 등

이번에 제작하는 것은 연사가 가능한 세미 오토매틱 이그저스트 캐넌이다.* 공기포라고는 하지만 위력은 강력하다.

▼ 이그저스트 캐넌이란

이그저스트 캐넌이란 초강력 공기포를 말한다. 공기포라고 하면 골판지 상자에 구멍을 뚫어 만든 것이 유명하지만 이그저스트 캐넌은 압축된 공기를 순간적으로 발사하는, 위력은 물론 외관도 남다른 별난 공기포이다. 내부에 저장된 압축공기를 초고속·대유량의 밸브로 발사하기 때문에 상식을 뛰어넘는 충격파를 발생시킨다. 이번에는 지금까지 단발식이었던 캐넌에 방아쇠와 재장전 시스템을 채용해 방아쇠만 당기면 연사가 가능한 세미 오토매틱 이그저스트 캐넌을 제작한다.

POKA 씨가 고안한 첫 이그저스트 캐넌. 획기적인 공기포이다.

이번에 만드는 것은 연사가 가능한 공기포!

초고속 충전이 가능해지면서 발사 후 바로 공기가 충전된다. 방아쇠를 당기면 마치 반자동 소총과 같은 연사와 반동을 즐길 수 있다.

Memo:

*이번에 제작한 이그저스트 캐넌의 정식 명칭은 '이그저스트 캐넌 Mk.11 Ver.4'

'이그저스트 캐넌'은 이른바 초강력 공기포를 말한다. 지금까지 다양한 타입으로 만들어졌지만 이번에는 확장형 급속 배기 밸브 AEV(Augmented Exhaust Valve)라는, 배기 속도를 비약적으로 향상시키는 시스템을 채용했다.

배기 속도를 향상시키는 AEV 시스템의 구조

AEV 캐넌의 구조는 〈그림 1〉과 같다. 주 피스톤의 앞뒤로 피스톤이 하나씩 갖추어진 구조이다. 또 실린더 뒤쪽에는 흡기와 배기를 위한 밸브 2개가 달려 있다. 주 피스톤을 왼쪽 끝부분의 공기 발사구 쪽으로 밀어 넣으면 한쪽 밸브가 닫힌 상태로도 나머지 밸브에서 펌프 등으로 압축공기를 충전한다. 충전한 공기를 발사하려면 두 밸브를 모두 닫아 압축공기의 유입을 막고 한쪽 밸브를 개방한다.

그러면 밸브에서 공기가 빠져나와 B영역의 압력이 내려가고 피스톤b가 개방되어 순간적으로 B의 압축공기가 풀려난다. 이렇게 A와 B영역에 커다란 압력 차가 발생해 피스톤a가 B영역으로 당겨지며 공기 발사구가 열리고 A영역의 압축공기가 배기되는 것이다.

이그저스트 캐넌은 B영역의 공기가 얼마나 고속으로 빠져나가는지가 배기의 순발력에 영향을 미친다. AEV는 B영역에서 압축공기가 빠져나가는 단면적이 압도적으로 커서 지금까지의 캐넌을 훨씬 뛰어넘는 속도로 배기가 가능하다.

또 내부 피스톤 뒤쪽이 발사 후 실린더 밖으로 노출되기 때문에 배기 후 주 실린더로 밀어 넣음으로써 재장전이 가능하다. 이번에는 내부 피스톤을 자동으로 재장전하는 에어 실린더를 추가해 방아쇠를 당기기만 하면 발사→재장전→충전이 완료되는 시스템을 구축하고자 한다.

AEV를 개량해 연사가 가능해진다

이번에 제작할 세미 오토매틱 이

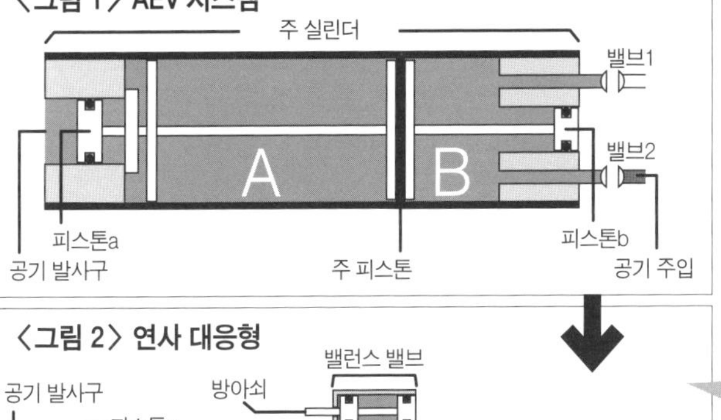

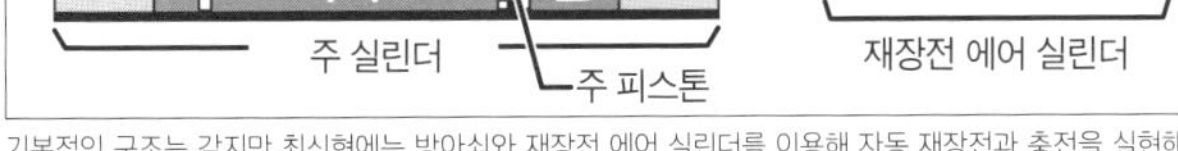

기본적인 구조는 같지만 최신형에는 방아쇠와 재장전 에어 실린더를 이용해 자동 재장전과 충전을 실현해 연사를 가능케 했다.

개량판 이그저스트 캐넌의 제작 과정

1. 피스톤 유닛을 만든다.
2. STK 강철관으로 주 실린더를 만든다.
3. 주 실린더의 뒷부분, 밸런스 밸브, 재장전 실린더를 만든다.
4. 밀링머신 등으로 손잡이 부분을 만든다.
5. 모든 부품을 볼트 등으로 접속한다.
6. 소화기로 에어 탱크를 만든다.

피스톤 유닛

순발력을 높이기 위해 가는 스터드 볼트를 사용해 최대한 가볍게 만든다.

그저스트 캐넌의 구조를 설명해보자(그림 3). 컴프레서로 주입한 압축공기는 우선 재장전 에어 실린더를 구동시켜 주 피스톤을 왼쪽으로 밀어낸다. 재장전 실린더가 삽입된 지점에서부터 압축공기가 주 실린더에 충전된다. 방아쇠를 당겨 밸런스 밸브를 열면 주 피스톤이 B영역으로 후퇴한다. 동시에 재장전 에어 실린더도 후퇴하며 컴프레서에서 주 실린더로의 공기 유입이 차단된다. 그리고 동시에 B영역을 막고 있던 피스톤b가 열리며 피스톤a가 공기 발사구를 개방하면 노즐에서 압축공기가 발사된다.

피스톤b는 다시 재장전 에어 실린더에 의해 재장전되어 자동으로 공기 충전까지의 동작이 이루어진다. 전자 밸브 등이 없어도 컴프레서를 접속하면 밸브 1개만으로도 이그저스드 캐넌의 연사가 가능해지는 것이다.

캐넌을 구성하는 각 유닛 부분

이번에 만들 캐넌을 구성하는 주요 유닛은 주 피스톤, 주 실린더, 재장전 실린더 유닛, 발사 방아쇠의 세 가지이다. 각각의 유닛에 대해 살펴보자.

● 주 피스톤

배기 순발력을 높이기 위해 주 피스톤은 최대한 경량으로 만든다. 샤프트 부분은 M6 정도의 가는 스터드 볼트, 피스톤 부분은 가벼우면서 강도가 있는 폴리아세탈 수지를 사용했다. 또 <그림 2>의 A영역과 B영역을 나누는 피스톤은 O링을 이용한 역지 밸브 구조로 공기가 B에서 A로만 흐르게 설계했다. 이로써 압축공기의 고속 충전과 사격 시 완벽한 밀폐가 가능해졌다.

한편 피스톤에 가해지는 충격은 종래의 모델과는 비교도 되지 않을 만큼 커졌다. 그만큼 가속된 피스톤의 완충장치가 중요하다. 이번에는 피스톤 끝부분에 노즐과 직결된 스토퍼를 장치해 충격을 흡수하도록 했다.

● 주 실린더

실린더의 소재로는 Φ60.5의 STK 강철관을 사용했다. 내부의 용접 이음매가 적어 그대로 실린더로 유용할 수 있다. 양 끝에 노즐과 재장전 실린더를 장착해 볼트로 고정한다. 실링재로는 O링을 이용했다.

● 재장전 실린더 유닛

이번 공작에서 가장 중요한 유닛이다. 주 실린더 뒷부분, 밸런스 밸브, 재장전 실린더가 일체화된 구성이다. 재장전 실린더 내부에는 주 피스톤을 재장전하기 위한 피스톤이 들어 있으며, 왼쪽 끝까지 밀어 넣으면 공기가 검은색 관을 통해 주 실린더로 흘러가게 되어 있다.

밸런스 밸브는 볼 밸브보다 동작이 빨라 에어 더스터로 유량을 축적하는 방아쇠로는 최적이다. 시판되지 않아 직접 만들었다.

● 손잡이

방아쇠 관련 부품에는 금속 소재

<그림 3> 자동 연사 구조

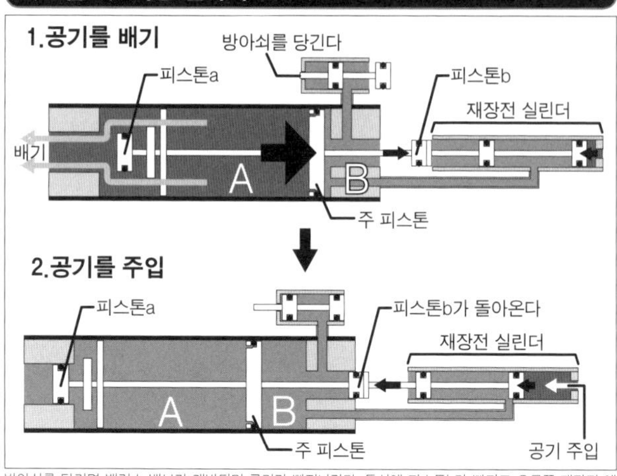

방아쇠를 당기면 밸런스 밸브가 개방되며 공기가 빠져나간다. 동시에 피스톤b가 빠지고 오른쪽 재장전 에어 실린더에 의해 원래 위치로 돌아온다. 이 과정이 반복되며 재장전, 충전이 자동으로 이루어진다.

Memo:

각 유닛 부분

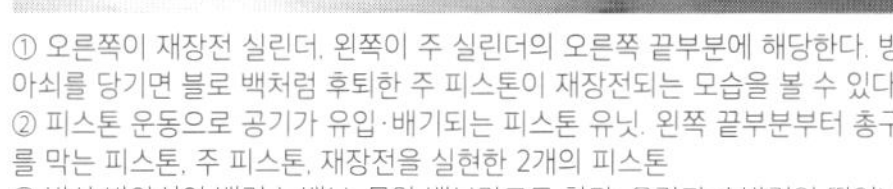

① 오른쪽이 재장전 실린더, 왼쪽이 주 실린더의 오른쪽 끝부분에 해당한다. 방아쇠를 당기면 블로 백처럼 후퇴한 주 피스톤이 재장전되는 모습을 볼 수 있다.
② 피스톤 운동으로 공기가 유입·배기되는 피스톤 유닛. 왼쪽 끝부분부터 총구를 막는 피스톤, 주 피스톤, 재장전을 실현한 2개의 피스톤
③ 발사 방아쇠인 밸런스 밸브. 무압 밸브라고도 한다. 유량과 순발력이 뛰어나 이번 공작에 최적이다.

를 사용하기 때문에 밀링머신 등의 정밀 가공이 가능한 기재가 필요하다. 그 밖의 부분은 목재로 만들었다. 표면 처리는 스톤 스프레이를 이용하면 강화 플라스틱과 같은 거친 질감을 연출할 수 있다. 캐넌 본체와는 볼트 2개면 고정이 가능하고 안정감도 뛰어나다.

● 웨어러블 에어 탱크

배낭처럼 등에 멜 수 있는 에어 탱크를 만들어보았다. 에어 컴프레서 없이 자유로운 이동이 가능할 뿐 아니라 보조 탱크로도 활용할 수 있다. 소화기를 개조해 만드는 것이 최적이다. 직접 파이프용 나사를 잘라 각종 배관을 부착한다. 레귤레이터나 압력계를 달아 압력을 조정할 수 있도록 하면 편리하다.

탱크를 등에 메고 연사 개시

탱크를 등에 메고 컴프레서와 접속한다. 탱크 압력이 0.8MPa 정도가 되면 충전 완료. 탱크에 연결된 고무관을 캐넌에 접속하고 방아쇠를 당기면 연사가 가능하다.

AEV 시스템을 채용함으로써 종래의 캐넌에 비해 배기 속도가 압도적으로 향상했다. 그 밖에 눈에 띄는 점이 사격 시 총의 반동이다. 주 피스톤의 중량이 300g 정도이므로 계산상 60km/h 정도의 속도로 주 피스톤이 튕겨지는 반동을 체감할 수 있다. 아마도 이제껏 경험해본 적 없는 반동일 것이다. 손잡이를 통해 그 충격이 온몸으로 전해질 것이다.

연사 속도는 최고 1Hz에 이르렀다. 약간의 문제점을 개선하면 더욱 빨라질 듯하다.

지금까지 10종 넘게 제작해온 캐넌 중에서도 최고의 걸작이라고 평할 만하다. 1Hz로 계속해서 터져 나오는 폭음과 온몸으로 느껴지는 엄청난 반동. 익스트림 공작의 최고 경지라 할 만한 장치가 아닐까.

주름 호스를 이용한 폭음 발생장치의 진화

진화형 데토네이션 캐넌

금속제 데토네이션 캐넌은 무거운 데다 뜨겁기까지 하다. 그래서 가볍고 뜨거워지지 않는 수지제로 만들어보았다. 강도는 다소 떨어지지만 연발하지만 않으면 괜찮지 않을까…. (레너드 3세)

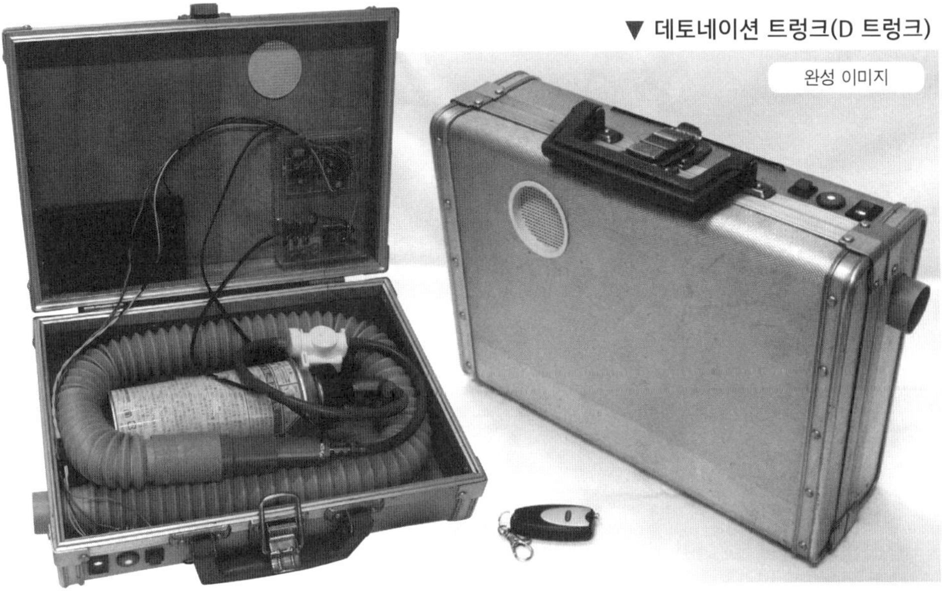

▼ 데토네이션 트렁크(D 트렁크)

완성 이미지

POKA 씨가 발명한 가스를 이용한 폭음 발생장치 '데토네이션 캐넌'(이하, D 캐넌)은 손쉽게 강력한 폭음을 발생시키는 특징이 있지만 금속으로 만들어져 무겁고 뜨거워지는 문제가 있었다. 이 문제를 해결한 것이 '이그저스트 캐넌' 전문가 yasu 씨가 실험 중 만들어낸 배수 호스를 이용한 통칭 '데토네이션 호스'이다.

● 데토네이션 호스

세탁기의 배수 호스를 파이프 대신 사용한 캐넌으로, 부드러운 수지 재질이라 불에 타거나 녹아서 금방 망가질 것 같지만 실제로는 아무 문제가 없었다. 수지는 금속보다 열전도율이 낮기 때문에 가스의 열이 잘 전달되지 않아 쉽게 뜨거워지지 않는 듯하다. 이를 이용해 본체를 금속관에서 염화비닐관으로 바꾸고 수지로 된 가볍고 쉽게 뜨거워지지 않는 D 캐넌이 만들어지게 된 것이다.

호스 자체에도 획기적인 발견이 있었다. yasu 씨가 처음 만든 모델은 청소기 호스였는데 세탁기 호스와 같은 신축식 주름 호스가 성능 향상에 큰 영향을 미친다는 사실을 알게 되었다. 이런 주름 호스를 늘이면 내

Memo:

▼ 신형 D 캐넌의 핵심은 주름 호스

이번 공작의 핵심 소재는 세탁기 배수용 신축식 주름 호스이다. 내부의 규칙적인 요철이 연소를 촉진해 연소 속도를 크게 향상시킨다. 지름이나 강도에 의한 성능의 한계는 있지만 가까운 홈 센터에서 구입이 가능한 점에서도 입문용으로 손색이 없다. VU40의 내경에 딱 맞고 길이도 80cm 정도이기 때문에 염화비닐관 캐넌과의 조합도 안성맞춤이다. 적극적으로 활용하고 싶은 소재이다.

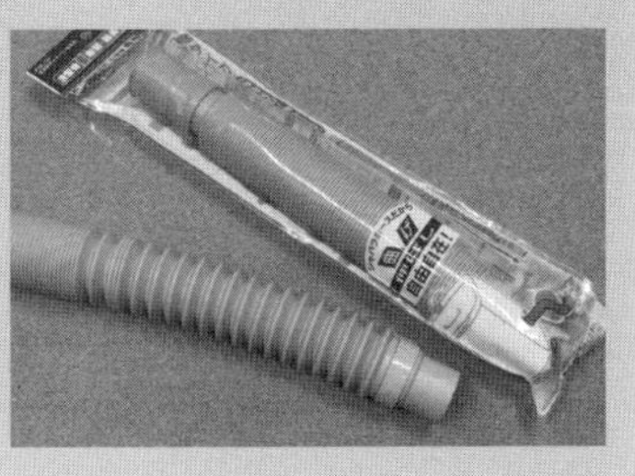

부에 요철이 생기는데 이 규칙적인 요철이 강력한 난류 촉진체가 되어 연소를 더욱 빠르게 하는 것이다.

주름 호스 끝에는 염화비닐관용 소켓을 끼울 수 있는데 재료가 준비되면 호스를 ①늘이고→②소켓을 끼운 후→③가스버너를 장착하는 3단계면 완성된다. 30초면 준비가 완료된다.

이번에 입수한 '세탁기 배수 호스(신축식)'의 경우에는 부드러운 쪽 접속부에 VP25 또는 VP20의 소켓이 잘 맞았으므로 VP20~VP16 변환 소켓 1개만 있으면 된다. 호스, 소켓, 버너 이 세 가지 부품으로 D 캐넌이 완성된다. 성능도 꽤 강력해 알루미늄 캔 정도는 가볍게 구길 수 있다. 실내에서는 귀마개를 하거나 호스가 말린 상태로 쏘지 않는 등의 주의가 필요하다.

그럼 이제 본론으로 들어간다. 이번에는 이런 주름 호스를 이용한 신형 D 캐넌을 소개한다.

● D 트렁크

주름 호스식 D 캐넌은 간단하고 길이 조절이 가능하며 구부릴 수 있다는 특징이 있다. 그중 구부릴 수 있는 특징을 최대한으로 활용한 것이 이 '데토네이션 트렁크', 줄여서 D 트렁크이다. 데토네이션 캐넌의 시스템을 모두 트렁크 안에 수납해 전기 제어 방식으로 버튼 하나만 누르면 발사가 가능하다! 게다가 리모컨을 이용한 원격 조작도 가능하다. 적당한 거리에서 자신을 향해 발사해 충격파를 체감하는 실험도 가능하다(진짜 하진 않겠지만…).

트렁크 내부에는 D 캐넌에 필요한 가스버너와 주름 호스를 말아서 수납하고 가스 제어용으로 연장한 선 사이에 전자 밸브를 달았다. 전원은 AA형 건전지×8개로 12V를 출력하고 회로는 타이머 IC '555'를 사용한 제어 회로와 가스 점화용 고압 회로(가장 많이 쓰이는 CCFL 인버터&C·W 회로) 그리고 원격 조작용 시판 무선 유닛을 사용했다. 트렁크에는 조작용 스위치 3개와 무선용 안테나선을 부착하고 가스 충전에 필요한 공기구멍도 뚫었다. 트렁크에 구멍을 뚫는 것은 다소 까다로운 작업이지만 나선형 칼날로 된 쇠톱을 이용하면 비교적 쉽게 작업할 수 있다.

작동 구조는 스위치나 무선으로 방아쇠를 누르면 첫 번째 타이머 IC 전자 밸브가 작동해 가스를 충전하고(2~3초), 혼합기가 주름 호스 안에 가득 차면 다음 타이머 IC가 고압 회

데토네이션 호스

주름 호스를 주요 부품으로 사용. 구조는 무척 단순하지만 성능은 충분하다. 호스는 늘이지 않고 말아서 사용하는 편이 강력해진다.

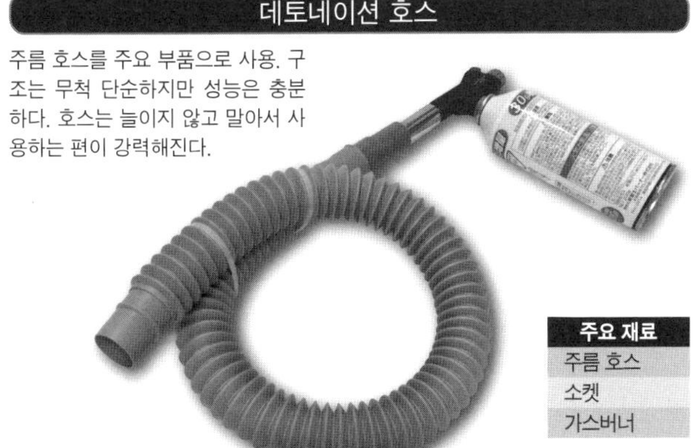

주요 재료
주름 호스
소켓
가스버너

D 트렁크

데토네이션 캐넌 및 제어 시스템을 트렁크 안에 수납한 자립형 폭음 발생 시스템. 주름 호스 덕분에 실현 가능해졌다.

주요 재료
트렁크
고무호스
가스버너
염화비닐 소켓
주름 호스
전자 밸브
AA형 건전지×8개
타이머 IC[555]×2
무선 유닛
스위치×3
무선용 안테나 선
고전압 다이오드 (1kV1A·trr=500ns FR107)×18
고압 콘덴서(4kV1000pF)×7
냉음극관 인버터(출력 4C2kV-40kHz 정도)
저항(10μΩ)×3

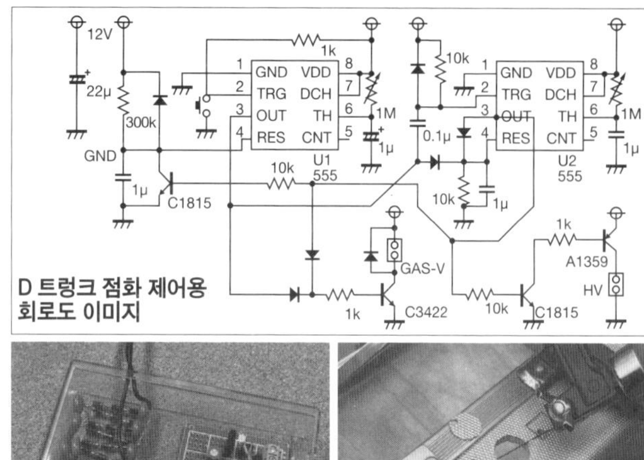

01 : 점화 제어용 회로는 타이머 IC[555]×2개를 사용했다. 노이즈 대책 등을 강구했다.
02 : 트렁크는 쇠톱으로 가공. 스위치는 전원, 무선 ON/OFF, 발사용으로 3개. 손잡이 근처에 무선용 안테나를 부착했다.

로를 작동시켜 가스를 점화하면 폭음이 발생하는 것이다. 이번에는 전자 공작에 주로 쓰이는 타이머 IC555를 제어 회로로 사용했는데 ON/OFF나 방전 노이즈 때문에 오작동을 일으키기 쉬워 대책에 고심했다. 리셋 단자를 활용해 안정적인 동작이 가능해졌지만 마이크로 컨트롤러로 제어하는 편이 나을지도 모른다. 다만 이번 타이머 IC555는 가변저항을 직접 조정할 수 있기 때문에 충전시간을 단축해 위력을 약화시키거나 연장 포신을 추가해 성능을 높이는 등의 응용이 가능하다는 장점이 있다.

● 염화비닐관 캐넌

수도관용 염화비닐관은 저렴하고 가공이 쉬우며 접속도 간단해 D 캐넌의 설계를 최적화하기에 안성맞춤인 소재이다. 염화비닐관을 사용하게 되면서 탄생한 기술도 몇 가지 있다.

염화비닐관은 금속에 비해 가볍고 쉽게 뜨거워지지 않으며 분해와 수납이 간단하다는 장점이 있으며 운용성도 높은 소재라고 할 수 있다. 물론 과신해서는 안 된다. 수지로 만들어진 만큼 금속보다 강도가 낮다. 성능을 지나치게 높이면 충격파를 견디지 못해 파손될 가능성이 있으며 실제 날아가버린 사례도 있다. 또 염화비닐은 염소를 함유하고 있기 때문에 발사 후 가스버너의 불이 꺼지지 않고 남아 있는 경우 내부가 그을려 인체에 해로운 연막이 발생할 위험이 있다는 것도 기억해두자.

이번에 제작한 '염화비닐관 D 캐넌'은 VU40×1m의 염화비닐관 내부에 주름 호스를 넣은 주요 부분과 점화 체임버와 가는 파이프 그리고 연장 포신을 추가한 전장 2.4m의 고성능 장치이다. 연장 포신은 경량화를 위해 수도관용이 아니라 외경 60mm의 홈통용 염화비닐관을 사용했다. VU40에 겹쳐서 끼우면 적은 공간에 깔끔하게 수납할 수 있다.

연장 포신만큼 가스의 용량도 늘어나기 때문에 소리라기보다 충격파에 가깝다. 콘크리트의 벽을 향해 발사하면 반사된 충격파를 체감할 수 있을 정도이다. 음료 캔에 발사하면, 캔이 우그러질 정도의 위력을 보이기도 한다.

Memo:

염화비닐관 D 캐넌(분해 상태)

대형화하면 음료 캔을 우그러뜨릴 정도의 위력을 발휘한다. 점화 체임버를 이용하면 연소 속도를 크게 높일 수 있다.

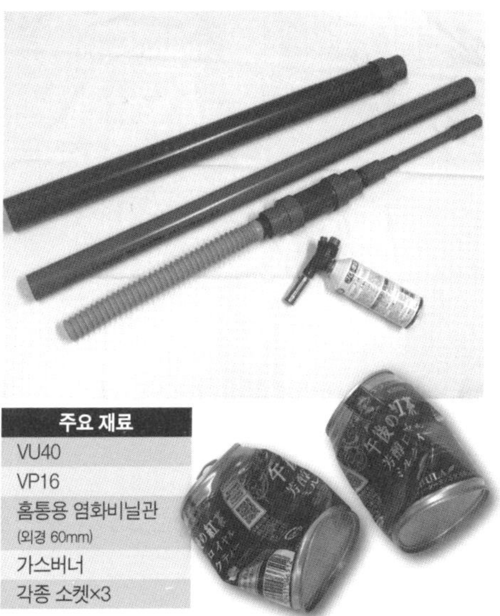

주요 재료
VU40
VP16
홈통용 염화비닐관 (외경 60mm)
가스버너
각종 소켓×3

소형 D 캐넌

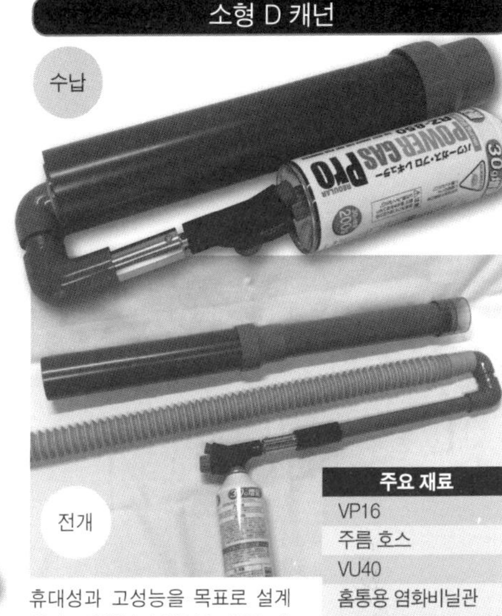

휴대성과 고성능을 목표로 설계했다. 안쪽부터 VP16, 주름 호스, VU40, 60mm 홈통용 염화비닐관으로 구성된 4중 구조

주요 재료
VP16
주름 호스
VU40
홈통용 염화비닐관 (외경 60mm)
각종 소켓
가스버너

● 소형 D 캐넌

D 캐넌은 약간의 개량으로도 금방 성능이 향상되기 때문에 실험이 무척 흥미롭다. 다만 실내에서 허용되는 실험의 수준을 쉽게 넘어버리고 만다. 실험은 가능하면 실외의 넓은 장소(사유지)에서 하는 것이 좋다. 이때 문제가 되는 것이 이동이다. 수상한 버튼이 달린 D 트렁크를 들고 다니다간 큰 봉변을 못 면할 수가 있다(웃음). 그런 이유로 휴대가 용이한 소형 D 캐넌을 만들어보았다.

주름 호스의 신축 구조를 최대한 활용해 염화비닐관 안에 수납하는 방식으로 소형화를 실현했다. 가스버너와 함께 수납해도 배낭 등에 충분히 들어가는 크기인 37cm이다. 이것을 전부 펼치면 150cm, 연소로가 185cm로 비교적 대형 D 캐넌에 해당한다.

중간에 꺾을 수 있는 스타일이기 때문에 길이에 관계없이 휴대가 용이하고 호스를 늘이거나 줄여 손쉽게 성능을 조절할 수 있다. 외관은 장난감처럼 보일지 몰라도 성능은 뛰어나다.

또 다른 응용 방법으로 끝부분의 파이프를 팔에 부착하고 호스를 팔에서 허리까지 늘여 고정하면 웨어러블식이 된다. 착화용 압전소자를 팔에 가깝게 부착하면 주먹을 날리는 동시에 충격파를 방출하는 만화 속 액션 장면을 연출할 수 있다.

지금까지 데토네이션 캐넌에 대해 소개했다. 데토네이션 캐넌을 개발하며 얻은 지식과 기술 등을 종합해 보려 했지만 지면이 부족한 관계로 이쯤에서 마치려고 한다. '극한'을 향한 개발도 진행 중이므로 많은 기대 바란다!

■ 장점과 단점

염화비닐관은 분명 장점이 크지만 안전성을 생각하면 금속제가 유리한 것이 사실이다. 본문 중에서도 설명했듯 금속제에 비하면 아무래도 강도가 떨어지기 때문에 염화비닐관 캐넌의 연사는 절대 금물.

양방향 충격파로 강력하게 압축하는

데토네이션 콜라이더 제작

데토네이션 캐넌을 사용하면 충격파를 자유자재로 조작할 수 있다. 충격파를 맞부딪치면 무엇이든 납작하게 만들어버린다! 이게 바로 진짜 에네르기파!?

(레너드 3세)

필로 판즈워스(Philo Farnsworth)가 발명한 핵융합 장치 'Fusor'나 7TeV라는 하전 입자를 정면 충돌시키는 'LHC' 등 에너지를 한 점으로 수렴하는 장치에는 로망이 있다. 다만 직접 만들기에는 허들이 너무 높다. 그래서 이번에는 DIY계 엔지니어들에 의해 개발되어 절찬 진화 중인 초음속 연소를 이용한 폭음장치 '데토네이션 캐넌'을 응용해 양방향 충격파 압축(파괴?) 장치를 만들어볼 생각이다.

D 캐넌은 강력한 성능을 얻을 수 있는 장치임에도 주재료가 염화비닐관이기 때문에 제작 및 실험 비용이 낮고 구조가 복잡해지기 쉬운 수렴·충돌계 장치를 만드는 데 적합하다.

완성 이미지는 마주 보는 D 캐넌 사이에 놓아둔 물체를 압축하는 것이다. 단순한 구조이지만 충격파를 동반한 초음속류를 충돌시키기 때문에 빈 깡통도 순간적으로 압축할 수 있는 흥미로운 실험이 될 것 같다.

문제는 착화 타이밍이다. 데토네이션은 연소 속도가 가속도적으로 높아지기 때문에 착화 타이밍이 조금이라도 어긋나면 큰 차이가 발생한다.

이 문제에 대한 대책으로 이번에는 D 캐넌을 1개만 사용하기로 했다. 어느 정도 연소가 진행되면 두 갈래로 갈라져 U자형으로 구부러진 2개의 분구를 통해 방출되는 구조이다. 일반적인 D 캐넌에 추가 부품을 장착하는 식이다. 이렇게 하면 본체를 구부릴 수 있어 공간도 절약되고 가스버너도 1개만 사용하면 된다. 또

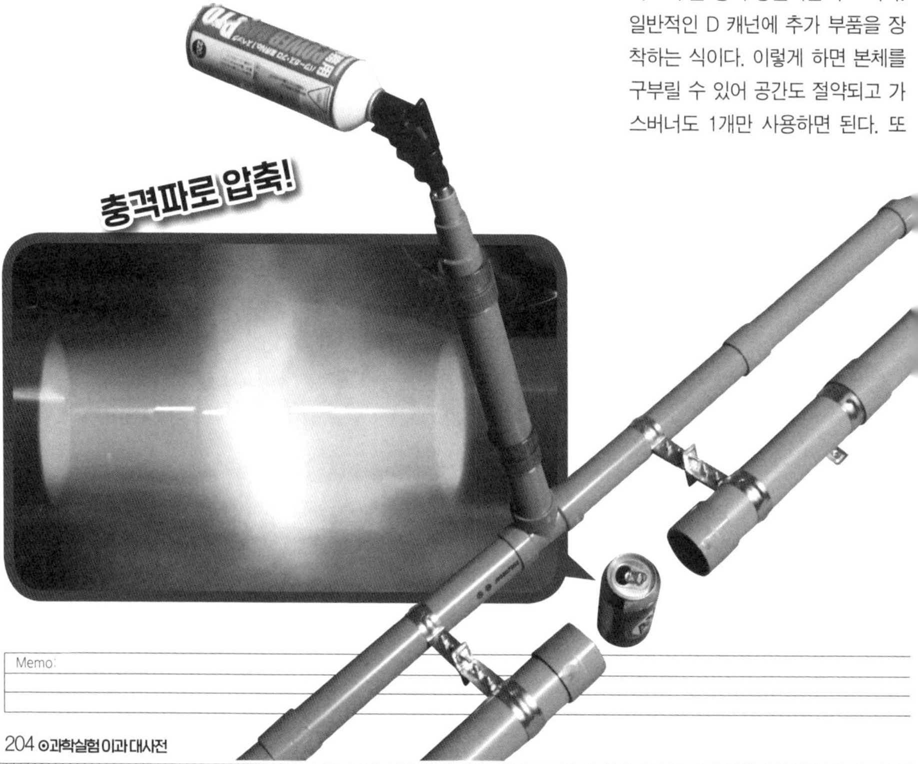

충격파로 압축!

Memo:

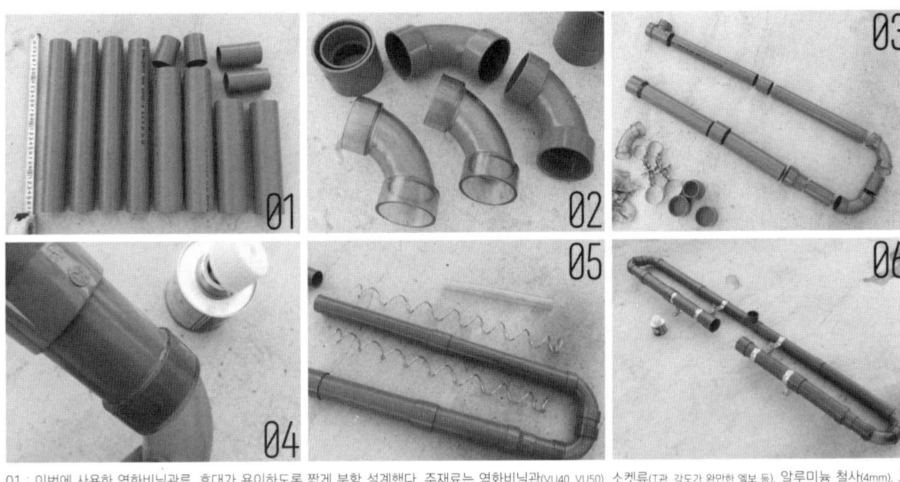

01 : 이번에 사용한 염화비닐관류. 휴대가 용이하도록 짧게 분할 설계했다. 주재료는 염화비닐관(VU40, VU50), 소켓류(T관, 각도가 완만한 엘보 등), 알루미늄 철사(4mm), 고정용 부품, 시동용 데토네이션 캐넌이다.
02 : 중요 부품 중 하나인 각도가 완만한 타입의 엘보. 이것을 연결하면 곡선 형태의 캐넌을 만들 수 있다.
03 : 염화비닐관과 소켓의 배치(한쪽 분량). 위력을 고려해 중간에 지름이 큰 비닐관을 배치했다.
04 : 소켓과 염화비닐관 양쪽에 접착제를 골고루 발라 한 번에 끼운다. 엘보를 연결할 때는 특히 각도에 주의할 것.
05 : 난류 촉진체 역할을 할 스파이럴은 지름 4mm의 알루미늄 철사로 만들었다. VP25 파이프에 감으면 쉽게 만들 수 있다.
06 : D 콜라이더 유닛의 완성 이미지. 전체 길이는 162cm. 파이프만으로는 발사 반동에 의해 변형될 수 있어 고정용 부품으로 보강했다. 여기에 소형 D 캐넌을 장착한다. 가스는 손으로 막아가며 한쪽씩 충전하는 것이 비결이다.

구부러진 지점에서 난류화가 촉진되어 더욱 강력한 연소 효과도 기대할 수 있다.

양방향에서 충돌하는 이 장치의 이름은 같은 충돌 가속기의 '콜라이더(Collider)'에서 따와 '데토네이션 콜라이더'라고 하면 어떨까? 참고로, LHC는 '라지 하드론 콜라이더(Large Hadron Collider, 대형 강입자 충돌기)'의 약자이며 그 밖에도 원형이 아닌 직선 가속기로 충돌시키는 리니어 콜라이더(Linear Collider, 선형 충돌 가속기)라는 장치도 있다.

제작의 기본

D 콜라이더는 종래의 염화비닐관 D 캐넌과 기본 구조가 같으므로 가공 순서도 같다. 먼저, 염화비닐관을 톱 등으로 잘라 절단면을 다듬는다.

염화비닐관의 종류와 치수는 파이프가 둘로 나뉘는 부분부터 VU40을 35cm로 절단한 것이 2개, 구부러진 중간 부분의 6cm 1개, 직선 부분의 9cm 1개 계속해서 VU50을 22cm와 28cm로 절단한 것이 1개씩이다. 이상이 한쪽에 필요한 염화비닐관이므로 똑같이 한 세트 더 준비해 반대쪽에 접속한다.

염화비닐관을 짧게 분할한 것은 실험 장소까지 가져가 조립해야 할 필요가 있어서이다. 휴대성을 고려하지 않는다면 길게 설계해도 상관없다.

제작 포인트는 캐넌의 구부러진 부분. 일반적인 90° 엘보는 각도가 급해 성능이 저하되거나 최악의 경우 날아갈 가능성이 있으므로 각도가 완만한 엘보를 사용한다. 참고로, 홈 센터에는 투명한 타입도 판매된다. 이번에는 연소 타이밍을 확인하기 위해 양쪽에 하나씩 투명 타입을 끼워보았다.

소켓이나 엘보를 연결하는 짧은 염화비닐관은 고정용 부품과의 결합이나 포구 사이의 치수를 조정하는 데 중요한 역할을 한다. 입수한 부품이나 설계 크기에 맞춰 조정하기 바란다.

VU40 염화비닐관 내부에는 난류 촉진체로 직경 4~6mm의 알루미늄 철사를 나선형으로 감아 만든 스파이럴을 양쪽 모두에 넣는다.

이런 단순한 부품도 있고 없고의 차이가 매우 크다. 단, 형태가 다르

포테이토칩 상자

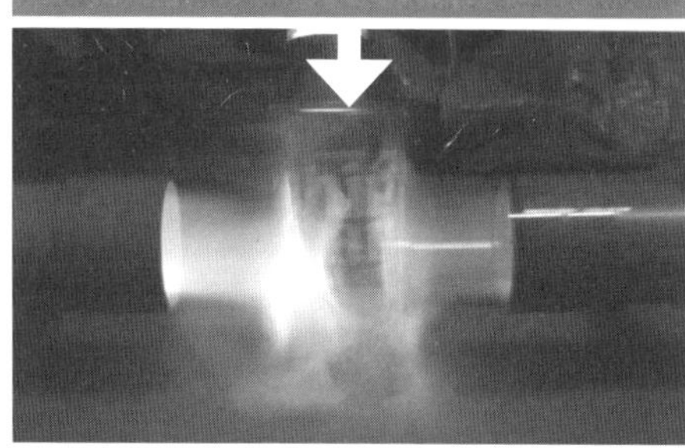

포테이토칩의 견고한 종이 상자를 목표물로 삼아 실험했다. 캐넌을 발사하자 양방향에서 방출된 충격파에 의해 너덜너덜해졌다. 종래의 D 캐넌을 뛰어넘는 파괴력을 확인할 수 있다.

플라스틱 피규어

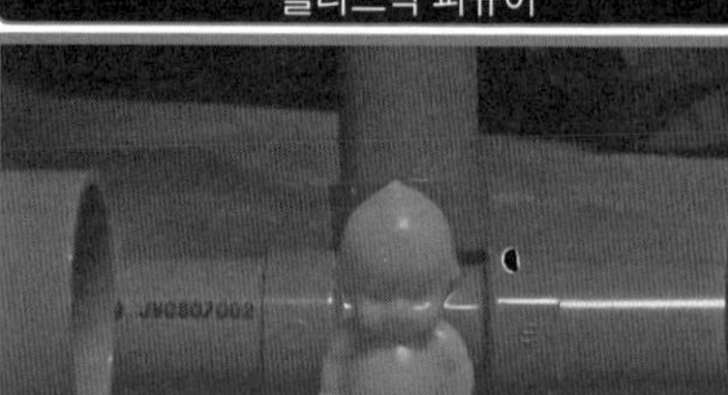

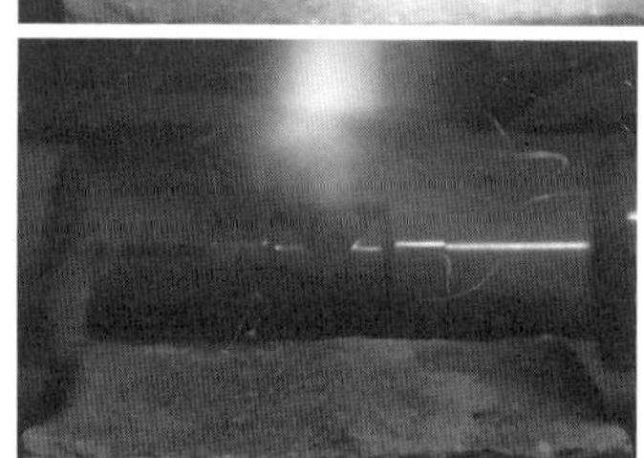

플라스틱 피규어로 실험하자 완전히 불길에 휩싸였다 위로 날아가더니 수 초 후 다시 떨어졌다. 자세히 보면 불길 안에 희미한 실루엣이 보인다….

면 성능에도 차이가 나므로 최대한 같은 길이와 형태로 만들도록 한다. 차이가 크면 연소 가속 정도에도 차이가 나타나고 좌우의 분사 타이밍이 어긋나기도 한다.

스파이럴을 끝까지 밀어 넣었으면 고정용 부품과 높이 조절용 받침대를 양쪽 파이프에 장착한다. 나머지는 D 캐넌 접속용 T관을 연결해 각도에 주의하며 접속하면 완성된다.

● 발사 실험

접착제가 충분히 마르면 소형 D 캐넌을 T관에 꽂아 시험 발사해보자. 마주 보는 포구 사이에 적당한 물체를 놓고 양쪽 파이프에 가스를 충분히 충전한 후 착화한다. 강렬한 폭음과 함께 충격파를 맞은 물체가 박살 날 것이다.

직접 실험해본 결과, 귀마개를 준비하는 것이 좋을 듯하다. 일반적인 D 캐넌이 한 방향으로만 충격파를 방출하는 것에 대해 D 콜라이더는 충돌하는 중심부에 에너지가 집중된다. 사방으로 무지향성 충격파가 방출되는 데다 지근거리이기 때문에 귀에 상당한 대미지가…(웃음).

콜라이더 부분의 파이프는 조금 더 짧아도 좋았을 것 같다. 분지를 늘려 네 방향으로 방출하는 방식도 볼만할 듯하다.

Memo:

데토네이션 캐넌 기술 요소 정리

지금까지 데토네이션 캐넌을 개발하면서 발안한 기술 등을 간단히 정리해보았다. 이를 적절히 조합하면 더욱 강력한 데토네이션 캐넌을 만들 수 있을 것이다. 다만 이 기술들은 아직 연구 중이며 향후 더욱 발전할 여지가 있을 듯하다.

▼ 난류 촉진체

D 캐넌의 가장 중요한 요소라고 할 수 있는 부분. 그냥 원통만으로는 '펑' 하는 둔탁한 소리가 나지만 내부에 이 난류 촉진체를 넣으면 강렬한 충격파로 바뀐다.

원리는 장애물이 있으면 연소가 난류화해 연소 파면이 확대된다→발열량이 증가한다→온도와 압력이 상승한다. 그리고 연소 속도의 상승으로 이어지는 것이다.

▼ 주름 호스

세탁기 배수용 주름 호스. 내부의 요철이 연소를 강력히 촉진하기 때문에 이것만으로도 연소 속도가 일약 상승한다. 구입 후 바로 사용할 수 있을 만큼 간단한 것이 가장 큰 장점이다. 지름이나 강도에 따른 성능적 한계가 분명하지만 입문용으로는 최고의 소재일 것이다. VU40의 내경에 딱 맞고 길이도 80cm 정도라 활용하기 편리하다.

▼ 스파이럴

철사를 감아서 만든 스파이럴은 대표적인 난류 촉진체 중 하나이다. 지름 4~6mm 정도의 굵은 철사로 만드는 것이 비결이다. 주름 호스보다 잠재 능력은 위일지도!?

▼ 오리피스(와셔)

이것도 대표적인 난류 촉진체 중 하나이다. 다만 내·외경이 맞지 않으면 성능이 나오지 않기 때문에 스파이럴보다 난이도가 높은 편이다. 시판 제품 중에서는 적당한 것을 찾기 어려우므로 알루미늄 판으로 직접 만드는 편이 빠를 수 있다. 설계만 잘하면 매우 높은 성능을 발휘한다.

▼ 점화 체임버

데토네이션 캐넌 본체의 파이프 지름보다 굵은 파이프를 연결해 빠르게 가스를 연소한다. 본체의 연소 성능을 향상시키는 구조이다. 추가적으로 연결해 간단히 성능을 높일 수 있다. 단, 체임버의 크기가 너무 커도 효과가 떨어진다. 차라리 포구 쪽을 약간 가늘게 만들어 연소 압력을 높이는 편이 효과가 있는 듯하다. 다음에 소개할 가는 파이프를 결합하면 더욱 강력한 성능을 얻을 수 있다.

▼ 가는 파이프

가스버너에서 본체 사이를 10~20cm 정도의 VP16/20 파이프로 연장하면 연소 속도가 상승해 점화 체임버와 같은 효과를 얻을 수 있다. 이것도 나중에 추가로 부착할 수 있으며, 낮은 비용으로 성능을 향상시킬 수 있어 추천하는 개량 방법이다. 체감상으로는 20~30%의 증가 효과가 나타나기도 한다.

▼ 가스

착탈식이 아닌 나사식 프로판 혼입 타입이 적합하다. 성능이 높고 흡수체를 사용한 가스 캔과 합쳐져 최고의 효과를 얻을 수 있다.※

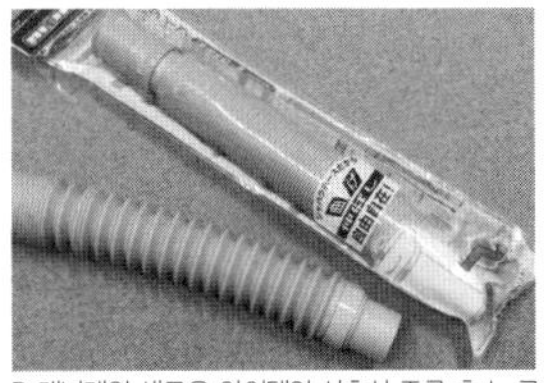

D 캐넌계의 새로운 아이템인 신축식 주름 호스. 구부리거나 늘여서 연결하면 간단하고 편리하게 사용할 수 있다.

대표적인 난류 촉진체인 스파이럴과 오리피스. 함께 사용해도 꽤 높은 성능을 얻을 수 있었다.

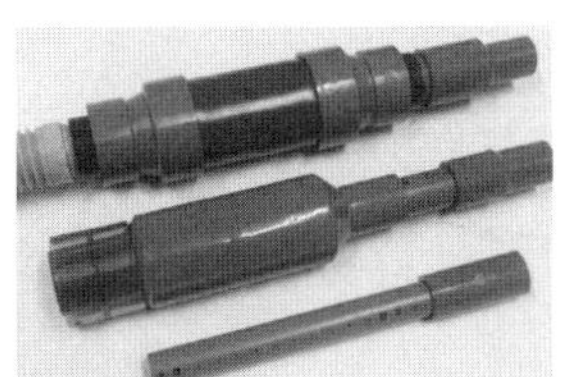

성능 향상 아이템인 점화 체임버와 VP16 규격의 가는 파이프. 둘 다 추가로 장착해 성능을 높일 수 있다는 것이 장점이다.

※D 캐넌에 사용하는 가스버너는 노즐의 외경이 중요하다. 파이프나 소켓의 내경과 딱 맞는 것을 선택하면 사용하기 편하다.

콕크로프트·월턴 회로로 고전압을 발생시키는

전기충격기& 이온 광선총 제작

10단의 C·W 회로로 4만 V의 고전압을 발생시키는 전기충격기. 이 정도로도 부족하다면? 이온을 방출해 전자기기를 파괴하는 정전기 총도 있다!

(레너드 3세)

기본 편 ▶ 전압을 극적으로 상승시키는 C·W 회로의 제작 방법

고전압 공작의 단골 재료 중 하나로 액정 화면의 백라이트 등으로 사용되는 냉음극관 인버터와 콕크로프트·월턴(이하, C·W) 회로를 결합해 전기충격기를 자작해보자.※1

C·W 회로는 교류 전압×단 수의 2배의 전압을 출력하는 승압 회로를 말한다. 이 회로를 수십 kHz, 수 kV의 고주파·고전압을 출력하는 인버터와 결합해 고압 전원으로 만드는 방식이다.

다만 대형 공작의 경우, 부품 선택이 잘못되면 본래의 성능을 내지 못한다. 정확한 부품 선택으로 잠재 능력을 120% 끌어내는 설계 방법을 해설한다. 제작과 함께 C·W 회로의 정수를 마스터해보자.

C·W 고압 전원 제작에 필요한 주요 부품은 다음의 세 가지이다.

- **고주파 고압 전원(냉음극관 인버터)**
- **고압 콘덴서**
- **다이오드**

인버터는 여러 종류가 있는데 구조가 단순한 것이 개조도 쉬울 것이다. 인버터 출력에 직렬로 들어 있는 콘덴서는 C·W 회로에는 불필요하므로 제거하거나 단락시키는 것이 포인트이다.

고압 콘덴서는 입력 전압의 2배가량의 내압이 필요하다. 전압은 실측해야 하지만 4kV 이상이면 일단 안심할 수 있다. 또 회로 첫 단의 교류 입력 측 콘덴서는 분압 관계로 2개를 병렬해 용량을 2배로 늘리면 과부하가 걸리지 않는다.

다이오드는 1개로는 내압과 집합 용량 면에서 부족하기 때문에 실제로는 여러 개를 직렬 연결해 사용한다. 개수는 공작에 드는 수고와 비용을 고려해 최고 전압의 80% 정도이지만 3개로 했다. 또 발생 전압의 정부(正負)는 다이오드의 방향으로 결정되고 회로도 방향이 플러스, 그 반대에서 마이너스의 고압이 발생한다. 부품이 준비되었으면 회로도에 따라 납땜한다. 이 회로를 응용해 '전기충격기'와 이온을 방출하는 '이온 광선총'을 만들어보자.

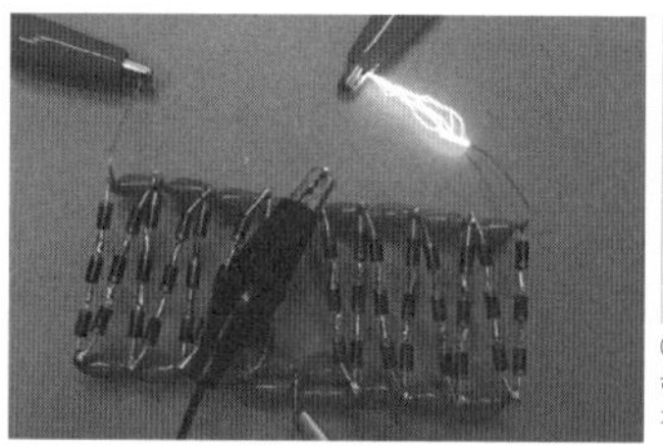

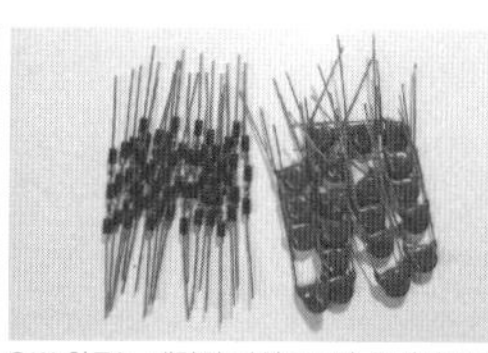

C·W 회로는 대량의 다이오드와 콘덴서로 제작한다. 특성을 고려해 다이오드는 3개를 직렬 연결해 사용했다.

C·W 회로도

AC IN, 2C, C, D, GND, HV OUT, 1단

C·W 회로의 주요 재료

부품	개수	비고
냉음극관 인버터	1	출력 AC2kV–40kHz 정도
AA형 건전지	8	(전부 직렬) 합계 12V
고내압 다이오드	48	1kV 1A·trr = 500ns(FR 107)
고압 콘덴서	18	4kV 1000pF

Memo:

※1 C·W 회로는 이름 그대로 콕크로프트와 월턴이 입자 가속을 위해 사용한 회로이다. 두 사람은 60만 V가량의 고전압으로 가속한 양자를 원자핵에 충돌시켜 세계 최초의 인공 핵변환에 성공했다. 그 성과로 노벨 물리학상을 수상하기도 했던, 생각보다 유서 깊은 회로이다.

기본적으로 회로를 소형화해 케이스에 넣기만 하면 되는 단순한 공작이다. 포인트는 전원의 소형화와 C·W 회로의 절연. 먼저, 전원 인버터는 공간적으로 낭비가 많으므로 필요 최소한의 부품만 남기는 식으로 소형화한다.

건전지는 AAA형 건전지도 공간을 꽤 차지하기 때문에 9V의 006P형 전지에 들어 있는 'AAAA형' 건전지 6개 중 2개를 사용해, 006P형 전지 1개와 결합해 12V를 만든다(건전지의 분해는 자기 책임하에 신중히 실시할 것).

C·W 회로는 10단의 40kV 출력을 강제로 소형화하는 것이기 때문에 내부에서 방전하지 않도록 절연 처리가 필요하다. 빈틈없이 처리해야 하므로 홈 센터 등에서 고무 피막 도료를 구입해 회로 전체에 도포한다. 또 필요하다면 수지 시트도 사용하자. 부품이 완성되면 케이스에 넣고 스위치나 전극을 부착해 배선하면 완성이다.

전극은 뾰족한 것보다 둥근 편이 방전이 잘 된다. 직접 만든 핸디형 장치로 이 정도 방전을 얻는다는 것은 상당한 성과라고 할 수 있다. 시판 제품을 구입하는 것보다 비용도 훨씬 저렴하다.

포인트 ❶ C·W 회로를 완벽히 절연한다

왼쪽이 전기충격기용 C·W 회로(오른쪽은 이온 광선총용)이다. 12V의 교류를 직류 4만 V로 승압하는 회로이기 때문에 내부 방전을 피하기 위해 고무 피막 도료에 담가 절연 처리했다.

전기충격기 제작 순서

❶ 다이오드와 콘덴서를 10단으로 연결한다.

❷ ①을 고무 피막 도료로 절연 처리한다.

❸ 인버터는 필요 최소한의 부품만 꺼내 입체 배선으로 소형화한다.

❹ 회로를 케이스에 수납한다.

❺ 전극을 납땜한다.

포인트 ❷ 인버터를 소형화해 케이스에 수납한다

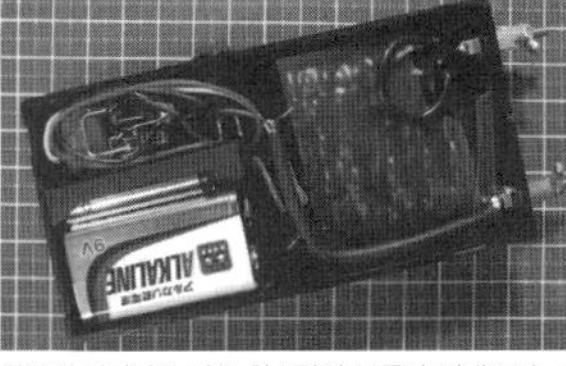

왼쪽은 인버터의 필요 최소한의 부품만 꺼낸 모습. 오른쪽은 전기충격기의 케이스 내부. 전극이 손가락에 가까우면 자기 몸에 전기 충격이 가해질 수 있으니 스위치의 위치는 신중히 결정할 것.

완성 이미지

전극이 바늘처럼 뾰족하면 코로나 방전이 발생해 전압이 떨어지면서 불꽃 방전이 일어나기 어렵다. 땜납을 넉넉히 올려 수mm의 구형으로 만든다.

주요 재료

부품	개수	비고
냉음극관 인버터	1	출력 AC 2kV-40kHz 정도
006P형 건전지	1	(전부 직렬) 합계 12V
AAAA형 건전지※2	2	
고내압 다이오드	60	1kV 1a·trr = 500ns(FR 107)
고압 콘덴서	21	4kV 1000pF
고무 피막 도료	적당량	
플라스틱 케이스	2	
누름 스위치	1	
전지 케이스		
전극		

※2 'AAAA 건전지'는 006P형 전지를 분해해 떼어냈다.

초활용 편 ▶ '정전기 총' 이온 광선총 제작

이번에는 이온 광선총을 만들어보자. 이온 광선총은 이온을 발사해 전기 충격을 가하는 장치로, 말하자면 정전기 총이라고 할 수 있다. 『과학실험 이과 교과서』에서도 소개한 적 있기 때문에 알고 있는 독자도 있을 것이다.

구조와 제작 방법은 두 가지만 제외하면 전기충격기와 거의 동일하다. 첫 번째는 방전이 아니라 이온을 방출하기 때문에 고압 전극이 하나뿐이라는 것이다. 고압 전극은 바늘처럼 뾰족한 것이 좋다. 이 바늘 끝에 전계가 집중해 고전계가 되면 공기 중 절연이 파괴되며 방전이 일어남으로써 이온이 발생하는 것이다.

두 번째는 회로의 0V(GND)에 연결한 금속판을 그립에 장착하고 사용자는 늘 이 금속판을 접촉해야 한다. 그러지 않으면 본인이 감전되거나 최악의 경우 회로와 사이에 불꽃이 튀어 파손될 가능성이 있다.

전압은 10kV 정도부터 방전하는데 30kV 이상의 전압을 낼 수 있으면 충분한 이온이 발생된다. 이번에는 전기충격기와 같은 40kV로 설계했다.

이 이온 광선총을 실내에서 발사하면 이곳저곳에서 '파직, 파직' 하는 방전음과 함께 멀리 있는 네온램프에 불이 들어오기도 한다. 또 이온풍이나 해밀턴 플라이휠(Hamilton Flywheel) 혹은 하늘을 나는 전기 해파리 같은 다양한 실험에 응용할 수 있다. 단, 에어컨 리모컨 등의 전자기기를 향해 잘못 발사하면 고장 날 수 있으니(당연하지만) 취급에 주의하도록 한다.

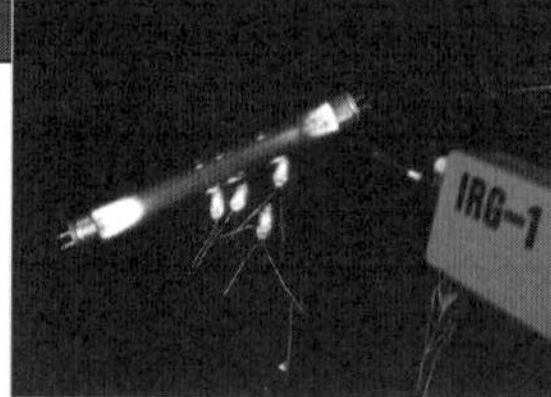

전기충격기(왼쪽)와 이온 광선총(오른쪽) 내부. 기본 구조는 똑같다. 이대로는 C·W 회로가 내부에서 방전하기 때문에 피막 도료로 절연 처리를 한다.

포인트 그립부에 GND 금속판을 넣어 감전을 방지한다

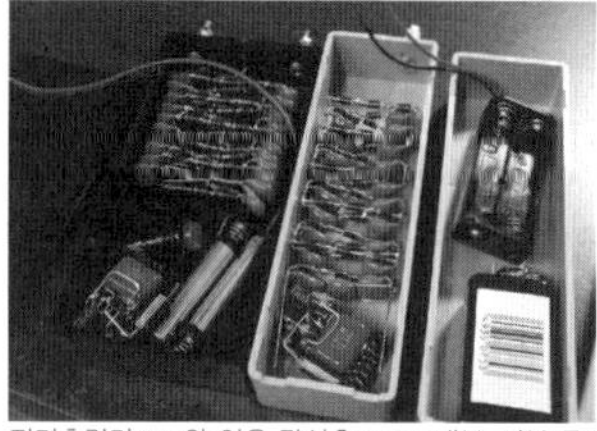

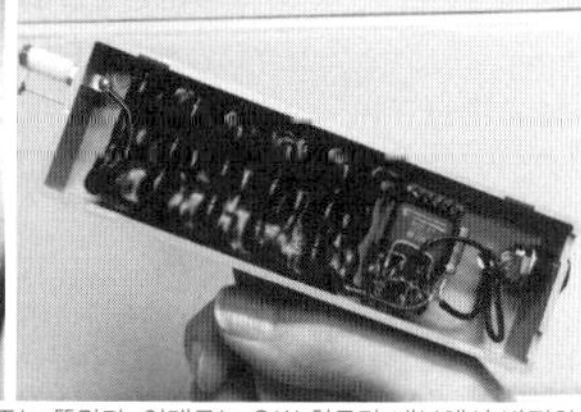

전기충격기(왼쪽)와 이온 광선총(오른쪽) 내부. 기본 구조는 똑같다. 이대로는 C·W 회로가 내부에서 방전하기 때문에 피막 도료로 절연 처리를 한다.

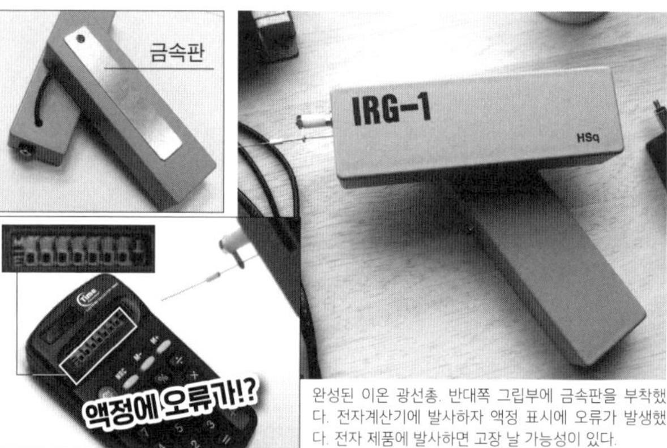

완성된 이온 광선총. 반대쪽 그립부에 금속판을 부착했다. 전자계산기에 발사하자 액정 표시에 오류가 발생했다. 전자 제품에 발사하면 고장 날 가능성이 있다.

이온 광선총의 제작 순서
❶ 전기충격기 제작 방법①~④와 같다(209쪽 참조).
❷ 회로의 GND와 그립의 금속판을 접속한다.
❸ 뾰족한 형태의 고압 전극을 케이스 끝에 설치한다.

이온 광선총의 주요 재료 (10단 40kV 출력)

부품	개수	비고
냉음극관 인버터	1	출력 AC 2kV-40kHz 정도
006P형 전지	1	(전부 직렬 합계 12V)
AAAA형 건전지[※2]	2	
고내압 다이오드	60	1kV 1A·trr =500ns (FR 107)
고압 콘덴서	21	4kV 1000pF
고무 피막 도료	적당량	
플라스틱 케이스	2	
누름 스위치	1	
전지 케이스		
금속판		
고압 단자		

Memo:

콕크로프트·월턴 회로의 제작 포인트를 완벽 해설

C·W 회로는 단순한 회로로 고압 방전 실험이 가능해 전자 공작 분야에서 매우 인기 있는 장치이다. 인터넷에서도 전자 공작 애호가들이 제작한 전기충격기 등을 많이 볼 수 있다. 하지만 의외로 고전압을 발생시키기 어렵다는 의견이 많았다. 실패의 주요 원인을 해설한다.

원인 1 ▶ 다이오드 선택의 치명적인 실수

자작 C·W 회로에서 고전압을 얻지 못하는 원인은 다름 아닌 다이오드이다. 가격과 입수가 용이하다는 점에서 주로 범용 정류용 '1N4007' 다이오드를 선택하는데 이것은 성능 면에서 충분치 않다. 다이오드에 역방향으로 전압을 걸어 전류가 멎기까지의 시차를 '역회복 시간'이라고 하는데, 1N4007은 이 역회복 시간이 수 μ초부터 간혹 수십 μ초나 되는 것도 있다. 인버터의 주파수가 50kHz면 1주기의 시간이 10μ초이기 때문에 속도가 충분치 않다. 정류에는 역회복 시간이 1주기의 1/10~1/20 이하의 다이오드, 이 경우는 500n초 정도의 다이오드를 선택할 필요가 있다. 다이오드의 데이터 시트를 체크해보자.

또 한 가지, 다이오드는 반도체의 접합부에 접합 용량(Typical Junction Capacitance)이라는 정전 용량을 가지고 있다. 콘덴서와 마찬가지로 이 용량이 크면 교류가 통하기 때문에 고주파에서 충분히 정류가 이루어지지 않는다. 그러므로 전원의 주파수와 콘덴서의 용량에 맞춰 충분히 낮은 접합 용량의 다이오드를 사용할 필요가 있다. 이것도 데이터 시트로 확인하자.

원인 2 ▶ 콘덴서의 정전 용량 부족

콘덴서와 전원 그리고 발생하는 전압에 대해서도 반드시 체크한다. 먼저 콘덴서는 충분한 정전 용량의 제품을 사용하지 않으면 상단에 전류가 부족해 계산한 전압이 나오지 않는다. 주파수가 낮을수록, 전류를 많이 사용할수록 용량이 큰 콘덴서가 필요하다.

원인 3 ▶ 교류 전원(인버터)의 성능 부족

회로의 전원도 발생하는 손실에 뒤지지 않을 정도의 성능이 필요하다. 간단한 방전용이라면 수 W, 전류를 흘려보내는 실험이라면 수십~수백 W는 필요할 것이다. 전원의 성능을 높이려면 인버터의 트랜스를 병렬로 연결하거나 인버터식 전자레인지의 트랜스 등을 사용하면 된다. 다만 W수가 커지면 감전 위험도도 높아진다.

또 전압이 30kV 정도 되면 코로나 방전이 발생해 전하가 유출되기 때문에 출력 전압이 떨어진다. 대책으로는 수지나 기름으로 밀봉하거나 형태를 연구해 전계를 억제하는 방법이 있다.

원인 4 ▶ C · W 회로의 한계

실제로는 단을 무제한으로 늘릴 수 있는 것이 아니라서 얻을 수 있는 전압이 점차 낮아진다. 절연 처리한 최적의 상태가 약 20~30단, 이번에 사용한 부품의 구성이라면 10만 V 정도가 한계일 것이다.

MAXIMUM RATINGS AND ELECTRICAL CHARACTER

- Ratings at 25°C ambient temperature unless otherwise specified
- Single Phase, half wave, 60Hz, resistive or inductive load
- For capacitive load derate current by 20%

	SYMBOLS	FR101	FR102				
Maximum Repetitive Peak Reverse Voltage	V_{RRM}	50	100				
Maximum RMS Voltage	V_{RMS}	35	70				
Maximum DC Blocking Voltage	V_{DC}	50	100				
Maximum Average Forward Rectified Current 0.375"(9.5mm) lead length at T_A=75℃	$I_{(AV)}$						
Peak Forward Surge Current 8.3mS single half sine wave superimposed on rated load (JEDEC method)	I_{FSM}	30					Amps
Maximum Instantaneous Forward Voltage @ 1.0A	V_F	1.3					Volts
Maximum DC Reverse Current at Rated DC Blocking Voltage T_A=25℃	I_R	5.0					μA
Maximum DC Reverse Current at Rated DC Blocking Voltage T_A=100℃		100					
Maximum Reverse Recovery Time (Note 3) T_J=25℃	trr	150			250	500	ns
Typical Junction Capacitance (Note 1)	C_J	[illegible]					pF
Typical Thermal Resistance (Note 2)	$R_{θJA}$	50					℃/W
Operating Junction Temperature Range	T_J	(-55 to +150)					℃
Storage Temperature Range	T_{STG}	(-55 to +150)					℃

Notes:
1.Measured at 1.0MHz and Applied Reverse Voltage of 4.0Volits.
2 Thermal Resistance from junction to Ambient at .375"(9.5mm)lead length, P.C.board mounted.
3.Reverse Recovery Test Conditions:If=0.5A,Ir=1.0A,Irr=0.25A

↑인버터 트랜스 3개로 더욱 강력히 개조한 전원. 회로 손실에 의한 성능 부족을 해소할 수 있다.

←이번에 사용한 고내압 다이오드 'FR 107'과 그 데이터 시트. 일반 정류용 다이오드보다 역회복 시간이 짧다.

적의 장갑도 뚫어버리는… 가공의 무기를 재현

가스 구동 PVC 파일 벙커의 제작

거대한 창이나 말뚝을 고속으로 발사하는 애니메이션 속 가공의 무기. 가연성 가스를 폭발시켜 그 압력을 이용하면 재현할 수 있다. 염화비닐관을 사용해 위력을 억제하기는 했지만….

(레너드 3세)

'파일 벙커(Pile Bunker)'란 이른바 말뚝을 박는 무기이다. 게임이나 애니메이션에 자주 등장하는 가공의 무기로 유명하지만, 비슷한 픽션물 속 무기인 '광선총' 등에 비하면 실제로 제작된 사례가 많지 않다. 그래서 이번에는 '포테이토 캐넌'의 원리를 응용해 직접 만들어보기로 했다.

포테이토 캐넌이란 PVC관(염화비닐관)에 가연성 가스를 분사해 연소시킴으로써 감자를 발사하는 DIY 캐넌의 일종이다. 단, 가스의 압력으로 탄환을 발사하는 구조라 일본에서는 위법의 여지가 있는 장치. 구경이 커서 맞아도 아픈 정도의 설계라면 주의 정도로 끝날지 모르지만 구경이 작고 금속 물체를 발사하는 장치라면 살상용으로 간주될 수 있다. 법률에 위배되는 자작은 절대 금물이다.

그래서 감자 대신 파이프로 만든 말뚝을 발사하려는 것이다. 기본적인 구조를 설명한다. 장치 전체는 수도관용 PVC관을 사용한다. 저렴하고 가공이 쉽다는 장점이 있지만 열이나 충격에는 그리 강한 편이 아니다. 그러므로 사람에게 위해를 가할 정도의 위력을 내는 것은 구조적으로 어려운 장치이다.

본체는 주로 연소실, 가속부, 말뚝의 세 부분으로 구성된다. 연소실은 가연성 가스를 연소시켜 고온·고압의 가스를 발생시키는 부분이다. 가속부는 말뚝과 함께 실린더, 피스톤의 구조로 되어 있으며 연소실에서 발생한 가스로 말뚝을 가속시키는 구간이다. 또 말뚝을 안전히 정지시키는 스토퍼이자 가속 후 연소가스를 안전히 배출시키는 역할도 한다. 말뚝 자체는 단순한 막대이지만 가스의 압력을 받아 가속시키는 후방 피스톤과 가속 후 안전히 정지시키는 스토퍼의 구조가 필요하다.

재료를 준비한다

먼저, 재료를 절단·가공해 필요한 부품을 준비한다. 염화비닐 부품의 가공은 끝부분의 마개(말뚝이 통과한다)와 뒤쪽의 마개(비상 밸브) 각각의 중앙에 구멍을 뚫는다. 끝부분의 마개는 말뚝인 VP13 파이프가 통과하면 OK, 뒤쪽 마개의 구멍은 지름이 10mm 정도가 적당하다. 보통은 테이프 등으로 막아두고 말뚝이 걸리거나 움직이지 않는 등의 이유로 압

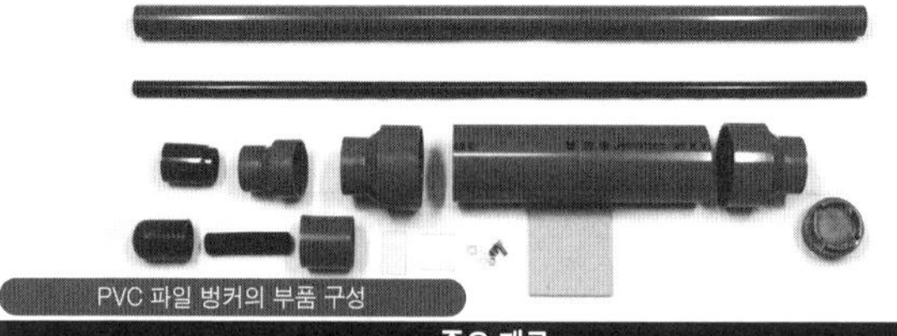

PVC 파일 벙커의 부품 구성

주요 재료			
VU75(30cm)	이경 소켓 75×50×2	VP30 마개	나무판
VP30(90cm)	VU50 청소구	고무 스펀지	전선
VP13(90cm)	이경 소켓 50×40	염화비닐판	양면테이프
VU50	이경 소켓 25×30	M6 나사류	에폭시 접착제

말뚝의 끝부분

말뚝 뒷부분

Memo:

력이 올라간 비상시에 파열해 본체의 폭발을 막는 안전밸브의 역할을 한다.

가속부의 VP30 파이프에는 끝에서 20cm 정도 지점에 측면으로 연소가스를 배기하는 배기구를 여러 개 뚫는다. 구멍은 개구 면적이 작으면 가스에 의해 지나치게 과열되고, 너무 크면 강도가 저하되므로 균형이 중요하다.

이번에는 연소실을 VU75, 가속부는 VP30의 파이프를 사용했는데 이것을 연결할 소켓이 시중에 판매되지 않았기 때문에 50×40과 25×30의 이경 소켓을 무리하게 결합해 사용했다. 강도가 약해지는 만큼 접착에 더욱 신경을 쓰고, 25×30의 이경 소켓 내부가 가늘기 때문에 접착 전에 미리 말뚝이 통과할 수 있도록 VP30과 비슷한 내경으로 넓혀두는 것이 포인트이다. 가공을 마치면 모든 부품을 접착한다.

본체와 말뚝 제작

부품의 순서나 조립 방법은 사진을 참고하기 바란다. 또 접착하면서 내부에 녹은 염화비닐이 엉겨 붙을 수 있으니 꼼꼼히 확인하며 작업하는 것이 비결이다. 조립이 끝난 후 말뚝의 피스톤이 움직이지 않으면 굉장히 애를 먹는다…(웃음). 접착을 마쳤으면 연소실 파이프와 이음매가 겹쳐진 부분에 구멍을 뚫고 에폭시 접착제로 점화기를 고정하면 본체가 완성된다.

다음은 말뚝을 만든다. 가공할 부분은 끝부분과 뒤쪽의 피스톤 그리고 정지용 스토퍼 세 곳이다. 끝부분은 강화를 위해 캡 너트를 이용한다. 그대로는 PVC관에 고정할 수 없으므로 염화비닐판을 파이프 외경에 맞춰 자른 후 충격을 완화하기 위해 와셔를 추가해 볼트로 고정한다. 충격으로 느슨해질 가능성을 생각해 에폭시 접착제도 사용했다. 이 염화비닐판을 PVC관 끝에 염화비닐용 접착제로 붙인 후 끝에서 수 cm 지점에 3mm 정도의 구멍을 뚫어 관통시킨다. 여기에 M3 나사를 끼워 말뚝이 본체 내부로 빠지지 않도록 방지하는 스토퍼를 만든다.

계속해서 뒷부분의 가공이다. 말뚝의 스토퍼로 사용할 원통형 고무 스펀지를 파이프에 넣는다. 잘 들어가지 않을 때는 삼등분으로 잘라 넣으면 쉽게 들어간다.

마지막으로 피스톤을 접착한다. 접착을 위한 염화비닐판과 가스의 열로부터 염화비닐판을 보호하는 역할을 할 나무판을 가속부의 VP30 파이프 내경보다 약간 작게 잘라 양면테이프로 붙인다. 이것을 말뚝의 VP13 파이프와 중심을 맞춰 단단히 접착하고 고무 스펀지를 뒤로 밀어낸다. 이제 본체와 결합해 말뚝이 빠지지 않도록 끝부분에 M3 나사를 끼우면 완성이다.

파일 벙커 사용 방법

말뚝을 뒤로 당긴 상태에서 연소실에 가스를 채우고 마개를 완전히 잠근다. 그대로 목표물을 향하고 점화기 코드에 고전압을 가하면 안에서 방전이 일어나 가스가 폭발하면서 말뚝이 발사되는 구조이다. 가스는 가연성이라면 무엇이든 사용할 수 있지만 연소도 잘되고 구하기도 쉬운 DME 에어 더스터를 추천한다. 가스의 양은 마개를 닫지 않은 상태에서 여러 번 시험해보고 가장 적당한 양을 찾으면 된다. 처음에는 안전을 고려해 넓은 사유지에서 실험하도록 한다.

목표물은 충격을 흡수하기 좋은 종이 상자 등이 적당하다. 비상 밸브가 있다고는 해도 목표물이 단단해 말뚝이 중간에서 멈춰버리면 가스가 충분히 배출되지 않은 채 압력이 올라가 망가질 위험이 있기 때문이다. 참고로, 투명한 염화비닐관도 있는데 이런 종류를 사용하면 가스의 연소를 직접 볼 수 있어 더욱 흥미로운 실험이 될지 모른다.

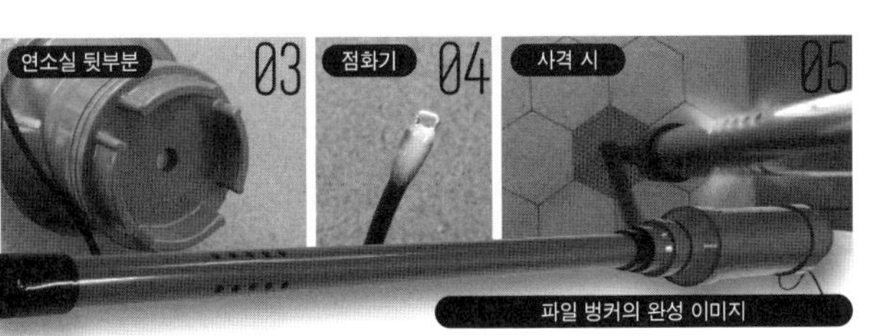

파일 벙커의 완성 이미지

01 : M6의 캡 너트를 끼우고 너트, 와셔, 볼트로 고정한다. 스토퍼에는 M3 접시 나사와 나일론 너트를 사용했다.
02 : 가스의 열을 고려해 가속부 내경에 맞춰 자른 염화비닐판에 나무판까지 부착했다.
03 : 청소구가 가스의 도입구이다. 중앙에 구멍을 뚫어 평상시에는 테이프로 막아두고 비상시 안전밸브로 이용한다.
04 : 코드 끝부분을 둘로 나눠 납땜한 후 에폭시로 코팅한다.
05 : PVC 파일 벙커, 슉! 목표는 종이 상자다.

3, 2, 1, 가스로 거대 그물 발사!

DIY 그물 총

모 시판 제품은 막힌 변기나 하수구를 뚫는 뚫어뻥과 똑같이 생긴 데다 가격도 비싸다. 역시 캐넌 타입이 제격이다! (레너드 3세)

'그물 총'이란 글자 그대로 그물을 발사하는 장치를 말한다. 그물을 발사해 악당을 붙잡거나 야생동물 포획에 사용한다. 그물의 사방에 달린 추가 방사형으로 발사되며 그물이 펼쳐지는 구조로 일반적으로 총처럼 화약을 사용해 무게 추를 발사하는 타입이 많은 듯하다.

이번에는 홈 센터 등에서 구입할 수 있는 재료를 이용해 이런 그물 총을 DIY로 만들어보자. 기본적인 구조는 212, 213쪽의 '파일 벙커'와 마찬가지로 본체를 수도관용 염화비닐관으로 제작하고 발사에는 가스의 연소를 이용한다. 가공이 어려운 압축공기 탱크나 급속 개구 밸브가 필요 없기 때문에 구조가 단순하다는 장점이 있다.

이번에 제작할 그물 총은 그물과 그물추가 달린 부분, 그물이 발사되는 사출부, 염화비닐관으로 만든 본체, 스위치나 점화장치 등의 회로의 네 부분으로 구성되며 사출부가 특히 중요한 부분이다.

이 사출부는 그물추를 방사형으로 발사하기 위해 사방으로 펼쳐진 형태가 되어야 하는데 시판 소재에서는 마땅한 부품을 찾지 못했다. 그래서 이번에는 염화비닐관용 엔드 캡에 구멍을 뚫고 비스듬히 절단한 가는 염화비닐관 4개를 접착하는 방법으로 직접 만들어보았다.

이 4개의 파이프에서 그물추가 발사되는데, 금속으로 만들면 위험할 수 있으므로 본체와 같은 염화비닐관 소재로 만들었다. 엔드 캡에 접착한 염화비닐관 안에 긴 알루미늄관을 넣고 고정했다. 이 알루미늄관에 그물추인 염화비닐관을 씌우는 것이다. 참고로, 알루미늄관은 연소가스에 의한 염화비닐관의 열화를 방지하고 내열재로서의 역할도 한다.

장치의 제작은 대강 다음의 7가지 공정으로 이루어진다.

① 엔드 캡에 염화비닐관과 알루미늄관을 접착해 사출부를 만든다.
② 본체가 될 VU50 염화비닐관 한쪽 끝에 접착한다.
③ 다른 한쪽에 가스 도입용 청소구를 부착한다.
④ 본체에 구멍을 뚫고 점화 플러그를 붙인다.
⑤ 점화용 전원과 손잡이 그리고 스위치를 부착한다.
⑥ 그물의 사방 끝에 염화비닐관 그물추를 달아 사출부인 알루미늄관에 끼운다.
⑦ 그물을 장착하면 완성!

▼ 이것이 자작 그물 총이다!

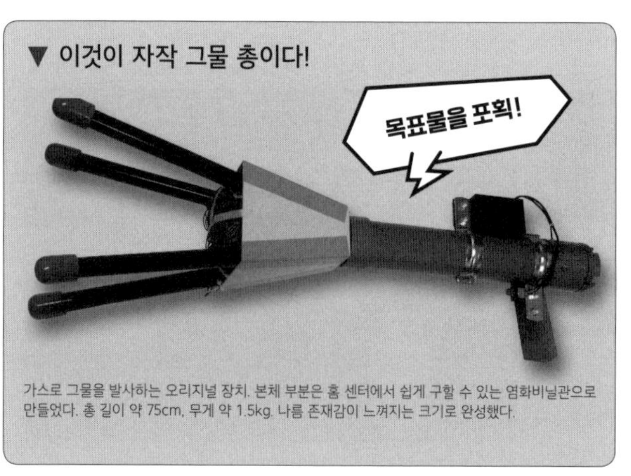

가스로 그물을 발사하는 오리지널 장치. 본체 부분은 홈 센터에서 쉽게 구할 수 있는 염화비닐관으로 만들었다. 총 길이 약 75cm, 무게 약 1.5kg. 나름 존재감이 느껴지는 크기로 완성했다.

Memo:

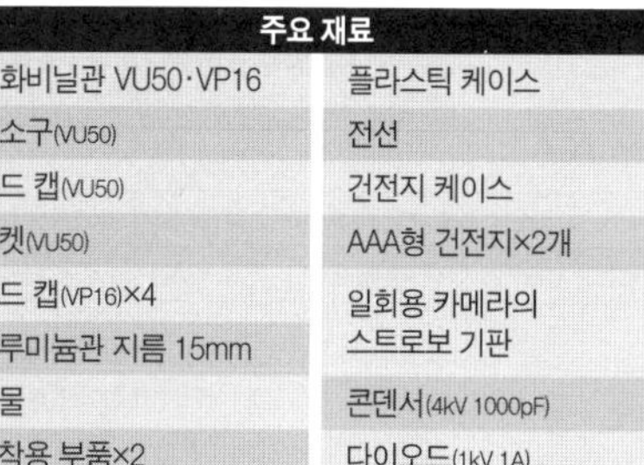

주요 재료	
염화비닐관 VU50·VP16	플라스틱 케이스
청소구(VU50)	전선
엔드 캡(VU50)	건전지 케이스
소켓(VU50)	AAA형 건전지×2개
엔드 캡(VP16)×4	일회용 카메라의 스트로보 기판
알루미늄관 지름 15mm	
그물	콘덴서(4kV 1000pF)
부착용 부품×2	다이오드(1kV 1A)
염화비닐판	스위치
아크릴판	에폭시 접착제

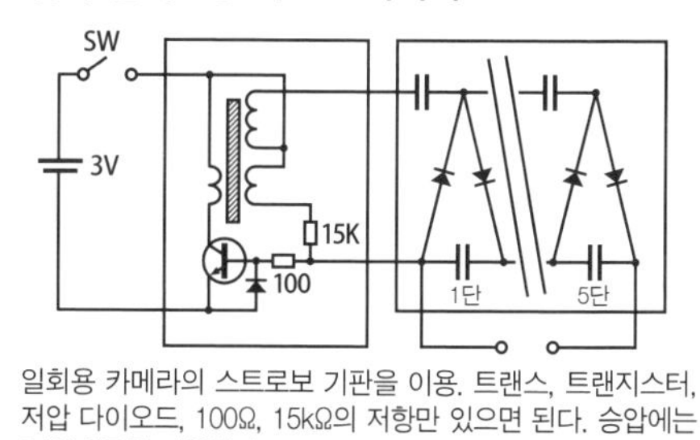

일회용 카메라의 스트로보 기판을 이용. 트랜스, 트랜지스터, 저압 다이오드, 100Ω, 15kΩ의 저항만 있으면 된다. 승압에는 C·W 회로를 사용했다.

● 본체 가공

먼저, 파이프 등의 필요한 재료를 자르는 것부터 시작한다. VU50, VP16 염화비닐관과 15mm의 알루미늄관을 준비한다. VU50은 길이 30cm, VP16은 23cm와 15cm를 4개씩 잘라 준비하고 15cm는 단면을 비스듬히 자른다. 알루미늄관은 39cm 길이로 자른다.

가는 파이프는 파이프 커터, 비스듬히 자를 때는 쇠톱이나 띠톱을 사용하면 편리하다. 절단면은 깔끔하게 다듬는다.

다음은 엔드 캡 가공이다. 비스듬히 자른 VP16 염화비닐관과 알루미늄관을 접착할 구멍 4개를 뚫는다. 엔드 캡 표면과 파이프의 절단면은 요철이 없도록 깔끔하게 다듬고 사포를 이용해 표면을 평평하게 만든다. 구멍은 같은 간격으로 네 곳, 알루미늄관이 충분히 통과할 수 있는 크기로 뚫는데 알루미늄관끼리 혹은 본체인 VU50과 겹치지 않도록 위치를 잘 확인한다. 알루미늄관이 비스듬히 통과하기 때문에 구멍도 약간 비스듬히 뚫는 것이 비결이다.

사포질과 구멍 뚫는 작업까지 마쳤으면 염화비닐관과 엔드 캡을 접착한다. 알루미늄관이 부드럽게 들어가도록 위치와 각도에 유의하며 염화비닐용 접착제로 접착한다. 부하가 걸리는 부분이므로 접착제가 끝까지 흘러들어가도록 신경 쓰며 네 곳 모두 단단히 접착한다.

이제 알루미늄관을 끼운다. 알루미늄관과 염화비닐관 사이의 빈틈은 테이프를 감아 조정한다. 약간 빠듯하다 싶을 정도가 좋다. 알루미늄관은 고온의 연소가스로부터 염화비닐관을 보호하는 역할도 하기 때문에 엔드 캡 뒤쪽으로 1~2cm 정도 튀어나오는 정도로 길이를 맞춘다.

알루미늄관 4개를 모두 넣었으면 마지막으로 엔드 캡 뒷면부터 에폭시 접착제를 도포해 알루미늄관과 엔드 캡 그리고 염화비닐관을 단단히 접착한다. 에폭시 접착제를 알루미늄관과 염화비닐관 사이로 끝까지 흘려 넣어 빈틈을 완전히 메운다. 조금이라도 빈틈이 있으면 연소가스가 흘러들어가 장치가 망가질 가능성이 있으므로 꼼꼼히 작업하도록 한다.

마지막으로 그물추나 그물의 무게가 집중되는 부분이므로 파이프 사이와 뒤쪽 전면을 에폭시로 보강하면 사출부가 완성된다.

이제 본체의 가공이다. VU50 염화비닐관, 소켓, 청소구를 접착하면 되는데 염화비닐관은 단면의 바깥쪽 모서리를 1~2mm가량 칼 등으로 다듬는 것이 포인트이다. 이 작업을 소홀히 하면, 부품을 장착하다 중간에 걸릴 수 있다. VU50에 소켓과 청소구를 접착했으면 이번에는 점화 플러그를 부착하기 위해 파이프 쪽 소켓에 6mm 정도의 구멍을 뚫는다. 마지막으로 파이프를 접착하면 장치의 본체 부분이 완성된다. 가스를 충전하면 여러 번 사용할 수 있다.

● 그물추&그물

그물추는 VP16의 염화비닐관, 끝부분의 엔드 캡은 안전을 위해 둥근 타입을 선택했다. 23cm로 자른 VP16 염화비닐관 4개를 절단면을 잘 다듬어 엔드 캡을 접착한다. 다음은 그물을 부착할 안전판을 만든다. 2mm 두께의 염화비닐판으로 4cm×

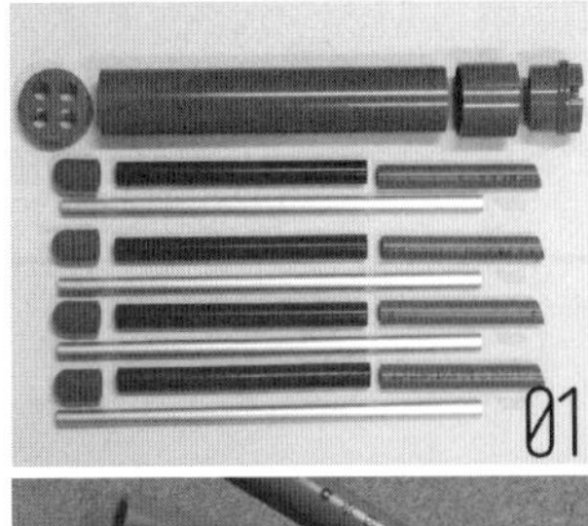

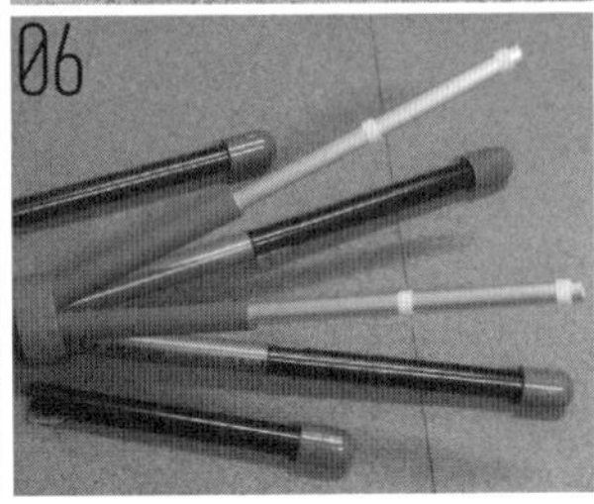

01 : 사출부, 본체, 그물추로 사용할 염화비닐관. 염화비닐관 등은 파이프 커터로 자른다.
02 : 엔드 캡의 구멍은 비스듬히 가공한다.
03 : 엔드 캡과 염화비닐관을 접착한다. 접착제를 끝까지 흘려 넣어 꼼꼼히 붙인다.
04 : 알루미늄관은 앞뒤 두 곳에 테이프를 감아 굵기를 조정했다. 염화비닐관 안에 끼워 넣고 고정한다.
05 : 엔드 캡 안쪽에 에폭시 접착제를 도포한다. 파이프 틈새까지 꼼꼼히 발라 보강하는 것이 포인트이다.
06 : 사출부의 완성 이미지

1cm의 판 4장을 만들어 각각 끝부분에 약 4mm의 구멍을 뚫는다. 반대쪽 끝은 그물과 엉키지 않도록 로켓 꼬리처럼 비스듬히 자르면 좋다. 염화비닐판의 절단면을 사포를 이용해 평평하게 다듬은 후 염화비닐용 접착제로 VP16 파이프에 꼼꼼히 붙인다. 그물을 잡아당기는 중요한 부분이므로 빈틈이나 들뜨는 곳이 없는지 잘 확인한다.

이제 그물망 사방을 안전판에 뚫어놓은 구멍에 연결하면 그물 부분이 완성된다. 그물과 그물추의 사방 끝부분을 한데 모아 지그재그로 접는 것이 포인트. 발사 시 그물이 쉽게 펼쳐진다.

사출부의 알루미늄관과 그물추의 VP16 파이프 사이의 틈은 테이프를 감아 조정한다. 아래로 내렸을 때 파이프가 떨어지지 않는 정도가 적당하다.

● 회로류

가스 점화는 더욱 확실한 점화를 위해 압전소자 대신 전지식 고압 전원을 사용하기로 했다. 전지식 전선은 '파이어 건'의 점화장치 등으로 이용한 적 있는데 점화만 하는데 12V나 9V의 전원을 사용할 필요는 없으므로 3V로 가동하는 저렴한 회로를 새로 만들었다.

회로 구성은 일회용 카메라의 플래시 기판을 교류 전원으로 사용해 콕크로프트·월턴(C·W) 회로로 승압했다. 그래도 전압이 부족하기 때문에 본래 스트로보 기판의 입력 전압인 1.5V를 그 2배인 3V까지 강제로 높였다. 스트로보 기판은 발진 회로로서 필요 최소한의 부품만 있으면 되므로 트랜스, 트랜지스터, 저압 쪽 다이오드, 저항 2개(100Ω, 15kΩ)만 남기고 불필요한 부품이나 기판은 전부 제거해도 된다. C·W 회로는 5단으로, 부착 위치는 회로의 스트로보용 콘덴서의 마이너스 쪽에 C·W 회로의 마이너스, 플러스 쪽의 정류용 다이오드 앞에 C·W 회로의 교류 입력을 접속한다. 후지필름의 카메라 회로라면 참고가 될 정보를 금방 찾을 수 있을 것이다.

이것으로 5mm 정도의 불꽃 방전이 가능한 고압 전원이 완성되었다. 다만 평소의 2배나 되는 3V의 전압을 거는 만큼 트랜지스터가 심하게

Memo:

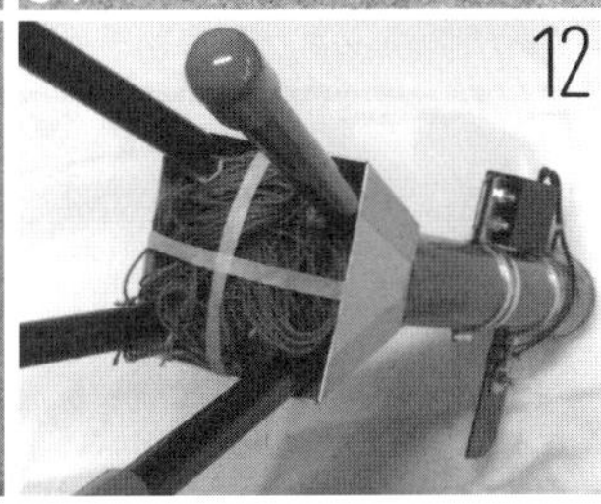

07 : 점화 회로와 점화 플러그. 후지필름의 일회용 카메라 스트로보 기판을 이용했다.
08 : 회로를 케이스에 수납한다. ABS 케이스는 아크릴판을 접착할 수 있어 편리하다.
09 : 그립부와 스위치. 그립은 생략해도 된다.
10 : 점화 회로와 그립부를 본체의 염화비닐관에 고정해 배선한다.
11 : 그물을 수납할 커버 부분. PP판으로 제작했다.
12 : 원예용 그물(1.8m×1.8m)을 수납. 마스킹테이프로 고정해 완성했다.

발열할 수 있으니 연속 동작은 수 초 이내로 제한하도록 한다.

이 회로를 건전지 케이스와 함께 플라스틱 케이스에 넣는다. 케이스에는 염화비닐관에 고정할 수 있도록 구멍을 뚫은 아크릴판을 부착하는데, 이때 전선을 밖으로 끄집어낼 수 있는 구멍도 추가한다. 점화 플러그는 파일 벙커와 마찬가지로 2심 전선을 나눠 납땜하고 수 mm 정도 떨어뜨려 에폭시 접착제로 절연&고정해 만든다. 이 점화 플러그를 본체에 뚫어놓은 구멍에 넣고 에폭시 접착제로 틈새를 메워 고정한다.

그립부의 재료는 무엇이든 상관없지만 이번에는 가공이 쉬운 아크릴판으로 제작했다. 그립부에 점화용 스위치를 부착하고 본체인 염화비닐관에 부착하기 위한 구멍도 뚫는다.

회로, 점화 플러그, 그립부의 세 가지가 완성되었으면 그립과 케이스를 파이프 고정용 부품을 이용해 본체에 장착한다. 스위치와 점화 플러그를 배선하면 점화 회로가 완성된다. 건전지를 넣고 스위치를 눌러 방전을 체크한다.

커버

그물이 빠지는 것을 방지하기 위한 커버를 만들어 사출부에 추가했다. 사출부 크기에 맞춰 PP판 4장을 잘라 테이프로 고정했다.

조작 방법

염화비닐관 그물추 4개를 사출부에 꽂고 중앙에 그물을 접어 넣은 후 마스킹테이프 등으로 임시 고정하면 완성이다.

조작 순서는 뒤쪽의 청소구 마개를 열어 적당량의 가스(DME 에어 더스터 등)를 채운 후 마개를 잠그고 스위치를 누르면 OK. 발사와 동시에 그물이 사방으로 펼쳐질 것이다. 미리 발사 실험을 해보는 것도 좋다. 당연히 사람을 향해 사용하는 것은 NG.

일회용 카메라 기판이 위험한 발광장치로!

초강력 섬광을 내뿜는 바루스 건

초퍼 회로에서 들려오는 '기익…' 소리가 잦아들면 준비 완료. 방아쇠 스위치를 누르면 눈앞이 새하얘질 만큼 강렬한 섬광에 무스카는 전의를 상실하고 마는데…. (레너드 3세)

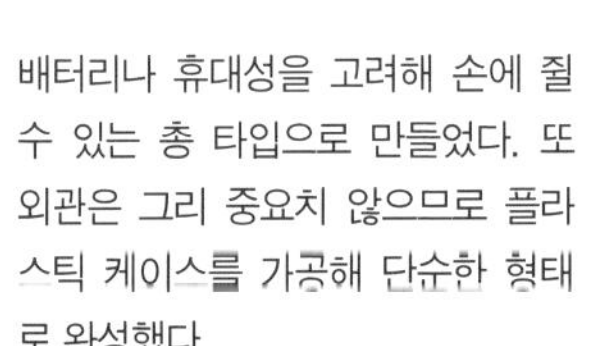

일회용 카메라의 스트로보 기판은 코일 건 등에 주로 이용되지만, 콘덴서만 분리하고 기판은 사용하지 않은 경우가 대부분이다. 그래서 이번에는 스트로보 기능을 획기적으로 개조해보았다. 대량의 스트로보를 연결해 강력한 섬광 총을 만드는 것이다. 총 타입이기 때문에 애니메이션 〈천공의 성 라퓨타〉에 등장하는 주문을 따 '바루스 건'이라고 부르면 어떨까.

일회용 카메라의 플래시램프(크세논관)에 보통의 2배 정도의 콘덴서를 연결하고 그것을 10쌍 사용해 20배의 위력, 약 130J의 에너지를 한순간에 빛으로 방출하는 것이다. 플래시램프를 여러 개 사용하는 것은 하나에 대량의 에너지가 가해지면 수명이 짧아져 여러 번 사용이 불가능하기 때문이다. 크세논관과 콘덴서를 늘린 만큼 성능을 높일 수 있지만 배터리나 휴대성을 고려해 손에 쥘 수 있는 총 타입으로 만들었다. 또 외관은 그리 중요치 않으므로 플라스틱 케이스를 가공해 단순한 형태로 완성했다.

플래시램프란?

플래시램프란 가스를 충전한 방전관의 일종으로, 관 자체가 스위치를 겸하기 때문에 순간적으로 강력한 방전이 가능하다. 보통 플래시램프는 백색 광원에 가깝기 때문에 크세논 가스가 주로 사용되며 '크세논관'이라고도 불린다.

카메라 기판에 대해

일회용 카메라 자체를 요즘은 후지필름과 코닥에서만 만들기 때문에 이 두 회사의 제품을 주로 사용한다. 후지필름의 카메라는 중고로 구하기 쉽고 기판의 구성도 대부분 비슷한데다 회로도 단순하다. 인터넷에서 정보를 구하기도 쉬우므로 개조에 적합하다. 한편 코닥의 기판은 카메라에 따라 몇 가지 종류가 있어 개조가 쉽지 않다.

이런 카메라 기판은 당연히 일회용 카메라용으로 특화된 설계이다. 다른 용도로 사용하기에는 성능이 부족하거나 여러 개를 병렬해 사용해도 만족스러운 결과를 얻지 못하는 경우가 많다. 그래서 이번에는 충전 회로를 자작하기로 했다.

Memo:

주요 재료
일회용 카메라 기판×20
플라스틱 케이스×2
스위치×2
18650형 리튬이온 전지×3
전지 케이스
전자 부품류
아크릴판
알루미늄판 등

충전 회로의 회로도 이미지

11.1V, SW, GND, 2,000μF, 0.01μ, NJM 2360, 0.01μ, 100, 1k, 470μH 9A, ER504, FET, 25C 1815, 2SA 1015, 10, 10k, 0.1, 0.1μ, 2M, 10k, ×10, D, 2C, 4M, Ne, 1M, LAMP, 3C, Trig, SW

카메라 기판의 부품 이외에는 거의 인터넷 판매 사이트 등에서 구입할 수 있다.

제작의 기본

주재료인 플래시램프와 콘덴서는 앞서 말한 대로 플래시램프 10개와 콘덴서 20개를 연결한 130J의 구성. 충전 회로는 콘덴서 충전에 주로 쓰이는 초퍼 회로를 사용한다. 초퍼 회로는 건전지 정도의 전압으로 비교적 간단히 수백 V로 수십 W의 출력을 얻을 수 있기 때문에 자작할 수 있으면 편리한 회로 중 하나이다.

전원은 130J 정도라면 일반적인 1.5V의 알칼리 건전지로는 성능이 부족하고 개수도 많이 필요하기 때문에 18650형 리튬이온 전지를 사용한다. AA형 건전지보다 조금 큰 정도이지만 전압이 3.7V에 전류도 충분히 얻을 수 있어 전자 공작 DIY에서는 동력이나 콘덴서 충전용으로 요긴히 쓰인다. 충전이 가능하며 고출력 LED 라이트나 노트북 배터리에 주로 사용된다.

이번에 사용할 초퍼 회로는 전압이 높은 편이 효율이 좋고 FET의 구동에도 어느 정도 전압이 필요하므로 이 18650형 전지 3개를 직렬로 연결해 11.1V의 전원으로 설계했다. 18650형 전지 케이스는 인터넷 등에서 구입 가능하다.

초퍼 회로

승압 초퍼 회로는 인더터(코일)의 서지를 이용한 회로로, 트랜스 등 입수가 어려운 부품을 사용하지 않고 간단히 승압이 가능해 많이 이용되는 승압 회로 중 하나이다. 회로의 동작은 인덕터에 전압을 걸어 전류를 흐르게 하고(전압과 인덕턴스의 관계로 일차 함수적으로 전류량이 증가한다), 적당한 시점에 전류를 멈추면 인덕터는 그대로 전류를 흐르게 하려다 보니 높은 전압이 발생하고 이 전압을 승압에 이용하는 구조이다.

인덕터는 플라이휠과 같은 것으로 전류를 흐르게 하면 그 에너지를 자기 에너지($1/2LI^2$)로 축적하고 그것이 해방될 때 충전한다. 말하자면 콘덴서란 전압과 전류의 관계가 반대가 되는 동작을 하는 것이다.

승압 초퍼에서 중요한 것은 전류를 멈추는 속도이다. 얻을 수 있는 전압은 전류의 변화 속도에 비례하기 때문에 최대한 순간적으로 전류를 멈출 수 있는 소자가 필요하다. 내압도 승압하는 전압에 버틸 수 있을 만큼의 전압이 필요하므로 이 소자 선택이 중요한 포인트이다. 그래서 이번 공작에는 차세대 파워 소자라고 불리는 SiC를 이용한 FET(전계 효과 트랜지스터)를 사용했다. 아직은 가격이 높은 편이지만 고속·고내압에

바루스 건을 마(魔)개조!

완성된 바루스 건 전면에 청색 필터를 붙이면 '진짜 바루스'를 재현할 수 있다. 푸른 섬광이 뿜어져 나온다.

01 : 마(魔)개조에 자주 사용되는 일회용 카메라 기판. 이번에는 코닥의 카메라 기판 20개를 사용했다. 02 : 기판에서 크세논관 10개, 콘덴서 20개, 트리거 트랜스, 콘덴서, 네온램프를 떼어낸다. 03 : 승압 초퍼의 기판. 고성능 SiC의 FET(SCT2120AF, 650V29A)를 사용했다. 짧은 동작이기 때문에 방열판은 없어도 된다. 전압의 조정은 가변저항으로, 330V로 설정했다. 04 : 정상적인 전류 파형 05 : 입력 콘덴서가 용량 부족이면 손실이 커진다. 06 : 파형을 측정할 때는 적당한 부하를 연결해 최대 전류일 때 전압이 내압을 넘지 않을 정도의 저항치를 선택한다. 07 : 케이스에 구멍을 뚫는다. 사각형 구멍을 뚫을 때는 초음파 커터가 편리하다.

전류도 흐르게 할 수 있어 바루스 건과 같은 특수한 용도에는 최적이다. 물론 성능이 충분하다면 일반 FET를 사용해도 된다.

또 이번에는 충전 회로의 제어용으로 전원 제어 IC로 유명한 'NJM2360(MC34063)'을 사용했다. 이 IC는 초퍼의 동작에 필요한 발진 회로뿐 아니라 전압 제어 및 과전류 검출까지 하나로 다 할 수 있어 매우 편리하다. 이번 공작에서는 간단히 발진과 전압 제어만 설계했는데 IC의 전류만으로는 FET 구동이 불안하기 때문에 트랜지스터로 전류를 증폭해 게이트를 확실히 구동할 수 있도록 했다.

다음은 승압 초퍼의 조정이다. 이 IC는 주파수(≒ON 시간)를 콘덴서의 용량으로 제어하는 유형이므로 출력을 바꾸는 경우 콘덴서 용량을 변경한다. 기본적으로 ON 시간이 길수록 출력이 높아지지만 지나치게 길면 입력 콘덴서 용량이 부족하거나 인덕터가 포화되어 오히려 효과가 떨어질 수 있으므로 조정이 필요하다. 오실로스코프로 전류 파형을 확인하며 조정한다. 회로도대로 설계하는 경우는 그대로도 문제없으므로 전류 측정용 0.1Ω 저항은 생략해도 된다.

승압 초퍼에는 전자 공작에 필요한 노하우가 가득 담겨 있다. 이번에는 가볍게 다루었지만 기회가 있다면 코일 건 제작과 함께 자세히 해설하기로 한다.

케이스 가공

먼저 가늘고 긴 SW130형 케이스를 비스듬히 잘라 그립부를 만든다. 길이나 각도는 각자의 취향에 맡긴다. 사포로 단면을 다듬은 후 방아쇠 스위치용 구멍을 뚫는다. 계속해서 본체 쪽 케이스에도 네 곳의 구멍을 뚫어주고 전면의 플래시램프 부분, 아래쪽 그립과 연결되는 부분, 충전 스위치, 네온램프용 구멍도 뚫는다. 그립부에 스위치와 방아쇠용 부품(트리거 트랜스, 콘덴서, 저항)을 장착한 후 그립과 본체를 접착한다. 플라스틱 케이스는 대부분 ABS이기 때문에 아크릴용 접착제로 강력하게 접착할 수 있다.

트리거 트랜스 등은 카메라 기판의 배선을 보고 접속 방법을 확인한다. 참고로, 이번에는 플래시램프의 수가 많은 만큼 트리거 트랜스의 콘덴서도 3개로 늘려 확실히 작동하도록 성능을 높였다.

그립부의 배선을 케이스에 넣었으면 다음은 본체의 작업이다. 플래시램프는 최대한 크기를 맞춰 10개를 준비하고 전부 마이너스 쪽에 구리선을 납땜한다. 크세논관은 플러스와 마이너스 전극의 모양이 다르기

Memo:

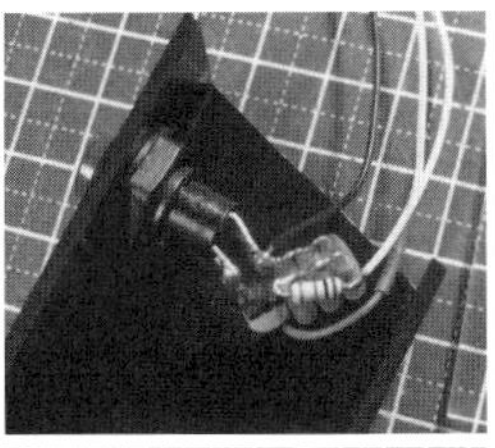

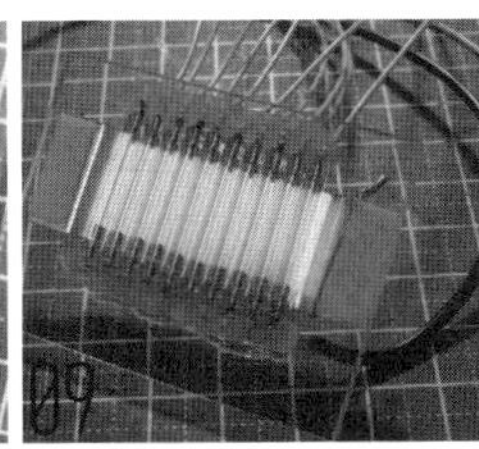

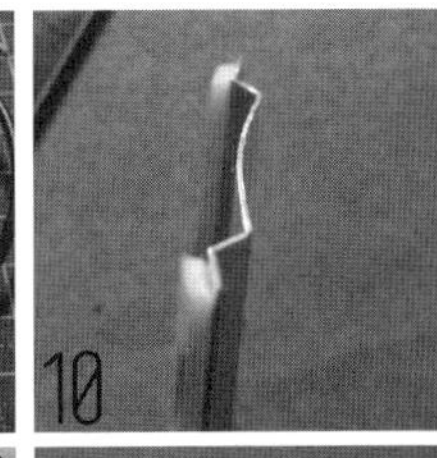

08 : 방아쇠 스위치 주변. 트랜스의 배선은 기판을 확인한다.
09 : 플래시램프의 배열. 오염이 있으면 눌어붙을 수 있으니 깨끗이 닦는다.
10 : 반사판은 방아쇠용 전극의 역할을 하므로 크세논관에 확실히 닿아 있어야 한다. 사진과 같이 약간 구부려두는 것이 비결이다.
11 : 20개의 콘덴서로 구성된 콘덴서 뱅크. 각 쌍마다 잊지 말고 다이오드를 연결할 것
12 : 본체 내부. 위쪽은 램프와 콘덴서의 배선 모습. 전지 케이스는 양면테이프로 고정해도 문제없다.
13 : 완성된 초강력 '바루스 건' 외형과 크기가 스피드 건과 비슷하다.

때문에 자세히 보면 금방 알 수 있다. 마이너스 쪽은 방전 중 전리한 이온이 충돌해 전자가 방출되므로 전하가 크고 굵은 것이 특징이다. 배선은 플러스 쪽은 개별적으로 접속하고 마이너스 쪽은 10개 분량의 전류가 흐르기 때문에 굵은 선을 사용한다.

배선을 마쳤으면 아크릴판에 글루건으로 절연을 겸해 고정한 후 그 위에 양면테이프로 알루미늄 반사판을 붙인다. 반사판은 방아쇠용 전극의 역할도 겸하기 때문에 구리선을 감아 트리거 트랜스의 전선을 납땜할 수 있도록 했다. 크세논관, 아크릴판, 반사판은 먼지 등이 부착하면 눌어붙을 수 있으니 잘 닦아 지문조차 남기지 않도록 해두는 것이 포인트이다. 플래시램프 부분이 완성되었으면 케이스 안쪽에 그립부과 마찬가지로 아크릴용 접착제로 고정한다.

콘덴서는 2개씩 정부의 전극을 납땜해 10쌍을 만들고, 굵은 구리선으로 마이너스 쪽을 모두 납땜해 고정한다. 플러스 쪽에는 각 쌍마다 역류 방지 다이오드를 총 10개 납땜해 다이오드의 양극을 전부 연결하면 콘덴서 유닛이 완성된다. 글루 건 등으로 케이스 안쪽에 고정해 플래시램프의 선을 각각 접속한다.

마지막으로 초퍼 회로, 스위치, 네온램프, 건전지 케이스를 부착해 배선한다. 네온램프와 트리거 트랜스의 전압은 적당한 콘덴서의 플러스 쪽에서 가져온다. 이제 전지를 넣고 케이스를 닫아 완성이다.

● 발사 실험

외형은 스피드 건과 비슷하다. 충전 스위치를 누르면 승압 초퍼가 작동해 콘덴서를 충전하고 300V 정도가 되면 네온램프가 점멸한다. 발광 가능한 상태가 되었다는 것이다. 충전시간은 10~20초 정도. 충전 중에는 초퍼에서 '지잉' 하는 소리가 나기 때문에 이 소리의 변화로 동작 상황을 파악할 수 있다. FET에 연결된 동작 확인용 LED가 보이게끔 가공하는 것도 좋을 것이다. 방아쇠 스위치를 누르면 플래시램프에 트리거 전압이 걸리며 섬광이 뿜어져 나온다.

또 다른 응용 방법으로는 전면에 렌즈를 부착해 원거리 스트로보를 만들거나 청색 필터를 붙여 '진짜 바루스!'를 재현하는 것도 가능하다. 또 플래시램프를 코일과 사이리스터로 바꿔 코일 건으로도 만들 수 있다. 개조를 전제로 교체 가능한 설계로 만들어도 재미있을 듯하다.

뎅기열과 지카열을 완벽 차단!

고성능&초거대 전기 충격 모기 퇴치 라켓

여름 하면 모기향을 떠올리는 것은 이제 옛날이야기. 요즘은 모기향 대신 전기 충격 라켓이 대활약! 출력을 높이면 해충을 순식간에 저세상으로 보내버린다.

(레너드 3세)

고압 방전으로 살충한다! ▶ 고성능 개조

마(魔)개조의 단골 주제인 고성능화부터 시작해보자. 목표는 어떤 곤충이든 한방에 확실하게 해치우는 위력.

대형 전기 충격 라켓은 손잡이 내부에 공간이 있어 개조에 안성맞춤이다. 초기 상태에서는 전압은 높고 용량이 적은 2,000V·0.022μF의 콘덴서가 1개였으나 여기에 콘덴서(1,600V·0.047μF×8개 병렬)를 추가했다. 방전 에너지가 약 0.1J→약 1.8J로, 에어건의 2배 가까운 출력으로 강화했다. 개조 전 실측했을 때에는 3,000V 가까이 나왔기 때문에 2배 가까이 내압이 오버되었지만 짧게 사용하는 것이니 뭐, 괜찮을 것이다. 채 끝에 전극을 추가하면 바퀴벌레도 전기 충격으로 해치울 수 있다.

주요 재료
모기 퇴치 라켓(대)
콘덴서(1,600V·0.047μF) 8개
방전 전극
전선
케이블 타이

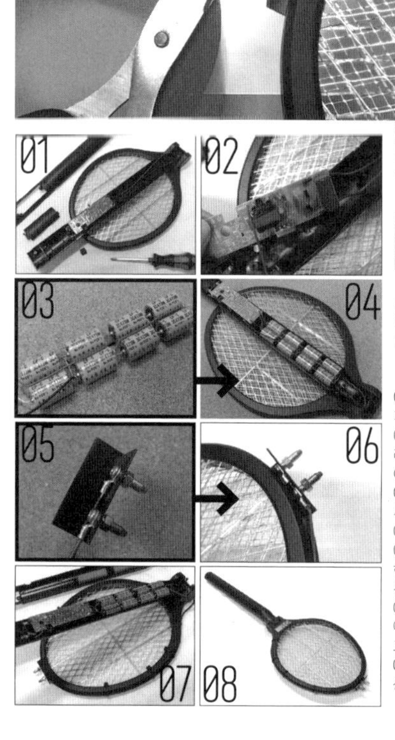

←돈키호테 매장에서 발견한 전기 충격 라켓 2종을 개조했다. 오른쪽 대형 라켓은 실측 결과 약 3,000V가 나왔으나 2,000V·0.022μF 콘덴서 사용으로 에너지는 0.1J 정도로 낮은 편이었다.

↑콘덴서를 추가해 방전 에너지를 강화했다. 시험 삼아 스테인리스 가위에 방전했더니 방전흔이 남았을 정도! 어디까지나 해충 퇴치용….

01 : 라켓 내부에 공간이 있어 개조하기 쉽다.
02 : 커다란 필름 콘덴서 가까이에 세라믹 콘덴서와 다이오드로 구성된 C-W 회로가 있다.
03 : 진공관 등으로 익숙한 오일콘덴서 8개를 병렬로 연결한다.
04 : 손잡이 공간에 딱 맞는다.
05·06 : 대형 해충용으로 전극을 추가한다. 수지제 L자형 앵글에 전극과 전선을 연결해 라켓에 장착한다.
07 : 전체 조립. 채 끝의 전극은 손잡이에서 전선을 끄집어내 케이블 타이로 고정했다.
08 : 완성. 뾰족한 전극의 존재만으로 상당히 위협적인 느낌.

Memo:

죽음의 방충망으로 모기를 일망타진! ▶ 초거대 개조

다음은 전기 충격 라켓을 초거대화한 개조이다. 모기 퇴치 라켓의 철망 부분을 대형화하는 것이다. 먼저, 홈 센터 등에서 전극으로 쓸 철망과 철망을 지지할 5mm 두께의 목재를 준비한다. 철망은 간격이 큰 것과 작은 것 두 종류가 필요하다. 원래는 3장짜리 양면 구조이지만 이번에는 간략화해 2장으로 한쪽 면으로 된 구조이다. 철망 2장을 단단히 고정한 후 라켓에서 고압쪽 전선을 꺼내 각각의 철망에 연결하면 완성. 라켓처럼 휘두르는 것이 아니라 고정한 상태로 해충 유인용 형광등이나 선풍기 등을 이용해 모기를 살충 영역으로 몰아넣는 것이다.

실측 전압은 약 1,300V. 에너지를 모으는 콘덴서는 400V·0.33μF로 내압을 3배 이상 오버한 설계. 에너지는 0.28J로 대형 라켓보다 크다.

←태커. 강력한 스테이플러와 같은 공구. 천이나 철망 등을 고정한다.

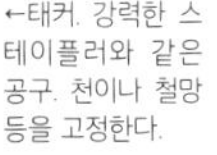

→왼쪽은 알루미늄, 오른쪽은 스테인리스제 철망

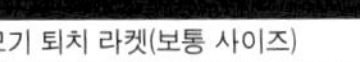

주요 재료
모기 퇴치 라켓(보통 사이즈)
철망(간격이 큰 것과 작은 것 두 종류)
목재(두께 5mm)
태커

방충망처럼 보이지만 초거대 전기 충격 라켓. 크기는 약 45W×90H cm, 무게는 약 1kg. AC어댑터로 연속 구동한다.

01 02 03 04

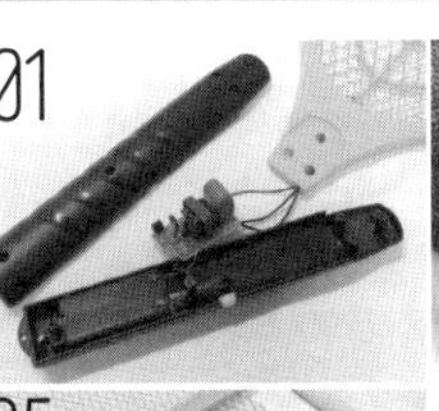

05 06 07 08

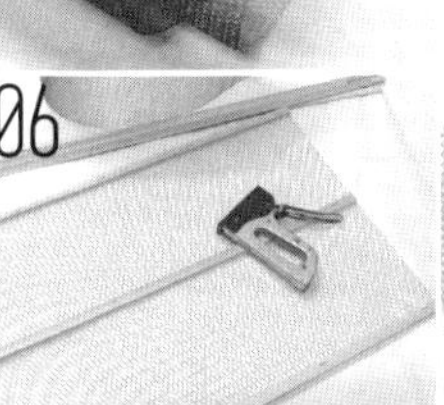

01 : 내부 기판은 블로킹 발진 회로+트랜스 승압 회로의 단순한 구성　02 : 간격이 다른 철망 두 종류를 사용한다. 가공이 쉬운 알루미늄 철망을 추천한다.　03 : 스페이서 겸 지지용 목재. 두께는 5㎜이다.　04 : 치수에 맞게 철망을 자른다.　05 : 철망을 목재에 끼워 태커로 고정한다. 바늘이 철망에 닿지 않도록 주의한다.　06 : 목재는 철망의 양 끝과 중간에 배치. 철망끼리 닿지 않도록 한다.　07 : 바늘이 닿아 철망이 합선되지 않도록 주의하며 다른 한 장의 철망도 같은 방법으로 고정한다.　08 : 라켓의 전선을 연결하면 대형 모기 퇴치 철망이 완성된다.

위력과 외관을 강화! 살의의 파동을 일깨우는

전기충격기를 마(魔)개조한 데스 건 제작

악당을 겁주기에는 외관이 지나치게 소박하다. 전기 충격을 강화하고 뾰족한 전극을 달아주면…. 감춰왔던 성능 향상 계획을 전격 공개한다. (POKA)

전기충격기라고 하면 호신용 무기로 익숙할 것이다. 이름 그대로 전기 충격을 가해 상대를 움직이지 못하게 하는 것이 목적이다.

다만 전압이 높을수록 전류가 적어 고전압이든 저전압이든 실제 상대에게 주는 피해는 큰 차이가 없다. 그래서 이번에는 그런 문제를 해결하기 위한 마(魔)개조에 도전했다. 전기 '충격'이 아니라 '데스' 건으로 성능을 업그레이드했다(웃음).

전기충격기는 종류에 따라 가격이며 성능이 다양하다. 어느 것을 구입할지 고민이 될 정도이다. 보통 고전압일수록 전극 간에 요란한 소리를 내며 방전하고 가격도 높다. 그러나 앞서 말했듯이 상대에게 입힐 수 있는 피해와 가격은 아무런 관계가 없다. 믿을 만한 부품을 사용했다는 정도로 생각하는 편이 좋을 것이다. 그렇다면 실제로 더 큰 피해를 주려면 어떻게 해야 할까. 방법은 개조를 통해 성능을 강화하는 것이다.

여기서 중요한 것이 개조할 전기충격기의 선택 방법이다. 강화 개조에 적합한 기종은 006P형 전지(9V)를 2개 이상 사용하는 타입이 적합하다. 건전지를 여러 개 사용하는 모델은 그만큼 많은 전류를 흐르게 할 수 있다는 것이다.

전기충격기의 위력과 전압의 관계?

전기충격기의 상품 설명서에는 위력을 판단하는 기준으로 전압이 대문짝만 하게 표기되어 있다. 2만 V부터 10만 V 또는 50만 V 등 다양한 수치가 쓰여 있다. 그러나 실제 그런

▼ 가장 강력하고 흉악한! 데스 건의 완성 이미지

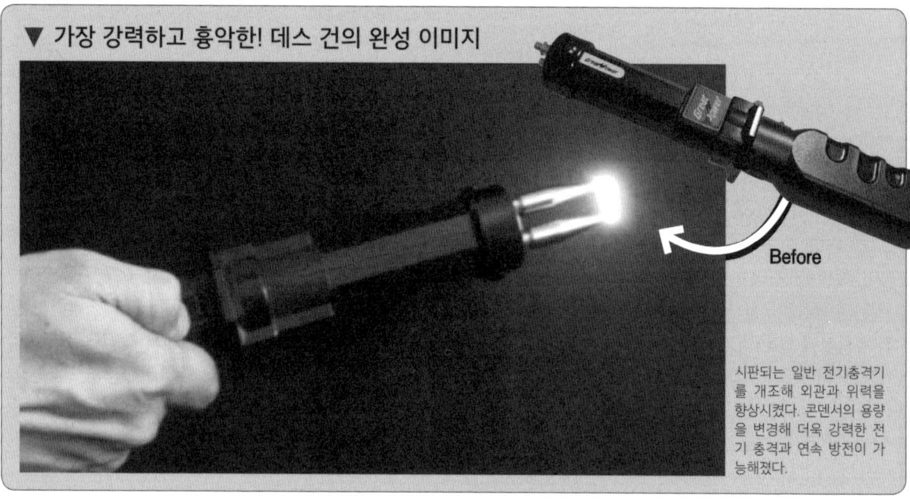

시판되는 일반 전기충격기를 개조해 외관과 위력을 향상시켰다. 콘덴서의 용량을 변경해 더욱 강력한 전기 충격과 연속 방전이 가능해졌다.

Memo:

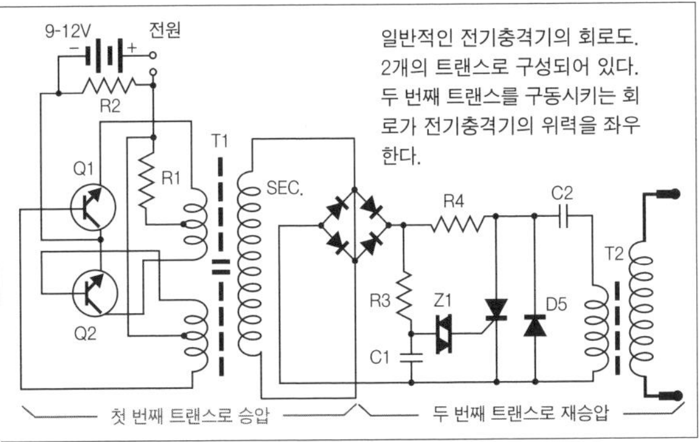

일반적인 전기충격기의 회로도. 2개의 트랜스로 구성되어 있다. 두 번째 트랜스를 구동시키는 회로가 전기충격기의 위력을 좌우한다.

전기충격기의 회로도

전기충격기는 가격에 관계없이 기본적인 구조는 같다. 발진 회로에는 보통 2개의 트랜스가 사용되며, 첫 번째 트랜스에서 수백 V로 승압하고 두 번째 트랜스에서 수만 V까지 재승압한다. 개조에는 충전용 콘덴서를 변경하면 된다.

주요 부품

필름 콘덴서(0.68uF)×1
스테인리스 전극 캡×2

전압이 발생할지는 의문이다. 10만 V 이상이라고 광고하는 상품도 구조를 생각하면 고작해야 2만 V 정도가 아닐까.

『라디오 라이프』 2014년 2월호의 찌릿찌릿 기절! 감전 소품을 만들어 보자'에서도 소개한 바 있지만 전기충격은 전압이 낮다고 위력도 약한 것이 아니다. 같은 전력이라면 전류×전압이니 전압이 낮으면 전류가 커진다.

그리고 인체에 고통을 주는 것은 전압보다는 전류이다. 즉, 전압이 낮아도 전류가 크면 강렬한 피해를 줄 수 있다는 뜻이다.

전압이 높은 경우의 이점이라면 상대가 코트나 스웨터 등의 두꺼운 옷을 입고 있어도 공격할 수 있다는 것이다. 전압이 높으면 방전 거리가 그만큼 길어져 두꺼운 옷도 관통할 수 있다.

기본적으로 전기충격기는 끝부분의 전극에서 방전하기 때문에 그 정도 거리의 두께는 관통할 수 있지만, 방전 폭 이상의 의류는 관통하지 못한다고 생각하는 것이 좋다.

전기충격기는 개조가 가능한 것과 불가능한 것 그리고 가능한 것 중에서도 간단한 것과 그렇지 않은 것으로 나눌 수 있다. 개조가 가능한 것은 방전하는 타입 즉, 전극 간에 스파크가 발생하는 가장 대중적인 모델이다.

한편 일부 저렴한 모델, 소형 펜 또는 휴대전화처럼 생긴 방전하지 않는 타입은 개조가 어려우므로 피하도록 한다.

개조가 쉬운 형태는 원통형이 가장 좋다. 원통형은 내부 구조가 단순하고 비교적 공간이 넓은 경향이 있다. 원통형 이외에도 개조 가능한 타입이 있지만 내부가 빠듯해서 부품을 교체하지 못하는 경우가 많다.

전기충격기의 회로는 비교적 단순한 발진 회로와 승압 트랜스뿐이다. 이것도 가격에 상관없이 어느 것이나 마찬가지이다. 가격에 의해 달라지는 것은 외관의 완성도나 부품의 질 정도이다.

발진 회로에는 보통 2개의 트랜스가 사용된다. 이 트랜스로 수백 V까지 승압하는 것이다. 이때 중요한 것은 승압 후의 전압보다 승압 속도이다. 전지의 출력이 허락하는 최대한 고속으로 고전압을 발생시키는 편이 유리하다.

첫 번째 트랜스에서 수백 V로 승압된 전력은 두 번째 트랜스로 더욱 승압되어 전압은 수만 V에 달하게 된다. 즉, 이 두 번째 트랜스를 구동하는 회로가 전기충격기의 위력을 좌우한다고 할 수 있을 만큼 매우 중요하다.

이 회로는 충전용 콘덴서와 스위칭 소자인 사이리스터 그리고 사이리스터를 제어하는 사이닥(SIDAC)이라고 불리는 부품으로 구성된다. 첫 번째 트랜스에서 발생한 고전압은 콘덴서에 충전되고, 콘덴서의 전압이 일정 정도 이상이 되면 사이닥이 통전해 사이리스터를 구동한다. 그리고 사이리스터를 거쳐 두 번째 펄스 트랜스에 에너지가 공급되는 흐름이다.

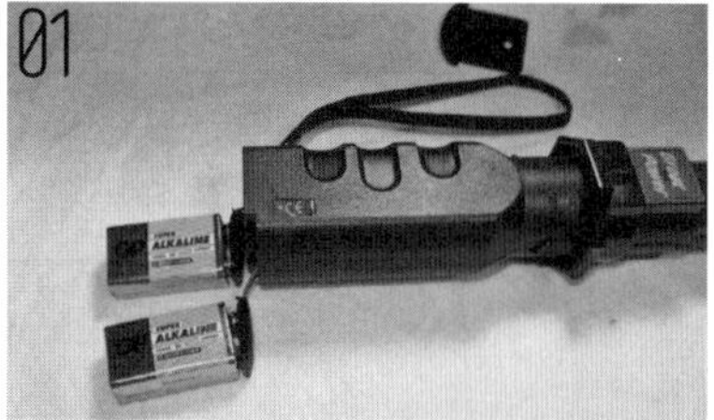

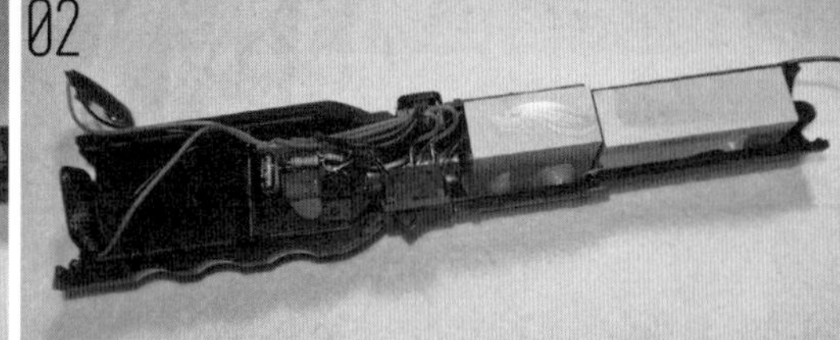

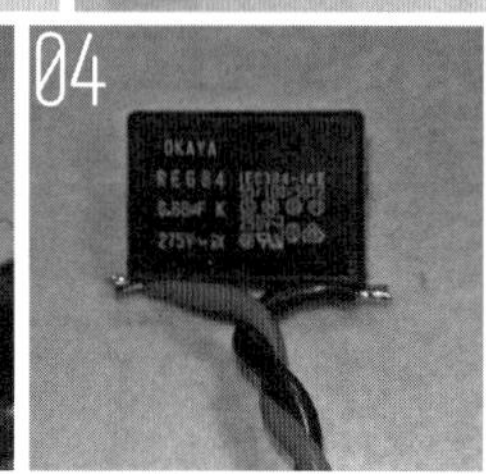

01 : 006P형 건전지를 2개 이상 사용하고 전극 간에 스파크가 발생하는 타입이 개조에 적합하다.
02 : 모양은 가장 일반적인 원통형이 좋다. 내부에 공간이 많아 회로의 수납이 용이하다.
03·04·05 : 전기충격기의 성능을 강화하려면 콘덴서를 고성능으로 교환 또는 추가하면 된다. 이번에는 0.68μF의 필름 콘덴서(275V)를 추가했다.

개조의 방향성은 전기 충격 강화와 고속 방전

회로의 기본을 살펴봤으니 실제 개조에 들어갈 차례인데 우선 개조의 방향성을 결정할 필요가 있다. 예컨대 한 발 한 발의 전기 충격을 강화할 것인지, 아니면 한 발 한 발의 간격을 짧게 고속 방전할 것인지를 결정하는 것이다. 참고로 이 두 가지는 둘 다 간단히 실현할 수 있다.

먼저, 전기 충격을 강화하는 방법부터 해설한다. 방전을 강화하려면 충전용 콘덴서의 용량을 높이는 방법이 간단하다. 더 많은 에너지를 모아 강렬한 방전을 일으킬 수 있다. 그렇다고 용량을 무제한으로 늘릴 수 있는 것은 아니다. 당연히 한계가 있으며 본 용량의 3배 정도로 보면 된다. 단, 콘덴서 용량을 3배로 변경하면 충전과 방전에도 3배의 시간이 소요된다.

다음은 고속 방전하는 개조 방법에 대해서이나. 고속 방전이란 방선 간격을 최대한 단축해 연속으로 전기 충격을 가하는 방법이다. 강도가 약한 대신 횟수로 승부하는 식이다.

개조 방법은 전기 충격 강화와 완전히 반대이다. 충전용 콘덴서의 용량을 낮추는 것이다. 일반적으로 콘덴서의 용량을 높이는 것은 어렵지만 낮추는 것은 간단하다. 부품도 쉽게 구할 수 있다.

정리하자면, 전기충격기의 개조는 콘덴서의 용량을 변경하는 것이다.

전기충격기의 회로는 비교적 큰 부하가 걸리기 때문에 수명이 극단적으로 짧아지는 것을 각오해야 한다. 전해 콘덴서의 경우 전해액이 누출되면 기판 등이 부식되기 때문에 취급이 까다롭다. 그래서 이번에는 필름 콘덴서를 사용했다. 특히 금속화 필름 콘덴서는 방전 특성이 뛰어나며 내선류를 연속석으로 방출해도 괜찮다. 다만 필름 콘덴서는 전해 콘덴서에 비해 크기가 커서 케이스에 수납하려면 재조립해야 한다.

그럼 이제부터 실제 전기충격기를 개조해 보자. 분해하기 전에 먼저 전지를 분리하고 전극을 단락시켜 전하를 완전히 방전시킨다. 이것은 전기 충격계 공작의 기본이다. 모델에 따라서는 본체가 나사가 아닌 접착제로 고정되어 있는 경우도 있다. 그럴 때는 본체를 파손해야 하므로 당연히 보상은 받을 수 없다는 점을 기억해두기 바란다.

내부 회로는 매우 간소한데, 비싼 제품도 마찬가지라 분해해보면 실망할지도 모른다. 다만 두 번째 트랜스인 펄스 승압 트랜스는 꽤 본격적인

Memo:

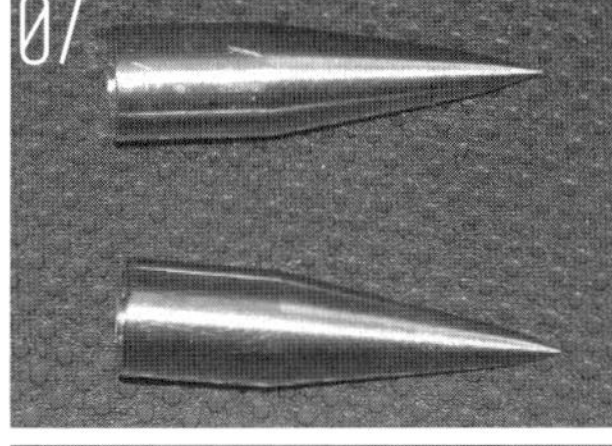

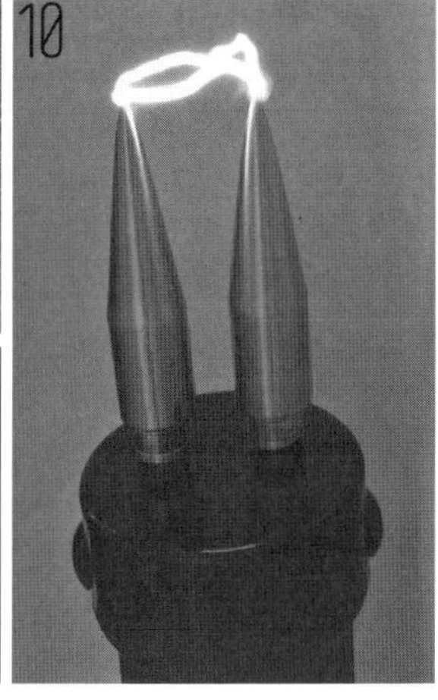

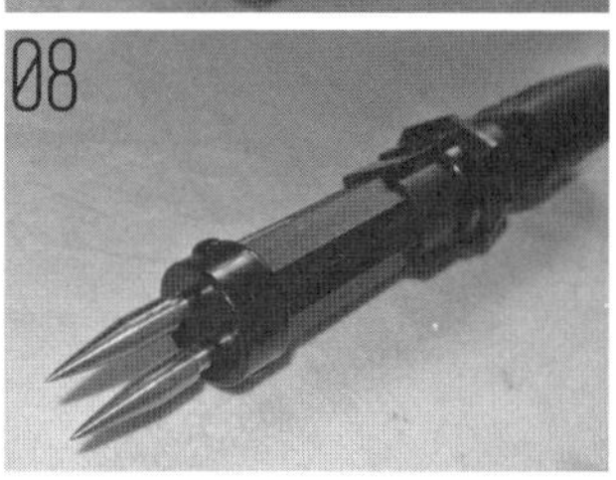

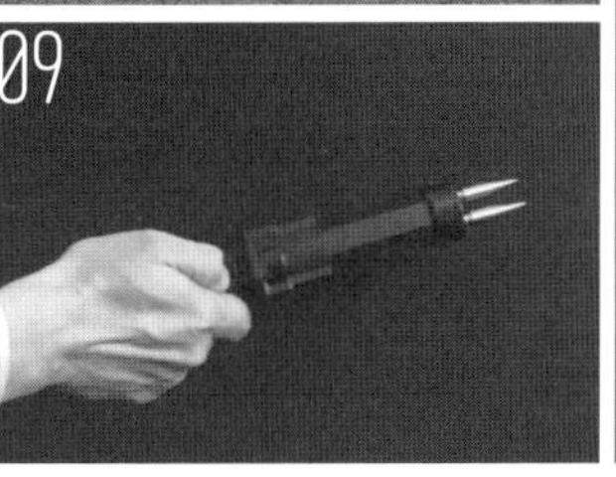

06 : 전극의 초기 상태. 원통형에 주로 볼 수 있는 타입이다.
07·08 : 위협적인 외형의 스테인리스 전극. 전극을 교체하자 장난감처럼 보이던 전극이 살기등등한 무기로 변신.
09 : 새롭게 태어난 데스 건의 위압적인 자태!
10 : 스위치를 누르면 요란한 방전음이 발생한다. 충분한 간격을 두고 방전하지 않으면 펄스 트랜스 내부에 절연파괴가 일어나 치명적인 고장을 초래할 수 있다.

부품이다.

펄스 트랜스는 전극에 직결되어 있는 부품으로 수지로 절연되어 있다. 펄스 트랜스의 도선이 손상되면 나중에 고장의 원인이 된다. 실제로 전기충격기의 고장 원인 중 가장 많은 사례이므로 신중히 작업하자.

방전을 강화하는 경우, 교환하는 것보다 병렬 연결하는 편이 용량을 늘리기 쉽다. 단, 용기에 제대로 수납되도록 조정하는 것은 필수이다. 참고로, 연장할 때는 단순히 평행 케이블을 연결하는 것이 아니라 트위스트 형태로 꼬아주는 것이 포인트이다. 트위스트 선은 전기적 특성이 뛰어나기 때문에 순간적인 방전이 필요한 전기충격기 회로에 효과적이다.

이상으로 성능 강화 개조를 마쳤다. 하지만 본체를 덮으면 외관은 개조 전과 다를 바 없는 일반적인 전기 충격기다. 뭔가 허전하니 전극을 강화해보자. 전기충격기로 피해를 줄 수 있는 거리는 전극의 폭이라고 해설했지만 의류를 관통해버리면 그런 것은 관계없다.

요컨대, 뾰족한 전극으로 의류를 관통한다면 위력은 더욱 높아진다는 것이다. 보통 전기충격기의 전극은 둥근 형태로, 방전 소자만 약간 뾰족한 정도이다. 이 부분이 옷을 뚫고 들어가 피부에 닿도록 만들면 순식간에 성능 강화. 옷 위에서 방전을 관통시키는 것이 아니라 바늘로 관통해 방전하면 그야말로 '치명적'인 피해를 주는 것도 가능하다(물론 실제 사용하는 것은 금물!).

이런 극악무도한 전극의 소재는 강도와 내구성을 고려해 스테인리스가 안성맞춤이다. 알루미늄은 강도가 약해 구부러질 수 있고 철은 녹슬기 쉽다. 끝을 날카롭게 가공하면 시각적으로도 압도할 수 있다. 이 오리지널 전극은 안전 캡으로도 사용할 수 있다(웃음).

이것으로 초강력 데스 건이 완성되었다. 살기등등한 외관에 수 배나 커진 방전음(수 배로 줄어드는 전지의 수명)으로 위협 효과뿐 아니라 파괴력도 강화되었다. 방범 대책으로도 제격이다!

홈 센터에서 구입할 수 있는 재료로 만드는

밴더그래프 기전기(起電機) DIY

고무줄과 마부치 모터로 2종의 도르래를 돌리기만 하면 된다. 지름 67cm의 금속 구가 준비되었다면 100만 V도 더 이상 꿈이 아니다. SNS에서 '좋아요'가 쏟아질지도!?(웃음) (레너드 3세)

고전압을 발생시키는 실험장치의 하나인 '밴더그래프 기전기'. 원통 위에 금속 구를 올려놓은 외관으로, 이과 교과서 등에서 정전기에 의해 머리카락이 사방으로 뻗어 있는 사진을 본 사람도 있을 것이다. 단순한 구조로 수십만 V의 고전압을 발생시키지만 만들어내는 전류는 낮은 것이 특징이다. 정전기와 마찬가지로 만져도 안전하기 때문에 전기 교재로 널리 사용된다.

다만 단순한 구조임에도 가격이 턱없이 비싸 취미로 구입하기에는 허들이 높은 장치이다. 그래서 이번에는 홈 센터와 다이소 등에서 구할 수 있는 재료로 이 밴더그래프 기전기를 DIY로 만들어본다. 시판 제품을 뛰어넘는 성능을 구현해보자!

장치의 역사

밴더그래프 기전기는 1930년경 로버트 밴더그래프(Robert J. Van de Graaff)에 의해 발명되었다. 핵물리에 필요한 강력한 가속기용 전원으로 탄생했다. 왼쪽 하단의 사진은 MIT의 가속기용 초거대 밴더그래프 기전기. 위에 놓인 금속 구(고압 전극)의 지름은 15피트(약 4.6m), 원통 내부에는 폭 4피트(약 1.2m)의 벨트가 전하를 운반하며 발생 전압은 270만 V로

▼ MIT의 밴더그래프 기전기

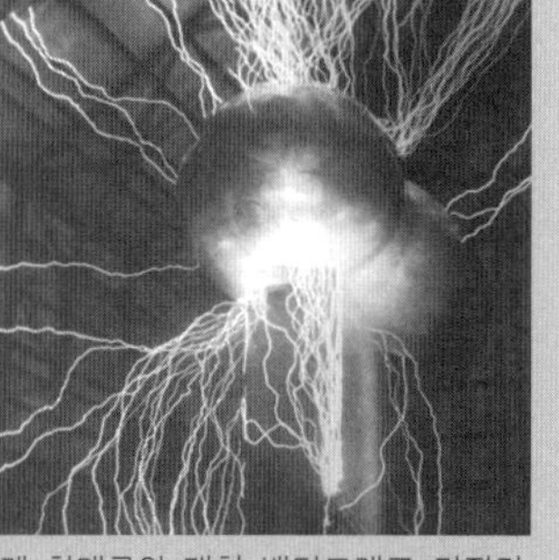

MIT에서 가속기용으로 제작한 세계 최대급의 대형 밴더그래프 기전기. 2.7MV(270만 V)로 입자를 가속시킨다.

Memo:

주요 재료
아크릴판
아크릴관
고무 밴드(자전거용 튜브는 NG)
수지제 도르래
금속제 도르래
모터
볼 등의 금속 용기×2
나사류
구리선

25피트(약 7.6m)나 되는 방전이 일어났다고 한다.

발생 전압을 높이려면 단순히 고압 전극의 지름을 크게 만들면 되지만 그만큼 취급이 어려워진다. 공기 중에 방전해 동작이 불안정해지는 것이다. 그래서 장치 전체를 탱크에 넣고 내부를 고압 절연 가스로 채움으로써 소형화·안정화하는 방식이 주류가 되었다. 현재 전 세계에서 가속기로 널리 사용되고 있는 타입이다. 발생 전압은 10MV(1,000만V) 이상, 벨트 대신 금속 펠릿 체인을 사용하거나 양음(陽陰)의 전압 사이에서 한쪽의 2배의 에너지로 가속하는 등 기초부터 응용에 이르기까지 폭넓게 활약 중이다.

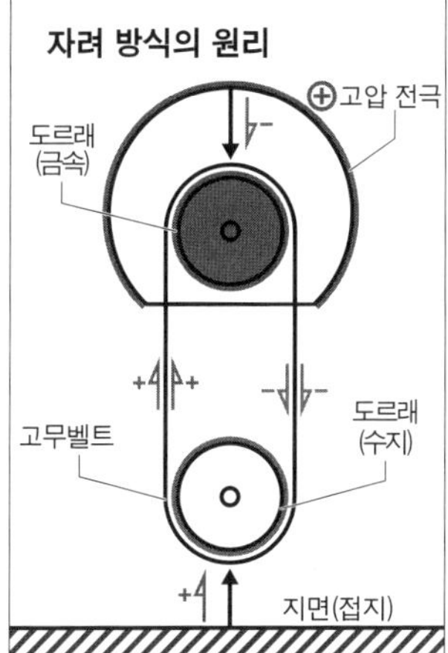

이번에 제작한 기전기의 원리. 고무벨트와 도르래의 상호작용으로 정전기를 발생시킨다. 고무벨트 앞뒤 양쪽을 사용하는 단순한 구조이지만 성능은 뛰어나다.

외부 충전 방식의 원리

충전용 고압 전원으로 벨트에 전하를 공급하는 방식. 그림상으로는 올라가는 쪽 벨트만 사용했는데 내려오는 쪽 벨트에 반대 전하를 공급해 충전 속도를 배가하는 방법도 있다.

● 동작 원리

밴더그래프 기전기의 동작 원리에서 가장 중요한 포인트는 '정전 차폐'이다. '패러데이 케이지'라고도 불리는 이 전도성 용기 내부에서는 외부의 영향을 받지 않고 전계가 늘 0이 된다는 것이다. 간단히 말해, 금속 용기 안에 전하를 가하면 용기에 닿는 순간 전하가 모두 사라져 용기 바깥으로 이동한다. 이때 금속 용기는 용기 자체가 지닌 정전 용량과 전하에서 Q=CV(쿨롱의 법칙)의 전압으로 충전된다.

밴더그래프 기전기는 고압 전극 내부에서 벨트에 실린 전하를 모터의 힘으로 운반해 방전시킴으로써 고압 전극을 충전한다. 이렇게 해서 벨트의 고작해야 수 kV 정도의 전압으로 수십만 V의 고전압 충전이 가능해지는 것이다.

고압 전극의 바깥에서 충전하는 예도 있지만 그렇게 되면 벨트상의 전압 이상으로는 높일 수 있다. 엄밀히 말하면 밴더그래프가 아니라 단순한 정전 기전기이다. 다만 약간의 가공으로 밴더그래프 기전기로 만드는 방법도 있다.

다음은 전하를 이용한 충전 방식에 대해서이다. 벨트로 전하를 운반해 전극을 충전하는 것인데 이 전하를 만드는 방법은 크게 두 가지 방식이 있다.

첫 번째는 외부 충전 방식. 단순히 다른 수십 kV 정도의 고압 전원으로 벨트에 코로나 방전을 일으켜 전하를 공급하는 방식이다. 조정하거나 대형화하기 쉬워 주로 가속기 등의 대형 실험장치에 사용된다.

두 번째는 접촉 대전에 의한 자려 방식이다. 고무벨트와 도르래의 상호작용으로 정전기를 발생시키는 방식이다. 서로 다른 두 물질을 접촉 또는 박리시키면 대전 차이에 의해 한쪽에서 다른 한쪽으로 표면의 전자가 이동하며 정전기가 발생한다. 이런 대전의 차이를 플러스부터 마이너스까지 강도 순으로 나열한 것을 대전열(帶電列)이라고 하는데, 자려

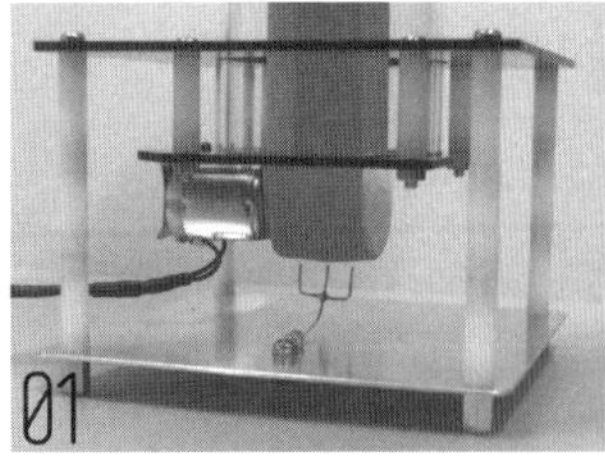

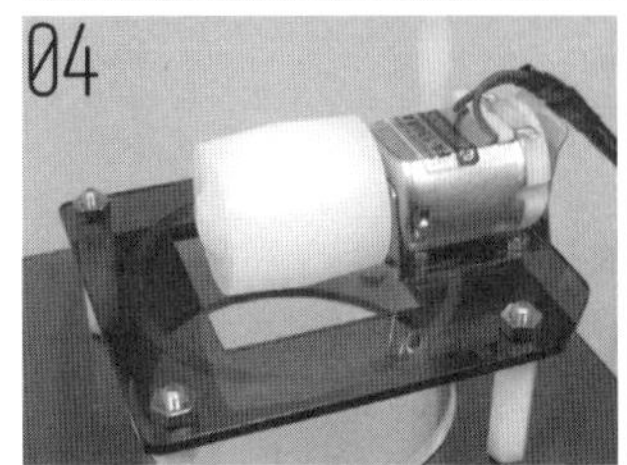

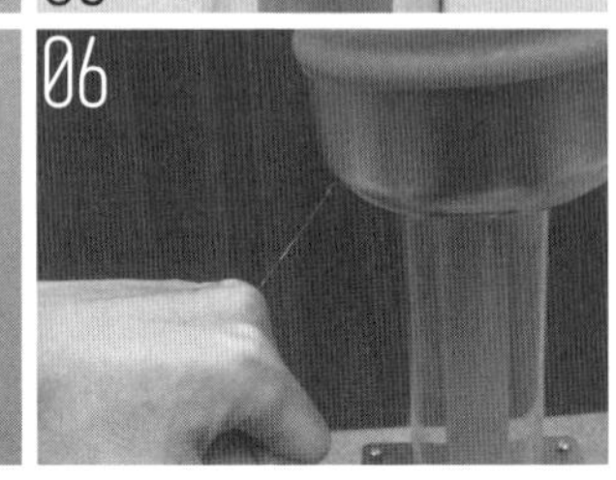

01 : 장치 하부. 개조 가능성을 고려해 도르래, 벨트, 모터 부분을 각각 분리할 수 있는 구조로 설계했다.
02 : 금속 용기를 이용한 전극 내부. 전극 위치를 조정하기 쉽게 설계하면 좋다.
03 : 상부 부품은 아크릴 판을 끼워 접속하는 구조. 분해와 조정이 쉽지만 고정한 것이 아니라 다소 불안정하다.
04 : PP 소재의 원통형 하단 도르래. 염화비닐관 등으로 만들면 성능을 더 높일 수 있다. 크기는 모터보다 약간 작은 정도가 좋다.
05 : 알루미늄 소재의 상단 도르래. 아크릴관에 구멍을 2개 뚫고 2mm의 샤프트를 끼운 후 스페이서로 중심을 유지했다.
06 : 밴더그래프 기전기는 에너지가 적기 때문에 직접 손으로 만져도(어느 정도는) 괜찮다. 방전 거리는 3~5cm(파이프의 지름은 5cm)

방식은 이를 이용해 충전용 전하를 발생시킨다.

구체적으로는 벨트의 재질인 고무를 기준으로 고무보다 플러스, 마이너스에 대전하기 쉬운 소재를 상하의 도르래로 사용한다. 모터에 의해 도르래와 벨트가 회전하며 접촉·박리가 일어나 정전기가 발생하고 벨트의 안쪽과 각각의 도르래가 대전하는 것이다. 이때 아래쪽 도르래를 마이너스에 대전하기 쉬운 수지, 위쪽을 플러스에 대전하기 쉬운 금속을 사용하고 벨트 바깥에 코로나 방전용 바늘 전극을 향하게 한다.

아래쪽 도르래는 마이너스를 띠고 있으므로 바늘 전극에서는 플러스 전하가 벨트 위로 방출되고 위쪽 도르래에서는 반대로 마이너스 전하가 방출된다. 즉, 아래쪽 전극→벨트 바깥쪽→위쪽 전극의 흐름으로 위를 향해 충전 전류가 흐르는 것이다. 나머지는 아래쪽 바늘 전극을 접지하고 위쪽 전극을 고압 전극 내부에 접속하면 밴더그래프 기전기가 완성된다.

자려 방식 장치를 설계

이번에는 자려 방식 원리를 바탕으로 만들어보았다. 이번에 제작한 밴더그래프 기전기의 크기는 폭이 10cm, 높이는 31cm 정도이다. 시판 고무 밴드의 크기에 맞춰 설계했다. 재료는 아크릴, 알루미늄, 금속제 밀폐 용기 등 전부 쉽게 구할 수 있는 것이다.

229쪽의 그림을 보면 알 수 있듯 장치 하단에는 모터, 수지 도르레, 바늘 전극이 있을 뿐이다. 또 전하를 내보내기 위한 접지가 필요하므로 받침대는 알루미늄 판을 사용해 바늘 전극과 연결하고 전하를 지면에 흘려보내는 식으로 간단히 접지했다. 절연체 위에서는 성능이 다소 떨어지지만 단독으로도 사용 가능하다.

고압 전극은 다이소에서 구입한 금속 밀폐 용기 2개를 사용했다. 구체가 가장 좋지만 모서리가 두드러진 용기만 아니면 된다. 금속 용기를 붙일 때는 고무 밴드를 이용한다. 가장자리에서 방전되는 것도 막을 수 있고 분해도 쉽기 때문이다. 고압 전극 내부에는 방전을 위한 바늘 전극과 파이프를 고정하는 장치가 들어

Memo:

07 : 정전기 반발에 의한 대전 실험. 비닐 등의 절연체 말고 가늘게 자른 티슈처럼 약간의 전류가 통하는 소재가 적합하다.
08 : 페트병으로 만든 간이 라이덴병을 접속. 라이덴병은 정전기를 모으는 장치를 말한다. 고전압이 걸리는 부분은 나선을 사용하면 코로나 방전을 일으켜 전하가 누출되므로 피복선을 이용한다.
09 : 간이 라이덴병을 밴더그래프 기전기에 접속하면 더욱 강력한 방전을 일으킬 수 있다. 단, 그만큼 충전에 시간이 걸린다.

간다. 본체와 결합할 때 상단 도르래가 고압 전극 안으로 완전히 들어갈 수 있도록 크기를 정확히 측정해 설계한다.

전극은 구리선으로 만든 바늘 전극을 사용했는데 알루미늄 포일 등으로 직접 닿게 만들어도 재미있을 것 같다. 도르래는 상단을 알루미늄, 하단은 폴리프로필렌으로 된 것을 사용했다. 다만 대전열을 고려해 하단 도르래에 염화비닐이나 테플론 소재를 사용하면 발전량이 올라가 성능을 더욱 높일 수 있을지 모른다.

모터는 가장 대중적인 130형 마부치 모터를 사용했는데 부하가 큰 편이라 도르래의 지름을 작게 만드는 편이 안정적으로 작동할 듯하다. 참고로, 도르래는 가운데가 불룩한 원통형이 벨트를 안정적으로 돌릴 수 있다는 것을 기억하자. 벨트가 중심을 약간 벗어나도 원래 위치로 되돌아와 늘 일정한 위치에서 벨트가 돌아가게 돕는다.

본체에는 아크릴관을 사용했다. 다만 본체는 어느 정도 강도가 있는 절연체라면 무엇이든 상관없기 때문에 저렴한 염화비닐관이나 수지제로 변경해도 된다.

이번에 제작한 밴더그래프 기전기의 발생 전압은 대략 10만 V 이상, 전원을 켜고 수초 정도면 최대 전압에 도달한다. 전류가 약해서 사진과 같이 직접 손을 대도 약간 아픈 정도이다. 최대 전압은 고압 전극 표면의 곡률로 결정되기 때문에 금속 구 등을 입수해 올리면 훨씬 좋은 결과를 얻을 수 있을 것이다. 금속 구의 경우, 이상적인 상황에서라면 반경 1cm당 30kV정도까지 전압을 높일 수 있다. 100만 V를 얻으려면 직경 67cm 이상의 금속 구를 설치하면 된다. 그 밖에 정전 용량을 높이거나 금속 구를 여러 개 겹치거나 라이덴병을 연결하는 등의 방법도 있다. 시험 삼아 페트병으로 간이 라이덴병을 만들어 연결했더니 방전은 확실히 강력해졌다.

응용 실험

이번에는 플러스 고전압을 발생시키는 타입을 제작했는데 자려 방식의 경우 단순히 상하 도르래만 바꾸면 반대로 마이너스 전압을 발생시키는 것도 가능하다. 같은 구조의 장치 2대로 발생 전압을 각각 반대로 설계해 바이폴라형으로 작동하면 더욱 강력한 방전을 일으킬 수 있을 것이다.

벨트를 직접 만들어 장치 자체를 대형화하는 것도 가능하다. 이때는 자려 방식보다는 외부 전원을 이용해 전하를 공급하는 방식이 적합할 수 있다. 또 건전지 1개로 10만V급 전압을 발생시키는 고효율·소형화 장치를 만드는 것도 재미있을 듯하다.

인터넷에서 'Van De Graaff DIY'라고 검색하면 설계에 참고가 될 만한 국내외의 다양한 제작 사례를 볼 수 있다.

강력한 고압 연소가스를 분사!

파츠 클리너로 가동하는 제트엔진

시속 3,000km 이상을 내는 제트기의 성능은 그야말로 남자의 로망. 그 파워의 원천, 제트엔진을 직접 만들어보자. 아이디어만 있으면 얼마든지 가능하다. (POKA)

엔진은 모든 탈것을 움직이는 원동력이다. 가솔린 엔진이나 가스 터빈 엔진 등 다양한 종류가 있지만 그 중에서도 자작이 쉬운 것이 바로 '제트엔진'이다. 피스톤을 이용한 왕복 엔진은 피스톤 링이나 크랭크 기구가 복잡해 자작이 힘들다. 하지만 제트엔진은 회전축을 자동차용 부품에서 조달하는 등의 방식으로 공작 난이도를 대폭 낮출 수 있다. 이번에는 엔진만 제작하지만 자전거 등에 탑재해 나만의 전용 엔진을 만드는 것도 가능하다.

자동차 부품을 사용해 제트엔진 제작

제트엔진은 어떻게 작동하는 것일까? 우선, 팬을 회전시켜 공기를 압축기로 보낸다. 여기서 약 40배까지 공기를 압축한다. 압축된 공기가 연료와 섞이며 점화하고 고압의 연소가스로 바뀐다. 그리고 연소된 공기가 배기구를 통해 분사되며 비행기 등을 움직이는 추진력이 되는 것이다.

이런 구조를 전부 자작하려면 상당한 기술과 설비가 필요하다. 그래서 자동차용 부품을 이용하는 것이다.

여기서 사용할 부품은 '터보차저'이다. 터보차저는 컴프레서(흡입구)와 터빈(배기구)으로 구성된 과급기로, 흡인된 공기를 압축해 배출하는 기능을 한다. 즉, 엔진에 압축된 공기를 보내는 역할을 하는 것이다. 이번에는 이 터보차저를 심장부로 부족한 부품을 추가하는 식으로 엔진을 제작한다.

터보차저도 종류가 다양한데 이번 공작에는 '볼 베어링' 타입을 사용했다. 회전 저항이 낮아 '제트엔진 직접 만들어보기'에 안성맞춤이다. 이 터보차저는 패밀리 세단 '스바루 레거시'에 사용된 것으로 인터넷 옥션에서 '레거시 터빈', 'BG5 터빈' 등으로

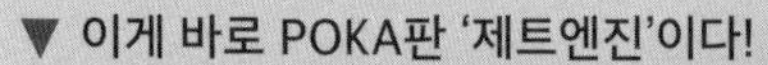

▼ 이게 바로 POKA판 '제트엔진'이다!

01 : 복잡해 보이지만 자동차 부품인 터보차저를 이용하면 난이도를 크게 낮출 수 있다.
02 : 터보차저는 인터넷 옥션에서 간단히 입수 가능하다.

Memo:

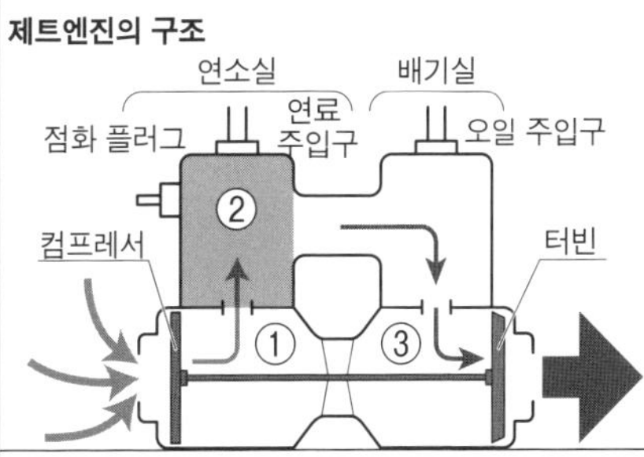

03 : 인터넷 옥션에서 구한 터보차저. 공기를 압축하는 컴프레서와 압축된 공기를 배출하는 터빈 그리고 이 두 장치를 연결하는 베어링의 총 세 가지 부품으로 구성되어 있다.

검색하면 적당한 가격대의 부품을 찾을 수 있다. 구입할 때는 회전축의 위치에 주의해 고르도록 한다. 축이 어긋나면 엔진을 기동할 때 부품이 날아갈 위험성이 있다. 반드시 기억해두자.

LP가스도, 등유도 아니다! 연료는 파츠 클리너

제트엔진은 다른 엔진에 비해 대량의 연료를 소비하기 때문에 열량이 높은 연료가 아니면 안정된 운전이 불가능하다. 보통 LP가스나 등유를 사용하는데, LP가스는 기체라 다루기 쉬운 반면 가스 공급소에서만 구입이 가능하다는 단점이 있다. 등유는 열량이 높고 강력한 연료이지만 기화시키지 않으면 연소할 수 없다.

그래서 선택한 것이 브레이크 패드 등의 오염 제거에 사용되는 '파츠 클리너'이다. 이런 걸 쓸 수 있을지 의문이 들겠지만 의외로 좋은 연료가 된다. 파츠 클리너에는 '석유 에테르'라고 불리는 성분이 사용되며 나프타나 가솔린과 성질이 비슷하다. 열량은 50MJ/kg 정도로 등유나 가솔린과 비슷하다. 자동차를 움직일 정도의 출력이 나온다. 휘발성이 뛰어나며 완전히 기화시키지 않아도 점화가 가능해 제트엔진 DIY에 제격이다.

다만 그대로는 사용할 수 없다. 분사구를 개조해야 하는데 크게 어려운 공작은 아니니 안심해도 된다. 토치 버너를 분해해 토치 부분을 파츠 클리너에 부착한다. 부탄가스와 파츠 클리너의 노즐 규격이 거의 같으므로 그대로 사용할 수 있다. 나머지는 토치 끝부분에 원터치 커플러와 플라스틱 호스를 끼우면 OK. 연료는 플라스틱 호스를 통해 연소실로 보내진다.

연소실과 배기실을 터보로 도킹!

심장부와 연료가 결정되었으니 나머지 부품에 대해 해설한다.

필요한 것은 연소실과 배기실이다. 연소실은 터보차저로 압축한 공기를 가열해 연소가스를 만드는 장소이다. 여기에서 만들어진 연소가스는 배기실을 통해 터빈으로 보내져 분사되는 구조이다. 즉, 이 두 공간을 연결해 가스가 통과할 길을 확보하는 것이다. 가장 간단한 방법은 T자형 금속 파이프 2개를 연결해 H형으로 만드는 것이다. 파이프는 연소 압력에 견딜 수 있을 정도의 강도를 지닌 소재를 선택한다.

2기압 정도의 내압이면 충분하므로 비계용 단관, 소화기, 수도관 등이 적합하다. 규격품이라 가격도 저렴하고 강도도 뛰어나다. 시뻘겋게 달구어져도 파손되지 않는다. 이것을 터보차저에 연결하면 외곽은 완성이다.

다음은 연소실 안에 연소기와 점

04 : 완성된 자작 제트엔진. 파츠 클리너는 연소실, 오일 탱크는 터보차저의 베어링부와 배기실에 연결한다. 모두 플라스틱 튜브를 사용했다.

05 : 컴프레서와 터빈은 둘 다 날개가 달려 있기 때문에 구분이 어려울 수 있으나 사용된 소재가 다르다. 알루미늄 합금으로 만들어진 것이 컴프레서, 내열 초합금이나 세라믹 등으로 만들어진 것이 터빈이다.

화 플러그 그리고 연료 투입구를 부착한다. 연소기는 불꽃을 안정적으로 만들기 위한 것으로 펀칭시트를 둥글게 말아서 만들었다. 원래는 구멍의 크기나 개수는 물론 위치까지 엄밀히 결정해 설계하지만 이번에는 간편성을 우선시했다. 펀칭시트로 간단히 만들어보자. 소재는 스테인리스나 철제가 적합하며 구멍은 6mm 정도가 좋다.

잊어선 안 될 것이 바로 점화 플러그이다. 점화 플러그는 나사의 피치가 독특해서 적합한 것을 찾기가 의외로 어려울 수 있다. 나사의 재고가 많은 홈 센터 등에서 적합한 조합을 찾아보자.

참고로, 이번에 사용한 것은 D타입이다. 자동차용으로 최적화된 것이라 제트엔진 점화에는 불발될 가능성이…. 플러그 간격을 2mm 정도로 넓히면 점화 효율을 높일 수 있다. 점화 플러그는 연소실 측면에 설치하고, 플러그 전극 사이에 스파크를 발생시키는 네온트랜스 등의 고압 전원을 연결한다.

터보차저를 사용한 제트엔진에는 윤활유도 중요한 요소이다. 오일을 투입함으로써 마찰을 줄이고 불필요한 에너지 소비를 방지한다. 보통은 펌프로 순환시켜 사용하지만 이번에는 제트엔진의 구조가 복잡해지기 때문에 한 번만 사용하기로 했다. 볼베어링 타입의 터보차저라면 대량의 오일은 필요치 않다. 재사용하는 경우, 금속 찌꺼기 등이 섞여 있으면 터보가 망가지기 때문에 여과한 후 사용하는 것이 좋다.

오일 탱크는 탄산음료용 페트병(500mL)을 사용했다. 연소실의 압력으로 페트병에 든 오일을 빨아올리는 구조이다. 펌프에 비해 양이 훨씬 적지만 볼 베어링 터빈이라면 문제없다. 단, 펌프로 순환하는 방식이 아니므로 오일이 떨어지지 않도록 주의한다.

테스트해본 결과, 약 5분 정도의 운전으로 페트병의 절반인 약 250mL 정도를 소비했다. 장시간 운전하는 경우에는 수시로 보충한다. 오일은 자동차용품 판매점 등에서 '터보용'이라고 쓰인 것이라면 무엇이든 OK.

또 과급기의 최대 출력을 측정하는 압력계(2MPa까지 측정 가능한 타입)를 준비하는 것도 잊지 말자. 압력계를 사용하지 않고 소리나 분위기만으로 판단하는 것은 위험하다. 압력이 과하면 터빈이 폭발하는 불상사가 일어날 수 있으니 반드시 꼼꼼히 확인해야 한다.

조립을 마쳤으면
시동 순서대로 스타트!

이상의 부품을 조립해 만든 것이 사진 [04]이다. 오일이나 연료 등은

Memo:

06 : 연소실과 배기실의 지름은 터보차저의 크기에 맞춰 선택한다.
07 : 연소실 내부에 설치하는 연소기는 구멍이 너무 작으면 시동했을 때 터빈이 오렌지색으로 변하고 너무 크면 실화되기 쉽다.
08 : 파츠 클리너의 분사구는 토치 버너를 분해해 연결했다.
09 : 베어링부에 윤활유를 주입해 마찰을 방지한다.
10 : 엔진이 걸리면 터빈에서 고압 연소가스가 분사된다.

각각 플라스틱 튜브로 연결했다.

시동 방법은 에어 건, 에어 블로어, 모터의 세 종류를 이용하는 것이 일반적이다. 에어 건 시동은 컴프레서의 용량에 따라 차이가 있기는 하지만 기분 좋은 고주파음을 즐길 수 있는 것이 특징이다. 에어 블로어 시동은 대량의 공기를 주입해 서서히 회전수를 높이는 타입이다. 마지막으로 축을 모터에 직접 연결하는 모터 시동은 단시간에 회전수를 높여 고속 시동이 가능하다는 장점이 있다. 이번에는 이 세 가지 중 가장 실패가 적은 에어 블로어로 시동을 걸어보았다.

시동 순서는 다음과 같다. 순서가 잘못되면 기동되지 않을 수 있으니 정확히 실시한다.

① 블로어의 세기를 약으로 설정해 컴프레서에 공기를 넣는다. 가볍게 회전하는 정도로 공기를 넣어준다.
② 점화 플러그를 통전해 점화 가능 상태로 만든다.
③ 연료인 파츠 클리너를 조금씩 주입한다.
④ 착화에 성공하면 불이 꺼지지 않을 정도로 블로어 세기를 높인다.
⑤ 블로어의 세기를 높이는 동시에 파츠 클리너의 양도 서서히 늘린다.
⑥ 소리가 점점 높아지며 블로어가 없어도 회전이 유지되도록 한다.
⑦ 1.0MPa를 목표로 연료량을 점점 늘린다.
⑧ 블로어와 점화 플러그의 전원을 끈다.

기동할 때는 블로어로 공기를 넣고 정지할 때는 연료 공급을 중단하면 된다.

실제 엔진을 기동시켜 보니 파츠 클리너는 레거시 터빈을 돌리는 데 지나치게 충분한 연료 공급 능력이 있었다. 또 연소 압력이 1.5MPa를 넘어서자 터빈에서 불똥이 튀며 가동이 정지되고 말았다. 터빈에 과부하가 걸려 망가진 듯했다.

아직 연구 과제가 많이 남아 있지만 제트엔진을 직접 만들 수 있다는 사실이 중요하다. 자신 있는 사람은 꼭 한번 도전해보기 바란다.*

※자작 제트엔진을 가동하는 순간 초고속으로 파편이 튀는 경우가 있다. 넓은 사유지에서 실험하고 방호 안경을 쓰는 등의 안전 대책을 철저히 할 것.

태양광을 모아 가차 없이 불사른다!

초고온을 발생시키는 접시형 집광 머신

『Dr. STONE』의 크롬은 태양광을 이용해 마그마에 불을 붙였다. 실제 극한까지 빛을 한곳에 모으면 어떻게 될까? 알루미늄 캔이나 철도 순식간에 녹여버리는 집광 머신을 만들어보자. (POKA)

해외의 공작·개조 사이트에서 자주 볼 수 있는 작은 거울을 여러 장 붙여 만든 집광기. 해가 쨍쨍한 날, 실외에 설치하고 빛이 모이는 부분에 나무나 금속을 대면 불이 붙을 정도의 강력한 열량을 얻을 수 있다. 개중에는 3,600℃가량의 열을 발생시키는 데 성공해 자기 집 창고를 홀랑 태워버렸다는 강자까지 있을 정도. 물론 이건 좀 지나쳤지만, 요리를 한다거나 물을 데우는 옥외용 샤워 시설 등으로는 충분히 활용 가능하다.

다만 그런 집광 머신은 상당한 노력과 비용이 들기 때문에 좀처럼 도전하기 어렵다. 그래서 간단히 실현할 수 있는 방법을 생각해냈다. 비용도 저렴하고 제작에 걸리는 시간도 1시간 남짓이다. 누구나 간단히 도전해볼 수 있다.

더 쉽고 간단한 자작 접시형 집광기의 구조

'집광기'란 무엇일까? 답은 매우 간단하다. 초등학교 시절 돋보기로 태양광을 모아 검은 종이에 불을 붙이는 실험을 해본 적이 있을 것이다. 집광기도 원리는 비슷하다. 거울 등을 이용해 태양광을 한곳에 모아 엄청난 열을 발생시키는 것이다.

이번에는 제작이 힘든 대형 렌즈 대신 오목한 접시형 집광기를 만들어보기로 했다. 중요한 것은 크기와 거울 면의 정도이다. 크기는 크면 클수록 모을 수 있는 광량이 늘어나고, 거울 면이 매끄러울수록 큰 힘을 발휘한다.

해외에서 제작된 다수의 집광기는 5~10cm가량의 거울을 여러 개 늘어놓고 한곳에 빛을 모으는 방법을 사용한다. 이런 방법은 지름이 수 m

▼ 저렴한 비용으로 접시형 집광 머신 완성!!

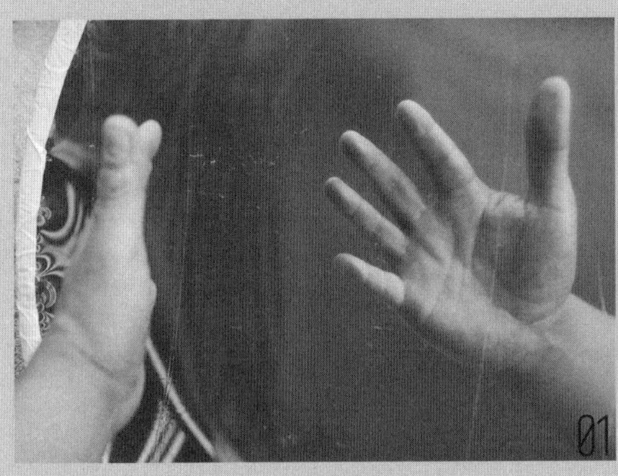

01 : 대야에 마일라 필름을 붙이면 손쉽게 집광기를 만들 수 있다. 헤어드라이어의 온풍을 이용하면 간단히 오목한 접시 형태가 완성된다.
02 : 대량의 거울을 붙여 역미러볼처럼 만드는 방법도 있다. 그러나 상당한 노력과 비용이 들기 때문에 실제 만드는 것은 쉽지 않다.

Memo:

03 : 돋보기 렌즈로 빛을 모아 검은 종이에 불을 붙인다. 과학 시간에 한 번쯤 해본 경험이 있을 것이다. 이번에 제작한 접시형 집광기도 비슷한 원리이다.

→렌즈와 접시형 집광기의 차이. 렌즈는 빛을 투과하지만 접시형 집광기는 거울 면으로 태양광을 반사한다.

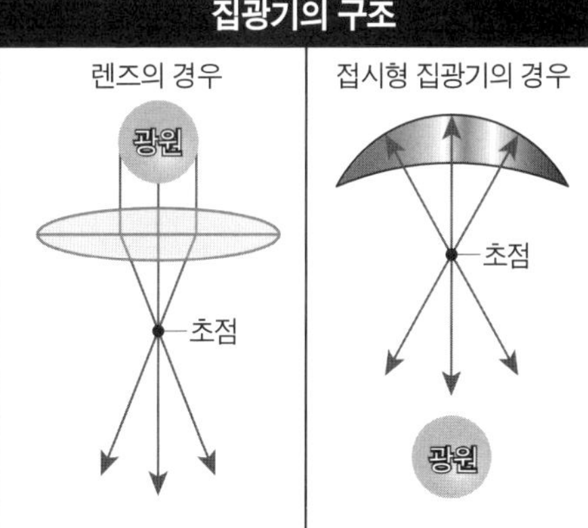

에 달하는 집광기에는 최적이지만 노력에 비해 효율은 그리 좋지 않다.

그 밖에 접시형 안테나 등의 표면에 반사재를 부착해 집광하는 방법도 있다. 접시형 안테나는 곡면의 정도가 높기 때문에 이상적으로 여겨질 수 있다. 하지만 저렴한 가격에 구입 가능한 것은 지름이 45cm 정도가 한계로, 그 이상의 크기는 상당한 비용이 든다.

그래서 이번에는 커다란 대야에 마일라 필름을 붙여 집광하는 장치를 만들어보기로 했다. 저렴한 비용으로 구경이 1m에 가까운 집광기를 간단히 만들 수 있다. 다수의 거울이나 접시형 안테나를 사용하는 방법에 비하면 기계적 강도가 약한 단점이 있지만 제작 난이도 면에서 훨씬 앞선다.

제작 방법은 기본적으로 대야에 마일라 필름을 붙이는 것뿐이다. 그러나 이대로는 평면 그대로라 태양광을 모을 수는 있어도 열이 사방으로 흩어져버린다. 여기서 등장하는 것이 헤어드라이어. 드라이어의 따뜻한 바람으로 필름을 밀착시켜 손쉽게 정도 높은 접시형 집광기를 재현할 수 있다.

집광 머신에 필요한 재료는 마일라 필름과 대형 대야

다시 한 번 설명하면, 필요한 재료는 '알루미늄 증착 마일라 필름'과 '대형 대야'이다. 마일라 필름은 폴리에틸렌 테레프탈레이트 통칭 PET 등으로 불리는 소재로, 차광 및 가스 차단을 목적으로 알루미늄을 증착했다. 포테이토칩 봉지처럼 빛과 공기를 차단하는 용도로 주로 쓰인다. 최근에는 체온 저하를 막는 서바이벌용 방한구로도 유통되고 있어 입수하기 쉽다. 소재 특성상 얇은 타입이 선호도가 높지만 이번에는 강도를 고려해 되도록 두꺼운 제품을 선택한다. 방한 용품으로 유통되는 제품은 두께 15~25μm가 주류인 듯하다. 가능하면 25μm의 마일라 필름을 구입하기 바란다.

대형 대야는 최대한 크고 둥근 형태를 선택한다. 깊이나 용량은 크게 중요치 않다. 중요한 것은 지름이다. 홈 센터에서 최대 1m 정도의 제품이 판매되고 있으므로 본격적인 실험이 목적이라면 1m 크기를 구입한다. '일단 시험 삼아…' 정도로 시작해보고 싶은 초심자는 30cm 정도가 적절하다. 대야를 고를 때 또 한 가지 포인트는 배수용 구멍의 유무이다. 드라이어로 마일라 필름에 열을 가할 때 필요하다. 직접 구멍을 뚫어도 되지만 구멍이 있는 것을 고르면 그만큼 수고를 줄일 수 있다.

작업은 딱 3단계 필름을 붙여 감압한다

작업을 시작하기 전에 한 가지 유의해야 할 점이 있다. 마일라 필름이

04 : 주재료는 홈 센터에서 구입한 대형 대야. 지름 1m짜리를 사용했다.
05 : 배수용 구멍이 뚫려 있는 것이 좋다. 구멍이 없으면 직접 뚫는다.
06 : 거울 면에는 마일라 필름을 사용한다. 인터넷 사이트 등에서 구입 가능
07 : 대야 가장자리에 접착제를 바르고 마일라 필름을 붙인다. 여분의 필름은 자른다.
08 : 대야 안에 온풍을 쏘인 후 뚜껑을 덮는다. 잠시 방치하면 필름이 대야에 밀착된다. 가장자리에 생긴 주름은 드라이어로 열을 가하면 사라진다.

매우 섬세한 소재라는 점이다. 굉장히 얇기 때문에 작은 돌멩이나 조금만 단단하고 날카로운 것에 닿아도 금방 구멍이 뚫린다. 실외에서 작업하는 경우에는 신문지 등을 깔아 필름 면을 보호한다.

이제 본격적으로 필름을 붙이는 작업부터 시작한다. 먼저, 대야 가장자리에 접착제를 바르고 마일라 필름을 붙인다. 이때 알루미늄 증착면이 바깥쪽(태양)을 향하도록 붙인다. 반대로 붙이면 내구성은 높아지지만 반사율이 약간 저하된다. 또 접착제와 마일라 필름은 최대한 빈틈이 생기지 않도록 접착한다. 아주 작은 틈이라도 공기가 새어나와 형태가 망가진다. 접착제를 꼼꼼히 바르는 것이 포인트이다. 접착제는 염화비닐이나 PET용 접착제를 선택할 것. 추천하는 것은 화학반응형 접착제이다. 실리콘계 에폭시라면 확실히 경화된다. 액체형은 공기 중 수분에 의해 경화되기 때문에 다루기 어려울 수 있으니 피하는 편이 무난하다.

마일라 필름을 다 붙였으면 여분의 필름을 정리한 후 대야 가장자리에 양생 테이프를 붙이면 접착작업은 완료이다.

다음은 대야 내부를 감압해 필름을 접시형으로 밀착시킨다. 방법은 앞서 말한 대로 헤어드라이어의 온풍(에어 블로어로도 OK)을 쏘인 후 뚜껑을 덮는 것이다. 그래도 잠시 방치하면 내부의 공기가 식으면서 필름이 대야 안쪽에 밀착한다. 필름의 구조가 대기압에 의해 눌리면서 놀라울 정도로 균일하게 밀착된다.

그러나 이 과정에서는 60% 정도만 거울 면이 된다. 가장자리에 우글쭈글하게 주름이 생기기 때문이다. 그럴 때는 필름 바깥쪽에 가볍게 드라이어 바람을 쏘이면 금세 필름이 펴지며 주름이 사라진다. 마일라 필름은 약 100℃까지 견딜 수 있지만 지나치게 열을 가하면 회복 불가능한 변형이 생기거나 구멍이 뚫릴 수 있으니 주의해야 한다. 가볍게 데우는 정도면 충분하다. 주름을 제거하고 거의 전 면적이 거울이 되면 완성이다.

Memo:

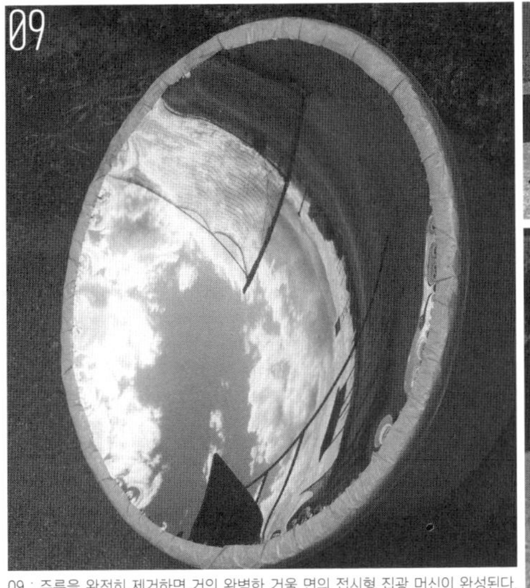

09 : 주름을 완전히 제거하면 거의 완벽한 거울 면의 접시형 집광 머신이 완성된다. 초점거리는 약 2cm
10 : 나무가 순식간에 발화했다. 실험할 때는 화상을 입지 않도록 주의한다.
11·12 : 알루미늄 캔도 나무와 마찬가지로 순식간에 불이 붙더니 구멍이 뚫렸다. 역시 검은색이 열을 잘 흡수하는 듯하다.

초점거리를 측정해 실험 개시 나무, 알루미늄, 철까지 발화한다

집광 머신이 완성되었으면 당장 시험해보자. 필름 면을 태양을 향하게 한 후 초점 위치도 확인할 겸 나무를 집광 머신 중앙에 놓는다. 집광 머신과의 거리가 5cm 정도가 되었을 때 연기가 나기 시작했다. 그리고 초점거리가 2cm 전후가 되자 연기뿐 아니라 불꽃이 일며 발화해 상당한 고온이 발생했다. 10초 정도 빛을 쪼이자 표면이 재로 변하며 구멍이 뚫렸다. 살짝 탄 정도가 아니라 표면이 수 mm가량 탄화한 느낌. 2cm 거리에서 발화했다는 것은 지름이 1m 가량의 집광기의 경우, 2cm 이내로 빛을 모았다는 말이다.

다음은 알루미늄 캔을 가열해보았다. 실험에는 빛을 흡수하기 쉬운 검은색 캔을 사용했다. 알루미늄 자체가 잘 녹기 때문에 초점을 맞추자 이내 도료가 발화하며 타기 시작했다. 그리고 수 초도 안 돼 알루미늄이 녹으며 불똥이 튀었다. 이 상태로 계속 두자 알루미늄 캔이 녹아 구멍이 뚫렸다.

마지막으로 알루미늄보다 녹는점이 높은 철에 도전했다. 스틸 캔을 초점거리에 두고 30초 정도 방치하자 불똥이 튀며 타기 시작했다. 알루미늄보다 녹이기 어려운 철조차 1분도 안 돼 구멍이 뚫리고 말았다.

이렇게 집광 머신은 손쉽게 고열을 모을 수 있는 장치이다. 다만 마일라 필름을 사용한 장치는 내구성이 떨어지는 단점이 있어 필름 관리에 유의해야 한다. 그래도 이만큼 간단한 방법도 없으니 여러분도 꼭 한번 시도해보기 바란다.

금속이란 금속은 모두 접합한다!

납축전지로 자작하는 초강력 TIG 용접기

'용접을 제어하는 자, 공작을 제어한다' 같은 격언(?)이 있을 만큼 허들이 높은 금속 용접. 이번 기회에 고성능 용접기를 DIY로 만들며 익스트림 공작을 정복해보자. (POKA)

공작 과정에 금속과 금속을 접합해야 한다면? 간단하게는 납땜이나 경납땜 같은 방법을 생각할 수 있다. 그러나 기계적 강도를 생각하면 금속을 녹여 이어붙이는 용접만 한 게 없다. 공장 등에서는 용접기가 일반적으로 쓰이지만 DIY의 경우는 그렇지 못하다. 홈 센터에서 판매하는 가정용 용접기도 있지만 성능 면에서 다소 떨어지는 것이 사실이다. 그래서 이번에는 공장 등의 전문 분야에서 사용되는 것에 필적할 만큼의 고성능 용접기를 직접 만들어보았다.

TIG 용접기의 성능은 전류로 결정된다

용접기에도 다양한 종류가 있다. 가스 용접, TIG 용접, 플라즈마 용접, 디지털 용접, 반자동 용접 등등…. 그중에서도 TIG 용접기를 만들어볼 생각이다. TIG 용접은 전기와 가스를 이용한 용접 방법으로, 모든 종류의 금속을 용접할 수 있다. 또한 고품질의 용접 결과를 얻을 수 있다는 특징이 있다.

TIG 용접기의 중요한 파라미터는 다름 아닌 전류이다. 기본적으로 용접은 아크 방전으로 발생한 고온을 이용해 금속을 녹인다. 이런 아크를 유지하려면 상당히 많은 전류가 필요하다. 100A 이상의 전류를 계속해서 흘려보내는 정도. 100A 이하로는 제대로 된 용접이 불가능하다. 자작 용접기 최대의 과제가 이 대전류를 확보하는 것이다.

이때 크게 활약하는 것이 자동차 배터리로 사용되는 납축전지이다. 대(大)전류가 필요한 고강도 작업이 가능해지는 데다 구입 비용도 많이 낮아졌다. 성능은 물론 비용 면에서도 적합한 소재이다.

자동차 배터리는 1개당 12V의 전

▼ 이것이 초강력 TIG 용접기의 위력이다!

고성능 TIG 용접기로 다양한 금속을 용접할 수 있다. 또 아르곤 가스를 사용하면 공작의 완성도를 높일 수 있다.

Memo:

TIG 용접기 제작에 필요한 주요 재료
자동차 배터리
TIG 토치
아르곤 가스
용접용 케이블
인버터
스파크 갭
고압 콘덴서
바이패스 콘덴서
제너 다이오드
전자 밸브
네온 트랜스

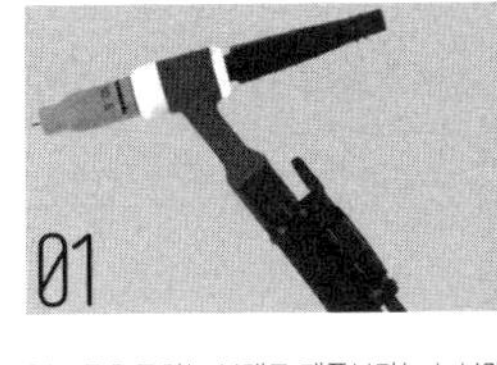

01 : TIG 토치는 브랜드 제품보다는 노브랜드 상품을 고르면 비교적 저렴하게 구입 가능하다.
02 : 아르곤 가스는 가까운 가스 판매소에서 구입 가능.
03 : 아르곤 가스를 사용할 때 꼭 필요한 레귤레이터. 일정 압력으로 조정할 수 있다.
04 : 인버터는 꼭 필요하진 않지만 있으면 더욱 고성능 용접이 가능하다.

압과 보통 100A 이상의 전류를 가지고 있다. 순간적으로 2,000A까지 얻을 수 있다. 크기가 크면 클수록 장시간 작업이 가능해지지만 무게도 증가한다. 95D나 115D 정도 크기가 다루기 쉽다. 배터리 충전기도 함께 구입하면 작업할 때 편리하다.

다만 납축전지는 특유의 장단점이 있으므로 성능을 유지하기 위해서는 정확한 지식이 필요하다. 장점은 앞서 말한 대로 대전류를 확보할 수 있다는 것, 단점은 과방전에 약하다는 점이다. 전압이 10V 이하가 되면 과방전되기 쉽다. 또 사용 후 바로 충전하지 않으면 특성이 열화해 얻을 수 있는 전류량이 줄어든다는 것도 기억해두자.

자동차 배터리를 이용해 용접기를 만드는 것은 공작 마니아들 사이에서는 이미 유명한 방법이다. 하지만 이번에는 그보다 한 단계 발전한 초강력 용접기를 만들어보려고 한다.

아크 스타트와 고주파 발생 회로를 제작

TIG 용접기는 아크를 발생시키는 몇 가지 방법이 있다. 주로 터치 스타트와 고주파 스타트의 두 가지 방법인데 터치 스타트는 일반적인 봉용접처럼 용접 대상에 전극을 접촉시켜 발생하는 불똥으로 아크를 발생시키는 방법이다. 한편 고주파 스타트는 용접 대상인 금속과 전극 사이에 방전을 일으켜 아크를 발생시키는 방법이다. 이번에 만들 TIG 용접기에는 이 고주파 스타트가 주로 사용된다. 그러나 사용하는 납축전지의 전압에 따라 달라지기도 한다.

납축전지는 보통 12V이지만 직렬로 연결하면 그 2배인 24V의 전압을 확보할 수 있다. 12V의 납축전지로 고주파 스타트를 채용하면 아무래도 불발이 많지만 24V라면 확실히 아크를 발생시킬 수 있다.

다만 출력이 워낙 강하기 때문에 인버터 사용은 필수이다. 인버터가 없으면 배터리는 하나만 사용하는 것이 좋다. 단, 뒤에서 언급하겠지만 인버터가 있으면 스타트뿐 아니라 성능 향상에도 영향을 미쳐 접합 가능한 금속의 종류도 늘어난다. TIG 용접기에는 인버터 사용을 추천한다.

아크 스타트 회로의 심장부는 고주파 발생 회로이다. 지극히 단순한 LC 진동 회로로, 테슬라 코일과 비슷한 설계로 충분히 실현할 수 있다. 고압 전원으로 네온 트랜스 등을 사용하고 고내압 콘덴서, 일차 코일, 스파크 갭 등으로 구성이 가능하다.

중요한 것은 스파크 갭의 간격이다. 이 간격이 크면 아크 스타트를 할 때 전극 사이가 강력히 이온화되어 전류가 흐르기 쉽지만 발생 빈도가 낮아진다는 단점이 있다. 입력 전압이 1,500V의 100W라면 스파크 갭의 간격은 1mm 정도가 일반적이므로 이 수치를 기준으로 조정한다.

또 인버터를 이용해 단속적인 방전을 하면 전류가 0이 되는 순간이 있다. 고주파 발생 회로가 계속 가동되지 않으면 아크가 끊긴다. 방전 빈도가 낮으면 불발될 가능성이 있다

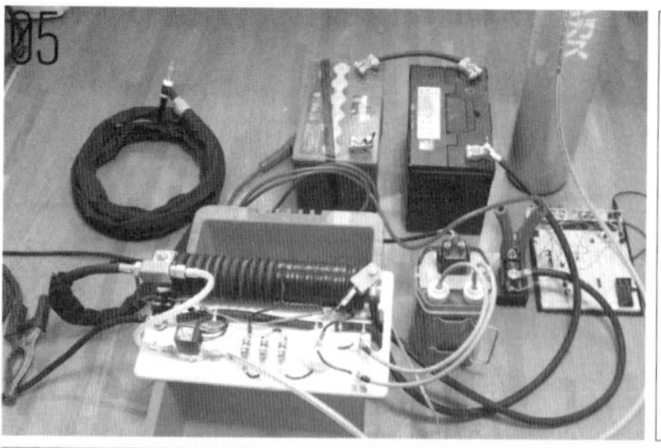

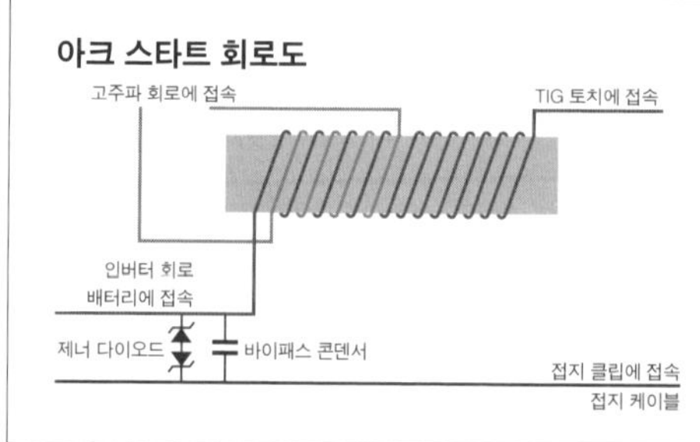

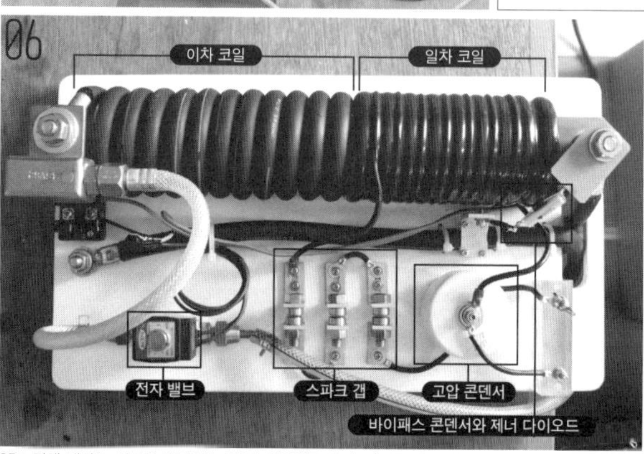

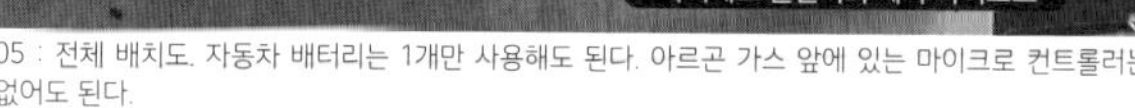

05 : 전체 배치도. 자동차 배터리는 1개만 사용해도 된다. 아르곤 가스 앞에 있는 마이크로 컨트롤러는 없어도 된다.
06 : 아크 스타트 회로의 심장부. 받침대는 가공이 쉬운 도마를 사용했다.
07 : 고주파를 발생시키는 스파크 갭. 3개 정도 설치하고 각각 1~2mm 정도 간격을 띄운다.
08 : 고주파의 고전압이 배터리, 인버터로 가기 전에 단락시키는 부품. 0.1μF 정도의 콘덴서를 사용. 만일을 대비해 30V 정도의 제너 다이오드도 달았다.

는 것도 기억해두자.

용접 가능한 금속이 늘어나는 상급자용 인버터 회로

TIG 용접기의 다양성을 결정하는 것은 인버터 회로이다. 물론 없어도 어느 정도 용접이 가능하고 설계가 복잡해지기 때문에 전자 공작 상급자만 시도하는 편이 무난하다.

하지만 인버터 회로가 있으면 더욱 강력한 용접 기능을 얻을 수 있다. 특히 접합이 어려운 것으로 알려진 알루미늄 용접에는 꼭 필요한 아이템이다.

인버터 소자에는 IGBT(Insulated gate bipolar transistor, 절연 게이트 양극성 트랜지스터)를 추천한다. 사이리스터나 GTO 등도 있지만 이런 것들은 오래된 소자라 성능이 약간 떨어진다.

참고로, 전압 구동 소자인 IGBT를 사용하려면 강력한 게이트 구동 회로가 필요하다. 그 경우 'IR2110', 'IR2181' 등의 하프 브리지 구동 IC가 편리하다. 게이트 신호는 'TL494' 등의 반전 출력이 내장된 IC도 괜찮지만 마이크로 컨트롤러 등으로 프로그램을 만들면 반전 파형의 길이 등을 세세하게 조절하는 것도 가능하다.

인버터 제어에서는 아크의 세기를 조정하는 PWM 제어와 전류 반전이 가능하다. PWM 제어란 펄스폭을 변

Memo:

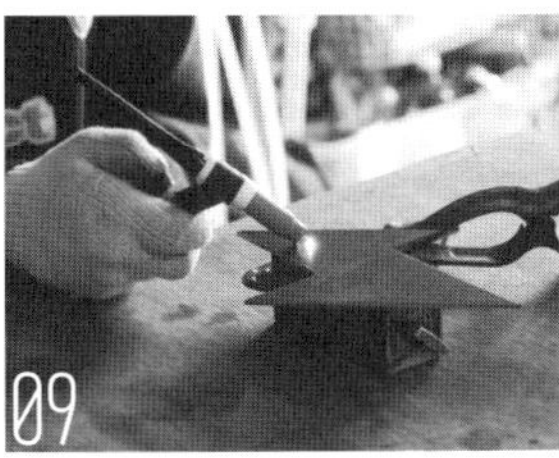
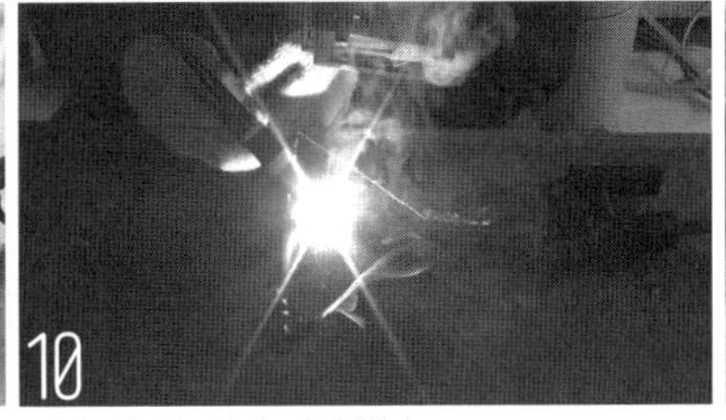

09·10 : 아크 방전의 열량으로 금속을 녹인다. TIG 토치의 스위치를 켜면 아크가 발생한다.
11 : 구리를 용접해보았다. 충분한 강도로 용접할 수 있었다.

조해 평균 전류를 조정하는 것이다. 또 전류 반전이란 주기적으로 극성을 반전시키는 것으로 알루미늄의 용접에는 필수이다. 반전한 전류 폭을 조정할 수 있으면 이상적이다.

TIG 용접은 봉 용접과 달리 고주파 스타트를 사용하므로 실드 가스 제어가 추가된다. 일반적으로 스위치를 누르면 실드 가스가 1초 정도 먼저 방출된 후 고주파 스타트 회로가 작동한다. 스위치를 OFF하면 전류 공급 회로가 정지하고 2~3초 정도 실드 가스를 방출한 뒤 정지. 직류 동작에서 고주파 발생 회로는 아크가 발생하면 정지하지만 교류에서는 용접이 끝날 때까지 계속 작동한다.

철이나 스테인리스부터! TIG 용접기를 사용해보자

사진 [05], [06]과 같이 부품의 조립이 끝나면 실제 용접기를 사용해 보자. 철이나 스테인리스라면 간단히 용접할 수 있다. 알루미늄의 경우는 난이도가 약간 높아진다. 표면에 단단한 산화 피막을 입혔기 때문에 용접이 잘되지 않는 경우가 많다. 그러므로 알루미늄을 용접하려면 이 산화 피막을 제거할 필요가 있다. 방법은 단순한데 반전 전류를 가해 알루미늄 표면을 아르곤으로 에칭하는 것이다. 단, 장시간 반전 전류를 가하면 텅스텐 전극이 과열돼 녹아버리기 때문에 텅스텐이 녹기 전에 전류를 정전(正轉)시킨다. 이것을 반복해 알루미늄의 표면을 깎아내면서 동시에 전류를 흘려 녹이는 것이다. 쉽게 구할 수 있는 금속으로 시도해 보자.

▼ 용접 마스크를 준비하자!

안전히 작업하려면 용접 장갑이며 앞치마 같은 방호 아이템을 반드시 갖춰야 한다. 또 자외선이나 불똥으로부터 눈을 보호하기 위해 용접 마스크를 착용한다. 아마존 등의 인터넷 쇼핑몰에서 쉽게 구할 수 있다. 빛의 강도에 따라 자동적으로 차광도가 바뀌는 타입도 저렴한 가격에 구입할 수 있다.

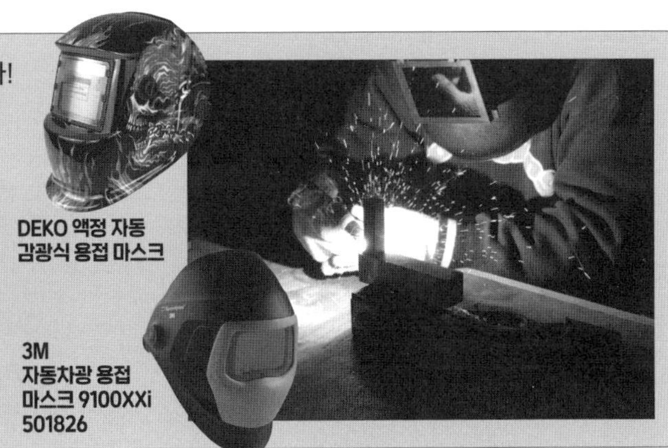

회전축에 페트병을 부착하면 완성!

선풍기를 마(魔)개조한 원심 분리기 DIY

액체를 분리할 때 사용하는 실험 도구인 원심 분리기. 탁상용 미니 사이즈도 굉장히 고가이다. 선풍기를 개조하면 간단히 만들 수 있다! (POKA)

화학 실험에서 주로 하는 여과작업. 액체에 불필요한 개체가 섞여 있을 때 필요한 작업인데 회수물의 입자가 극단적으로 작은 경우 여과지를 그대로 통과해버리기도 한다. 그럴 때 원심 분리기라는, 원심력을 이용해 액체를 분리하는 전용 장치를 사용한다. 구입하려면 꽤 비싼 장치이지만 어떤 물건을 개조하면 저렴하게 만들 수 있다. 그 물건이란 바로 여름철 필수 가전, 선풍기! 자작하면 비용도 아낄 수 있고 액체의 용량도 자유롭게 조절이 가능한 장점이 있다.

회전 부분은 선풍기 용기는 페트병

선풍기식 원심 분리기의 구조는 단순하다. 선풍기 날개를 떼어내고 거기에 분리 용기가 달린 알루미늄 프레임을 부착하기만 하면 된다. 선풍기를 켜면 알루미늄 프레임에 달린 분리 용기가 회전하며 내부의 액체가 분리된다.

원심 분리에는 수천 rpm 정도의 회전수가 필요한데 선풍기의 회전수면 충분하다. 일반적인 선풍기의 경우 약·중·강의 3단계로 속도를 조절할 수 있는데 원심 분리기는 주로 강으로 사용하는 일이 많을 것이다.

모터의 출력은 수십 W 정도이기 때문에 분리 용기가 너무 크면 회전하지 않을 수 있다. 그러나 손으로 돌려 초기 가속을 해주면 문제없이 작동된다. 한번 돌기 시작하면 정격 회전수까지 천천히 가속한다. 나머지는 수 시간 정도 방치하면 된다. 소비 전력이 적어 하루 종일 돌려도 특별히 문제는 없을 것이다. 초기 회전력이 약하지만 유도 모터라 소모되지 않는 것이 이점이다.

이번에 사용한 선풍기는 수만 원 정도에 저렴하게 구입한 것이다. 특

▼ 이게 바로 자작 원심 분리기이다!

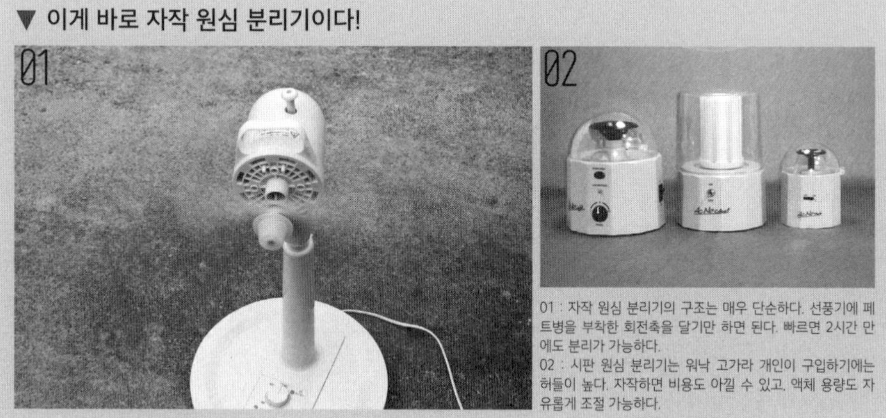

01 : 자작 원심 분리기의 구조는 매우 단순하다. 선풍기에 페트병을 부착한 회전축을 달기만 하면 된다. 빠르면 2시간 만에도 분리가 가능하다.

02 : 시판 원심 분리기는 워낙 고가라 개인이 구입하기에는 허들이 높다. 자작하면 비용도 아낄 수 있고, 액체 용량도 자유롭게 조절 가능하다.

Memo:

03 : 주재료인 선풍기는 특별한 기능이나 고사양이 필요 없다. 기본적인 기능만 있는 저렴한 선풍기로도 충분하다.
04 : 회전축은 홈 센터에서 구입한 알루미늄 프레임을 사용했다.
05 : 액체를 담을 분리 용기는 1L짜리 페트병을 이용했다.

별한 사양이 요구되는 것이 아니므로 집에서 방치되고 있는 선풍기가 있으면 그것을 사용하면 된다. 선풍기 외에도 사용 가능한 모터 기기는 있지만 장시간 구동하기에는 선풍기 같은 유도 모터가 적절하다. 전동 드릴이나 디스크 그라인더 등의 모터는 크기가 작고, 성능이며 회전수도 충분하지만 수명이 짧은 것이 단점이다. 브러시 모터를 사용하는 제품은 장시간 구동에는 적합지 않다.

분리 용기로는 페트병을 사용한다. 일반적으로 시판되는 원심 분리기는 시험관만 한 크기밖에 장착할 수 없는데 자작하면 크기를 자유롭게 선택할 수 있다. 모터의 축 강도에 의존하는 것이라 어느 정도 한계는 있지만 1L 정도까지는 괜찮다. 페트병 크기의 액체와 고체의 분리가 가능해지면 화학 실험에서 발군의 위력을 발휘한다. 주로 추출작업에서 1차 여과 직전의 조(粗)분리에 매우 편리하다.

그러나 3~5L 정도의 대용량의 경우, 선풍기 모터로는 역부족이다. 정상적으로 회전한다 해도 모터에 과부하가 걸릴 수 있으니 수시로 확인해야 한다. 최대 하중으로 30분 정도 돌려보고 모터 부분에서 열이 발생하거나 이상한 냄새가 난다면 바로 멈춘다.

회전축과 페트병을 선풍기에 부착한다

선풍기에 부착할 회전축으로는 저렴한 알루미늄 프레임을 사용했다. 홈이 파여 있어 간단히 부품을 부착할 수 있다. 원심 분리는 균형이 매우 중요한데 알루미늄 프레임의 홈을 이용하면 정밀한 조정이 가능해 진동을 줄일 수 있다.

M5 너트가 프레임의 홈에 꼭 맞게 들어가서 페트병은 M5 나사로 고정했다.

알루미늄 프레임은 30cm 정도로 절단해 프레임 중앙에 선풍기의 축과 동일한 지름의 구멍을 뚫는다. 대체로 8~8.5mm 정도면 적당하다.

구멍을 뚫었으면 알루미늄 프레임이 모터의 축 정중앙에 위치하는지 확인한다. 1mm 정도는 상관없지만 그 이상이면 진동을 일으킬 수 있다. 중심이 잘 맞으면 양 끝에 나사와 고정 부품을 끼울 구멍을 뚫는다. M5 나사에 맞게 5mm의 구멍을 뚫으면 된다.

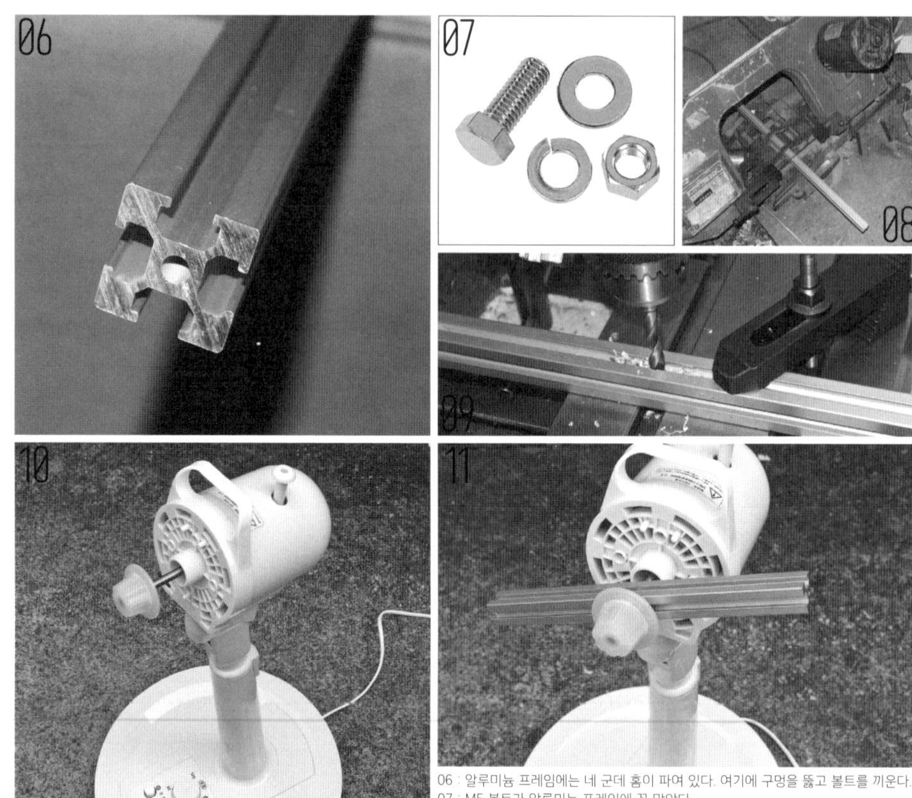

06 : 알루미늄 프레임에는 네 군데 홈이 파여 있다. 여기에 구멍을 뚫고 볼트를 끼운다.
07 : M5 볼트가 알루미늄 프레임에 꼭 맞았다.
08 : 알루미늄 프레임은 30cm 정도로 절단한다. 알루미늄 소재이기 때문에 쇠톱으로도 자를 수 있다.
09 : 중심부와 양 끝에 M5 볼트와 같은 지름의 구멍을 뚫는다.
10 : 선풍기의 외부 프레임과 날개를 떼어낸다.
11 : 모터의 중심축에 알루미늄 프레임을 끼운다.

분리 용기는 완전히 고정하지 않고 약간 흔들리는 상태로 고정한다. 회전할 때 바깥쪽으로 기울고 멈추면 아래로 처지게 해두는 것이다. 회전이 멈췄을 때 용기가 가로로 놓이면 분리한 액체가 다시 섞여버리기 때문이다. 정지와 동시에 천천히 수직으로 돌아오는 구조가 이상적이다.

페트병에 타이 벨트나 철사를 감아 프레임의 M5 나사에 단단히 장착한다.

완성되었으면 그대로 회전시켜보자. 큰 진동이 없으면 성공이다. 진동이 크면 중심이 한쪽으로 치우쳐 있다는 말이다. 비닐테이프 등을 감아 한쪽을 조금씩 무겁게 만드는 식으로 조정한다. 진동이 더 커지면 반대쪽에 테이프를 감는다.

페트병 용기로 마요네즈를 분리

페트병을 분리 용기로 사용할 때는 g 단위로 중량을 조정한다. 한쪽은 조정용 밸런서로 돌리는 것이 좋다. 분리 대상과 같은 무게가 되도록 전자저울로 중량을 정확히 조정한다. 중량이 정확히 일치하면 페트병을 프레임 양 끝에 달아도 진동 없이 안정적으로 회전할 것이다.

Memo:

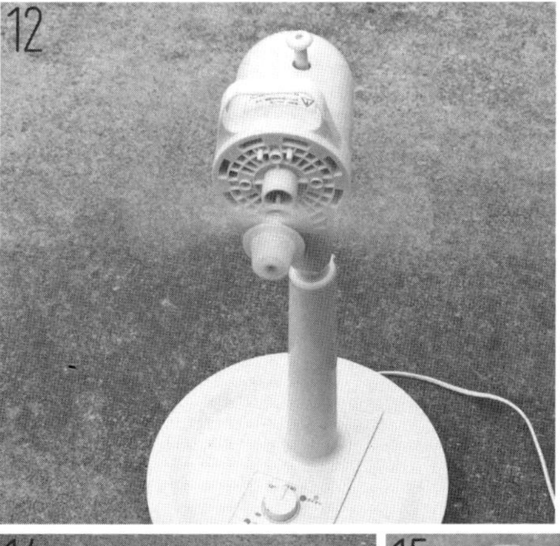

12 : 그대로 선풍기 전원을 켜고 회전시킨다. 진동이 심하면 알루미늄 프레임의 중심이 한쪽으로 치우쳤다는 증거다.
13 : 프레임 양 끝에 페트병 용기를 달아 회전시킨다. 한쪽은 분리할 액체, 다른 한쪽은 같은 중량의 물을 넣는다.
14 : 원심 분리기는 균형이 중요하므로 좌우 페트병의 중량은 전자저울로 정확히 측정한다.
15 : 물과 마요네즈에 응집 침강제를 섞어 원심 분리기를 작동시키자 깔끔하게 분리되었다.

준비를 마치면 처음에는 '약'으로 회전시킨다. 진동이 없으면 '강'으로 회전시켜 분리작업을 시작한다. 일단 마요네즈로 시도했는데 마요네즈만으로는 회전수 부족으로 분리되지 않았다. 물을 섞어 부드럽게 만들자 분리되었다. 소요시간은 선풍기의 가장 강한 단계에서 2시간 남짓. 입자가 너무 고우면 시간이 꽤 걸리는 듯하다.

시간을 단축하려면 응집 침강제를 넣고 회전시키면 분리시간을 크게 줄일 수 있다. 응집 침강제는 제올라이트계나 고분자계 등 다양한 종류가 있다. 이번에는 범용성이 높은 제올라이트계로 실험해보았다. 액체 1L에 1스푼 정도 넣고 잘 섞으면 입자가 어느 정도 크기로 뭉친다. 이 상태로 원심 분리기를 돌리자 10분 정도에 분리에 성공했다. 반나절가량 돌려도 분리되지 않던 것을 수 분까지 단축할 수 있는 점이 큰 매력이다. 단, 응집 침강제는 불순물로 용액에 그대로 남는다. 이 점에 주의해 시도해보기 바란다.

파괴역학으로 파계승 안지의 필살기를 분석한다

'이중 극점'을 실제 사용할 수 있을까?

찰나의 속도로 주먹을 날려 산산조각 내는 궁극의 비기. 어린 시절 열심히 연습했던 그 기술을 과학적으로 고찰해보자. (아루마 지로)

1990년대를 대표하는 전설의 소년 만화 『바람의 검심』. 2017년 말부터 『점프 SQ』에서 홋카이도 편이 연재를 시작했으나 어떤 사정으로 휴재 결정….※ 어쨌든 여기에는 바위든 뭐든 산산조각 내버리는 '이중(二重) 극점'이라는 비기가 등장한다. 이 비기를 탄생시킨 십본도(十本刀)의 유쿠잔 안지(悠久山安慈)는 작중에서 이렇게 말한다.

> 돌에 첫 번째 일격을 가한다.
> 그리고 그 첫 번째 충격이
> 돌의 저항과 부딪치는 순간
> 주먹을 꺾어 두 번째 충격을 넣는다.
> 그러면 두 번째 충격은 저항을 받지 않고
> 완전히 전해져 돌을 가루로 만든다.

게다가 유쿠잔 안지는 '파괴의 극의(極意)'라는 것까지 터득했다고 했다. 만화 속 이야기라고 치부하면 그만이지만 정말 불가능한 일일까? 그 수수께끼를 풀어줄 힌트가 바로 '파괴역학'이다. 파괴역학이란, 진지하게 파괴의 극의를 연구하는 과학 분야이다. 이 연구가 시작된 것은 1920년대. 본격적으로 연구 성과가 활용된 것은 1940년대 후반 이후였다.

파계승 안지가 작중에서 이야기한 '저항'은 현대 과학에서 말하는 인성(靭性)이라고 생각된다. 인성이란 한마디로 '물체의 견디는 성질'이다. 일반적으로 강도가 높을수록 쉽게 파괴되지 않을 것으로 생각하지만, 철과 유리의 강도는 거의 비슷하다. 종류에 따라서는 철보다 강도가 높은 유리도 존재하지만, 철에 비해 유리가 파괴되기 쉽다는 것은 누구나 아는 사실이다. 또 강도가 무척 높은 다이아몬드도 쇠망치로 때리면 부서진다. 인성이 낮기 때문이다.

애초에 왜 때렸을 때의 충격으로 산산조각 나는 것일까? 바위든 철이든 다이아몬드든 내부에는 반드시 눈에 보이지 않는 미세한 균열이 무수히 존재한다. 균열이 전혀 없는 물질은 현대 과학으로도 만들 수 없다. 어떤 물질이든 이 미세한 균열이 큰 균열로 성장해 파괴되는 것이다.

이중 극점을 맞은 바위나 돌은 산산이 부서져 가루가 된다. 이런 파괴 방식을 '취성 파괴'라고 한다. 유리 등이 '와장창!' 하는 소리를 내며 산산조각 나는 것과 같은 현상이다.

유쿠잔 안지의 이중 극점 강의

『바람의 검심』 제9권 122쪽 참조(와쓰키 노부히로/ 슈에이샤/ 1996년)
가메하메파보다 현실적인 해설 덕분에 당시 초등학생들은 이 기술을 터득하기 위해 수행에 힘썼다. 그리고 대부분의 경우, 동생을 연습 대상으로 삼았던 죄 많은 기술이다.

인성이 저하되는 것을 전문용어로는 '취화'라고 한다. 이중 극점은 순간적으로 두 번의 충격을 가해 물질을 취화시키는 것이다. 이 현상을 과학적으로 고찰해보자.

예컨대 막대를 반으로 쪼개기 위해 단순히 좌우로 잡아당기는 것은 무척 힘이 들지만 당기는 동시에 비틀면 좀 더 적은 힘으로 막대를 쪼갤 수 있다. 여기에 꺾는 힘까지 더해지면 더 적은 힘으로도 가능하다. 한 방향으로 온 힘을 쏟는 것보다 '당기고', '비틀고', '꺾는' 세 가지 힘을 동시에 가하면 더욱 효율적으로 파괴할 수 있다. 이것을 전문적으로는 '응력의 삼축성이 있다'고 말하며 삼축

Memo:
※2018년 7월호부터 연재가 재개되었다.

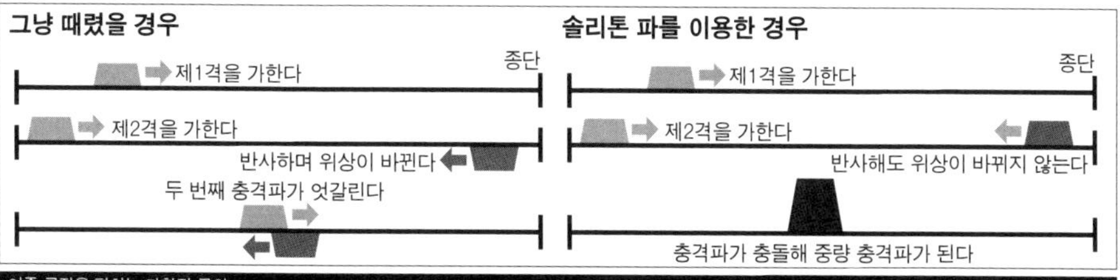

이중 극점을 펼치는 과학적 극의

그냥 때리면 제1격은 위상이 반전되어 돌아오기 때문에 제2격이 가해져도 충돌하지 않아 큰 충격이 되지 않는다. 그래서 파형이나 속도 등의 성질이 바뀌지 않는 솔리톤 파로 제1격을 가한다. 그리고 제2격을 가하면 충돌에 의한 중량 충격파를 발생시킬 수 있다.

응력이 발생할 때 취성 파괴가 일어나기 쉽다.

즉, 이중 극점은 현대 과학으로 해석하면 '연속된 충격파로 물질 내부의 균열에 삼축 응력을 발생시켜, 물질이 가진 인성을 뛰어넘는 응력을 발생시킴으로써 취성 파괴를 일으키는 비기'인 것이다.

파괴역학을 재현

단일 충격파로 인성이 높은 바위나 강철을 파괴하는 것은 어렵다는 것이 파괴역학의 통설이다. 보통은 충격이 가해져도 미세한 균열은 그대로이기 때문에 파괴되지 않는다. 하지만 특정 조건하에서는 급격한 충격에 의한 취성 파괴가 일어나는 것으로 밝혀졌다.

그 전형적인 예가 지진으로 건물이 붕괴하는 것이다. 1995년 일본의 한신·아와지 대지진이 발생했을 때 철근 콘크리트가 붕괴되는 사례가 다수 발생했다. 이것은 단순한 경년열화나 부실 공사 탓이 아니라 원래는 지진에 견딜 수 있는 구조임에도 예상 밖의 진동으로 예상 밖의 파괴가 일어난 것이었다.

이 구조를 간단히 해설해보자. 외부로부터 힘이 가해지면 물체 내부에 충격파가 전달된다. 충격파에는 물체의 끝에 도달하면 반사되어 돌아오는 성질이 있다. 대지진 당시에는 다방면에서 동시에 힘이 가해지기 때문에 건물이라는 물체 내부에서 충격파가 서로 충돌한다. 하나의 물체 내부에서 충격파와 충격파가 충돌하면 그 위력은 단순히 1+1을 넘어 엄청난 충격파가 되는 것이다. 이 충돌로 발생한 엄청난 충격파를 전문용어로는 '중량 충격파'라고 한다.

중량 충격파의 진폭이 최대가 되는 위치에 눈에 보이지 않는 미세한 균열(Griffith Crack, 그리피스 균열)이 있으면 왜곡 속도가 매우 큰 인장 응력이 발생한다. 그 때문에 개구형, 면내 전단형, 면외 전단형의 삼축 응력 상태가 되어 충격 파괴가 발생한다. 여기서 한순간이라도 응력 확대 계수가 파괴 인성을 넘어서면 눈 깜짝할 새에 균열이 커지면서 취성 파괴를 일으키는 것이다. 그대로 물질의 종단까지 균열이 진행되면 두 동강이 나고 균열이 여러 방향으로 뻗어나가면 아예 산산조각이 나는 것이다. 그리피스 균열이 없는 자연석은 존재하지 않으므로 어떤 바위든 산산이 부서질 수 있다.

다시 이중 극점에 관한 이야기로 돌아가보자. 유쿠잔 안지가 말하는 '첫 번째 일격의 충격이 돌의 저항과 부딪치는 순간'이란 압축 충격파가 반사해 돌아오는 순간이라고 생각할 수 있다. 여기서 궁금한 것은 제1격 이후 제2격을 가하기까지 작중에서 '순간'이라고 말하는 시간이 어느 정도일지이다. 실제 실험된 예로는 지름 1cm의 철근에 무게 5kg의 탄환을 10m/초로 충돌시켜 발생한 중량 충격파로 철근을 산산조각 냈다. '5kg을 10m/초'라고 하면 굉장한 것 같지만 실제로는 맨손으로 때리는 정도의 속도와 질량이기 때문에 기합을 넣어 가격하면 절대 불가능한 일은 아닐 것이다.

이로써 이중 극점을 실현!…했다고 말하고 싶지만 이야기는 그리 간단치 않다. 가장 큰 문제는 따로 있다. 앞서 충격파는 물체의 끝에 도달하면 반사되어 돌아온다고 했는데 이때 위상이 반대가 된다. 그 결과 속도적으로 제2격이 제1격이 반사되어 돌아오는 시점에 가해졌다고 해도 충돌은 발생하지 않는다.

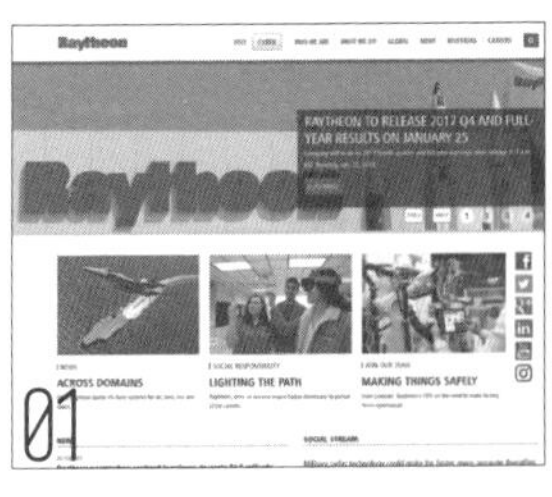

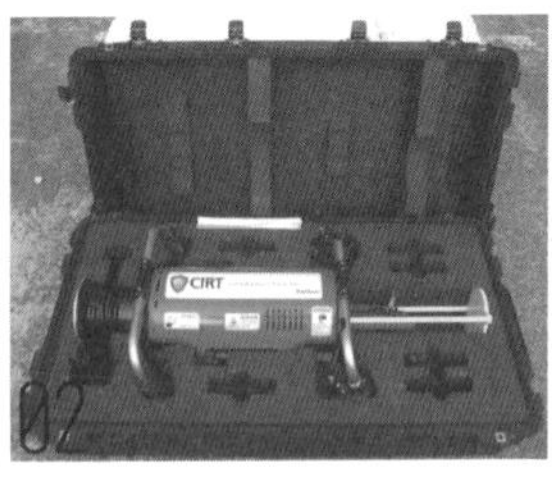

01 : 세계 최대의 군수업체, 레이시언사(http://www.raytheon.com/)
02·03 : 레이시언사에서 개발한 실존하는 이중 극점 장치 '충격 제어 구조 장치'. 원래 용도는 구조용 도구로 두 사람이 함께 조작한다(http://www.newswise.com/ 등 참조).

이 문제를 해결하는 방법은 단 하나. 제1격의 충격파로 '솔리톤 파'를 이용하는 것이다. 솔리톤 파는 반사되어도 위상이 바뀌지 않는 특징이 있기 때문에 제2격과 충돌이 가능하다. 즉, 파괴력이 엄청난 중량 충격파를 발생시켜 물체를 파괴할 수 있는 것이다.

단, 제2격이 솔리톤 파가 되면 안 된다. 솔리톤 파끼리는 서로 간섭하지 않기 때문이다. 지금까지의 이야기를 정리하면, 이중 극점의 구조는 이렇게 분석할 수 있다.

> 솔리톤 파로 물체에 제1격을 가하고 그 충격파가 물체의 종단에서 반사해 돌아오는 사이에 제2격을 가한다.

말로 하면 간단하지만 그야말로 비의에 걸맞은 경지가 아닐 수 없다.

● 실제 인간이 쓸 수 있을까?

의외로 절대 불가능한 일은 아니라는 결론이 나왔지만 현실에서 재현하려면 꼭 해결해야 할 문제가 남아 있다. 기본적으로 충격파는 밀도가 낮은 것에서 높은 것으로 전달되기 어렵다는 점이다. 조금 더 구체적으로 설명하면 물질 내부의 음속이 느린 물체에서 빠른 물체로 전달하려고 하면 속도의 차이만큼 반사되어버리는 것이다. 밀도가 낮은 인간의 주먹으로 밀도가 높은 바위를 때리면 이론상으로는 인간의 주먹이 먼저 부서진다. 물론 인체는 매우 부드럽고 공학적으로도 가소 변형하기 쉬우므로 내출혈이 생기거나 체내에 사소한 피해가 축적되기는 하겠지만 완전히 으깨져 고깃덩어리가 될 일은 없다. 삭중에서도 유쿠잔 안지의 이중 극점을 맞은 상대가 산산이 부서지지는 않았으니 말이다. 굉장히 과학적인 장면일지도 모른다.

다만 태평성대를 살고 있는 우리가 이런 비의를 습득할 수 있을지는 전혀 다른 문제이다. 애초에 가능할 리 없다. 하지만 인류의 지혜는 이런 불가능도 가능하게 만들었다. 과학기술의 발달로 누구나 이중 극점을 구사할 수 있는 장치가 이미 개발되어 있는 것이다.

미국의 세계적인 군수업체 레이시언사가 개발한 '충격 제어 구조장치(Controlled Impact Rescue Tool, CIRT)'는 충격을 제어해 한 번의 타격으로 이중의 충격파를 투사해 물체를 취성 파괴시키는 장치이다. 철근 콘크리트 벽 정도는 한 방에 커다란 구멍을 뚫어버리는 위력을 지닌 그야말로 이중 극점! 2007년경 등장해 현재는 2명이 조작해야 하는 크기이지만 향후 기술이 발전해 소형화가 실현될지 모른다.

사실 파괴역학은 물체를 파괴하기 위한 학문이 아니라 물체가 파괴되는 이유를 연구해 파괴되지 않는 물질을 만드는 궁극의 안전을 추구하는 과학이다. 제2차 세계대전 중, 공업대국 미국에서 1만 톤의 화물선이 취성 파괴를 일으켜 두 동강 나는 사고가 여러 건 발생했지만 일본에서는 한 번도 일어나지 않았다. 또한 전후 고도의 경제성장기를 떠받쳤던 일본 제품 역시 안정성 면에서 높은 평가를 받았다.

안지가 터득한 파괴의 극의란 결국 '극한까지 파괴를 추구해 사람을 살리는 방법을 터득하는' 것이 아니었을까. 뭐, 해석은 자유이니까.

Memo:

정보를 에너지로 변환한다!

큐베와 마법 소녀와 그리프 시드의 관계

'나와 계약해서 마법 소녀가 되어줘'라는 하얀 악마의 대사로 유명한 그 애니메이션. 거대 에너지가 발생하는 초자연 현상을 밝혀낼 힌트가 숨어 있었다!

(아루마 지로)

애니메이션《마법 소녀 마도카☆마기카》에 등장하는 마스코트 큐베. 이 지구 밖 생명체 인큐베이터(큐베의 본명)가 '정보를 에너지로 바꾸는' 것에 대해 설명한다. 연료도 없는데 에너지가 발생한다니 과학적이지 않다고 생각되겠지만, 이 하얀 악마의 말은 픽션 세계의 초자연 현상을 해명하는 단서를 제공해준다. 정보를 에너지로 변환하면 물리 법칙을 위배하지 않고도 엄청난 에너지의 위상 변화를 설명할 수 있다. 뭐? 제정신이냐고? 아니, 이건 내가 망상한 이론이 아니라 도쿄대 교수가 진지하게 연구하고 있는 분야다. 실제 나노머신의 엔진으로 사용하는 연구도 이루어지고 있다.

2010년 도쿄대학교와 주오대학교의 합동 연구로 '맥스웰의 악마'라고 불리는 개념을 실험으로 실현하는 데 성공했다. 즉, 정보를 에너지로 변환할 수 있다는 것이 밝혀진 것이다(http://www.s.u-tokyo.ac.jp/ja/press/2010/42.html).

비록 다루는 에너지는 적지만 우리의 인체 내부에도 정보를 에너지로 변환하는 장치가 실재한다.

정보 열기관이란

현대 과학으로 영혼의 존재는 증명하지 못해도 '정보를 에너지로 변환하는' 것이 가능하다는 것은 이미 판명되었다. 실제 모든 생물은 뜨거운 의지와 타오르는 영혼을 에너지로 변환하는 시스템인 '정보 열기관'을 갖추고 있으며, 그것은 당신의 손 안에도 다시 말해, 전신의 세포 안에 존재하고 있다. 세포막에는 이온의 농도 구배에 역행해 이온을 운반하는 이온 펌프(인간의 세포의 경우 이온 채널)에 해당하는 기관이 있으며, 이 이온 펌프가 정보를 에너지로 바꾼다는 것이 밝혀졌다. 구체적인 구조는 굉장히 어렵기 때문에 최대한 단순화해 설명해보자.

누구나 알고 있는(?) 아데노신삼인산의 에너지를 이용해 단백질의 형태를 바꾸면 거기에는 정보가 발생한다. 이 정보에 의해 브라운 운동을 하는 이온을 농도가 낮은 쪽에서 높은 쪽으로 이동시키고 이온이 운반됨으로써 에너지가 발생한다. 즉, 단백질의 형태라는 정보가 이온의 에너지로 바뀌는 것이다! 알고 있다. '무슨 말인지 도통 모르겠다'는 목소리가 들려오는 듯하다. 하지만 이보다 더 간단한 설명은 불가능하다. 부디 용서를 바란다….

요컨대, 아데노신삼인산의 에너지를 이용해 이온을 이동시키면 될 텐데 굉장히 비효율적인 방식으로 '에너지→정보→에너지'라는 쓸데없는 에너지의 이행이 이루어지는 것이다. 방을 따뜻하게 데우기 위해 '등유로 자가 발전기를 돌려 전기스토브를 가동하는' 것이라고 하면 이해할 수 있을까. 참고로, 현재로서는 왜 이렇게 귀찮고 쓸데없는 방식을 취하는 것인지에 대해 전혀 밝혀내지 못했다. 생명의 신비이다.

원기옥처럼 운용이 가능할까?

정보 열기관은 자기 체내에서 자신의 에너지를 사용하는 것인데 "모두의 힘을 내게 빌려줘"라고 외치며 타인으로부터 에너지를 모으는 것이 가능할까? 세포가 정보 열기관에 의해 움직인다면 자기 체내의 정보로

에너지를 발생시키는 것뿐 아니라 타인에게 받은 정보를 사용해 에너지를 발생시키는 것도 가능할 것이다.

인간의 뇌는 양자 텔레포테이션에 의해 타인과도 정보 교환이 이루어진다고 한다. 양자 텔레포테이션으로 정보는 보낼 수 있어도 질량이나 에너지의 전송은 불가능하다. 그러나 타인의 몸에 정보를 보낼 수 있다면 정보 열기관에 의해 그 정보를 에너지로 변환할 수 있기 때문에 사실상 에너지를 보내는 것이나 마찬가지이다. 이 현상을 거시적으로 보면 모브 캐릭터가 소원을 빌어 주인공이 에너지를 얻는 것처럼 보이는 것이다. 게다가 주인공이 에너지를 얻은 만큼 모브 캐릭터의 에너지가 줄기 때문에 열역학 제2법칙에도 위배되지 않는 기적적인 부작용까지 얻을 수 있다. 이제 안심하고 원기옥을 던질 수 있겠다.

다시 마법 소녀 이야기로 돌아가자. 정보 열기관은 '미리 당겨 쓸 수 있다'는 재미있는 특성이 있다. 이것으로 그리프 시드의 특성까지 설명할 수 있다. 정보 열기관은 다음의 세 가지 과정으로 반복된다.

① 관측에 의한 정보 획득

② 에너지의 추출

③ 정보 기억의 소거

보통 엔진은 '연료 투입 후, 연료를 연소해 배기'하는 과정으로 가동되며 위의 ①의 단계에서 연료가 필요하다. 그러나 정보 열기관이 특수한 것은 ①의 단계가 아니라 ③의 단계에서 연료를 필요로 한다는 점이다. 즉, 에너지를 먼저 쓰고 나중에 연료를 투입하는 것이 가능하다는 말이다. 하얀 악마가 소원을 먼저 이루어주고 마녀로 변할 때 발생하는 막대한 에너지를 회수한다는 설정이 설명된다.

정보 열기관은 마법 소녀를 과학적으로 뒷받침하기 위한 더욱 재미있는 특성을 가지고 있다. ③의 단계에서 투입할 연료를 에너지를 얻은 당사자가 아니라 당사자와 관련이 있는 제삼자로부터 대신 회수할 수 있다(②의 단계).

조금 더 구체적으로 설명하면 '① 관측에 의한 정보 획득'은 하얀 악마와의 계약이다. 그리고 계약한 악마는 '②에너지의 추출'을 실행하고, 그 일부를 사용해 계약자의 소원을 들어준다. 마지막으로 계약자가 미리 쓴 에너지를 정보의 집합체인 영혼을 빼앗거나 마법 소녀가 마녀로 이행할 때 발생하는 방대한 정보 에너지를 회수하는 것이다. 여기서 중요한 것은 에너지를 회수할 제삼자는 아무 관계도 없는 타인이 아니라 ②에서 에너지를 추출한 정보 열기관과 하얀 악마 사이에 간접적으로 상관관계가 있어야만 한다. 다시 말해, 하얀 악마와 계약한(계약했던) 자 즉, 마법 소녀만이 대신할 수 있다.

그리고 마법 소녀가 에너지를 제공하기 싫다면 제삼자로부터 에너지를 회수하게 하면 되는 것이다. 물론 그 상대는 같은 마법 소녀나 마법 소녀였던 자가 아니면 안 된다. 그리프 시드를 통해 에너지를 회수한다는 논리가 성립한다. 마법 소녀(마녀)가 있는 한 타인으로부터 에너지를 회수할 수 있으니 그야말로 다단계 에너지 산업이다. 또 마법 소녀가 마녀가 되기 전에 죽는 경우는 죽음이라는 형태로 정보 기억의 소거가 이루어져 엔트로피가 발산되기 때문에 보험금으로 채무를 변제받는 것처럼 에너지를 회수할 수 있다.

등유를 직접 전기스토브에 넣으면 되는데 굳이 자가 발전기를 돌려 전기스토브를 가동한다. 정보 열기관은 일견 불필요한 에너지 이행을 하고 있는 듯하다. 그 이유는 아직 밝혀지지 않았다.

인간의 영혼의 용량은?

그렇다면 정보 열기관이 생성하는 에너지에 대해 생각해보자. 정보 열기관은 1비트의 정보로부터 kT ln 2의 에너지를 얻을 수 있으므로 1J의 에너지를 얻는 데 필요한 정보량을 계산하면 결과는 3경8,300조 비트…. 1TB의 HDD 정보량이 약 8조 7,960억 비트이므로 약 4,354대 분의 정보량이다. '1TB의 HDD 4,354대의 소비 전력이라니, 대체 몇 J이란 말이야!' 이런 생각이 들 것이다.

Memo:

또 에너지로부터 질량을 만들어내는 경우, 1g의 질량을 얻는 데 90조J의 에너지가 필요하다. 만약 인간의 영혼을 물질화했을 때 10g의 보석이 된다고 하면 인간의 영혼에는 3경 8,300조×900조 비트 이상의 정보량이 있다는 말이다. 즉, 현재 지구상에 있는 컴퓨터를 다 합쳐도 인간의 영혼 1개분에도 미치지 못한다는 것이다.

게다가 이것은 변환 효율 100%를 가정했기 때문에 실제로는 더 많은 에너지가 필요할 것이다. 인간의 정신을 재현할 완벽한 인공지능을 만들지 못하는 것도 무리는 아니다.

참고로, 인큐베이터는 작중에서 '열역학 제2법칙에 얽매이지 않는 에너지를 회수한다'는 식으로 말하는데, 이것은 자신이 열역학 제2법칙에 얽매이지 않기 위해 타인의 에너지를 흡수하는 것뿐이다. 엄밀히 말하면, 정보 열기관은 열역학 제2법칙을 따르는 장치로 인큐베이션 역시 우리와 같은 과학의 법칙에 따라 살아가는 생명체인 것이다.

또한 정보 열기관에서 연료로 소비된 정보는 사라지는 것이 아니라 질서를 잃고 난잡한 상태로 변화한다. 1TB의 HDD 4,354대의 정보를 사용해 1J의 에너지를 얻은 경우, HDD에 기록되어 있는 신호 자체는 사라지지 않지만 질서가 사라져 데이터로서 추출해낼 수 없는 상태가 되는 것이다. 즉, 마법 소녀가 마녀로 변한다는 설정은 인간의 영혼이 연료가 되는 경우, 인격을 잃고 미쳐버리거나 정보의 오류로 폭주를 일으킨 결과라는 설명도 가능하다.

지나치게 발달된 과학은 마법과 구별되지 않는다고 한다. 원자력이나 반물질 기관보다 발달한 정보 열기관으로 움직이는 세계야말로 진정한 의미에서의 마법의 세계라고 할 수 있지 않을까.

《마법 소녀 마도카☆마기카》 속 정보 열기관의 순환 과정

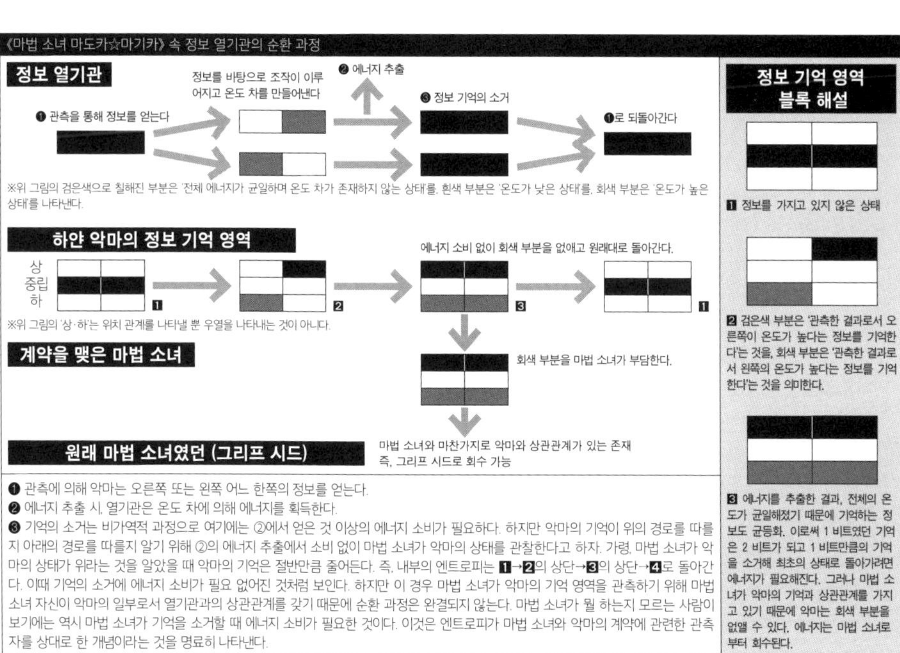

※위 그림의 검은색으로 칠해진 부분은 '전체 에너지가 균일하며 온도 차가 존재하지 않는 상태'를, 흰색 부분은 '온도가 낮은 상태'를, 회색 부분은 '온도가 높은 상태'를 나타낸다.

※위 그림의 '상·하'는 위치 관계를 나타낼 뿐 우열을 나타내는 것이 아니다.

❶ 관측에 의해 악마는 오른쪽 또는 왼쪽 어느 한쪽의 정보를 얻는다.
❷ 에너지 추출 시, 열기관은 온도 차에 의해 에너지를 획득한다.
❸ 기억의 소거는 비가역적 과정으로 여기에는 ②에서 얻은 것 이상의 에너지 소비가 필요하다. 하지만 악마의 기억이 위의 경로를 따를지 아래의 경로를 따를지 알기 위해 ②의 에너지 추출에서 소비 없이 마법 소녀가 악마의 상태를 관찰한다고 하자. 가령, 마법 소녀가 악마의 상태가 위라는 것을 알았을 때 악마의 기억은 절반만큼 줄어든다. 즉, 내부의 엔트로피는 1→2의 상단→3의 상단→4로 돌아간다. 이때 기억의 소거에 에너지 소비가 필요 없어진 것처럼 보인다. 하지만 이 경우 마법 소녀가 악마의 기억 영역을 관측하기 위해 마법 소녀 자신이 악마의 일부로서 열기관과의 상관관계를 갖기 때문에 순환 과정은 완결되지 않는다. 마법 소녀가 뭘 하는지 모르는 사람이 보기에는 역시 마법 소녀가 기억을 소거할 때 에너지 소비가 필요한 것이다. 이것은 엔트로피가 마법 소녀와 악마의 계약에 관련한 관측자를 상대로 한 개념이라는 것을 명료히 나타낸다.

1 정보를 가지고 있지 않은 상태

2 검은색 부분은 '관측한 결과로서 오른쪽이 온도가 높다는 정보를 기억한다'는 것을, 회색 부분은 '관측한 결과로서 왼쪽의 온도가 높다는 정보를 기억한다'는 것을 의미한다.

3 에너지를 추출한 결과, 전체의 온도가 균일해졌기 때문에 기억하는 정보도 균등화. 이로써 1 비트였던 기억은 2 비트가 되고 1 비트만큼의 기억을 소거해 최초의 상태로 돌아가려면 에너지가 필요해진다. 그러나 마법 소녀가 악마의 기억과 상관관계를 가지고 있기 때문에 악마는 회색 부분을 없앨 수 있다. 에너지는 마법 소녀로부터 회수된다.

column ▶ 북한의 암살 도구 독침 & 독침 총에 대한 고찰

(레너드 3세)

내장형 독침 펜

은색의 고급 볼펜과 같은 외관으로 본체를 돌리면 펜촉 대신 맹독이 든 독침이 나오는 장치. 단순히 상대에게 침을 찔러 독살하는 것이다. 독침이 내장된 펜은 쉽게 남들의 눈을 피할 수 있어 총 타입과 함께 오래전부터 사용된 듯하다. 구조는 아마도 본체를 돌려 침이 나오는 동시에 나사가 풀리며 잠금장치가 해제. 위쪽으로 밀려들어가 내부를 가압한다. 독침과 독물 사이에는 열화나 예기치 못한 누출 등을 방지하기 위해 격막이나 젤 등으로 막아 강하게 압력을 가해야만 독이 나오는 구조일 것으로 생각된다.

내장형 독침 펜의 이미지※

본체를 돌리면 나사가 빠지며 가압 동작이 가능해진다? 독물의 양이나 가압 구조 등은 정보가 없기 때문에 상상에 의지했다.

만년필형 독침 총

이것도 펜 형태의 암살 도구로, 독침이 달린 탄환을 발사하는 일종의 독침 총이다. 크기가 작기 때문에 총으로서의 위력은 약하지만 독침이 달려 있기 때문에 적중하기만 하면 확실히 암살이 가능하다. CNN의 동영상(http://goo.gl/bbb06f)으로 실제 발사되는 장면을 볼 수 있다. 아마 뒤쪽에서 노크식 버튼을 눌러 공이로 화약을 쳐서 발화→발포하는 방식인 듯하다. 단발식이므로 발화 기구는 자동 센터 펀치와 같은 매우 단순한 구조라고 생각된다. 독물이 피하에서 방출된다고 하니 발사와 착탄 압력으로 독물이 나오는 구조가 아닐까?

만년필형 독침 총의 이미지※

독침 탄환 화약 발화부

뒤쪽에서 노크식 버튼을 누르면 발사되는 것으로 보인다. 탄환과 약협(탄약이 담긴 통)이 함께 발사되는 듯하나.

회중전등형 3연발 독침 총

신형 암살 도구. 중국제 LED 라이트를 사용한 회중전등형 본체에 만년필형과 같은 독침 총의 기구가 3발 분량 들어 있다고 한다. 위장과 내부 보호를 위해서일까, 정면 렌즈부에 3개의 구멍이 뚫려 있고 반사경도 부착되어 있다. 엑스선 사진상으로는 리볼버와 같은 기구는 보이지 않고 수동으로 한 발씩 회전시켜 발사하는 듯하다. 측면에 방아쇠 같은 것도 보이지만 자세한 구조는 알 수 없다.

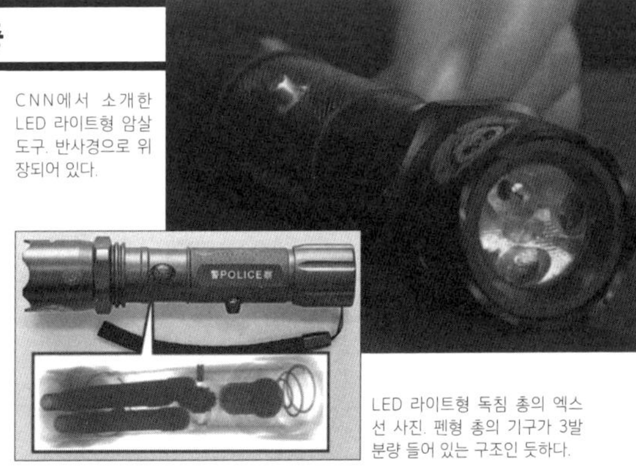

CNN에서 소개한 LED 라이트형 암살 도구. 반사경으로 위장되어 있다.

LED 라이트형 독침 총의 엑스선 사진. 펜형 총의 기구가 3발 분량 들어 있는 구조인 듯하다.

Memo:

※본 기사의 일러스트는 어디까지나 사진, 동영상, 엑스선 사진을 바탕으로 고찰해본 이미지이다. 실물과 다른 경우가 있으므로 어디까지나 참고 삼아 보기 바란다.

SPECIAL

[방사선학]

방사 뇌는 과학의 불로 소독하자!

유용한 방사선 에너지

동일본 대지진 이후, 방사선에 대한 공포감이 더욱 커진 듯하지만 그것이 매우 유용한 고에너지라는 것은 사실이다. 올바른 과학 지식을 갖춰 망언을 일삼는 안타까운 어른이 되지 않도록 유의하자. (아사마 지로)

일본인은 방사선에 대한 기피 감정이 지나치게 강해 방사선을 제대로 이용하지 못하고 있는 듯하다. 오늘날 방사선은 전 세계에서 유용하게 활용되고 있다. 이번에는 올바른 방사선 활용법에 대해 소개한다.

방사선의 유효한 활용

살균하고 싶지만 가열하거나 약제를 사용하면 팔 수 없게 되는 식품이 많다. 예를 들면 향신료가 있다. 가열 살균하면 특유의 풍미가 사라져 못 쓰게 된다. 이때 방사선이 이용된다. 그 밖에도 감자, 양파, 시금치, 마늘, 냉동 수산물, 식용 조류육… 등등 현재도 수많은 식재료에 방사선을 조사해 살균 처리를 하고 있다.

소고기를 생으로 먹고 식중독을 일으키거나 사망하는 사고도 있었다. 생고기도 방사선을 조사해 판매하면 문제없다. 맛이나 풍미는 물론 식감과 영양 성분을 전혀 해치지 않고 완벽히 살균할 수 있다. 그야말로 과학의 불인 것이다.

전자레인지 같은 기계로 방사선을 조사하는 장치를 판매해 생선회부터 생고기까지 전부 방사선을 조사해 섭취하도록 하면 식중독 위험은 크게 줄어들 것이다. 하지만 방사선을 조사하는 장치에는 까다로운 법적 규제가 있으며, 일반 가정은커녕 업무용으로도 설치가 어렵다.

방사선 조사장치로 방사선을 만들어내는 방식은 단순하다. 방사능을 지닌 방사선 물질을 가까이 대기만 하면 된다. 장치의 구조도 매우 간단하다. 방사선을 차단하는 차폐용기 안에 방사성 물질을 넣고 조사할 때에만 뚜껑을 여는 구조이다.

현재 일본에서 유일하게 방사선 조사를 인정받아 유통되고 있는 식품은 감자이다. 1972년 감자에 대한 방사선 조사가 허가되면서 1974년부터 홋카이도의 시호로초농업협동조합 '시호로 동위원소 조사센터(코발트 조사센터)'에서 감마선을 조사해 출하했다. 그 이후, 홋카이도산 감자는 저장이나 출하 후 발아해 못 쓰게 되는 일이 없어졌다.

지금도 마트 등에서 판매되고 있는 홋카이도산 감자는 방사선 처리가 된 것이다. 3·11 후쿠시마 원전 사고 이후, 방사선 오염 식품과 혼동되는 등 과도한 주목을 받았지만 인공적인 방사선 조사보다 자연적으로 발아한 감자의 싹이 유독하다.

시호로 동위원소 조사센터의 방사선 조사 사진은 JA 시호로초 웹사이트에도 실려 있으며 그 구조 역시 매우 단순하다. 감마선을 방출하는 코발트 60을 중앙에 두고 그 주위를 컨베이어 벨트에 올린 감자 박스가 지나가는 것이다. 이런 간단한 처리로 감자의 발아를 막을 수 있다.

참고로, 주사기나 메스 등의 일회용 의료기기 제조 공정에서 감마선 멸균을 할 때도 이용되는 방식이다. 간난한 과정으로 처리할 수 있어 다양한 제품에 폭넓게 이용된다.

방사선을 조사한 감자에는 당연히 방사능이 없기 때문에 어떤 고성능 방사능 측정장치를 사용해도 판별할 수 없다. 마트에서 사온 감자가 방사선 조사를 한 것인지 확인해보고 싶으면 화분에 심고 일주일 정도면 알 수 있다. 싹이 나오지 않으면 방사선 조사를 한 감자이다. 방사 뇌들은 직접 실험해보기 바란다.

방사선과 방사능

그럼 여기서 '방사선'과 '방사능'에 대해 간단히 확인해보자. 언론 보도 등에서도 뒤죽박죽으로 보도되는 경우가 있는데 완전히 다른 것이다. 방사선을 방출하는 능력이 방사능이

Memo:

コバルト照射センター

「士幌アイソトープ照射センター」は、昭和48年度に農水省が農産物放射線照射利用実験事業として建設し、昭和49年より発芽による品質低下を抑えた安全で良質な芽止めじゃがいもを毎年お取引様からのご注文に応じて出荷しています。

詳細についてはこちらをご覧下さい

芽どめじゃがってなに？（PDF 1.5MB）

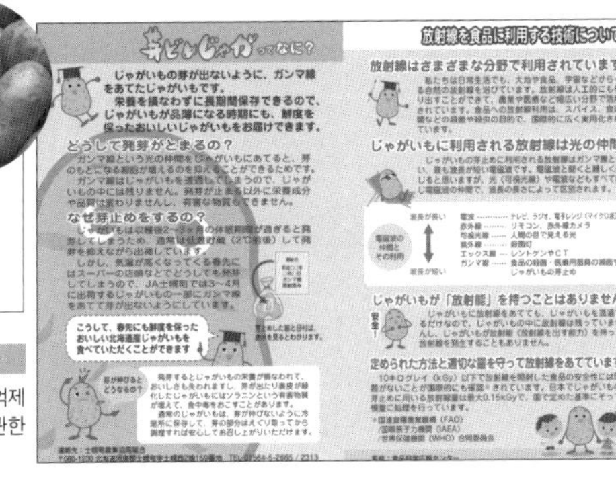

홋카이도 JA 시호로초 코발트 조사센터
http://www.ja-shihoro.or.jp

1978년 '시호로 동위원소 조사센터'로 설립. 이듬해부터 감자의 발아를 억제하기 위해 방사선(감마선)을 조사해 출하했다. 오른쪽은 '발아 억제 감자'에 관한 자료

며, 그런 능력을 지닌 물질을 '방사성 물질'이라고 한다. 위험한 것은 방사능을 지닌 이 방사성 물질로, 방사선 자체는 순간적으로 사라지는 것이다.

방사성 물질이 지닌 방사능은 방사선을 전부 방출하고 나면 사라진다. 방사능이 절반이 되는 기간을 '반감기'라고 한다. 이 반감기를 단축할 수 있다면 방사성 물질을 무독화하는 것도 가능하겠지만 가열, 냉각, 자기장, 방전, 화학반응 등 어떤 처리로도 전혀 줄지 않아 오직 시간이 경과하기를 기다리는 수밖에 없다.

핵무기 등에 사용되는 플루토늄 239의 경우, 반감기가 2만4,110년으로 완전히 무독화되려면 8만 년 이상의 시간이 필요하다는 계산이다. 체내에 들어가면 배출되기까지 무려 663년이 걸린다. 또 열화우라늄탄에 사용되는 우라늄 238의 경우, 무독화되기까지 150억 년 이상이 걸린다. 태양의 수명이 먼저 다하는 수준. 인류가 기다릴 수 있는 수준의 시간이 아니다.

한편 천연 우라늄의 약 65억 배에 이르는 초강력 방사능을 지닌 폴로늄 210은 청산가리의 37만 배에 달하는 독성을 발휘하는 즉사 수준의 방사선을 방출하는 대신 수명이 극도로 짧은 것이 특징이다. 반감기는 138.76일이다.

여기서 두 가지 명안을 생각해낸 과학자가 있었다. 레이저의 혁신적인 응용과 성능 향상에 공헌한 공적으로 2018년 노벨 물리학상을 수상한 프랑스의 제라드 무르(Gérard Mourou) 박사이다.

가설 ① 방사성 물질에 엄청난 방사선을 쏘여 초강력 방사능을 띠게 하면 순식간에 수명이 다하지 않을까?

가설 ② 물질이 방사능을 띠는 요인은 불안정한 상태의 물질이 안정적인 상태가 되기까지 자연적인 힘에 의해 방사선을 방출하는 것이므로 안정된 상태가 되도록 인공적으로 원자핵에 중성자를 더하거나 빼거나 하면 방사능이 없어지지 않을까?

이론상으로는 맞는 말 같지만 여기에는 치명적인 결점이 있다. 소비 전력이 너무 커서 원자력발전소 1기분의 방사성 폐기물을 처리하는 데 원자력발전소 10기 이상의 전력이 필요하다는 모순. 1회 처리할 때마다 10배씩 폐기물이 증가하는 절망적인 비용 대비 효과는 도저히 해결이 안 된다.

뭔가 획기적인 기술이 개발되어 소비 전력이 100분의 1 정도가 되면 실용화될지 모르지만 그런 게 가능하다면 처음부터 그 장치로 방사선을 방출해 핵반응을 일으켜 발전하면 방사성 폐기물이 나오지 않는 핵융합이 가능하기 때문에 원자로의 존재 자체가 필요 없게 된다. 즉, 핵융합이 실용화되면 핵융합로에서 발전한 전력으로 원자로의 방사성 폐기물을 무독화하는 것이 가능해지는 것이다.

또 이 기술에는 미량의 방사성 물질을 포함한 물질에 사용하면 방사능을 띠지 않던 물질을 방사능을 띠게 하는 결점이 있다. 방사능에 오염된 식품이나 지면 등에 사용하면 방사능이 더 강해지는 것이다.

사용하려면 방사성 물질만 분리·추출해야 하므로 이번에도 막대한 비용이 들 것이다. 방사성 물질을 분리·추출하는 것이 극히 어렵기 때문에 후쿠시마 원전의 오염수를 분리하지 못하고 그대로 모아둘 수밖에 없는 상황인 것이다. 인류가 방사능의 공포에서 영원히 해방되는 유일한 방법은 원자력을 뛰어넘는 초강력 에너지원을 손에 넣는 수밖에 없을 것이다.

방사선 이유식

지금은 거의 잊혔지만 1978년 '이유식 방사선 조사 사건'이 일어났다.

放射線ベビーフード
原料野菜に違法照射
四年間、殺菌のため
飼料と偽り頼む—県、回収命令

이유식 방사선 조사 사건

방사선 조사 살균이 허가된 식품은 감자가 유일하다. 한편 실험용 동물의 사료도 방사선 조사를 허가받았다. 한 식품공업회사가 '분말 채소'의 라벨을 '사료'로 바꿔 방사선 조사 서비스 회사에 의뢰했다고 한다. 과학적 조사 결과, 분말 채소로 만든 스프에서 방사능은 검출되지 않았으며 피해자도 없었다. 그러나 이 사건에 대해 후생성을 상대로 시민단체의 항의 시위가 한동안 계속되었다. 방사 뇌는 오래전부터 존재하는 병이었던 듯하다….(1978년 9월 11일 요미우리 신문 참조)

당시 업계 최대 기업의 '영양 채소 스프'의 원료인 분말 채소(양배추, 배추)가 납품 시 방사선으로 살균되었다는 것이 문제가 된 사건이다. 방사선 조사된 분말 채소를 사용한 스프가 4년간 연간 60만 박스나 판매되었다. 추정 소비량만 200만 회가 넘고 이 스프를 먹은 어린아이가 몇만 명이나 되는지조차 파악이 불가능했다. 1955년 세상을 발칵 뒤집은 '모리나가 비소 우유 중독사건' 이상의 대참사가 될 것이라고 당시 기업이며 관청은 큰 혼란에 빠졌다.

4년이나 지나 밝혀진 경위는 그야말로 황당하기 이를 데 없었다. 기업에 분말 채소를 납품했던 식품공업회사의 영업사원이 다른 기업에도 "우리 제품은 방사선으로 살균했기 때문에 절대 안전하다"고 홍보하자 그 회사 직원이 "방사선 살균은 감자 이외에는 위법이 아니냐"며 물었다. 기술부장 겸 영업부장이 도요하시보건소에 전화로 문의했더니 보건소 직원이 광분하며 쫓아와 식품위생법 위반으로 즉각 영업 금지 및 전 제품 회수를 명령했다는….

당시의 식품위생법에서는 1g당 세균 수를 5만 개 이하로 규정했는데, 그 기업의 자사 기준은 5,000개 이하로 굉장히 엄격했다고 한다. 너무나 엄격한 거래처의 요구에 고민하던 식품공업회사의 사장이 지인인 방사선 기사에게 상담했더니 방사선 조사 서비스 회사에 가져가보면 어떻겠냐는 아이디어를 내 방사선 조사로 살균 처리해 기업에 납품하게 된 것이었다. 기업 측 검사에서는 '세균이 검출되지 않음'이라는 높은 평가를 받으며 4년간 거래를 계속해온 것이었다.

방사선 조사 서비스 회사에서 조사한 감마선의 흡수선량은 500krad로 당시 식품위생법으로 용인된 15krad를 크게 뛰어넘는 수치였다. 그도 그럴 것이 그 회사는 주사 바늘 등의 의료기기를 살균하는 것이 주된 업무였기 때문이다. 어떤 세균도 완전 말살하는 수준의 감마선을 조사하는 곳이었다.

보건소에 의해 적발된 식품공업회사의 한 공장장은 "방사선은 잘 모르겠고 그걸 사용하면 된다고 해서 사용했다"고 대답했다고 한다. 또 다른 공장장은 "이야기는 들었지만 나는 공장장이 된 지 1년밖에 안 돼 잘 모른다"며 책임을 회피하는 등 무지하기 짝이 없는 집단이었다.

방사선 소사 서비스 회사도 "방사선 피해에 대해서는 전문가가 아니라 잘 모른다"며 막상막하의 답변을 하며 밀봉된 캔에 든 것을 가져와 그대로 다시 가져갔기 때문에 내용물이 식품인 줄도 몰랐다고 주장했다.

보건소는 초고감도 방사능 측정장치를 이용해 회수된 제품부터 공장까지 철저히 조사했지만 방사능은 전혀 검출되지 않았다. 그 결과, 이미 소비되었을 제품까지 포함해 방사능에 오염된 제품은 존재하지 않으므로 아무 문제가 없다…는 결론을 내렸다. 과학적으로 볼 때 흡수선량 500krad 정도의 감마선 피폭으로 물질이 방사능을 띠는 것은 불가능하다. 오히려 영양이나 풍미를 해치지 않고 완전 살균된 매우 안전한 이유식이었다는 결론이 나온 것이다.

Memo: 참고 자료 ● '핵 변환에 의한 고준위 방사성 폐기물의 대폭 저감·자원화' http://www8.cao.go.jp/cstp/sentan/kakushintekikenkyu/yusikisha_29/siryo1.pdf
● 『고등재판소 판사 판례집』 38권 2호 186쪽
● '판례타임즈' 534호 367쪽

이 사건으로부터 10년이 지난 1988년에는 유엔 식량농업기구(FAO), 국제원자력기구(IAEA), 세계보건기구(WHO)가 공동으로 식품에 대한 방사선 조사의 안전성을 발표했다.

결국 이유식 방사선 조사 사건은 피해자 0명으로 종식되었지만 그 후에도 200명 남짓한 시민으로 구성된 단체가 '방사선 이유식 피해 부모들의 모임'을 결성해 후생성에 항의 활동을 계속했다. 그러나 방사능은 발견되지 않고 피해자도 없었기 때문에 모임은 자연 해산되고 말았다.

이 사건 재판의 중요 취지는 '식품에 기인한 사고를 방지한다는 목적의 달성을 위해 절대적 안전성이 요구되며 그 안전성에 사소한 의문이라도 제기되는 경우 그 식품은 규제한다는 이른바 [의심스러우면 규제한다]는 원칙이 타당한 것으로 해석되어야 하며 이것을 위반하는 행위는 실제 피해의 유무를 따지지 않고 처벌 대상이 된다'는 점이다. 방사선에 대한 사법의 판단은 법의 기본 원칙을 무시한 '의심스러우면 처벌한다'는 것이었다. 실제 식품공업회사의 사장 이하 5명의 유죄가 확정되었다(자세한 내용은 하단의 칼럼 참조).

제로 리스크가 아니면 절대 용납하지 않겠다는, 오히려 각 전문기관으로부터 진짜 제로 리스크가 증명된 후에도 조금이라도 의심스러우면 유죄라는 방사선에 대한 몰이해. '방사선' 혹은 '방사능'이라는 단어만 나오면 그대로 끝이다.

심지어 일본에서는 외국에서 방사선 조사된 식품도 수입 금지라는 엄격한 규제가 취해진다. 아무리 초고성능 방사능 측정장치로 검사해도 조사된 식품에 방사능 따위는 없기 때문에 식별도 불가능하고 실질적으로도 아무 문제가 없다. 오히려 세균이 검출되지 않으면 방사선 조사를 의심해야 한다는 식의 이해할 수 없는 결론이 나오는 지경이다.

'방사선 조사 식품이 독'이라는 것은 방사 뇌들의 근거 없는 트집일 뿐이다. 전 세계 과학자들이 수십 년에 걸쳐 철저하게 조사하고 세 곳의 국제 전문기관이 안전성을 선언해도 절대 받아들이지 않는 방사 뇌를 가진 사람들. 그들은 안전한 방사선보다 위험한 세균 때문에 죽어야만 만족할 것인가. 정말이지 구제불능이다…(웃음).

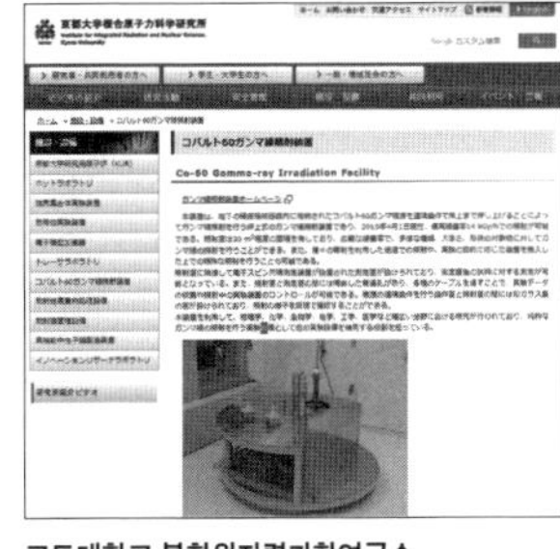

교토대학교 복합원자력과학연구소 코발트 60 감마선 조사장치

https://www.rri.kyoto-u.ac.jp/

일본에는 코발트 60에 의한 감마선 조사 실험시설이 몇 곳 있다. 이곳은 교토대학교의 '복합원자력과학연구소'로 조사실은 30㎡, 최고 선량률 14kGy/h로 조사가 가능하다고 한다.

이유식 방사선 조사 사건 이후…

식품공업회사의 사장 이하 5명이 식품위생법 위반으로 체포되었다. 재판에서 사장과 방사선 기술자는 끝까지 무죄를 주장했다. 방사선의 안전성은 일본은 물론 국제적으로도 엄중히 확인되었다고 주장했다. 하지만 방사 뇌를 가진 재판관에게는 전혀 통하지 않고 1984년 6월 6일 나고야 지방재판소 도요하시지청에서는 5명에게 유죄 판결을 내렸다. 사장과 방사선 기술자 2명에게는 징역 8개월 집행유예 2년, 사원 3명에겐 벌금 10만 엔의 판결이 내려졌다.

이 사건은 국회에서 '공모죄'에 관한 주제가 오르내리기 한참 전이었지만, 사원 3명에 대해서는 공모죄 수준의 판결로 '형법 60조 : 2명 이상이 공동으로 범죄를 실행한 경우 모두 정범으로 간주한다'를 적용했다. '방사선을 사용한 것을 알면서도 판매했기 때문에 똑같은 범죄자'라는 이유였다. 국회에서 심의를 거듭해 힘들게 공모죄 등을 성립시키지 않아도 이미 유죄 판결을 내릴 수 있는 형법과 판례가 있었던 셈이다.

5명은 항소했지만 1985년 10월 22일 나고야고등법원에서 전원 유죄가 확정되었다. 식품공업회사는 판결이 확정되기 전에 도산했다.

매드 사이언티스트라면 한 번쯤 꿈꾸는

자가용 원자로 DIY

일본에서는 거의 취급이 금지된 방사성 원소. 하지만 해외에서는 자가용 원자로 제작에 도전한 미친 인간들도 있다. 원자로의 DIY 가능성에 대해 연구해보자.

(아루마 지로)

자기 집 창고에 자가용 원자로를 만들려고 했던 데이비드 한이라는 위인이 2016년 9월 39세의 나이로 세상을 떠났다. 재일 미군으로 일본에 체재한 적도 있다는 그를 우리 비밀 결사에 초청하고 싶었는데 안타까운 일이다.

그가 혼자 만들었던 원자로는 자연적으로 핵분열 반응을 일으키는 물질을 모아 물에 넣고 끓이는 방식이었다고 한다. 그 수준이 심상치 않았던 듯 미국 원자력규제위원회가 나서면서 그의 집이 방사능 오염구역으로 지정되었을 정도다. 사인은 공개되지 않았기 때문에 피폭에 의한 것이었는지는 확실치 않다. 애도의 의미를 담아 이번에는 원자력발전을 DIY하는 방법에 대해 연구해보려고 한다.

입수 가능한 방사성 원소

원자력으로 발전을 하려면 필히 방사성 원소를 구해야 한다. 데이비드 한은 화재경보기에서 아메리슘, 캠프용 랜턴의 심에서 토륨, 시계의 야광 도료에서 라듐, 총 조준기에서 트리튬 등을 모았다고 한다. 다만 지금은 이런 제품들 모두 방사성 원소를 사용하지 않게 되었다.

일본에서는 '방사성 동위원소 등에 의한 방사선 장애 방지에 관한 법률'에 의해 방사성 원소를 구하는 것이 거의 불가능하다. 과거에는 라듐 등이 '건강에 좋다'고 알려져 판매된 적도 있긴 했지만…. 라듐 온천에서 채취하는 방법도 있지만 과연 몇만 톤의 물을 증류해야 될지 가늠도 되지 않는다. 라듐의 경우, 역시 오래된 시계에서 야광 도료를 모으는 방법이 가장 확실한 듯하다.

그럼 라듐을 대량으로 모았다고 치고 어떻게 전력을 발생시킬 것인지가 문제인데 가장 현실적인 방법은 광전 변환식 원자력 전지를 만드는 것이다. 이론상으로는 가로·세로 1m 정도의 패널에 야광 도료를 도포하고 이 패널에서 나오는 빛을 태양 전지에 조사해 발전하는 것이다. 건전지 1개 분량의 미약한 전력이지만 10년 정도는 꾸준히 전력을 얻을 수

17세 무렵 시계의 야광 도료 등을 모아 원자로를 자작한 데이비드 한. 보이스카우트에 소속되어 있었던 당시 그의 닉네임은 'NUCLEAR BOY SCOUT'이었다. 2016년 9월, 39세의 나이로 세상을 떠났다. (사진/ 'The Nuclear Boy Scout' 참조)

가정용 원자력발전기
체르노빌 1형

『라디오 라이프』 1990년 11월호의 부록 「비공식 RL」의 표지 뒷면에 실렸던 가공의 광고. 자세한 내용은 271쪽을 참조.

Memo:

있다. 오염이나 폭발 걱정이 없는 수준의 핵에너지로는 그 정도 전력밖에 얻을 수 없다.

그 밖에 일본에서 입수 가능한 방사성 원소라고 하면 토륨이 있다. 전기 용접에 사용하는 토륨이 함유된 텅스텐 전극 봉이라면 인터넷에서도 구입이 가능하므로 거기에서 추출하는 것이다. 차세대 원자력발전으로 '토륨 발전'이 화제가 되기도 했던 만큼 자작 가능성을 기대하기도 했는데 이것 역시 쉽지 않다.

토륨은 반감기가 140.5억 년으로 매우 길고 안정된 핵물질이라 그대로 연료로 사용할 수 없다. 우라늄, 리튬, 베릴륨과의 합금으로 만들어야 한다. 토륨만 입수한다고 될 일이 아니었던 것이다. 그리고 필요한 분량을 구하려면 수천 톤의 용접봉을 용광로에 넣고 분리해야 한다. 철공소를 경영한다면 토륨이 들어간 텅스텐 전극 봉을 대량으로 소비하기 때문에 입수 자체는 가능하겠지만…(자금만 충분하다면).

입수 가능한 방사성 물질

라듐

과거에는 시계의 야광 도료로 방사성 물질인 라듐이 사용되었다. 오래된 시계를 대량으로 모아 입수할 수 있다. (사진/ 'DAMN INTERRESTING' 참조)

토륨

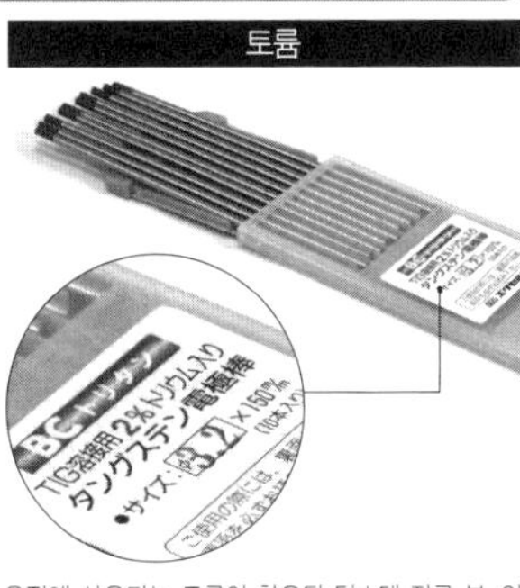

용접에 사용되는 토륨이 함유된 텅스텐 전극 봉. 인터넷 등에서 간단히 입수할 수 있지만 그대로는 사용할 수 없는 등 허들이 높다.

↑핵분열 열로 붉게 발광하는 플루토늄 238(사진/ 'NASA DoE' 참조)

→무인 우주탐사선 보이저호에 탑재되었던 원자력 전지. 40년 가까이 가동하고 있지만 앞으로 10년은 더 버틸 것이다. (사진/ 'NASA DoE' 참조)

도난·분실된 방사성 물질

방사성 물질은 기본적으로 엄중히 관리되고 있기 때문에 경비가 삼엄한 원자력발전소나 핵 시설에서 유출되는 일은 없다고 보면 된다. 하지만 의료나 검사 등에 사용되는 방사선원이 도난당하는 일은 종종 일어났다. 예컨대 1987년 브라질의 '고이아니아 방사능 유출 사고'가 있다. 폐쇄된 병원에서 93g의 세슘 137이 도난당해 피폭자 249명, 중증 16명, 사망 4명의 불상사를 빚었다. 방사성 물질 절도 사건으로는 최악의 레벨 5로 평가된다.

또 무슨 이유에서인지 방사성 물질이 길에 방치되는 일도 있었다. 1971년 일본 지바의 조선소에서 작업원이 땅에 떨어져 있던 이리듐 192 봉을 주워 하숙집으로 가져갔다가 피폭된 사건, 2008년 파키스탄 카라치에서 소련의 석유가스개발회사가 지질 조사용으로 사용했던 아메리슘과 베릴륨 241을 방치해 그것을 발견한 작업원이 피폭된 사건, 또 인도나 터키에서는 쓰레기장에 고철과 함께 섞여 있던 방사성 물질에 피폭된 사건이 있었다. 대만에서는 고철과 함께 코발트 60을 재처리해 만든 철근으로 지어진 집에 살면서 피폭되는 사건도 있었다.

어쩌면 방사선 측정기를 들고 고철 더미나 폐쇄 병원을 뒤지면 방사성 물질을 구할 수 있을지도 모른다.

원자력 전지 회수

원자력발전이라고 하면 일단 거대한 시설이 떠오를 것이다. 하지만 가정에서 사용하는 수준의 소형 원자력발전도 존재한다.

원자력발전소에서 연료로 사용하는 것은 반감기가 7억380만 년으로 매우 긴 우라늄 235이다. 그대로는 눈에 보이지 않는 정도의 에너지밖에 낼 수 없기 때문에 원자로 안에서 중성자를 부딪쳐 핵분열을 일으킨다. 그 열로 물을 끓여 증기로 터빈을 돌리는 것이다. 참고로 핵분열 반응이 너무 빠르면 폭발한다. 그것을 이용한 것이 핵무기이다.

한편 스트론튬 90(반감기 28.8년)이나 플루토늄 238(반감기 87.7년)과 같이 반감기가 100년 정도의 물질은 원자로 같은 특별한 장치가 없어도 열을 방출하기 때문에 그대로 연료로 사용할 수 있다. 매우 편리하다.

다만 반감기가 짧다는 것은 방사선도 강렬하고 독성도 흉악하다는 뜻이다. 플루토늄 238은 늘 붉게 발광하며 치사 수준의 방사선을 방출하고, 폴로늄 210(반감기 138.376일)도 방치하면 스스로 핵분열하며 발생한 열로 녹아버릴 정도의 에너지를 방출한다. 이 폴로늄 210은 암살에 이용된 적도 있을 만큼 강력한 맹독이다.

이렇게 위험한 물질이지만 피폭을 신경 쓰지 않아도 된다면 굉장히 유용한 에너지이기 때문에 벽지의 등대나 우주탐사선 등에 사용된다. 행성탐사선 보이저호에 탑재되어 있는 원자력 전지의 연료는 플루토늄 238이다. 이미 40년 가까이 가동되고 있지만 앞으로 10년은 더 쓸 수 있을 것이다. 원자력발전처럼 상시 관리 및 연료 보급 없이도 연속으로 50년은 거뜬히 가동할 수 있는 훌륭한 에너지원이다.

이 원자력 전지라면 크기가 작고 가벼워 일반 가정의 뒤뜰에도 충분히 설치가 가능할 것이다. 약 25mm

방사성 물질에 관련된 사건·사고

발생 연도	장소	개요
1971년	일본 지바현 지바시	비파괴 검사장치의 이리듐 192를 주운 조선소 근로자가 피폭되어 중상을 입었다.
1982년	대만 북부	맨션 철근 콘크리트의 철골에 코발트 60이 섞여 있어 거주민들이 피폭되었다. 1992년까지 발견하지 못했다.
1984년	모로코·카사블랑카	비파괴 검사장치의 이리듐 192가 도난당했다. 범인과 그 가족 8명이 피폭, 3명이 사망했다.
1987년	브라질·고이아니아	폐쇄된 병원에서 세슘 137이 도난당해 피폭 249명, 중증 16명, 사망자 4명으로 사상 최악의 피해가 발생했다.
1996년	이란·길란	발전소 검사용 이리듐 192가 분실되었다. 근로자가 주워 약 90분간 옷 주머니에 넣고 있다 중상을 입었다.
1997년	그루지아(현 조지아)·트빌리시	구소련 기지에서 발견된 1다스의 라듐 226에 의해 11명이 피폭되었다.
1999년	러시아·상트페테르부르크	БЕТА-М형 원자력발전기가 도난당했다. 범인 3명이 피폭되어 사망했다.
2000년	태국 중부	고철로 버려진 방사선 치료장치에서 나온 코발트 60에 피폭되어 3명이 사망했다.
2000년	이집트·카이로	출처 불명의 방사성 폐기물로 다수의 피폭자가 발생했으나 보도 통제로 자세한 내용은 밝혀지지 않았다.
2001년	그루지아(현 조지아)·트빌리시	구소련 기지의 ИЭУ-1형 원자력발전기에서 누출된 스트론튬 90으로 300명 이상이 피폭되었다.
2008년	파키스탄·카라치	구소련의 석유·가스개발회사가 지질 조사용으로 사용했던 아메리슘과 베릴륨 241에 의해 다수의 근로자가 피폭되었다.
2010년	인도·뉴델리	델리대학교가 매각한 감마선 조사장치를 폐기물 처리업자가 분해. 안에 있던 코발트 60에 의해 7명이 피폭되고 1명이 사망해다.
2011년	체코·프라하	공원 지하에 묻혀 있던 라듐 226이 발견되었다. 출처 불명
2013년	멕시코·멕시코시티	방사선 치료장치가 운송 중 도난당해 4일 후에 발견. 방사선원인 코발트 60에 의해 범인 6명이 피폭되었다.
2015년	멕시코·멕시코시티	이리듐 192를 넣은 용기가 트럭에서 도난당해 현재도 행방불명 상태.

Memo:

두께의 방호벽이 있으면 방사선도 차단해줄 것이다. 주택 한 채 정도의 전력이라면 1기만으로도 충분하다. 참고로, 인공위성에 탑재된 원자력 전지가 남태평양 통가 부근 해저에 가라앉아 있다고 하는데 그걸 찾아내면….

그 밖에 입수 가능성이 있는 것이라면 'БЕТА-М형 원자력발전기'일 것이다. 이전에 '가정용 원자력발전기 체르노빌 1형'이라는 가공의 광고가 인터넷상에서 화제가 된 적 있는데(출처는 『라디오 라이프』 1990년 11월호의 별책 부록에 실린 가공의 광고) 그것과 똑같은 것이 실제 존재한다. БЕТА-М형 원자력발전기는 내부에 납 등의 방사성 차폐재가 들어 있기 때문에 크기에 비해 무게가 560kg이나 된다. 연료는 반감기가 짧은 스트론튬 90(28.8년) 260g을 사용했다고 한다. 발전 능력은 10W밖에 되지 않아 전구 1개를 켤 수 있는 정도이지만 10년 이상 극한지에 방치해도 연료 보충 없이 가동한다.

이 원자력발전기는 소비에트 시절, 국영(國營) 용도 한정으로 1,000대 이상 생산되었다. 그 물건이 러시아로 바뀐 후 방치되었다고 한다. 지금 찾으러 가도 아마 출력은 절반 이하로 떨어졌겠지만 자세한 구조나 있을 만한 장소가 궁금한 호기로운 사람이라면 러시아어 키릴 문자 'БЕТА-М'으로 검색해보면 정보를 얻을 수 있을 것이다. 1999년 러시아 상트페테르부르크에 설치되었던 이 발전기를 실제로 훔친 3인조가 있었다고 하니 불가능한 일은 아닐 듯하다. 다만 당시 범인들은 3명 모두 상당히 높은 수준의 피폭으로 피를 뿜으며 사망했다. 아무쪼록 뚜껑을 열고 내용물을 꺼낼 때는 방사선 방호 조치를 철저히 할 것!

소비에트 시절 1,000대 이상 제작된 БЕТА-М형 원자력발전기. 아직까지 러시아 각지에 존재하는 듯하다….
(사진 http://www.atomic-energy.ru/articles/2015/09/16/5978 참조)

▼ 전설의 완구 원자력 실험 세트

1950년 미국에서 발매된 어린이용 원자력 실험 세트. 이 '길버트의 U-238 원자력 연구실(Gillbert U-238 Atomic Energy Lab)'에는 방사선을 측정하는 방사선 측정장치와 각종 방사성 원소가 들어 있었다. 구체적으로 알파선원으로는 납 210과 폴로늄 210, 베타선원으로 루테늄 106, 감마선원으로 아연 65와 우라늄 광석 등 미량이라고는 하지만 상당히 위험한 물질들이다. 그래서인지 발매 후 1년 남짓 만에 판매가 중단되었다.

참고로, 납 210의 반감기는 22.3년, 폴로늄 210의 반감기는 138.376일, 루테늄 106의 반감기는 373.59일, 아연 65의 반감기는 243.66일이다. 70년 이상 경과한 현재는 모두 방사능을 잃었을 것이다. 입수한다고 해도 이미 사용이 불가능할 것이다.

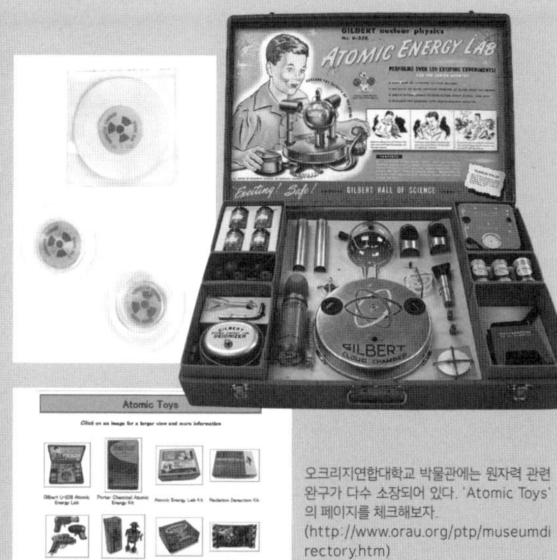

오크리지연합대학교 박물관에는 원자력 관련 완구가 다수 소장되어 있다. 'Atomic Toys'의 페이지를 체크해보자.
(http://www.orau.org/ptp/museumdirectory.htm)

측정만 하는 것으로는 부족하다!

방사선을 마스터하자

방사선에는 몇 가지 종류가 있다. 엑스선처럼 대중적인 것에서부터 알파, 베타, 감마선 그리고 지상에는 거의 존재하지 않는 희귀한 중성자선. 특징을 정리해 방사선을 마스터하자.

(레너드 3세)

과거 일본에서는 화제가 되는 일조차 드물었던 방사선 관련 문제. 방사선 측정기나 GM관에 대한 정보도 거의 없었다. 그러나 2011년에 일어난 동일본 대지진 당시의 원전 사고 이후 정보도 엄청나게 늘고, 대기업에서는 가정용 방사선 측정기가 발매되기도 했으며, 자작 키트까지 판매되었다.

이처럼 방사선을 '측정하는' 것에 관해서는 꽤 익숙해진 것이 사실인데 그것만으로는 부족하다고 느끼는 것이 과학·실험 마니아들의 습성이다. 방사선을 '측정하는' 것보다 한발 앞선 '만들고', '사용하는' 것에 대해 각 방사선별로 해설한다.

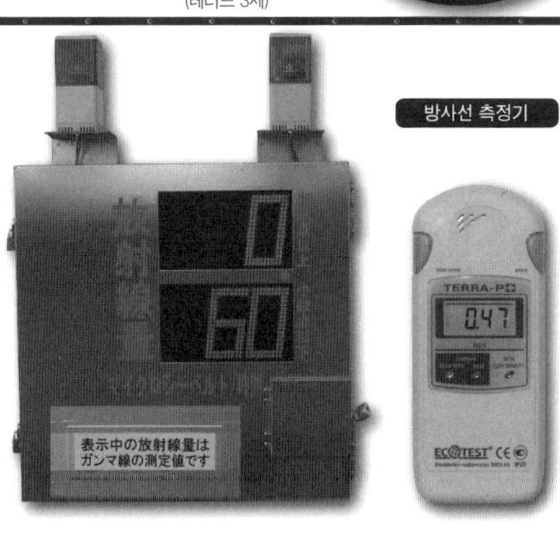

방사선 측정기

알파(α)선

가장 먼저, 알파선부터 살펴보자. 방사'선'이라고 하지만 실제로는 입자인 양자 2개와 중성자 2개로 이루어진 이른바 헬륨(He)의 원자핵이다. 원자핵의 불안정한 방사성 원소가 붕괴될 때 핵의 일부가 떨어져나온 것으로, 붕괴하면서 질량의 일부가 에너지로 바뀌기 때문에 그 에너지를 이용해 맹렬한 속도로 날아간다.

양자를 2개 가지고 있기 때문에 전기적으로는 +2의 전하를 갖는다. 질량도 무거운 편이라 일직선으로 진행하며, 주위의 전자를 강력하게 끌어당기기 때문에 비거리는 짧지만 농밀한 전리를 일으킨다.

공기 중에서 전리되면 이온이 증가할 뿐이지만 인체 내부에서는 반응성이 큰 유리기가 생성되면서 불필요한 화학반응을 일으키고, 최악의 경우 유전자에 불가역적 피해를 주는 사태를 낳는다. 마치 물속에서 총을 쏘는 것처럼 근거리에서 커다란 에너지를 가하기 때문에 종이 1장으로 막을 수 있는 것에 비해 체내에 들어오면 세포 수준에서 부분적으로 강력한 피해를 준다. 알파선원을 취급할 때에는 내부 피폭에 특히 주의가 필요하다.

알파선은 위에서 말한 대로 그 자체가 헬륨의 원자핵이기 때문에 다른 원자에 부딪쳐 핵반응을 일으키는 것도 가능하다. 선량이나 에너지는 약하지만 취급이 간단해 가속기 탄생 이전의 핵물리학계에서는 천연 방사성 물질이 방출하는 알파선이 주된 연구 소재였다.

중성자도 알파선을 이용한 실험에 의해 발견되었다. 다만 알파선, 원자핵 모두 정전하를 띠고 서로 반발하기 때문에 어느 정도 원자번호가 작은 원자가 아니면 반응을 일으킬 수

Memo:

없다. 발생 방법으로는 기본적으로 방사성 물질이 이용되며 연구에는 가속기도 많이 쓰인다. 개인적으로는 불가능한 것은 아니지만 현실적으로 어렵다.

방사선원에는 라듐(Ra226), 아메리슘(Am241), 폴로늄(Po210)이 주로 사용되는데 라듐은 알파선 외에도 강력한 감마선을 방출하기 때문에 별도의 방호 및 대처가 필수이다. 개인이 (어느 정도 강력한 방사선원을) 입수하기는 쉽지 않은데 선량계 체크용 이상은 구하기 힘들 것이다. 극히 드물게 라듐이 함유된 야광 도료를 사용한 강력한 방사선원이 있기는 하지만 그런 물질에서 라듐을 단독으로 추출하는 것은 어렵기 때문에 누출된 감마선으로 재미 삼아 간단한 실험 정도는 가능할 것이다.

아메리슘은 이온식 화재경보기에 사용되는 것으로 유명하며, 거의 알파선만 방출되므로 그나마 취급이 쉬운 부류에 속한다. 화재경보기의 아메리슘은 기본적으로 약 0.9μCi의 아메리슘을 작은 금속판에 도포해 도금한 후 지름 3mm가량의 금속 태블릿에 고정해 밀봉한다. 대충 분해해도 새어나오는 일은 없으므로 방사선원 부분이 손상되지 않도록 조심하면 어렵지 않게 분리할 수 있을 것이다.

일부 특수한 화재경보기 등에 일반 제품의 10배가 넘는 강력한 선량의 아메리슘이 사용되기도 하는데 그런 경우는 금속 리본에 아메리슘과 보호용 금도금을 하는 듯하다(최근 수년, 방사성 물질에 대한 관리가 더욱 엄중해졌기 때문에 화재경보기에서 아메리슘을 추출하는 것은 추천하지 않는다. 본 기사는 게시 당시의 분위기를 해치지 않기 위해 그대로 실었으나 어디까지나 지식으로 즐기기 바란다.-편집부 주).

알파(α)선

아메리슘(Am241)을 사용하는 해외의 화재경보기. 선원 주변부가 꽤 멋지다. 아마존에서 입수했다.

알파선을 이용한 재미있는 실험으로 스핀새리스코프가 있다. 이것은 알파선이 황화아연(ZnS) 등의 신틸레이터에 닿으면 '눈으로 볼 수 있는' 빛이 방출되는데 이것을 렌즈로 확대해 보기 쉽게 만든 장치이다. 단, 눈에 보인다고 해도 약간의 방사선일 뿐 대단한 에너지는 아니기 때문에 20분 정도 어두운 곳에서 눈을 익숙하게 한 뒤 아주 가깝게 다가가야만 보이는 수준이다. 실제 화재경보기에서 추출한 아메리슘으로 실험해 보니 형광판에 닿아 빛나는 것을 확인할 수 있었다.

스핀새리스코프 실험은 신틸레이터의 입수와 도포가 다소 어려운 부분인데 오래된 오실로스코프 등 단색의 CRT에서 형광체를 추출할 수 있다. 뢴트겐 촬영용 형광판으로도 형광을 볼 수 있기 때문에 사용 가능할지 모른다.

베타(β)선

베타선은 알파선과는 완전히 다른 고에너지 '전자'로, 방사선으로는 중간 정도의 투과력과 전리력을 가지고 있다. 전기적으로 보면 거의 전류와 같기 때문에 발생시키기 쉽고 제어도 쉽다는 특징이 있다. 그런 이유로 인공적인 전자선으로 널리 사용된다.

인공적으로 만들어진 역사도 꽤 길어 뢴트겐에 의한 엑스선 발생 이전에 이미 추출에 성공했다. 참고로, 이 전자선을 추출하는 방전관을 가리키는 '레너드 선관(Lenard Tube)'은 필자의 펜네임의 유래이기도 하다.

베타선을 방출하는 다수의 방사성 물질 중에는 세슘, 스트론튬, 트리튬 등이 유명하다. 또 방사성 물질에서는 전자뿐 아니라 전자의 반물질인 +의 전하를 띤 양전자가 방출되기도 한다. 자계 내에서는 전자와 반대 방향으로 흐르기 때문에 안개상자로 보면 판별이 가능하다.

베타선은 트리튬 라이트에 사용된다. 수소의 방사성 동위체인 트리튬

베타(β)선

01 : 트리튬 라이트. 크기와 색상이 다양하다. 중국 인터넷 사이트에서 판매하는 제품.
02 : 전자선 조사용 진공관. 창에는 3μm의 실리콘 박막을 사용했다.
03 : 전자선에 의한 아크릴 내부의 리히텐베르크 도형.

(삼중수소)을 방출하는 약한 베타선을 형광물질에 부딪쳐 빛을 내는 특수한 라이트로, 전원 없이 반영구적으로 발광하는 특징이 있다. 해외의 경찰이나 군대에서 마커로 이용하기도 한다.

인공적인 전자선의 발생 방법은 고진공 상태에서 전극 간에 고전압을 가하는 방법이 일반적이며, 전자를 안정적으로 검출하기 위해 필라멘트 등의 열음극을 이용한다. 실용적으로는 음극과 어느 정도 전압을 가진 음극을 결합한 전자총 구조를 기본으로 약한 전자 빔을 안정적으로 발생시킨 후 추가로 가속 전압을 가하는 것이 일반적이다. 아날로그 TV의 브라운관도 이런 구조이다. 고성능 전자총 구조도 있는데 이것은 '전자 빔 다이오드' 등으로 불린다.

이 정도는 고성능 진공펌프와 수백 kV급 DC/펄스 전원만 있으면 개인 수준에서도 제작이 가능할지 모른다. 과학적으로는 엑스선 발생이 재미있지 않을까. 진공 상태에서 열음극과 원자 번호가 큰 금속의 음극에 전압을 가하면 의외로 간단히 엑스선을 발생시킬 수 있다.

또 알루미늄 포일 창을 이용해 대기 중에 전자 빔을 검출하면 전자에 의한 옅은 청색 발광을 확인할 수 있다. 이른바 '하전 입자 포(砲)'라고나 할까. 과거에는 이 전자 빔을 검출하는 전용 진공관이라는 별난 제품도 있었다고 한다(살균용).

그 밖에 재미있는 예로 전자 빔을 수 MeV까지 가속해 아크릴에 발사하면 전자가 아크릴 안에 갇히는데 어느 정도 이상이 되면 내부에서 절연파괴가 일어나 방전 도형을 남기는 현상도 있다.

● 감마(γ)선/ 엑스(X)선

알파선과 베타선은 입자이지만 감마선은 빛과 마찬가지 전자파의 일종이다. 기본적으로는 엑스선과 거의 같으며 기본 전리작용을 가진 전자파 중 원자핵 기원을 감마선, 그 이외를 엑스선이라고 부르며 에너지나 분야에 따라 다른 명칭으로 불리기도 한다.

베타선처럼 다양한 방사성 물질에서 방출되고 거리당 전리 능력은 낮은 편이다. 하지만 그만큼 투과력이 높아 거리가 먼 곳까지 도달한다.

인공적인 방사선으로 가장 대표적인 것이 엑스선관으로 발생되는 엑스선일 것이다. 엑스선은 고속으로 가속된 전자가 무거운(=양자가 많은) 원자핵이 지닌 쿨롱력에 의해 궤도가 꺾일 때 발생하는 제동 방사로, 의료나 공업 현장에서 널리 쓰인다.

전용 엑스선관이 아니어도 정류용 진공관이나 실험용 크룩스관 등 고전압과 진공 환경만 갖추어지면 비교적 간단히 발생시킬 수 있다. 엑스선관 자체도 (사용할 때만 감압하는 방식이라면) 자작이 가능하다. 또 진공 상태에서 셀로판테이프를 벗기거나 얼음사탕을 부수는 것만으로도 발생시킬 수 있는 듯하다.

단, 인공적으로 발생한 엑스선은 간단히 높은 선량을 방출하는데 특히 낮은 전압에서 방사된 연엑스선은 투과력은 약하지만 인체에 매우 유해하다. 그러므로 경솔히 손대지 않는 것이 좋다. 위험할 수 있다….

엑스선 장치 자체는 의외로 인터넷 옥션 등에 자주 등장한다. 하지만 생각보다 경쟁률이 높아서 저렴하게 구입하려면 검색 능력은 물론 운도 따라야 할 것이다.

의료용 뢴트겐 장치에는 연엑스선을 차단하는 알루미늄 필터가 달려 있으므로 함부로 떼어내지 않는 편

Memo:

감마(γ)선

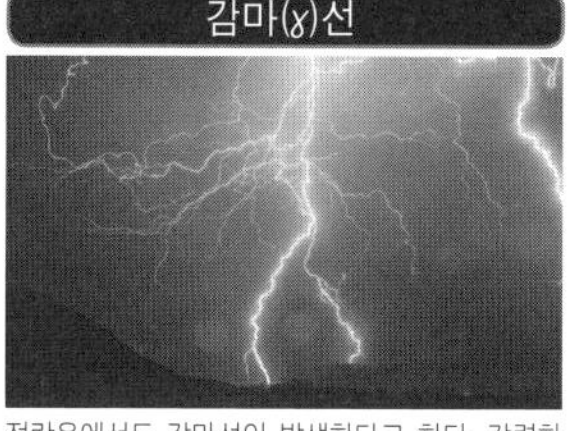

적란운에서도 감마선이 발생한다고 한다. 강력한 감마선이 방출되는 사례도 있어 활발한 연구가 진행 중이다.

엑스(X)선

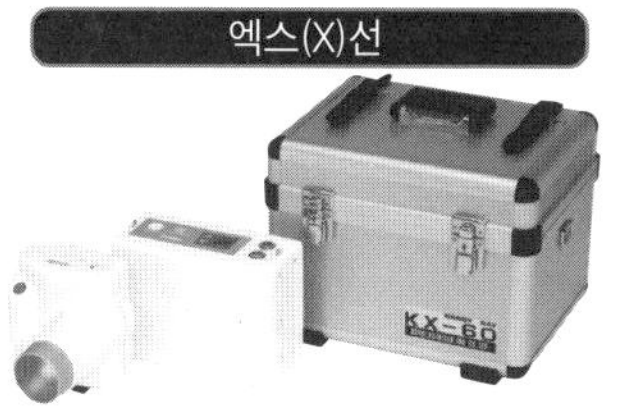

치과 의료용 휴대용 뢴트겐 장치. 인터넷 옥션에 출품되기도 하는데 경쟁률이 꽤 높다.

중성자선

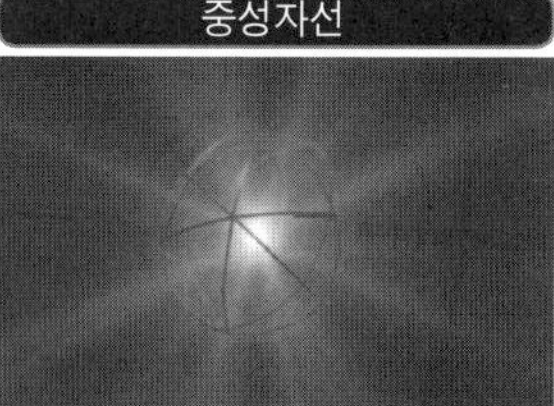

DIY 핵융합 장치 'Fusor' 진공펌프, 고압 전원, 중수소 등이 있으면 실험할 수 있다.

이 좋다. 참고로, 뢴트겐용 형광판은 수십 keV 이상의 연엑스선에만 반응하는 것이 대부분이라 순수한 엑스선 검출용으로는 적합지 않다. 입수할 때 잘 확인하기 바란다. 엑스선 검출은 운모 창이 달린 GM관이라면 약한 연엑스선도 포착할 수 있기 때문에 이쪽이 확실할 것이다.

천연 감마선은 적란운에서도 발생하는데 뢴트겐 정도부터 GeV급 가속기 수준까지 상당히 폭넓게 방출된다고 한다. 강력한 감마선의 전자 양전자쌍 형성으로 반물질인 양전자까지 검출되었다는 이야기가 있어 현재도 활발한 연구가 진행 중이다.

● 중성자선

알파선, 베타선, 감마선의 3종은 자연계에도 다수 존재하지만 중성자선은 극히 드물어 지표에는 거의 존재하지 않는 방사선이다. 그러나 핵반응 등의 원자핵을 다룰 때에는 필수적인 선원이므로 이 중성자선에 대한 지식도 마스터해두는 것이 좋다.

중성자선은 이름 그대로 원자핵 내에 존재하는 중성자로 이루어진 방사선으로, 전하를 갖지 않기 때문에 알파선이나 양자와 달리 끊임없이 원자핵과 충돌해 반응한다. 보통은 원자핵 안에 있기 때문에 중성자를 검출하려면 핵반응을 일으켜야 하며 알파선, 베타선, 감마선에 비해 난이도는 높은 편이다. 하지만 다른 물질을 방사화시켜 방사성 물질을 만들기 때문에 DIY Nuclear로서는 반드시 손에 넣고 싶은 물질이다.

방사선원으로는 칼리포르늄(Cf)이라는 인공적으로 만들어진 초우라늄 원소가 있다. 칼리포르늄은 자발 핵분열이라고 하는 3%의 확률로 자유롭게 핵분열을 일으키며 중성자를 방출하는 물질이다. 중성자량이 많아 요긴히 쓰이지만 극히 드문 물질이라 보기는 힘들 것이다.

개인이 인공적으로 발생시키려면 핵반응을 이용한 다음의 두 가지 방법이 있다.

첫 번째는 핵융합 반응이다. 핵융합이라고 하면 핵융합발전소 등 거대과학의 결정체와 같은 시설을 떠올리겠지만 단순히 에너지를 가해 반응을 일으키는 것 정도라면 중학생도 실현 가능한 수준이다(해외의 실제 사례도 있다). 진공펌프, 고압 전원, 연료로 사용할 중수소가 준비되면 실험이 가능하다. 해외에는 'Fusor(핵융합 장치)'라는 이름으로 알려져 있으며, 일본에서도 대학 논문을 상당수 찾아볼 수 있다.

두 번째는 α·n 반응이라는 핵반응이다. 경원소에 알파선을 가해 중성자를 방출하는 방법으로 오래전부터 간단한 중성자원으로 사용되었다. 발생률은 적지만 선원과 목표물을 떨어뜨리면 반응을 멈출 수 있기 때문에 취급이 쉽다. 알파선원에는 라듐이나 아메리슘, 중성자를 방출하는 목표물로는 베릴륨(Be)이 이용된다. 단, 베릴륨은 독성이 있기 때문에 일상적으로 쓰이는 곳은 거의 없다.

‘깨끗한 수소폭탄’에 얽힌 수수께끼의 화학물질

코드명 레드 머큐리

동서 냉전 시대, 미국과 소련은 각자의 위신을 걸고 다양한 분야에서 개발 경쟁을 벌였다. 그중 하나가 수소폭탄이었다. 고성능 수소폭탄을 만들 수 있다고 하여 CIA가 그토록 집착한 수수께끼의 화학물질의 정체는 무엇이었을까? (아루마 지로)

2009년에 발간된 『과학실험 이과 교과서 IIIC』에서 원자폭탄 제조 방법을 소개한 바 있다. 그러나 원자폭탄의 위력은 킬로톤급에 그친다. 『북두의 권』처럼 세계를 핵의 화염으로 불살라 문명을 멸망시키고 모히칸 스타일로 햣하! 따위를 외치려면 메가톤급 위력이 필요하다. 이때 등장하는 것이 이론상으로는 무한대로 위력을 높일 수 있는 ‘열핵 무기’인 ‘수소폭탄’이다.

동서 냉전이 한창일 당시 미국과 소련에 의해 치열한 개발 경쟁이 펼쳐졌던 수소폭탄, 그 와중에 희극과도 같은 사태가 일어났던 것도 알고 있을까? 이제부터 수소폭탄의 역사와 함께 그 흥미로운 일화를 소개한다.

더러운 수소폭탄과 깨끗한 수소폭탄

수소폭탄의 기본적인 구조는 아래의 그림과 같다. 밀폐 용기에 중수소와 원자폭탄을 넣고 원자폭탄을 기폭해, 핵폭발의 힘으로 중수소도 함께 핵폭발시켜 엄청난 위력을 발휘하는 폭탄이다. 그러나 방사선을 방출하는 방사성 물질이 폭발하기 때문에 뒤처리가 힘들다는 점에서 ‘더러운 수소폭탄’이라고 불린다. 그래서 미소 양국이 개발하려고 혈안이 되었던 것이 방사능 방출이 적은 ‘깨끗한 수소폭탄’, 즉 ‘순수 수소폭탄’이다.

위에서 말한 기본 구조에서 원자폭탄 대신 깨끗한 무언가로 중수소를 핵폭발시키면 OK! 생각대로 되면 좋겠지만 도화선 없는 다이너마이트와 같은 그런 폭탄이 폭발할 리 없다. 하지만 때는 동서 냉전 시대 ‘무슨 수를 써서라도 만들라는’ 정부의 명령으로 과학자들은 말도 안 되는 난제에 도전하게 된다.

동서의 수소폭탄 개발 경쟁

세계 최초의 수소폭탄은 미국이 개발했다. 이 수소폭탄은 원자폭탄으로 기폭하는 타입이다. 65톤이나 되기 때문에 운반은 불가능. 중수소를 식혀 액화했기 때문에 그만큼 냉각 장치의 부피가 커진 것이다. 1952년 11월에 이루어진 실험에서 이 수소폭탄은 그야말로 메가톤급의 위력을

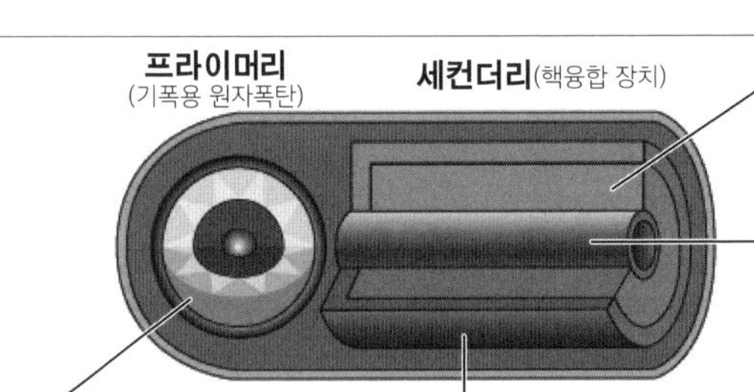

Memo:

새뮤얼 T. 코언 박사 (Samuel T. Cohen)

중성자폭탄을 개발한 영국계 유대인 과학자. 원자폭탄 개발·제조 프로젝트 '맨해튼 계획'의 멤버로 후에 핵무기 개발의 권위자가 된다. 베트남전쟁에 자신이 개발한 중성자폭탄을 사용하도록 대통령에게 직소한 일로 해고되었다.

편집증 내지는 허언증이 있었던 듯 1979년 교황 요한 바오로 2세로부터 평화에 공헌한 공적으로 훈장을 받았다고 주장했지만, 바티칸이 공표한 수상자 내역에는 실려 있지 않다. 또 걸프전이 발발했을 무렵 당시 러시아의 옐친 대통령이 국제 암시장에서 비밀리에 레드 머큐리의 판매를 허가했다고 주장하고, 후세인이 수소폭탄의 원료를 가지고 있다는 소문을 퍼뜨려 CIA가 은신처를 찾아내려고 혈안이 되어 공습을 멈추지 않았다. 코언 박사는 죽을 때까지 레드 머큐리가 실재한다고 믿었던 것 같다.

1921~2010

발휘했다. 실험 장소였던 섬이 사라지고 미국의 위신은 크게 높아졌다.

그러나 이듬해인 1953년 소련이 폭격기로 운반할 수 있는 수소폭탄 'RDS-6'으로 핵실험을 하자 기세등등하던 미국은 불안에 휩싸였다. '소련이 이미 순수 수소폭탄을 완성한 것인가?'

실은 소련이 만든 것도 '더러운 수소폭탄'이었다. 단지 리튬과 화합해 상온에서 고체 상태의 중수소를 사용했기 때문에 미국과 같은 냉각장치가 필요 없었던 것이 소형화의 비결이었다. 게다가 실제 위력은 400킬로톤밖에 되지 않았지만 소련의 과대광고에 속은 미국이 멋대로 메가톤급 수소폭탄이라고 믿어버린 것이다(소련이 메가톤급 수소폭탄을 실현한 것은 1955년의 'RDS-37'이었다). 또한 소련은 1961년 인류 사상 최대·최강의 50메가톤급 수소폭탄 'RDS-220 차르 봄바'를 개발하면서 미국을 불안에 떨게 했다.

참고로, 미국도 이내 리튬화하는 방식을 깨닫고 1956년 레드윙 작전에서 폭격기에 탑재할 수 있는 수소폭탄을 완성하는 등 전력을 다해 뒤를 쫓았지만 소련의 우위는 그뿐만이 아니었다. 수소폭탄은 원래 중수소가 핵심이기 때문에 도화선 역할을 하는 원자폭탄은 최소한의 크기로 만드는 것이 이상적이다. 소련의 수소폭탄은 이미 최소화된 원자폭탄을 사용하고 있었던 것이다.

그러나 미국의 핵무기 권위자인 새뮤얼 T. 코언(Samuel T. Cohen) 박사는 "소련은 무언가 강력한 폭발력을 지닌 화학물질을 사용하고 있다"고 발언했다. 코언 박사는 최소화된 크기의 원자폭탄으로는 기폭되지 않는다고 생각했던 듯하다. 후에 미국의 수소폭탄도 최소화된 원자폭탄으로 기폭하게 되지만, 코언 박사는 끝까지 수수께끼의 화학물질의 존재를 믿고 있었다.

레드 머큐리의 정체

CIA는 코언 박사가 주장한 화학물질의 존재를 철석같이 믿고 1979년 '레드 머큐리'라는 코드명까지 붙인다. 그리고 이 수수께끼의 물질을 손에 넣고자 필사적으로 스파이 작전을 펼쳤다.

소문에 의하면, 레드 머큐리의 원료는 요오드화수은으로 126℃ 이상으로 가열하면 결정의 구조가 바뀌며 노란색으로 변하고 유독성, 무미, 무취, 수(水)불용성, 적색 분말이 특징이라고 알려졌다. 과연 이런 정보는 어디에서 나왔을까? 아무래도 냉전 시대부터 CIA의 편집증이 극에 달한 것은 아닌지 의심하지 않을 수 없다.

1990년대 레드 머큐리가 일반 사회에도 널리 알려지게 되었다. 그리고 CIA가 레드 머큐리 1kg을 180만 달러에 구매하겠다는 정보를 흘리면서 큰 혼란이 벌어졌다. 이 물질만 있으면 누구나 수소폭탄을 만들 수 있는 그야말로 '현자의 돌'이 된 레드 머큐리를 둘러싸고 수소폭탄을 만들려는 나라와 CIA 간에 쟁탈전이 벌어졌을 뿐만 아니라 지하 세계에서도 참혹한 쟁탈전이 되풀이되었다고 한다.

하지만 애초에 레드 머큐리는 존

원자폭탄과 수소폭탄의 차이	
원자폭탄	플루토늄 등의 핵물질을 사용하기 때문에 위력에 한계가 있으며 심각한 방사능 오염 피해를 야기한다.
수소폭탄 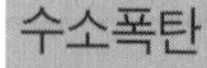	중수소를 사용하기 때문에 무한대로 위력을 높일 수 있다. 도화선 대신 원자폭탄을 사용한다.

1952년 11월 미국에서 실험한 수소폭탄. 외관은 전혀 폭탄처럼 보이지 않는다.

재하지 않았다. RDS-6은 원자폭탄을 이용한 지극히 일반적인 수소폭탄이었다. 이를 과대평가한 CIA의 망상이 빚어낸 가공의 물질에 지나지 않았던 것이다.

미국은 1952~1992년 순수 수소폭탄 연구를 계속했지만 결국 포기하고 연구 자료를 공개했다. '순수 수소폭탄 같은 건 애초에 불가능하다'는 것을 선언한 것이다.

● 냉전은 끝났지만

이로써 지하 세계의 상인들이 암약하고 전 세계 첩보기관이 치열한 생탈전을 벌였던 가공의 물질은 공식적으로 부정되었다. 이것으로 레드 머큐리 소동이 끝났는가 하면 실은 그렇지 않다. 어느 시대에나 정부의 공식 발표를 믿지 못하는 사람들은 존재한다.

2004년 9월, 영국에서 레드 머큐리를 30만 파운드에 구입하려고 한 남성 3명이 체포되었다. 곧 이어 판매자도 체포. 경찰에 압수된 샘플을 조사하기 위해 국제 원자력 기관에서 과학자가 파견되었다. 하지만 조사 결과, 판매자가 가지고 있던 레드 머큐리는 인주로 판명되었다. 과연 오래된 인주에는 붉은(=레드) 수은(=머큐리)이 사용되긴 했지만…. 판매자는 단순한 사기꾼이었던 것이다. 테러 목적으로 레드 머큐리를 구하려고 했던 3인조는 2006년 7월 재판을 통해 불능범으로 무죄 석방되었다. 애초부터 범행을 저지를 수도 없는 멍청한 행위였다는 취지로 무죄 방면된 듯하다.

2009년 4월에는 사우디아라비아에서 싱거사(미국의 재봉틀 제조회사)의 오래된 재봉틀에 레드 머큐리가 사용되었다는 소문이 퍼졌다. 심지어 재봉틀에 레드 머큐리가 사용되었는지 휴대전화를 통해 식별하는 그럴듯한 방법까지 확산되었다. 그러자 오래된 재봉틀에 최고 20만 리알(약 5,000만 원)의 프리미엄이 붙어 판매되기도 하고 빈곤층에서 재봉틀을 도난당하는 등의 큰 소동이 벌어졌다.

이처럼 레드 머큐리는 도시 전설이 되어 끈질기게 살아남았다.

참고로, 일부 과학자들은 여전히 핵물질을 사용하지 않는 순수 수소폭탄 연구를 포기하지 않고 있다. 코언 박사가 예언한 'Ballotechnics'한 물질만 있으면 누구나 간단히 수소폭탄을 만들 수 있으니 말이다.

예컨대 최근에는 입자 가속기로 만든 소량의 반물질로 중수소를 쌍소멸시켜 기폭하는 '반물질 수소폭탄'이 화제가 된 바 있다. 메가톤급 반물질을 제조할 수는 없어도 수소폭탄을 기폭할 정도의 반물질이라면 지금의 입자 가속기로도 가능하리라는 기대가 있는 것이다.

물론 CERN(유럽 입자물리연구소)의 LHC 실험은 중요한 연구로 이미 일정이 가득 차 있어 그런 일에 시간을 내줄 리 없겠지만 말이다.

'Ballotechnics' 물질이란?

순수 수소폭탄 실현의 열쇠가 될 수 있는 'Ballotechnics'란 무엇일까? 적당한 표현이 떠오르지 않아 그대로 영어로 썼는데 새뮤얼 T. 코언 박사가 만든 조어로 생각된다. '폭약의 폭발보다 단시간에 강력한 화학반응을 일으키는 물질' 정도로 옮길 수 있을 듯하다. 이런 난해한 전문용어에 '레드 머큐리'라는 코드명을 붙인 사람은 바보일 것이다. 코언 박사가 예언한 당시에는 분명 가공의 물질이었지만 21세기가 된 지금 반물질이나 전자 여기 폭약이라는 형태로 현실이 될지 모른다.

Memo:

column ▶ 가정용 원자력발전기 광고의 진실

『라디오 라이프』 편집부

원자력발전 문제가 뉴스가 될 때마다 인터넷상에서 화제가 된 유명한 사진이 있다. 가정용 원자력발전기 '체르노빌-1형'의 가공 광고이다. 이 사진의 출처는 월간『라디오 라이프』의 부록. 1990년 11월호의 부록「비공식 RL」의 〈표 3〉(뒤 표지)에 게시된 광고였다. 1986년의 체르노빌 원전 사고가 일어난 4년 후였지만 어떤 정치적 의도나 반원전 메시지도 담겨있지 않은 순수하게 '전무후무한 상품을 판매하는 패러디 광고 시리즈'의 하나였던 듯하다. 당시 편집부 직원에게 묻자 '동일본 대지진 이후 유독 많이 언급되고 이용되면서 다소 복잡한 심경'이었다고 한다. 실제 이 체르노빌-1형은 편집부 직원이 『백업 활용 테크닉』의 필진들과 자작했다고 한다.

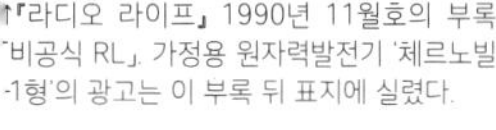
「라디오 라이프」 1990년 11월호의 부록 「비공식 RL」 가정용 원자력발전기 '체르노빌-1형'의 광고는 이 부록 뒤 표지에 실렸다.

체르노빌-1형의 주재료는 업무용 청소기(하단에 바퀴가 달려 있다). 은색 원통과 금속 냄비(?)와 같은 것을 조합해 측면에 브랜드명, 퓨즈가 달린 커버 스위치, 램프 등을 부착해 완성했다. 참고로, 사진 속 모델은 당시 출판사 판매부 직원으로 착용하고 있는 파란색 앞치마는 ANA 항공 승무원용 앞치마였다고 한다. 이런 디테일을 눈치 챈 독자가 있었을까(웃음).

성가신 노이즈를 차단하는

가스봄베와 소화기로 만드는 차폐 용기

이제는 쉽게 구할 수 있게 된 가이거 계수기 등의 방사선 측정기. 그러나 가정용 제품으로 미량의 방사선을 정확히 측정하는 것은 쉽지 않다. 그렇다면 차폐 용기를 만들어보자.

(POKA)

2011년 3월 후쿠시마 제1원자력 발전소 사고 이후 방사선 측정이 일상화되었다. 이전에는 연구자나 일부 마니아들만 사용하던 방사선 측정기가 저렴한 가격에 일반 가정용으로 판매되고 있을 정도이다.

다만 시간이 흘러 방사성 물질이 미약해지면 측정이 잘되지 않는다. 고감도 측정기도 대상물 이외의 불필요한 신호를 포착하는 일이 많다. 더욱 정확한 측정을 위해 차폐 용기를 만들어보자. 고밀도 용기 안에 측정물을 넣으면 외부로부터의 신호를 차단할 수 있다. 이 방법이라면 식품에 포함된 미량의 방사선도 측정할 수 있다.

5cm의 납으로 차단! 차폐 용기의 기본 구조

방사성 물질이 수만 Bq(베크렐) 정도로 모여 있으면 가이거 계수기 등의 범용 기기로도 충분히 측정이 가능하지만 수백 또는 수십 Bq 이하라면 이야기가 다르다. 지면이나 우주로부터의 방사선 때문에 원래 측정하고 싶었던 신호가 노이즈에 묻혀 버린다.

이럴 때 차폐 용기가 필요하다. 두껍고 밀도가 높은 용기를 만들어 그 안에 측정물을 넣으면 매우 정확한 측정이 가능하다.

일반적인 방사선 차폐 용기에는 납이 사용된다. 실용적인 밀도로 가공이 쉽고 가격도 저렴하다. 요즘은 인터넷에서도 쉽게 구입할 수 있어 이번 실험에도 납을 사용했다. 납 이외에 텅스텐이나 철이 사용되기도 하지만 가격이나 가공 면에서 실용적이지 않아 DIY에는 적합지 않다.

벽돌 모양의 납을 쌓기만 해도 방사선 차폐가 가능하지만 공간 효율

▼ 녹인 납을 채워 차폐 용기 DIY!

01

02

01 : 감마선이나 엑스선은 두꺼운 철판이 아니면 차단할 수 없다. 납을 녹여 용기 내부를 채운다.

02 : 납 차폐 용기는 인터넷에서도 구입할 수 있지만 가격이 꽤 비싸다.

Memo:

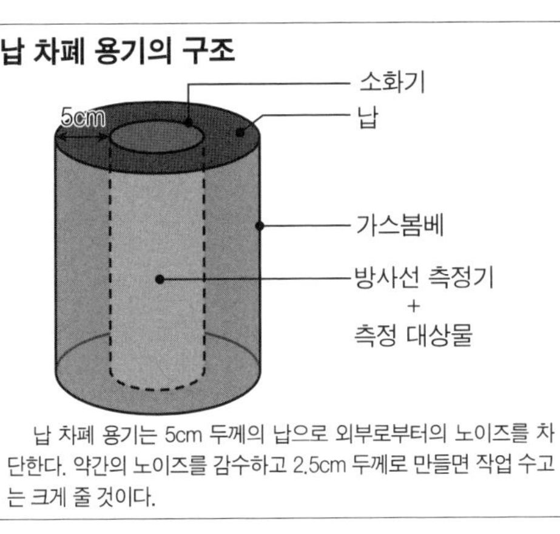

납 차폐 용기는 5cm 두께의 납으로 외부로부터의 노이즈를 차단한다. 약간의 노이즈를 감수하고 2.5cm 두께로 만들면 작업 수고는 크게 줄 것이다.

03 : 7,000L의 가스봄베. 종종 인터넷 옥션에 출품되므로 수시로 체크한다.
04 : 소화기는 가장 널리 사용되는 10형을 사용했다.
05 : 납은 인터넷 쇼핑몰 등에서도 구입할 수 있다. 용기 크기에 따라 다르지만, 이번에는 100kg을 사용했다.

을 생각하면 원통형으로 주조하는 방법이 가장 좋다. 두께 5cm 이상의 납으로 용기를 만들고 내부에는 3인치가량의 검출기와 500mL 이상의 시료가 들어갈 만한 공간을 만든다. 여기에 맞는 최적의 소재가 7,000L의 가스봄베와 10형 소화기이다. 가스봄베는 지름이 25cm, 두께는 1cm이고 소화기는 지름이 19cm이다.

위의 그림과 같이 두 소재를 가로로 잘라 겹치면 소화기와 가스봄베 사이가 딱 5cm 정도가 된다. 이 공간에 녹인 납을 붓고 굳히면 외부와 완벽 차단이 가능하다.

이때 의외로 중요한 것이 장소 선택이다. 당연하지만, 간토 이북 지역은 후쿠시마 제1원전 사고로 인한 세슘 137 오염의 영향이 있다. 공장 등의 실내라면 문제없지만 DIY 주조 작업은 대개 실외에서 하게 될 것이다. 오염된 모래나 먼지가 약간 들어가는 것 정도는 문제가 되지 않겠지만 피할 수 있다면 피하는 것이 좋다. 최적의 작업 장소를 미리 선정해 두면 좋다.

이번에는 사이타마현 지치부 방면에서 작업했다. 지치부 시내는 약간의 세슘 오염이 있었지만 산간부라면 문제없다. 주조작업이 가능한 장소를 찾아 각지의 오염도를 꼼꼼히 체크해 결정했다. 이렇게 미량 오염지대를 조사할 때는 가이거 계수기보다 고밀도의 신틸레이션 검출기를 사용한다.

어느 정도 장소를 추렸으면 알파선 검출이 가능한 대면적 GM 검출기로 바꿔 표면 오염을 조사한다. 지치부보다 남쪽의 야마나시부터 간사이 방면은 화강암 지반이라 방사선량이 약간 높은 편이지만, 이것은 지면에서 방출되는 방사선이기 때문에 크게 지장이 없다.

작업 장소, 금속 용접, 납의 용해 등 어느 정도 설비와 도구가 필요한 데다 그만한 각오도 있어야 하지만 도전해서 손해 볼 건 없다. 계속해서 구체적인 제작 방법에 대해 설명한다.

가스봄베와 소화기로 용기를 만든다

먼저 가스봄베와 소화기의 바닥과 윗부분을 잘라낸다. 절단할 때는 높이를 통일하는 것이 포인트이다. 가스봄베를 자를 때 안에 산소가 남아 있으면 발화할 위험이 있으므로 반드시 진공펌프로 배기한 후 작업한다. 소화기 측면의 도장이나 라벨은 가스버너로 태우면 깔끔해진다.

다음은 바닥 부분을 제작한다. 바닥은 3mm 두께의 철판을 원형으로 잘라 접합한다. 0.5mm 정도의 철판은 납의 무게 때문에 파열될 우려가 있으므로 최대한 두껍게 만든다.

각 부분은 용접해 고정한다. 다양한 용접 방법이 있지만 TIG 용접의 경우에는 주의가 필요하다. TIG 용접의 전극에는 전자 방출 특성을 향상시키기 위해 방사성 동위체인 토륨이 포함되어 있다. 기본적으로 TIG 용접은 전극이 소모되지 않기 때문에 혼입량은 아주 미량일 테지만 그래도 주의하는 편이 좋다. 이번

06 : 가스봄베에 절단할 위치를 표시한다. 유성 펜을 절단할 위치에 고정하고 가스봄베를 돌리면 깔끔하게 마킹할 수 있다.
07 : 가스봄베를 자르기 전에 미리 배기한다.
08 : 대형 톱으로 조금씩 칼집을 넣어가며 절단한다.
09 : 소화기의 라벨이나 도장은 가스버너를 이용해 깔끔하게 없앤다.
10 : 다리를 달아 지면과 30cm 정도의 거리를 두면 차폐율이 더 높아진다.

에는 용접물이 수 mm 정도로 두꺼운 철판이므로 봉 용접으로 접합한다. 소재가 1mm 이하인 경우는 반자동 용접이 간편하다.

참고로, 현재 유통되고 있는 철재에는 방사성 동위체인 코발트 60이 극미량 포함되어 있다. 철을 정련하는 용광로의 열화 정도를 점검하기 위해서인데, 우리가 일반적으로 사용하는 철 제품 모두에 함유되어 있다는 말이다. 초고감도 측정기라면 이것도 노이즈로 검출되겠지만 스펙트럼을 보는 용도라면 문제없을 것이다.

용기 제작의 핵심 납 주조작업

이상으로 대강의 용기 부분이 완성되었다. 다음은 소화기와 가스봄베 사이에 납을 채우는 작업이다.

납은 보통 25kg 단위의 잉곳으로 판매된다. 사람의 힘으로 들어 올릴 수 있을 정도의 중량이다. 앞에서 만든 용기에 녹인 납이 흘러 들어가도록 적당한 철판으로 경사를 만들어 준다. 철판 위에 납을 올리면 준비 완료. 이번에는 비교적 크기가 크기 때문에 포크리프트로 철판을 고정한 후 작업했다.

또 한 가지 중요한 것은 납을 녹일 열원이다. 납은 상당한 열량을 필요로 하지만 의외로 녹는점이 낮아 산소, 프로판, 아세틸렌 같은 특수한 버너가 없어도 충분히 녹일 수 있다. DIY라면 가스버너나 가솔린 또는 등유 버너 정도가 적당하다. 당연히 1개로는 성능이 부족하다. 4개 정도 준비해두면 안심하고 작업할 수 있다.

납을 가열할 때의 포인트는 녹인 납이 닿는 부분을 모두 예열해두는 것이다. 예열이 부족하면 납이 굳어 버려 고르게 녹일 수 없다. 예열을 마치면 이제 용기와 납을 가열하기만 하면 된다. 한동안 가열하면 납이 물처럼 흘러 용기에 채워진다.

10kg 정도 채우면 본체를 전체적

Memo:

11 : 녹인 납이 용기에 흘러 들어가도록 위치를 고정한다.
12 : 가솔린 버너를 납을 녹이는 데 2개, 용기에 2개를 향하도록 놓고 가열한다.
13 : 납이 가득 차면 완성. 소비한 가솔린의 양은 약 4L. 가솔린 버너는 비교적 저렴한 열원으로 연료도 쉽게 조달할 수 있다.
14 : 여유가 있으면 뚜껑을 만들고 도장까지 하면 더욱 완성도를 높일 수 있다. 총 중량은 100kg 정도이다.
15 : 3만 cpm이었던 방사선량이 납 차폐용기에 넣자 400cpm까지 격감했다. 공기 중, 지상, 우주 공간으로부터의 방사선을 거의 차단한 셈이다.

으로 가열해 채워 넣은 납을 다시 녹인다. 납이 녹은 상태에서 본체를 흔들어 내부에 빈틈이 생기지 않도록 한다. 이때 납 표면에 대량의 산화물이 발생하지만 녹인 납이 더 무겁기 때문에 아래로 가라앉는다. 결과적으로 빈틈없이 납이 채워지며 일체화된다.

참고로 '납 중독'이라는 말이 있는 것처럼 납은 인체에 유해한 물질이다. 특히 표면에 발생하는 산화물은 바람에 날리기 쉬워 자칫 분말을 흡입할 수 있으니 충분히 주의하도록 한다.

대략 100kg 정도 채우면 용기가 가득 찬다. 당연히 주조를 마친 직후에는 본체가 무척 뜨겁다. 내부의 납은 30분 정도면 완전히 굳지만 본체가 식으려면 반나절 정도는 걸리므로 식을 때까지 그대로 방치한다.

마지막으로 뚜껑을 덮는다. 이대로 사용해도 되지만 적당한 도료를 칠해 철골의 거친 면을 다듬으면 완성도를 더 높일 수 있다. 이것으로 차폐 용기가 완성되었다.

자작 차폐 용기의 성능 체크!

그럼 완성된 용기의 차폐 효과가 어느 정도인지 체크해보자. 2인치 신틸레이션 검출기를 사용해 방사선이 얼마나 감쇠하는지 살펴본다. 백그라운드 노이즈로 말미암아 대략 3만 cpm이었던 수치가 400cpm 정도로 약 100분의 1 정도로 줄었다. 검출기 내부의 전기적 노이즈나 납도 관통하는 우주선 또는 막혀 있지 않은 아래쪽에서 유입된 대지 방사선 등 다양한 요인이 있겠지만 이 정도 차폐 효과라면 꽤 실용적인 수준이라고 할 만하다.

검출기의 특성을 파악해 우라늄을 채취한다!

방사선 검출기의 선택 및 사용 방법

일본 각지에서 채취 가능한 우라늄. 그러나 후쿠시마 제1원전 사고 이후 세슘이 섞이면서 혼동을 초래하기도 했다. 두 가지 타입의 검출기를 활용해 효율적으로 우라늄 광석을 찾아보자! (POKA)

18, 19쪽에서 우라늄 광석 채취의 기본적인 노하우를 소개했다. 이번에는 우라늄 채취에 빠질 수 없는 '방사선 검출기'에 대해 철저히 파헤쳐 본다.

우라늄 광석을 찾으려면 감마선과 베타선 검출이 중요하다. 여기서 방사선 검출기가 위력을 발휘한다. 알파선은 종이 1장으로도 차폐가 가능하기 때문에 실외에서 사용 가능할 정도로 보호장치가 견고한 검출기로는 사실상 검출이 불가능하다. 즉, 멀리까지 날아가는 감마선과 수십 cm 정도밖에 미치지 못하는 베타선을 검출하면 넓은 지역에서부터 핀포인트까지 범위를 좁힐 수 있다.

방사선 검출 방법에는 여러 종류가 있으며 장소나 목적에 따라 구분해 사용한다. 각각의 검출기가 지닌 특성을 파악하는 것이 우라늄 발견의 지름길이다.

가이거 계수기

가장 일반적이며 널리 유통되는 검출기가 가이거·뮐러 계수관(GM관)을 이용한 가이거 계수기이다. 고전압 방전을 이용하며 우라늄 채취에 필수적인 아이템이다. 가이거 계수기에도 여러 종류가 있으므로 가가의 장단점을 체크해두자.

● 할로겐형

일반적으로 널리 유통되는 유형으로 할로겐 가스가 포함되어 있다. 반영구적으로 사용이 가능해 인기가 있다. 구동 전력은 비교적 낮은 편으로 보통 300~900V 정도이다.

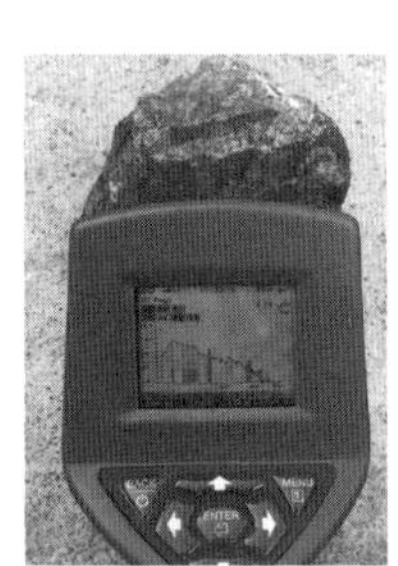

에너지 스펙트럼을 사용하면 바륨, 납, 라듐 등의 핵종을 판정할 수 있다. 우라늄 채취에도 편리하다. 세슘과는 스펙트럼이 분명히 다르기 때문에 쉽게 판별할 수 있다.

● 유기가스형

할로겐이 아닌 부탄 등의 가스를 넣은 유형. 할로겐에 비해 계수율 전압 특성이나 이득 특성이 뛰어나다고 한다. 수명이 있기는 하지만 수억 카운트이기 때문에 충분히 오랫동안

가이거 계수기

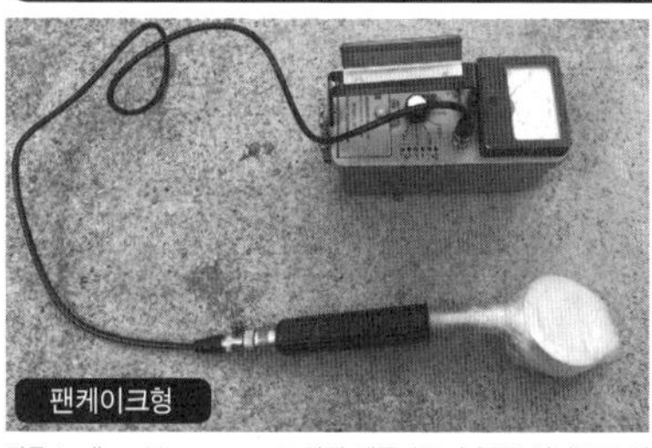

팬케이크형

미국 Ludlum Measurements사의 제품. 'Model 12' 아날로그 계수계를 사용하며 GM관과 신틸레이션 측정기 등 각종 탐침기를 이용할 수 있다.

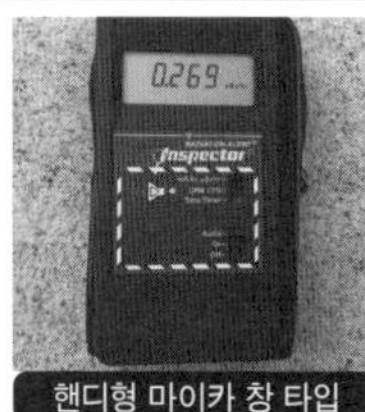

핸디형 마이카 창 타입

미국에서 제조된 가이거 계수기. 알파선까지 검출 가능한 마이카 창 타입. 핸디형은 최상위 모델이다.

팬케이크형 마이카 창 타입

알파선을 검출할 수 있다. 마이카 창은 매우 얇기 때문에 쉽게 파손된다. 조심해서 다루도록 한다.

Memo:

이용 가능하다. 구동 전압은 높은 편으로 1,200~1,500V 정도이다.

창의 소재

GM관의 방사선이 입사되는 측정 창의 재료에도 종류가 있다. 마이카 창이 가장 유명하며 입자선을 효율적으로 좁힐 수 있어 매우 편리하다. 단, 마이카 창은 매우 얇아서 파손되기 쉬운 단점이 있다. 휴대 시에는 비닐 등으로 보호하면 도움이 된다(그 경우, 알파선은 측정할 수 없지만 베타선은 문제없다).

신틸레이션 검출기

신틸레이션 검출기는 형광작용을 이용한 검출기로, 가이거 계수기와는 비교도 안 될 만큼 압도적인 검출 효율이 특징이다. 자동차에 탄 상태로 우라늄 포인트를 찾는 등 빠른 계측이 필요할 때 도움이 된다. 단, 지면이나 우주로부터의 방사선에도 반응하기 때문에 핀 포인트로 우라늄을 찾기에는 적합하지 않다.

요오드화나트륨 신틸레이션 계수기

일반적인 신틸레이터 결정이다. 요오드화나트륨의 결정이 크면 클수록 계수율은 상승한다. 2×2인치 제품의 경우, 자연계에서는 대략 1만 cpm 정도를 카운트한다. 같은 크기의 GM관은 100cpm 정도이기 때문에 압도적으로 효율이 높다. 에너지 특성이 비교적 양호하며 핵종 판정도 가능하다.

플라스틱 신틸레이터

결정이 아닌 수지를 사용한 신틸레이터이다. 기계적 강도가 높고 흡습성이 없어 다루기 쉽지만 에너지 특성이 좋다고는 할 수 없다. 방사성 물질의 유무 정도를 판정하는 것이 한계이다.

에너지 스펙트로미터

신틸레이션 검출기는 에너지 특성을 얻을 수 있기 때문에 핵종 판별이 가능하다. 자연계에는 우라늄, 토륨, 라듐이 다수 존재하지만 원자력발전 사고 등이 있으면 세슘 137 등 자연계에 존재하지 않는 핵종이 섞인다.

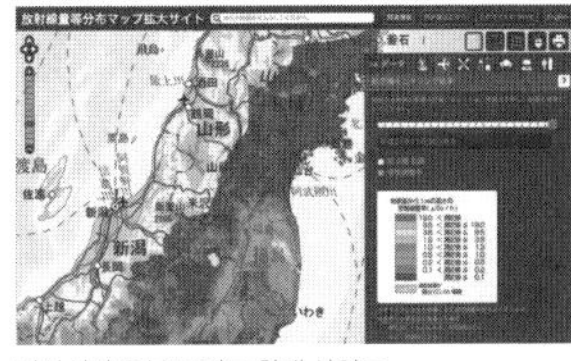

방사선량 등분포 지도 확대 사이트
http://ramap.jmc.or.jp/map/

이런 것을 특정하려면 에너지 분석이 가장 빠른 방법이다.

방사성 오염 지역에서의 채취

우라늄은 일본 각지에 비교적 많이 존재한다. 금 등과 달리 방사선을 방출하기 때문에 찾는 것은 간단하다. 단, 2011년의 후쿠시마 제1원전 사고의 영향을 고려해야 한다.

우라늄은 화강암 지대로 모이는 성질이 있는데 세슘도 마찬가지이다. '우라늄 광석인 줄 알았는데 세슘이었다…'는 사례도 충분히 가능하다. 오염 지역을 나타낸 웹사이트 '방사선량 등분포 지도 확대 사이트'를 참고해 방사선 오염 지역을 피해 안전히 탐색해보자.

신틸레이션 검출기

미국 Ludlum Measurements사의 'Model 44-10형' 탐침기. 지름 2인치×두께 2인치의 신틸레이션이 사용되며 초고감도로 감마선의 빠른 측정이 가능하다.

미국 BNC사의 'SAM940'이라는 에너지 스펙트로미터. 핸디형으로 야외에서 간단히 핵종 측정이 가능하다. 오른쪽 그래프는 우라늄과 세슘의 검출 결과. 세슘은 우라늄과는 달리 Cs137의 피크가 명확하다.

감마선과 베타선을 고감도로 포착한다!

옷장용 방충제로 만드는 신틸레이션 검출기

가이거 계수기보다 감도는 물론 가격도 높은 신틸레이션 검출기. 그렇다면 자작하는 방법뿐이다. 형광물질 대신 옷장용 방충제를 이용해 만들어보자.

(POKA)

안전 확보와 우라늄 광석 채취에 도움이 되는 방사선 검출기는 자작이 가능하다. GM 검출기, 반도체 검출기, 신틸레이션 검출기의 세 가지 타입이 일반적인데 이번에는 형광물질을 이용한 신틸레이션 검출기를 만들어보았다. 밀도가 큰 결정을 사용하기 때문에 가이거·뮐러 계수관(GM관)을 이용한 가이거 계측기의 100배 이상의 감도를 손쉽게 얻을 수 있는 것이 특징이다. 또 형광물질의 종류를 바꿔 알파선, 베타선, 감마선, 중성자선, 우주선의 모든 방사선에 대응할 수 있다는 장점도 있다.

검출기의 구조

신틸레이션 검출기는 '신틸레이터'라고 불리는 형광물질과 PMT(광전 증배관)로 구성된다. 방사선이 형광물질에 닿으면, 형광물질이 PMT에 의해 전류로 변환되고 그 수치가 방사선 수치로 측정되는 것이다.

PMT는 진공관의 일종으로 밀도가 매우 높다. 현재 구할 수 있는 감지기로는 최고의 성능을 자랑한다. PMT는 자작이 불가능하기 때문에 기성 제품을 입수했다.

다음은 형광물질이다. 무기와 유기의 두 가지 타입이 있으며, DIY로 만들 수 있는 것은 유기형이다. 플라스틱이나 액체 등 구성에 따라서는 일상에서 흔히 구할 수 있는 물건으로도 만들 수 있다. 이번에 사용하는 것은 폴리아센의 일종인 나프탈렌이다. 방충제로도 널리 유통되며, 신틸레이터로도 유용할 수 있다. 그렇게 찾아낸 것이 바로 옷장용 방충제이다. 향료 등의 불순물이 포함된 제품도 있지만 DIY에는 충분한 성능을 발휘할 것이다. 한 알로도 검증이 가능하지만 체적이 작으면 감도가 낮으므로 크게 만들어 감도를 높여보자.

제작 방법은 유리병에 방충제를 3~5개 정도 넣고 뚜껑을 꼭 닫아 병째로 뜨거운 물에 넣고 수분 가열한다. 액화된 나프탈렌을 천천히 식히면 비교적 투명도가 높은 대형 나프탈렌이 완성된다. 투명한 단일 결정이 이상적이지만 DIY로 만들기에는 난이도가 높은 듯하다. 투명하진 않지만 한 알일 때보다 감도는 훨씬 높아졌다. 병에 담긴 상태 그대로 신틸레이터로 사용한다.

광결합

PMT와 신틸레이터가 준비되었으면 각각을 광결합한다. 보통은 투명한 실리콘 그리스를 이용하지만 신틸레이터가 든 유리병 바닥이 평평하지 않아 투명 그리스는 사용하지 못했다. 대신 다이소에서 구입한 미끄럼 방지 겔 패드를 사용했다. 겔 패드를 둥글게 잘라 PMT와 유리병의 바닥을 광결합한다. 성능은 충분했다. 이제 스테인리스 원통에 PMT와 신틸레이터를 넣으면 완성이다. PMT는 마개를 단단히 닫고 나사로 고정한다.

자작 검출기의 성능은?

당연히 신틸레이션 검출기만으로는 방사선 수치를 측정할 수 없기 때문에 별도의 계수기가 필요하다. 이번에는 미국 Ludlum사의 범용 계수기를 사용했다. 300~1,000V 정도의 범위로 조정할 수 있는 것이라면 타 브랜드의 제품이라도 상관없다. 자작해도 되지만 일반적으로 유기 신틸레이터는 형광이 약하고 PMT의 이득도 적기 때문에 신호를 증폭하는 증폭기가 별도로 필요하다.

자작 신틸레이션 검출기에 연결해 실험해보았다. 나프탈렌 신틸레이터는 비교적 고에너지인 감마선과 베타선에 감도가 높은 듯하다. 낮은 에너지에는 감도가 낮았지만 우라늄 탐색 등에는 문제없는 사양이다. 느

Memo:

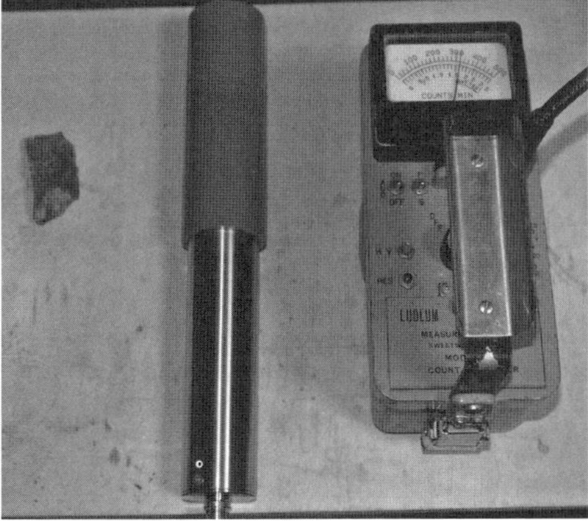

자작 신틸레이션 검출기의 구조

PMT와 형광물질로 구성된 신틸레이션 검출기. PMT는 기성 제품을 사용하고 신틸레이터의 형광물질은 방충제로 대용했다. 외부 케이스는 스테인리스로 직접 만들었다.

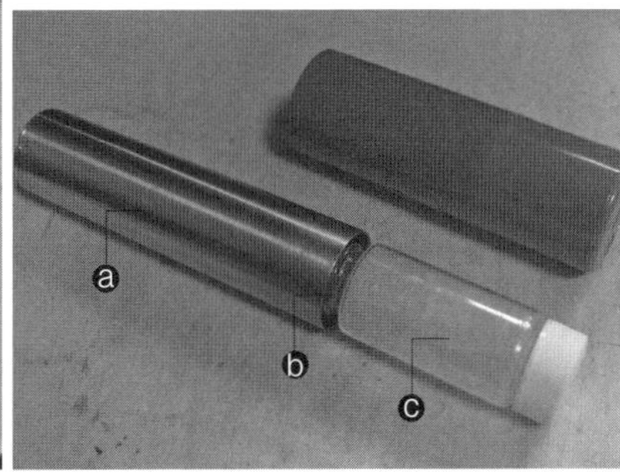

ⓐ PMT

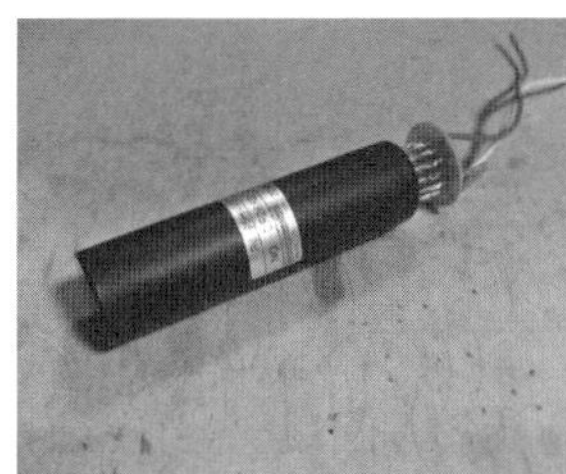

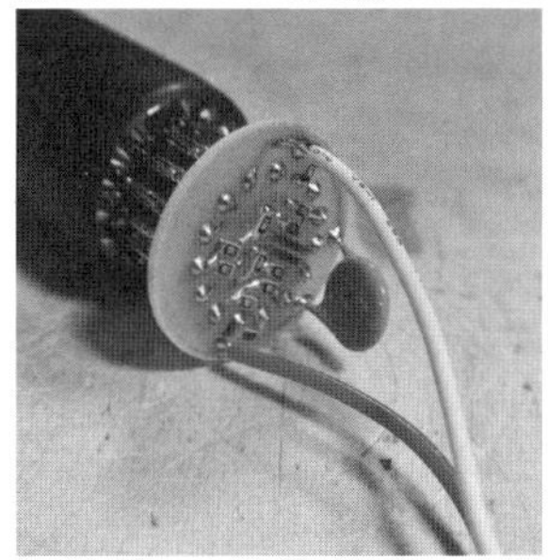

하마마쓰 포토닉스사의 PMT 'R62695HAV3'을 사용. PMT 회로는 해외 사이트 'theremino(http://ww w.theremino.com)'를 참고해 만들었다.

ⓑ 광결합부

전기적인 결합은 불필요하며 광결합하면 된다. 보통은 실리콘 그리스를 사용하지만 병 바닥이 평평하지 않아 다이소에서 구입한 미끄럼 방지 겔을 사용했다.

ⓒ 신틸레이터

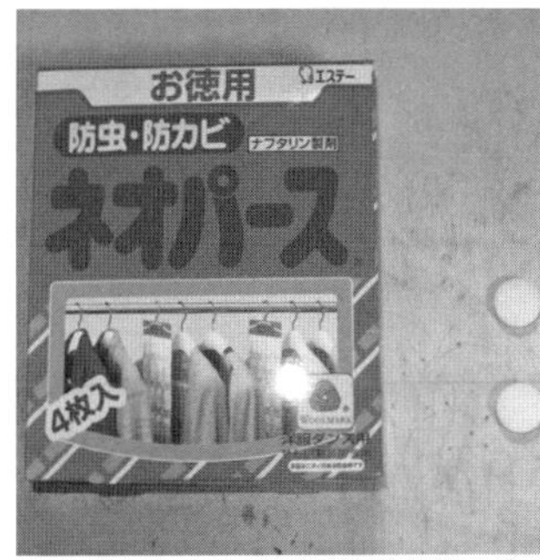

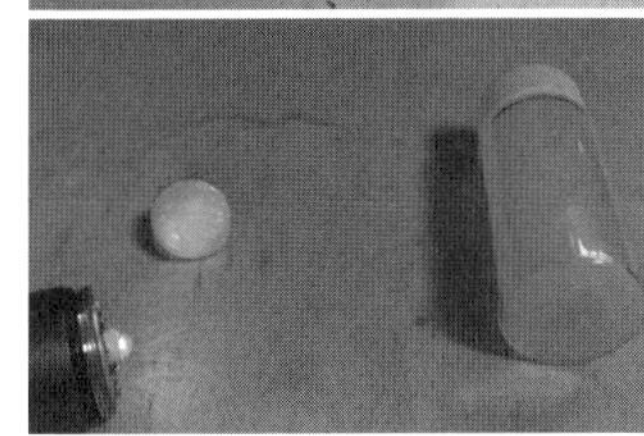

나프탈렌 방충제로 대용. 나프탈렌은 365nm의 장파 자외선으로 푸른색의 강렬한 형광을 발한다.

낌상 방충제 한 알이면 유명한 GM관 'LND712' 정도의 감도를 내는 듯하다. 녹여서 만든 대형 나프탈렌은 이 LND712의 10배 이상의 감도를 내는 것으로 보인다.

형광 실험에 필수적인 특수 램프의 기초 지식

자외선램프에 대해 알아보자

자외선램프를 조사하면 우라늄 광석이나 지폐의 특수 잉크가 발광한다. '자외선'은 파장에 따라 세 종류로 분류된다. 이번 기회에 자세히 알아보자.

(POKA)

'자외선램프'란 이름 그대로 자외선 영역의 파장이 짧은 빛을 방출하는 램프를 말한다. 'UV 램프' 등으로도 불리며 형광물질의 감정 등에 이용되는 특수한 광원이다. 이번에는 이 자외선램프를 철저히 파헤쳐보자.

● 파장

먼저, 자외선에 대해 간단히 해설한다. 방사선~전파를 전자파라고 하며, 그 전자파의 일부가 인간이 눈으로 볼 수 있는 빛 즉, 가시광선이다. 이 가시광선을 프리즘으로 분광하면 일곱 가지 색깔의 무지개가 나타나는데 그중 파장이 가장 짧은 것이 보라색이다. 이 보라색 빛보다 파장이 짧고 바깥쪽에 있는 전파이기 때문에 '자외선'이라고 부르는 것이다. 가시광선 바깥에 있기 때문에 사람의 눈으로는 인식하지 못한다. 그리고 이런 자외선은 세 종류가 있다.

● UVA 400~315nm

파장이 가장 긴 쪽의 자외선이기 때문에 간혹 보라색으로 보이는 경우도 있다. 에너지가 작아 단시간이라면 인체에 피해가 적은 것이 특징이다. 단, 투과력이 강해 피부 깊숙한 곳까지 침투한다. 상호작용을 일으키기 어려워 피부 깊은 곳까지 도달한다는 표현도 가능할 것이다.

블랙라이트나 형광물질 확인 용도로 폭넓게 이용된다. 광범위한 형광물질에 반응해(=발광) 응용하기 쉽다. 최근에는 고성능 LED 제품도 쉽게 구할 수 있어 형광 실험이 더욱 간단해졌다.

● UVB 315~280nm

UVA보다 파장이 짧다. 피부를 태우는 주된 원인이 되는 자외선으로 인체에 유해하다. 에너지는 중간 정도로 살균에 사용될 만큼 강력하지는 않다.

전자파의 종류와 특징

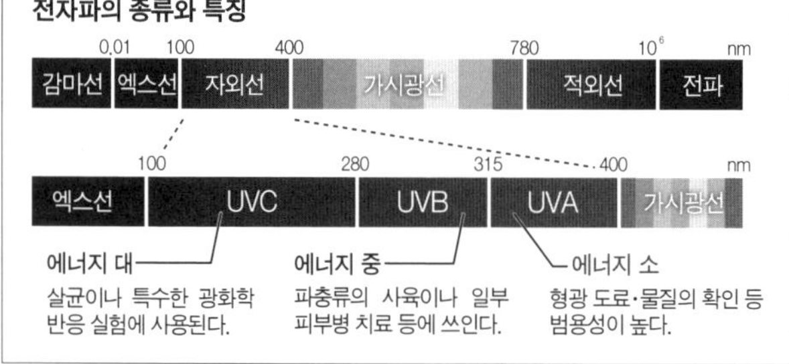

UVA 램프(400nm)

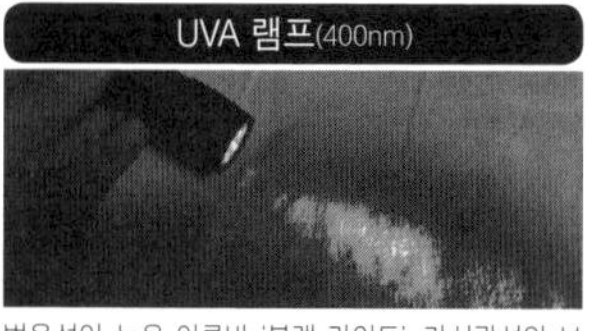

범용성이 높은 이른바 '블랙 라이트'. 가시광선의 보라색에 가까운 빛을 방출한다. 형광물질만 발광한다.

UVB 램프(311nm)

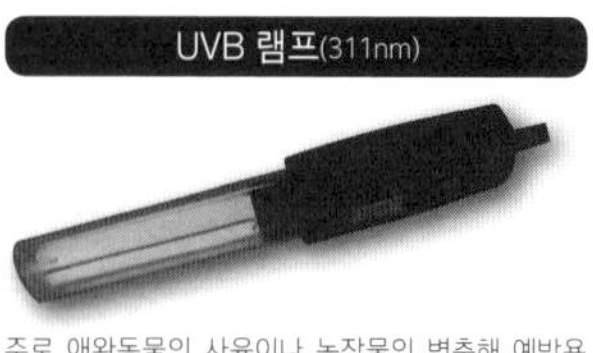

주로 애완동물의 사육이나 농작물의 병충해 예방용으로 이용된다. 피부병 치료와 같은 의료용으로도 사용된다.

UVC 램프(280nm)

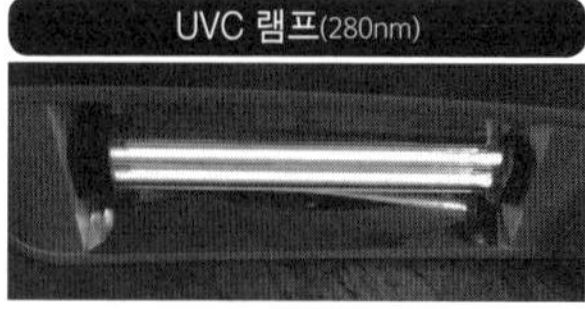

살균등으로 유통된다. 자외선 중 가장 에너지가 높기 때문에 실험에 사용할 때는 충분히 주의를 기울인다.

Memo:

01 : 5개 모두 UVA 램프이지만 발광 방식에 차이가 있다. 왼쪽부터 365nm(1W), 365nm 포탄형 9등, 365nm(3W), 400nm대의 고성능 램프, 다이소 UV 9등. 400nm 램프는 가시광선의 보라색처럼 보이기도 한다.
02 : 다이소에서도 UV LED 라이트를 구입할 수 있다. 이 제품은 400nm대였는데 제품 오차에도 편차가 있는 듯하다.
03·04 : 형광 플라스틱과 우라늄 광석의 발광 실험. UVA 램프를 이용한 조사가 가장 반응성이 좋다.

● UVC 280~100nm

UVB보다 파장이 짧은 자외선이다. 에너지가 가장 크고 위험성도 높다. 보통은 산소에 의해 감쇄하기 때문에 태양광선에는 많이 포함되어 있지 않다. 살균용 램프나 특수한 광화학반응 등 고에너지용으로 사용된다.

● 각종 자외선램프

▼ UVA 램프

이른바 '블랙 라이트'라고 불리는 자외선램프. 주로 UVA를 발생시킨다. UVA 중에서도 UVB에 가까운 파장이 짧은 쪽 램프라면 형광물질을 강하게 빛낼 수 있다. 최근 제품화된 365nm대의 LED가 특히 효과적이다. 넓은 면적을 비추고 싶다면 형광등 타입, 핀 포인트로 형광 반응을 확인하고 싶다면 LED 라이트 타입이 적합하다.

다이소에서도 구할 수 있기 때문에 간단히 실험이 가능하다. 다만 가시 영역의 보라색이 약간 포함되어 있어 약한 형광은 확인이 어렵다는 단점이 있다.

▼ UVB 램프

UVB 제품으로는 수은등이 있다. 수은의 스펙트럼에는 280nm의 파장이 존재한다. 생물의 DNA를 파괴할 수 있는 빛이다. 애완용 파충류 등의 사육이나 농작물의 병충해를 억제하는 목적으로도 이용된다.

에너지는 중간 정도이지만 장시간 피부에 닿는 것은 피하는 것이 좋다. 특히 눈은 피부보다 피해를 보기 쉬우므로 직시하는 것은 금물이다.

▼ UVC 램프

쉽게 구할 수 있는 것으로는 수은램프를 이용한 살균등 정도이다. 살균등의 주 파장은 UVB 정도의 280nm 정도이지만 100nm대 빛도 포함하고 있다. 이 파장대의 빛은 '진공 자외선'이라고 불리며 진공 상태에서만 진행한다. 공기 중에서는 산소가 전리해 에너지를 잃어버리기 때문이다. 산소가 오존으로 변해 살균 램프 주변은 오존 특유의 비릿한 냄새가 난다.

살균 램프는 에너지가 가장 강한 자외선을 방출하지만 형광물질을 빛나게 하는 최적의 자외선은 많이 포함하고 있지 않다. 의외로 어두운 편이다. 다만 에너지가 높기 때문에 플라스틱에 조사하면 열화하거나 카메라의 영상 소자도 피해를 본다. 취급에 충분히 주의하고 장시간 실험은 피하도록 한다.

● 발광 실험

UV 램프를 조사해 라이터나 사인펜 등의 형광 플라스틱의 발광을 실험해보았다. 형광 플라스틱에는 유기계의 강렬한 형광물질이 포함되어 있어 굉장히 강한 형광 빛을 냈다. 특히 UVA의 파장이 짧은 쪽에 강하게 반응했다. 발광 성분은 주로 로다민계나 플루오레세인계이다.

다음은 우라늄 광석에 조사했다. 우라늄 이온은 강렬한 노란색 형광을 띠기 때문에 우라늄 광석이나 우라늄 유리를 빛나게 할 수 있다. 이런 우라늄 광석도 UVA 램프에 강하게 반응했다.

column ▶ LED 라이트를 자외선 사양으로 간단 개조

(POKA)

최근 수 년 사이 자외선 LED의 성능이 급격히 향상되었다. 그래서 이 자외선 LED를 평범한 LED 라이트에 이식해 블랙 라이트로 만들어보았다.

이상적인 자외선 LED는 어느 정도 출력이 높으면서도 가시화되지 않는 것이다. 이런 조건을 충족하는 것이 365nm의 자외선 LED로 낮은 가시도, 가격, 성능 면에서 최적이다. 또 지폐 등의 일반적인 형광물질을 빛나게 하는 데도 가장 적합한 파장이다. 파장이 너무 길면 대상물이 보라색으로 보이고, 너무 짧으면 강한 형광을 확인할 수 없다. 사람의 눈에 보이지 않으면서 충분한 성능을 발휘하는 것은 현 단계에서는 365nm의 자외선 LED뿐이다.

과거에는 이런 특수한 용품은 니치아화학 등의 제품이 일반적이었지만 요즘은 중국이나 대만의 노브랜드 제품이 증가하고 있다. 압도적으로 저렴한 가격이 장점으로 스펙에 맞는 파장이 나올지가 약간 불안하긴 하지만 간단한 형광 실험 정도라면 충분할 것이다.

다음은 LED 라이트의 선정이다. 기본적으로 백색 LED를 사용한 제품이라면 무엇이든 괜찮다. 자외선 LED는 순방향 전압이 백색 LED에 가깝기 때문에 백색 LED에 특화된 DC/DC 컨버터를 이용할 수 있다. 즉, LED 부분만을 교환하면 되는 것이다. 다이소 제품으로도 OK!

LED 라이트에서 백색 고성능 LED를 떼어낸 후 납땜되어 있는 뒤쪽의 방열 패드도 분리한다. 기판이 손상되지 않도록 니퍼 등으로 자르며 떼어낸다. 고성능 LED를 분리한 후에는 불필요한 땜납을 정리하는 것도 잊지 말자.

자외선 LED 뒷면에도 방열 패드가 있다. 방열 그리스를 이용해 LED 라이트의 방열 면과 결합한다. 이제 양 옆의 단자의 극성을 헷갈리지 않게 납땜하면 완성. 간단하다!

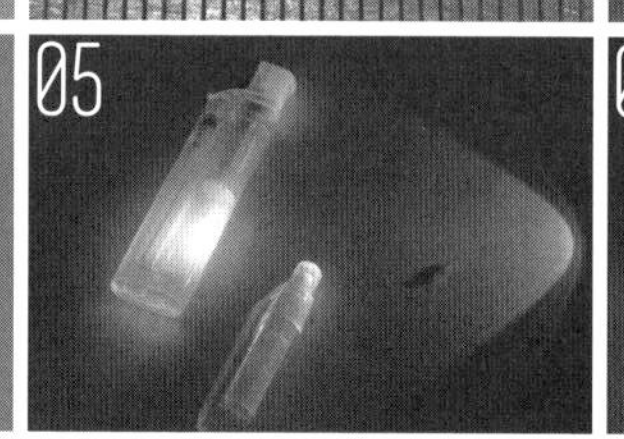

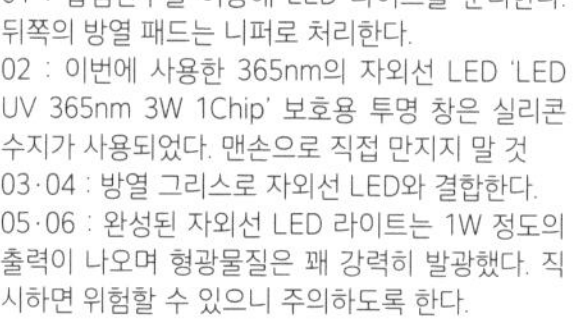

01 : 납땜인두를 이용해 LED 라이트를 분리한다. 뒤쪽의 방열 패드는 니퍼로 처리한다.
02 : 이번에 사용한 365nm의 자외선 LED 'LED UV 365nm 3W 1Chip' 보호용 투명 창은 실리콘 수지가 사용되었다. 맨손으로 직접 만지지 말 것
03·04 : 방열 그리스로 자외선 LED와 결합한다.
05·06 : 완성된 자외선 LED 라이트는 1W 정도의 출력이 나오며 형광물질은 꽤 강력히 발광했다. 직시하면 위험할 수 있으니 주의하도록 한다.

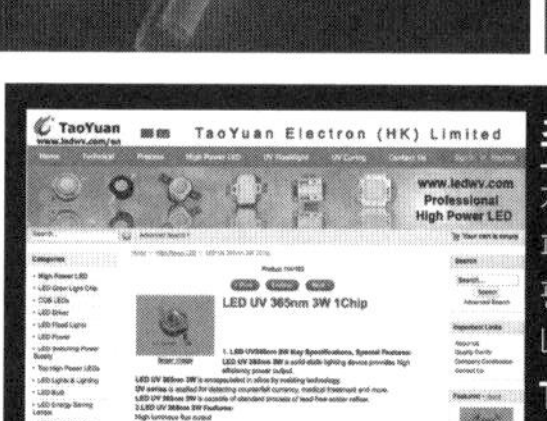

초저가 자외선 LED는 TaoYuan

자외선 LED를 비롯한 다양한 전자 부품을 파격적인 가격에 구입할 수 있는 중국의 쇼핑 사이트. 이번 개조에서 사용한 자외선 LED도 이곳에서 구입했다.

TaoYuan
http://www.ledwv.com/en/

Memo:

MAKEUP CLASS
[보충강의]

염가 제품을 고성능화한다!

과학실험·공작용 공구 강화 Tips

어려운 실험&익스트림 공작에는 강력한 공구가 필수. 하지만 내구성이 높은 일류 제품은 가격도 그만큼 비싸다. 저렴한 공구를 개조해 성능을 높여보자.

(POKA)

공작에서 재료와 마찬가지로 중요한 것이 공구이다. 예컨대 잘 들지 않는 칼을 사용하면 절단면이 고르지 않고, 질 낮은 접착제를 사용하면 쉽게 망가지는 경우가 있다. 사용 도구가 공작 과정이나 완성도에 미치는 영향은 결코 적지 않다. 또 이 책에는 고성능이 요구되는 공작이 많기 때문에 공구에도 상당한 부하가 걸리게 된다.

그래서 이번에는 공구의 개조 및 숨은 활용법 등을 함께 소개한다. 익스트림 공작에 크게 도움이 될 것이다!

펜치를 고성능화 초강력 토크 펜치 제작

먼저, 한 집에 하나쯤은 있을 펜치를 개조한다. 저렴한 펜치는 약간 단단하거나 두꺼운 소재를 절단하려고 하면 펜치에 부하가 걸려 이가 잘 맞지 않게 되는 경우가 있다. 아무리 저렴해도 이렇게 금방 망가지면 오히려 돈이 더 들 것이다.

시판 펜치를 나사로 구동해 손으로는 얻을 수 없는 강력한 토크를 발생시킴으로써 어떤 소재든 절단할 수 있게 개조해보자. 바탕 재료는 어디에나 있을 법한 기본형 펜치로 홈 센터에서 저렴한 것을 구입했다. 이런 제품도 초강력 공구로 만들 수 있다.

제작 방법은 펜치 손잡이 끝부분에 너트를 납땜해 나사를 연결하는 것이다. 펜치 손잡이 부분에 미끄럼 방지 고무가 덮여 있으면 먼저 커터 칼 등으로 잘라 벗겨낸다. 고무로 덮여 있으면 납땜이 안 되기 때문이다.

다음은 M10 너트를 펜치 양 끝에 납땜한다. 나사를 끼울 부분이니 너트 구멍의 수평·수직이 잘 맞게 접합한다. 펜치를 사용할 때에 이 너트 부분에 상당한 부하가 걸리기 때문에 납땜이 꼼꼼히 되어 있지 않으면 망가질 수 있다. 납땜만으로 불안할지 모르지만, 너트처럼 작은 부재를 접속하는 경우는 의외로 납땜이 용접보다 강도가 나오니 안심해도 된다.

납땜을 마치면 너트 안쪽의 나사는 필요 없으므로 드릴로 제거하자. 구멍의 지름은 10mm. 이것으로 가공작업을 마쳤다. 나머지는 너트에 펜치 손잡이의 폭보다 20mm 정도 긴 나사를 끼우면 완성이다.

완성된 토크 펜치로 M6(6mm)의 굵은 나사를 절단해보았다. 사용법은 간단하다. 대상물을 끼우고 나사를 조이기만 하면 된다. 먼저, 손으로 단

▼ 익스트림 공작에 맞게 공구를 개조한다

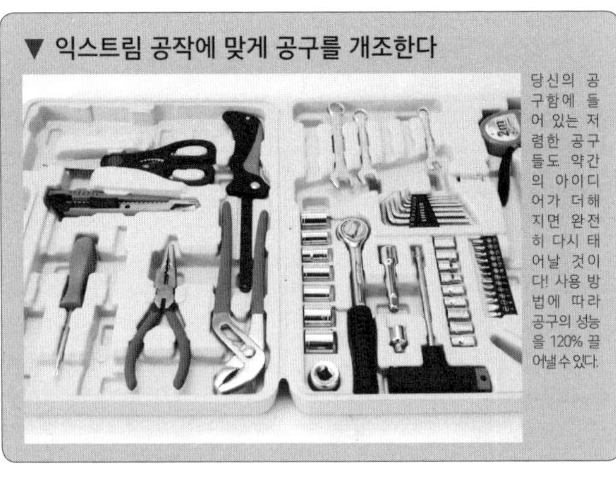

당신의 공구함에 들어 있는 저렴한 공구들도 약간의 아이디어가 더해지면 완전히 다시 태어날 것이다! 사용 방법에 따라 공구의 성능을 120% 끌어낼 수 있다.

Memo:

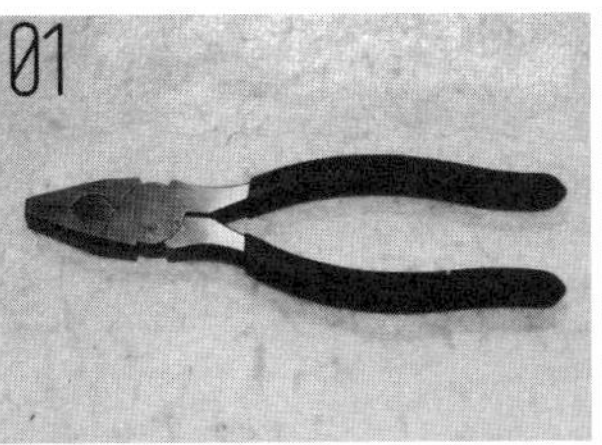

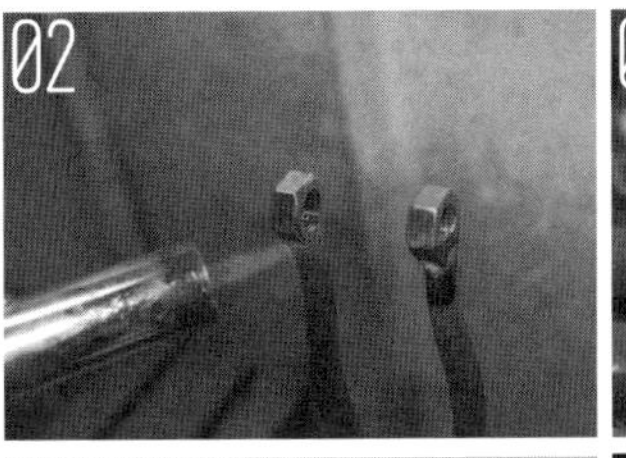

초강력 토크 펜치 제작 01 : 저렴한 펜치를 준비한다. 손잡이 부분의 고무는 미리 벗겨둔다.
02 : 펜치 손잡이 끝부분에 너트를 납땜한다. 강도를 더하기 위해 플럭스를 사용한다.
03 : 너트 안쪽의 불필요한 나사는 드릴로 제거한다.
04 : 너트에 손잡이 폭보다 조금 긴 나사를 끼우면 완성.
05 : 악력은 전혀 필요 없다. 나사를 조이기만 하면 아무리 굵은 소재라도 두 동강 낼 수 있다.

단히 조인 후 다른 펜치 등으로 나사를 한계까지 조인다. 개조 전에는 절단이 불가능한 굵은 나사도 펜치의 지렛대 부분을 나사로 구동하자 간단히 두 동강 났다! 수작업으로는 가공이 어려운 피아노선도 6mm 정도라면 손쉽게 절단할 수 있을 것이다.

파이프 절단면에 제격 원형 칼날의 제작

목재나 금속을 절단할 때 생기는 들쭉날쭉한 단면. 판으로 된 소재라면 사포 등으로 간단히 다듬을 수 있지만 원통형은 곡선에 맞춰 사포질을 해야 하기 때문에 의외로 힘든 작업이다.

그래서 이번에는 T자형 렌치를 개조해 원형 칼날을 만들어보기로 했다. T자형 렌치는 손잡이에 체중을 실을 수 있어 꽤 강력한 힘으로 누를 수 있다는 이점이 있다. 이거라면 스테인리스 등의 단단한 소재라도 여유롭게 깎아낼 수 있다.

렌치 부분은 간단히 말해 육각형 구멍이 뚫린 작은 원통 모양이다. 부상 방지를 위해서인지 원통의 모서리는 둥글게 되어 있다. 바로 그 원통 모서리를 예각으로 만들어 절삭 도구로 사용하는 것이다.

우선 그라인더 등을 이용해 원통의 모서리를 예각으로 깎는다. 그리고 기름과 숫돌로 절단면을 가볍게 다듬는다. 마지막으로 강도를 높이기 위해 가스버너로 담금질하면 완성이다.

절단한 파이프 등에 렌치를 넣고 단면의 거친 부분을 정리한다. 어떤 소재든 손쉽게 가공할 수 있을 것이다. 손이 닿지 않는 부분을 가공할 때에도 크게 활약할 것이다.

아이디어만 있으면 된다! 공구의 '숨은' 활용 방법

여기서부터는 공구의 숨은 활용 방법을 소개한다. 약간의 아이디어만 있으면 활용도를 높일 수 있다.

● 사포를 이용한 숫돌 수정

양두 그라인더 등으로 강도 높은 작업을 자주 하다 보면 숫돌이 변형되어 완성도가 저하된다. 그럴 때 보통은 '숫돌 드레서'라는 전용 도구를 사용하는데 이것도 구입하려면 가격이 꽤 비싸다.

이 숫돌 드레서 대신 다이아몬드 사포를 사용할 수 있다. 방법은 단순하다. 수정하고 싶은 곳에 다이아몬드 사포를 대기만 하면 된다. 다이아몬드 사포는 사각형 타입을 추천한다. 단, 너무 강하게 누르면 마찰열에 의해 타버릴 수 있으니 가볍게 대는 것이 비결. 엄청난 가루를 날리며 고속으로 다듬어진다. 다이아몬드 사포는 AW계나 GC계 등 어떤 숫돌에든 사용 가능하다.

● 에폭시 + 히트 건

두 가지 액체를 섞어 사용하는 에폭시 접착제는 나무와 유리는 물론 금속까지 단단히 고정할 수 있는 만능 접착제이다. 고속 타입은 5분 정

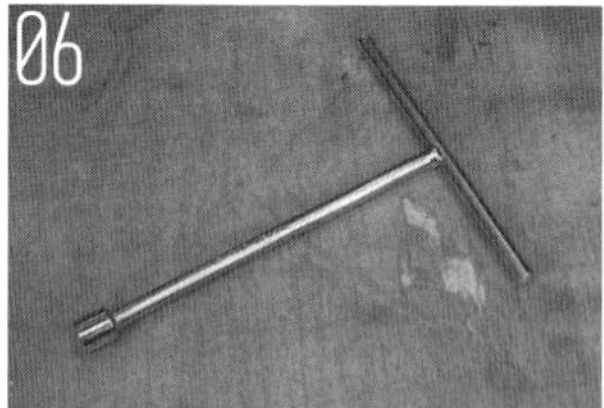

T자형 렌치로 원통형 칼날 제작 06 : 일반 렌치도 가능하지만 T자형 렌치가 더 강한 힘을 가할 수 있어 단단한 소재에도 사용 가능
07 : 렌치 끝부분은 부상 방지를 위해서인지 둥글게 처리되어 있다.
08 : 그라인더로 끝부분을 깎는다.
09 : 담금질해 강도를 높인다. 담금질한 후 바로 물에 넣어 식힌다.
10 : 원형 절삭 도구 완성. 파이프 안쪽을 다듬는 데 적합하다.
11 : 그라인더 등을 사용하다 보면 표면에 요철이 생겨 효과가 떨어진다. 그럴 때는 사각형 다이아몬드 사포를 이용해 가볍게 성형한다.

도면 경화가 시작되는데 더 빠르게 굳히는 방법이 있다. 액체를 섞는 단계에서 히트 건이나 드라이어로 뜨거운 바람을 쏘여 데우는 방법이다. 에폭시계 접착제는 섞으면 크림 형태가 되는데 히트 건으로 가열하며 섞으면 걸쭉한 시럽처럼 바뀐다. 어느 정도 온도를 높이면 에폭시 수지 자체의 화학반응으로 발열이 시작되는데 이때 재빨리 접착물을 붙이면 경화시간이 5분에서 1분 이내로 단축된다. 열을 가하면 점도가 낮아져 수지가 고르게 분포되므로 강력한 접착이 가능하다는 장점이 있다. 전자 부품 등을 고정할 때 사용하면 효과적이다.

염화비닐용 접착제로 스티커 제거

염화비닐관용 접착제는 접착뿐 아니라 강력한 용해작용을 이용해 스티커 제거용으로도 사용할 수 있다. 유리병 등에 부착된 스티커 위에 가득 발라 잠시 방치한 후 접착제가 적당히 녹았을 즈음 닦아내면 깨끗하게 제거할 수 있다. 유성 펜도 간단히 지울 수 있다.

염화비닐관용 접착제는 주성분인 아세톤 이외에 테트라하이드로퓨란 등의 강력한 용해작용을 하는 용제가 포함되어 있다. 이 용액에 적당한 점도를 내기 위한 첨가물이 들어 있어 쉽게 흘러내리지 않고 한곳에 모여 있을 수 있는 것이다. 용제만 사용할 때보다 건조시간이 긴 것도 편리하다.

자동차 유리 세정제

홈 센터의 자동차 용품 코너에 가면 자동차 유리 세정제가 판매되고 있다. 산화 세륨이라는 성분이 함유되어 있어 화학 연마라는 특수한 방법으로 가공이 가능하다. 다른 연마제와는 비교도 되지 않을 만큼 완성도가 높다. 다만 너무 강력해서 렌즈 등의 코팅이 벗겨질 수 있으니 사용하는 장소는 신중히 선택한다.

Memo:

12 : 에폭시계 접착제는 용액을 섞는 단계에서 열을 가하면 액체 상태가 되어 침투력이 높아지고 경화시간도 단축할 수 있다.
13 : 에폭시계 접착제를 가열할 때는 히트 건을 사용한다. 드라이어로도 대용 가능
14 : 염화비닐관용 접착제의 용해작용을 이용해 스티커를 제거할 수 있다.
15 : 차량용 세정제를 연마제로 활용한다. 몇 방울 떨어뜨려 문지르면 번쩍번쩍 광택이 살아난다!

고성능 접착제

◀아론 알파

▲에폭시계 접착제

▶내화 접착제

◀록타이트 나사 고정용

▲은납·동납

번외편

POKA 추천 접착제

알아두면 편리한 접착제의 지식과 추천 제품을 소개한다.

● 아론 알파

순간접착제의 대명사. 각종 브랜드의 제품이 많지만 왕도는 역시 동아합성사의 '아론 알파'이다. 용기의 기밀이 뛰어나 오랫동안 사용할 수 있는 점도 포인트이다.

● 각종 에폭시계 접착제

다양한 브랜드의 제품이 있지만 에폭시계 접착제는 어떤 것을 선택하든 기본적으로 성능이 우수하다. 다만 5분 경화 등의 고속 경화 타입은 내약품성이 떨어진다고 알려져 있다. 알코올에 떨어지는 경우도…. 신뢰성이 필요한 경우 경화시간이 긴 제품을 선택하는 편이 좋다.

● 내화 접착제

1,000℃ 이상의 내열 부분에 사용하는 접착제. 벽돌 등의 내부 단열재에 적합하며 금속의 고정에는 약한 편. 납땜의 임시 고정용으로 편리하다.

● 록타이트

나사를 고정하기 위한 접착제이다. 공기가 차단되면 경화한다. 용도에 맞게 종류를 선택한다.

● 은납·동납

금속을 강력히 접착하려면 접착제보다는 납땜이 용이하다. 용접과 달리 이종 금속도 접합할 수 있다. 가격은 비싸지만 은납이 가장 사용이 편리하다.

공작에는 다양한 화학, 물리, 전기 지식이 필요하지만 공구에 대한 지식까지 갖추면 더욱 원활하고 똑똑한 공작이 가능하다. 이번 기회에 공구함을 다시 한 번 확인해보면 어떨까.

애용하는 공구를 오랫동안 사용하기 위한

공구의 손질 및 관리 방법

깎고, 자르고, 구멍을 뚫는 등 효율적인 작업을 위해서는 공구의 상태가 중요하다. 마모된 전동 드릴이나 니퍼의 날을 손질해 새것처럼 만들어보자!

(POKA)

이 책에서 소개하는 공작은 전동 드릴이나 니퍼 등의 절삭 공구를 많이 사용한다. 공작의 완성도를 높이려면 공구의 상태를 늘 최상으로 유지할 필요가 있다. 무딘 칼날 등을 사용하면 절단면이 매끄럽지 않을 뿐 아니라 가공시간도 오래 걸리는 등 좋을 게 없다. 또 니퍼 등의 저렴한 제품을 한 번 쓰고 버리기도 하는데 경제적으로도 좋지 않은 방법이다. 연마 기술을 익혀 니퍼를 비롯한 가위 등의 일상 제품까지 직접 손질해보자.

필수적인 연마 도구 사포와 숫돌과 전동 공구

드릴 날 등에 사용되는 소재는 대부분 담금질된 것이 많다. 담금질하면 날의 강도가 높아지는 이점이 있지만 금속용 줄로는 연마가 어렵다. 그렇기 때문에 더 단단한 소재로 만들어진 숫돌이나 다이아몬드 사포로 연마한다.

다이아몬드 사포는 모든 소재 중 가장 단단한 다이아몬드를 연마 입자로 사용한 사포이다. 수명은 비싼 제품이든 저렴한 제품이든 대체로 비슷하니 최대한 저렴한 것을 고른다. 개인적으로는 다이소 제품을 추천한다. 몇 가지 종류가 있는데 삼각형과 반원형 타입이 편리하다. 특히 삼각형 타입은 모서리가 뾰족하기 때문에 직각으로 된 부분이나 비좁은 곳을 정교하게 연마할 수 있다.

숫돌도 중요한 연마 도구 중 하나이다. 작고 단단한 칼날을 연마할 때는 기름숫돌이 최적이다. 물숫돌은 넓은 면을 연마할 때 강력한 힘을 발휘하지만 형태가 변형되기 쉽다. 기름숫돌은 물숫돌에 비해 훨씬 단단하기 때문에 평면이 쉽게 변형되지 않는다. 그래도 사용하다 보면 조금씩 파이며 요철이 생기기 때문에 강도와 연마력이 적절한 브랜드 제품을 선택하는 편이 좋다. 노튼사의 '인디아 숫돌'이나 야마토제철소의 '체리 숫돌'을 추천한다. 입자의 정도는 거친 것, 중간, 고운 것이 있는데 인조 기름숫돌의 경우는 거칠거나 중간 정도가 무난하다.

마무리는 '아칸소 숫돌'이라고 불리는 천연 제품이 가장 좋다. 하드와 소프트 타입 중 하드 타입을 선택한다. 경도가 꽤 높아 의료 기구를 비롯해 제도 기구까지 폭 넓게 정밀 연마가 가능하다.

▼ 연마하면 공구의 날이 되살아난다!

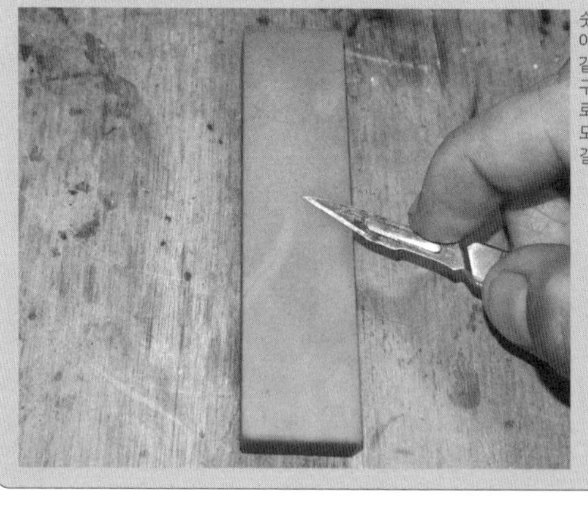

숫돌이나 다이아몬드 사포와 같은 연마 도구로 정기적으로 손질하면 도구의 수명이 길어진다.

Memo:

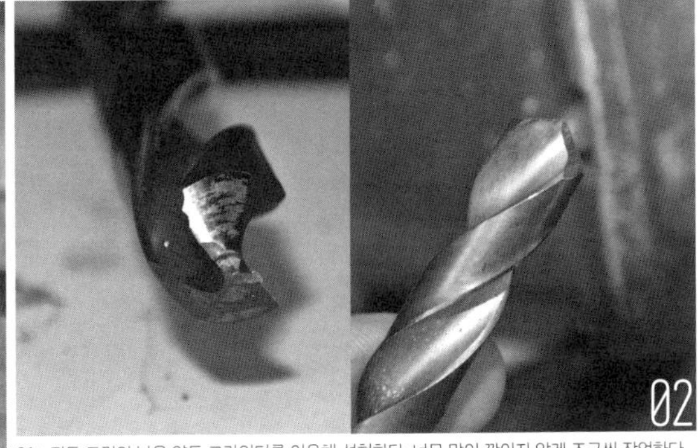

01 : 전동 드릴의 날을 양두 그라인더를 이용해 성형한다. 너무 많이 깎이지 않게 조금씩 작업한다.
02 : 성형 전과 후가 분명하다. 망가진 날이 날카롭게 다듬어졌다.

마지막으로 양두 그라인더가 있다. 금속 공구를 손질할 때 최고의 성능을 발휘하는 기계이다. 원반형 숫돌을 고속으로 회전시켜 대상 소재를 간단히 연마한다. 마찰열도 강해 5초 정도만 대도 날이 붉게 달구어질 정도이다. 1~2초 연마한 뒤 물로 식힌 후 다시 연마하는 식으로 작업한다. 양두 그라인더는 날을 1mm 이상 깎아내고 싶을 때 사용한다. 1mm 이하일 땐 다이아몬드 사포나 기름숫돌로 직접 연마하는 편이 실패를 줄일 수 있다.

마모된 드릴 날을 연마해 되살린다

고성능 공작의 필수품인 전동 드릴. 당연하지만 사용하다 보면 드릴 날이 마모되어 무뎌진다. 이런 날을 직접 연마할 수 있으면 공작의 효율성을 높일 수 있다. 공작 마니아로서 드릴 연마 정도는 반드시 익혀두었으면 한다. 이번에는 주로 사용되는 성형 방법 세 가지를 소개한다.

● 양두 그라인더 연마

드릴 날을 연마할 때는 대부분 양두 그라인더를 사용한다. 먼저, 양두 그라인더를 '드레서'라고 불리는 전용 도구로 평평히 다듬는다. 이 평평한 면 위에 드릴을 대고 조금씩 깎는 것이다. 너무 많이 깎아내면 형태가 망가지므로 원래 각도를 참고하거나 새 드릴을 보면서 형태를 다듬는 것이 좋다. 원래 형태가 나올 때까지 깎아냈으면 드릴을 세워 날 끝에 여유 각을 만든다.

또 연마작업 중에는 과열에 주의한다. 지름 5mm 정도까지는 어렵지 않지만 그 이하가 되면 금방 과열되어 정밀 연마가 어려워진다. 잘되지 않으면 양두 그라인더 대신 천천히 손으로 연마하는 편이 무난하다.

● 시닝 연마

무뎌진 날 부분만 성형해도 구멍을 뚫는 것은 문제없지만 시닝이라고 불리는 가공을 하면 더욱 효율적인 작업이 가능하다. 시닝은 칼날 오른쪽에 위치하며, 이 부분을 그라인더의 모서리를 이용해 조금씩 깎아내는 것이다. 이것으로 연마 완료. 소재에 잘 밀착하고 절삭 저항도 줄어든다.

● 초형 연마

이름 그대로 옆에서 보았을 때 초와 같은 형태로 성형하는 연마 방법이다. 끝부분이 바늘처럼 뾰족해 구심성이 강하고 곧은 구멍을 뚫을 때 위력을 발휘한다. 얇은 판자를 깔끔하게 관통하는 것도 가능하다.

니퍼나 핀셋의 예리한 날을 되살린다

드릴 날 이외에도 연마로 성능을 회복시킬 수 있는 공구가 있다. 평소에도 자주 쓰는 니퍼, 핀셋, 일자 드라이버 등의 도구이다. 특히 니퍼는 사용하다 보면 날이 금방 무뎌지기

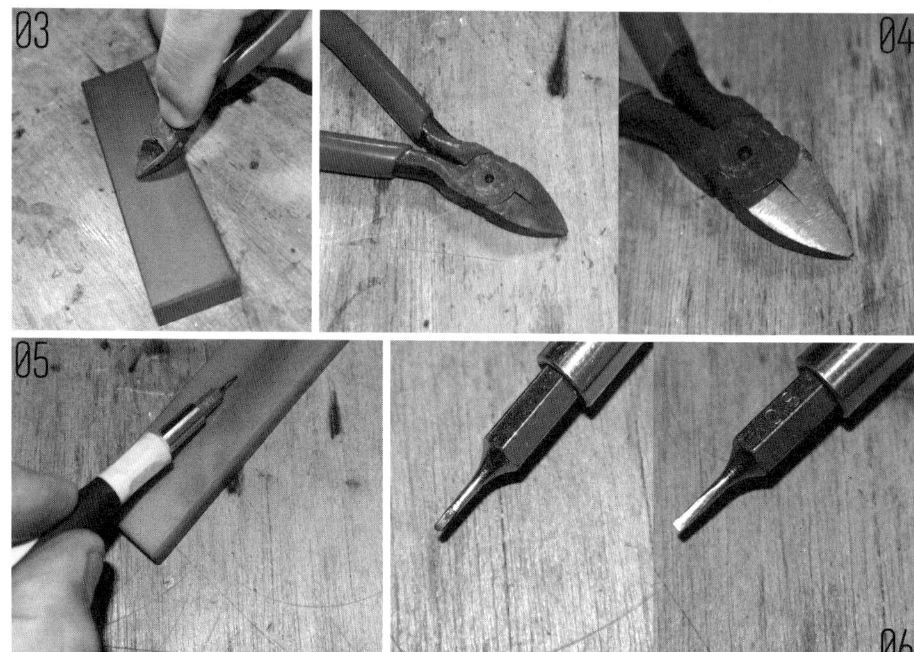

03 : 니퍼는 날을 벌린 상태로 한쪽씩 연마한다. 날을 오므렸을 때 틈새가 없이 잘 맞물리면 연마한 반대쪽을 숫돌에 내고 다듬는다.
04 : 날의 틈새가 사라지고 녹슨 부분도 깨끗하게 제거되었다.
05 : 정밀한 일자 드라이버는 기름숫돌로 조금씩 형태를 다듬는다.
06 : 뭉툭했던 끝부분이 연마 후 칼날처럼 각이 살아났다.

때문에 연마 방법을 알아두면 도움이 될 것이다.

● 니퍼

니퍼는 날이 잘 드는 반면 날 끝의 강도가 약해 약간 굵은 철사라도 자르면 금방 날이 망가진다.

니퍼는 날 안쪽을 다이아몬드 사포로 연마하는 방법뿐이다. 주의해야 할 점은 날 끝의 직선을 유지하는 것이다. 양쪽 날을 모두 연마하면 날이 잘 맞물리는지 확인한다. 전등 등에 비춰서 빛이 새어나오는지를 보면 된다. 빛이 새어나오면 날이 잘 맞물리지 않는다는 뜻이다. 빛이 새어나오지 않을 때까지 연마한다. 마무리로 기름숫돌을 이용해 반대쪽 표면을 잘 다듬으면 완성이다.

니퍼 연마는 약간의 기술이 필요하지만 한번 익혀두면 반영구적으로 사용할 수 있게 된다. 또 구조상 어느 정도 날 끝을 성형하면 날 부분이 완전히 맞물리지 않게 된다. 교체 시기가 온 것이라고 생각하면 된다.

● 핀셋

이번에는 핀셋이다. 핀셋은 끝부분이 무뎌지면 작은 물건을 잡을 수 없게 된다. 열화 속도는 저렴한 것이든 비싼 것이든 큰 차이 없다.

핀셋은 기름숫돌로 정밀하게 연마하는 것이 기본이다. 먼저, 끝부분의 길이가 맞지 않는 경우는 핀셋을 오므린 상태로 숫돌에 세워 연마한다. '끼익, 끼익' 하는 불쾌한 소리가 나도 조금만 참자. 다음은 측면을 다듬는다. 핀셋을 오므린 상태로 빙글빙글 돌리며 성형한다. 핀셋은 용도에 따라 아주 날카롭게 갈아야 할 때도 있지만, 일반적인 공작용이라면 30° 정도를 기준으로 연마하면 적절하다.

Memo:

07 : 핀셋은 오므린 상태로 숫돌에 대고 고르게 갈아준다.
08 : 가위는 날을 벌려 고정한 상태로 다이아몬드 사포로 연마한다.
09 : 서클 커터의 원형 칼날은 전동 드릴에 끼워 회전시킨 상태로 숫돌에 연마한다.

● 일자 드라이버

초정밀 일자 드라이버도 비교적 끝부분이 쉽게 망가진다. 연마 면적이 작아 자칫 과도하게 깎아내면 형태가 변형될 수 있으므로 연마력이 작은 숫돌로 조금씩 깎아내는 것이 포인트이다.

가위와 커터 칼도 연마가 가능하다

마지막은 흔히 쓰는 문구 용품의 손질 방법에 대해 해설한다. 특히 가위는 공작뿐 아니라 일상적으로 자주 쓰는 도구이므로 익혀두면 도움이 될 것이다.

● 가위

가위 날이 잘 들지 않게 되는 원인 중 가장 많은 것이 날에 점착질 물체가 부착하는 것이다. 셀로판테이프나 비닐테이프를 자르면 가위 날에 테이프의 끈끈한 물질이 들러붙는데 이것은 파츠 클리너 등으로 닦으면 해결된다. 극적으로 증상이 개선된다.

마모되어 날이 무뎌진 경우는 날을 갈아 다시 부활시킨다. 가위는 날 안쪽을 다이아몬드 사포로 가볍게 갈아준다. 주의해야 할 점은 날의 뒤쪽을 갈면 안 된다는 것이다. 뒤쪽을 갈면 가위가 못 쓰게 된다. 일반적인 가위라면 다이아몬드 사포로 가는 방법이 가장 적절하다. 숫돌로 마무리해도 되지만 칼날이 약간 거친 편이 밀리지 않고 잘 잘린다.

● 서클 커터

서클 커터는 알루미늄 포일 등의 필름을 절단할 때 꼭 필요한 원형 칼날이다. 둥근 날을 정밀히 연마하는 것은 쉽지 않기 때문에 드릴이나 모터에 부착해 연마한다. 올파사의 대형 서클 커터에는 M8 크기의 나사가 꼭 맞는다. M8 나사+너트로 날을 고정한 후 드릴 척에 부착해 회전시킨다. 그리고 숫돌에 가볍게 대면 연마할 수 있다. 회전 날은 정지 날에 비해 훨씬 위험하기 때문에 손이 닿지 않도록 주의한다.

이처럼 평소 자주 쓰는 공구나 문구를 간단히 손질해주면 오랫동안 사용할 수 있다. 니퍼 등도 직접 갈아서 쓸 수 있으면 매우 편리하다. 날이 망가지거나 무뎌진 도구로 도전해보자.

공작의 완성도를 높이는 마지막 작업

궁극의 연마술

연마는 공작의 완성도를 높이는 중요한 작업. 표면이 매끄럽지 않으면 보기에도 좋지 않고 부상의 위험까지 있다. 연마와 연마제의 기본을 해설한다. 연마를 소홀히 하지 말지어다. (POKA)

연마는 공작의 가장 마지막 작업이라고 할 수 있다. 모처럼 만든 작품이니 이왕이면 완성도를 최대한 높이고 싶다. 그러나 막상 홈 센터에 연마제를 사러 가면 종류가 너무 많아 무엇을 사면 좋을지 막막해진다.

그래서 이번에는 각종 연마제의 용도와 추천 상품 등을 소개한다. 연마는 주로 금속이나 목재가 대상이지만 플라스틱이나 수지 소재에도 사용할 수 있으므로 가까운 물건으로 시노해보자.

일반적인 연마제의 기본 구성은 숫돌의 가루나 산화물 등의 단단한 물질을 가루로 만들어 액체나 왁스 형태로 굳힌 것이다. '연마 입자'라고 하는 초미세 입자 하나하나가 대상물을 연마한다. 가장 알기 쉬운 예로, 치약이 있다. 실제 치약으로 DVD 표면이나 자동차의 헤드라이트를 닦기도 한다.

가장 많이 사용되는 성분은 세라믹계이지만 알루미나나 녹색 탄화규소 등도 있다. 이런 성분을 헝겊 등에 적셔서 대상물을 문지르는 방식이다.

홈 센터에서는 공예에 사용되는 종이 사포부터 금속 등에 사용하는 본격적인 분말 타입까지 다양한 종류가 판매되고 있다. 요즘은 다이소 등에서도 저렴하게 구입이 가능하므로 시험 삼아 사용해보려면 그런 제품을 구입해도 좋다.

이제부터 각종 연마제의 종류와 용도에 대해 설명한다.

종이 사포

누구나 한 번쯤 사용해본 적이 있을 것이다. '샌드페이퍼'라고도 불리

▼ 경면(鏡面) 가공도 가능한 연마제 추천

01 : 헝겊에 적봉을 묻혀 연마했다. 측면이 거울처럼 광택이 나는 것을 볼 수 있다.
02 : 사포는 연마 입자라고 불리는 물질의 집합체이다. 연마 입자 한 알 한 알이 대상물을 연마한다.

Memo:

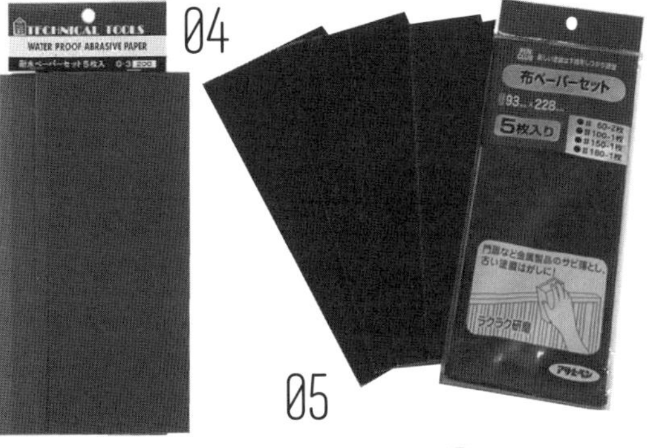

03 : 가장 많이 쓰이는 연마 도구인 종이 사포. 연마 입자의 크기 별로 구입해두면 편리하다.
04 : 내수 사포는 물을 뿌리며 사용하기 때문에 마찰열을 줄일 수 있다. 다이소에서도 구할 수 있다.
05 : 천 사포는 종이 사포보다 내구성이 강해 오래 사용할 수 있다.
06 : 적봉은 왁스 형태의 연마제로 헝겊 등에 묻혀서 사용한다.
07 : 중간 단계용 백봉. 주로 금속 연마에 사용된다.
08 : 경면 가공에 최적인 청봉. 뛰어난 광택을 얻을 수 있다.

며 종이에 연마 입자가 부착되어 있는 형태이다. 뒷면에는 연마 입자의 밀도를 나타내는 숫자가 쓰여 있으며 숫자가 클수록 입자가 곱다.

#30~100 : 거친 입자
#100~200 : 중간 입자
#200~400 : 고운 입자
#400~600 : 극세 입자
#800~ : 초극세 입자

예컨대 녹을 제거하려면 40 정도의 거친 입자가 적당하고 도장 전에 표면을 다듬을 때는 고운 입자인 400을 사용하는 등으로 구분해 사용한다.

다만 종이 사포는 사용 후 연마 찌꺼기가 대상물에 부착하는 결점이 있다. 이런 결점을 보완하는 것이 내수 사포이다. 일반 종이 사포는 살색이지만 내수 사포는 검은색이나 회색이다. 물을 뿌리면서 사용하기 때문에 연마 찌꺼기가 남지 않고 오래 간다는 장점이 있다. 냉각 효과도 있어 플라스틱 연마에 특히 효과적이다.

천 사포

종이 사포의 유사품으로 천 사포가 있다. 종이가 아닌 천을 사용하기 때문에 강한 부하를 가하며 사용할 수 있다. 단, 상품에 따라서는 내수 성능이 없는 것도 있으므로 구입 시 확인하도록 한다.

적봉·백봉·청봉

종이 사포보다 세밀한 연마작업에 적합한 막대 모양의 연마제이다. 연마제를 왁스 상태로 만든 타입으로 헝겊 등에 묻혀 사용한다. 유성이기 때문에 기름에 녹인 후 헝겊에 묻혀 연마해도 된다.

세 가지를 함께 사용하는 경우가 많은데 초기 단계에는 '적봉', 중간 단계에는 '백봉', 초정밀 마무리용으로 '청봉'과 같은 순으로 연마하면 경면 가공도 가능하다. 특히 청봉은 뛰어난 광택을 낼 수 있어 하나쯤 가지고 있으면 좋다. 최근에는 다이소에서도 판매되고 있다.

연마 파우더

연마 파우더는 이름 그대로 가루 형태의 연마제로, 종이나 왁스로 가공하기 전의 원료 그대로이다. 일반적으로 유통되는 것은 50~10,000번 정도이다. 물이나 기름에 분산해 금속을 연마하면 뛰어난 광택감을 얻을 수 있다.

다이아몬드 페이스트

연마제의 끝판 왕과 같은 존재인 다이아몬드 페이스트. 연마 입자로

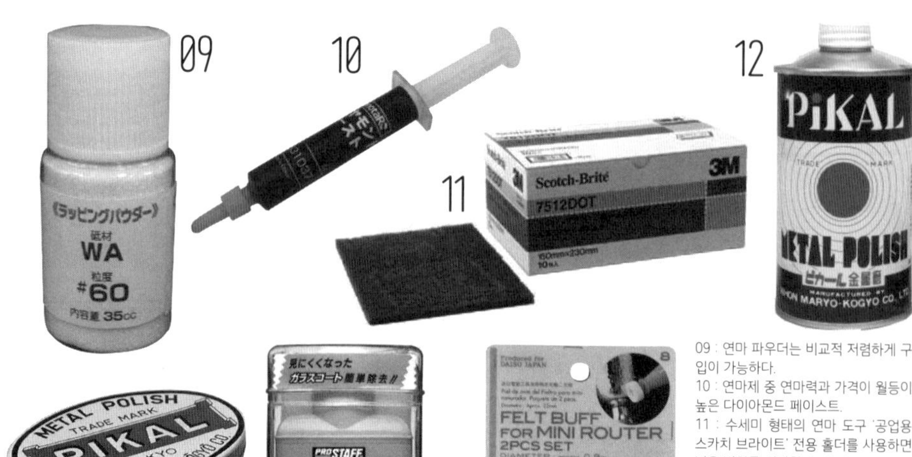

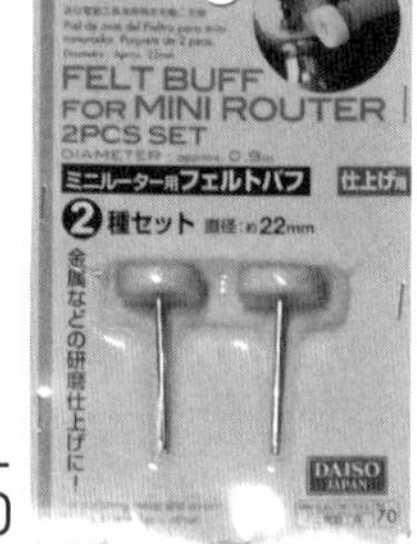

09 : 연마 파우더는 비교적 저렴하게 구입이 가능하다.
10 : 연마제 중 연마력과 가격이 월등이 높은 다이아몬드 페이스트.
11 : 수세미 형태의 연마 도구 '공업용 스카치 브라이트' 전용 홀더를 사용하면 넓은 범위를 연마할 수 있다.
12 : 금속 연마에 최적인 액체형 연마제 '피칼'.
13 : 피칼은 왁스형도 판매되고 있다. 간단한 오염 제거에 효과적이다.
14 : 프로 스태프는 스마트폰 클리너로 최적이다.
15 : 루터용 퍼프를 사용하면 넓은 범위도 손쉽게 연마할 수 있다.

인공 다이아몬드를 사용했기 때문에 다이아몬드를 비롯한 모든 단단한 물질을 연마할 수 있다. 뛰어난 광택으로 경면 가공에 위력을 발휘하지만 다른 연마제에 비해 가격이 비싼 것이 단점이다. 공작용으로는 거의 사용되지 않고 금형이나 측정기 성형에 주로 이용된다.

경면(거울면) 가공도 가능! 거친 입자부터 시작한다

당연하지만 연마할 때는 순서가 가장 중요하다. 입자가 거친 것부터 시작해 차츰 고운 것으로 바꿔가며 연마해야 한다.

먼저, 150번 정도의 종이 사포로 표면의 흠집을 제거하고 400~800번 정도로 바꿔 다듬은 후 마지막은 1,000번 정도로 마무리한다. 이 정도면 매끈하고 깨끗한 면이 완성될 것이다.

이 정도로 완성해도 되지만 경면 가공하고 싶은 경우는 다음 공정으로 넘어간다. 이제부터는 끈기가 필요한 작업이다.

우선 적봉을 이용해 지나치다 싶을 정도로 표면을 정성껏 갈아낸다. 계속해서 청봉으로 반짝반짝 윤이 날 때까지 연마한다. 표면에 자기 얼굴이 비칠 정도가 되면 완성이다.

적봉과 청봉은 헝겊에 묻혀 연마해도 되지만 넓은 면적을 수작업으로 하기에는 한계가 있다. 이때 활약하는 것이 전동 공구이다. '펠트 퍼프'라고 불리는 부속품에 연마제를 묻혀 그라인더나 루터기로 회전시켜 연마한다. 매우 효율적인 연마작업이 가능하다.

POKA가 추천하는 연마 제품

내가 자주 사용하는 제품을 세 가지 정도 소개한다. 첫 번째는 3M사의 '스카치 브라이트 공업용 패드'이다. 스카치 브라이트라고 하면 식기 세척용 스펀지가 유명하지만 공업용품도 취급한다. 스펀지에 연마 입자가 들어 있는 제품으로 모든 형태의 공작물에 사용 가능하다. 합성섬유

Memo:

16 : 펠트 퍼프에 적봉이나 청봉을 도포해 연마한다. 퍼프는 연마제의 종류별로 준비한다. 적봉을 묻혀 사용한 퍼프에 청봉을 도포하면 연마력이 떨어진다.
17 : 적봉을 묻힌 퍼프가 검은색으로 바뀐다. 연마된 금속 찌꺼기가 묻어난 것으로 연마가 잘되고 있다는 증거이다.
18 : 청봉을 이용해 동전의 오른쪽 절반만 연마해보았다. 탁한 황토색 동전이 본래의 광택을 되찾았다!

에 연마 입자가 포함된 것이라 연마 찌꺼기가 잘 남지 않는다는 장점이 있다. 금속의 경우, 선반 가공을 마친 후 마무리 단계에서 사용한다. 금속의 절단면을 다듬는 용도부터 광택을 내는 용도까지 폭넓게 활용할 수 있어 한두 개씩은 상비해두는 제품이다.

연마 입자별로 No.7440, No.7446, No.7447 등의 종류가 있는데 초기 단계용과 마무리용으로 2장 정도만 있으면 충분하다.

두 번째는 금속에 광택을 낼 수 있는 유명한 연마제 '피칼'이다. 1,000번 정도의 종이 사포로 가공한 후 이 제품이 있으면 어느 정도의 완성도를 낼 수 있다. 적봉이나 청봉 등을 준비하기 귀찮을 때는 이 제품 하나만 구입하면 된다. 액체형, 크림형, 왁스형이 있는데 왁스 타입이 사용하기 편하고 완성도도 뛰어나다.

사용 방법은 소량을 헝겊 등에 묻혀 문지르기만 하면 된다. 수초 만에 시커멓게 변하며 연마력이 떨어지지만 이것은 금속이 연마되고 있다는 증거이므로 계속해서 작업한다. 연마제를 추가할 필요는 없다. 제품 자체가 표면에 부착된 연마 입자의 미세화를 일으켜 조금씩 갈아내고 있기 때문이다. 어느 정도 진행되면 거울과 같은 광택감을 얻을 수 있으므로 끈기를 가지고 작업한다.

세 번째는 노란색 패키지로 유명한 '프로스태프'이다. 산화 세륨이 주성분인 연마제로 차량의 유막을 제거하는 용도로 쓰인다. 스마트폰 등의 액정 화면에 묻은 오염을 제거하는 데 최적이다. 마무리용 제품이라도 청봉은 코팅된 표면에 사용하면 작용이 지나치게 강해 터치 패널 고장을 일으킨다. 반면에 이 제품은 초미세 가공용으로 가볍게 닦아내듯 연마하면 액정 화면에 지문도 잘 묻지 않을 만큼 정교한 가공이 가능하다. 최근에는 다이소 등에서도 판매되고 있는 듯하니 꼭 한번 시도해보기 바란다.

강전계 공작에 빠질 수 없는 고전압 부품

콘덴서의 선택 방법

고전압, 대전류가 발생하는 암흑 공작에는 신뢰할 수 있는 부품 선정이 필수이다. 그중에서도 중요한 부품이 바로 콘덴서이다. 최근에는 염가 제품도 널리 유통되고 있다. 목숨이 위태로울 수 있는 부품인 만큼 제대로 고르자. (POKA)

고성능 전자 공작에는 일반적인 전자 공작보다 고전압, 대전류에 특화된 부품이 필요하다. 정격의 1만 배가 넘는 초고사양이 요구되는 경우도 드물지 않다. 테슬라 코일이나 레이저처럼 순간적인 대전력 펄스 성능이 요구되는 공작에는 특별한 부품 선정이 필수이다.

그중에서도 콘덴서는 파워계 전자 공작에 가장 중요한 부품이다. 초고전압을 충전하거나 대전류를 계속 흘려보내는 등의 고성능이 요구된다. 최근에는 테슬라 코일의 공진 회로 등 한층 고강도로 이용되고 있는 듯하다. 콘덴서의 품질은 간단히 알 수 있다. 품질이 좋지 않으면 발열이나 발화가 발생하고, 최악의 경우는 폭발한다.

이번에는 이런 콘덴서의 종류, 브랜드, 용도 등을 정리해보았다.

녹색 콘덴서 (일본케미콘)

일본케미콘사의 파워 필름 콘덴서. 전자 부품 판매 사이트 등에서 널리 유통되고 있으므로 입수는 어렵지 않다. 'HACD' 시리즈와 'TACD' 시리즈가 특히 성능이 뛰어나며 공진 회로에 최적이다. 독특한 원통형이 특징이다.

유도 가열장치의 공진 콘덴서로 이용하는 경우는 용량이 작은 제품을 여러 개 병렬해 등가 ESR를 억제하는 방식으로 사용한다. 다만 HACD나 TACD 시리즈는 등가 ESR가 낮기 때문에 몇 개만 병렬하거나 하나로도 충분하다.

공진 콘덴서, IGBT(절연 게이트 양극성 트랜지스터), MOS-FET(전계 효과 트랜지스터의 일종)를 보호하기 위한 스너버 콘덴서 등 다양한 용도로 쓰인다. 내전압과 용량이 다양하기 때문에 폭넓게 응용할 수 있다.

RS 온라인

http://jp.rs-online.com/web/

국내외의 50만 점 이상의 전자 부품을 구입할 수 있는 RS 컴포넌트 판매 사이트. 상품 구성과 품질로 정평이 나 있으며, 프로 엔지니어들도 자주 찾는다.

Digi-Key

http://www.digikey.jp/jp/ja/digihome.html

미국의 대형 전자 부품 판매 사이트. PDF 카탈로그를 내려받을 수 있으며, 데이터 시트로 상세한 사양을 확인할 수 있다.

Memo:

녹색 콘덴서(일본케미콘)

신뢰할 수 있는 브랜드로, 독특한 원통형이 특징. HACD/TACD 시리즈는 특히 성능이 뛰어나 공진 회로에 적합하다.

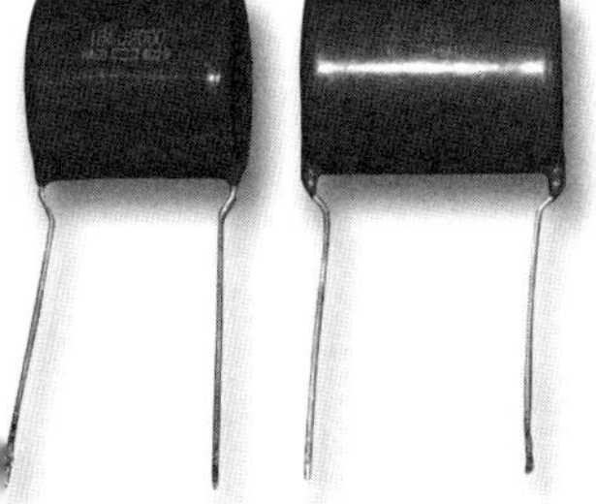

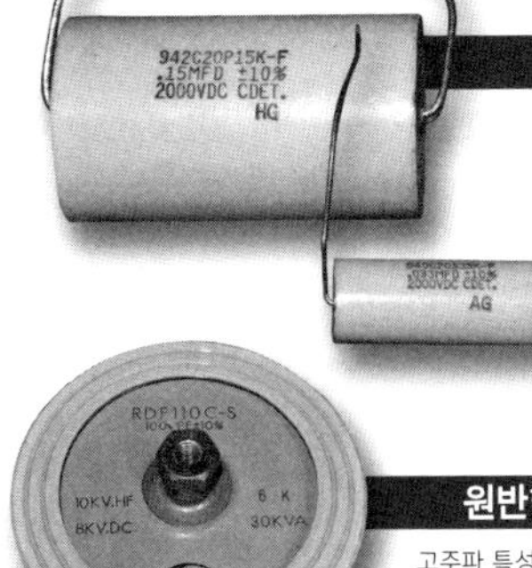

백색 콘덴서(CDE)

942C 시리즈는 HACD/TACD 시리즈와 동등한 성능을 자랑한다. 고출력 회로에 적합하다.

원반형 세라믹 콘덴서

고주파 특성이 뛰어나며, 발진 회로에 많이 사용되는 고압 콘덴서다.

백색 콘덴서(CDE)

일본 제품 중에서는 위에서 소개한 일본케미콘의 콘덴서가 대표적인 고성능 제품이며, 해외 제품으로는 미국 CDE사의 콘덴서가 유명하다. 특히 '942C' 시리즈는 특성이 뛰어난 것으로 유명해 고성능 회로에 적합하다.

흔히 '백색 콘덴서'라고 불리는 콘덴서의 최상위 제품으로 엔지니어들 사이에서는 HACD, TACD 시리즈와 성능이 거의 동등하다는 평가를 받고 있다.

해외판 테슬라 코일 특히 DRSSTC의 회로에 많이 사용되며 좋은 성적을 내고 있다. 입수하기 쉽지만 가격이 조금 높은 편이다. 0.15μF·내전압 2,000V의 제품이 6달러 전후로 판매되고 있다. 또 DRSSTC의 경우는 이 내전압·용량의 제품을 10개 이상 사용하기 때문에 꽤 많은 비용이 들 수 있다. 저렴한 콘덴서는 과부하로 터질 수 있으니 가격이 조금 비싸더라도 고성능 제품을 선택하는 것이 좋다.

원반형 세라믹 콘덴서

고압 콘덴서로 입수도 어렵지 않다. 8kV 정도의 내압이 가장 좋다. 고주파 특성이 특히 뛰어나며 MHz급 발진 회로에 많이 사용된다. 고출력 송신기나 플라즈마 기기 등 고전압, 고주파, 대전력을 취급할 때 위력을 발휘한다. 반도체 스위칭보다는 진공관과 궁합이 좋고 최신 DRSSTC보다는 아날로그 진공관을 사용하는 VTTC에 적합하다.

생각보다 발열이 크다는 결점이 있다. 방열을 위해 공기 흐름이 잘되는 형태로 만들어져 있다. 유전체에는 타이타늄산 바륨이 사용되며, 고온이 되면 유전율이 변화한다. 유전율이 변화한다는 것은 정전 용량도 바뀐다는 말이다. LC 공진을 이용한 회로에서는 공진 주파수가 바뀌기 때문에 일·이차 공진의 고도의 동기화가 요구되는 DRSSTC에는 적합하지 않다. 또 8kV의 고전압은 스파크 갭 테슬라 코일에도 이용할 수 있지만, 발열 가능성을 고려하면 강제 공랭장치를 준비해두는 편이 무난하다.

문고리 콘덴서

스파크 갭 테슬라 코일에 많이 사용되는 초고압 세라믹 콘덴서이다. 앞서 소개한 원반형을 웃도는 초고전압 충전이 가능하다. 다만 다른 콘덴서에 비해 가격이 매우 비싼 것이 단점이다.

성능은 유례를 찾아보기 힘들 만큼 강력하다. 초고전압을 이용한 레이저나 플라즈마 발생에 위력을 발휘한다. 자작 질소 레이저를 고성능화할 때 가장 적합한 콘덴서이다.

한편 세라믹 콘덴서 특유의 온도 특성으로 고부하 시 발열에 의한 용량 변화가 있다는 단점이 있다. 공진 오차가 허용되지 않는 정밀한 용도에는 미리 확인이 필요하다. 그 밖에도 용량 문제가 있다. DRSSTC 등에 사용하기에는 용량이 매우 작은 편이다. 대량의 콘덴서를 병렬해 사용하면 해결할 수 있다. 초고전압 충전·방전이 특기이기 때문에 전기충격기의 성능 향상용으로도 사용할 수 있다.

문고리 콘덴서
초고전압 충전에 대응하는 초고압 세라믹 콘덴서. 전기충격기의 성능 개조에 적합하다.

오일 콘덴서
유전체로 절연유를 침투시킨 종이를 사용한 콘덴서. 효율적이면서도 강력한 출력을 얻을 수 있는 점에서 레일 건 등의 제작에 사용해보고 싶다.

대용량 전해 콘덴서
대량의 에너지를 충전할 수 있어 코일 건 등에 자주 이용된다. 인터넷 사이트 등에서 입수하기 쉬운 것도 포인트.

● 오일 콘덴서

종이를 유도체로 사용해 절연 성능을 높이기 위해 절연 오일을 진공 침투시킨 콘덴서이다. 고내압 제품은 상당히 고가이며 입수 난이도가 높지만, 레일 건이나 캔 압축기 등 최강의 성능을 얻기 위해서는 탐내지 않을 수 없는 제품이다.

장점은 당연히 전력 특성. 같은 에너지의 전해 콘덴서와는 급이 다른 피크 전력을 낼 수 있다. 단점은 입수가 어렵다는 점이다. 특히 10kJ 이상을 축적하는 오일 콘덴서는 좀처럼 구하기 어렵다.

● 대용량 전해 콘덴서

피크 전력은 오일 콘덴서에 뒤지지만 대량의 에너지를 충전할 때는 전해 콘덴서가 가장 적합하다. 400V 정도의 내압으로 약 5,000μF의 정전 용량의 제품을 인터넷 사이트 등에서 쉽게 찾을 수 있다. 입수가 쉽다는 것은 굉장한 이점이다.

피크 전력은 오일 콘덴서에 뒤지지만 인간을 감선사시키고도 남을 충분한 전력을 축적할 수 있다. 그런 만큼 취급에 유의해야 한다.

용도는 파워계 공작에서는 코일 건이 가장 유명하다. 코일 건은 피크 전력보다는 축적 에너지가 큰 편이 유리하기 때문에 전해 콘덴서가 적합하다.

결점은 다른 콘덴서와 달리 수명이 있다는 점이다. 내부에 전해액이 들어 있어서 이 전해액이 증발하거나 열화하면 성능이 현저히 저하된다.

● 파워 필름 콘덴서

전자 유도의 원리를 이용해 발열시키는 유도 가열용 필름 콘덴서로, CELEM사의 제품이다. 유도 가열형 공진 회로에 들어가는 부품이다. 구리 덩어리 같은 외관은 전혀 필름 콘덴서처럼 보이지 않는다. 이것은 방열판에 직접 연결해 방열 성능을 향상시키기 위한 구조이기 때문이다. 당연히 방열이 뛰어나며 다른 콘덴서와는 비교도 되지 않을 정도의 대전류를 다룰 수 있다. 일본케미콘이나 CDE의 콘덴서를 뛰어넘는 고사양이다. 과열에 의한 용량 변화가 적기 때문에 공진 회로에 최적일 것이다.

단, 결점도 있다. 첫 번째는 조달이 매우 어렵다는 점. 중고 제품도 거의 유통되지 않는다. 사진의 파워 필름 콘덴서는 아키하바라의 중고 물품 판매점에서 운 좋게 구할 수 있었다. 저렴한 가격에 나온 제품을 발견하면 즉시 구입해두는 것이 좋다.

CELEM사의 파워 필름 콘덴서는 최근 화제가 된 QCWDRSSTC(반도

Memo:

파워 필름 콘덴서(CELEM)

유도 가열용 필름 콘덴서. 대전류를 다룰 수 있지만 입수가 어렵다는 단점이 있다. 사진 속 콘덴서는 아키하바라의 중고 판매점에서 운 좋게 발견했다.

AED 콘덴서

의료기기에 사용되는 고성능 콘덴서. 강전계 전자 공작용으로는 최강의 사양이다. 그만큼 취급에는 세심한 주의가 필요하다.

울트라 커패시터(General Atomics)

대용량 전기 이중층 전해 콘덴서. 전압은 낮지만 충전 에너지가 커서 단시간에 kJ급의 에너지를 축적할 수 있다.

체 테슬라 코일)에도 이용할 수 있을 듯하다. QCWDRSSTC에 필요한 고성능 콘덴서로는 운모 콘덴서가 이상적이라고 하는데 대용량 운모 콘덴서를 구하는 것보다는 그나마 CELEM사의 제품이 구하기 쉬울 것이다.

AED 콘덴서

인명 구조 용품인 자동심장충격기(AED)에는 초고성능 콘덴서가 사용된다. AED는 신뢰성이 높은 장치인 만큼 정기적인 점검과 교환이 이루어지고 있는 듯하다. 그런 이유로 폐기되거나 교체된 AED가 간혹 유통되기도 한다.

AED의 콘덴서는 메탈라이즈드 필름 콘덴서로 에너지 밀도가 큰 것이 특징이다. 성능은 오일 콘덴서를 능가하며, 현재 파워계 전자 공작으로 조달할 수 있는 콘덴서 중에서는 최강에 속한다. 내압은 2,000V, 정전용량은 200μF 정도로 펄스 방전 특성이 매우 뛰어나기 때문에 반발형 감응 코일 건에는 최적이라고 생각된다. 비교적 장시간 동안 큰 에너지를 방출하는 내장형 코일 건의 경우, 전해 콘덴서에는 뒤지지만 어쨌든 초고속 고에너지를 원한다면 AED 콘덴서가 최고의 선택이라고 할 수 있을 것이다.

AED는 심장의 기능을 회복시키는 의료기기이지만 반대로 정상적인 심장을 멈추게 할 수도 있다. 치사량 수준의 전압과 에너지가 축적되어 있기 때문에 취급할 때는 감전되지 않도록 세심한 주의를 기울인다.

울트라 커패시터

General Atomics(구 Maxwell)사의 대용량 전기 이중층 전해 콘덴서이다. 충전 전압이 2V 정도로 다른 전해 콘덴서에 비해 전압은 낮은 편이다. 그러나 충전 에너지가 매우 커서 간단히 kJ급의 에너지를 축적할 수 있다. 내부 저항이 비교적 크기 때문에 단시간 방전에는 적합지 않지만 급속 충전이 가능한 만큼 향후 에너지 디바이스로서 기대해도 될 것이다.

column ▶ 한발 앞선 위장공작 비밀 은폐장치를 만들어보자 (구라레)

은닉 장소라고 하면 침대 밑이나 서랍 깊숙한 곳, 또는 액자 뒷면이나 화장실 변기의 물탱크 등을 떠올릴 수 있다. 이런 장소는 인간의 사회심리학적 관점에서 보면 금방 발각되는 장소이다. 물론 학교에서 '은닉 방법' 같은 것을 배우는 것도 아니니 각자 지혜를 짜낸 결과가 결국에는 이런 일정 패턴으로 나타난 것이다. 누구나 쉽게 생각해낼 수 있는 그런 장소라면 굳이 은폐할 필요가 있을까. 그렇다면 남들이 생각지 못할 은폐장치를 만들어보면 어떨까?

사용할 재료는 주방이나 DIY 재료에 하나쯤 있을 법한 스프레이 용기이다. 죽 늘어선 스프레이 용기 중에 위장용 스프레이를 섞어놓는 식의 비밀 은폐장치를 만들어보자. 포인트는 스프레이를 흔들었을 때 손에 남는 물의 감촉. 이것을 재현할 수 있다면 완벽하다!

필요한 재료

▶양면테이프 ▶본드…등

공정 ❶ ▶ 캔 오프너로 용기 바닥을 절단한다

캔 오프너로 스프레이 용기 바닥을 절단한다. 비결은 한번 가장자리를 자르기 시작했으면 주저하지 말고 한 번에 자르는 것이다. 단면이 우그러져도 상관없다.

공정 ❷ ▶ 단면을 다듬는다

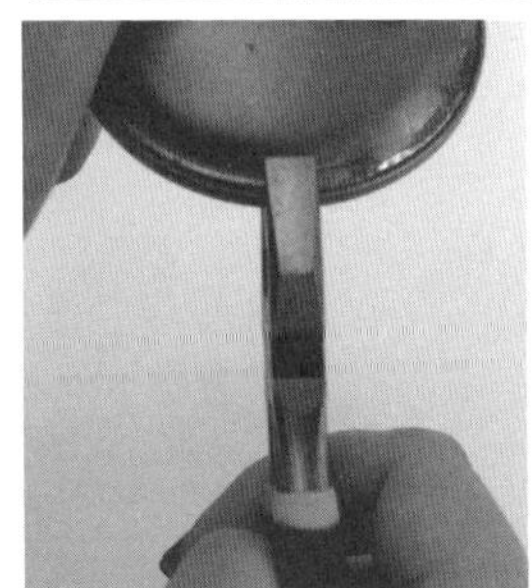

용기 바닥의 단면을 펜치로 정리한다. 스프레이 용기는 의외로 얇은 소재로 만들어졌기 때문에 펜치만 있으면 금방 정리할 수 있다. 단면의 정리를 마쳤으면 종이 사포로 거친 면을 다듬는다.

공정 ❸ ▶ 물소리 장치

물을 담은 폴리에틸렌 병에 얇게 자른 스펀지를 감아 잘라낸 스프레이 용기 바닥 부분에 접착한다. 표면이 거친 스펀지를 사용하면 스프레이 용기를 흔들어도 잘 빠지지 않는다.

공정 ❹ ▶ 숨기고 싶은 물건을 넣고 설치

숨기고 싶은 물건을 용기 안에 넣고 바닥 부분을 원래대로 붙인다. 용기를 들어 올리면 폴리에틸렌 병 안에 든 물이 찰랑거리며 내용물이 들어있는 것처럼 위장할 수 있다. 스프레이 용기를 늘어놓은 선반에 섞어놓으면 은폐 공작 완료!

Memo:

과학실험

The Encyclopedia of Mad-Science

이과 대사전

afterword

이 책은 개정판입니다. 개정판이니 지면을 일부 개정해
모처럼의 기회를 전보다 호화롭게, 전보다 오자도 줄이고, 전보다 조금이라도 더 좋게 만들고 싶었습니다.

원래대로라면 개정판이 아니라 다음 책을 냈어야 하지만,
시대가 그렇게 흘러가기는커녕 점점 하수상한 그림자가 실체를 드러내다 보니 어쩔 수 없이 개정판을 내게 된 것입니다.

이 책은 벌써 몇 번이나 '유해도서 지정'을 받은 시리즈의 책입니다.

유해도서라는 것은 표현의 자유를 억압하는 하나의 형태입니다. 이 책을 마치면서 여기에 대해 의견을 밝히려고 합니다.
나는 내가 가장 불손한 이과계 서적의 저자이자 완전히 미친 이 책의 저자들의 대표라는 것을 잘 알고 있습니다.

한편으로는 교육 현장에서 종사하고 있으며, 인터넷 사회에서도 나름의 활동을 하고 있습니다.
그동안 표현의 자유에 대한 억압과 그 주체에 대해서도 꽤 많이 조사했습니다.

그렇기 때문에 잘 압니다. 어차피 그들은 후기 같은 건 읽지 않을 테고, 실은 본문조차 읽지 않는다는 것을.

나는 평소 늘 실없이 재미있게… 그렇게 살고자 가면을 쓰고 생활합니다. 본심은 쉽게 꺼내지 않죠.

내가 이상하단 건 누구보다 나 자신이 가장 잘 알고 있으니까.
그래서 더더욱 모두가 웃을 수 있는 미치광이 같은 캐릭터를 연기하는 것입니다.
그에 걸맞은 일까지 하고 있으니 정말 고마운 일이죠. 이런 미치광이도 사회에 존재할 수 있게 해줘서 감사할 따름입니다.
정말 고맙습니다.

그런 의미에서 나는 앞으로도 이 가면을 그대로 쓰고 살아갈 생각입니다.

… 그래도 가끔은 가면을 벗어놓고 허심탄회하게 이야기해보는 것도 좋죠. 모처럼의 후기이니까.

'유해'란 무엇일까요?

무기 제작 방법이나 독물 제조법 등이 실려 있다? 그런 건 단지 과학의 이면일 뿐입니다.
삼라만상은 본래 과학이라는 지평에서 모두 하나로 연결되어 있습니다.
사람을 향해 폭죽을 쏘면 위험하다거나 칼로 사람의 복부를 찌르면 죽는다는 정도의 이야기이죠.

변명이 아니냐고요?

그럼에도 이 책은 시리즈 내내 '명백한 현재의 위험'을 배제해왔습니다.

"왜 유해 도서로 지정된 것인지 의사록을 공개해달라"고 청구했더니
"의사록을 기록하지 않았다"며 태연하게 대응하는 경우도 있었습니다. 행정 과정에서 '분위기'만으로 표현의 자유를 규제하는
자칭 '정의의 공무원'들은 기본 원칙조차 이해하지 못하는 듯해서 다시 한 번 설명하겠습니다.

표현의 자유를 규제하는 것에 대해 미국을 비롯한 유럽연합(EU) 각국은 물론 일본에도 널리 알려진 위헌 심사 기준의 하나로, 그 내용이 즉각적인 위험은 물론 더 큰 문제를 일으킬 가능성이 있는… 누가 봐도 명백한 것에만 특례적으로 '적당히 해라'라는 뜻의 철퇴를 휘두른다는 생각. 대충 설명했지만 이 정도면 충분하지 않나요? 유튜브나 트위터 등의 SNS도 이런 기준으로 콘텐츠의 타당성을 판단합니다.

이 책의 예를 들면 드러그스토어에서 판매하는 이것과 저것을 섞고 ××의 그것을 더하면 즉석 폭탄이 된다! ××의 ××가 한창일 때는 경비가 허술하기 때문에 ××를 노려 테러를 감행하면 진짜 끝내준다!!! 같은 이야기일까요?

물론 이 책에 그런 내용은 실려 있지 않습니다. 애초에 폭탄에 관해서는 화학 교과서에 실려 있는 기본적인 합성법을 피해 기껏해야 원자폭탄의 구조 정도를 다루었을 뿐입니다. 이것을 보고 원자폭탄을 만들 수 있는 녀석이 있다면 정말 대단하지만 이걸 농담으로 웃어넘기지 못하고 '위험한 표현'이라고 정색한다면 실소를 넘어 탈장할 지경입니다.

그럼에도 이 책을 '명백한 현재의 위험'으로 간주한다면 최소한 '더욱 명백한 현재의 위험'을 먼저 배제해주길 바랍니다.

아직도 서점에는 '첨가물은 독, 먹으면 암에 걸린다'는 등의 엉터리 책이 판을 치고 있습니다. 식품 안전을 위한 수많은 노력, 수많은 실험(희생된 동물들)과 연구, 연찬된 학문… 이것들을 정면으로 부정하고 이 세계에 혼란을 초래하는 그야말로 폭동과 다름없는 책.

진짜 식품 첨가물에 독성이 있다면 그 근거를 제시하는 논문을 발표하고 전 세계 연구자들을 납득시켜야 하지만 그들은 그렇게 하지 않습니다. 근거도 없는 단순한 감정론… 더 나아가 인간의 감정을 이용한 확신범이나 다름없습니다. 이것은 '명백한 현재의 위험'이 아닌가요?

암의 초기 단계를 간과하는 요법을 옳다고 주장하고 많은 이들의 생명을 빼앗은 책은 '명백한 현재의 위험'이 아닌가요? 헛된 논리로 이론을 왜곡하고 과학을 부정하는 자칭 정의의 사도들에 의해 치료가 늦어져 손쓸 수 없게 된 사람들의 수를 헤아릴 수조차 없습니다. 이것은 '명백한 현재의 위험'이 아닌가요?

곤궁한 삶을 벗어나고 싶지만 방법을 모르는 사람들을 먹이로 삼는 '정보 사기꾼'. 그런 무리들의 관록을 더하기 위해 쓰인 아무 내용도 없는 경력 포르노. '이 세계는 오염되어 있다'는 신앙을 퍼뜨리며 전 재산의 기부를 강요하는 신흥종교의 교의를 설파하고 길 잃은 사람들에게서 모든 것을 빼앗는 책… 따위가 발에 차일 정도입니다.

이들이 사라진다면 나는 기쁘게 '유해 도서'의 낙인을 받아들이겠습니다.

하지만 나는 이런 '쓰레기 같은 책'조차도 법으로 규제되어서는 안 된다고 생각합니다.

사람은 다른 사람에게 자신의 생각을 이야기할 권리가 있습니다.

사람은 다른 사람에게 자신의 표현을 자유롭게 이야기할 권리가 있습니다.

그것을 취사선택하고 판단하는 것 역시 그들의 몫입니다.

이 이야기가 깊어지기 전에 잠시 다른 이야기를 하겠습니다.

일본의 만화나 비디오 게임이 이렇게 발전하고 세계적으로 높은 평가를 받는 이유가 무엇일까요?

일본의 애니메이션이나 만화가 '본보기'가 되어 지금은 세계적으로 많은 작품이 탄생하고 있지만,
만화에 관해서는 역시 일본의 작품이 한 수 위라는 생각을 갖고 있습니다. 그것이 바로 일본 문화의 저력입니다.
코믹 마켓이 열리는 수 일 동안 무려 50만 명 이상의 사람들이 모여 일차 창작, 이차 창작, 평론…,
모든 것이 뒤섞인 카오스 상태가 됩니다. 저작권 등의 규제 대신 선정적이고 기괴한 것들까지
모두 포괄적으로 품어내는 풍요로운 토양입니다.

'카오스'라는 표현이 가장 적절한 그 토양에서 하룻밤 새 돌연변이로밖에 생각되지 않는 대담한 작품이 탄생하곤 합니다.
깨끗하고 바르기만 한 세상에서는 절대 태어나지 못할 기괴하지만 진짜 재미있는 많은 명작들이 그런 토양에서 탄생합니다.

예컨대 미국의 할리우드 영화는 세계 굴지의 예산과 엔터테인먼트를 자랑합니다.
이 영화라는 문화도 미국에서는 의외로 느껴질 만큼 판권 의식이 느슨한 데다
장르를 가리지 않는 웃기고 선정적이고 기괴한 영화에 이르기까지
어디 사는 누구인지도 모를 부자들이 자금을 대어 만듭니다.
대여점에서 놓인 B급 영화나 에로 패러디 영화…
빈말로라도 재미있다고 하기 힘든 그런 영화는 일본에서는 찾아보기 힘듭니다.
영화의 토양이 풍부하지 않기 때문일 것입니다.

이쯤에서 원래 하던 이야기로 돌아가보죠.

내가 싫어하는 것은 타인도 싫어할 것입니다.

이런 사소한 생각은 사소한 불씨입니다.

괜찮습니다.

내가 싫어하는 것을 타인에게 표현해도 됩니다.

그래도 괜찮습니다. 그런 의견의 표현 역시 자유로워야 하니까요.

그런데 '내가 싫으니까 상대로부터 빼앗고 그런 행위를 정당화한다'면 사소한 불씨는 전화(戰火)로 번질 것입니다.

전화는 전화를 낳습니다.

나와 당신은 다르다. 이런 생각으로 인류는 수천 년 넘게 서로 죽고 죽이기를 반복해온 것이 아닌가요.

사람은 누구나 다양한 생각, 다양한 성, 다양한 가치관을 가지고 있습니다.
이것을 '이해할 수 없으니 없애버려야 한다'는 생각으로 이어지는 순간,
중세의 마녀 사냥이 재현될 것입니다. 특히 에로 콘텐츠에 그런 비난이 쏟아지고 있죠.

선정적인 것을 악으로 매장하는 활동은 일견 정의롭게 보입니다.

그런 활동이 결실을 맺어 선정적인 콘텐츠가 모두 사라진다면
다음에는 틀림없이 폭력적인 표현이 표적이 되어 마녀 사냥의 불길은 절대 꺼지지 않을 겁니다.
선정적인 건 안 돼, 하지만 냉혹하고 탐미적인 폭력 표현은 멋있잖아…라고
생각해도 선정적인 게 뭐가 문제야, 냉혹하고 탐미적인 살인은 폭력을 조장하니 사라져야 해…라고
생각하는 사람이 당신을 없애기 위해 찾아올지 모르죠.

모두가 서로의 생각이 마음에 들지 않는다고 짓밟고 없애버린다면
세상은 아무 변화도 없이 무미건조한 곳으로 변해버리지 않을까요.

내 생각이 지나치게 극단적인 걸까요?

표현의 규제란 이렇게까지 무거운 것입니다.
일본은 거의 무엇이든 자유롭기 때문에 평소에는 이런 자유를 실감할 일이 없지만,
외국 여행을 하게 되면 얼마나 축복받은 삶을 살고 있는지 절실히 느끼게 됩니다.
그렇기 때문에 이 나라의 '자유'는 진정으로 소중합니다.

그리고 지금 이런 '자유'를 당연하게 여기는 어리석은 자들이
자신의 작은 이권, 허영, 자존심을 위해 전화(戰火)를 일으키려 하고 있는 것은 아닌지,
전화는 자유와 반대로 한번 불이 붙으면 걷잡을 수 없이 번지고
자유는 잃어버리기 쉽습니다.

다시 한 번 말합니다. 문화란 도랑이 커서 그 안에서 온갖 다양한 것들이 태어나고 사라지는 것입니다.
결코 성공이나 눈부신 성과만이 본체가 아닙니다.

나와 당신은 다릅니다. 나와 같기를 강요한다면 이 혼돈의 토양은 간단히 말라버릴 것입니다.

이렇게 무거운 마음가짐으로 '부정'을 단행하는 무게를 깨달아야 합니다.
모두를 납득시킬 수 있는 자료와 근거도 제시하지 않고
'마음에 들지 않으니까 사라져라'는 것은 권력의 힘으로 억압하는 것입니다.

이거야말로 '명백한 현재의 위험'이 아닌가요?

야쿠리 교시쓰 대표 구라레

과학실험 이과 대사전

The Encyclopedia of Mad-Science

야쿠리 교시쓰 지음 김효진 옮김

초판 1쇄 인쇄 2021년 10월 10일
초판 1쇄 발행 2021년 10월 15일

저자 : 야쿠리 교시쓰
번역 : 김효진

펴낸이 : 이동섭
편집 : 이민규, 탁승규
디자인 : 조세연, 김현승, 김형주, 김민지
영업·마케팅 : 송정환, 조정훈
e-BOOK : 홍인표, 서찬웅, 최정수, 심민섭, 김은혜
관리 : 이윤미

㈜에이케이커뮤니케이션즈
등록 1996년 7월 9일(제302-1996-00026호)
주소 : 04002 서울 마포구 동교로 17안길 28, 2층
TEL : 02-702-7963~5 FAX : 02-702-7988
http://www.amusementkorea.co.kr

ISBN 979-11-274-4781-6 03400

창작을 위한 아이디어 자료

AK 트리비아 시리즈

-AK TRIVIA BOOK

No. 01 **도해 근접무기**
검, 도끼, 창, 곤봉, 활 등 냉병기에 대한 개설

No. 02 **도해 크툴루 신화**
우주적 공포인 크툴루 신화의 과거와 현재

No. 03 **도해 메이드**
영국 빅토리아 시대에 실존했던 메이드의 삶

No. 04 **도해 연금술**
'진리'를 위해 모든 것을 바친 이들의 기록

No. 05 **도해 핸드웨폰**
권총, 기관총, 머신건 등 개인 화기의 모든 것

No. 06 **도해 전국무장**
무장들의 활약상, 전국시대의 일상과 생활

No. 07 **도해 전투기**
인류의 전쟁사를 바꾸어놓은 전투기를 상세 소개

No. 08 **도해 특수경찰**
실제 SWAT 교관 출신의 저자가 소개하는 특수경찰

No. 09 **도해 전차**
지상전의 지배자이자 절대 강자 전차의 힘과 전술

No. 10 **도해 헤비암즈**
무반동총, 대전차 로켓 등의 압도적인 화력

No. 11 **도해 밀리터리 아이템**
군대에서 쓰이는 군장 용품을 완벽 해설

No. 12 **도해 악마학**
악마학의 발전 과정을 한눈에 알아볼 수 있도록 구성

No. 13 **도해 북유럽 신화**
북유럽 신화 세계관의 탄생부터 라그나로크까지

No. 14 **도해 군함**
20세기 전함부터 항모, 전략 원잠까지 해설

No. 15 **도해 제3제국**
아돌프 히틀러 통치하의 독일 제3제국 개론서

No. 16 **도해 근대마술**
마술의 종류와 개념, 마술사, 단체 등 심층 해설

No. 17 **도해 우주선**
우주선의 태동부터 발사, 비행 원리 등의 발전 과정

No. 18 **도해 고대병기**
고대병기 탄생 배경과 활약상, 계보, 작동 원리 해설

No. 19 **도해 UFO**
세계를 떠들썩하게 만든 UFO 사건 및 지식

No. 20 **도해 식문화의 역사**
중세 유럽을 중심으로, 음식문화의 변화를 설명

No. 21 **도해 문장**
역사와 문화의 시대적 상징물, 문장의 발전 과정

No. 22 **도해 게임이론**
알기 쉽고 현실에 적용할 수 있는 게임이론 입문서

No. 23 **도해 단위의 사전**
세계를 바라보고, 규정하는 기준이 되는 단위

No. 24 **도해 켈트 신화**
켈트 신화의 세계관 및 전설의 주요 등장인물 소개

No. 25 도해 항공모함
군사력의 상징이자 군사기술의 결정체, 항공모함

No. 26 도해 위스키
위스키의 맛을 한층 돋워주는 필수 지식이 가득

No. 27 도해 특수부대
전장의 스페셜리스트 특수부대의 모든 것

No. 28 도해 서양화
시대를 넘어 사랑받는 명작 84점을 해설

No. 29 도해 갑자기 그림을 잘 그리게 되는 법
멋진 일러스트를 위한 투시도와 원근법 초간단 스킬

No. 30 도해 사케
사케의 맛을 한층 더 즐길 수 있는 모든 지식

No. 31 도해 흑마술
역사 속에 실존했던 흑마술을 총망라

No. 32 도해 현대 지상전
현대 지상전의 최첨단 장비와 전략, 전술

No. 33 도해 건파이트
영화 등에서 볼 수 있는 건 액션의 핵심 지식

No. 34 도해 마술의 역사
마술의 발생시기와 장소, 변모 등 역사와 개요

No. 35 도해 군용 차량
맡은 임무에 맞추어 고안된 군용 차량의 세계

No. 36 도해 첩보·정찰 장비
승리의 열쇠 정보! 첩보원들의 특수장비 설명

No. 37 도해 세계의 잠수함
바다를 지배하는 침묵의 자객, 잠수함을 철저 해부

No. 38 도해 무녀
한국의 무당을 비롯한 세계의 샤머니즘과 각종 종교

No. 39 도해 세계의 미사일 로켓 병기
ICBM과 THAAD까지 미사일의 모든 것을 해설

No. 40 독과 약의 세계사
독과 약의 역사, 그리고 우리 생활과의 관계

No. 41 영국 메이드의 일상
빅토리아 시대의 아이콘 메이드의 일과 생활

No. 42 영국 집사의 일상
집사로 대표되는 남성 상급 사용인의 모든 것

No. 43 중세 유럽의 생활
중세의 신분 중 「일하는 자」의 일상생활

No. 44 세계의 군복
형태와 기능미가 절묘하게 융합된 군복의 매력

No. 45 세계의 보병장비
군에 있어 가장 기본이 되는 보병이 지닌 장비

No. 46 해적의 세계사
다양한 해적들이 세계사에 남긴 발자취

No. 47 닌자의 세계
온갖 지혜를 짜낸 닌자의 궁극의 도구와 인술

No. 48 스나이퍼
스나이퍼의 다양한 장비와 고도의 테크닉

No. 49 중세 유럽의 문화
중세 세계관을 이루는 요소들과 실제 생활

No. 50 기사의 세계
기사의 탄생에서 몰락까지, 파헤치는 역사의 드라마

No. 51 영국 사교계 가이드
빅토리아 시대 중류 여성들의 사교 생활

No. 52 중세 유럽의 성채 도시
궁극적인 기능미의 집약체였던 성채 도시

No. 53 마도서의 세계
천사와 악마의 영혼을 소환하는 마도서의 비밀

No. 54 영국의 주택
영국 지역에 따른 각종 주택 스타일을 상세 설명

No. 55 발효
미세한 거인들의 경이로운 세계

No. 56 중세 유럽의 레시피
중세 요리에 대한 풍부한 지식과 요리법

No. 57 알기 쉬운 인도 신화
강렬한 개성이 충돌하는 무아와 혼돈의 이야기

No. 58 방어구의 역사
방어구의 역사적 변천과 특색 · 재질 · 기능을 망라

No. 59 마녀 사냥
르네상스 시대에 휘몰아친 '마녀사냥'의 광풍

No. 60 노예선의 세계사
400년 남짓 대서양에서 자행된 노예무역

No. 61 말의 세계사
역사로 보는 인간과 말의 관계

No. 62 달은 대단하다
우주를 향한 인류의 대항해 시대

No. 63 바다의 패권 400년사
17세기에 시작된 해양 패권 다툼의 역사

No. 64 영국 빅토리아 시대의 라이프 스타일
영국 빅토리아 시대 중산계급 여성들의 생활

-AK TRIVIA SPECIAL

환상 네이밍 사전
의미 있는 네이밍을 위한 1만3,000개 이상의 단어

중2병 대사전
중2병의 의미와 기원 등, 102개의 항목 해설

크툴루 신화 대사전
대중 문화 속에 자리 잡은 크툴루 신화의 다양한 요소

문양박물관
세계 각지의 아름다운 문양과 장식의 정수

고대 로마군 무기·방어구·전술 대전
위대한 정복자, 고대 로마군의 모든 것

도감 무기 갑옷 투구
무기의 기원과 발전을 파헤친 궁극의 군장도감

중세 유럽의 무술, 속 중세 유럽의 무술
중세 유럽~르네상스 시대에 활약했던 검술과 격투술

최신 군용 총기 사전
세계 각국의 현용 군용 총기를 총망라

초패미컴, 초초패미컴
100여 개의 작품에 대한 리뷰를 담은 영구 소장판

초쿠소게 1,2
망작 게임들의 숨겨진 매력을 재조명

초에로게, 초에로게 하드코어
엄격한 심사(?!)를 통해 선정된 '명작 에로게'

세계의 전투식량을 먹어보다
전투식량에 관련된 궁금증을 한 권으로 해결

세계장식도 1, 2
공예 미술계 불후의 명작을 농축한 한 권

서양 건축의 역사
서양 건축의 다양한 양식들을 알기 쉽게 해설

세계의 건축
세밀한 선화로 표현한 고품격 건축 일러스트 자료집

지중해가 낳은 천재 건축가 -안토니오 가우디
천재 건축가 가우디의 인생, 그리고 작품

민족의상 1,2
시대가 흘렀음에도 화려하고 기품 있는 색감

중세 유럽의 복장
특색과 문화가 담긴 고품격 유럽 민족의상 자료집

그림과 사진으로 풀어보는 이상한 나라의 앨리스
매혹적인 원더랜드의 논리를 완전 해설

그림과 사진으로 풀어보는 알프스 소녀 하이디
하이디를 통해 살펴보는 19세기 유럽사

영국 귀족의 생활
화려함과 고상함의 이면에 자리 잡은 책임과 무게

요리 도감
부모가 자식에게 조곤조곤 알려주는 요리 조언집

사육 재배 도감
동물과 식물을 스스로 키워보기 위한 알찬 조언

식물은 대단하다
우리 주변의 식물들이 지닌 놀라운 힘

그림과 사진으로 풀어보는 마녀의 약초상자
「약초」라는 키워드로 마녀의 비밀을 추적

초콜릿 세계사
신비의 약이 연인 사이의 선물로 자리 잡기까지

초콜릿어 사전
사랑스러운 일러스트로 보는 초콜릿의 매력

판타지세계 용어사전
세계 각국의 신화, 전설, 역사 속의 용어들을 해설

세계사 만물사전
역사를 장식한 각종 사물 약 3,000점의 유래와 역사

고대 격투기
고대 지중해 세계 격투기와 무기 전투술 총망라

에로 만화 표현사
에로 만화에 학문적으로 접근하여 자세히 분석

크툴루 신화 대사전
러브크래프트의 문학 세계와 문화사적 배경 망라

아리스가와 아리스의 밀실 대도감
신기한 밀실의 세계로 초대하는 41개의 밀실 트릭

연표로 보는 과학사 400년
연표로 알아보는 파란만장한 과학사 여행 가이드

제2차 세계대전 독일 전차
풍부한 일러스트로 살펴보는 독일 전차

구로사와 아키라 자서전 비슷한 것
영화감독 구로사와 아키라의 반생을 회고한 자서전

유감스러운 병기 도감
69종의 진기한 병기들의 깜짝 에피소드

유해초수
오리지널 세계관의 몬스터 일러스트 수록

요괴 대도감
미즈키 시게루가 그려낸 걸작 요괴 작품집